郭本禹 主编

外国心理学流派大系

FOREIGN PSYCHOLOGY SCHOOL SERIES



# 潜意识的意义

## ——精神分析心理学（上）

郭本禹 等 著

山东教育出版社
·济南·

**图书在版编目（CIP）数据**

潜意识的意义：精神分析心理学. 上 / 郭本禹等著. 2版. -- 济南：山东教育出版社，2025. 1. --（外国心理学流派大系 / 郭本禹主编）. -- ISBN 978-7-5701-3437-3

Ⅰ. B84-065

中国国家版本馆 CIP 数据核字第 2024PE2244 号

WAIGUO XINLIXUE LIUPAI DAXI

QIANYISHI DE YIYI——JINGSHEN FENXI XINLI XUE（SHANG）

外国心理学流派大系　　郭本禹　主编

**潜意识的意义**——精神分析心理学（上）　　郭本禹　等著

主管单位：山东出版传媒股份有限公司

出版发行：山东教育出版社

地址：济南市市中区二环南路 2066 号 4 区 1 号　　邮编：250003

电话：（0531）82092660　　网址：www.sjs.com.cn

印　　刷：山东华立印务有限公司

版　　次：2025 年 1 月第 2 版

印　　次：2025 年 1 月第 1 次印刷

开　　本：710 毫米 ×1000 毫米　1/16

印　　张：29.25

字　　数：468 千

定　　价：89.00 元

主　编　郭本禹

副主编　高峰强　杨韶刚　高申春

编　委　（以姓氏笔画为序）

丁　芳　方双虎　王国芳　李广军　杨韶刚　修巧艳

贾林祥　郭本禹　高申春　高峰强　崔光辉　熊哲宏

江苏省重点学科“发展与教育心理学”学科资助成果

江苏省哲学社会科学十五规划课题研究成果（项目编号 L3-026）

教育部普通高等学校人文社会科学重点研究基地南京师范大学道德教育研究所成果

# 目录
Contents


总　序　/1

导　言：精神分析运动的内部发展及其整合　/1

一、精神分析运动的内部发展　/2

二、精神分析运动的内部整合　/8

第一章　弗洛伊德与古典精神分析学的创立　/14

第一节　古典精神分析运动的产生与特点　/14

一、古典精神分析运动产生的背景　/15

二、古典精神分析学的特点　/26

第二节　弗洛伊德的生平与著作　/28

第三节　弗洛伊德的古典精神分析学体系　/34

一、弗洛伊德的潜意识论　/35

二、弗洛伊德的本能论　/40

三、弗洛伊德的梦论　/44

四、弗洛伊德的人格论　/48

五、弗洛伊德的焦虑论与防御机制论　/55

六、弗洛伊德的社会文化论　/60

七、弗洛伊德的心理治疗观　/64

第四节　对弗洛伊德理论的评价　/70

一、弗洛伊德理论的主要贡献　/70

二、弗洛伊德理论的主要局限　/74

三、弗洛伊德理论的主要影响　/77

第二章　古典精神分析学的转向　/79

第一节　古典精神分析学的分裂　/79

一、阿德勒与弗洛伊德的分裂　/80

二、斯泰克尔与弗洛伊德的分裂　/82

三、荣格与弗洛伊德的分裂 /83
四、兰克与弗洛伊德的分裂 /85
第二节 荣格的分析心理学 /87
一、荣格的生平与著作 /88
二、分析心理学理论 /91
三、心理治疗观 /102
四、对荣格理论的评价 /104
第三节 阿德勒的个体心理学 /107
一、阿德勒的生平与著作 /107
二、个体心理学理论 /110
三、心理治疗观 /120
四、对阿德勒理论的评价 /122
第四节 兰克的心理分析学 /125
一、兰克的生平与著作 /126
二、心理分析观 /128
三、心理治疗观 /135
四、兰克心理分析学的影响 /137
第五节 亚伯拉罕和费伦茨的贡献 /139
一、亚伯拉罕：德国首位精神分析学家 /139
二、费伦茨：先驱者的先驱 /144
第三章 自我心理学的建立 /151
第一节 自我心理学的产生与特点 /151
一、弗洛伊德与自我心理学的奠基 /151
二、安娜与自我心理学的合法化 /153
三、自我心理学的历史演变 /155
四、自我心理学的特点 /156
第二节 哈特曼与自我心理学的建立 /158
一、哈特曼的生平与著作 /158
二、自我心理学的主要思想 /161
三、对哈特曼理论的评价 /171
第四章 自我心理学的发展 /174
第一节 斯皮茨对自我心理学的发展 /174
一、斯皮茨的学术生平与思想来源 /175

二、自我心理学的方法和理论 /177
三、儿童心理病理学与治疗方法 /183
四、对斯皮茨理论的评价 /185
第二节 玛勒对自我心理学的发展 /187
一、玛勒的生平与著作 /188
二、儿童心理发展理论 /190
三、儿童精神病及其治疗观 /197
四、对玛勒理论的评价 /205
第三节 雅可布森对自我心理学的发展 /208
一、雅可布森的学术生平与思想来源 /208
二、整合性的自我心理学理论 /210
三、抑郁症及其治疗 /218
四、对雅可布森理论的评价 /222
第四节 埃里克森与自我心理学的转向 /224
一、埃里克森的生平与著作 /224
二、自我心理学的转向 /226
三、心理治疗观 /236
四、对埃里克森理论的评价 /238
第五章 客体关系学派的建立 /241
第一节 客体关系学派的形成与特点 /241
一、广义与狭义的客体关系学派 /241
二、客体关系学派的形成 /243
三、客体关系学派的特点 /245
第二节 克莱因与客体关系学派的建立 /247
一、克莱因的学术生平与思想来源 /248
二、过渡性客体关系理论 /253
三、儿童精神分析:游戏治疗 /261
四、对克莱因理论的评价 /262
第三节 拜昂对克莱因理论的发展 /263
一、拜昂的生平与著作 /264
二、对克莱因理论的发展 /266
三、精神病理学思想 /273
四、对拜昂理论的评价 /275

第六章　客体关系学派的发展　/279
第一节　费尔贝恩的纯粹性客体关系理论　/279
一、费尔贝恩的生平与著作　/280
二、纯粹性客体关系理论　/282
三、心理病理观　/290
四、对费尔贝恩理论的评价　/293
第二节　温尼科特与客体关系理论的转向　/296
一、温尼科特的生平与著作　/297
二、客体关系理论的转向：儿童精神分析理论　/299
三、精神分析的治疗观　/307
四、对温尼科特理论的评价　/311
第三节　巴林特对客体关系理论的发展　/314
一、巴林特的生平与著作　/315
二、对客体关系理论的发展　/318
三、退行及其治疗理论　/324
四、对巴林特理论的评价　/327
第七章　客体关系理论的新进展　/329
第一节　克恩伯格对客体关系理论的整合　/329
一、克恩伯格的生平与著作　/330
二、整合性客体关系理论　/331
三、边缘性人格障碍及其治疗理论　/340
四、对克恩伯格理论的评价　/347
第二节　米切尔对关系理论的整合　/349
一、米切尔的学术生平与思想来源　/350
二、整合性关系理论　/352
三、心理治疗观　/364
四、对米切尔理论的评价　/367
第八章　自体心理学的建立与发展　/369
第一节　自体心理学的产生与特点　/369
一、自体心理学产生的背景　/369
二、自体心理学的特点　/374
第二节　科胡特与自体心理学的建立　/376
一、科胡特的生平与学术道路　/377

二、精神分析方法论 /379
三、广义自体心理学 /384
四、自体障碍的精神分析治疗 /394
五、对科胡特理论的评价 /398
第三节 自体心理学的新进展 /403
一、自体心理学在理论方面的发展 /403
二、自体心理学在应用领域的发展 /409
**参考文献** /414
**后 记** /429

# 总　序

著名心理学家艾宾浩斯曾说过："心理学虽有一长期的过去，但仅有一短期的历史。"心理学的长期过去可以上溯到古希腊、古罗马时期的心理学思想，从大约公元前 6 世纪到公元 19 世纪中叶的这一时期被称为前科学心理学时期或哲学心理学时期。1879 年，冯特在德国莱比锡大学创建了世界上第一个心理学实验室，标志着科学心理学的诞生。此后的短期历史被称为科学心理学时期。科学心理学是指具有科学形态的心理学，与之相对的是前科学形态的心理学。前科学形态的心理学主要指形而上学的心理学，它以纯粹思辨的方式进行推演研究，试图揭示心理现象的本质。科学形态的心理学即科学心理学，它主要受到近代科学尤其是自然科学的影响，采用经验尤其是实验的方式进行归纳研究，得出心理现象本质的知识。

从理论形态演变上看，科学心理学的发展主要表现为不同心理学流派的产生、发展和更替过程。这一过程大致沿着科学主义心理学和人文主义心理学两条路线不断演进。科学主义心理学是主流的心理学取向，主要包括内容心理学、构造心理学、机能心理学、行为主义心理学、皮亚杰学派心理学和认知心理学等流派。人文主义心理学是非主流的心理学取向，主要包括意动心理学、精神分析心理学、格式塔心理学、现象学心理学、存在心理学和人本主义心理学等流派。现代心理学流派的发展过程大致可以划分为三个阶段：一是哲学心理学时期的思想起源，从大约公元前 6 世纪到 19 世纪 70 年代；二是心理学流派自身的历史演进，从 19 世纪 70 年代到 20 世纪 80 年代；三是心理学流派的当代效应，从 20 世纪 80 年代至今。

## 一、现代心理学流派的思想起源

在前科学心理学的漫长历史中，心理学曾一度是"灵魂的奴仆"、"神学的婢女"和"哲学的附庸"。现代心理学流派萌芽于古希腊，发端于近代欧洲。古希腊心理学思想表现为存在(being)与形成(becoming)的张力，近代欧洲心理学思想表现为经验主义与理性主义的对立，到科学心理学时期就演变为科学主义心理学和人文主义心理学的纷争。

**1. 思想萌芽**

古希腊是现代心理学流派的思想源头。在哲学形成之前，古希腊人已经开始了对灵魂(psyche)的探索。当时人们认为灵魂是一种生命气息，它在人死亡时离去。"心理学"(psychology)一词就由此而来。大约在公元前6世纪，古希腊产生了哲学。古希腊哲学致力于探究世界的本原，其中包括回答灵魂是什么。因此，此时的心理学是灵魂的奴仆。

古希腊哲学隐含着存在与形成的张力。这一张力最初体现在巴门尼德和赫拉克利特之间。巴门尼德提出，要通过理性的道路来获得确定无疑的知识。他推崇理性认识的重要性，贬低感觉经验的作用，认为后者只能产生纷乱的意见。赫拉克利特则通过"人不能两次踏入同一条河流"来表述世界变动不居的特征。他重视感觉经验的重要性，甚至认为视觉经验比听觉经验更可靠。存在与形成的张力在柏拉图和亚里士多德那里达到顶峰。柏拉图发展了巴门尼德的观点，认为存在着普遍的理念世界，变化中的现实事物只是对不变的理念的一种模仿。理性是最高级的灵魂，并指导着意气和情欲。亚里士多德是古希腊思想的集大成者，其《论灵魂》一书可以视为西方心理学史上第一本心理学著作。他持有形成的立场，对柏拉图的观点进行了改造。在他看来，世间万物都是有目的的，朝向隐得来希即自身的全面发展迈进，因而处于时刻流转中，灵魂也是如此。他强调感觉经验在灵魂中的重要地位，认为感觉限定着灵魂的认识活动。

在古希腊之后，西方心理学思想的目的虽然发生了变化，但却依然延续着存在与形成的张力。到了中世纪，一切思想均转向认识上帝，此时的心理学成为"神学的婢女"。两位基督教哲学家奥古斯丁和托马斯·阿奎那为心理学思想指出两条不同的道路。奥古斯丁提出通过内心的感受来获得上帝的启示，从而走向形成立场；托马斯·阿奎那提出通过理性和逻辑论证来获得上帝的启示，从而走向存在立场。

总之，从古希腊到中世纪，心理学从作为"灵魂的奴仆"到作为"神学的婢女"，提出了许多朴素的心理学思想，构成了现代心理学流派的思想萌芽，其间一直延续着存在与形成的张力，开启了现代科学主义心理学和人文主义心理学纷争的历史源头。

**2. 思想发端**

经过漫长的中世纪，西方世界从文艺复兴时期进入近代。近代自然科学的进步使世界图景发生了根本改变,从中世纪以上帝为中心的神秘世界观转变为数学的机械世界观,对哲学以及心理学产生着越来越重要的影响。近代哲学的目的从古希腊探讨世界本原是什么转向如何认识世界。近代心理学由"神学的婢女"变成"哲学的附庸",不再是对灵魂和上帝的探讨,而是围绕如何认识世界对心理学问题展开系统的理论阐述,表现为经验主义与理性主义两种对立的观点。这两种对立的观点由先前形成与存在的张力衍生而来:经验主义延续了形成的观点,理性主义延续了存在的观点。近代心理学思想在英国和法国表现为经验主义心理学思想,在荷兰和德国表现为理性主义心理学思想。

经验主义心理学思想主张,一切心理现象均是经验(如感觉和观念)的集合或联结。经验主义心理学思想从英国的培根开始。他认为,知识和观念起源于感性世界,感觉经验是一切知识的源泉。在培根之后,经验主义心理学思想有两种形式:英国的联想论心理学思想和法国的感觉论心理学思想。英国的联想论心理学思想以经验为基础,以联想为工具,试图揭示观念的形成和发展的规律。霍布斯是联想论心理学思想的先驱,他坚持知识和观念来源于感觉经验。洛克第一个提出"联想"概念,认为联想是观念的联合,简单观念经过综合、联系和分离形成人的心灵内容。贝克莱和休谟进一步发展了联想论心理学思想,解释了空间知觉和联想规律。哈特莱是联想论心理学思想体系的建立者,试图用生理学概念把经验论和联想论结合起来,用联想去解释一切心理现象。培因是联想论心理学思想的集大成者,对联想的规律、种类和动力等进行了系统化的阐述,在联想论心理学思想向科学心理学的过渡上起到承前启后的作用。

法国的感觉论心理学思想主要受到笛卡儿关于身体是机器的思想和洛克的唯物主义经验论的影响,强调感觉经验在认识中的作用。与联想论心理学思想一样,感觉论心理学思想也认为,一切观念源自经验,所有的心理事件都能用感觉和联想规律来解释,同时,它还重视心理与脑的关系,认为心理是脑的属性,脑是思想的器官,这对科学心理学的产生起到积极的作用。拉·美特利提出了"人是机器"的观点,对后来行为主义心理学有重要的影响。孔狄亚克改造了洛克的经验论心理学思想,形成了感觉论心理学思想体系。此后经过爱尔维修和波纳等人的发展,到卡巴尼斯那里,感觉论心理学思想发展到极致,并推进了生理心理学的发展。

理性主义心理学思想主张,人的心理是一种主动活动的、富于理性的固有观念,即一切心理作用都归结为不同程度的理性。理性主义心理学思想从法国的笛卡儿开始。他认为,人的知识不是来源于感觉经验,而是来源于理性，理性的演绎是唯一正确方法。作为理性表现的知识和能力是先天具有的，因此，他主张天赋观念论。莱布尼茨是理性主义心理学思想的开创者，他提出统觉说，认为心理从无意识的微觉到最有意识的统觉，具有把握对象的不同程度。他把统觉视为对感知自身内在状态的意识，即自我意识。沃尔夫是官能心理学的创始人，他认为人的心灵具有各种官能，心灵利用其不同的官能从事不同的活动。康德提出心理的先天范畴论，并使心理过程的知、情、意三分法流行起来。他认为，统觉是人的一种先验的综合统一的认识能力。赫尔巴特第一次明确宣称心理学是一门科学，但还需要建立在形而上学之上，仍属于哲学的科学。他还将统觉团等思想应用到教育心理学中。陆宰是实验心理学建立前的最后一位哲学心理学家，提出空间知觉的符号部位说，在理性主义心理学思想向科学心理学的过渡上起到承前启后的作用。

总之，近代心理学思想具有丰富的内容，形成了系统的心理学思想体系。它与近代科学一起，直接促成了科学心理学的诞生。经验主义心理学思想提出被动的心灵观，强调主体后天的经验性、心理活动的元素性和被动性，将人的心理视作静态的联想过程。理性主义心理学思想提出主动的心灵观，强调主体先天的主动性、心理活动的整体性和动力性，将人的心理视作发展的过程。经验主义心理学思想演变为现代心理学中的科学主义心理学，理性主义心理学思想演变为现代心理学中的人文主义心理学。正是在这种意义上，近代心理学思想成为现代心理学流派的思想发端。

## 二、现代心理学流派的历史演进

科学心理学产生于19世纪70年代，一开始就表现为两种理论形态，即科学主义心理学和人文主义心理学。科学主义心理学的第一个学派是冯特创立的内容心理学（主要是实验心理学），人文主义心理学的第一个学派是布伦塔诺创立的意动心理学。内容心理学与意动心理学形成了心理学史上两条路线之间的第一次对立与纷争。自此，科学主义心理学与人文主义心理学各自相对独立发展，两者之间少有相互交流和彼此借鉴。

过去人们主要是从狭义上来理解科学心理学，认为科学心理学完全等同于冯特创立的内容心理学（主要是实验心理学）。现在人们倾向于从大科学观来看待科学，认为科学既包括自然科学也包括人文科学和社会科学。尽管两者的研究对象不同、追求的真理目标和价值不同、探究真理的方式和方法不同，但它们毕竟都是科学，都以探究终极真理为己任。对于以既具自然属性又具社会属性的人为研究对象的科学心理学来说，只有以实验心理学为代表的科学主义心理学是远远不够的，还需要另一种心理学即人文主义心理学。历史发展的事实也是如此，1874 年，冯特的《生理心理学原理》（下卷）和布伦塔诺的《经验观点的心理学》同时出版，这两本著作都把新心理学界定为一门经验科学，分别标志着现代科学主义心理学和现代人文主义心理学的开端。因此，科学心理学有两个创始人或者说有两位"父亲"，一个是冯特，另一个是布伦塔诺。过去人们之所以只提冯特是科学心理学之父，是因为波林那本著名的《实验心理学史》教科书造成了我们的误解。波林是铁钦纳的学生，铁钦纳力图把自己标榜为冯特的正统传人，要求波林按照他的实验心理学内容重新解读冯特的心理学体系。① 因此，在《实验心理学史》中大量论述冯特等人的实验心理学内容，而对冯特的对立者布伦塔诺等人的贡献则不予重视，以至于布伦塔诺被历史埋没了近半个世纪，成为学术史上的"隐身人"。这不能不说是一个历史的误会！我们今天需要澄清铁钦纳和波林所造成的误解，还布伦塔诺及其意动心理学的历史本来面目。

在现代心理学流派的演进过程中，有的作为一个心理学派别已经消失，融进了心理学的历史进程，如内容心理学、意动心理学和机能心理学等；有的犹如老树常青，如行为主义心理学和精神分析心理学在今天仍然具有活力。某些较大的心理学流派又包括一些较小的分支派别，如行为主义前后有三代，精神分析更是分支派别繁多。

**1. 科学主义心理学流派的历史演进**

科学主义心理学亦称自然科学心理学，是指一种以自然科学为价值定向的心理学研究取向，它坚持心理学的自然科学观和实证主义的客观实验范式，力图建构以自然科学为模板的心理学理论模式。科学主义心理学是主流的心理学取向，它从内容心理学开始，依次表现为构造心理学、机能心理学、行为主义心理学、皮亚杰学派心理学和认知心理学等派别。它们之间具有明显的连续性，要么是一种继承关系，如构造心理学对内容心理学的继承；要么具有对立关系，如认知心理学对行为主义心理学的反动。

(1) 内容心理学。

科学主义心理学从冯特的内容心理学(content psychology)开始。在冯特之前，心理学一直附庸于哲学，处于默默无闻的状态。冯特全面总结了哲学心理学、生理学和心理物理学的研究成果，把哲学心理学的理论观点、自然科学的研究方法与心理学的有关研究课题结合起来，将实验法引入心理

① 据说波林每写完《实验心理学史》的一章，都要交给铁钦纳审读。

学研究领域，于 1879 年在德国莱比锡建立了世界上第一个心理学实验室，使心理学获得了科学的形态，标志着现代科学心理学的确立。莱比锡成为世界新心理学的圣地，各国的学生都前往跟随冯特学习。

冯特创立的实验心理学，开辟了科学心理学的科学主义研究路线。冯特认为，科学心理学应该是一门经验科学，他把心理学的研究对象规定为直接经验，而不同于自然科学所研究的间接经验。他认为，心理学作为研究心理、意识事实的一门经验科学，其任务就在于分析出心理或意识的元素，并确定元素构成复合观念的原理与规律。冯特通过实验内省法分析，发现最基本的心理元素有两个，即感觉元素与感情元素。任何复杂的心理现象都是由心理元素结合而成的，简单的心理元素通过联想、统觉结合成为心理复合体。正是从这个意义上说，冯特的实验心理学被贴上“内容心理学”的标签。冯特的内容心理学与其同时代的布伦塔诺的意动心理学形成直接对立，这也是科学主义心理学与人文主义心理学长期纷争的开始。

与冯特同时代的德国心理学家艾宾浩斯和缪勒等人发展了他的内容心理学。艾宾浩斯创造性地运用实验法研究记忆这种高级的心理过程，开辟了实验研究的新领域。缪勒在哥廷根大学创建了一个设备完善的心理学实验室，其地位仅次于莱比锡心理学实验室，吸引了从欧洲和美国来的许多学生，取得了多方面的研究成果。以冯特的学生铁钦纳为代表的构造心理学(structural psychology)又称构造主义(structuralism)，其思想体系继承和发展了冯特的内容心理学的主要观点，特别是在坚持心理学是一门实验科学的观点上，二者一脉相承，可以看成是冯特的内容心理学的极端形式。

(2) 机能心理学。

机能心理学(functional psychology)产生于 19 世纪末 20 世纪初的美国，是美国本土出现的第一个正式的科学心理学思想体系。早在 1890 年，美国心理学之父詹姆斯在《心理学原理》中就将机体适应环境的心理功效规定为心理学的研究对象，这为 19 世纪末 20 世纪初的美国心理学定下了机能心理学的总基调。美国机能心理学与德国实验心理学之间存在着密切的关系。冯特在德国创建了心理学实验室之后，美国有许多年轻人来到冯特的实验室学习新的内容心理学，这些人回国后热心倡导生理心理学和实验心理学，并在各自所在的大学开设新课程，建立实验室。这样，德国实验心理学的科学形式就传入了美国，为美国的心理学家们提供了一种科学的思维方式和研究手段。但是美国年轻一代的心理学家不赞成冯特只以实验的内省方法研究纯粹的意识内容，强调用观察、测验和实验等多种方法研究意识或心理功能。他们认为，心理学可用于解决人们在不同的环境中如何活动、如何适应不同的环境等日常生活问题。

机能心理学有狭义和广义之分，与构造心理学直接对立的是狭义的机能心理学，即以杜威、卡尔、安吉尔为代表的芝加哥学派。代表美国心理学一般特征和总体倾向的是广义的机能心理学，即以卡特尔、桑代克、武德沃斯为代表的哥伦比亚学派。随着构造心理学因1927年铁钦纳逝世而消失，狭义的机能心理学由于失去了对立面逐渐退出历史舞台。而广义的机能心理学由于随后行为主义心理学的产生，也完全融入了美国心理学发展的历史洪流之中。

(3) 行为主义心理学。

行为主义(behaviorism)是20世纪初起源于美国的一个心理学派别，它在20世纪70年代之前是实验心理学中最有影响的运动，被称为心理学的"第一势力"。1913年，华生发表的《行为主义者心目中的心理学》一文标志着行为主义的诞生。华生抨击了传统上研究意识的内省心理学，批判了构造心理学和机能心理学，并声称心理学应该抛弃内省法而采用客观的实证方法研究可观察的外显行为。由此，行为主义作为一种新生的力量登上了心理学的历史舞台，其浩大的声势很快席卷了美国，并几乎遍及全世界，成为心理学史上著名的"行为主义革命"，被称为心理学史上的"第一次革命"。

行为主义的发展经历了三代。从1913年到1930年，是以华生等人为代表的第一代行为主义，又称古典行为主义。与华生同时代的魏斯、霍尔特、亨特、拉施里以及中国的郭任远等人，也对行为主义的推广做出了重要贡献。从20世纪30年代至60年代，赫尔、托尔曼、斯金纳等人对华生的极端简单化的观点和方法不满，都采纳操作主义和逻辑实证主义的哲学观点，开展了一系列研究，形成了各具特色的新体系，共同促生了第二代行为主义的心理学运动，也被称为新行为主义(neobehaviorism)。尽管第二代行为主义的术语名称、理论观点、概念体系等各不相同，但其行为主义的基本立场却是一致的。从20世纪50年代起，随着赫尔、托尔曼的过世，只有斯金纳等少数人仍坚持激进的行为主义观点，更多的批评者则看到了行为主义的实证主义哲学基础、严格的环境决定论以及人兽不分观点的严重缺陷。罗特、班杜拉、米契尔等更新一代的行为主义者，采取了更加温和的态度，大胆引入刚刚兴起的认知心理学的术语来说明人的行为，力图克服行为主义的危机，对行为主义进行认知心理学改造，形成了第三代行为主义，又称新的新行为主义(new-neobehaviorism)。

(4) 皮亚杰学派心理学。

皮亚杰学派(Piagetians)是20世纪20年代由瑞士心理学家皮亚杰创立

的。由于该学派的研究工作主要是在日内瓦大学及日内瓦发生认识论国际研究中心进行的，因此又称日内瓦学派。皮亚杰学派通过研究个体的认识发生，把认识论和心理学紧密结合起来创立了发生认识论，在心理学史上第一次系统而完整地描绘了儿童心理的发生和发展，指明儿童心理发展的实质是个体通过同化和顺化这两种形式来适应环境达到有机体与环境的平衡，并进一步详细探讨了儿童心理发展的结构、影响因素和发展阶段。皮亚杰学派对心理学、哲学和教育学诸多学科领域产生了广泛而深远的影响。

自20世纪50年代中期以来，皮亚杰理论受到了严重的挑战与诘难，出现了新皮亚杰学派（neo-Piagetians）和后皮亚杰学派（post-Piagetians）。新皮亚杰学派采用信息加工观点，对经典的皮亚杰体系作出一定的修正，使之更完善和更具解释力。后皮亚杰学派从地域上是指那些法语世界的学者（主要是法国和瑞士）所形成的一个松散的联盟，他们（也包括少数说英语的学者）在方法论上主张或实际从事以皮亚杰的临床法为标准构建发展量表和运算测验，在理论上主张差异心理学与发展心理学的真正整合。

（5）认知心理学。

认知心理学（cognitive psychology）有广义和狭义之分，广义的认知心理学指的是所有侧重研究人的认知过程的心理学，狭义的认知心理学专指现代认知心理学。现代认知心理学表现为三种理论形态：信息加工论心理学、联结主义认知心理学和生态论认知心理学。

信息加工论认知心理学产生于20世纪50年代中期，其主要代表人物有纽厄尔、西蒙和奈瑟等人。它以“心理活动像计算机”为隐喻，用信息加工的观点看待人的认知过程，认为人的认知过程是一个接受、加工、贮存和输出信息的过程。由于这种观点以符号操作为基础，通过符号的串行加工方式建立心理模型，故又称符号论认知心理学。信息加工论认知心理学把以往被行为主义排挤到后台的意识重新拉回到心理学研究的前台，实现了心理学研究对象的回归。它还在继承传统科学主义心理学的客观实证方法基础上，综合运用反应时实验和自我观察法，尤其把计算机模拟方法作为重要研究工具，取得了心理学研究方法的突破。20世纪70年代，信息加工认知心理学成为心理学研究的主流，席卷了心理学的大多数分支。它的兴起被称作心理学史上的一场“认知革命”，相对于先前的行为主义革命是心理学史上的“第二次革命”。

20世纪80年代以来，联结主义认知心理学开始复兴。在联结主义心理学看来，人脑不能简单地等同于计算机，符号加工与真实的人类心理加工存在很大差距。它提出以大脑隐喻代替计算机隐喻，把大脑视为生物的神经网络，以平行分布加工代替串行加工。联结主义认知心理学试图构建一个更接近于神经活动的认知模型，暂时缓解了认知心理学遇到的困难。

从20世纪90年代开始，生态论认知心理学受到研究者的重视。它批判认知心理学注重实验室研究、远离日常生活的倾向，强调心理是人与环境互动的结果，主张心理学应当走出实验室、在现实环境中研究人的心理和行为，追求心理学研究的生态学效度，促进了认知心理学与实际生活的联系。

**2. 人文主义心理学流派的历史演进**

人文主义心理学亦称人文科学心理学，是指一种以人文科学为价值定向的心理学研究取向，它坚持心理学的人文科学观和现象学（存在主义、解释学）的主观经验范式，力图建构以人文科学为模板的心理学理论模式。人文科学心理学是非主流的心理学取向，它的发展有两条线索：一条从意动心理学开始，依次表现为格式塔心理学、现象学心理学、存在心理学、人本主义心理学、超个人心理学等流派，它们之间具有明显的连续性；另一条从古典精神分析心理学开始，依次表现为自我心理学、客体关系学派、自体心理学、社会文化学派、存在分析学、马克思主义精神分析学、后现代精神分析学等，它们之间也具有明显的连续性。当然，这种划分无论是时间上还是在思想渊源上都具有一定的相对性和交叉性。例如，存在心理学与精神分析学具有很大的关联性，存在心理学有时又称存在精神分析学或简称存在分析学。再如，作为存在心理学家的罗洛·梅和布根塔尔等人也可以归入人本主义心理学阵营。

(1) 意动心理学。

人文主义心理学从布伦塔诺的意动心理学(act psychology)[①]开始。意动心理学有狭义、广义之分。狭义的意动心理学主要是指布伦塔诺的意动

① 布伦塔诺开创了意动心理学的体系，但并未提出“意动心理学”这个概念。“意动心理学”进入心理学界，首先要归功于铁钦纳，他于1921年和1922年在《美国心理学杂志》上连续发表《机能心理学与意动心理学：Ⅰ》和《机能心理学与意动心理学：Ⅱ》，区分出两种心理学团体：关注生物学方面的机能心理学和关注意向方面的意动心理学。他明确指出，意动心理学以布伦塔诺、麦农、斯顿夫、立普斯、胡塞尔和屈尔佩为代表，英国的斯托特也受到布伦塔诺的影响。(Titchener, E. B., Functional psychology and the psychology of act: I. *American Journal of Psychology*, 1921, 32, pp. 519～542)1921年，他又在《美国心理学杂志》上发表《布伦塔诺与冯特：经验与实验的心理学》，认为他们开创了不同的心理学取向。他说：“心理学的学生，尽管其得益是双倍的，但依然必须在这一个和另一个之间作出选择。在布伦塔诺和冯特之间，没有中间的道路。”(Titchener, E. B., Brentano and Wundt: empirical and experimental psychology. *American Journal of Psychology*, 1921, 32, pp. 108～120)在铁钦纳之后，他的忠实的学生波林继承了老师的观点，将布伦塔诺和冯特视作两种阵营。他说：“19世纪后期和20世纪早期的系统心理学的分歧在于意动和内容，也就是在于布伦塔诺和冯特。”(波林著，高觉敷译：《实验心理学史》，商务印书馆1981年版，第406页)

心理学，广义的意动心理学除了布伦塔诺的意动心理学，还包括斯顿夫的机能心理学①、形质学派、符茨堡学派等。

布伦塔诺不同于冯特，他主张把意动作为心理学的研究对象，强调心理的意向性、活动性和整体性；提倡通过直接体验的方法，如内部知觉方法，来研究心理现象的组织规律和本质。布伦塔诺最先确立了意动心理学体系。在他之后，其学生斯顿夫提出机能心理学，麦农和厄棱费尔等人提出形质心理学，推进了意动心理学的发展。同时，冯特的学生屈尔佩站在意动心理学的立场上，领导符茨堡学派进行无意象思维的研究，并提出二重心理学，尝试调和意动心理学和内容心理学。此外，英国的沃德和斯托特、法国的里博和沙可也受到意动心理学的影响，推动了意动心理学在英国和法国的发展。

布伦塔诺等人的意动心理学与冯特等人的内容心理学相抗衡，开创了心理学中的人文主义路线与科学主义路线对立之先河。在意动心理学之后，弗洛伊德受到布伦塔诺的心理意动观的影响创立了精神分析心理学，惠特海默等人受到斯顿夫的影响，提出格式塔心理学，作为心理学中的"第三势力"的现象学心理学和人本主义心理学也回应了意动心理学。

(2) 格式塔心理学。

格式塔心理学(Gestalt psychology)又译"完形心理学"，包括两个分支，一是格式塔心理学的格拉茨学派，二是格式塔心理学的柏林学派②。1890—1900年间，厄棱费尔和麦农将其老师布伦塔诺的意动心理学具体运用到形、形质问题的研究上，认为形、形质的形成有赖于意动。后来这一思想又通过威塔塞克和贝努西等人的努力继续传播于世。由于他们提出形质学说，故称为形质学派。这一学派是以奥地利的格拉茨大学为中心，又称格拉茨学派。

格式塔心理学的柏林学派由惠特海默、苛勒和考夫卡三位德国心理学家于1912年创立。这个学派最初以反对冯特的元素论作为出发点，强调经验和行为的整体性，认为整体不等于且大于部分之和，整体的性质决定部分的性质，部分的性质则有赖于它在整体中的关系、位置和作用。整体观贯穿

---

① 斯顿夫的机能心理学不同于美国心理学的机能主义，对后者也没有直接的影响。斯顿夫的机能强调的是一种逻辑的机能，而美国机能主义强调的是一种生物或适应的机能。

② 史密斯指出，格拉茨学派可以与柏林学派并列，作为格式塔心理学的两个中心。(Smith, B., *Austrian Philosophy: The Legacy of Franz Brentano*, Open Court Publishing Company, 1994, pp. 259～272)林登费尔德也指出："格拉茨学派本来能够轻易地成为战争时期[指第一次世界大战]格式塔心理学主要的中心。"(Lindenfeld D. F., *The Transformation of Positivism Alexius Meinong and European Thoug, 1880—1920*. University of California Press, 1980, p. 237)

于柏林学派体系之中，在对知觉、心身关系、思维、学习和人格问题的解释上都体现了这一观点。由此出发，柏林学派十分注重心理各成分之间的动力性、交互性和系统性。

柏林学派承认形质学派的地位与作用，在诸多方面与其保持一致：它们都坚持整体论观点，反对元素论观点；都把对形式和图形关系尤其是知觉作为核心主题。不过，格拉茨学派与柏林学派间存在着一定的差异。两个分支的争论反而成了格式塔心理学发展的动力，这反映在后来意大利的格式塔心理学发展上。

格式塔心理学的柏林学派除了三位创始人之外，后来受到柏林学派影响的勒温转向团体动力学，可以视作是对格式塔心理学的一种继承和发展。海德和费斯汀格等继承和发展了团体动力学，各自提出新的理论和学说，并在美国社会心理学界长期占据着统治地位，而格拉茨学派在一定程度上被冷落了。

(3) 现象学心理学。

在20世纪五六十年代，美国的现象学心理学、存在心理学和人本主义心理学以相似的人文主义心理学观点共同构成心理学的“第三势力”，它们共同反对心理学的“第一势力”行为主义心理学和“第二势力”精神分析心理学。在严格意义上，“第三势力”心理学都是心理学的一种共同研究取向，而非一个严格意义上的学派。当然，从起源上看，现象学心理学和存在心理学都比人本主义心理学出现得较早。

现象学心理学(phenomenological psychology)是产生于20世纪上半叶的一种心理学取向，它上承人文科学心理学最初形态的意动心理学，并受到现象学哲学的直接影响。它从直接呈现的经验出发，坚持意向性观点，对经验加以描述。胡塞尔的现象学心理学和哥廷根的实验现象学构成了现象学心理学的最早思想雏形。从地域上看，现象学心理学可分为欧洲的现象学心理学与美国的现象学心理学。前者主要有以萨特和梅洛—庞蒂为代表的法兰西学派、以伯伊滕蒂克等人为代表的乌特列支学派。后者兴起于20世纪40年代，到60年代逐渐形成了以乔治为代表的迪尤肯阵营。美国的现象学心理学的兴起过程主要是吸收与转化现象学哲学和欧洲现象学心理学的过程，这个过程实际上是现象学心理学在美国的本土化过程。1970年，乔治创办《现象学心理学杂志》，在现象学心理学发展中具有标志性意义。从理论形态上，现象学心理学可以分为三个维度六种形态：在研究方式上，表现为思辨的与实验的现象学心理学；在研究取向上，表现为经验与解释的现象学心理学；在研究领域上，表现为存在与超个人的现象学心理学。

(4) 存在心理学。

存在心理学(existential psychology)主要受到存在主义哲学和精神分析心理学的影响,以人的存在为核心观点,采用现象学方法,来理解人的爱、本真、自由、焦虑、孤独、死亡等存在状态。存在心理学家在坚持心理学的存在主义观点和现象学方法方面是一致的,但他们在研究主题上又各有侧重。存在心理学在20世纪三四十年代兴起于欧洲,并在五六十年代发展于美国和英国。早期的欧洲存在心理学的主要代表人物是瑞士的宾斯汪格、鲍斯和奥地利的弗兰克尔等人。美国的存在心理学以罗洛·梅为领军人物,此后还有布根塔尔、施奈德和雅洛姆等人。1958年,罗洛·梅等主编的《存在:心理学与精神病学中的一种新维度》是美国的存在心理学发展的一个里程碑。1959年,在美国心理学会的年会上举办了关于存在心理学的研讨会,会议论文由罗洛·梅主编并以《存在心理学》(1961)为题出版。1960年开始,美国陆续创办了几种存在心理学杂志,如《存在精神病学》(1960,后更名为《存在主义杂志》)、《存在心理学与精神病学评论》(1961)、《存在分析者》(1964)、《存在精神病学》(1964)等,这些刊物成为存在心理学最重要的阵地。英国的存在心理学以莱因等人为代表。

(5) 人本主义心理学。

人本主义心理学(humanistic psychology)诞生于20世纪五六十年代,是美国心理学中的一种新思潮和革新运动。它假定每个人的内部都存在着一种成长的机制,这种机制可以促使人们在环境允许的情况下实现他们的潜能,而心理学家的目标和责任就是关注这种内部潜能,并寻求各种方法来帮助人们实现这种潜能。奥尔波特、马斯洛、罗杰斯等人是其主要代表人物,此外,存在心理学家罗洛·梅和布根塔尔等人的思想也具有人本主义心理学倾向。在20世纪60年代末,从美国人本主义心理学中又分化出超个人心理学,它是人本主义心理学创始人马斯洛和萨蒂奇等人在对人本主义心理学进行自我扬弃的基础上提出来的。超个人心理学超越了人本主义以个人的自我实现为目标的狭隘认识,迈向以研究人类心灵与潜能的终极价值和真我完满实现为目标。人本主义心理学理论形态包括以奥尔波特、马斯洛、罗杰斯等人为代表的自我实现理论、以罗洛·梅和布根塔尔等人为代表的自我选择论和以马斯洛和萨蒂奇等人为代表的自我超越论。

(6) 精神分析心理学。

精神分析(psychoanalysis)由奥地利著名医生弗洛伊德于19世纪末创立,它既是一种治疗心理疾病的方法,又是一种潜意识的心理学说。精神分析最初是从神经症治疗实践中产生的,逐渐发展成为现代西方心理学的一个主要流派，被称为西方心理学的“第二势力”。自20世纪20年代以来，精神分析逐渐超越了心理学的范围，扩展到社会科学的诸多领域，开创了一场人类思想文化运动。可以说，精神分析心理学是西方心理学史上绵延最长、影响最大、分支派别最多的一个心理学流派。

自从弗洛伊德创建精神分析理论以来，精神分析运动已经经历了百年的发展历程，其发展循着内部和外部两条路径。内部发展路径指的是精神分析内部的不断分裂与重组、演变与发展。其逻辑线索是，弗洛伊德所倡导的驱力模式，经过荣格、阿德勒等人的过渡之后，进一步演化为自我模式、关系模式和自体模式，分别对应着以安娜、哈特曼和埃里克森等人为代表的自我心理学，以克莱因、费尔贝恩和克恩伯格等人为代表的客体关系学派和以科胡特等人为代表的自体心理学等，它们从学科内部推动着精神分析运动向前发展。外部发展路径指的是弗洛伊德之后的精神分析从外部学科，如医学、社会学、文化学、哲学、语言学等积极汲取养分，一些精神分析学家把传统精神分析学与其他学科相结合，分别出现了以霍妮、沙利文、卡丁纳和弗洛姆等人为代表的社会文化学派，以宾斯万格、鲍斯、罗洛·梅、莱因等人为代表的存在分析学，以赖希、马尔库塞和弗洛姆等人为代表的马克思主义精神分析学，以拉康等人为代表的后现代精神分析学等，它们推动了精神分析运动向外发展。

精神分析百年运动的发展历程是一个不断分裂与整合的过程。其整合过程就是不断地克服片面性、极端性从而逐渐地走向互相吸收、融合的历程，表现在它的不同发展阶段之间、其内部的各种模式之间以及它与外部诸多学科之间的相互吸收与融合。精神分析运动的整合逻辑与其发展逻辑相一致，也循着内部整合与外部整合两条路径。内部整合路径是指精神分析内部的各种模式之间的整合，即对驱力或本能、自我、客体关系与自体模式之间的不断整合，包括雅可布森的自我理论整合、克恩伯格的客体关系理论整合、科胡特的自体理论整合和米契尔的关系理论整合等。外部整合路径是指精神分析与外部邻近学科，如社会学、文化学、哲学、语言学、医学和神经科学之间的整合，包括社会文化学派的文化理论整合、存在精神分析的人本主义理论整合、拉康的语言学理论整合和神经科学的科学化整合等。无论是内部整合还是外部整合都推动了精神分析运动不断向前发展。

## 三、现代心理学流派的当代效应

20世纪80年代以来，西方心理学进入“后体系时代”（postsystem era）[①]。尽管一些学派和思潮如行为主义心理学、认知心理学、精神分析心理学、人本主义心理学等依然存在，但是，学派纷争日益淡化，学派界限日趋模糊，大多数心理学家更倾向于具体问题的研究，提出一些微观理论模型，而不大关心学派建设。就宏观理论观点而言，当代心理学也出现了一些新的研究趋势。这些新趋势一方面延续着科学主义心理学与人文主义心理学的分野。例如，联结主义认知心理学、认知神经科学、生态心理学、进化心理学等主要体现了科学主义心理学精神，后现代心理学、女性主义心理学、叙事心理学、文化心理学、积极心理学等主要体现了人文主义心理学精神。同时，这些新趋势在一定程度上也体现了科学主义心理学和人文主义心理学之间相互吸收和融合的新特点。当代出现的这些心理学的新趋势，只能看成是新的心理学研究取向，还不能视为严格意义上的心理学派别，而且，它们各自的代表人物也没有打算创立什么新的学派。

### 1. 科学主义心理学流派的当代效应

以自然科学为价值定向的科学主义心理学的当代趋势主要有：联结主义认知心理学、认知神经科学、生态心理学和进化心理学等。表面上看来，虽然不断有新的特征纳入到这些趋势中，比如多学科的交叉性以及研究方法的多元化，但是这些趋势在总体上却都反映出了诸如坚持经验证实原则、强调量化研究等科学主义心理学所固有的研究特征。

(1) 联结主义认知心理学。

联结主义认知心理学（connectionist cognitive psychology）是联结主义模型研究于20世纪80年代在认知心理学领域的复兴。它的复兴既逢信息加工论认知心理学遭到怀疑与困难之时，又得益于脑科学和神经科学的飞速发展。1986年，鲁梅尔哈特和麦克里兰编辑出版的联结主义“圣经”《并行分布加工：认知结构的微观探索》一书，标志着联结主义认知心理学进入发展的鼎盛时期。联结主义认知心理学以“心理活动像大脑”为隐喻基础，把认知过程类比为神经网络的整体活动，把认知系统看做是简单而大量的加工单元的联结网络，网络中的每一单元在某一特定时刻总是处在某种激活

① Brennan, J. F. (2003). *History and systems of psychology*. New Jersey: Pearson Education, p. 280.

水平上，其实际的激活水平与来自环境和其他与之相连的单元有关。在联结主义看来，知识并不存在于特定的地点，而是存在于单元之间的联结之中，学习就是建立新的激活模式或改变单元之间的联结强度，因此，不同的激活模式能够解释不同的认知过程。相对于信息加工论认知心理学，联结主义认知心理学所研究的人工神经网络与大脑的功能方式更为一致，因为人脑就是由大量神经细胞以复杂方式联结起来的。联结主义认知心理学为处于危机中的认知心理学带来了新的生机，被称作"在认知解释方面的一场哥白尼式的革命"①，但它以对大脑的同构型或同态型模型为研究对象本身就具有一定的局限性。

(2) 认知神经科学。

认知神经科学(cognitive neuroscience)是20世纪80年代末出现的一种主要研究趋势。这一趋势重在研究和探讨人类心理及其活动的脑基础，以便揭示出人类心理和大脑之间的关系。认知神经科学融合了多个学科，比如脑科学、认知科学、神经科学等。这一新趋势有两点基本主张：一是认为脑结构与脑功能具有多层次性的特点；二是认为虽然人脑的结构是脑功能的基础，但在结构和功能之间并非简单的对应关系。这一趋势以传统认知心理学的行为实验研究方法为基础，主要采用脑功能成像技术进行研究。这其中主要包括基于脑代谢或脑血流变化的正电子发射断层扫描技术(PET)、功能性核磁共振成像技术(fMRI)和基于脑电或脑磁信号的脑生理功能成像的事件相关电位技术(ERP)、脑磁图技术(MEG)。认知神经科学将认知科学中的精细、严密的实验设计和现代神经科学中的先进技术相结合，丰富了心理学的研究，促进了人们对心理学中的一些重要主题研究的深入。有观点甚至认为认知神经科学正取代认知心理学成为心理学发展的新阶段。② 虽然这一新的趋势目前还正处于进一步发展和完善之中，但相信它会给心理学研究带来更多的借鉴和突破。

(3) 进化心理学。

进化心理学(evolutionary psychology)是在20世纪80年代末期出现于心理学研究领域中的一种新的研究趋势，其主要代表人物有巴斯、考斯麦茨、巴库等人。进化心理学主要受到本能心理学、认知科学和精神分析理论的影响，在方法论上主要运用生物学的进化理论来探讨人类心理的起源和

---

① Andy Clark & Rudi Lutz(1992). *Connectionism in context*. Springer-Verlag, p. 9.

② 索拉索编，朱滢、陈烜之等译：《21世纪的心理科学与脑科学》译者前言，北京大学出版社2002年版，第12页.

本质，并尤其强调自然选择的机制。这一趋势的基本观点主要包括：理解心理机制的关键在于过去；功能分析是理解心理机制的最主要途径；人类在解决问题的过程中逐渐演化出心理机制；心理机制具有模块性；人类的行为和表现是外部环境和心理机制相互作用的结果。进化心理学的研究主要建立在多种方法和数据来源的基础之上，通常采用比较法和实验法对所提出的假设进行检验，数据资料主要来源于观察资料、自我报告、生活史、考古学记录、狩猎采集社会的数据等。进化心理学把心理学的研究融进了生命科学的研究范围之中，拓宽了心理学的研究领域，并对人性等问题做了深入探讨。虽然进化心理学目前尚存在诸多争议，但是它无疑启发并促进了心理学的深入研究和纵深发展。

(4) 生态心理学。

生态心理学(ecological psychology)是在20世纪80年代末最终确立并得以发展的心理学新趋势之一。它受到科学、哲学和心理学等多个学科的影响，但以心理学的影响为主。在心理学领域中，生态心理学既受到机能主义心理学、行为主义心理学、认知心理学等这些主要的科学主义心理学流派的影响，又受到格式塔心理学、精神分析心理学和人本主义心理学等人文主义心理学流派的影响。从这些影响中，我们可以看到生态心理学这一新趋势在总体上反映了科学主义心理学和人文主义心理学的融合迹象。生态心理学的特征主要包括：强调人类心理的整体性；主张心理学的研究应面向生活世界；主要关注生态危机。在研究方法上，生态心理学虽然倡导多元化取向，但在实际研究中往往以注重生态效度的实验法、以行为抽样记录为主的自然观察法、以背景评估为主的测量法以及档案法为主。由于生态心理学的发展处在以科学主义为主导的当代心理学氛围下，不可避免地对经验和实验尤为注重，这也在一定程度上限制了生态心理学的发展空间。

**2. 人文主义心理学流派的当代效应**

以人文社会科学为价值定向的人文主义心理学的当代趋势主要有：后现代心理学、女性主义心理学、叙事心理学、文化心理学、积极心理学等。它们主要以现象学为哲学基础，以质化描述和个案分析方法研究现实生活中人的整体经验世界，关注人的价值、尊严、情感的理解和体验等主题，重视社会和文化因素对人的心理的影响。

(1) 后现代心理学。

后现代心理学(postmodern psychology)是在20世纪80年代中后期，受到后现代文化思潮的直接影响，在西方主流心理学面临困境与危机的情势下产生的一种心理学新趋势。它直接缘起于在心理学界处于非主流地位的人文科学定向的心理学思想。它以批判和消解科学主义心理学,并从后现代视野重新审视和重构心理学为基本特征。后现代心理学反对把心理学视为一门自然科学,从总体上倾向将心理学划为人文科学阵营;反对只研究可观察的对象,主张扩大心理学的研究对象;反对以实证方法为中心和量化分析,主张质化研究;反对原子论、还原论、客观论、决定论,倡导整体论、建构论、去客观化、或然论;反对追求普适性真理、价值中立和把人视作机器的观点,主张淡化对普适性真理的追求,关注事实与价值的融合,张扬人性;反对将知识视为客观实在,主张把知识放到社会背景中,视其为人际互动和社会建构的结果。后现代心理学作为后现代文化思潮的重要组成部分,体现出人文科学的精神,对人文主义心理学领域具有积极意义。

(2) 女性主义心理学。

女性主义心理学(feminist psychology)产生于20世纪60年代末以来的西方女性主义思潮背景之下。其发展逻辑体现为三种研究取向:20世纪六七十年代出现的经验论女性主义心理学,20世纪80年代出现的立场论女性主义心理学和20世纪90年代出现的后现代女性主义心理学,其中后现代女性主义心理学占据主流地位。女性主义心理学的主流观点是:消除心理学中男性中心的偏见,建立"性别公平"的"好科学";反对实证霸权,主张采用适于女性的多元方法,如质化方法;反对传统心理学的客观和价值中立的研究模式,提倡在社会文化背景下对女性的主观经验如价值、情感和信念的深度理解;主张从社会性别视角革新咨询关系,尊重女性能力、尊严及价值,强调赋予自我决定的治疗目标,建立平等的咨询关系。女性主义心理学对我们全面认识人类心理和关注女性心理起到独特作用。

(3) 叙事心理学。

叙事心理学(narrative psychology)诞生于20世纪80年代中期,它受到后现代文化思潮的影响,是现代文学中的叙事分析与社会心理学相结合的产物。它是通过分析神话、民间故事、小说等虚构文本来探讨和理解我们精神世界的意义系统和结构的一种人文主义心理学取向。叙事心理学以自我叙事表征心理过程的核心特征,主张用话语分析等质化方法研究人的意义、价值、情感和人格,研究人的生活故事,其目标是理解,而非实证和解释;它强调人的心理的情景性和生成性,既关注日常生活世界中人的发展过程的连续性,又注重对人生链条上每一个故事内容的分析;它认为心理问题产生的原因在于外界事物导致个体生活故事的连续性遭到破坏,心理治疗的目的是帮助个体"修复故事"或重构一个新故事。叙事心理学以其独特的研究方法和视角,启示我们重新审视传统心理学的目标和方法。

(4) 文化心理学。

文化心理学(cultural psychology)是20世纪末产生的一种心理学取向，是对主流心理学困境与危机的一种反应和结果。它主要通过人文科学模式研究特定文化中人的心理或行为，重视实际语境，强调生态学研究方法，重视主位研究、同文化研究和本体论解释学研究。它强调文化与心理的创生关系和互动关系，力图改变传统文化与心理学领域研究中的文化决定论模式。文化心理学主要有三种取向：符号理论取向、活动理论取向和个人主义理论取向。它对科学主义心理学进行了全面的批判和建构：反对物性，张扬人性；反对经验—理性理论模式，主张文化研究范式；反对传统心理学的本体论和普遍知识观，坚持文化相对主义与建构主义；反对二分主义和以此为基础的本质主义、基础主义和归因主义，倡导整体主义、非本质主义、非基础主义。文化心理学重视人性，突出心理学的人文科学性，弥补了科学主义心理学的不足。

(5) 积极心理学。

积极心理学(positive psychology)是利用心理学目前已比较完善和有效的实验方法与测量手段，来研究人类的力量和美德等积极方面的一种心理学思潮。它产生于20世纪末的美国，是相对于主流心理学中的“消极心理学”而言的。它反对传统心理学以消极、问题、障碍、病态心理为研究重点，反对本能驱力论、环境决定论和悲观人性论，强调对主观幸福感、美德、力量和潜能等积极品质的研究；反对心理学研究只关注对“问题”的修补，主张心理学关注和鼓励人保持积极心理品质。积极心理学的主要研究内容包括：积极情感体验，如主观幸福感、满足和快乐等；积极人格，如自尊、虔诚、宽恕、善良、爱、正直、感恩等；积极的社会组织系统，如工作制度、家庭关系和学校管理等。积极心理学虽然沿用了实证主义的研究方法，但也逐渐尝试借鉴质化研究方法，更重要的是它继承和发展了人文主义心理学的人性观与心理观，其目标在于寻求人类的人文关怀和终极关怀，它在总体上属于人文主义心理学，同时也体现了科学主义心理学与人文主义心理学的融合迹象。

在当前西方心理学中，科学主义心理学与人文主义心理学逐渐开始对话与交流，出现了相互融合的新迹象。例如，上述生态心理学和积极心理学两种研究趋向就表现出这种融合的特点。又如，精神分析心理学通过借鉴认知神经科学的研究方法和成果向科学主义心理学融合。神经精神分析学(neuropsychoanalysis)是一门将传统精神分析学与神经科学的理论和方法相结合的新研究领域。其领军人物马克·索姆斯指出，神经精神分析学“联系心理与大脑，以详细探究因不同大脑结构受损而带来的人格、动机和情绪变化的内部心理结构。如此，我们可以辨别引起这些症状和症候群的多重潜在因素，并将它们与其解剖的‘活动场景’联系起来”①。1999 年《神经—精神分析学》杂志创刊，2000 年国际神经—精神分析学协会创建，标志着神经精神分析学的正式建立。神经精神分析学试图通过结合精神分析学与神经科学的理论与方法，实现精神分析的科学化，被称为 21 世纪精神分析研究的新范式。再如，认知科学通过借鉴现象学的方法向人文主义心理学融合。1996 年，认知科学家瓦雷拉提出神经现象学(neurophenomenology)构想，试图将认知科学与现象学结合起来。② 神经现象学是研究意识体验的神经科学，在理论上寻求对意识的神经生理层面进行具身化(embodied)与大规模(large-scale)的动力学研究；在方法上广泛而严格地使用现象学的第一人称主观经验报告策略，来量化和描述意识的大规模的神经动力活动。神经现象学鲜明地体现了实证方法与现象学方法的结合。

## 四、现代心理学流派的理论特征

现代心理学流派的发展与演进并非杂乱无章，而是有其内在的理论逻辑。这种理论逻辑从心理学的科学观、对象论、方法学和理论观等方面体现了科学主义心理学与人文主义心理学的分歧与争论。心理学史学家华生③、科恩④、金布尔⑤等人都曾对此进行过研究。我们在这里分别从科学观、对象论、方法学和理论观方面总结科学主义心理学和人文主义心理学的不同理论特征，以进一步深化对现代心理学流派的理解。

### 1. 科学观

心理学科学观是指心理学家关于心理学的学科性质、定位及其建构方式的理论观点，体现为心理学家对心理学研究对象的理解、对心理学研究方

① Kaplan-Solms, K. & Solms, M. (2000). *Clinical studies in neuropsychoanalysis*. London: Karnac, p. 62.

② Varela, F. J. (1996). Neurophenomenology: A methodological remedy to the hard problem. *Journal of Consciousness Studies*. 3(4), pp. 330～50.

③ Watson, R. I. (1967). Psychology: A prescriptive science. *Americcan Psychologist*. 22(5), pp. 435～443.

④ Coan, R. W. (1979). *Psychologist: Personal and theoretical psthways*. New York: Irvington Publishers, Inc.

⑤ Kimble, G. A. (1984). Psychology's two cultures. *Americcan Psychologist*. 39(8), pp. 833～839.

式的确定以及对其理论本身的表述。心理学家持有什么样的科学观，决定着他们怎样看待心理学，怎样研究心理学，致力于将心理学建构成什么样的科学。科学主义心理学与人文主义心理学在科学观上表现为自然科学观与人文科学观的差异。

科学主义心理学自冯特起，就确立了心理学的自然科学观，以物理学、生理学和生物学等自然科学为模板，反对旧的思辨的形而上学心理学，将心理学打造为自然科学的一个分支。这种科学观遵从17世纪以来流行于物理学等学科中的数学和机械观点，将世界视作遵循物理规律的自然物的世界，力图通过客观的实验研究发现自然物的成分及其运动规律。铁钦纳将冯特的内容心理学观点推向极致，认为心理学类似形态学，它通过类似于"活体解剖"的工作发现心理的元素及其结合规律。行为主义者华生曾明确宣称："心理学是自然科学的一个分支，它将人的活动及产物作为主题。"①华生将心理学的研究对象限定在可观察的行为范围内，同时将心理排除在心理学大门之外。认知心理学虽然实现了心理的复归，但仍将可客观操作的信息符号作为研究对象，来发现其中的运转规律。科学主义心理学通过采用自然科学模式，极大地推动了心理学的发展，但同时也存在过于强调自然科学观点、忽视心理的原本面目的不足。心理学史学家科克对此批评说："物理学的语言成了心理学的理想术语。科学的脸面远比真知灼见更具魅力。心理学史成了对自然科学的模仿史。"②

与科学主义心理学不同，人文主义心理学自布伦塔诺起，就确立了心理学的人文科学观，将心理学打造为人文（社会）科学的一个分支。这种科学观重视人的世界的整体性与独特性，将世界视作有意义的世界，力图在忠于心理现象原本面目的前提下，通过描述和理解阐发其中所蕴含的意义与价值。人文主义心理学强调心理的整体性、主观性、动态性和独特性，主张以人文（社会）科学的理论模式来研究心理学，以达到对人的心理生活的理解。狄尔泰通过区分描述心理学（descriptive psychology）与说明心理学（explanatory psychology），明确提出人文科学的心理学观点。格式塔心理学提出"整体大于部分之和"的口号，强调心理现象的整体性。精神分析心理学力图通过理解与解释来考察人类心灵深处的潜意识现象。"第三势力"心理学则明确自己的人文科学立场，通过研究人的存在、潜能、意义、价值等主题，

---

① Watson, J. B. (1919). *Psychology from the standpoint of a behaviorist*. Philadelphia: J. B. Lippincott Company, p. 1.

② Koch, S. (1959). *Psychology: A study of a science* (vol. 3). New York: McGraw-Hill, p. 783.

彰显心理现象的整体性与独特性,揭示其中的意义源泉。人文主义心理学采用人文科学模式,丰富了心理学的主题和领域,推进了心理学的发展,但在方法落实等方面存在着不足。

2. **对象论**

心理学的对象论是指心理学家在研究对象上的主张与阐释,它对于心理学的研究主题和领域等具有重要的指导意义。科学主义心理学与人文主义心理学在对象论上表现为人性观和心理观两个具体层面上的分歧。

人性观是指对人的本性的理解。科学主义心理学在人性观上坚持自然科学的立场,表现出自然化倾向。这种人性观把人从各种背景中隔离出来,视其为纯粹物理世界中的自然存在。冯特在创立科学主义心理学时,就将人和物等同,通过考察心理的元素及其结合规律,把人降为自然的化合物。行为主义将人和动物等同,通过考察刺激—反应的联结来推断人的适应行为,把人降为大白鼠。认知心理学将人视作物理符号系统,通过计算机模拟来推导人的内部心理过程,把人降为机器。科学主义心理学的人性观有利于掌握人的心理机制和规律,但忽视了人的自身独特性及其社会性。而人文主义心理学在人性观上坚持人文科学的立场,强调人在世界中的独特地位,提倡从社会、历史、文化和精神的视角去理解人。格式塔心理学重视具体情境中的人,精神分析心理学侧重从人的生活史考察人的内心世界,存在心理学则从人在世界中的存在来展现人的精神面貌。人文主义心理学拓展了心理学对人性的丰富性理解,但对人的自然属性重视不够。

心理观是指对心理学研究对象的看法。科学主义心理学将研究对象视作具有物理特征的自然物,尤其强调研究可观察的对象,如认知、行为等,而那些不能观察或无法实验证实的经验都被排斥在心理学的研究对象之外。冯特的内容心理学和铁钦纳的构造心理学都将各种复杂的心理过程分析为基本的心理元素,结果导致严重脱离实际的"砖块和水泥"的心理学。华生和斯金纳等人的行为主义心理学因为排除了意识和心理而成为"无头脑"的心理学。信息加工论认知心理学从信息的输入与输出来推论人的内在认知加工的规律。而人文主义心理学重视研究心理的主观体验,如情感、潜能、创造、价值等,强调心理学研究对象的主观性、意义性、整体性以及与情境的独特关联。布伦塔诺通过提出心理的意向性本质,强调了心理现象与对象的关联性。精神分析强调过去经验的独特意义,由此来发掘潜意识的奥秘。现象学心理学力求从人所体验到的生活世界出发,来考察心理的本质。人本主义心理学关注人的内在体验,如潜能、需要和自我实现等。

3. 方法学

从方法学上看，科学主义心理学与人文主义心理学无论在哲学方法论上还是在具体研究方法上都存在较大的分歧。科学主义心理学以实证主义为哲学基础，使用自然科学的研究方法，如实验室研究、量化研究和共同规律研究；人文主义心理学以现象学为哲学基础，使用人文（社会）科学的研究方法，如现场研究、质化研究和特殊规律研究。

（1）实证主义与现象学。

科学主义心理学与人文主义心理学在哲学方法论上存在分歧。科学主义心理学以实证主义为哲学方法论。实证主义坚持客观立场，强调研究对象的可观察性，提倡通过经验的验证来发现心理现象的机制和规律。实证主义包括孔德的激进实证主义、马赫和阿芬那留斯的经验实证主义以及维也纳学派的逻辑实证主义三代，它们分别为华生的行为主义、铁钦纳的构造主义以及新行为主义提供哲学方法论。在实证主义哲学的影响下，科学主义心理学提倡实验、测量等量化方法，力求得出心理的本质。人文主义心理学以现象学为哲学方法论。现象学从生活世界出发，强调忠于心理现象本身，提倡通过经验的描述和理解，来揭示心理现象的原本面目。现象学包括胡塞尔现象学、存在主义和解释学三代，它们分别为格式塔心理学、人本主义心理学、现象学心理学、存在心理学和精神分析提供哲学方法论。在现象学哲学的影响下，人文主义心理学提倡个案、现场等质化方法，力求理解心理的意义。

（2）实验室研究与现场研究。

科学主义心理学强调严格控制的实验室研究，而人文主义心理学注重日常生活的现场研究。科学主义心理学深受自然科学观和实证主义哲学的影响，信奉实验方法，主张通过精巧的实验设计、严格的变量控制来研究心理现象。例如，冯特把生理学和心理物理学的实验方法引入心理学，并把传统的内省法改造为实验的内省法，对感知觉、联想等进行了大量实验研究。行为主义更是笃信客观实验法，认为只有运用严格的实验程序与仪器设备，才能进行科学的心理学研究。信息加工论认知心理学也主要是在实验室内进行研究，运用反应时实验、眼动实验和计算机模拟等方法，并在使用中特别强调实验变量及其控制。与之相对，在人文科学观和现象学哲学的影响下，人文主义心理学认为心理学研究应当走出实验室，走进日常生活情境，采用访谈和自然观察等现场研究方法。精神分析心理学在临床背景下探究人的潜意识，对梦、口误、笔误、遗忘和疏忽等现象进行分析。格式塔学派主张采用实验现象学和自然观察法来研究人的直接经验。人本主义心理学采用个案、访谈等方法揭示个体的独特性。

(3) 量化研究与质化研究。

科学主义心理学侧重量化研究，而人文主义心理学突出质化研究。科学主义心理学关注研究的精确性，强调定量分析。铁钦纳说过："在科学中，一切解释对我来说，都是依存变量和独立变量的相关性。"①行为主义心理学通过数量分析来确定刺激与反应或环境与行为之间的关系，这在赫尔的逻辑行为主义和斯金纳的操作行为主义中表现得尤为突出。认知心理学用反应时作为感知觉、记忆、思维和语言等多种心理现象的主要指标，任何复杂的心理活动都可以转化为反应时指标或测验分数。而人文主义心理学并不排斥量化方法，但对科学主义心理学过于追求量化的倾向进行了批评，大力倡导质化研究。布伦塔诺以内部知觉方法研究心理的活动，精神分析心理学运用自由联想和梦的分析揭示潜意识的意义，格式塔心理学通过实验现象学方法揭示心理的本质，人本主义心理学和现象学心理学通过现象学方法发掘经验的意义。

(4) 共同规律研究与特殊规律研究。

科学主义心理学坚信客观的普适性原则，认为通过经验观察和实验就能归纳出适合所有人的共同规律，以此对心理与行为进行统一性解释。例如，行为主义者认为心理学可以发现人类行为的一般规律，并据此对人类的行为进行预测和控制。华生指出，心理学"在某种程度上成为探索人类生活的基础……为所有的人理解他们自己行为的首要原则做准备……应该使所有的人渴望重新安排自己的生活"②。认知心理学通过严格控制的实验室研究，得出人类认知的一般规律。而人文主义心理学主张，普适性的共同规律并没有多少意义，心理学研究不应离开特定的个体和具体的情境，而应重在发现适合个体的特殊规律。精神分析心理学从临床案例观察出发，得出适于某类病症的理论解释。人本主义心理学采取折中融合的方法论原则，马斯洛和奥尔伯特等人坚持在共同规律研究之外，一定要运用特殊规律研究法对个案进行深入研究。

**4. 理论观**

(1) 客观论与主观论。

科学主义心理学将实证主义哲学的实证性原则贯彻到心理学中，追求客观化，强调以量化方法研究可观察的对象。例如，机能主义心理学把人的

① 郭本禹主编：《西方心理学史》，人民卫生出版社 2007 年版，第 350 页。

② 华生著，李维译：《行为主义》，浙江教育出版社 1998 年版，第 304 页。

心理整体视为一种机体有效适应生活条件的活动过程，使心理学的研究重心转移到有机体与客观环境的适应关系中，进行开放、客观的研究。行为主义心理学是客观心理学的典型代表。华生反对把心理封闭在主体之内，主张以客观可观察的行为作为心理学的研究对象，以严格的客观法代替主观内省法。斯金纳把自己的新行为主义体系定性为："从科学的角度看，这个体系是实证主义的。它的任务以描述为限，不企图提出解释，它的一切概念都由直接观察的结果来给以定义，不涉及身体部位或生理的特点。"①信息加工论认知心理学也信奉客观主义，强调在严格控制的实验条件下，使用精密仪器观察自变量与因变量之间的关系。人文主义心理学则受现象学哲学的影响，认为心理学要抓住统摄经验的有意义的结构，以现象学的方法研究主体的意识活动。布伦塔诺以直接体验为方法研究人的内在的意动。格式塔心理学主张采用实验现象学方法与自然观察等方法研究人的直接经验，反对人为的抽象和元素分析。而人本主义心理学则突出了人的主体性和主观性在心理学中的地位，倡导以整体分析法、现象学方法研究人性、价值、创造性和自我实现等高级心理过程。

(2) 方法中心论与问题中心论。

科学主义心理学认为，要想使心理学真正成为一门实证科学，就必须采用曾经使自然科学获得巨大成功的研究方法和研究范式，坚持"以方法为中心"的研究思路。马斯洛指出："方法中心就是认为科学的本质在于它的仪器、技术、程序、设备以及方法，而并非它的疑难、问题、功能或者目的。"②方法中心论根据研究方法确定研究问题。这种观点在行为主义心理学那里表现得最为突出。华生宣称，行为主义的目的在于方法论的革命，并以研究意识和心理缺乏科学的方法为理由而将其赶出了心理学。信息加工论认知心理学尽管不像行为主义那样极端，但也具有方法中心论的倾向，强调以实验法和计算机模拟法研究人的信息加工过程。而人文主义心理学则反对方法中心论的倾向，主张以问题为中心，根据研究问题选择方法，既可采用实验法等定量分析的方法，也可采用个案、自陈、描述等定性的方法。例如，精神分析心理学为了研究潜意识心理，抛弃了实验室研究，而使用自由联想、梦的分析、日常生活分析等方法。人本主义心理学家马斯洛也明确指出，方法和手段是为目的服务的，其意义为问题所规定，心理学应以对个人或社会有意义的问题，如潜能、价值和自我实现为中心，然后才是选择适当的研究方

① 章益辑译：《新行为主义学习论》，山东教育出版社 1983 年版，第 295 页。
② 马斯洛著，许金声等译：《动机与人格》，华夏出版社 1987 年版，第 14 页。

法。

(3) 元素论与整体论。

科学主义心理学继承了联想主义心理学的传统，采用元素论来研究心理现象，认为确定心理现象的构成元素及其结合规律是心理学的首要任务。冯特最早提倡对心理进行元素分析，铁钦纳也坚持这种观点，并且分析得更为精细，提出意识是由感觉、表象和感情三种元素构成的。古典行为主义虽然在研究对象上反对冯特和铁钦纳，但在元素观上与他们保持一致。华生把复杂的行为简单化，将其视为刺激与反应的联结。信息加工论认知心理学继承了行为主义的元素分析传统，将心理视为信息及其符号单元。而人文科学心理学则更多地受到现象学方法的影响，主张对人的心理现象进行整体描述，认为整体不是部分或属性的机械相加，整体不为部分所决定，相反还决定部分。格式塔心理学是整体论心理学的典型代表。格式塔心理学家苛勒指出："我们所需要的是那些可用以了解我们的直接经验的概念，至于感觉之类的分子，我们凭自己的观察没有发现这些分子。"①人本主义心理学也反对将人的心理和行为肢解为统计数字或数学公式的定量分析，强调将人作为一个整体来把握，如奥尔波特主张对人格进行整体的研究，马斯洛主张用整体分析法研究人的心理。

(4) 因果决定论与自由意志论。

科学主义心理学把人的心理现象看做自然现象，认为人的心理与行为都遵循因果决定论。决定论的观点认为，所有的心理事件都是有原因的，都是由某种先行的因素决定的，因而我们可以依据先前的心理事件来解释心理活动。科学主义心理学的创始人冯特指出，作为自然科学家，"我们必须把每一种行为中的变化都追溯到一种唯一可观察到的同一种东西，即运动。"②在后来的心理学发展中，行为主义在这方面的表现最为典型。行为主义强调行为分析的目的就是发现行为的原因，从各种各样的环境刺激中确定反应的决定因素，以便为预测和控制行为服务。尽管新行为主义包含着中介变量和行为目的等概念，但这些概念主要是对行为的刺激反应的操作化，与自由选择的意图和追求无关。与此相反，人文主义心理学强调人的自由意志和自由选择，认为人可以独立自主地做出决定，不受外在环境的干扰。存在心理学和人本主义心理学都坚持人具有自由意志，能够进行自由选择。如罗洛·梅指出，一个人若没有自由，他身上起作用的就只有达尔文

① 高觉敷：《高觉敷心理学文选》，江苏教育出版社 1986 年版，第 314 页。

② Ernst Cassirer(1950). *The problems of knowledge*. Yale University Press, p. 88.

的决定论原则了；心理治疗的目的是使人重获自由。弗兰克尔也指出，意志自由属于经验的直接性，即便是身体被囚禁了，人的精神也是自由的，意志自由赋予人新的生命体验。

（5）机械论与生机论。

科学主义心理学固守“人是机器”的信念，主张研究物的范式同样适用于研究人的心理，并以机械论的观点解释一切心理事件。行为主义者华生认为，心理学的任务就是帮助和指导人这架机器能更快地适应新的环境、更好地运作下去。他公开宣称：“我们要把一个人之各方面的行为，完完全全地合拢起来，并把这样一个人看作一个复杂而又活动着的有机的机械。”[①]信息加工论认知心理学同样将人设想为机器，把人脑比作计算机，用计算机的信息加工过程来模拟说明人对外部世界的认知过程。与此相反，人文主义心理学则坚持生机论的观点，强调心理现象的有机性，重视人类意识的积极性和主动性，认为对于心理与意识的机械分析无助于对其本质的揭示。例如，格式塔心理学强调整体、组织作用、结构等在知觉过程及高级心理过程中的作用，注重人们对感觉信息输入的组织和解释的主动性。人本主义心理学肯定了价值、目的、意义等在人的心理活动和行为反应中的作用，认为个体的需要具有多种层次，人具有自主选择成长的倾向，在适宜的成长条件下会积极努力实现自己的潜能和价值。

（6）价值中立论与价值负荷论。

在自然科学的研究中，许多人都信奉价值中立，主张科学只研究事实、知识，回答是不是的问题，不研究价值、意义，不回答该不该的问题。科学主义心理学以自然科学为模板，坚持价值中立论，其典型特征是强调心理研究的客观性，认为心理学研究探讨的是意识和行为的一般、共同的事实与规律，不掺杂任何个人的态度、情感，不涉及任何主观倾向和价值观念。例如，铁钦纳主张对人的心理进行纯粹客观的研究，并通过这种研究找到不受任何文化影响的一般心理元素及其结合规律。华生把人的行为看成客观的自然现象，认为可以对其进行严格的实验研究和价值中立的理论描述。信息加工论认知心理学因循了行为主义心理学追求实证性和价值中立的研究方式，试图通过计算机模拟揭示人脑的信息加工过程的普遍事实与规律，而不太考虑社会、文化、历史等因素的影响与制约。而人文主义心理学则采取了价值负荷论的立场，认为心理学的研究与所处社会的价值取向、意识形态有着密切的关系，心理学不能超越社会文化价值取向而进行纯客观的研究，心

① 华生著，陈德荣译：《华生氏行为主义》，商务印书馆1935年版，第427～428页。

理学研究必然负荷着所处社会的文化价值观。如人本主义心理学强调对人的需要、尊严和自我实现等的研究,这些经验体现人类真正的本性。马斯洛就曾指出:“科学过去不是,现在不是,并且也不可能是绝对客观的,科学不可能完全独立于人类的价值。”①

总之,现代心理学流派的百年历程是科学主义心理学与人文主义心理学各自的相对独立发展,其间表现出长期冲突与纷争的局面。两者之间的张力在促进科学心理学长足发展的同时,也使心理学陷入分歧的困境。尽管当代心理学出现了科学主义心理学与人文主义心理学相互融合的某些迹象,但两者的分野在未来相当长的时间内仍会继续存在。虽然我们也希望两者走向统合,但这种统合之路漫长而艰巨,绝非简单地用一种主义叠加或消解另一种主义。历史已经证明,企图将两种主义合二为一的做法是不成功的。例如,二重心理学对内容心理学和意动心理学的调和,正像波林所指出的,只是一种“懒汉的做法”。当前,我们对两者的分歧应持尊重和包容的态度,也欢迎不同心理学研究取向之间的对话与交流。对科学主义心理学与人文主义心理学的融合,我们将拭目以待!

郭本禹

2008年12月18日

于南京师范大学

① 马斯洛著,许金声译:《动机与人格》,华夏出版社1987年版,第21页。

# 导　言

## 精神分析运动的内部发展及其整合

如果以 1895 年的《癔症研究》一书作为起点，精神分析运动已经跨过一百多年的历史长河，然而其发展并非一帆风顺。精神分析在创立之初不太被人们所接受。1900 年弗洛伊德(Sigmund Freud,1856—1939)出版了被后人视为“20 世纪人类大事记的开端”的《释梦》一书，首次仅印了 600 本，却花了 8 年时间才卖完。直到 1909 年，应霍尔(G. S. Hall,1844—1924)之邀，弗洛伊德等人到美国参加克拉克大学 20 周年校庆，与詹姆斯(W. James,1842—1911)、铁钦纳(E. B. Titchener,1867—1927)、卡特尔(J. M. Cattell,1860—1944)等名家会面，并做系列讲演，才使精神分析逐渐被国际社会所公认。两次世界大战促进了精神分析的快速发展，因为战争造成人类的巨大心理创伤，迫切需要心理安慰和治疗。20 世纪 50 年代以后，随着精神病药物治疗的发展，精神分析受到严峻的挑战。1990 年美国《时代》周刊甚至刊发了《弗洛伊德已经死去》的封面报道。不过，神经科学发展的日新月异，又为精神分析带来了新的发展契机，精神分析学家们力图借助神经科学使精神分析科学化。1999 年《神经—精神分析杂志》创刊，2000 年国际神经—精神分析学会成立。诺贝尔生理学或医学奖获得者埃里克·坎德尔(Eric R. Kandel)主张把现代神经科学与精神分析学结合起来，打造精神病学的“新知识框架”。这也是弗洛伊德曾经的梦想。2004 年马克·索姆斯(Mark Solms)在《科学美国人》杂志上发表《弗洛伊德归来》一文，阐述了现代神经科学为弗洛伊德理论找到的诸多证据。2006 年美国《新闻周刊》做了《弗洛伊德并未死去》的封面报道，这是针对 1990 年《时代》周刊报道做出的积极回应。

由弗洛伊德开创的精神分析既是一种潜意识的心理学说，又是一种治疗心理疾病的方法。它最初是从神经症治疗实践中产生的，逐渐发展成为现代西方心理学的一个主要流派，被称为西方心理学的第二大势力。后来精神分析逐渐超越了心理学的范围，扩展到社会科学的各个领域，涉及心理学、医学、哲学、社会学、人类学、教育、历史、神话、宗教、法学、语言学、文学、艺术等广泛领域，开创了一场人类思想文化运动，成为一个无所不包的“弗洛伊德主义”。目前，经过一百多年发展的精神分析早已成为一种常识，成为我们文化记忆的一部分，梦、性、潜意识、恋母情结等成为人们茶余饭后的话题。因此，2006 年杰里·阿德勒（Jerry Adler）在美国《新闻周刊》上发表了《弗洛伊德就在我们的身边》一文。正如他所说，在过去的一个世纪中，弗洛伊德是我们文化的重要推动力。我们可以说，弗洛伊德犹如幽灵一样在我们周围徘徊了一个多世纪。

## 一、精神分析运动的内部发展

在百年的历史长河中，精神分析运动并非一帆风顺，弗洛伊德本人及其后继者不断地对精神分析学理论和实践进行修正和变革。弗洛伊德之后的精神分析运动大致遵循着内部发展与外部发展两条路径。其内部发展表现为精神分析内部的不断分裂与重组、演变与发展。其内部逻辑线索是：弗洛伊德的古典精神分析学所倡导的驱力模式，经过荣格（Carl Gustav Jung，1875—1961）、阿德勒（Alfred Adler，1870—1939）等人的过渡与转向之后，进一步演化为自我模式、客体关系[①]模式和自体模式，分别对应着精神分析自我心理学、客体关系学派和自体心理学等，它们从学科内部推动着精神分析运动向前继续发展。

### 1. 古典精神分析学及其分裂

一般把弗洛伊德创立的精神分析称为古典精神分析。弗洛伊德在《精神分析引论》（1917）一书中提出精神分析的两个基本主张：一是宣称心理过程是潜意识的，二是宣称性的本能冲动在引起神经性疾病和心理疾病的过程中起着极大作用。[②] 潜意识和性本能是弗洛伊德精神分析的两大基石。他后来在《精神分析纲要》（1940）一书中又提出精神分析的两个基本假设：一个是关于心理的三种性质，即潜意识、前意识和意识的划分；另一个是关于心理结构的三个部分，即伊底、自我和超我的划分。这两个基本主张和两个基本假设基本上反映了弗洛伊德古典精神分析的主要思想。

---

① “object relation”，过去多译为“对象关系”，现在多译为“客体关系”。

② 弗洛伊德著，高觉敷译：《精神分析引论》，商务印书馆 1984 年版，第 9～11 页。

潜意识是整个古典精神分析的最基本命题，也是最少发生分歧的命题，①是精神分析运动发展中岿然不动的根基。而性本能是潜意识的根源，也就因之成为精神分析的核心内容。弗洛伊德认为，人的行为动机是潜意识的本能，并把本能分为生本能（包括自我本能和性本能）和死本能，前者表现为一种生存、发展和爱欲的本能力量，代表着人类潜伏在生命自身中的一种进取性、建设性和创造性的驱力；后者表现为一种生命发展中的对立力量，代表着人类潜伏在生命中的一种破坏性、攻击性、自毁性的驱力。其中，弗洛伊德更重视的是性本能，把性本能看做是潜意识活动的根源，是具有决定意义的基本驱动力量。坚持把性欲作为人类活动的普遍动机因素，这是弗洛伊德的基本分析原则。② 基于对性本能的看法，弗洛伊德提出了"幼儿性欲"和"俄狄浦斯情结"的理论，认为幼儿由于性本能冲动受到压抑，大多会形成"俄狄浦斯情结"，在此基础上又发展出人格发展阶段论，即心理性欲发展阶段理论。人格结构论的地位虽然不如本能理论，但也是弗洛伊德建立精神分析理论过程中十分重要的建树。弗洛伊德在早期主要发掘潜意识，确立潜意识理论，此后又提出伊底、自我和超我的人格结构，开始系统考察自我，这是逻辑发展的必然。因此弗洛伊德后期理论的建立时期也是自我心理学的启蒙时期。如果弗洛伊德可以活得更长久些，那么他或许会在自我心理学上提出更系统的理论，后来，这项工作是由他的女儿安娜·弗洛伊德（Anna Freud，1895—1982）、哈特曼（Heinz Hartmann，1894—1970）等人来完成的。

弗洛伊德的本能驱力理论，特别是性驱力理论，是其理论中最有争议的。他的生物本能论的夸大，特别是泛性论，就遭到荣格、阿德勒等早期追随者的反对，直接导致精神分析的早期分裂。荣格和阿德勒曾经是早期精神分析运动的核心成员，但由于无法调和的理论分歧，先后与弗洛伊德分道扬镳。荣格创立了分析心理学，提出了与弗洛伊德相去甚远的理论。他们决裂的主要原因是荣格不同意弗洛伊德将力比多解释为唯一的性能量，荣格把力比多看成是一种普通的生命力，后来他用"心理能量"一词取代了力比多，以此为中心创立了不同于弗洛伊德的人格动力学说。此外，在人格结构方面，荣格也摈弃了弗洛伊德对意识、前意识和潜意识的划分，代之以意识、个人潜意识和集体潜意识三部分。他认为个体经验仅仅是潜意识结构中的一个组成部分，潜意识的主要内容应包括人类世世代代遗传下来的原

---

① 车文博主编：《弗洛伊德主义论评》，吉林教育出版社 1991 年版，第 123～198 页。

② 车文博主编：《弗洛伊德主义论评》，吉林教育出版社 1991 年版，第 123～198 页。

型内容。另外，虽然他们都承认潜意识的存在，但弗洛伊德强调的是潜意识的生物本性，而荣格强调的是潜意识的象征本性，即原型，原型的贮存构成了集体潜意识，这是荣格的核心概念。后来荣格思想产生的影响越来越广泛，大有与弗洛伊德理论并驾齐驱之势。

弗洛伊德对于生物因素和性本能的强调同样引起了阿德勒的不满和批评，阿德勒强调社会因素的作用，创立了自己的个体心理学理论体系。他认为力比多不是心理生活的决定因素，只有社会因素和个人生活经验才决定人格发展的方向。在对意识和潜意识的看法上，阿德勒在重视潜意识的同时，更为强调意识的作用，因而在人格结构中也更为强调自我。在阿德勒那里，自我具有积极性和能动性，人能通过“追求优越”来补偿自己的缺陷，以获得一个创造性自我。阿德勒强调的社会性和自我直接与弗洛伊德强调的力比多和伊底相对立，导致弗洛伊德的性驱力模式向自我心理学和社会文化方向发展。

2. **自我心理学**

弗洛伊德一直以分析“伊底”作为理论的起点，但他在后期开始注重对“自我”的研究，其实已预示着精神分析自我心理学的萌生。使自我心理学得以合法化的推动者与奠基人是弗洛伊德的女儿安娜，她不同意父亲对伊底的过分重视，认为应给以自我应有的重视。安娜把分析自我作为解决所有精神分析问题的起点，确立了自我在精神分析研究中的地位。她于1936年出版了著名的《自我与防御机制》一书，总结并补充了其父亲所提出的自我防御机制，明确地把自我作为精神分析的合法研究对象。然而安娜的自我心理学并未超出其父亲的观点，她认为自我仍然受制于伊底，“在适当的情况下，自我并不反对（本能冲动）这个入侵者，而是使自己的能量受它的支配”①。

安娜虽然给了自我以合法的地位，但她的自我一味抵抗和防御伊底，也就离不开伊底，而发展自我心理学的关键任务是让自我离开伊底，成为一个独立的心理实体。这一工作是由哈特曼完成的。1939年哈特曼出版了《自我心理学及其适应问题》一书，提出了“无冲突的自我领域”(conflict-free ego sphere)，从而为自我划定了一个独立的研究范围。此外，与弗洛伊德认为伊底先于自我、自我是从伊底中发展出来并为伊底服务的观点不同，哈特曼提出，自我与伊底一样都是遗传的，都是从先天“未分化的基质”中产生的，是

① Freud, A. (1968). *The writings of Anna Freud*, vol. 4. New York: International Universities Press, p. 3.

同时存在的心理机能，具有自己独立的能量。在此基础上，他还提出了自我的自主性和自我的根本机能——适应的问题，适应是自我试图在心理机制内维持人和环境之间平衡的结果。适应概念的提出使自我走出了与伊底和超我的冲突，转向了人与外部环境的交互作用。这些思想标志着精神分析自我心理学的正式建立，并扩展了精神分析的领域，将正常人的心理发展也纳入其理论，使精神分析走上了更为宽广的道路。

继哈特曼之后，玛勒（Margaret S. Mahler，1897—1985）、斯皮茨（Rene A. Spitz，1887—1974）、雅可布森（Edith Jacobson，1897—1978）等许多自我心理学家致力于儿童的早期发展研究，试图深入地描述婴儿自我的发生发展过程。玛勒利用临床观察法考察母婴关系，对儿童出生后头三年的心理过程进行了推断，提出了我向、共生和分离—个体化三个心理发展阶段；并指出，在自我发展的每一个阶段，母亲都起着非常重要的作用。斯皮茨提出了自我形成的发生场理论，把发展看做是在一个场中从不稳定到稳定的一种进步。他把生命第一年中的微笑反应、陌生人焦虑和摇头说“不”等三种新的情感表达称为“心理组织者”（organizer of the psyche）。新生儿自我的正常发展就是这三个心理组织者依次构造的过程。雅可布森通过分析儿童自我的形成，阐述了心理结构的发展模式。这个模式是一种整合性自我模式，既保留了传统的伊底、自我和超我的结构，也包括了客体关系，即关注于父母与儿童的接触怎样促进儿童的自我和超我的发展。自我是从婴儿与母亲的关系中发展出来的，但这是在内驱力的影响下发生的。① 哈特曼等人的自我心理学代表着弗洛伊德之后精神分析运动的正统发展。

埃里克森（Erik Homburger Erikson，1902—1994）是自我心理学领域又一杰出代表。他提出的“自我同一性”概念以及心理社会发展阶段理论，对自我心理学做出了重要贡献，代表自我心理学向社会文化方面的转变。

### 3. 客体关系学派

当自我心理学在美国繁荣发展的时候，英国的一大批精神分析学者开始改变古典精神分析的理论基础，不再强调先天生物学因素，转而强调早期母婴关系对儿童心理发展的影响，形成了客体关系理论。客体（object）并不意味着无生命的物体，而是指爱、恨及渴望等带有感情的人性客体（human

① Clair, M. S. (1986). *Object relations and self psychology: an introduction*. Brooks/Cole Publishing Company, p. 90.

object)。[①]“客体”这个概念最早是弗洛伊德在讨论本能驱力和早期母婴关系的背景中开始使用的，而在客体关系理论家那里，对客体与客体关系的关注超过了对本能欲望的关注，他们对人格形成中的关系影响给予了极大的重视和强调。婴幼儿期对外在关系体验的内化形成了内部客体（internal object），这些内部客体反过来又会影响个体对外在关系的体验，也就是说，婴幼儿早期形成的内部客体就像内在的“模板”，影响个体对以后生活中的其他人的感知和反应。客体关系学派最初产生于英国，后来经过南美洲传播到北美和世界各地。其重要的代表人物包括克莱因（Melanie Klein，1882—1960）、费尔贝恩（W. R. D. Fairbairn，1889—1964）、温尼科特（D. W. Winnicott，1896—1971）、克恩伯格（Otto Kernberg，1928—）等人，他们分别提出了各自独立且不太统一的理论。

克莱因的工作是弗洛伊德理论向客体关系理论过渡的一座桥梁。她保留了弗洛伊德对本能的强调，但又认为本能与客体有内在的联系，驱力是表示关系的，天生就是朝向客体的，这改变了弗洛伊德认为驱力是无客体的看法。在生命之初，本能驱力就出现在一个客体关系的背景中，并被客体所调整。[②]婴儿寻找乳房和食物不仅仅是为了能量的释放，更是为了关系的需要。这种对本能驱力和客体关系两方面的强调与弗洛伊德认为驱力是无目标的观点显著不同。在人格的结构问题上，克莱因与弗洛伊德的观点也有所不同，她认为自我在婴儿出生时即已存在，超我也是早在生命之初就被建立起来。她强调最初的婴儿内部幻想世界的重要性，这是与部分客体相联系的充满了迫害和敌意的危险和焦虑的幻想世界，它来自于婴儿自己的死的本能。婴儿通过不断地运用投射、内投、分裂等机制去控制强烈的需求、恐惧和焦虑，使自己感到安全，并建立客体关系。她从一个新的视角看待儿童的心理发展，用偏执分裂状态和抑郁状态描述婴儿早期经历的两种基本的精神状态。克莱因提出的客体关系理论，既具有创新性一面，同时又保留了弗洛伊德理论的某些成分，因而是一种过渡性客体关系理论，并启示了其他客体关系理论家。

费尔贝恩提出了一个纯粹性客体关系模型，认为人是被寻求客体所驱动的，完全否认弗洛伊德的人被本能驱力所驱动的假定。他认为人有与他人建立关系的基本倾向，吸吮拇指的儿童不是要获得来自口腔的快感，而是

---

① J. Milton，C. Polmear & J. Fabricius 著，施琪嘉、曾奇峰主译：《精神分析导论》，中国轻工业出版社 2005 年版，第 41 页。

② Clair，M. S.（1986）. *Object relations and self psychology：an introduction*. Brooks/Cole Publishing Company，p. 37.

用拇指作为代替物，替代缺乏或不能满足的客体关系。客体不仅仅是内部的人物或心理的表象，而且是心理活动的机能。他认为自我有自己的能量，是建立关系的内驱力，这就排除了伊底的作用，从根本上改变了自我的涵义，并通过自我的多重亚结构理论重塑了自我理论。

克恩伯格可能是美国最具影响力的客体关系理论的拥护者。他反对将驱力理论与客体关系理论完全分立的倾向，认为没有驱力理论的客体关系理论是不可能解释严重人格障碍的。① 他坚持不懈地试图把弗洛伊德的驱力理论与客体关系理论整合在一起，提出了一个整合性客体关系模式。他使用弗洛伊德的术语，却认为客体先于内驱力，自我是人格结构的中心。生命最初是没有人格结构的分化的，感知和记忆是初级资源，凭借着感知和记忆，婴儿内化客体关系，成为自我的前体，一直到了俄狄浦斯期，压抑的防御机制才把伊底从自我中分离出来，伊底才开始存在，同时超我作为一个独立心理结构也出现了。也就是说，克恩伯格认为自我是从人际关系的内化中构筑和组织起来的，并且自我先于伊底，这与弗洛伊德认为自我是从伊底中分化出来、伊底先于自我的观点相反。克恩伯格这一观点的变化主要是为了强调自我功能和通过自我功能建立起来的客体关系。

#### 4. 自体心理学

自体心理学的创立者和代表人物是科胡特（Heinz Kohut，1913—1981），他把精神分析的研究重点从本能驱力或自我转移到自体②上，把自体在人格结构中的地位提高到了前所未有的高度。他把自体看做是一个人心理世界的核心。他认为，自体本身就是一个动力源，它是整个人格发展的动力，因此，整个人格的发展与本能驱力无关。他通过临床上对自恋性人格障碍患者的研究和治疗，以及在温尼科特等客体关系理论家提出的自体感基础上，把自体、自体客体、自体病理以及治疗作为其理论和临床研究的核心。他认为，自体结构的缺陷而非“伊底—自我—超我”的冲突是许多人患病的原因。弗洛伊德把自恋看做是病理性的而且是不能分析治疗的；科胡特则认为人人都有自恋的需要，自恋在本质上是正常和健康的，自恋的性质取决于自恋在心理健康中怎样发挥作用。

自体心理学出现以后，精神分析内部产生了两种不同的评价：一种评价认为自体心理学是继驱力模式、自我模式、客体关系模式之后精神分析发展

① Kernberg，O.（1975）. *Borderline conditions and pathological narcissism*. New York：Jason Aronson，p. 271.

② self，译为“自体”，一译“自身”。

中又一新的理论模式；另一种评价则认为自体心理学几乎否定了传统精神分析的所有核心概念，同精神分析理论已无本质的联系，因此它不属于精神分析阵营。我们认为科胡特对自体的强调是在客体关系理论的基础上对传统精神分析模式的扬弃，用自体模式取代了驱力模式并通过客体关系建构自体，是精神分析的内部发展中又一新的理论模式。

总之，精神分析运动至今已经走过百年发展历程，自从弗洛伊德为精神分析大厦奠定了基础和框架，其后继者基于自己的理论和文化背景不断地进行着修正、变革和发展。精神分析运动的内部发展深化了对人的本质的看法。人类精神发展的显著标志是人可以探索自己的精神世界，弗洛伊德以潜意识为研究对象，进入了前人未曾触及的领域，为人类对自身的探索开创了新的纪元。后来者继续在这个领域深入研究：潜意识内容的研究重心由弗洛伊德的本能驱力逐渐转为理解自我的适应功能——研究自我，随之关注与自我的功能和发展紧密相关的自我与现实的关系——研究客体关系，随后聚焦于关系中的整体人的心理组织和功能——研究自体，研究重心逐步向人的更本质的层面推进，帮助人类更好地了解自己。精神分析的内部发展同样深化了对人格发展的动力根源的探索。这四种理论从不同角度和层面挖掘了人格发展的动力根源：弗洛伊德将本能驱力看做人格发展变化的推动力；自我心理学提升了自我的功能，将自我的适应作为人格发展的动力；客体关系学派将对客体的寻求以及早期母婴关系塑造的儿童的内心世界作为人格发展的起动因；自体心理学认为内聚性自体，即健康人格的发展来自于儿童的自体客体对儿童的积极作用和反应。

## 二、精神分析运动的内部整合

精神分析运动的整合逻辑与其发展逻辑相一致，也遵循着内部整合与外部整合两条路径。精神分析运动的发展逻辑表现为内部发展的分化与分裂、外部发展的汲取与吸收并存，但在看似不断分化与分裂的过程中，实际上又经历着不断的整合与统合过程。整合的过程就是不断地克服片面性、极端性从而逐渐走向互相吸收、融合的历程。精神分析运动发展的历史也是不断整合的历史，表现在其不同发展阶段之间、其内部各种模式之间以及它与外部诸多学科之间的相互吸收与融合。其内部整合是指精神分析内部各种模式之间的整合，即对驱力或本能、自我、客体关系与自体模式之间的不断整合，包括雅可布森的自我理论整合、克恩伯格的客体关系理论整合、科胡特的自体理论整合和米切尔的关系理论整合等。

### 1. 雅可布森的自我理论整合

雅可布森是一位重要的自我心理学家，其最大贡献在于提出了一个整合性自我模式。这一模式从自我心理学理论出发，对古典精神分析的驱力理论和其后的客体关系理论进行了整合，既丰富了传统的精神分析学理论，同时也为理解整个精神病理学和正常发展范围提供了一个明确而宽泛的理论框架和实践指南。

雅可布森的自我模式没有否认传统的驱力模式，它保留了传统的伊底—自我—超我结构，但将它们放在客体关系的视野中，主张通过父母与孩子的相互作用以促进其自我和超我的发展。她仔细地审视了童年的经历，以论证本能、客体关系、心理结构之间复杂的相互作用。雅可布森还通过建立自体和客体表象与驱力或源自驱力的感觉之间的联系，从而将驱力和客体关系联系到了一起。她认为，在生命之初，驱力是未分化的，被投注到一个自体意象和客体意象的混合体上。雅可布森也明确区分了自我和自体表象，认为自我是一种结构，是一种具有各种心理功能的系统，源自一个自体意象和客体意象的混合体；自体表象是身体自体和心理自体在自我内的意识、潜意识和潜意识的表象，源自始于快乐和不快乐感觉的记忆痕迹的自体意象。但自我与自体表象之间需要一种关系的存在，以便提供客体意象。这样，雅可布森将驱力和客体关系通过自我紧密地结合在了一起，很好地弥合了弗洛伊德的驱力理论与客体关系理论之间的缺口，达到理论整合的目标。

总之，雅可布森创立了一个颇具包容性、整合性的自我模式，并研究了驱力、现实影响和客体关系之间的相互关系。这一模式在传统精神分析的驱力理论和客体关系理论之间建立了一个基本的连接。她修正并扩展了传统的概念，她的模式是继弗洛伊德之后最令人满意的结构模式之一。

### 2. 克恩伯格的客体关系理论整合

克恩伯格是当代客体关系理论的集大成者，他通过对传统和当代精神分析理论的考察，发现这些理论所存在的缺陷，并在继承克莱因、雅可布森等人的理论观点基础上，结合自己的临床发现，提出了整合性客体关系模式。

克恩伯格认为，在个体出生之初，既没有伊底、自我和超我，也没有驱力。婴儿借助于先天的感知能力和记忆力将他与环境中的他人尤其是母亲的关系进行内化，形成了初步的客体关系。基本的客体关系单位包括三种成分，即自体意象、客体意象和联结它们的感觉或情感倾向。客体关系单位不仅是构成各种人格结构（包括自我、伊底和超我）的基本材料，而且还是构成驱力的基本材料。自我、伊底及超我都是由不同群集的内在客体关系组成的。驱力是由亲子互动中所体验到的情感转化而成的，所有的情感都是从爱欲和恨这两类原始情感分化而来的。爱欲是以性兴奋为基础的，恨是以愤怒为基础的；性兴奋是力比多驱力的核心情感，恨是死亡驱力的核心情感；性兴奋和愤怒都属于生理反应。力比多驱力和死亡驱力不只是由单纯的情感累积整合而形成，还需要通过与重要客体建立各种关系而形成。

在克恩伯格对客体关系、情感和驱力理论的整合观中，驱力不再是弗洛伊德所认为的起源于身体性欲区的单纯的生物学力量或能量，而是起源于儿童原始心理装备与最初所需要和期待的客体之间的整体关系。驱力包含着情感和客体关系成分。而情感在建立自体与客体表象之间的联系、构成客体关系的过程中又起着重要的作用。克恩伯格通过紧紧抓住婴儿与母亲相互作用中所体验到的情感，将古典精神分析的驱力理论与客体关系理论有机地结合在一起。情感是客体关系和驱力中的共有成分。在克恩伯格的整合性客体关系模式中，客体关系、情感及驱力三者之中的每一种成分，都是以包含其他两种成分为自己存在的前提，三者几乎是三位一体的，而且每种成分都具有心理和生理、意识和潜意识、先天和养育等多个维度。

尽管克恩伯格还是保留了弗洛伊德的二元驱力概念，但他认为驱力不再是由单纯的生物学力量所决定的，这使他与传统的精神分析理论家有所区别；尽管克恩伯格仍坚持用客体关系的概念来理解和解释心理世界的形成，但他所提出的客体关系理论中包含有情感和驱力因素，并且反对将驱力理论与客体关系理论完全分立的倾向，认为没有驱力的客体关系理论是不可能解释严重人格障碍的，这又使他与纯粹性的客体关系理论家如费尔贝恩有所不同。

**3. 科胡特的自体理论整合**

科胡特是自体心理学的创立者。他在客体关系理论的基础上用自体模式取代了驱力模式，并通过客体关系建构自体，形成了精神分析的内部发展中又一新的理论模式。

科胡特的自体理论整合是在传统驱力模式之外的，他的观点大部分来自于他对自恋性人格障碍的精神分析。在人格结构和治疗观上，他都背离了驱力模式。首先，在人格结构上，驱力模式把神经症病人看做是有完整结构的人，带有用“伊底—自我—超我”来理解的结构，具有各种适应性和防御性的功能。驱力模式用压抑、俄狄浦斯冲突等来理解心理病理，而科胡特则把他的研究重点从本能驱力或自我转移到自体上，把自体看做是一个人心理世界的核心,本能和自我都是从属于自体这一整体的。[1] 其次,在精神分析治疗观上,科胡特通过对自恋性人格障碍患者的研究和治疗,并在客体关系理论家提出的自体感基础上前进了一步,认为自恋与自体障碍意味着人格的真正中心结构是有缺陷的。也就是说,他认为是自体结构的缺陷而非"伊底—自我—超我"的冲突导致了许多人患病。弗洛伊德把自恋看做是病理性的且是不能分析治疗的;科胡特则认为,治疗的实质是使病人有缺陷的自体能够继续因早期自体客体的创伤性失败而受阻的发展过程。[2] 精神分析治疗的目的在于弥补自体结构中的缺陷,只要自体结构中的缺陷得到弥补,意识和自我的范围就会得到扩展,潜意识中的本能冲突也会迎刃而解。

科胡特的自体理论与客体关系理论的关联与融合,反映出他的观点在很多方面与费尔贝恩、温尼科特等客体关系理论家以及玛勒等自我心理学家的观点相似——都强调关系。[3] 但是,客体关系理论关注的是客体关系对个体知觉感受方式以及个体同他人关系的影响,而自体心理学一直把自体以及自体客体关系作为关注的焦点。而且在"客体"的用法上,科胡特与客体关系理论家们也有明显的区别,他使用"自体客体"与"真实客体"等概念来表达客体关系的体验性质量,而不用客体关系理论家们常用的"部分客体"与"完整客体"等概念。他提出了一个核心概念——自体客体(self object),将其定义为这样一些人或客体:被体验为自体的一部分或为自体提供一种功能而被用于为自体服务的人或客体。他认为,形成自体客体移情是治疗自体障碍的前提,只有形成自体客体移情,病人才能在分析情境中继续其童年时期受到阻碍的发展过程,发展出弥补自体缺陷的心理结构,从而得到真正的治疗。

#### 4. 米切尔的关系理论整合

米切尔(Stephen Mitchell,1946—2000)是当代精神分析关系理论的重要代表人物,他试图寻找一种方法论,将不同的关系模式整合在一起,找到一种可以使传统模式成为具有广泛包容性的模式;同时,运用这一广泛性的关系模式审视一些精神分析研究的重要领域,例如性、幼稚行为和自体等。

米切尔的关系模式摈弃了驱力理论,而在一种具有广泛性和连续性的框架下聚焦于关系模式。在这个关系模式中,人不再被视为一种欲望与外

① 郭本禹主编:《当代心理学的新进展》,山东教育出版社 2003 年版,第 64 页。

② 蔡飞:《自身心理学:精神分析的新范式》,《南京师大学报》(哲社版),2000 年第 4 期,第 84 页。

③ Michael,S T. Clair & Jodie Wigren. (2004). *Object relations and self psychology: an introduction*. Toronto: Brooks/Cole, p. 145.

在现实不协调的、分离的实体单位，而被视为互动范畴内的人。在这个范畴内，所有的意义都产生于关系，没有什么东西是天生的。心理是由关系形态(relational configulations)构成的。人类的真正本质是寻找各种各样的联系，而不管这些联系是为了安全、合并、愉快或者依赖。人类形成并根植于关系基质(relational matrix)和相互作用场(the interactional field)，在这个场中，个体努力去建立与他人的联系、维持这种联系或者分化其自身。在关系模式中，研究的基本单位不是单个欲望与外部现实相冲突的个体，而是相互作用场。个体的欲望、性欲高潮、身体体验均被看做关系的产物。因此，关系模式的建立和维持被视为体验的核心结构，并为人类体验提供了不同的分类范畴，因而是最基本的结构。

米切尔认为，性是互动范畴内的反应、表达或行动，性与客体之间是相联系的，性为关系结构的建立和维持提供途径。与驱力模式将个人的性作为人格的中心成分不同，这种关系模式认为，认同和连续性的维持是性的核心因素，性体验及其在心理病理学中起关键作用的核心来自于互动和关系方面的内涵。米切尔还提出了发展连续性的互动观点，反对那些只重视早期生活体验的“发展—抑制”模式或“发展—跷跷板”模式。他认为，早期冲突尤其是关系冲突，是贯穿于生命始终的。生命后期出现的困难，通常不是生命早期剥夺或问题的直接产物，而是一种对早期体验的影响以及后来压力与冲突的反应的复杂结合。但他并不否认早期经验的重要性，因为早期经验是家庭互动方式最早的显现，并以不同方式、在不同的发育阶段不断加以重复。米切尔还认为，“幼稚行为”是重要的，它涉及婴幼儿期所体验的早期困扰在成人期冲突中再现这一核心问题。因此，重要的是要通过了解过去作为理解现在的基础，以获得患者怎样和为什么处理现在问题的信息。我们知道，客体关系理论的自体模式重点强调多重性和不连续性。自体的体验是不连续的，不同的自体组织是围绕不同的自体和客体意象而形成的，并来自不同的关系模式，而个体是这些相互重叠的复杂组织的合成物。但在米切尔看来，自体存在感不会随时间而改变，主观体验的连续性是自体感的核心。所谓的“自体”主要是通过与别人对立和建立关系而被定义和体验的。自体模式是一种在互动范畴内的组织模式，充当着与他人联系的渠道，或者用于解释联系一旦建立将怎样维持下去。因此，用时空的维度去思考自体，会使我们有一种比较丰富的体验自己的能力。总之，米切尔对精神分析的驱力模式和客体关系模式进行了关系理论整合，对一些重要的精神分析概念进行了重新诠释，将不同的关系模式整合在一起，从而提出了独特而具整合性的关系模式。

总之,精神分析运动的百年发展,一方面是学派的分化和分裂,另一方面是理论的整合和统合。从内部整合看,安娜与克莱因的对立代表着自我心理学与客体关系理论之间的分歧,而自我心理学家雅可布森通过自我理论整合了古典精神分析驱力理论和客体关系理论。后来克恩伯格试图把弗洛伊德、克莱因、雅可布森和费尔贝恩的传统本能理论、客体关系理论以及发展理论整合为一个理论框架,提出了客体关系、情感和驱力理论的整合观。米切尔则致力于整合精神分析的各种关系理论。科胡特创立的自体心理学既是精神分析内部发展的新模式,又是在克服驱力模式的缺陷以及在吸收、融合客体关系理论的基础上整合发展而来的。

# 第一章

# 弗洛伊德与古典精神分析学的创立

精神分析亦称心理分析，由奥地利著名医生弗洛伊德于19世纪末创立。它既是一种潜意识的心理学说，又是一种治疗精神疾病的方法。精神分析最初是从神经症治疗实践中产生的，后来逐渐发展成为现代西方心理学的一个主要流派，被称为西方心理学的第二大势力。至20世纪20年代，精神分析逐渐超越了心理学的范围，扩展到社会科学的各个领域，开创了一场人类思想文化运动，成为影响整个西方文化思想的一种人生哲学，进而被称为“弗洛伊德主义”。相对于弗洛伊德之后的精神分析学，由弗洛伊德本人创立的精神分析学被称为“古典精神分析学”。

## 第一节　古典精神分析运动的产生与特点

尽管精神分析是弗洛伊德创立的，并深深地烙上了他本人“主观特征”的印记，但是他不可能脱离那个时代的社会背景和知识氛围，也不可能从头脑中臆造出来。精神分析是弗洛伊德企图解决当时社会病态现象这一社会需要的产物，是欧洲主要是德国非理性主义哲学思想的反映，是19世纪科学时代精神的延续，是奥地利、英国特别是法国精神病学强调心理病因思想的进一步发展。

## 一、古典精神分析运动产生的背景

### 1. 社会背景

精神分析产生于19世纪末的奥地利维也纳并非偶然,“弗洛伊德的学说是他居住地的精神文化气氛的产物,又是他在其中成长的社会环境的产物”①。

19世纪末20世纪初,欧洲处于自由资本主义向垄断阶段发展的过程中,帝国主义列强在世界各地横行。这时的欧洲从外表上看是全世界的主人,几乎没有人怀疑欧洲人的霸主地位能延续几个世纪。然而,在繁荣兴盛的表象之下却潜伏着许多迫近的灾难迹象。社会主义的理想确实正在开始替代传统的资本主义和宗教价值观;欧洲到处弥漫着不满的情绪,阶级矛盾、民族矛盾日益加剧,人们纷纷向外移民;各国始终处在一触即发的暴力对抗的空气之中,小规模的战争时有发生。在弗洛伊德生活的时代,奥匈帝国完全不同于西方的任何强国,它是一个腐朽不堪的机体,它没有前途,至多只是凭借惯力才把帝国的各个部分拼合在一起。事实上,已有许多少数民族公开要求独立。这种政治上的腐朽分裂状态,官方意识形态和政治现实之间的不一致,就成为弗洛伊德创立精神分析的一般社会背景。

著名心理学史家黎黑指出:“由于弗洛伊德的经验是用于临床诊治现实的人类问题,他的理论比起实验心理学家的理论来说就更多地植根于社会基础。因此,我们需要考察一下维多利亚人特定的社会与个人的态度。”②当时的奥地利维也纳在文化上仍然以维多利亚女王时代陈腐伪善的道德标准和华而不实的文艺风格占据统治地位。维多利亚文化和宗教大张旗鼓地反对享乐,尤其反对肉体快感。维多利亚人不承认他们本性中的动物性,无论是性欲的还是纯粹淫乐的成分。因此,维多利亚人深感内疚的压抑。据说,英国自由党总理威廉·格拉德斯通像一个中世纪的圣人那样记下自己哪怕是极其微小的过失,并为之感到痛心。但另一方面,维多利亚人的生活中又总是不间断地出现各种诱惑。当时卖淫猖獗,男人、女人、男孩、女孩,只要付钱都可以弄到手,色情文学泛滥成灾。这些诱惑又进一步强化了内疚感。这样,维多利亚人就陷于这样的两难困境:欲望被煽起,同时又被压抑。正

---

① Neel, A. F. (1977). *Theories of psychology: a handbook*. New York: Meridian, p. 181.

② 黎黑著,刘恩久译:《心理学史——心理学思想的主要趋势》,上海译文出版社1990年版,第287页。

是在这种普遍心态下，当时许多人患了神经症也就不足为奇了。维多利亚人的这种两面性人格，还表现在他们对待妇女的态度上。他们把妻子与母亲看做是被剥夺了人性的“天使”，是神圣上帝的代表，对这样的女性怀有淫欲之心无疑使人感到厌恶和负罪。相反，对与圣洁女性或神圣母亲相对立的阴暗面，即不正经的女人则毫无尊重之心。维多利亚男人经常出入妓院以获得家中不能得到并几乎是根本不想得到的性快乐。妓女给人以肉体享乐，能满足男人动物般的性需要，但也正因为这一点而失去了人们的尊重。维多利亚色情文学把女性性欲描写成一种深受压抑的动物本性，有待于合适的诱奸者把它唤起。弗洛伊德在《性学三论》中，就针对“一般无教养的女子”发表过一通类似的看法。此外，维多利亚人对手淫极端厌恶，他们竭力去发现并消除儿童的这种行为。后来弗洛伊德也认为，消灭手淫是文明人进化的必要途径。由此看来，弗洛伊德可以说是一个地地道道的维多利亚臣民。他力图从理智上使自己摆脱维多利亚人观念的束缚，赞成一种无限制的更加自由的性生活，但他本人却很少利用这种自由。

在家长式统治的犹太人社会里，宗教气氛非常浓厚，社会禁忌十分严格，特别是对男女两性方面的禁忌更甚。人们正常的性冲动得不到满足，性本能受到极大的压抑，造成精神上的创伤与内部的紧张冲突，以致犹太社会的神经症和精神病的发病率日益增高，成为奥地利维也纳当时突出的一种社会病态现象。弗洛伊德作为一个在维也纳成长的犹太人，并且是一个从事精神病治疗的医生，他对这种社会病态现象的感受比一般人更加深切。弗洛伊德的革命性在于，他抛弃了维也纳时代的虚伪。维也纳时代的人们懂得性的满足可以带来快乐，但力图在公众场合下加以掩饰，经常拼命地压抑私生活中的性欲。弗洛伊德精神分析所做的就是号召人们不要回避性本能而要正视它们，要面对最阴暗的隐私并用理性来战胜它。弗洛伊德告诉他的同事们，要设法解除压抑，这并不是鼓吹性解放，而是理性地克制它。与维多利亚时代的人一样，弗洛伊德不愿意解放性欲，但与他们不同的是，弗洛伊德直接正视性欲的引诱力。

2. **哲学背景**

精神分析的绝大多数观点都是弗洛伊德在哲学与科学领域所继承的遗产的一部分。在弗洛伊德系统地阐明其学说之前，精神分析的所有组成部分都已存在，因而他的历史性的重要成就在于吸收并整合了不同观点，并赋予它们一种独创的形式。虽然精神分析学的主要思想脉络与古希腊柏拉图的“爱洛斯”、“灵魂二度说”、亚里士多德的“象征说”有着内在的同源性，但是近代德国哲学心理学思想对弗洛伊德非理性主义的潜意识思想的形成与发展的影响则更为直接和重要。

莱布尼茨(Gottfried Wilhelm Leibniz,1646—1716)是德国伟大的哲学家和数学家,他在18世纪初提出了单子论。莱布尼茨认为,宇宙是由看不见的实体构成的,这些实体叫做单子。所有的单子都是自我包含的,而且不与其他单子发生相互作用。单子按某种层级,即从理性的到情感的再到简单的排列。在莱布尼茨看来,理性单子构成了人类心灵的实体,情感单子为所有非人的生物所具有,而简单单子则构成了物理现实。所有的单子都含有能量并且拥有意识,单子的活动具有不同的意识水平。莱布尼茨把在意识水平下的知觉称为微觉。随着微觉的聚集,它们联合起来的力量最终足以产生意识,或产生莱布尼茨所称的统觉。例如,冲击沙滩的海浪声是一种统觉,它是由个别的水滴(微觉)组成的。在意识水平上,我们没有知觉到每一滴水珠的声音。但是,足够多的水珠集合起来,累加到一起就造成了统觉。因此,意识不是一种全或无的事件,而是一个完整的连续体,即从无意识到有意识。莱布尼茨也许是第一个明确提出无意识心灵的哲学家,他的无意识的微觉对精神分析学的发展所具有的意义是明显的。

就潜意识来说,“莱布尼茨预示了整个潜意识学说,但是这一学说实际上是由赫尔巴特肇始的”[①]。赫尔巴特(Johann Friedrich Herbart,1776—1841)精炼了莱布尼茨的无意识观点,提出了意识阈概念。他认为:“一个观念若要由一个完全被控制的状态进入一个现实观念的状态,便须跨过一道界限,这些界限便为意识阈。”[②]受那个时代的力学时代精神的影响,赫尔巴特相信阈限以下的观念是无意识的,当一个观念上升到意识觉察水平时,它就是统觉。但一个观念若要上升到意识水平,那么它就必须与已经在意识中存在的观念和谐一致。不一致的观念不能同时存在于意识,无关的观念被排出意识,成为被压抑的观念。赫尔巴特使用压抑这一术语,来表示那种使不相容的观念进入潜意识的抑制力量。这些被压抑的观念存在于意识阈之下,在一定的条件下能出现在意识阈之上。也就是说,观念一经产生就不会被消灭,只能暂时受到压抑,而被压抑下去的观念继续完好无损地存在着,伺机成为意识的一部分。依据赫尔巴特的观点,当这些观念奋力争取进入意识觉察水平时,冲突就产生了。弗洛伊德追随着赫尔巴特,假设存在着一个称为无意识的心理领域,不能被意识到的观念储存于此,并从这里不知

---

① Boring, E. G. (1950). *A history of experimental psychology* (2nd ed.). New York: Appleton-Century-Crofts, p. 257.

② 波林著,高觉敷译:《实验心理学史》,商务印书馆1981年版,第288页。

不觉地影响我们的行为。

费希纳(Gustav Theodor Fechner，1801—1887)是德国心理物理学的创始人，他的工作曾经对实验心理学产生了巨大的影响，并且也影响了精神分析。弗洛伊德在他的几本著作中引用了费希纳的《心理物理学原理》。在给儿童时代的一位朋友的信中，弗洛伊德承认在他青少年时代的后期和20岁的早期，他喜欢阅读米塞斯博士(费希纳的笔名)的讽刺性文章。费希纳使用米塞斯博士这个名字撰写了许多文章，批评科学和医学中的一些趋势。弗洛伊德接受了费希纳"精神定位"的概念。弗洛伊德写道："伟大的费希纳在一次关于梦这个题目的简短讨论中，提出一种说法，认为梦中的活动景象与觉醒时刻的观念生活有所不同。这是唯一能够说明睡梦生活的特征的假说。这句话向我们表示的是'精神定位'的概念。"①这一概念直接启发弗洛伊德避免在解剖学定位的意义上理解"精神装置"，而力图从心理学的基础上考虑精神活动的机构。然而，对于弗洛伊德来说更为重要的是，费希纳对无意识进行了推测，他把心理比作冰山，意识仅仅是冰山顶上很小的一部分，约占1/10，而潜意识心灵则占据了其他的大部分，约占9/10。因此，心灵的大部分是在水面以下，受到各种无法观察的力量的影响。然而需要注意的是，费希纳与莱布尼茨关于无意识的思想都是倾向于纯粹的描述，他们认为，有些观念为人所意识，另一些则不在意识中或称作无意识的。在他们看来，根本无所谓无意识这一心理领域。当意识到一个观念时，它仅仅是作为脑痕迹在生理意义上存在，而不是心理意义上的存在。除了借用关于心灵的冰山比喻之外，弗洛伊德还因循费希纳的做法，试图将新近发现的能量守恒原理用于生命有机体。弗洛伊德说："我一直乐意接受费希纳的思想，在许多重要观点上信奉这位思想家。"②

德国哲学家叔本华(Athur Schopenhauer，1788—1860)和尼采(Friedrich Wilhelm Nietzsche，1844—1900)的观点也是弗洛伊德所承认的思想来源。弗洛伊德说过："精神分析并不是首先迈出这一步的。要指出我们的前辈，可以指出一些著名的哲学家，尤其要首推伟大的思想家叔本华，他的无意识'意志'相当于精神分析中的精神欲望。"③首先，叔本华先于弗洛伊德提出，所有人都有积极的(理智的、理性的)和消极的(动物的)冲动，"在每一个人心里，无论他有多高尚、尊贵，他的本性中都有暴民那样肤浅的欲

① 车文博主编：《弗洛伊德主义原著选集(上)》，辽宁人民出版社1988年版，第111页。

② Jones, E. (1953). *The life and work Sigmund Freud*. New York: Basic Books, p. 374.

③ 郭本禹主编：《心理学通史·第四卷·外国心理学流派(上)》(总主编杨鑫辉)，山东教育出版社2000年版，第426页。

望，这种欲望可以使他成为动物。让这个暴民起来造反是无济于事的，即便让他从其藏身之处偷窥，也是无济于事的”①。他又在另外一处指出：“意识只是我们心灵的表层，而且正如我们无法知道球体的内部一样，我们无法知道心灵的内部，而只知道其外壳。”②在叔本华看来，人们总是被无意识作用下的本能冲动驾驭着，意识或理性担任的角色仅仅是个外交部长而已。其次，弗洛伊德与叔本华都强调性欲的极端重要性。弗洛伊德说：“早在很多年以前，哲学家叔本华就已阐明了人类活动如何受性冲动的影响。”③在叔本华看来，性欲是一种最激烈的情欲，是欲望中的欲望，是一切欲望的汇集，是“生存意志”的核心，甚至人类也可说是性欲的化身。叔本华这种性欲是求生意志最完全的表现和最明确的形态的观点，与弗洛伊德的“爱欲”决定一切的泛性论是极为相似的。第三，弗洛伊德还赞同叔本华另一观点，即非理性（无意识）力量是人类行为的主要动机，我们至多能把其影响减小到最低程度，而不能完全消除其影响。他们两人都持消极悲观的人性观。对叔本华而言，大多数人类行为可用自我保存这种强大驱力来解释，而不是用理智和道德来解释。因此，人类的大多数行为是非理性的。为了满足生存意志，我们必须吃饭、睡觉、排泄、喝水并且性交。驱使我们行动的，是由没有得到满足的需要产生的痛苦。当需要得到了满足，我们体验到了暂时的满意（愉悦），这种满足在另一个需要产生后就消失了，如此延续下去。他悲观地说道：“一切意志源自缺乏或匮乏，源自由此而带来的痛苦。意志的实现可以终止痛苦；然而，一个愿望实现了，至少还有十个愿望没有被实现……因此，只要我们的意识里充斥着意志，只要我们听任各种欲望的处置，不断地期望和恐惧着，只要我们臣服于欲望，我们就永远无法获得长久的幸福或平静。”④当一种需要得到满足时，我们可以感到暂时的愉悦；但是，当所有的需要都得到满足时，我们体验到的是无聊。弗洛伊德的生死本能的悲观主义立场，显然可以在叔本华悲观的人生观中找到同盟。第四，叔本华预示了弗洛伊德的升华概念。尽管强有力的、非理性的力量是人类存在的一个自然成分，人类能够而且应该超越它们。人类在做出巨大的努力之后，能够从非

① Schopenhauer, A. (1995). *The wisdom of life and counsels and maxims* (T. B. Saunders, Trans.). Amherst, NY: Prometheus Books, p. 43.

② Schopenhauer, A. (1966). *The world as will and representation* (E. F. J. Payne, Trans.). New York: Dover, vol. 2, p. 136.

③ 弗洛伊德著，腾守尧译：《性爱与文明》，安徽文艺出版社 1987 年版，第 25 页。

④ Schopenhauer, A. (1966). *The world as will and representation* (E. F. J. Payne, Trans.). New York: Dover, vol. 1, p. 196.

理性的挣扎中解脱出来。叔本华指出，我们可以通过把自己沉浸于音乐、诗歌或艺术而获得一些安慰，或者从内心的非理性力量中解脱出来。而且，一个人可以尝试过一种禁欲主义的生活，来抵制非理性的力量，尤其是性驱力。作为人类，我们所能做到的最好的就是使自己的行为与需要无关，这样我们就不会感到绝望或过于满足，我们可以从事这样一些活动，如音乐、艺术、柏拉图哲学，或者是无私、无欲而充满同情的爱。

弗洛伊德还承认："另一位哲人尼采的猜测和直觉，与精神分析学辛勤研究的成果也常常会出现惊人的一致。"[①]弗洛伊德对于尼采极为赞佩，据他的传记作者琼斯(E. Jones)记载，弗洛伊德常常说尼采对他本人的了解比古往今来的任何人都更为深刻，"从未有人达到了像尼采所达到的那种程度的卓识，以后也不会再有人达到"[②]。尼采在弗洛伊德之前便提出了精神分析的一些基本概念，其中主要是梦境与升华以及压抑与无意识。尼采认为人性主要具有太阳神阿波罗精神和酒神狄奥尼索斯精神。人性的阿波罗精神代表我们的理性，代表我们对宁静、预见性和秩序的欲望；人性的狄奥尼索斯精神代表我们的非理性，代表创造性的混乱、激情和生机勃勃的经验对我们的吸引。太阳神阿波罗对于酒神的冲动表达，首先是在人的精神世界内部解决，解决的方式则是通过在梦境中反映和释放酒神的冲动。尼采认为，梦境并不是毫无意义的，它能给我们提供无意识中的混乱与冲突的内容。梦境相对于清醒，具有同样重要的意义。"在生活的两个半边中，即在醒与梦中，前者往往被认定为可取、重要、庄严，值得经历一番，甚至是唯一经历过的生活；但是，我仍然主张，不管表面看来多么荒谬，就我们身为其现象的那一本质的神秘基础来说，梦恰恰应当受到人们所拒绝给予的重视。……我们必须把梦看做外观的外观，从而看做对外观的原始欲望的一种更高满足。"[③]很明显，在这里尼采是将梦境作为本源冲动的最为重要也是首当其冲的一种间接表达。当内在的精神活动还不能完全释放酒神精神的冲动时，冲动就会经过太阳神的修饰，外化为社会所接受的活动，即弗洛伊德所说的升华，如诗歌、绘画、雕塑等。如果太阳神阿波罗的理性力量过于强盛，酒神的冲动在与它的交锋中一时占据不了上风，那么就有可能既不能获得内在的表达(梦境)，也不能获得外化的宣泄(艺术)，而只能潜藏到人类精神世界的深处，伺机获得表达。因此，能够获得表达的(意识)只是我们精神世界的

① 弗洛伊德著，顾闻译：《弗洛伊德自传》，上海人民出版社 1987 年版，第 86 页。
② Walter A. Kaufmann(1992). *Discovering the mind*. New Brunswick: Transaction Pub., p. 49.
③ 尼采著，周国平译：《悲剧的诞生》，北岳文艺出版社 2004 年版，第 14 页。

一部分，而真正构成我们精神世界基础的是深藏在我们内心深处的大量还未获得表达的冲动，他们是“无意识”的。“意识就是外表。”“长久以来，有意识的思考被认为是唯一的思考，到现在我们才逐渐明白，我们的知性活动多半都是在不知不觉之中进行的。”①尼采认为，意识是没有此引力的，它注定要消亡，让位给最完全的无意识，因为相对于无意识来说，意识是起次要作用的。尼采的思想在弗洛伊德本人的精神分析中得到了反映。

无意识的思想是 19 世纪 80 年代欧洲学术思想氛围的一个很大部分。不仅专业人士对无意识问题感兴趣，而且有关无意识力量可能超过甚至支配人的理性存在的观点也出现在通俗文学中。弗洛伊德学医之时，以及后来他创立自己的理论之时，无意识的观念已在欧洲相当流行。无疑，凡是接受过适当教育的人都应该熟悉这一概念。1869 年，德国哲学家爱德华·哈特曼出版了一部名为《无意识的哲学》的著作，这部著作在他的有生之年再版了 11 次。哈特曼认为，无意识是人的心理不可分割的部分，是生命的源泉和动力所在。在哈特曼看来，存在三种无意识：在整个宇宙中控制所有自然现象的无意识过程；指导机体活动的生理无意识；以及作为所有行为的根源的心理无意识。尽管哈特曼的观点似乎带有很多神秘色彩，但是在哈特曼的哲学中包含着许多后来构成弗洛伊德的精神分析学说的成分。他们都承认无意识在每个人生命活动中的重要性，反对仅把心理归结为有意识的活动，强调无意识在个性创造过程中的作用，企图认识意识与无意识之间复杂的相互关系，它们存在于人的内心世界，但远不能被人所认识。不仅如此，哈特曼的哲学还提出认识无意识的可能性的问题，后来这个问题成为弗洛伊德的精神分析学说所专门考察的课题。此外，哈特曼阐述无意识时也暴露了其哲学内部所具有的深刻的、绝望的悲观主义倾向。在《无意识的哲学》一书中，他叙述了人生存在的不幸，人内在具有的痛苦以及存在的苦难。对于哈特曼来说，在意识战胜无意识的道路上迈进的每一步，都意味着同时是从存在向非存在迈进一步，逻辑因素完全战胜非逻辑因素之日，也就是世界过程的终结和末日来临之时。哈特曼这一绝望的悲观主义在弗洛伊德的文化哲学中也有一定程度的表现。

综上所述，弗洛伊德创建精神分析的思想来源主要在于哲学方面，尤其是关于无意识心理现象的早期哲学推论。正如弗恩(R. Fine)指出的那样：“精冲分析始终内含着一种广义的哲学观，它主要来源于西方思想中伟大的

① 尼采著，杨恒达译：《快乐的科学》，光明日报出版社 1986 年版，第 222 页。

文学作品和哲学著作，而不是心理学和精神病学的教科书。”[①]

3. **科学背景**

19 世纪中叶是人类科学史上的一个重大的转折点。恩格斯在《路德维希·费尔巴哈和德国古典哲学的终结》一书中深刻地指出，19 世纪由于细胞学、能量守恒和转化定律与达尔文进化论这三大发现，使我们对自然过程的相互联系的认识大踏步地前进了。这“三大发现”对弗洛伊德有直接的影响，尤其是进化论、能量守恒和转化定律有力地促进了他的学说思想的形成与发展。

达尔文（Charles Darwin，1809—1882）的进化论是 19 世纪最伟大的科学发现。它震撼了所有关注人类问题的思想家和科学家的心灵，并且一劳永逸地改变了他们的研究方法。较之那个时代的其他任何一位科学家，达尔文对弗洛伊德的影响最大。达尔文关于人类与动物之间存在连续性的观点强化了弗洛伊德的主张，即人类和其他非人类的动物一样，都是由本能的非理性决定的。弗洛伊德从不相信有什么能够区别人与动物的人类所独具的本性。人绝无任何“高级的天性”。凡是人所表现出来的“高级的”东西都是文化压抑或理性的产物。在把人归于猿猴之辈上，弗洛伊德是达尔文的继承人。在弗洛伊德看来，人既然是自然界的一部分，属于动物的一种，那么人的心理与行为就永远要受其生物的性本能所制约。正是我们的性冲动和攻击性本能之类的强有力的动物性本能驱动人格的形成，而且也正是这些本能至少部分地受到了文明的阻碍。达尔文的学说还促进了弗洛伊德确立有机体有规律发展的观点。达尔文的《物种起源》证明了有机体在形态的起源上具有一致性，并且有规律地发展。由此，弗洛伊德在研究人的心理活动过程中总是试图探究各种心理现象背后的内在原因和规律，从而发现了隐秘于心理深层而不被人意识的无意识心理活动规律。达尔文的理论同样影响了弗洛伊德关于儿童发展的观点。达尔文曾经给了罗曼尼斯（G. J. Romanes）一些笔记和未出版的材料，后来罗曼尼斯以达尔文的材料为基础，写出了两本关于人和动物心理进化的著作，即《动物的心理进化》（1881）和《人类的心理进化》（1888）。弗洛伊德仔细阅读了这两本书，并在书的空白处写下了评论。罗曼尼斯精练了达尔文的观点，提出儿童时代至成年情绪的发展具有连续性，并认为 7 周左右的婴儿就表现出性的驱力。这两个观点都成为弗洛伊德精神分析的中心问题。

弗洛伊德还受到当时盛行的物理主义和能量守恒观念的影响。当时路

---

① 弗恩著，傅铿编译：《精神分析学的过去和现在》，学林出版社 1988 年版，第 1 页。

德维希(Carl Friedrich Wilhelm Ludwig,1816—1894)、杜布瓦—雷蒙(Emil Du Bois-Reymond 1818—1896)、布吕克(Ernst Brücke,1819—1892)和赫尔姆霍茨(Hermann von Helmholtz,1821—1894)四人结成联盟提倡机械主义,认为有机体内部除了一般性的物理、化学的力在起作用以外,没有其他的力。赫尔姆霍茨提出了能量守恒和转化定律,为我们提供了一个关于人的全新观念。同样,它也对弗洛伊德产生了重要的影响。赫尔姆霍茨证明了一个有机体就是一个能量系统,可完全根据物理原则对它加以解释。他证明,从机体发出的能量依赖于摄入能量的多少;并不存在剩余的生命力量。弗洛伊德接受赫尔姆霍茨的能量守恒观并将它用于解释人类的心灵。他假定,在一定的时间内可资利用的心理能量是有限的,这些能量可以任意分配。有限的心理能量在心灵中的分配方式可以解释人类所有的行为和思想。弗洛伊德大学时代最敬仰的导师布吕克提出了"动力生理学"理论,认为生命机体是一个动力系统,同样服从化学和物理学的规律。他坚决主张不靠任何别的力量,而只靠普遍的物理—化学力量来解释躯体的过程。弗洛伊德最初的心理学研究就是以布吕克的动力生理学为模式的。他把心理过程描述为可确定的物质粒子的定量状态,并着手创建"动力心理学",研究人格中能量的转换和分布。后来,他特别提出"心理能量"的概念,用以解释精神装置的活动规律。心理能量的概念,本质上就是从那时的新物理学中借用和移植的。

尽管我们看到各种背景因素影响了弗洛伊德的思维,但是我们不要忘记他的天才特点,这也是所有创立者的特点。这一天才特点表现在他们把各种思想观念和思想倾向汇聚到一起,组成一个紧凑、连贯的系统。弗洛伊德自己也承认他的这些先驱者。1924 年他写道,精神分析"并不是从天上掉下来的,在传统的观念中有它的出发点,只不过有了进一步的发展,它是从早期理论中发展出来的,但是它对那些理论进行了完善"①。

### 4. 心理病理学背景

弗洛伊德的精神分析学说首先是一种心理疾病的治疗技术,产生于神经症和精神病的治疗领域,注重解决病理现象。按弗洛伊德的说法:"精神分析的工作毕竟以治疗为归宿。"②因此,心理病理学的理论和方法对弗洛伊德有直接的影响。

---

① Grubrich-Simitis. (1996). *Back to Freud's texts: making silent documents speak*. New Haven, CT: Yale University Press, p. 265.

② 弗洛伊德著,高觉敷译:《精神分析引论》,商务印书馆 1984 年版,第 347 页。

人类对于精神障碍的觉察可以追溯到公元前 2000 年。当时的巴比伦人相信，精神病产生的原因是魔鬼附体。他们把魔术和祷告结合起来，人道地治疗这种症状。古代希伯来人则把精神病看做是对罪恶的惩罚，同样使用魔术和祷告进行治疗。古希腊的哲学家认为，精神病源于思维过程的紊乱，治疗的方法依赖于规劝。公元 4 世纪基督教确立以后，精神病再次被归咎为邪恶的灵魂或魔鬼附身。在一千多年的时间里，其治疗的方法就是对病人进行残酷的折磨、拷打或处死。从 15 世纪开始的三百多年里，由教会主持的宗教裁判所把精神病看做是异端和巫术，唯一的治疗方法就是残酷的惩罚。到 18 世纪以后，精神病逐渐被视为非理性行为。精神病患者被关在类似于监狱的机构里，尽管不会把这些人处死，但是不会对其进行任何治疗。这些机构非常拥挤，污秽不堪，主要是看护性的而不是治疗性的。关押精神病人的地方被称为“疯人院”，被描绘为是那些“仍在喘气的人的墓地”。

直到 18 世纪晚期和 19 世纪早期，人们才开始认识到心理疾病具有自然的原因，因而心理疾病患者应该受到人道的对待。其中最著名的改革家是法国医生菲利普・皮尼尔(Phillipe Pinel，1745—1826)。在他看来，精神病是一种自然现象，通过自然科学的、人道的方法可以进行治疗。他指出：“精神病患者并不是一些应该受到惩罚的罪犯，而是一些病人；他们的悲惨状况值得我们从痛苦人性的角度加以全面考虑。我们应该努力用最简单的方法去恢复他们的理性。”①皮尼尔最具历史意义的行为是为被禁锢的病人去掉了身上的枷锁，并把改革的理念带到了精神病院中。皮尼尔保留了精确的病例档案和治愈率的数据，在他的指导下，宣称已经治愈的病人数量急剧增加。部分由于皮尼尔的成就，部分由于时代精神，欧洲各地及美国的人们开始呼吁给予心理疾病患者以人道的治疗。英国的图克(W. Tuke，1732—1822)于 1792 年建立了约克郡收容所。这座收容所的布置不像一座监狱而更像一个农场，住在里面的病人得到较好的食物和医疗，享受到更多的自由、尊重和娱乐，同时还能受到宗教指导。本杰明・拉什(Benjamin Rush，1745—1813)被认为是在美国把科学方法应用于心理疾病治疗的第一人。作为美国精神病学之父，他强烈要求解除病人的锁链，永远废除体罚。拉什认为，心理疾病来源于“脑部血管的过度紧张”，于是为了减少紧张，就需要割破血管，以便放出血液直到病人达到一种更平静的状态为止。除了放血疗法之外，拉什还发明了两种平静血液的装置：回转器(gyrator)和镇定椅(tranquilizer)。尽管今天对我们而言，这些方法可能看起来很残酷和

① Wade，N. (1995). *Psychologists in word and image*. Cambridge, MA：MIT Press, p. 25.

不正常，但是它们却反映出那时的一种重要的新思想，即精神病人所患的是心理疾病，而不是魔鬼附体。在美国，迪克斯(Dix，1802—1887)也开展了一项改善精神疾病治疗条件的大规模运动。她游走于美国的各个州，恳求州的立法者颁布治疗精神病的人道治疗方法，并且获得了成功。然而，这些改进只停留在改善病人的物质环境和生活待遇上。心理疾病本身仍然缺乏有效的治疗方法。

19世纪中期，在精神病的病因方面，精神病学家分成两个阵营：躯体派和精神派。躯体派主张用脑器官的障碍来解释行为异常的原因，其著名的口号是“精神疾病是大脑疾病”；而精神派则在精神的或心理的方面寻找原因。总的来说，那时的精神病学还是躯体派占优势。而弗洛伊德则属于精神派，精神分析就是在反对躯体派的观点中发展起来的。在向着心理疾病的客观的心理学解释的转变中，麦斯麦的工作起了重要的作用。

麦斯麦(Mesmer，1734—1815)是维也纳的医生。他认为，每个人的身体中都包含一个磁力场。在健康的人身上，磁力场均衡地遍布全身，躯体和心理疾病则是由于身体内的动物磁力分布不均衡引起的。他用通磁的办法使机体的动物磁力恢复平衡来治疗精神疾病，这一技术称作“麦斯麦术”或“通磁术”。最初，麦斯麦声称通过让病人紧握磁性铁棒，就可以扭转精神病的症状。后来，麦斯麦认为他所需要做的一切就是触摸或击打病人的手，自己的磁力就会传给病人。维也纳医学界认为麦斯麦是个骗子，他被迫流亡巴黎。在巴黎，麦斯麦获得了巨大成功。他实施的是团体治疗。治疗室里灯光昏暗，四周布满镜子，房间里响着轻柔的音乐，弥漫着橘子花的芳香。屋子中间是一个装满“磁化”水的铁桶，桶的四周伸出一根根铁管，病人用手握住这些铁管。麦斯麦和他的助手从病人身边走过，将手放在病人的身体上。通常，病人会体验到痉挛或者进入出神状态，然后恢复意识，其症状便神奇地消失了。当一个调查委员会作出的结论否认了麦斯麦所谓的疗效之后，麦斯麦逐渐退出了历史舞台。然而，麦斯麦术却在欧洲继续传播。

苏格兰外科医生布雷德(James Braid，1795—1860)将这种出神状态更名为神经—催眠学，后来被简称为催眠术(hypnosis)。布雷德用长时间的专注和随之而来的身体疲惫等术语来解释通磁术，强调其结果是由病人的受暗示性所决定，而不是磁性物质拥有的什么力量。他反对夸大催眠的作用，从而为催眠赢得了一些科学的尊重，并使之逐渐被医学界所接受。

催眠术在布雷德的努力下获得了合法地位，但对它的解释却少有共识。在法国有关催眠术的实质存在两种相反的观点，形成了两个学派。一个是以伯恩海姆(Bernheim，1840—1919)为代表的南锡学派，一个是以马丁·沙可(Martin Charcot，1825—1893)为代表的巴黎学派。南锡学派起源于法国乡村医生李厄保(Liébeault，1823—1904)，后来伯恩海姆成为南锡学派的重要代言人。南锡学派主要关注催眠状态中的心理方面，不太注意生理变化。他们认为，催眠完全是暗示的结果，与神经症无关。所有的人都有受暗示性，但是有些人的受暗示性比其他人强一些，而高暗示性的比低暗示性的人更容易接受催眠。巴黎学派则主要关注催眠状态中的生理变化，沙可观察到有关癔症的许多症状和催眠状态下所表现出来的现象相同，他认为癔症和受催眠的能力有着相同的潜在的病理学原因，可催眠性是潜在的癔症倾向的迹象，预示着歇斯底里的存在。沙可相信，只有歇斯底里患者才能接受催眠，这使他与南锡学派的成员之间陷入尖锐的冲突之中。弗洛伊德曾先后跟随两派学习催眠术，因此两派对他都有影响。此外，沙可认为病人的障碍都有性的基础，这对弗洛伊德有很大的影响，弗洛伊德后来在精神分析中强调了性的因素在心理疾病形成中的作用。巴黎学派的另一代表人物让内主张心理病因说，认为癔病是由于心力衰竭导致心理因素综合体分裂引起的。弗洛伊德发表了一些新的观点，吸收、改造了让内的一些术语，如改心理分析为精神分析、改心理组织为情结、改心理分裂为精神宣泄、改意识缩小为压抑等。弗洛伊德"在巴黎的经历……给他带来了深远的影响，他回来时不像一个学生在报告他的求学之旅，却像一个经历了一场宗教转变的狂热信徒。他所接受的新的信仰是身体的疾病可以有一个纯粹是心理根源的这种观念"[①]。然而弗洛伊德超越了催眠技术，建立起一门心理病理学的综合理论，从中也衍生出系统的治疗方法。

## 二、古典精神分析学的特点

弗洛伊德的古典精神分析学具有如下特点：

第一，古典精神分析学是一种非学院心理学。从其产生来看，古典精神分析学既不是大学的产物，也不是纯科学研究的结果，而是产生于医学和精神病学传统，源于对那些被社会认定为心理不健全的人的治疗实践。自产生之日起，古典精神分析就在研究目标、研究对象、研究方法上与主流心理学思想有着明显的区别。它的研究对象是病态的行为而非常态心理，其方法主要是临床观察而不是控制的实验室实验。相对来说，这些都是其他学

① Webster, R. (1995). *Why Freud was wrong: sin, science, and psychoanalysis*. New York: Basic Books, p. 100.

派所忽视的。

第二，古典精神分析学是一种深蕴心理学。古典精神分析心理学没有停留于任何心理现象的“表面价值”，而是从内向外、从深层向表层研究人的内在心理结构以及人类社会的某些历史与现实问题。弗洛伊德认为，任何心理现象的背后都隐匿着其他更重要、更富于深远意义的精神作用。因而，它试图通过探讨潜意识、情欲、动机、人格等更深一层的内容来彻底探究心理现象的真相。故通常把精神分析称为深蕴心理学。

第三，古典精神分析学具有泛性论倾向。弗洛伊德认为，性本能是人类一切心理和行为发生的主要基础，是神经症和精神病产生的根本原因，是社会文化发展的重要动力。在他看来，一个人从生到死，一切行为无不带有性欲的色彩，受到性本能的支配，甚至人类社会的许多禁忌风尚、宗教戒条、道德规范等最初都是针对人的性欲问题而产生的。这样，古典精神分析就陷落到一种泛性论的错误。

第四，古典精神分析学具有决定论倾向。受力学观念的影响，弗洛伊德相信，所有的心理事件都是被预先决定的，从日常琐事到睡眠做梦，从正常人的偶然错误到心理失常者的各种症状都不是偶然的或是被自由意志引发的。这种因果决定论的观点虽然偏激，但弗洛伊德所以能扩大心理学的广度和加深心理学的深度也是与他的这种观点分不开的。

第五，古典精神分析学具有强调发展倾向。弗洛伊德是最先认识到童年经验的重要性及其特定的需要与人类不同发展阶段相联系的人之一。他提出了独特的心理性欲发展阶段理论，非常强调内因与童年经历对人格发展的影响，认为一个人对生活的态度和对他人的看法以及他的基本人格定型都是在童年期形成的。这种思想为心理学增加了新的内容，改变了忽视童年经验对人格乃至与之相关的整个命运都有重要影响的偏向。

第六，古典精神分析学具有生物学化的倾向。弗洛伊德精神分析的整个体系是建立在生物学基础上的。他认为，心理能量来自于本能冲动；心理结构的基础是伊底；心理发展始终以身体不同区域即性欲区的快感为中心，这些基本假设使生物学成为其整个学说的前提和基础。因此，他对个人和人类的一切行为，无论是正常的还是病态的解释，都具有浓厚的生物学化的色彩，其结果是抹杀了人与动物之间的区别，抹杀了人的社会性本质，抹杀了社会文化环境对人的心理发展的重要作用。

## 第二节　弗洛伊德的生平与著作

西格蒙德·弗洛伊德(Sigmund Freud,1856—1939)

西格蒙德·弗洛伊德(Sigmund Freud,1856—1939)于1856年5月6日出生在摩拉维亚的小城弗莱堡(现属捷克共和国的普莱波),父母都是传统的犹太人。他起初的名字是西吉斯蒙德(Sigismund),再加上一个犹太名字所罗门(Solomon),但是17岁那年,他把第一个名字改为西格蒙德(Sigmund)。弗洛伊德3岁时,因父亲生意上的困难,举家迁往莱比锡,并在一年后定居于维也纳。弗洛伊德的一生基本上都是在维也纳度过的。

弗洛伊德幼年生活在一个几代同堂且人际关系复杂的大家庭。父亲雅各布·弗洛伊德(Jacob Freud,1815—1896)是一个不太成功的羊毛商人,当弗洛伊德出生时他已经41岁。弗洛伊德的母亲阿玛丽娅·弗洛伊德(Amalie Freud,1835—1930)是雅各布的第三任妻子,当时只有20岁。雅各布另外还有两个前妻生的儿子,比弗洛伊德大20岁左右,他们均已结婚生子。因此,弗洛伊德生下来就成了叔叔。父亲雅各布的性格严厉而单纯,从儿童时代开始,弗洛伊德对他的父亲就充满恐惧和爱。母亲阿玛丽娅是一位善良、美丽、性格开朗的女性,年少的弗洛伊德对她有一种强烈的感官上的依恋。相比而言,母亲对他的影响更为深远。弗洛伊德承认他的自信和对事业的乐观态度在很大程度上是由于母亲的鼓励。他曾说过:“一个为母亲所特别钟爱的孩子,一生都有身为征服者的感觉;由于这种自信,往往可以导致真正的成功。”[1]阿玛丽娅给了弗洛伊德特别的宠爱与关怀,她相信自己的儿子未来会是一位伟大的人物。弗洛伊德是家里8个孩子中的长子,也是智力最出众的一个。在

① 高宣扬:《弗洛伊德传》,作家出版社1986年版,第9页。

家中，他享受最优的待遇。他是这个大家庭中唯一一个拥有一盏煤油灯和一个属于自己的房间的孩子；为了不干扰其学习，他妹妹的一架钢琴也被搬走了。尽管享有这种特殊的待遇，弗洛伊德似乎仍然怨恨他的兄弟姐妹。这一段儿童时期的经历，尤其是他同父母、弟妹的关系，对他的生活及思想学说的形成产生了不可忽视的影响。弗洛伊德的传记作家评价他毕生的事业时说："我们完全有理由认为，弗洛伊德如饥似渴地探索人性的意义以及人际关系，这首先与他早期的家庭生活中种种令人困惑不解的问题有关。"①

弗洛伊德的犹太背景对其有深刻的影响。在当时的欧洲，犹太民族由于宗教和其他原因生活在社会的最底层，受到种种不正常的压迫和歧视。这种文化、心理和社会的歧视，自幼一直贯穿了弗洛伊德的一生，塑造了其发愤图强、不甘屈服的坚强性格，后来也成为弗洛伊德心灵深处强烈逆反和反抗精神的主要背景。

弗洛伊德天资聪颖，9 岁就以优异的成绩升入了吉姆纳森中学，这比正常的中学入学年龄提早一年。他在语言方面具有超人的才能，不但十分熟悉自己祖先的希伯来语和母语德语，而且精通拉丁文和希腊文，还能够流利地朗读英文和法文，并自学了西班牙语和意大利语。弗洛伊德十分喜欢文学和哲学，特别推崇莎士比亚和歌德的作品，从中汲取了丰富的思想。如他将恋母情结取名为俄狄浦斯情结就是受到了莎士比亚的《俄狄浦斯王》的启发。此外，他还精读了许多重要的西方哲学著作，广泛汲取以往哲学思维的成果。这一切都为弗洛伊德以后的科学理论创造打下了坚实的思想基础。17 岁时他以最优异的学业成绩毕业。

直至中学毕业前的最后一年，弗洛伊德还一直被法律或政治职业吸引着，甚至想去参军；然而，当聆听了一次关于歌德论自然的论文演讲，并阅读了达尔文的进化论之后，他对科学产生了兴趣。加之当时维也纳反犹太主义盛行，犹太人的择业范围十分有限，可供选择的只有医学和法律，最终使他决定做一名医生。1873 年，弗洛伊德进入维也纳医学院学习。他用了 8 年时间才获得学位，这是因为他兴趣广泛，因而常常偏离医学研究。例如，他曾连续三年聆听了意动心理学家布伦塔诺(Franz Brentano，1838—1917)的哲学与心理学课程，这对他后来的心理学观点产生了很大的影响；他还选修了卡尔·克劳斯(Carl Claus)教授的进化论课程以及恩斯特·布吕克教授的声音与语言生理学课程。

1876 年 3 月，受生物学老师卡尔·克劳斯教授的委派，弗洛伊德前往学

① 理查德·沃雷姆著，黄欣、王雪鸽等译：《弗洛伊德》，昆仑出版社 1999 年版，第 2 页。

校在特里雅斯特的动物实验室做鳝鱼性腺构造的实验，这是他第一次致力于性的研究。弗洛伊德解剖了400条鳝鱼，终于在显微镜下发现了小叶状的生殖腺结构，并就此发表了他的首篇论文。不久之后，他进入了著名生理学家布吕克的生理学研究所，这在他的科学生涯中具有重大的意义。他曾写道："我终于在恩斯特·布吕克的生理实验室里找到了归宿、得到了满足，结识了我所敬慕并引为楷模的师友。"①他的事业正是从研究一般动物的生理机能和神经系统开始的，这也说明他对人类的精神活动的分析是建立在极其牢靠的科学基础上的。布吕克教授是一个在科学研究方面无懈可击的人物，他的人格对这位年轻的学生产生了不可磨灭的影响。在他的指导下，弗洛伊德完成了许多具有独创性的研究。在此期间，他结识了奥地利生理学家、内科医生布洛伊尔(Josef Breuer，1842—1925)，并成为至交。布洛伊尔常与弗洛伊德交流探讨患者病况和治疗中的问题，亦不时邀请弗洛伊德到家中做客，将其视为家人一般。1881年3月，弗洛伊德以优异的成绩通过了医学院的毕业考试，获得了医学博士学位。毕业后，他继续留在布吕克的生理研究所工作。

1882年对弗洛伊德来说是其人生的一个"转折点"。一方面是因为他邂逅并爱上了他妹妹的女友玛莎·伯奈斯(Martha Bernays，1861—1950)。玛莎小弗洛伊德5岁，出生于汉堡一个富裕的犹太世家，那时正住在维也纳。同年6月，他们订婚。第二年，玛莎就随其家人迁回汉堡居住。从此，弗洛伊德与玛莎便开始了他们长达3年的分离和相思。这3年间，弗洛伊德几乎每天都要给玛莎写一封热情洋溢的情书，三年下来玛莎竟积攒了900多封弗洛伊德的情书。另一方面他决定接受布吕克教授的劝导，离开了生理研究所进入维也纳综合医院做一名临床助理医生。这是弗洛伊德人生道路上一个新的起点，不仅仅是因为可以改善他经济上困窘的状况，更重要的是，弗洛伊德从此获得了真正的医学实践机会，而这为他日后所开展的精神分析工作提供了丰富的实际经验。从1882年到1885年，他先后在内科、外科、小儿科、皮肤科、眼科、耳鼻喉科等部门工作，获得了广泛的临床经验。这期间有半年多时间，弗洛伊德转到当时著名的精神病学家西奥多·迈纳特(Teodor Meynett，1833—1893)担任主任医生的精神病治疗所实习，这是弗洛伊德研究潜意识及各种变态心理现象的开端。也就是在这时，他打定主意，"把成为一个神经病治疗专家作为我一生的主要奋斗目标"②。在维也

① 弗洛伊德著，顾闻译：《弗洛伊德自传》，上海人民出版社1987年版，第7页。
② 杨恩寰、陶银骠、陆杰荣：《弗洛伊德——一个神秘的人物》，辽宁大学出版社1986年版，第44页。

纳综合医院期间，弗洛伊德还对可卡因的药用价值作了探讨，发现可卡因具有麻醉的特性，并发表过一些有关可卡因的综合性研究成果，引起了医学界对这种药物的注意。1885年，由于他在神经系统疾病方面的研究与治疗已经取得了显著的成果，在布吕克的竭力推荐下，弗洛伊德被任命为维也纳大学医学院神经病理学讲师。不久又因相同原因，他被授予一笔为数可观的奖学金，留学巴黎，师从当时著名的神经病学专家沙可(Jean Martin Charcot，1825—1893)。在巴黎学习的四个半月，成了弗洛伊德一生事业的又一大转机。在那里他第一次看到了催眠术的神奇功效，首次听说了男性癔症。从那时起，弗洛伊德开始思索潜意识存在的可能性。在巴黎期间还发生了一件重要的偶然事件：在一次晚会上，弗洛伊德听到沙可断言，某些病人的障碍都有其性的基础。这一断言使弗洛伊德深受启发。在沙可的影响下，弗洛伊德的兴趣开始由临床神经病学转到临床精神病学。

1886年4月，弗洛伊德返回维也纳不久即以精神病学家的身份私人开业行医。同年9月，在经过漫长的婚约之后，他与玛莎结婚。他的婚姻十分美满，共有六个孩子，三儿三女，最小的女儿安娜·弗洛伊德(Anna Freud)后来成为世界著名的儿童精神分析学家，她也是其父亲逝世之后精神分析运动的领导者。

当弗洛伊德还在布吕克的生理研究所工作时，就结识了布洛伊尔。他们两人经常在一起讨论布洛伊尔的病人，其中有一个21岁的女病人安娜O(Anna O)。这个病人成为精神分析发展中的一个关键人物。安娜患有严重的癔症，表现为麻痹、记忆丧失、视觉和言语障碍、恶心、心理定向障碍等。布洛伊尔开始使用催眠法对她进行治疗。他发现，在催眠状态下，安娜O可以回忆起导致某些症状的特定经验。每当困扰的记忆和情感被意识到并表达出来后，她的创伤就会好转。布洛伊尔将这一过程称为宣泄疗法(catharsis)。而安娜O则将之称为“谈话疗法”(talking cure)或“清扫烟囱”(chimney sweeping)。布洛伊尔在1882年11月告诉了弗洛伊德关于安娜的病例，这激起了他极大的兴趣。弗洛伊德也尝试用催眠和宣泄方法治疗癔症病人，得到了许多真实的经验。但后来弗洛伊德发现催眠技术的局限，乃于1889年前往法国南锡向伯恩海姆(H. Bernheim，1837—1919)求教。弗洛伊德从他们那里了解到，尽管病人倾向于忘掉催眠状态中的体验，但如果极力鼓励病人去回忆，这类记忆是能够恢复的。这一观察对弗洛伊德后来发展出精神分析自由联想法启发很大。然而，弗洛伊德返回诊所行医时就发现，催眠并不是那么有效。一些病人不能接受催眠或深度催眠；而且效果也不持久，在催眠状态下消除的某个症状不久又会再次出现。因此，弗洛伊德放弃了催眠而保留了宣泄法，并从宣泄法中发展出了自由联想技术。

经过几年的观察和研究，在积累了大量资料的基础上，1893 年弗洛伊德和布洛伊尔合作并发表了《论癔症现象的心理机制》，这标志着精神分析学说最初思想的萌发。1895 年他们又合著了《癔症研究》。尽管弗洛伊德在这本书出版一年之后才首次开始使用"精神分析"这一术语，但是这本书被看做是精神分析学创立的标志。在该书的结语中，弗洛伊德只强调了性在潜意识动机中的作用，认为一个有着正常性生活的人就不会患神经症。布洛伊尔不同意这种看法，他认为任何创伤性的记忆（不仅仅是性方面的）都可能被压抑而引起神经症症状。两人最终分道扬镳。《癔症研究》出版之后几乎无人问津，13 年间只售出 626 本。另外值得注意的是，1895 年弗洛伊德还完成了《科学心理学的计划》一书的草稿，试图以一种纯粹的神经物理学的术语来解释心理现象。但弗洛伊德对自己的研究并不满意，因而在他有生之年这本书并没有出版。这是他最后一次试图把精神过程与躯体过程联系起来。

从 1897 年起，弗洛伊德开始对他的梦做自我分析。弗洛伊德进行自我分析的动机主要来自两个方面：一是他经常会产生各种不安全感，诸如对火车旅行的强烈恐惧等神经症症状；另一个动机则来自他对于父亲去世的反应。他的父亲于 1896 年秋季去世，这使他痛苦万分，面临精神危机。经过艰苦的自我分析，弗洛伊德解除了困扰自己的一些神经症，并根据自我分析体验及临床研究资料，于 1900 年出版了《梦的解析》①一书。此书是弗洛伊德精神分析学的经典著作之一，它不但为人类潜意识的学说奠定了稳固的基础，而且对广泛的知识领域产生了深刻的影响。弗洛伊德指出，这本书包含着"我有幸作出的各种发现中最有价值的一个"②。此后，梦的分析（dream interpretation）成为标准的精神分析技术。

继《梦的解析》之后，弗洛伊德撰写了一系列引人注目的重要著作、短篇论文、患者病例史，详细阐述并不断拓展其心理学思想体系。1901 年，弗洛伊德出版了《日常生活的心理分析》，详细论述了对过失行为的研究。在他看来，过失行为是有意义的。1905 年，他发表了三本重要的著作：一本是《少女杜拉的故事》，阐述了如何用梦的解释去揭示并治疗精神神经症的种种症状；另一本是《诙谐及其与无意识的关系》，研究了无意识动机能够间接表现

① 尽管该书在出版后的八年中只出售了 600 本，但在他有生之年却再版了八次，使弗洛伊德立身扬名，以至于出版商将该书的最初出版时间向后推一年，以作为"20 世纪人类大事的开端"。

② 杜·舒尔茨、西德尼·舒尔茨著，叶浩生译：《现代心理学史》，江苏教育出版社 2005 年版，第 341 页。

出来的许多方式;最后一本是引起许多争议的《性学三论》,书中最新奇而又耸人听闻的论点是幼儿性欲说。这招致了对弗洛伊德的嘲讽,他被看做是一个满脑子淫秽念头而邪恶下流的人。医学机构联合起来抵制弗洛伊德的观点,他本人也成了当时德国科学界最不受欢迎的人。

1900—1910 年间,弗洛伊德的境遇有所改善,人们开始重视他的观点,世界各地也出现了他的追随者。1902 年,弗洛伊德和几位年轻的同事和学生(其中有卡汉纳(Kahane)、莱德勒(Reitler)、斯泰克尔、阿德勒)定期碰头,对他当时正在从事的研究进行讨论,他们称之为"心理学星期三讨论会"。这就是著名的"维也纳精神分析学会"的前身。斯泰克尔把每次讨论的情况写成一个书面报告,发表在《新维也纳日报》的星期日版上。1906 年,这个讨论会的成员已经有 17 名,包括兰克、琼斯等人。1908 年,以弗洛伊德为核心的欧洲各地的精神分析学说鼓吹者和信徒集会于萨尔斯堡。这次会议被称为"国际精神分析大会",参加会议的有 42 人,其中有一半是专业的精神分析工作者。同年四月,弗洛伊德组织的"心理学星期三讨论会"改名为"维也纳精神分析学会"。1909 年,受美国克拉克大学校长 G·S·霍尔(Grauyile Stanly Hall,1844—1924)之邀,弗洛伊德与荣格等人参加该校 20 年校庆并举办系列讲座。讲座刊登在《美国心理学杂志》上,随后以《精神分析五讲》一书出版,起到了向美国听众适当介绍精神分析思想的作用,这标志着精神分析理论终于赢得了国际承认。1910 年,第二次国际精神分析大会在纽伦堡召开,荣格当选为第一任主席,这次大会还决定出版《精神分析中心杂志》作为学会的机关刊物。1911 年,美国精神分析学会建立,紧接着纽约、波士顿、芝加哥、华盛顿等也都建立了精神分析协会。从此以后,弗洛伊德成了国际知名科学家,他的学说迅速传播到许多国家,一个被称为"国际精神分析学运动"的国际性学术活动广泛地开展起来了。

然而,由于对弗洛伊德的一些观点持有异议和争论,精神分析大家庭很快出现了分裂。先是阿德勒于 1911 年与弗洛伊德决裂,另创"个体心理学"。两年后,斯泰克尔也宣布退出。1914 年,被弗洛伊德看做其精神上的儿子和精神分析继承人的荣格退出国际精神分析学会,另创"分析心理学"。

1914 年,第一次世界大战爆发。战争的恐怖、残酷、屠杀和破坏现象令弗洛伊德印象深刻,迫使他思考人类为什么会周期性地倒退到成批的屠杀中。在这样的背景下,弗洛伊德开始对他的理论作出重大修改。在 1920 年出版的《超越快乐原则》中,弗洛伊德开始将侵略与性欲一起作为首要的本能驱力,从而提出了"生本能"与"死本能"的对立。在随后出版的《自我与伊底》(1923)中,提出了更加具有动力学意义的新的人格结构学说——伊底、自我和超我的三层结构。从此，“作为一种理解人类动机和人格的理论体系而不只是作为一种治疗疾病的方法发展起来”①。

自20世纪20年代下半期，弗洛伊德开始研究他一直感兴趣的宗教和文学艺术，并用精神分析的观点来分析其渊源及发展。早在1912年，弗洛伊德就发表了《图腾与禁忌》，研究了存在于原始部落中的各种禁忌、图腾崇拜以及原始宗教和原始文化。之后，他又在《一个幻觉的未来》(1927)、《文明及其缺憾》(1930)、《摩西与一神教》(1939)中，广泛地就文明的本质、文明与本能(性欲)、文明与个人的关系以及宗教、道德和艺术的起源作了全面系统的论述。弗洛伊德还从潜意识的本能欲望、性动力去谈文学艺术的问题，这在文学艺术史上是别具一格的，对文学艺术界产生了巨大的影响。再加上他自己写作能力极强、文风朴实、文笔优雅，于1930年获得了歌德文学奖。

1933年，希特勒上台，开始对犹太人进行疯狂的迫害。弗洛伊德的著作被肃清，他的书在整个德国都被焚毁了。但是，弗洛伊德拒绝逃离维也纳。当1938年德国与奥地利结为政治联盟后，盖世太保开始侵扰弗洛伊德及其家人。1938年3月，一群纳粹暴徒袭击了弗洛伊德的家，一周之后，他的女儿被逮捕并扣留了一天。弗洛伊德不得不决定离开维也纳。是年6月，他克服了纳粹分子设置的重重障碍，终于飞抵伦敦。9月间，弗洛伊德接受了最后一次手术治疗。1939年2月因癌症复发，医生认为已无法再动手术了。9月22日，弗洛伊德的私人医生按照约定给他注射了吗啡，他昏迷过去。9月23日午夜，弗洛伊德逝世，享年83岁。

## 第三节　弗洛伊德的古典精神分析学体系

在半个多世纪的临床和著述生涯中，弗洛伊德总结出了一整套精神病治疗的方法，形成了他独具特色的有关人类心理的一般理论，从而构建起一个庞大的精神分析学说体系。

① 舒尔茨著，杨立能等译：《现代心理学史》，人民教育出版社1981年版，第336页。

## 一、弗洛伊德的潜意识论

对于弗洛伊德而言，所谓心理结构主要是就潜意识与意识的关系而言。众所周知，长期以来传统心理学都只以人的有意识的心理过程为研究对象，将自觉意识等同于心理现象的主体，由此认定对意识现象的研究就等于对全部心理活动的研究。作为心理学家，弗洛伊德毅然站到了这一传统观念的反面，大胆提出意识并不是心理活动的全部，甚至不是其主要的部分，"心理过程主要是潜意识的，至于意识的心理过程则仅仅是整个心灵的分离的部分和动作"①。在潜意识与意识之间还存在着联系和过渡的环节，这个环节，弗洛伊德称之为前意识。这样，弗洛伊德就将人的心理区分为表层意识、深层的潜意识和居于二者之间的前意识三个部分。精神分析着重研究潜意识，即心理的深层问题，因此也被称作"深蕴心理学"。

### 1. 意识

意识是心理结构的外表，它直接与外部世界接触。在弗洛伊德看来，相比于潜意识，意识只是人的精神结构中很小、很微弱的一部分，它渊源于潜意识。弗洛伊德曾经有过一个十分著名的比喻，他说，如果把人的全部精神生活比作茫茫大海中的冰山，那么人的精神生活中的意识领域就只是凸现在海洋表面上那一个小小的冰山尖顶，而潜意识领域才是最为根本的潜藏在深海之中的那座巨大的冰山主体。

弗洛伊德认为，意识具有明显变动不居的特征，即是说"意识一般说来是十分短暂的状态。意识之为意识，只是一时的现象"②。意识是人的精神生活中目前正在进行的活动，"经验不断表明，一种精神要素(例如：一种观念)通常并不是在时间上延续了一定长度的意识。相反，一个意识状态在特性上是特别短暂的；此刻作为意识的观念不一会儿就变了样，虽然在某些容易出现的条件具备以后它还会恢复原样"③。意识的这种特性致使弗洛伊德认为，意识也许不是心理过程最普遍的属性，而仅仅是这些过程的一个特殊功能。

弗洛伊德特别反对将心理等同于意识的传统观念，他提出意识只是对具有精神性质的心理内容的短暂知觉，"所有知觉，不论从外部(感官知觉)

---

① 弗洛伊德著，高觉敷译：《精神分析引论》，商务印书馆 1987 年版，第 9 页。

② 弗洛伊德著，刘福堂译：《精神分析纲要》，安徽文艺出版社 1987 年版，第 20 页。

③ 弗洛伊德著，林尘等译：《弗洛伊德后期著作选》，上海译文出版社 1986 年版，第 160～161 页。

还是内部——我们称之为感觉和感情——接受的知觉，一开始都是意识”①。由此可见，弗洛伊德将意识等同于知觉。能够为意识所知觉到的、具有精神性质的心理内容主要有两个方面的来源：外部来源和内部来源。就外部来源而言，“转变成意识的过程，首先与我们的感官从外部世界接受的知觉相联系”②。也就是说，意识来源于感官经验，而感官经验又是来源于客观外部世界。这一思想和以往一般认识论的见解是一致的。弗洛伊德与通常有关意识来源见解不同之处主要在于意识的内部来源。以往的认识论要么否认意识的内部来源，要么认为其内部来源是心灵、自我的先验理性。弗洛伊德则认为，意识的内部来源是有机体内部所产生的愉快与痛苦的情绪体验。例如，若允许潜意识中的欲望放任自流，机体就会产生愉快的情绪体验；反之，若被压抑，机体就会体验到痛苦的情绪。弗洛伊德还认为，就对于意识的影响而言，出自内部的感觉远比源于外部的感觉所起的作用更大，“我们也从身体内部接受意识信息——感觉，这种感觉实际上能对我们的精神生活产生比接受外部世界的知觉更具有绝对性的影响”③。与此相应，意识的作用也有两个方面：一是通过对外部现象的知觉来指导和合理分配运动潜能；二是通过对愉快和痛苦的知觉，调节机体内能量的活动，从而控制本能冲动。

弗洛伊德早期并不重视意识。他指出：“精神分析学认为，凡是精神方面的东西，首先是潜意识的；而另外一种性质——‘意识’则可能存在，也可能不存在。”④这一方面是因为在弗洛伊德看来，在人的整个心理现象中，有意识的部分同样起源于潜意识，或者说是在潜意识的基础上发展起来的，因而他将论述的着重点主要置于无意识。然而到了后期，弗洛伊德开始意识到意识的重要性，他承认：“我们从前或许轻视意识以为不足以为准，因为它是不可信赖的，但这样做是错误的。意识正与生命相同：价值虽不多，然而我们除了它便一无所有。我们若不借光于意识，将不免在潜意识心理学的黑暗之中迷失方向了。”⑤因此，与盲目和深层的潜意识相对，意识是唯一能够照亮心理世界的一线光芒，只有它才能昭示被潜意识笼罩的黑暗王国。而潜意识的东西倘若不能转译为意识的语言，必定就无法显现出来。

① 弗洛伊德著，林尘等译：《弗洛伊德后期著作选》，上海译文出版社 1986 年版，第 166 页。
② 弗洛伊德著，刘福堂译：《精神分析纲要》，安徽文艺出版社 1987 年版，第 23 页。
③ 弗洛伊德著，刘福堂译：《精神分析纲要》，安徽文艺出版社 1987 年版，第 23 页。
④ 弗洛伊德著，顾闻译：《弗洛伊德自传》，上海人民出版社 1987 年版，第 41 页。
⑤ 弗洛伊德著，高觉敷译：《精神分析引论新编》，商务印书馆 1987 年版，第 54 页。

2. **前意识**

前意识概念是弗洛伊德的一个创造，是把握弗洛伊德有关意识与潜意识关系的一个关键概念。前意识位于心理结构最表层的意识与最深层的潜意识之间，是二者的中介环节。弗洛伊德指出："一般说来，一种心理活动要经历两个阶段（或两种状态），在这两个阶段之间，还穿插着某种可称为'检验'或'审查'的步骤（这种审查也称为潜意识压抑力量）。第一阶段的心理活动一般是潜意识的。……如果能通过检验，它就进入了第二阶段，此后便属于第二系统，即我们所说的Cs（即意识——引者）系统。但是，即使它已属于这一系统，也不等于明确肯定它就是'意识'的了。换言之，它这时还不是'意识的'，而是具有变为'意识'的可能——只有在某些特定条件下，它才可以不受阻碍地直接变成意识的对象。从具有变成'意识'的能力这一角度考虑，我们还可以称这一系统为'前意识'。"[①]从弗洛伊德的上述论述中，我们可以看出，前意识具有过渡性质。一方面，前意识接近意识，虽尚非意识，但已具备了变为意识的可能；另一方面，前意识又与潜意识相联系。前意识和潜意识活动的区别并不是一开始就有的，而是在发生了拒绝之后才开始呈现的。只有在这时，能在意识中出现，并能在任何时刻重新出现的前意识观念和不能如此的潜意识观念之间的区分才获得了理论价值和实际意义。因此，广义地说，前意识也属于潜意识。弗洛伊德有时也将二者合称为无意识。

前意识的位置决定了其内容有两个部分。一是暂时潜伏起来的意识内容。前意识是意识材料的贮藏库，思考时未曾意识到，或暂时遗忘却随时可以回想起来的想法、意象、印象等等东西都临时存放在这里，在某些特定的条件下会很容易地变成意识的对象。另一类内容是潜意识的衍生物。因潜意识并不是乖乖地接受前意识的稽查，往往会利用它与前意识的直接联系，而把前意识的东西拿来作为自己的衍生物，以蒙混过关。

前意识在精神装置中起着重要的功能作用，它"使各种不同的观念性内容相互交流，以便达到相互影响；使它们与时间联系起来；设立稽查关卡（或各种稽查关卡），建立起检验现实的一套法则，即'现实法则'。有意识的记忆似乎也全部依赖于前意识系统，因而与那种潜意识经验在其中得到固定的'记忆痕迹'明确区别开来"[②]。弗洛伊德特别强调的是前意识的审查作

① 弗洛伊德著，腾守尧译：《性爱与文明》，安徽文艺出版社1987年版，第292～293页。

② 弗洛伊德著，腾守尧译：《性爱与文明》，安徽文艺出版社1987年版，第310页。

用。“前意识系统像介于潜意识系统和意识系统之间的一个筛子”①，它将危险性和破坏性不大的潜意识心理活动放过关卡，而将危险性和破坏性大的内容挡在关卡之外，并对其保持警惕。弗洛伊德曾以一个看门人的形象比喻来说明前意识对潜意识的审查：潜意识系统好比一进房屋院落里最大的那个前厅，形形色色的本能冲动一起拥挤在这个大屋子里；毗邻大前厅的是一个小房间，或者可以说像一个接待室，这个地方就是意识的地盘了。前厅和院落之间开了一扇森严的小门，门前有一个守门人，负责对前厅里那些试图冲进来的本能逐一检查，凡不适合的本能一概拒绝入内。这个守门人就是前意识。

3. **潜意识**

潜意识概念是弗洛伊德精神分析学的重要理论基石之一，也是精神分析理论有别于其他理论之处。弗洛伊德本人就曾说过：“‘精神分析学’原先只是指一种独特的治疗方法，如今，它已成为一门学科——潜意识精神过程学的名称了。”②对潜意识现象的本质和运行机制及其在心理过程中的地位与意义的解释和说明，构成了精神分析理论的核心内容。在弗洛伊德看来，所谓潜意识就“是一种不能为意识所知的特殊心理活动”③。潜意识处于心理结构的最底层，由各种最原始的、未经丝毫雕琢掩饰的、赤裸裸的本能和欲望构成。作为生物本能能量的仓库，潜意识是人类一切活动的动力源泉。

弗洛伊德对潜意识的主要内容和成分做过大量分析。最初他认为，潜意识的内容只是被个体压抑了的经验，它们有些是精神创伤的固着，有些是强迫性的观念动作。后来，弗洛伊德通过大量的诊治实践和深入观察又进一步认识到，这种遭受压抑的情绪体验不是别的情绪刺激，恰恰是一种人们在婴幼儿期曾经与外界发生冲突，并遭到压抑的性本能以及性体验。因此，性冲动开始成为潜意识的核心内容。弗洛伊德到了晚年，尤其是经过第一次世界大战，目睹了战争进程中人类所暴露出的暴虐、残忍的一面之后，他修改了以性本能为核心的潜意识内容，将性本能发展为“生本能”，囊括进了除性本能之外的其他一些生物本能。同时，提出了一种全新的潜意识的内容和成分，即“死本能”，用以解释人的自我毁灭、破坏性以及侵略性行为。

弗洛伊德明确提出，潜意识活动的规律和意识活动的规律是大相径庭的，“当我们仔细观察其中一个系统，即潜意识系统时，会从中发现另一个系

① 车文博主编：《弗洛伊德主义原著选集（上）》，辽宁人民出版社 1988 年版，第 140 页。

② 弗洛伊德著，顾闻译：《弗洛伊德自传》，上海人民出版社 1987 年版，第 103 页。

③ 弗洛伊德著，腾守尧译：《性爱与文明》，安徽文艺出版社 1987 年版，第 290 页。

统所不具备的特征”[①]。“总起来说,我们在潜意识系统的活动中大致发现了如下几个特点,即:① 各种活动相互并列、互不矛盾;② 属于一种‘原发过程’(是一种贯注性运动);③ 无时间性;④ 以心理实在代替外部实在。”[②]根据弗洛伊德的论述,潜意识至少具有四个重要特征:

(1) 无逻辑性。

潜意识中的所有心理活动都是毫无理性和逻辑性可言的。支配性的逻辑规则在潜意识中不起作用,潜意识可称为无逻辑的王国。具有相反目标的驱力同时存在于潜意识当中,没有任何必要在它们之间进行调节。要么,它们相互之间没有什么影响;要么,如果有影响,那也不是决定性的,而产生的妥协也没有意义,因为妥协容纳的只是一些互不相容的细节。与此有关的事实是,对立面并不会被分离,它被看做好像是同一的。[③] 这也就是说,潜意识中的欲望、本能、冲动都是自在地、互不相干地存在着,彼此不存在逻辑关系,因而既不具有内在的一致性、条理性,也无所谓彼此的冲突与矛盾。

(2) 原发过程。

原发过程指的是,潜意识活动是一种独特的思维模式,“它服从与前意识自我不同的法则。我们在整体上把这些法则称为原发过程。与此相区别的是继发过程,它制约着自我当中或前意识当中的事件进程”[④]。在弗洛伊德看来,存在两种不同的心理活动,它们分别根植于潜意识和前意识当中,遵循不同的活动原则,前者依据趋乐避苦的愿望,后者则依据外界的现实,这就是所谓的原发过程和继发过程。潜意识的核心是“本能呈现”,它只按快乐原则行事,不顾一切条件和一切场合去表现自己。潜意识中不存在否定、肯定和怀疑,而只有不同强烈程度的贯注内容存在着。而继发过程则严格遵循语法和形式逻辑,遵守时空规范,并且以世故而得体的举止来缓解本能的冲动。

(3) 主观性。

主观性是以心理现实代替外界现实。弗洛伊德在临床实践中发现,患者所报告的儿童期诱奸体验都不是真实的,是患者幻想出来的情景,实际上根本没有发生过。但是弗洛伊德经过思考后断定,病人的幻想对于他们自己来说是非常真实的。这样,潜意识的幻想即心理实在取代了物质实在而成为神经症的决定性因素。用弗洛伊德的话说,这些幻想是潜意识本能的

---

① 弗洛伊德著,腾守尧译:《性爱与文明》,安徽文艺出版社 1987 年版,第 308 页。
② 弗洛伊德著,腾守尧译:《性爱与文明》,安徽文艺出版社 1987 年版,第 309 页。
③ 车文博主编:《弗洛伊德主义原著选集(上)》,辽宁人民出版社 1988 年版,第 555 页。
④ 车文博主编:《弗洛伊德主义原著选集(上)》,辽宁人民出版社 1988 年版,第 552 页。

精神性表现。把潜意识视为一种心理实在，这是弗洛伊德的一大创见。弗洛伊德明确指出：潜意识活动“具有一种心理范畴的性质，我们是通过其他更重要的性质来了解该范畴的。它属于一种心理活动的系统，应该引起我们的充分注意”[①]。所谓心理范畴性质，就是说“潜意识是真正的心理实在；我们对于它的内在实质，与对外部世界的实在同样地不理解；通过意识材料去表现潜意识与我们通过感官去和外部世界相交往同样是不完全的”[②]。

（4）无时间性。

潜意识本能冲动之间彼此孤立，既无逻辑关系，也无时间先后顺序。正如弗洛伊德所说：“潜意识系统中所进行的活动，都是无时间性的，换言之，它们不按时间的顺序进行，也不因时间的推移而改变，与时间没有任何关系。只有意识系统中的活动，才与时间有关。”[③]从某种意义上说，无时间性也就是“不可毁灭性”。在潜意识中，无所谓终点，也无所谓过去或遗忘。这可以从弗洛伊德对幼儿性欲经历作用的分析清楚看出。弗洛伊德认为，幼儿在性欲方面的经历一经形成便不再会发生变化，且能影响人的一生。

在人的整个心理活动中，以上三种结构之间既相互制约、相互渗透，又相互冲突，由此构成了作为一个复杂的动态整体的心理过程。

## 二、弗洛伊德的本能论

本能论（instinctive theory）也是弗洛伊德精神分析学的重要理论基石之一，也是精神分析动力学思想的主要体现。弗洛伊德极为重视本能问题在心理学中的地位。他指出：“在心理学中，最为紧迫的任务莫过于需要建立一种关于本能的坚实可靠的理论，有了这种理论，心理学才有可能继续向前发展。可是在这方面，所需要的理论尚未出现，精神分析学就不得不做一些尝试和摸索。”[④]众所周知，精神分析学说是以人的潜意识活动的存在为前提的，弗洛伊德认为，人的潜意识或伊底的能量源泉是本能，本能是所有潜意识活动的终极原因，或者主要源泉和动力。因此，本能同潜意识一样是精神分析的理论支柱之一。

### 1. 本能的性质及特点

本能（instinct）是贯穿弗洛伊德精神分析的中心概念之一，指的是人的

① 车文博主编：《弗洛伊德主义原著选集（上）》，辽宁人民出版社 1988 年版，第 222 页。
② 车文博主编：《弗洛伊德主义原著选集（上）》，辽宁人民出版社 1988 年版，第 138～139 页。
③ 弗洛伊德著，腾守尧译：《性爱与文明》，安徽文艺出版社 1987 年版，第 308 页。
④ 弗洛伊德著，顾闻译：《弗洛伊德自传》，上海人民出版社 1987 年版，第 81 页。

生命和生活中的基本要求、原始冲动和内在驱力。弗洛伊德的本能概念与心理学中本能的一般含义并不完全一致。例如,弗洛伊德的本能概念不是一种遗传倾向。在英语中,虽然"本能"(instinct)这个词已经成为一个公认的术语,但是他却没有完全传达出弗洛伊德的意愿。在谈到人格时,弗洛伊德所使用的本能概念并不是德文中的对应词 Instinkt。只是在描述动物的先天驱力时,他才使用 Instinkt。在谈到人的动机力量时,弗洛伊德的术语是 Trieb。这个词最适当的英文翻译是 impulse(冲动)或 drive(驱力)。

关于本能的性质,在弗洛伊德的著作中有许多表述,他分别从不同的角度对本能的涵义进行了分析。归纳起来,本能的性质有三层基本的含义:第一,本能被看做是存在于心理现象背后的一种力量,是心理结构中固有的动力能量,而不是一种暂时的冲击;第二,这种力是不断来自生物体内部,源出于肉体组织,表现为一种"肉体欲求";第三,本能是内部刺激的一种心理效应,是"肉体欲求"被传递到心理器官或作用于心灵时所表现的力量,或者说,本能是在伊底中获得了心理表现。①

弗洛伊德认为,本能具有四个特点:第一,本能的来源(source)是指身体的某个器官或某一部分所发生的肉体过程,是人体的需要或冲动。例如,当人饥饿时,身体内的器官组织就会兴奋,这种兴奋所释放的能量就激活了饥饿本能。然而,对弗洛伊德来说,本能来源的研究并不属于心理学的范围。虽然本能完全取决于它们的身体根源,但是在心理生活中我们只有通过它们的目的才能够了解它们。第二,本能的目的(aim)就是寻求满足,只有解除本能来源中的刺激状态才能获得满足,降低由需要产生的兴奋和紧张。例如,饥饿本能的最终目的就是消除体内饥饿状态,实现这一目的后,人体有关能量就停止释放;同时人在生理和心理上即从兴奋变为松弛,由紧张恢复到平静。因此,从本能的目的上看,本能还具有保守性、倒退性和重复性的性质。这与一般的本能理论明显不同,弗洛伊德说:"关于本能的这种观点对我们来说是十分陌生的,因为我们已经习惯于在本能中发现一种促进变化和发展的因素,然而现在却要求我们在本能中去认识一种恰恰相反的东西,即生物体所具有的一种保守性质。"②本能之所以是保守的,是因为它的目的是让人回复到受兴奋干扰之前的静止状态,本能的活动路线总是从紧张恢复到静止状态。从另一方面看,这种保守性则意味着本能具有一种固有的极力向先前紧张状态倒退的冲动,即本能的倒退性。本能的这种退

① 车文博主编:《弗洛伊德主义论评》,吉林教育出版社 1991 年版,第 172 页。
② 弗洛伊德著,林尘等译:《弗洛伊德后期著作选》,上海译文出版社 1986 年版,第 39 页。

行性实际上是一种强迫性重复活动。也就是说，本能具有从兴奋到平静反复循环的倾向，如饥饿得到满足，但几个小时后又会饥饿；性欲得到满足，一段时间后又会产生新的性欲，所以本能又具有重复性。第三，本能的客体(object，又译对象)就是能满足身体需要的对象或手段。例如，饥饿本能的客体就是食物，性本能的客体就是性结合，攻击本能的客体就是搏杀、侵犯等。本能的客体多变，在满足本能的过程中，对象可能会发生多次转变。本能的客体与本能的根源并不存在固定的联系，只是在可能使本能满足时才与本能相联系。第四，本能的动力(impetus)是指本能所具有的力的大小或能量的多少。可以根据一个人在寻求本能目的时克服阻碍的多少来观察本能能量的强弱。例如，人越饥饿，他的冲动也就越强烈。

2. **本能的种类**

众所周知，本能是多种多样的。可以说，人体有多少种需要就有多少种本能，因为一种本能就是一种人体需要在心理上的表现。弗洛伊德对那些常见的特殊而具体的本能不感兴趣，他感兴趣的是在各种本能中占支配地位的、最基本的本能。在几十年的学术生涯中，弗洛伊德多次提出和修改了他的本能理论。在早期，弗洛伊德认为，食欲和爱欲是生物有机体最重要的两种欲求，而且生物都有自我保存和种族保存两种目的。基于这两个生物学事实，弗洛伊德在 1915 年发表的《本能及其变化》一文中把原始本能分为自我本能和性本能两种。

自我本能是指与个体生存相联系的一类本能，如饮食、自卫、呼吸、排泄等本能，它的作用是自我保存。性本能是指与性欲和种族繁衍相联系的一类本能，它的作用是种族保存。自我本能与性本能虽然同属原始本能，但也存在着区别。性本能可以延缓或者抑制，而自我本能则具有紧迫性，不能将其简单地从意识领域压抑到前意识领域；性本能可以升华或以转换或替代的方式求得表现，而自我本能一般不能升华，而且不太可能通过迂回的方式加以满足。在这两种本能中，从一开始，弗洛伊德就十分注意和强调性本能的地位和作用，认为性本能是诸本能中最重要也是最活跃因素，“性的冲动，广义的和狭义的，都是神经病和精神病的重要起因，这是前人所没有意识到的。更有甚者，我们认为这些性的冲动，对人类心灵最高文化的，艺术的和社会的成就作出了最大的贡献”①。性本能遵循快乐原则，促使人通过各种方式获得满足，使性能量得以释放、发泄。值得注意的是，弗洛伊德是在很一般意义上使用“性”一词的。他的这一术语，不仅包含特殊的性兴趣和性

① 弗洛伊德著，高觉敷译：《精神分析引论》，商务印书馆 1987 年版，第 9 页。

活动，而且包括全部爱的生活，几乎可以说是全部愉悦的生活。传统的性欲观是一种生殖性欲观，受制并服从于生育的目的。但弗洛伊德指出，精神分析对于性的主要发现是："(1) 性生活不仅仅开始于青春期，而是在出生后不久就开始有了明显的表现。(2) 在'性'的概念和'生殖器'的概念之间，必须作出明确的区分。前者是更为广泛的概念，它包括许多不涉及生殖器的活动。(3) 性生活包括从身体的某些区域获得快感的功能——这一功能后来才成为生育的辅佐。这两种功能经常是根本不一致的。"[①]弗洛伊德认为，这种对性概念的修正和发现具有双重意义："第一，它使性与性器的关系不再那么密切了，它认为性是一种更为广泛的肉体功能，首先以快感为目标，其次才为生殖服务。第二，它把性冲动看成是包括所有纯粹的感情与友爱的冲动，即通常由含义极为模糊的词语'爱'所指的那些冲动。"[②]弗洛伊德认为，性的后面有一种潜力，常驱使人去寻求快感，他将之称作力比多(或欲力)(libido)。力比多是人类与生俱来的一种性冲动，是推动个体一切行为的原始内驱力。弗洛伊德早期把力比多视为性本能的一种内在的、原发的动能、力量。但在后期，弗洛伊德把力比多概念泛化为一种包罗一切爱的或生命本能的力量，即把力比多解释为生本能。

1920 年，弗洛伊德在《超越快乐原则》一书中对他早先提出的本能理论作了重大修正，他把自我本能与性本能合并称为"生本能"，另外引入了与之相对的"死本能"的概念。这种理论上的修正，一方面是出于现实的考虑，即第一次世界大战的恐怖、屠杀与破坏使弗洛伊德深感原先的本能理论难以对之作出圆满的解释。另一方面则是出于理论逻辑上的需要，即解决自我本能与性本能在本源上的矛盾。弗洛伊德最初把自我本能同以力比多为表现形式的性本能对立起来，但是随着对自我的深入分析，弗洛伊德发现事实并非如此。他写道："精神分析摸索着向前发展，逐渐认识到了心理学的自我。最初，只是把自我看做是一种压抑的、稽查性的、能建立保护性结构和反相形成的力量。……精神分析更加小心谨慎地向前探索着，它观察到了使力比多脱离对象而转向自我(即内向过程)的规律性，而且对儿童的最早阶段的力比多发展现象进行研究，得出了下述结论：自我是力比多的真正的、原本的储存器。力比多只有从这个储存器出发，才能被扩展到对象上。"[③]由于自我是力比多的真正的存储器，因此，自我本能的一部分也具有

① 弗洛伊德著，林尘等译：《弗洛伊德后期著作选》，上海译文出版社 1986 年版，第 542 页。
② 弗洛伊德著，顾闻译：《弗洛伊德自传》，上海人民出版社 1987 年版，第 51 页。
③ 弗洛伊德著，林尘等译：《弗洛伊德后期著作选》，上海译文出版社 1986 年版，第 56 页。

力比多的特性，“这样一来，自我本能和性本能之间的那种最初的对立，便被证明是不适当的”①。

弗洛伊德认为，生本能或爱欲本能是一种表现为生存、发展和繁殖的本能力量，它代表着潜伏在生命自身中的一种进取性、建设性和创造性的活力。自我本能和性本能虽然各有自己不同的目的，但它们都指向生命的生长和增进，也常常表现在人们的乐观、向上、爱等方面。死本能或破坏本能是生命本能的另一极表现，它的终极目的就是从生命状态回复到恒定不变的无机物。死本能表现为两种形式：一种是向外投射，表现为破坏性、攻击性、挑衅性、侵略性，或争吵、殴斗、挑起战争等；一种是向内投射，表现为自我谴责、自我痛恨、自我惩罚、自我毁灭、自我寻死等。这两种投射所表现的各种形式可以相互转化：当死亡本能倾向于对外界的侵犯或有所破坏时，它就没有必要来毁灭自我。但是，当向外侵犯受到严重阻碍或挫折时，它往往就有可能退回到自我，形成一种自杀的念头或倾向。在弗洛伊德看来，生本能和死本能可以相互融合、抵消或替换。他说：“在由生物学支持的理论考察的基础上，我们提出了死本能假设，它的任务是把有机的生命引回无生命的状况；另一方面，我们认为，通过将漫无边际的微粒结合为生命物质的扩展，性爱的目的在于使生命复杂，当然，同时也在于保护生命。由此看来，这两种本能从严格意义上说都是保存性的，因为两者都致力于重建一种由于生命的出现而遭到破坏的存在状态。由此，生命的出现将是生命继续的起因，并且同时还是奔向死亡的起因；而生命本身是这两种倾向之间的冲突或调和。”②

### 三、弗洛伊德的梦论

梦论在精神分析学中占有特别重要的地位，它不仅是精神分析立论的一个重要依据，也是精神分析学有别于其他心理学的一个重要标志。弗洛伊德强调：“从好几个观点看来，我们都应当先注意梦的学说，因为这个学说在精神分析史上占一特殊的地位，标志着一个转折点。有了梦的学说，然后精神分析才由心理治疗法发展为人性深蕴的心理学。”③

① 弗洛伊德著，林尘等译：《弗洛伊德后期著作选》，上海译文出版社 1986 年版，第 57 页。
② 车文博主编：《弗洛伊德主义论评》，吉林教育出版社 1991 年版，第 186 页。
③ 弗洛伊德著，高觉敷译：《精神分析引论新编》，商务印书馆 1987 年版，第 3 页。

1. **梦的实质**

弗洛伊德认为，梦是一种被压抑的愿望的象征性满足。在他看来，梦不是一种无意义的生理活动，而是一种有意义的心理现象。它是完全合理和有意义的，梦的内容在于愿望的达成，其动机在于某种愿望。关于愿望的来源，弗洛伊德认为有四个方面："(1) 它可以在白天被唤起但由于外部原因而未获得；在这种情况下，一个得到承认但未获得满足的欲望便被留到夜晚了；(2) 它可以在白天产生但又被排斥，在这种情况下，被留到夜晚的欲望是未被处理但也是被压抑的；(3) 它可以与白天生活无关，因而出现的欲望仅只在我们心灵中未受压抑的那一部分而且到夜间才变得活跃起来；(4) 当晚发生的欲望冲动(如饥渴或性的需要)。"①

弗洛伊德认为，梦的形成机制与精神病的机制一样，都是两种精神力量，即遭受压抑的潜意识与意识之间的冲突和妥协交互作用的结果。弗洛伊德指出，梦是在睡眠中发生的，人要进入睡眠状态，首先要将意识中对于其他事物的种种关注与兴趣全部撤回，并将自我全神贯注于睡眠愿望之中。在进入睡眠状态后，平时承担着阻止无意识中被压抑的欲望进入意识层面任务的自我的压抑性有所削弱，于是，潜意识冲动就利用夜间压抑放松的机会，与梦一起乘虚而入，进入意识。但是在睡眠中自我的压抑性抵抗并没有消失，仍能够对潜意识中受压抑的欲望履行纠察职责。由于梦的稽查无比严厉，梦的隐意只好加以改变和转化，以便使梦中那种被稽查所禁止的含义难以辨认。因此，弗洛伊德断言："梦是(被压抑的)愿望(经过伪装)的满足；由此可见，梦的构成就像神经症症状一样，是某种被压抑的冲动和自我中稽查的抵抗力之间妥协的产物。"②

在弗洛伊德看来，梦具有两方面的功能：一是使由愿望冲动造成紧张的心理能量得以宣泄，从而使愿望得到满足；二是由于消除了心理能量的刺激而使睡眠能够继续下去，具有保护睡眠的作用。在梦中，由于威胁睡眠的被压抑的欲望与禁止它公开露面的潜意识稽查之间达成了妥协，结果使受压抑的欲望在伪装之后得以出现在梦中，于是欲望得到了至少是暂时的缓解，而同时梦者对其真相仍然是浑然不觉。另一方面，梦以这种实现睡眠者愿望的方式阻挡住了干扰刺激，成为睡眠的"看护人"。人在睡眠中会不时受到内外刺激的干扰，在干扰梦的外部刺激出现时，梦的作用是向梦者提供一种解释，化打扰为一种无害的、睡者可以接受和容忍的情境，以挡住外部打

① 弗洛伊德著，孙名之译：《释梦》，商务印书馆 1996 年版，第 552 页。
② 弗洛伊德著，顾闻译：《弗洛伊德自传》，上海人民出版社 1987 年版，第 61 页。

扰，使睡眠不致中断。当内部的欲望、本能试图要求满足时，对它们的化解是允许其以梦的形式得到满足。但是，这两种保护措施并不都是成功的，一旦刺激的力度强烈到难以化解的程度，则睡眠就会中断，睡眠者就会惊醒。

2. 显梦与隐梦

为了进一步说明梦的本质，即梦是潜意识愿望的满足，弗洛伊德对梦的显意与梦的隐意做了说明，提出了显梦和隐梦两个概念。显梦就是梦者记住或者叙述出来的梦，它是梦的表面现象。在弗洛伊德看来，显梦“不过是一种变形的、简化的、不正确的转译，并且多半是转译为视觉意象。……外显的内容，仅仅是一种伪装，一种表象，可以把它作为联想的出发点，但不能用它去解释梦”[①]。隐梦指的是梦的背后所隐藏的潜意识动机，它是梦的本质内容。弗洛伊德认为，显梦与隐梦虽有联系，但两者却有实质性的差异，它们之间的关系犹如谜面与谜底的关系。具体地说，显梦与隐梦的关系有三：一是显梦以部分来暗喻隐意；二是以显意来指示隐意；三是用显意直接代表隐意。弗洛伊德还对梦境材料的来源进行了深入的分析，他根据前人和自己的研究提出梦的内容有三个来源。首先，它们来自新近的和有意义的事件，“就我亲身体验而言，我一定开始就会认定，在每个梦中都可能发现先一天（previous day）经验的接触点。这个观点在我所分析的自己和别人的所有的梦中都可以得到证实。记住了这个事实，我有时便能从先一天发生的事情开始我的释梦工作，在许多情况下，这确实是最简便的方法”[②]。其次，它们来自儿时的体验，“梦可以包括追溯到童年早期的那些印象，它们在清醒时似已不能回忆起来”[③]。第三，它们来自身体刺激，“在内部躯体刺激当中，无疑包括了身体的一般机体觉，它能支配梦的内容。这并不是说它本身能提供梦的内容，而是说它能强迫梦念去选择出现于梦内容中的材料，取其适合于梦的性质的部分，而舍弃其他部分”[④]。

3. 梦的工作

在弗洛伊德看来，潜意识愿望只有经过化妆才能够混过稽查进入梦境，从而获得满足。这个伪装的任务是由梦的工作完成的。弗洛伊德把“从梦的隐意制造出梦的显意的过程叫做梦的工作”[⑤]。“正是通过梦的工作，来自

① 弗洛伊德著，顾闻译：《弗洛伊德自传》，上海人民出版社 1987 年版，第 60 页。
② 弗洛伊德著，孙名之译：《释梦》，商务印书馆 1996 年版，第 161 页。
③ 弗洛伊德著，孙名之译：《释梦》，商务印书馆 1996 年版，第 186 页。
④ 弗洛伊德著，孙名之译：《释梦》，商务印书馆 1996 年版，第 236 页。
⑤ 车文博主编：《弗洛伊德主义原著选集（上）》，辽宁人民出版社 1988 年版，第 552 页。

伊底的潜意识材料(原始的潜意识和相似的被压抑的潜意识)闯入自我,成为前意识,并且作为自我反对的结果,经历着改变。我们把这些改变理解为梦的伪装。所有梦的特征都能以此得到解释。"①梦的工作是在潜意识系统中进行的,它先要从意识中取得必要的材料,然后根据潜意识愿望和稽查者的要求对材料进行加工,其加工过程是采取原始人类和幼儿时期的原始思维过程进行的。梦的工作方式主要有凝缩、移置、象征和润饰四种。

(1) 凝缩。

弗洛伊德指出:"任何人在比较梦的显意和隐意时,首先注意到的就是梦的工作包含着大量的凝缩作用。两相比较,显梦简短、贫乏,内容精练;隐梦则范围广泛,内容丰富得多。"②所谓凝缩作用指的是将隐梦的内容进行压缩、精简,排除许多与隐梦相互联系的内容,形成一个新的更概略的片段,或者是从多种愿望中挑选某个部分重新组合为一个新的梦的内容。因此,凝缩"这一倾向是使在我们醒时的思想中肯定会保持着分离的要素构成新的统一体。其结果是,梦的显意中的单一要素常又代表着梦的全部隐念,仿佛它是全部隐意的综合性的隐喻"③。凝缩的方式大致有三种:① 某种隐梦的成分完全消失;② 隐梦的许多情节中只有一个片段侵入显梦之中;③ 某些同性质的隐梦在显梦中混合为一体。因而,凝缩作用大大增加了释梦的难度,因为它使隐意与显梦间的关系呈现多重化、复杂化的趋势,显梦中一个形象或许指代多重的若干个隐意,一个隐意也可借助多个形象出现于显梦之中。

(2) 移置。

移置是使显梦的元素与隐意的成分在重要性、强度、大小和性质等方面予以置换,使二者不再具有任何相似性,以便更好地瞒过稽查者。移置作用主要有两种方式:一个隐梦的元素不以自己的一部分为代表,而以较无关的其他事物作为替代;重点从一个重要的元素移植到另一个不重要的元素之上。通过移置,隐梦中极重要的内容在显梦中显得微不足道,而在隐梦中极微小的内容在显梦中却显得很重要。

(3) 象征。

象征是指把梦的隐意用与其具有相同性质或有所关联的符号间接地表现出来。弗洛伊德认为,象征的表现是间接表现的方法之一,但梦的象征与

① 车文博主编:《弗洛伊德主义原著选集(上)》,辽宁人民出版社 1988 年版,第 552~553 页。
② 弗洛伊德著,孙名之译:《释梦》,商务印书馆 1996 年版,第 278 页。
③ 车文博主编:《弗洛伊德主义原著选集(上)》,辽宁人民出版社 1988 年版,第 554 页。

其他的象征大相径庭。他说:“可不要忽视象征性的显著特性从而与其他间接表现法混为一谈。在很多情况下,象征及其所代表的事物之间的共同要素是明显可见的;在另一些情况下,共同要素则隐匿不现,于是对象征的选择便陷入困境了。然而正是这后一种情况才能说明象征性关系的最终意义。它们具有一种发生学上的性质。”①也就是说,梦所象征的是指梦的潜意识的精神元素。弗洛伊德认为,梦中大多数的象征都与性有关,例如手杖、树木、雨伞、刀、笔、飞机等,因为它们的物理外形和功能往往是男性生殖器官的象征,而洞穴、瓶子、帽子、门户、珠宝箱、花园、花等代表了女性生殖器官,跳舞、骑马、爬山、飞行等代表了性行为,头发或者牙齿的脱落则是阉割的象征。

(4) 润饰。

润饰是指在梦醒之后把梦中混乱、无条理的材料予以条理化,使其在表面上看来是合理正确的,是一个连贯的整体。经过润饰,梦好像具有了意义,但这种表面的意义却与梦的整体意义相去甚远。由于对显梦的再加工破坏了梦材料的次序和意义,因而更能掩饰梦的隐意。弗洛伊德指出,梦的润饰作用只是梦元素的一种表面的牵强附会的联系,为了理解梦的隐意,可以完全不管这种联系,而由解析者分析梦意象的联想或象征意义的逻辑关系。

了解了梦的工作,就可以根据显梦剥掉层层伪装,发现梦中所蕴含的潜意识的本能欲望,这就是梦的分析。它与梦的工作方向相反。梦的工作是把梦的隐意通过伪装、混过稽查成为显梦,梦的分析则是去除显梦的伪装,挖掘梦的隐意。因此,弗洛伊德极为重视梦的分析,把梦作为通向潜意识的重要途径。

## 四、弗洛伊德的人格论

自20世纪20年代开始,精神分析逐渐从心理疾病的治疗技术发展成为诠释人类动机和人格的理论和方法。它是当代第一种人格心理学说,对后来的人格心理学理论产生了深远的影响。

### 1. 人格结构

弗洛伊德的人格结构理论是在其心理结构理论的基础之上建立起来的,是对心理结构理论的发展。弗洛伊德早期按他的心理地形学的方法,把

① 车文博主编:《弗洛伊德主义原著选集(上)》,辽宁人民出版社1988年版,第103页。

人的心理结构划分为意识、前意识和潜意识。随着研究的深入，弗洛伊德发现，潜意识与被压抑的东西并不一致，所有被压抑的东西都是无意识的，但并不是所有的无意识都是被压抑的，自我的一个部分也是潜意识的。因此，他修正了早期的心理结构模式，提出了以伊底、自我和超我为心理区域的人格结构模式，该理论强调的是心理动力。他写道："我们把心理区分为伊底、自我和超我。如果这个区分代表了我们认识的某种进展，它就应该使我们更彻底地理解和更清楚地描述心理的动力关系。"①因此，伊底、自我和超我分属不同的心理动力系统，其中除伊底是潜意识之外，自我和超我都兼具潜意识、前意识和意识的性质。

(1) 伊底。

伊底是弗洛伊德从尼采那里借用的一个术语，指的是人格系统中最隐秘、最原始的部分，处于潜意识的深层。伊底储存着具有非理性本质和性欲特征的心理能量，是人生存与发展中最重要的基础和最强大的内在能量和动力。伊底是人的本性的自然性或者动物性的一面，因而不受理智和逻辑法则的约束，在它那里思维没有逻辑，冲突没有矛盾；不存在时间观念；不知道什么是价值，什么是好，什么是坏，更没有什么道德标准。弗洛伊德将其形象地比喻为本能欲望的蓄存库，像是一大锅沸腾汹涌的兴奋，它沸腾着、喧嚣着，毫无掩饰与约束地寻求生理的满足。

伊底的潜意识内容有两类。一类在起源上是遗传的，"它（伊底——引者注）含有一切遗传的东西，一切与生俱来的东西，一切人体结构中内在的东西"②。而"首要的是，伊底是本能构成的。本能源出于肉体组织，并以我们未知的形式在这里[在伊底中]得到了最初的精神表现"③。因此，伊底就其本质而言是人的本能需求在心理上的表示。伊底的另一方面的内容是在自我的发展过程中获得的，即自我将它已经得到的某些材料遣回到潜意识状态，拒斥这些材料。这就是弗洛伊德所说的"被压抑的东西也并入伊底，并且仅仅作为它的一个部分"④。

伊底遵循快乐原则，以追求本能冲动和被压抑的欲望的满足为目的。快乐原则的目的是消除人的紧张，或者在不可能的情况下，把紧张降低到一定的水平。当有机体的能量没有释放出来而造成不安的状况时，伊底会自动寻求解除紧张，降低能量达到舒适的水平，并且使之尽可能稳定在低水平

① 弗洛伊德著，林尘等译：《弗洛伊德后期著作选》，上海译文出版社 1986 年版，第 189 页。
② 弗洛伊德著，刘福堂译：《精神分析纲要》，安徽文艺出版社 1987 年版，第 5 页。
③ 车文博主编：《弗洛伊德主义原著选集（上）》，辽宁人民出版社 1988 年版，第 537 页。
④ 弗洛伊德著，林尘等译：《弗洛伊德后期著作选》，上海译文出版社 1986 年版，第 173 页。

上。由于紧张是一种痛苦的或不舒服的体验，而紧张的消除则使人感到愉快和满足，因此可以说，伊底的目的是趋乐避苦的。伊底消除紧张的途径有两种：反射行为和愿望满足。反射行为是感官受刺激释放出身体能量以达到本能的满足。例如打喷嚏、从痛苦的刺激中退缩就是典型的反射行为。愿望满足就是伊底想象出某种对象的意象来满足目前的需要。例如，对食物的需要会自动在伊底中触发与食物有关的意象，这种意象可以暂时减低对食物需要的紧张。但是，既然伊底从未直接接触过环境，那么这些意象是如何产生的呢？在弗洛伊德看来，本能和反射活动都是天生的，由紧张状态引起的意象也是天生的。这就意味着，一个饥饿的婴儿能够产生食物的意象而无需去学习食物与饥饿之间的联结。弗洛伊德相信，在一代代的个体中，以极高的频率和强度不断重复的经验是伊底中的永恒沉淀物。由于伊底不能区分意象和外界现实之间的差异，因此企图通过幻觉达到降低或抑制需要引起的紧张，充其量也只能实现暂时性的满足。为了满足需要并把紧张维持在一个适当的水平，我们必须同现实世界相互作用，这就需要人格的另一面，即自我。

（2）自我。

自我是伊底与外部世界之间的中介。它代表着理智和理性，与伊底的非理性形成鲜明的对照。从发生的角度看，自我源自伊底。在外部现实世界的影响下，伊底的一部分产生了一个专门的组织，它出自于伊底的表层，配备了接受刺激的器官以及免受刺激损害的活动程序，弗洛伊德把心灵的这一区域就称之为自我。可以说“自我是通过知觉意识的中介而为外部世界的直接影响所改变的伊底的一部分”①。自我附着在伊底的表层，但“并不是全部包住伊底，而只是包住了一个范围，在这个范围里知觉系统构成了它的（自我的）表层，多少有些像胚盘依托在卵细胞上一样。自我并不与伊底明显地分开；它的较低级的部分并入伊底”②。显然，自我与伊底是一个连续的过程，两者相互渗透。因此，自我是贯穿潜意识、前意识和意识三大领域的实体。

自我的基本任务是自我保存，而这正是伊底所忽视的。“自我是在两条战线上作战：它必须既防止外部世界消灭自我的威胁，又要防止内部世界提出过度的要求，以求得自己的生存。”③一方面，自我要应对外部事件，与外部

① 弗洛伊德著，林尘等译：《弗洛伊德后期著作选》，上海译文出版社 1986 年版，第 173 页。
② 弗洛伊德著，林尘等译：《弗洛伊德后期著作选》，上海译文出版社 1986 年版，第 171～172 页。
③ 弗洛伊德著，林尘等译：《弗洛伊德后期著作选》，上海译文出版社 1986 年版，第 179 页。

世界维持和谐的关系。自我主要是通过接触外部环境而将其内化为经验、知觉、记忆，尤其是现实原则，等等。同时，根据伊底的要求，将其需要化为行动，或者通过改造外部世界使之适宜于伊底。另一方面，自我还要应对内部的威胁。自我采取的方式主要是通过取得对本能愿望的控制，决定是否允许本能愿望得到满足，或通过延缓那种满足，直到外部世界中具备了有利时机，否则干脆压抑本能欲望的兴奋。

为了完成这两项任务，自我是按照现实原则来操作的。现实原则的目的就是把伊底寻求快乐的欲望拖延至条件许可，等到有适当的对象才允许伊底的满足。设立现实原则并不是要废除快乐原则，只是迫于现实而暂缓实行快乐原则。

(3) 超我。

超我是从自我中分化、发展起来的，是人格结构的上层部分。超我"是一切道德限制的代表，是追求完美的冲动或人类生活的较高尚行动的主体"①。超我是后天形成的，是儿童接受父母的是非观念和善恶标准的结果。关于超我的起源，弗洛伊德写道："我们会发现这是两个非常重要的因素的结果，一个是生物的本性，另一个是历史的本性，即：人类童年期无助和依赖的漫长过程，他的俄狄浦斯情结的事实……"②在漫长的童年期，成长着的个体依赖他的父母而生活，这使父母的影响得到延伸从而在自我中形成，并作为沉淀物遗留下来。此外，儿童的自我尚未强大到能够控制伊底的地步，所以也不得不借助父母的威信压制伊底的冲动。因此，弗洛伊德的超我实际上是父母或教育者的继承者和代表，是社会权威的一种内在延伸。不过需要注意的是，超我并非以父母为原型，而是以父母的超我为原型。因为父母、师长在教育儿童时也受他们自己的超我的指挥，所以超我体现的是文化的传统，是传统的价值观念和社会理想。

超我作为新的人格构成部分所发挥的基本功能是观察、监视自我和奖赏、惩罚自我，它观察、监视和奖赏、惩罚的不仅是自我的所作所为，而且包括自我的思想意图。超我的这些功能是通过超我的两个子系统，即自我理想(ego-ideal)和良心(conscience)完成的，它们是超我相互统一的两个侧面。自我理想是通过父母的奖励形成的，当儿童的观念和行为符合父母所持的道德观念时，父母就给予奖励，奖励的标准就会内化到儿童的心目中，成为自我理想。若自我的行为和意图符合了自我理想的要求，就会产生自豪感。

① 弗洛伊德著，高觉敷译：《精神分析引论新编》，商务印书馆1987年版，第52页。
② 弗洛伊德著，林尘等译：《弗洛伊德后期著作选》，上海译文出版社1986年版，第183页。

良心是通过惩罚形成的，当儿童的观念与行为违背父母所持的道德观念时，父母就予以惩罚，惩罚的标准就会内化到儿童心目中，成为良心。由于违背了自己内化的价值观，成熟儿童的良心用内疚、羞愧和恐惧来惩罚自己。由于遵守了他们的道德价值，其自我理想用自我正义、自我赞扬和自豪感来奖励自己。

超我遵循至善原则，其目的主要是控制和引导本能的冲动，说服自我以道德目的代替现实目的并且力求完美，使人变成一个遵纪守法的社会成员。

对弗洛伊德而言，人格结构的这三个部分在个体发展过程中都起着举足轻重的作用，每一个都必须得到合法的、可被接受的表达。伊底代表着重要的、不容忽视的生理方面。然而，如果要在社会生活中与他人和平共处，就必然对伊底进行束缚和压抑。如果伊底支配了自我，就会导致反社会行为。同时，太强大的超我也可能阻止基本生理需求的表达。因此，按照弗洛伊德的观点，自我必须足够强大，才能够应对伊底的驱策、超我的谴责以及现实的限制。

**2. 人格发展**

弗洛伊德重视人格的发展问题，他以身体不同部位获得性冲动的满足为标准，对人格发展进行阶段划分，因而他的人格发展理论也称"心理性欲发展理论"。弗洛伊德认为，在每一个发展阶段，都有一个特定的身体部位成为力比多兴奋和投注的中心，与最大的快感相联系，此特定的身体部位称为性感区。根据性感区的变化，他把个体心理性欲的发展划分为口欲期(oral stage)、肛欲期(anal stage)、阳具欲期(phallic stage)、潜伏期(latent period)和生殖欲期(genital stage)五个阶段。弗洛伊德认为，儿童在每一阶段所具有的体验，在很大程度上决定了他成年后的人格。为此，弗洛伊德相信，成年人格的基础早在儿童5岁时就已经奠定了。

(1) 口欲期。

口欲期贯穿于生命的第一年，性感区是口部。快感主要来自唇、舌等部位和吮吸、咀嚼、吞咽等动作。口欲期对于人格的发展具有重要的意义，弗洛伊德认为："吸乳乃是整个性生活所由起的出发点，是后来各种性的满足的雏形。"[①]一些精神分析学家将口欲期分为两个亚阶段，即早期的或接受阶段和后期的或咀嚼阶段。接受阶段包括生命的最初几个月，性快乐源自吮吸、吞咽和张嘴。这时，婴儿是相当被动的，并扮演着极度依赖的角色。咀嚼阶段发生于婴儿期的后期部分，那时牙齿长出来了，牙龈更加坚固。满足

① 弗洛伊德著，高觉敷译：《精神分析引论》，商务印书馆1984年版，第248页。

的主要区域依然是口唇,但此时,用嘴唇接触物品或吞咽的行为不如咬和咀嚼令人满足。更重要的是婴儿认识到一种客体可以同时具有给予快乐和给予痛苦的功能。在这一阶段,如果口唇需要没有满足或过度满足,都会在这一发展水平上引起固着,成年后会表现出口唇性格。固着若发生在口唇阶段早期,会导致口唇—吞并型性格,表现为过度的饮食、酗酒、接吻或吸烟以及对爱情、金钱、权力和财产的贪婪。固着若发生在口唇阶段晚期,它会导致口唇—施虐型性格,表现为对人冷嘲热讽,而且总体上表现出一种攻击性。

(2) 肛欲期。

肛欲期大约出现于生命的第二年,性感区是身体的肛门区域。这个阶段恰好同排便训练重合,因此儿童与成人的许多情感都与如厕训练有关。在这一时期,如果父母能够在配合儿童自我控制能力的条件下训练儿童排便,养成良好的卫生习惯,那么儿童成年后会具有创造性。反之,父母过于严厉则会导致所谓的肛门性格。在肛欲阶段的初期,快感主要来自排便之类的活动,这时的固着会导致在成年期出现肛门—排出型性格,表现为邋遢、无条理、慷慨、散乱或浪费。在肛欲阶段的后期,快感来自能够控制大便。这时发生固着将会使人成长为一种肛门—滞留型性格,表现为喜欢收藏、吝啬、富有条理。

(3) 阳具欲期。

阳具欲期的年龄为 3～5 岁,性感区位于躯体的生殖器区域。该阶段是为"人类性生活最终定型的前兆,已经具有许多与最终形成相类似的地方"[①]。随着阳具欲期的到来及其发展,儿童的性意识达到了高峰并临近终点,从此男孩和女孩有了不同的历史。男孩进入了"俄狄浦斯情结"阶段。所谓俄狄浦斯情结(Oedipus complex),是指"男孩把性的欲望集中到母亲身上并产生了视父亲为情敌的敌对冲动"[②]。也就是说,男孩对于母亲怀有强烈的欲望,而对于父亲却极端仇视。由于指向母亲的快感的根源是他的阴茎,同时也由于他意识到父亲比自己更为强大,男孩开始体验到阉割焦虑,这使他只好压抑自己的性的和攻击性的倾向。女孩处于相反的情境中,爱恋父亲,仇视母亲,想要将其父亲作为其爱的伴侣,但在竞争中被母亲击败。女孩的成败冲突被称为厄勒克特拉情结(Electra complex),但男孩与女孩的问题通常都被包括于俄狄浦斯的标签之下。

---

① 弗洛伊德著,腾守尧译:《性爱与文明——弗洛伊德文集》,安徽文艺出版社 1996 年版,第 295 页。
② 弗洛伊德著,顾闻译:《弗洛伊德自传》,上海人民出版社 1987 年版,第 48 页。

在这一时期，儿童经历了强烈的矛盾情感，寻求异性父母作为爱人，但同时都害怕并爱戴同性父母。当儿童放弃对禁忌客体、同性父母的性情感，同时认同同性父母时，就出现了对俄狄浦斯情结的恰当解决。通过认同同性父母，儿童既减轻了对报复的恐惧感，又纳入了同性父母的特点，这些特点使他们赢得了对方的爱。这个阶段形成的对异性的态度影响成年之后同异性的关系。认同同性父母的结果之一是促进了超我的发展。当一个儿童认同了他的同性父母，实际上儿童便内投了父母的道德标准和价值观。因此，超我最终的彻底形成是与俄狄浦斯情结的解决相伴随的。如果俄狄浦斯冲突通过被压抑的性冲动和认同同性父母未得到充分解决，残余的冲突遗留在潜意识中会扭曲青少年和成人的人格。

口欲期、肛欲期和阳具欲期合称为前生殖期。其共同特点是：它们都是一种自恋，亦即儿童都不是借助外界事物而是凭借自己身体的一部分获得快感；同时，这三个阶段通常是重复、交错和并存的。

(4) 潜伏期。

潜伏期约从 6 岁到 12 岁左右。弗洛伊德指出："儿童由 6 岁或 8 岁起，性的发展便呈现一种停滞的或退化的现象，这实在是一种达到高度文明的标准，这个时期可称为潜伏期。潜伏期有时也可完全缺乏，在这整个时期中，性的活动也不必完全停止。在潜伏期以前所有心理的经验和激动，那时多渐被淡忘。"①由于阳具欲期需要被强烈地压抑，性活动在随后的潜伏期几乎从意识中消失。这一阶段的特征是出现许多替代性的活动，如学习、体育、歌舞、艺术和游戏等。而且，男女儿童的界限已经很明显，他们倾向于与年龄相似的同性别者交往，排斥异性。因此，这一时期也称作同性恋期。弗洛伊德认为，潜伏期不是教育的结果，而是机体自身发展注定要经历的过程，即便没有教育，这一过程仍要发生。教育在其中所起的只是一种辅助作用，使得抑制更为完整和彻底。

弗洛伊德敏锐地意识到，潜伏期潜伏着两种发展的倾向。一种倾向是，潜伏期的出现"也许是人类文明发展不可缺少的条件"②。在这一阶段，文化观念开始逐渐渗透到儿童的意识中去，正如弗洛伊德所说："在这段完全或部分的潜伏期内，精神力量的发展开始抑制性生活，它就像一道河堤，引导它走向狭窄的河床。这些精神力量包括厌恶感、羞耻心以及道德的和审美

① 弗洛伊德著，高觉敷译：《精神分析引论》，商务印书馆 1984 年版，第 258～259 页。

② 弗洛伊德著，腾守尧译：《性爱与文明——弗洛伊德文集》，安徽文艺出版社 1996 年版，第 101 页。

上的理想化要求。”[①]具体而言，这种精神力量使性的成分带上社会性情感的盔甲，同时又通过压抑和反向作用建造起日后用来防阻性欲的堤防。另一种倾向是，它的出现也许会带来心理疾病倾向，即性能量被压抑导致性活动退行，回复到性初期阶段而形成某种神经症。

（5）生殖欲期。

这一阶段相当于青春期，大约从12岁到18岁左右。在这个阶段，儿童潜伏的性冲动复苏了，其性活动发生了明显改变，最终变为常见的形式。随着性器官的成熟，性快感或力比多关注的主要区域虽然仍是生殖器，但它的满足已包括了性高潮。具体地说，儿童的性活动的变化主要表现在三个方面：第一，“在此之前，性冲动大都局限于‘自体享乐’，从现在起，它开始寻找外部性对象了”。第二，“以前每一个局部冲动都单独做出努力，各快感区也自行在其特定的性目的中寻求快乐，现在却出现了一个崭新的性目的，一个由各局部冲动组织起来去寻求的性目的，这就是生殖目的。由于这一目的的出现，就使各快感区臣服于生殖区的权威统治”。第三，“由于这个新的性目的在两性身上有明显的区别，它们的性发展也就只能分道扬镳”。[②]

弗洛伊德认为，这个阶段的性生活发展极为重要，如果个体性发展能够顺利进入青春期，将性目标和对象集中于异性身上，将有助于形成正常的人格；相反，如果个体的性生活受到外部干扰或其他原因的阻隔而停滞，无法进入青春期，就可能导致各种性变态和性倒错，甚至产生病态人格。

## 五、弗洛伊德的焦虑论与防御机制论

精神分析是最早研究焦虑的心理学理论，焦虑是其核心概念。在弗洛伊德精神分析理论中，焦虑与人格发展及人格活动的动力状态有着密切的关系，而且它也是弗洛伊德关于神经症和精神病及其治疗的理论核心。弗洛伊德认为：“焦虑这个问题是各种最重要的问题的中心，我们若猜破了这个哑谜，便可明了我们的整个心理生活。”[③]自我防御机制是解决焦虑的方法和手段。

### 1. 两种焦虑理论

焦虑是由一连串自我无法控制的刺激引起的，由紧张、不安、焦急、忧

① 弗洛伊德著，腾守尧译：《性爱与文明——弗洛伊德文集》，安徽文艺出版社1996年版，第44～45页。

② 弗洛伊德著，腾守尧译：《性爱与文明——弗洛伊德文集》，安徽文艺出版社1996年版，第74页。

③ 弗洛伊德著，高觉敷译：《精神分析引论》，商务印书馆1984年版，第315页。

虑、担心、恐惧等感受交织而成的复杂情绪。其特点是心神不宁、坐立不安，惶惶然若大难临头，却又不知道怕的是何事何物。焦虑不仅是各种精神疾病患者最常见的一种精神症状，而且也是正常健康人遇到某些紧张刺激或挫折时出现的不安和忧虑心态。弗洛伊德先后对焦虑做出了不同的解释，形成了两种不同的焦虑论。

早期焦虑论形成于1890—1910年。弗洛伊德提出，伊底是焦虑的根源，焦虑是由被压抑的力比多转化而来的。当具体表现本能冲动的思想和欲望对自我造成很大的威胁时，自我就会压抑它们，阻止其表达。但压抑只能阻止与本能相关联的观念的表达，而不能抑制附属于这种观念之上的力比多能量。这样压抑导致表达本能冲动的观念同力比多能量的分裂，而力比多能量必须得到释放，于是它们就转化为焦虑而得到释放。弗洛伊德还认为，焦虑具有现实性神经症的特征，即神经症首先出现，是原因；焦虑后出现，是结果。弗洛伊德早期把焦虑视为神经症的关键因素，认为当力比多难以找到正常的发泄途径时，就变成了焦虑。

1926年，弗洛伊德在否定早期焦虑论的基础上提出了后期焦虑论，又称“焦虑的信号理论”。弗洛伊德认为，焦虑的根源不在伊底，而在自我，只有自我才会产生并感受焦虑。自我在认识到危险情况以前，不能让自己总处在紧张与兴奋的极限状态，为了避免陷入真正的危险时自己反而无能为力，就应当在平时让自己放松。当发现危险情况时，自我所发出的危险信号就是焦虑。这一危险信号是自我向自我防御机制发出的“警报”，自我防御机制收到信号后就动员与行动起来，自我就能够预防精神创伤等严重事件的发生。此外，弗洛伊德还逆转了早期焦虑论中神经症和焦虑的因果关系，认为焦虑先存在为因，其他症状为果。因为弗洛伊德发觉本能冲动并不能直接转成焦虑，因为不同的冲动往往产生同样的焦虑。因此，他提出焦虑是冲突引起的结果，自我把它当做一种危险的或不愉快的信号去反应，从而产生防御机能。

弗洛伊德认为，焦虑的发展有两个阶段：一是原始焦虑阶段，二是后续焦虑阶段。原始焦虑主要是出生创伤，即个体在刚出生时，由于内部和外部的刺激，导致力比多的大量涌现，要求得到满足，而自我却非常弱小，无法知觉、识别，也没有适当的防御机制来应付，因而使自我产生强烈的痛苦和焦虑。弗洛伊德认为，原始焦虑或出生创伤是后续焦虑的基础，后续焦虑是作为信号的焦虑，即个体在以后的发展过程中，只要遇到无法应付的情形或自我意识到力比多的涌现使自己可能再次陷入被动无能的状态，就会以焦虑为信号，调动内部已经形成的防御机制来应付。

**2. 焦虑的种类**

弗洛伊德根据焦虑来源的不同，把焦虑分为三种。他认为，自我同时受三个主人，即伊底、外在现实和超我的驱使，只得尽力在三方之间进行协调，减少冲突。当自我软弱时，便产生焦虑，对外界产生现实性焦虑（real anxiety），对伊底产生神经症性焦虑（neurotic anxiety），对超我产生道德性焦虑（moral anxiety）。

现实性焦虑又称作客观性焦虑，是指由外界环境中真实的、客观的危险引起的情绪体验。例如，当身体遭到另一个人或动物的袭击时，就会引发现实性焦虑。它以自我对外界的知觉为基础，它的产生或是由于外部事物对有机体造成威胁，或是由于所需对象的缺乏。现实性焦虑相当于恐惧，有明确的对象，多见于正常人，如人们害怕自然灾害、毒蛇猛兽等。当危险消除时，现实性焦虑也就减轻或消失，这种焦虑有利于个体的保存。

神经症性焦虑是指个体由于惧怕自己的本能冲动会导致他受到惩罚时所产生的情绪体验。它来源于自我对来自伊底的本能威胁的知觉。当自我意识到本能需要的满足可能招致外来的危险时，就会感到恐惧和焦虑。因此，自我恐惧的并非是本能本身，而是恐惧在不加分辨的、受伊底支配的行为之后而可能到来的惩罚。这种焦虑多见于神经症患者。因此，神经症性焦虑与现实性焦虑不同，它的威胁主要来源于我们自身人格的内部。正因为威胁源于自身内部，所以无处逃避，又难以找到其原因。它可能出现在任何时间或地点，在这种意义上，神经症性焦虑具有无处不在的特点。个体可能会突然产生迫近的厄运感或者恐惧的茫然感觉。神经症性焦虑在基本驱力被持久压抑或掩盖时更有可能产生。例如，一个神经衰弱者因对上司不满或气愤而感到无法言说的焦虑。这是由于潜意识地恐惧自己的愤怒失去控制、攻击本能压倒理智，从而做出冒犯性行为，以后会受到报复惩罚而产生的焦虑。精神分析作为一种心理治疗方法，就是要把未知的、被压抑的本能威胁提升到意识中来，将神经症性焦虑转化为现实性焦虑。

道德性焦虑是指个体的行为违反了超我的价值观时，引起内疚感的情绪体验。当伊底趋向那些不道德的思想和行为时，自我就会知觉到来自超我的尤其是来自良心的惩罚和谴责，自我就会体验到罪恶感和羞耻感。道德性焦虑引导行为符合个人的良心和社会标准，其水平依赖于良心的发展水平，品德越差体验到的道德焦虑水平越低。与神经症性焦虑相似的是，道德性焦虑的根源也来自于人格内部，所以也无法逃避。道德性焦虑最初来源于外部世界，但当超我将规范、价值观、习俗与社会禁令集为一身时，它就成为一种惩罚的内在机构。因而，道德性焦虑就被体验为对内在价值的现实的或甚至是想象的偏离。超我越强大，道德性焦虑的可能性就越大。

**3. 自我防御机制**

弗洛伊德于1894年在《防御性精神病》一文中首次提出了“防御机制”(defense mechanisms)的问题，后来他又明确提出防御性机制是通过自我实现的，故又称作“自我防御机制”。它是自我应对伊底的驱动、超我的压力和外在现实的要求这三个对手的心理举措和防卫手段，以减轻和解除心理紧张，保持人格结构的平衡。强大、成熟的自我可以用直接理性的方式去完成这种任务，它正视本能需要、环境力量以及超我命令的性质，然后提出直接、合理的方法去应对，即在一种可被接受的程度上满足每种需要来源。但是，脆弱的、仍然幼稚的和不成熟的自我则利用更为迂回的非理性方法来处理焦虑问题，这些方法被弗洛伊德称为防御机制。弗洛伊德虽然没有关于防御机制的专著，但是他在许多著作中都曾论述过这一问题。安娜·弗洛伊德将散见于其父亲著作中的自我防御机制归纳为十种。

(1) 压抑。

压抑(repression)是精神分析最为核心的概念。弗洛伊德曾指出，压抑理论是整个精神分析结构所依赖的基石，是精神分析最实质的部分。压抑作为一种自我防御机制指的是把引起焦虑的思想、观念以及个人无法接受的本能欲望和冲动压入潜意识之中使之遗忘。这是最重要、最基本的防御机制，因为任何其他防御机制的产生，都必须以压抑为前提条件。弗洛伊德认为压抑有两个重要特征：第一，压抑是一种主动性遗忘，是个体有选择地把某些能导致个体痛苦或紧张的思想观念从意识中删除，是一种积极主动的心理过程，不同于一般性遗忘；第二，被压抑的思想观念并没有消失，而是储存在潜意识中，产生弗洛伊德在医疗实践中所遇到的种种神经症症状。如果伴随被压抑内容的消极情绪体验消失了，这些思想观念有可能重返意识领域。压抑有两种：一种是原始的压抑，即防止那些从未进入过意识的本能冲动进入意识，其作用是将伊底中的大部分内容永久地封闭在潜意识中；另一种是真正的压抑，即把某些引起焦虑的知觉、记忆驱逐回潜意识系统之中。

(2) 投射。

投射(projection)是将个人的错误或缺点外化为或归咎于客体、事件或他人。当个人的动机或观念不为人接受或者会引起焦虑，它们就可能被压抑，受压抑的材料可能以声称别人持有这种受批判的动机的形式表现出来。例如，企图背叛的夫妻一方可能会指责其配偶存在不忠的幻想；好斗的个人或群体可能会声称真正好斗的是他人；窥淫欲望被压抑的人可能会为社会道德的沦丧和色情文学的泛滥担忧不已。自我这样做的目的就是想把本需面对的神经症性焦虑或道德性焦虑转变为客观性焦虑。但这种自卫代价昂贵，因为现实被严重扭曲了。

(3) 反向形成。

反向形成(reaction formation)是指用一种相反的方式来替代受压抑的欲望，以对立面掩藏某种本能于无意识之中的机制。如丈夫患了绝症，妻子可能潜意识地希望摆脱他，但这种念头太可憎，不能被超我接受，于是这种愿望反而表现为对丈夫的精心照料。反向形成是对焦虑的非理性适应，它歪曲现实使人格变得刻板僵化，而且这种防御机制造成的另一极端本身也会引发焦虑。

(4) 否认。

否认(denial)指个体拒绝承认引起自己痛苦、焦虑的事件的实际存在。这样可以逃避现实，不必面对生活中那些无法解决的困难和无法达成的愿望，从而减轻内心的焦虑。例如，纳粹集中营的犹太人尽管处于死亡阴影的笼罩下，仍然表现得十分平静，他们认为灾难不会降临到自己头上，因为承认面临死亡会引起极度焦虑，这些人宁愿欺骗自己，也不愿承认残酷的事实。

(5) 移置。

移置(displacement)指本能欲望和冲动如果不能在某种对象上得到满足，就会转移到其他对象上，以寻求满足。在移置中，本能的目的与根源保持不变，但本能的对象却发生了变化，即个体把应该对某人或某物的情感转而表达给另外的人或物。例如，一个因上司的训斥而恼怒的人，回家后向妻子、孩子大发脾气。

(6) 认同。

认同(identification)指个体模拟他人的行为，以他人自居。弗洛伊德认为，认同在个体发展中起着重要的作用，个体正是通过对父母的认同才得以克服恋母情结或恋父情结，逐渐习得社会道德规范，发展出超我。作为防御机制的认同，是指个体模拟心目中仰慕的人物的行为方式和特征，在幻想中占有其特质，以提高自身的价值感。如追星族模仿所崇拜的明星的穿着、发型、举止等。

(7) 退行。

退行(regression)指个体在遭受挫折时返回早期发展阶段，用其发展早期曾出现过的、较幼稚的行为方式来应对现实困境，以博取他人同情，从而减轻焦虑。如失恋者可能会转而寻求以往恋人甚至自己的异性父母的关注，即转向以前曾获得满足的对象；也可能会过量饮食、酗酒等，因为饮食、饮酒都是口欲期满足口欲的表现。退行可能比较短暂偶然，也可能在面对难以抵抗的威胁时比较持久。

(8) 升华。

升华(sublimation)是指将本能冲动转移到为社会所赞许的具有社会意义的对象或活动上去。如，弗洛伊德认为达·芬奇的艺术巨作《圣母像》是画家对其母亲的情感升华的创造。弗洛伊德认为升华是防御机制的最高水平，升华既符合了超我的要求，又满足了本能欲望。

(9) 合理化。

合理化(rationalization)是用一种自我能接受、超我能宽恕的理由来代替自己行为的真实动机或理由。它通常是对事物作合乎逻辑、看似合理但实际却是错误的解释，以推托个人的缺点或错误。如寻找好听的借口使不合理的行为合理化，从而达到推卸责任或安慰自己的目的。

(10) 固着。

固着(fixation)是指行为方式发展的停滞及习惯反应的刻板化。每一个人在开始一项新的尝试时，都不免会感到顾虑重重；在离开自己熟悉的旧事物或旧环境而接触陌生的新事物或新环境时，不可避免会产生焦虑。如果焦虑过强，人们可能会倾向于固定在原来的生活方式上，重复着原来的行为模式与反应习惯，而不愿走向新的生活。

## 六、弗洛伊德的社会文化论

心理学家弗洛姆指出："弗洛伊德自己的体系，并不像大部分人所以为的，只关乎'疾病'和'治疗'的概念，而是关乎人之'拯救的'，它绝不只是精神病人的治疗学。"[1]弗洛伊德除了提出精神分析基本理论之外，还将之广泛地应用于社会生活的各个领域，逐步形成了他的社会文化观。该理论既是精神分析本身向纵深发展的逻辑结果，又是进一步巩固精神分析的科学地位和应用价值的客观需要。弗洛伊德的社会文化理论主要包括两个方面：一是他根据精神分析学说而得出的对于人类文明所持的基本观点；二是他运用精神分析的基本原理对各种具体人类文化现象，尤其是宗教进行了分析和阐释。

---

① 铃木大拙、弗洛姆著，孟祥森译：《禅与心理分析》，中国民间文艺出版社 1986 年版，第 133 页。

1. **文明观**

弗洛伊德认为,对于文明的"人和令人满意的解释都应该是既符合历史又符合心理学的要求的"①。所谓"符合历史"就是要符合人类种系发生史,而"符合心理学的要求"则是指符合弗洛伊德研究的个人成长史。弗洛伊德发现,"一旦我们把人类文明过程和个体的发展过程或成长过程相比较时,我们将毫不犹豫地得出如下结论:如果不是事实上把同一过程用于不同对象的话,这两个过程的性质是极其类似的"②。也就是说,个体心理发育史不过是整个人类心理发育史的再现和缩影;人类社会的种种现象,乃至人类历史都不过是人类心理发育过程的外化、具体展现。正是基于这种观点,弗洛伊德开始用自己的精神分析学来诠释整个人类文明与文化现象。

弗洛伊德首先全面论述了文明的基本涵义。他说:"所谓人类文明,我的意思是指人类生命从本身动物状态发展而来,而且不同于野蛮生命的所有方面——我不屑于对文化和文明加以区别——如我们所知,人类文明往往向观察者呈现两个方面。一方面,它包括人类为了控制自然的力量和汲取它的宝藏以满足人类需要而获得的知识和能力。另一方面,还包括人类为了调节人与人之间的相互关系,特别是为了调节那些可资利用的财富分配所必需的一切规章制度。"③简单地说,文化或文明就是人类为抵御自然和协调内部关系而构建起的成就和规章的总和。弗洛伊德自诩对文明的这种解释,人们应该感到满意而没有什么异议了。

接着,弗洛伊德从本能与人类文明的相互关系的角度探讨了文明或文化的起源与发展问题。他假设,人类所有基本心理都具有统一性,即"人类历史中的重大事件,即人性、文明的发展和原始经验的积淀(宗教便是最明显的例子)三者之间的相互作用,只不过是精神分析学在个体身上所研究的自我、伊底和超我三者动力冲突的一种反映,是同一过程在更广阔的舞台上的再现"④。这就是说,人类文明发展过程与个体的成长过程在性质上是相似的。在弗洛伊德的人格理论中,伊底与超我始终处于决然对立的状态,伊底代表了人类本能冲动的力量,遵循快乐原则,超我是社会文化价值内化的结果,代表了社会文化的力量,因此,人格内部伊底和超我之间的对立冲突实为按照快乐原则一味追求满足的人的本能冲动和对其加以压制的社会文

① 车文博主编:《弗洛伊德主义原著选集(上)》,辽宁人民出版社 1988 年版,第 229 页。
② 车文博主编:《弗洛伊德主义原著选集(上)》,辽宁人民出版社 1988 年版,第 446 页。
③ 车文博主编:《弗洛伊德主义原著选集(上)》,辽宁人民出版社 1988 年版,第 404 页。
④ 弗洛伊德著,顾闻译:《弗洛伊德自传》,上海人民出版社 1987 年版,第 106 页。

化之间的对立冲突。由此，弗洛伊德自然得出了人类幸福即本能欲望的满足与人类文明之间存在着对立关系的看法。弗洛伊德认为，本能压抑是文明得以产生的基础。他说："一般说来，我们的文明乃是建基于对本能的压制上的。每一个人都要做出一部分牺牲——他人格中的支配欲、好胜心、侵略性以及报复心等等倾向。从这种牺牲中积累起文明的素材和精神财富，供公众所有。……在文明的进展中，这种放弃是循序渐进的，并且被宗教神圣化了。个人牺牲其本能的满足，将之奉献于神明，由此而得到的公众利益被宣布为'神圣的'。"①文明对本能满足的剥夺具体体现在两个方面。一方面，文明对人类的性欲施加限制。它不仅能够一开始就禁止各种形式的儿童性生活，而且对于性发展已经成熟的个体来说，对象的选择只局限于异性，凡属生殖形式以外的满足都被作为"性反常"行为而被禁止。异性生殖的爱虽然已经不再是非法的，但却受到了合法婚姻和一夫一妻制的进一步限制。文明只能够容忍把性欲作为人类繁衍的手段，而不能够接受性欲作为一种享乐的源泉。另一方面，文明还要求牺牲人类的攻击性本能。攻击性倾向是人的一种先天的、独立的本能倾向。人与人之间的这种原始敌意，会威胁到文明的存在，因此，为了建立能防御人的攻击性本能的屏障，文明就必须动用一切可能的后备力量。由于文明要求在人的本能倾向上做出上述重大牺牲，因而在这种文明中，人类便很难感到幸福了。

在指出文明对本能压抑的同时，弗洛伊德也同时肯定人类文明的进步有赖于本能的压抑和升华。他说，本能的"大量升华，创造出文明中最伟大和最奇妙的成就。反过来，假如人类性欲能够得到全面彻底的满足，那就没有什么东西能使他们把性的能源转用到其他地方。在这种情况下，他们就只能沉溺于性的快乐，社会也就永远不能发展和进步"②。从这个意义上说，文明愈进步就会愈严重地压抑本能。弗洛伊德一向认为，正是现代社会对人的本能欲望造成了空前的压抑，最明显的征兆便是各类精神疾病的肆虐。因此，"要想使性本能与文化要求达成妥协，那简直是痴心妄想。文化愈是高度发展，人类愈不能避免一定程度的苦难、牺牲和在遥远的未来的灭种威胁"③。

总之，弗洛伊德认为，本能与文明永远处于二律背反的发展过程之中。文明源自本能的压抑和升华，而文明一经产生又会转而压抑本能，本能的压

① 弗洛伊德著，腾守尧译：《性爱与文明》，安徽文艺出版社 1987 年版，第 265 页。
② 弗洛伊德著，腾守尧译：《性爱与文明》，安徽文艺出版社 1987 年版，第 235 页。
③ 弗洛伊德著，腾守尧译：《性爱与文明》，安徽文艺出版社 1987 年版，第 235 页。

抑是文明存在发展的必要前提和代价。所以,文明在本质上是与本能欲望的满足相对立的。这是弗洛伊德的精神分析学关于文明的一个极其重要的论断。然而,尽管文明是对个人欲望满足的否定,但弗洛伊德还是肯定社会文明和社会进步,他并不主张放弃文明而退回到原始自然状态。因为他认为:"人与动物有别,正在于文明驯制人的基本本能,改变本能的趋向。没有文明就没有艺术,没有美,没有知识,没有科学。"①而且,如果废除文明,那么保存下来的就只能是一种"自然的状态"。自然虽然不会要求我们约束本能,它会允许我们随心所欲;但是,它有自己限制我们的特效方法。"在我们看来,自然往往正是通过使我们获得满足的那些东西而冷酷无情地毁灭我们的。也正是因为自然威胁着我们的这些危险,我们才联合起来并创造了文明,文明也和其他事物一样,旨在使我们的共同生活成为可能。"②因此,弗洛伊德认为,文明虽然会压抑人的本能欲望,但是它对于人类社会生活来说是必不可少的。

**2. 宗教观**

在弗洛伊德关于社会文化的理论中,宗教理论占有重要的地位。弗洛伊德的宗教思想主要体现在《图腾与禁忌》(1913)、《一个幻觉的未来》(1927)、《文明与缺憾》(1930)及《摩西与一神教》(1939)等著作中。弗洛伊德认为,图腾制度可以看做是人类历史上最早出现的宗教现象,图腾崇拜是宗教表现的初级形式。弗洛伊德从当时仅存的原始民族的图腾崇拜中找到了宗教的根源。图腾崇拜是澳洲、非洲一些原始部落民族中代替宗教的一种信仰形式。在那些原始部落中,各个宗族都有自己的图腾,并以此作为自己宗族的名称。这些图腾多是一些动物,宗族成员相信自己就是这个动物的后裔。因此,原始宗族都对本族的图腾存在诸多禁忌,其中最基本的有两条:禁止杀害图腾动物;禁止与同族异性发生性关系。但是,在隆重的有关图腾的宗教仪式上通常会宰杀图腾动物,举办图腾宴。仪式结束以后,对被屠杀的图腾进行哀悼。弗洛伊德认为,图腾制反映出宗族成员对于图腾的既崇拜、敬爱,又憎恨、厌恶的矛盾态度。这种矛盾心情与儿子对于父亲的矛盾态度完全相似,因为它们根源于一个共同的原因,即俄狄浦斯情结。于是,弗洛伊德得出结论认为,图腾动物实际上就是父亲形象的替代物。他写道:"此种将图腾认为是父亲的替代物的看法是一种值得人们注意的地方。因为,要是图腾动物即代表父亲,那么,图腾观的两个主要制度也是由两个

① 弗洛伊德著,杨韶刚译:《一个幻觉的未来》,华夏出版社 1989 年版,第 81 页。
② 车文博主编:《弗洛伊德主义原著选集(上)》,辽宁人民出版社 1988 年版,第 408 页。

禁忌所构成——禁止屠杀图腾和禁止与相同图腾的妇女发生性关系——正好与俄狄浦斯的两个罪恶有着隐隐相呼应的地方（他杀害了父亲而与母亲结婚）。”[①]由此，弗洛伊德设想了图腾崇拜与图腾禁忌的由来。他认为，在人类的幼年时代，原始人曾生活在这样一种状态之中：一个充满暴力和嫉妒的父亲将所有女性都据为己有，然后驱逐了他的那些已长大的儿子们。终有一天，被驱逐的儿子们联合起来，杀死并吞食了自己的父亲……但是当这一切都结束以后，罪恶感却油然而生，为了悔罪，他们开始禁止屠杀图腾。与此同时也产生了宗族内禁止乱伦的禁忌。儿子们虽合力消除了父亲的威胁，但他们彼此之间却又因女人而产生激烈竞争。这种争斗威胁到了社会结构的稳定，于是他们只好共同制定禁止乱伦的法律。这样，弗洛伊德便以他的精神分析学成功地建构起原始宗教由来的假说。在弗洛伊德看来，俄狄浦斯情结是宗教产生的根源，一切宗教都把对原始父亲的仰望当做它的核心。

## 七、弗洛伊德的心理治疗观

弗洛伊德的古典精神分析既是一种潜意识的心理学体系，也是一种心理疾病的治疗方法。弗洛伊德作为一位终身都在从事神经症诊治工作的开业医生，他对于精神分析治疗方法的探索持续了一生。这期间精神分析疗法一直在不断地发展、完善，但是它的基本程序、规则和方法在 19 世纪 90 年代已初具规模，目前它已经成为西方占主导地位的三大心理治疗学派之一。

### 1. 心理治疗的目标

弗洛伊德认为，在精神健全的人身上，他的人格结构中的伊底、自我和超我三大系统形成了一个统一和谐的组织结构，自我能够调节伊底、超我和外界。但是，当三个系统相互冲突和发生矛盾时，人就会处于精神失调状态或出现精神疾病。在弗洛伊德看来，正是自我正常功能的削弱或瓦解导致了心理疾病的发生。他说，我们“所讨论的病理状态的必要前提条件，只能是自我相对的或绝对的软弱，以至无法实现自己的职能。……如果伊底和超我过于强大，它们就会成功地瓦解和改变自我的组织，使自我与现实的协调关系受到妨碍乃至终结”[②]。因此，精神分析治疗的首要目标就在于确保

① 弗洛伊德著，杨庸一译：《图腾与禁忌》，中国民间文艺出版社 1986 年版，第 165 页。
② 车文博主编：《弗洛伊德主义原著选集（上）》，辽宁人民出版社 1988 年版，第 557～558 页。

自我能够最大限度地发挥其心理功能，换个角度说，就是把过去的潜意识变成意识。弗洛伊德断言："如果作为一个精神分析者，我们使病人的自我上升到正常水平，并把潜意识和压抑的内容转变成前意识资料，使这些资料重新归自我所有，那我们就为病人尽了最大的努力。"[①]也就是说，分析师的任务在于帮助患者把压抑的潜意识想法带到意识层面上来，使患者能够洞察现有症状与长期压抑的冲突之间的关系。一旦患者摆脱了压抑，就表示治疗已发挥了功效，心理疾病已经治愈。

**2. 心理治疗的策略与技术**

精神分析治疗是一种漫长的治疗，往往要延续好几年：医生与病人每周有几次会面，每次会面时间约为 50 分钟。病人半卧在躺椅上，医生坐在病人的侧后方。这样的安排是为了避免医生的面部表情和姿势干扰病人的思维活动。在治疗过程中，弗洛伊德强调中立原则，即医生在诊治尤其是倾听病人的叙说时，必须保持一种冷静、客观的态度，而且对于患者在自由联想中倾诉的内容绝不能流露出任何倾向性的意向，以防自己的观点、意见和情感影响患者。弗洛伊德的精神分析治疗的一个基本假设是：精神疾病所呈现出来的症状是深埋在潜意识中的冲突的表现，必须设法使当事人暴露冲突，以便揭示致病的原因。为此，精神分析治疗通常使用以下几种治疗技术。

(1) 自由联想。

自由联想(free association)是弗洛伊德在治疗实践中逐步形成的。在向巴黎学派和南锡学派学习之后，弗洛伊德曾采用催眠的方法治疗癔症病人，虽然有一定效果，但疗效不稳定。这时，他回忆起在南锡学派学习时，看到催眠师将手放在病人的前额上，然后说"现在你能回忆起来"，这样，病人就能够回忆起催眠中发生的事情。受此启发，弗洛伊德开始尝试让病人闭着眼睛躺在沙发上，但是不加催眠。他要求病人回忆第一次体验到的某种特殊症状，此时病人会回忆起各种各样的经历，但常常是在接近目标的时候停下来。每到此时，弗洛伊德就将手搭在病人的前额上，说另外的信息就要出现了，在许多病例中这样做都有效。不久弗洛伊德又发现，他甚至不用接触到病人，只要简单地鼓励病人自由地讲出浮现在他们脑海里的东西，也同样能达到类似催眠的效果。由于这种方法完全借助于患者自己的自由联想，所以弗洛伊德将之称作"自由联想法"。

所谓自由联想就是一种不给予任何思路限制或指引的联想。精神分析

① 车文博主编：《弗洛伊德主义原著选集(上)》，辽宁人民出版社 1988 年版，第 565 页。

师让病人在全身心都处于放松的状况下报告他所想到的一切，不管它们是怎样荒唐，怎样微不足道，怎样不合逻辑，都应如实说出来。精神分析师把病人所报告的材料加以分析和解释，直到医患双方都认为找到了发病的根源为止。自由联想不同于催眠，在催眠中，病人处于半睡眠状态，医生进行主动的暗示和引导，病人被动地接受。而在自由联想中，病人是在清醒时身心放松的状态下进行联想，分析师要耐心等待病人联想的呈现，注意倾听病人对联想的诉说，采取被动静观的态度。只有在病人联想困难时才予以提示，为病人进行联想起个头或接上联想线索。

自由联想的基本原理是弗洛伊德的心理决定论，即自由地浮现在心头的任何东西——不论是一个词、一个数字、一个人名或一件事情，都不是无缘无故的，都是有一定因果联系的。弗洛伊德清楚地看到，所谓“自由联想”其实并不真的完全自由，即使病人没有把自己的精神活动引向某一个专门的问题，他仍旧处在精神分析情境的影响之下，病人不会想到与那种情境无关的东西。因此，自由只是意识的假象，“联想只是从意识方面看才是自由的……从潜意识角度看，它们遵循了一种目标定向的内在冲动”①。在自由联想的过程中，患者越是身心放松、毫无拘束，则其思想过程越少受自我意识的影响，从而原先被压抑在潜意识之中的冲动、欲望、创伤等就越能够突破来自自我和超我的抵抗面而以某种直接的或乔装替换的形式进入意识。也正因此，弗洛伊德认为，通过分析自由联想的材料，连缀它们之间潜藏着的联系，分析者就可以发掘出埋藏在患者潜意识深处的病原。弗洛伊德喜欢把自由联想比做考古学家挖掘一座被埋葬的城市。考古学家只能从不多的考古碎片中来确定一座古城的结构和面貌。同样，自由联想所瞥见的仅仅是潜意识的片段，而精神分析学家则必须从这些片段中确定一个人的潜意识心灵的结构和性质。

（2）梦的分析。

弗洛伊德在诊治神经症患者时发现，患者的精神活动往往都与患者的梦境有着千丝万缕的联系。于是，他产生了通过梦的渠道来探寻潜意识的秘密的想法。弗洛伊德的梦的分析有两个基本的假定：一是所有梦的隐意都是有意义的。弗洛伊德说：“梦念永远不会是荒谬的——在心智正常人的梦中决不会如此”②；二是梦在一定程度上是可以分析的。尽管弗洛伊德认为并不是所有的梦都是可解的，但由于他对梦的本质和梦的工作机制有了

① 弗雷-罗恩著，陈恢钦译：《从弗洛伊德到荣格》，中国国际广播出版社 1988 年版，第 186 页。
② 弗洛伊德著，孙名之译：《释梦》，商务印书馆 1996 年版，第 445 页。

一种系统的理解，因此他坚信大多数的梦是可以通过对梦者的自由联想的引导和分析，排除梦的机制对无意识的伪装，从而对梦的真正意义做出解释。

弗洛伊德相信，梦代表着潜意识愿望的曲折表达。梦的事件发生在两个水平上：其一是显梦，即梦的外显内容，它是患者讲述出来的故事；其二是隐梦，即梦的真实意义，它是梦的隐蔽的、象征的意义。梦的分析就是利用某些方法与技术剥掉显梦的伪装，以了解隐梦的真实面目。弗洛伊德认为，“梦的解释是通向理解心灵的潜意识活动的皇家大道”①，通过梦的分析可以发现导致神经症的种种本能欲望，并治愈神经症。

在弗洛伊德看来，梦的分析不仅是一个理论问题，更是一个技术问题，必须遵循一定的原则和程序。弗洛伊德在对自己和患者的梦做了大量示范性分析的基础上，详细说明了梦的解释的原则与方法：① 要把梦的内容分析为各个部分；② 要了解梦者的生活经历、兴趣爱好以及日常琐事；③ 要利用自由联想；④ 要利用象征知识。弗洛伊德提出四种解释梦的程序供人选择：① 按照梦成分产生的顺序进行联想；② 从梦的中间取出某些特别的成分开始解释工作；③ 从完全没有注意的明显内容开始；④ 如果梦者已经很熟悉解释的技术，可以避免给他任何指导，让他自己去决定他要开始联想什么。

（3）对日常生活的精神分析。

过失是在日常生活中由于心理冲突而产生的微小的、不重要的、暂时的错误动作。弗洛伊德认为，潜意识与意识的斗争在日常生活中是无处不在的，普通人在日常生活中的种种过失都与潜意识欲望有关，是潜意识动机的表达。弗洛伊德把日常生活中的过失行为分为三类：一是语言上的失误，如口误、笔误、误读和误听；二是暂时的、非永久性的遗忘，如记不得熟悉人的名字；三是误放、误取和失落物件等。关于过失产生的原因，弗洛伊德认为，它们“是两种不同意向互相牵制的结果，其一可称为被牵制的意向，另一个可称为牵制的意向”②。如果所谓被牵制的意向可以被大致理解为意识自觉地所欲表达的言行的话，那么，牵制的意向则可看做是受自我意识所压抑胁迫但却潜在地、不自觉地发生着作用的意念冲动；而过失则“是一种调解的办法，那两种冲突的意向在过失里，各有一部分成功和一部分失败。被胁迫的意向既没有全被阻抑，除了少数例子之外，也不能照原来的目的直冲而

① 车文博主编：《弗洛伊德主义原著选集（上）》，辽宁人民出版社 1988 年版，第 136 页。
② 弗洛伊德著，高觉敷译：《精神分析引论》，商务印书馆 1984 年版，第 41 页。

出”[①]。因此，通过对过失言行的适当分析，就可以揭示出它们所蕴含的潜意识意念，发掘潜意识的动机，从而了解过失行为的真正目的与意义。但是，弗洛伊德也指出，他的理论“只可用以解释日常生活中的一部分过失”[②]。

（4）移情。

移情（transference）是指“患者把分析者看成是自己童年或过去的某一重要人物的再现或化身，结果把无疑用于原型的感情和反应转移到了分析者的身上”[③]。移情有正和负两种，有时患者会将潜意识中对他人的爱慕、崇拜、依恋之情转移到分析师身上，这称为正移情（positive transference）；有时患者则将潜意识中对他人的憎恨、抵抗和攻击的情绪转移到分析师身上，这称为负移情（negative transference）。通常，患者的这两种移情是同时并存的。弗洛伊德指出，患者在接受分析治疗的过程中，通常会把分析师当成自己的父亲或母亲，移情实际上就是患者早年对父母爱恋或憎恶情感在分析师身上的重演。因此，对移情的分析使得患者重建其婴儿时对父母的态度成为可能。患者对分析师的态度，可以帮助分析师观察病人以往与别人的情感关系，还可以提供给病人重新经验以前不敢碰触的情感。通过移情分析，分析师就能发现病人在潜意识里深藏的情感意念与欲望。但是未经严格训练的治疗者，由于未能发现和正确解决自己潜意识中所存在的矛盾冲突症结，也可能在治疗过程中产生反移情（countertransference），指分析师将隐藏的对他人的情感转移到患者身上。这种移情会导致治疗的失败。

弗洛伊德强调，移情是精神分析治疗过程中必然会产生的一种现象，但是我们不能就此认定移情是精神分析的产物。其实，“移情只能说是由精神分析揭示并分离出来的。移情是人类精神生活中的一种普遍现象；它决定着一切医疗效果的成功与否，而且实际上，它还支配着个人与社会环境的所有关系。”[④]在精神分析中，移情对治疗效果不起决定作用，它只是用来促使病人进行一种精神活动——即克服他自身的移情抵抗，这会使他的精神结构发生一种永久性的变化。因此，在治疗过程中，分析师要让病人意识到移情的出现，并让他相信，当他表现出移情的时候，他正在重新经历着童年受压抑时期产生于最早的客体依恋的那些情感。正是这种移情中的重新体验才使他确信这些潜意识冲动的存在和力量。这样，移情便从一种最激烈的抵抗手段变为精神分析治疗的最佳方法。

① 弗洛伊德著，高觉敷译：《精神分析引论》，商务印书馆 1984 年版，第 45～46 页。
② 弗洛伊德著，高觉敷译：《精神分析引论》，商务印书馆 1984 年版，第 40 页。
③ 车文博主编：《弗洛伊德主义原著选集（上）》，辽宁人民出版社 1988 年版，第 560 页。
④ 弗洛伊德著，顾闻译：《弗洛伊德自传》，上海人民出版社 1987 年版，第 58 页。

(5) 阻抗分析。

阻抗(resistance)是指任何对抗治疗进展及阻止患者揭露潜意识材料的现象。阻抗来自患者的自我,当过分暴露或突然暴露患者潜意识中使自我感到痛苦的矛盾冲突或精神创伤时,病人就会产生阻抗。病人可以通过各种方式表达阻抗,如在分析师作解释的时候直接反驳,认为分析师说错了;有的表面上表现得很听话,并夸奖分析师眼光敏锐,但内心并不接受,也不服气,建立不起病识感;有的不敢直接用言语表达,却表现在行为上,借故不来会谈,干脆停止治疗,不愿和分析师接触等。阻抗会使分析者进一步的治疗工作更加困难,甚至有使工作完全停顿下来的危险。阻抗有两种:一种是压抑引起的阻抗。这种阻抗在临床上的突出表现是,当患者的自由联想接近被压抑的东西时,他的联想就会中断或消失;另一种是持续于整个治疗过程并随工作进展而更新的阻抗,患者的自我由于畏惧危险和不快乐而从与分析师的合作中退缩。弗洛伊德指出,克服阻抗是最费时间和最麻烦的,然而又是最值得做的工作。因为这一工作有利于"自我的转变"。因此,分析师要及时向病人指出阻抗是他企图逃避矛盾,阻碍对潜意识材料的挖掘,不利于对病因的根除。分析师对阻抗的分析和对病人的鼓励,有助于病人克服阻抗,使治疗得以继续向前发展。

(6) 解释。

弗洛伊德认为,精神分析治疗的实质就是解释(interpretation)。解释是指分析师向病人指出、描述并说明在自由联想、梦、过失、移情反应以及阻抗中所表现出的潜在意义,以澄清其观念。解释的意义在于,如果能帮助病人把他的心理问题或困难从"没有意识到"提升到"可意识"的层面,经由认识与了解,自然就能去面对和处理。例如,一个人过分且强迫性地害怕刀器,重复性地检查家里的刀子是否都收好了,会不会发生意外的伤害。经过分析师的解释,他可以知道,自己内心里有很多愤怒的情绪,唯恐无法控制而爆发,甚至会拿刀器去伤人。因此,他就过分害怕与警惕,避免四周有刀子,发生伤害他人的事件。面对这样的情形,就得主要去处理自己内心中存在的愤怒情绪,将其疏导或解除。

在弗洛伊德看来,分析师的解释不存在特定的、一成不变的程序,更没有什么可以使患者一下子茅塞顿开的神奇解释。解释不过是分析师根据从各种渠道收集到的资料来解释病人遇到过而又被他遗忘的事情,或者病人目前遇到而又不理解的事情。也就是分析出患者症状的潜意识根源,使患者知道症状的真正隐意而达到领悟,从而消除精神疾病的症状。在解释中还存在一个时机选择的问题,即何时把解释告知于患者。弗洛伊德从自己的经验出发，认为"我们不应立即告诉患者我们在初期屡次发现的事情，也不应告诉病人我们的全部发现"①。分析师应该选择这样的时刻，即潜意识材料正接近于觉知，同时患者已打算去接受令人感到痛苦的领悟时把解释告诉给患者。如果在患者还没有准备或没有表现出某种情愿的态度时，分析师就把他的解释全部告诉患者，结果不是不起作用，就是引起爆发的阻抗。因此，分析师要始终保持相对冷静和客观的态度，根据患者在治疗中的进展情况逐渐地加进、补充某些解释。

## 第四节　对弗洛伊德理论的评价

弗洛伊德所开创的精神分析运动已经走过百年历程，他以其对人类精神和行为所做出的惊世骇俗的发现，不仅使当代人对自我和世界的认识、了解以及日常的生活方式和价值观产生了划时代的影响，而且波及到诸多学科领域。但同时，弗洛伊德也是20世纪以来西方世界最受争议的思想家之一。自其创立精神分析之日起，就不断地受到来自世界各地和各个不同领域的种种怀疑、冷遇、诘难和批评。即使在其最辉煌的时期，这些批评、指责也从未停止过，对此我们应予以客观公正的评价。

### 一、弗洛伊德理论的主要贡献

弗洛伊德在自己的临床实践中，以潜意识学说为基础，构建起了整个精神分析理论大厦，包括系统的人格结构与发展理论、本能理论以及探索潜意识的方法论，如梦论、过失论等。这些理论反过来又成为指导其临床治疗的理论基础。因此，弗洛伊德精神分析的贡献既有理论方面，又有实践方面。

#### 1. 理论价值

第一，开辟了潜意识心理学研究的先河。在心理学的研究对象上，精神分析开辟了潜意识心理研究的新纪元，这是弗洛伊德最重要的贡献。由于

① 车文博主编：《弗洛伊德主义原著选集（上）》，辽宁人民出版社1988年版，第562页。

弗洛伊德的理论发端于精神疾病治疗的临床实践，既不是大学的产物，也不是纯科学研究的结果，因而在旨趣上便与正统的学院心理学具有相当大的区别。这一方面使得它在很长一段时期为学院心理学所拒斥，但另一方面也正因此使得它能够对学院心理学的缺陷和弊端起到匡正弥补的作用，这集中体现在心理学的研究对象上。在弗洛伊德之前，传统心理学只是研究意识范畴内的认识过程，尤其是对简单心理现象如感知觉、记忆等方面的研究较多，没有把潜意识纳入心理学的研究范围。与传统的意识心理学不同，弗洛伊德宣称自己发现了人心深处一个巨大的、深不可测的世界，它是我们每个人最真实的心理领域，它的最深处涌动着无数我们先前完全不了解的东西，即潜意识现象。尽管有人不同意“弗洛伊德发现了潜意识”这一提法，因为近代许多哲学家，如莱布尼茨、赫尔巴特、费希纳等人都对潜意识进行过研究，但就精神分析探讨潜意识的内涵之丰富、观点之独到、意义之远大而言，说弗洛伊德发现了潜意识并无夸大之处。事实上，正是弗洛伊德把潜意识概念带到了心理学之中，并且第一个对潜意识心理现象与规律进行了全面系统的研究，构建了以潜意识理论为核心的庞大的心理学体系，从而第一次真正揭开了潜意识之谜。正如美国著名心理学家霍尔指出的，从心理学的历史发展来看，现代心理学创始人冯特（Wilhelm Wundt，1832—1920）所忽视的潜意识问题，正是弗洛伊德所重视的主题。

第二，开辟了人格心理学与动力心理学的新领域。传统心理学重视认知与行为，忽视情感与欲望，忽视动机的研究，弗洛伊德则反其道而行之，将需要、动机和人格的研究提到首位，开创了人格心理学和动力心理学等新的学科领域。

弗洛伊德是最早提出完整的人格结构与发展理论的心理学家。他早期将心理分为潜意识、前意识和意识三部分，后来又提出人格结构说，即将人格分为伊底、自我和超我三部分，并阐述了三者之间复杂的动力关系。他还根据心理性欲的发展，阐述了个体人格发展的阶段理论。这使精神分析成为心理学中第一个综合性的人格理论，对后世人格心理学的发展产生了深远的影响，自他之后的人格理论都可以看做是对他的人格理论或人格理论中某一方面的回应。其中，有的理论支持和扩充了他的思想，另一些理论则批驳了他的思想。弗洛伊德的人格理论具有一定的合理因素。例如，弗洛伊德把人格看做多维度、多层次的动力系统，已成为当代人格心理的一种重要观点；弗洛伊德承认人格具有发展性，即人格的发展不是单纯的量的积累，而是有质的变化过程，这种观点也有合理性。尽管在具体的理解上弗洛伊德有许多错误，但从人本身的内部因素去理解人格的发展这一思路无疑是可取的。

弗洛伊德的精神分析把人看做是一个动力系统，把本能欲望作为人格发展的动力，致力于对潜意识动机的研究，使动机与感觉、知觉、学习一样成为一个主要的研究主题。虽然1914年武德沃斯开始应用“动力心理学”这一名词，并以动力心理学为题而发表了一系列讲演，但是真正推动动力心理学研究的却是弗洛伊德。正如美国著名心理学家波林所指出的：“动力心理学的主要来源当然是弗洛伊德。……弗洛伊德之所以多年来似乎自外于心理学，是因为他孜孜于动机的探究，应用一套专门的术语，而对于忽视动机的正统心理学则置之不理。”[①]“正是这个弗洛伊德，他把动力概念引进了心理学，使心理学家们看到了它，又采用了它。”[②]在弗洛伊德之前，大多数心理学家关注的是意识的静态分析，对于行为动机的关注极少。而弗洛伊德从临床的需要出发，探索了潜意识动机对人类行为的影响。虽然他的心理动力学的具体观点并不一定为众多心理学家所接受，但研究行为背后的动力的思想却影响了一代又一代心理学家。

第三，确立了心理治疗的历史地位。传统上，由于生物医学模式的影响，心理疾病的病因被归结为生理上的病变，对这类病人的治疗主要依靠医学与生物学的方法和技术。这种模式具有明显的局限性，在注重人的生物属性的同时却忽视了人的社会属性，并且只关注生物、化学等致病因素，忽视了社会心理因素在致病中的作用。弗洛伊德的精神分析学则突出了心理治疗的价值，他第一个提出了心理创伤是引起精神疾病的主要原因，并首创了采用精神分析的方法挖掘被病人压抑到潜意识的心理冲突来治疗病人，突破了过去那种单靠药物、手术与物理方法治疗的束缚，开辟了一条重视心理治疗的新途径。时至今日，精神分析仍是心理治疗中的主要范式之一。

第四，开创了一场人类思想文化运动。如果说哥白尼（Nicolaus Copernicus，1473—1543）提出日心说是对人类自尊的第一次打击，达尔文提出的进化论是对人类自尊的第二次打击，那么，弗洛伊德提出的潜意识学说就是对人类自尊的第三次打击。弗洛伊德的伟大“发现”导致了传统的人性观，特别是人的“自我观念”的一场思想革命，打破了理性主义传统，肯定了非理性因素在行为中的作用。它对于我们深入洞察人的精神世界的丰富内涵，科学揭示认识过程的整个机制，全面调动人的精神活动的能动性都具有重要的价值。因为这项伟绩，弗洛伊德在西方被称作“心灵世界的哥白尼”或

① 波林著，高觉敷译：《实验心理学史》，商务印书馆1981年版，第797页。

② 波林著，高觉敷译：《实验心理学史》，商务印书馆1981年版，第814页。

"精神领域的达尔文"。

弗洛伊德开创的精神分析运动不仅涉及医学、精神病学、神经科学等自然科学领域，而且广泛影响了心理学、哲学、社会学、人类学、教育学、历史学、神话学、宗教学、法学、伦理学、政治学、语言学、美学、文学、艺术学等几乎所有的人文社会科学领域，在各种精神领域烙上了自己的印记，成为一场人类思想文化运动。

2. **实践意义**

弗洛伊德拓展了心理学的研究领域，与传统学院派心理学相比，精神分析更加贴近现实生活。弗洛伊德之前的正统学院心理学主要是在实验室中研究人类的行为，讲究严密、精确的观察和定量手段的运用，通过精细的实验设计来控制所有的变量等等。但是，这种方法并不完全适用于涉及到价值意义领域的人类行为的研究。以至于有人甚至认为："实验心理学不能解释什么是本质的人，而且它所呈现的进展越大，事实上它就越远离心理学所应该具有的目标。结果，现代心理学不仅毫无价值，而且实际上具有腐蚀性，它破坏了任何企图洞察人类行为的可能性。"①这种评论虽然过于危言耸听，但却反映出正统学院心理学确实存在着远离人类现实生活的问题。相比之下，弗洛伊德的理论则主要关注潜意识的心理因素，探讨梦、性驱力、焦虑、口误等在其他心理学家看来没有多少实际意义，但却与日常生活紧密联系，为普通大众所关心的问题。从这个意义上说，精神分析理论具有更强的实践性。

首先，弗洛伊德在区分各种不同的神经性疾病方面做出了重大的贡献，并且开创了对这些疾病进行分类的先例。他认为，医学上把神经症从精神病中划分出来，归入器质性神经性疾病的做法是错误的。而且，弗洛伊德独创的自由联想、梦的分析、日常生活的心理分析等方法和技巧还为心理治疗实践提供了新的途径。在当今西方占主导地位的三大心理治疗学派中，"心理动力学派"（此外还有行为学派和认知学派）是第一个发展起来的，并成为包容着最为众多支派的心理治疗学派。而所有心理动力学派别都是以弗洛伊德的理论为基础发展起来的，实际上都是弗洛伊德发明的精神分析疗法的变种。因此，在一定意义上讲，弗洛伊德的成功、荣誉均来自他对心理治疗实践的贡献。

其次，弗洛伊德的理论尤其是在欧洲和美国对成人的儿童抚养观产生

① 保罗·凯琳著，郑伟建译：《心理学大曝光——皇帝的新装》，中国人民大学出版社 1992 年版，第 2 页。

了实质性的影响。例如，根据精神分析的观点，父母认识到，在儿童发展的口欲期应该给予儿童大量的机会以得到拥抱并且满足他们的吮吸需要，尤其是在喂食时间；在肛欲期，不应该太早尝试如厕训练，也不应该以惩罚的方式进行，并且如厕训练不应伴有父母烦恼情感的爆发，甚至不应伴有半遮半掩的厌恶表现，因为儿童会将它们解释为一种威胁，即如果儿童不按父母希望的如何、何时、何处执行，父母的爱将收回。正规的托儿所教育和幼儿园实践也受到了精神分析观点的影响，如有关性好奇、非创伤的如厕训练、儿童玩泥巴等脏乱的东西、用手指画画的象征意义、儿童对于拥抱和抚摸等身体接触的需要以及教师作为儿童可能认同的榜样角色的重要性，等等。正是因为弗洛伊德面向人类生活的实际，解决与人类生活密切相关的问题，才使精神分析获得了旺盛的生命力，保持了精神分析之树常青。

## 二、弗洛伊德理论的主要局限

弗洛伊德的精神分析理论也存在着许多问题和不足，因而受到了不少批评。其局限性主要体现在理论和方法两个方面。

### 1. 理论局限

第一，非理性主义倾向。弗洛伊德独辟蹊径，以毕生的精力来探索长期被人们所忽视的潜意识问题，这对于我们深入地了解人的精神世界具有重要的价值。但是他矫枉过正，从一个极端走向了另一个极端。弗洛伊德极端漠视和贬低意识的地位和作用，同时他过分强调和夸大潜意识的作用，认为潜意识中的本能冲动是心理和行为的最终决定力量。他公然宣称："意识不是心理的实质，而只是心理的一个属性，一个不稳定的属性，因为它是旋即消失的，消失的时间远较长于存在的时间"[①]，潜意识才是真正的精神现实。这样，在弗洛伊德那里，潜意识成了心理的实质，居于精神生活的核心基础地位，而意识则被贬斥到一边，完全处于次要和从属的地位。这与人们现实感到的心理生活的主要方面不相符合。我们知道，人之所以为"万物之灵"就在于人具有理性，有语言、能思维、能自觉行动。如果像弗洛伊德所说的那样，人只受潜意识本能欲望的驱策，那么人就只能是一个非理性的生物，毫无自觉主动性可言。

第二，生物学化倾向。弗洛伊德早年学医，后转攻生理学，最后才转向心理学的研究，因此弗洛伊德深受生物学的影响。他的整个理论体系都是

① 车文博主编：《弗洛伊德主义论评》，吉林教育出版社 1991 年版，第 588 页。

建立在生物学的基础上的,用生物学的观点观察社会和历史,解释人类的心理和文化。弗洛伊德重视本能,强调本能,把一种动物的原始本能,一种脱离社会条件的抽象人性,看成是决定人类精神生活和实践活动的巨大的驱力,从而在理论上把本能绝对化,把人本能化、生物化,忽视了环境和社会因素的作用。这其中弗洛伊德尤为重视本能,把性本能的作用夸大到无以复加的地步,他强调“坚持性欲乃一切人类成就之源泉,以及性欲观念的扩展,自始便是精神分析学最强烈的动机”①。弗洛伊德不仅将性本能视为神经症和精神病产生的根本原因,而且认为人类社会组织的变迁、宗教道德的起源都与性有关,都可以用俄狄浦斯情结去解释。艺术的成就也都是性本能升华的直接结果。这样,弗洛伊德就陷入了一种泛性论的错误,其结果正像弗洛伊德自己所说的那样,“触犯了全世界”,“招惹了人们的厌恶”。

**2. 方法局限**

在研究方法上,弗洛伊德的理论同当时的主流心理学即学院派实验心理学有着显著的不同。尽管弗洛伊德接受过严格的科学训练,但是他并未建立一种有关无意识的实验心理学,也不欢迎别人用实验来验证他的观点。20 世纪 30 年代,美国心理学家罗森茨威格(Saul Rosenzweig)曾在写给弗洛伊德的信中谈到,他试图用实验的方法检验精神分析理论。弗洛伊德在简短的回信中写道“我颇有兴趣地研读了你验证精神分析命题的实验研究,我不能对这样的证据给予多高的评价,因为这些命题所依据的可靠观察的充分性使它们独立于实验的验证,当然这么做是无害的”②。很明显,弗洛伊德一向对用实验法来检验精神分析持否定态度。弗洛伊德的基本研究方法是个案法,主要依赖个案史的编纂来获得资料,他从来没有通过控制性实验来搜集数据,也不使用统计方法去分析研究结果。具体地说,弗洛伊德所采用的这种个案研究法的缺陷表现在下述几个方面:

首先,弗洛伊德在收集资料这一环节上存在着严重的问题,既不系统也未加控制。弗洛伊德对每一个病人的话不是客观如实地、逐字逐句地记录,而是在看过病人几个小时后才做记录,他自己就曾说过“完成工作之后,我在晚上从记忆中写下这些记录”。这样,一些原始数据会因为记忆的模糊、歪曲而发生错漏。在回忆过程中,弗洛伊德本人的需要和期望可能会影响到他对原始材料的选择与解释。也就是说,他回忆和记录的可能仅仅是他

① 弗洛伊德著,林克明译:《爱情心理学》,作家出版社 1986 年版,第 19 页。

② Rosenzweig S. (1985). *Freud and experimental psychology: the emergence of idiodynamics*. NewYork:McGraw-Hill., pp. 171~172.

想要听到的、支持其理论假设的那些东西，这样的资料不可能是完整和准确的。而且，即使有精确的记录往往也很难判断患者报告的真实性。弗洛伊德根本没有试图确定他的病人有关早期经验的叙述的真实性。批评者们指出，弗洛伊德应当向患者的亲属和朋友确证病人陈述的事件是否发生过。因此，概括地说，弗洛伊德建立理论的基本步骤，即资料的收集是不完全、不完善和不精确的。

其次，不能确切地知道弗洛伊德如何从所收集到的资料中概括出结论和进行推理。在弗洛伊德的著作中，他从来没有介绍过作结论所依据的资料、分析资料时所使用的方法。弗洛伊德仅提供了他的结论，从不透露他的推断和结论源于何处，结果导致后来的学者根本不可能按照弗洛伊德的原始设计重复他的任何研究。由于弗洛伊德的数据不能进行量化和统计处理，心理学史家因而也就无法确定它们的可信度和统计学意义。弗洛伊德不愿意完全遵照科学报告的惯例来介绍自己的材料，使人对精神分析的科学性留下了许多疑点。

第三，令人疑惑的是，弗洛伊德的治疗记录与公开发表的个案报告存在着明显的差异。弗洛伊德发表的个案研究应该是以每次分析后所作的记录为基础，但是研究者们发现，两者之间存在着分析时间的长度、事件的顺序和治愈率等方面的差异。这种歪曲事实的做法，究竟是弗洛伊德有意为之以便为其理论提供支持，还是他的潜意识在发挥作用，现在只能是一个谜，因为弗洛伊德在完成写作之后不久便把病人的档案几乎全部销毁了。

第四，弗洛伊德的研究选取的样本有限，取样缺乏代表性。例如，他的理论强调儿童期的经验，断言人格基本上是在5岁前形成的。然而，弗洛伊德对儿童研究的唯一记录就是一位患有恐惧症的小男孩，而且弗洛伊德是通过其父亲间接地进行研究的。弗洛伊德对儿童期的强调看上去是他对成人观察的推论。在同布洛伊尔分手之后，弗洛伊德仅仅出版了6个个案史。他们全部生活于性受到全面压抑的维多利亚时代，将这个特定时代如此小的样本研究推广到整个人类，显然是不科学的，也是不可信的。此外，弗洛伊德理论中大量术语的界定都不清晰，难以下操作性的定义。例如，人们应该如何将心理能量、阉割焦虑或者俄狄浦斯情结量化？人们如何断定对于梦的隐意的解释哪一个是正确的？科学要求测量，而弗洛伊德的许多概念过去是而且现在仍然是难以测量的。

总之，弗洛伊德是按照自己独特的解释所提供的依据来构建和发展其理论的，在他的理论建构中，他自己的评价能力是最重要的向导。弗洛伊德精神分析强烈的主观色彩引起人们对其整个研究的科学性产生了怀疑。

## 三、弗洛伊德理论的主要影响

在20世纪人类文化的地形图上，弗洛伊德作为当代最伟大的心理学家和思想家之一无疑占据着一个显赫的位置。弗洛伊德精神分析理论实际上远远超越了心理学的研究范围。可以说，20世纪以来凡是与人类精神生活有关的科学文化活动以及探讨人的本质的形形色色的理论学说，或多或少都烙上了弗洛伊德的印记，以至于有人指出："……历史上没有几个人能像弗洛伊德那样对人类的思想产生如此冲击，没有一个人类生存的重要领域不曾受到弗洛伊德思想的触及。"①

精神分析心理学为学院心理学的研究提供了借鉴。精神分析产生于临床治疗实践，"尽管精神分析与现代心理学在本质上根本不同，但是它对现代心理学发生过不可否认的影响"②。现代心理学主要是指处于主流地位的学院式的科学心理学。学院心理学对心理的研究往往缺乏"人"的维度，也就是说不是从人自身出发，不是人把握自身的心理，而是似乎某个客观的、外在于人的"第三者"在看心理。这样，学院心理学本身主要关心的是对于人的状况微不足道的问题，而爱、死亡、不幸和人的命运等这些普遍关系到人的主题，往往处于流行的学院心理学的视野之外。与此相反，精神分析理论关心的是人的生活、人的内心深处，研究的是人在现实社会生活中的行为。因此，精神分析对于传统科学心理学的价值正是在于它的"人文主义"模式或概念上。美国精神分析学家霍兰德指出："精神分析向我们提供了一种方法来考虑人：他既是冲动理论所以为的封闭的个人，又永远是一个已经处于关系和社交中的个人。这就是精神分析能对我们就人类本质的认识所做的贡献。这就是我说精神分析将不会消亡的含义所在。"③

除了心理学领域之外，精神分析的影响还体现在文学、宗教、伦理学等社会科学领域。例如，精神分析对西方现代主义文学运动的发展产生了深远的影响。精神分析是现代派文艺的主要理论基础之一，为现代派文学艺术家提供了考察人的新视角。文学创作上的超现实主义、表现主义、意识流、存在主义、新小说派等现代主义流派都或多或少地打上了弗洛伊德精神分析的印记。其中超现实文学被认为是受弗洛伊德影响最大的一个创作流

① 赫根汉著，何瑾、冯增俊译：《人格心理学导论》，海南人民出版社1986年版，第46页。
② 舒尔茨著，沈德灿译：《现代心理学史》，人民教育出版社1981年版，第321页。
③ 霍兰德著，潘国庆译：《后现代精神分析》，上海文艺出版社1995年版，第312页。

派，它倡导自动写作或潜意识书写的创作表现手段，在作品中竭力表现梦幻、狂想、变态、混沌等潜意识心理内容。

弗洛伊德精神分析作为一种思潮在当今资本主义国家，特别是美国也得到了广泛的传播，影响了美国大众文化和美国人的意识。这种影响在弗洛伊德1909年访问克拉克大学之后立刻显现了出来。报纸描述了许多有关弗洛伊德的故事。到1920年，出版的有关精神分析的书籍已经达到了200多本，而且当时一些非常有影响的杂志开办了精神分析专栏，甚至一家主要的电影制作公司愿意出价10万美元与弗洛伊德合拍一部有关爱情的电影。总之，公众对弗洛伊德观念所表现的热情远比学院心理学对弗洛伊德理论的接受要迅速得多。

毫无疑问，精神分析开启了一幅全新的思想图景。“不论我们是否了解精神分析，我们都在谈论弗洛伊德，弗洛伊德的术语和他的重要观点渗透到现代关于人类情感和行为的思维方式中。”①

① Gay，P.(1989). *The Freud reader*. New York：Norton，p. xii.

# 第二章

## 古典精神分析学的转向

精神分析运动自形成以来，其内部就存在着明显的观点分歧。弗洛伊德的一些学生和追随者一方面接受了精神分析的基本原则，另一方面又对弗洛伊德的理论做出了许多修正和拓展，从不同角度发展出自己的理论体系。但是，无论他们距弗洛伊德的理论有多远，他们都是通过完善或者反对弗洛伊德的研究而确立自己的观点的。他们仍然坚持弗洛伊德古典精神分析的基本前提，只是在理论上更重视社会文化因素。因此，他们被看做是古典精神分析学的转向。

### 第一节　古典精神分析学的分裂

20 世纪最初的十几年是精神分析运动逐步发展、日益繁荣的时期，同时也是精神分析运动内部不断出现分裂的时期。1902 年，弗洛伊德邀请四位支持者参加他周三晚上举行的讨论有关精神分析主题的聚会。到 1908 年，这个小组已经发展到了 20 多人，并自称维也纳精神分析协会，而且精神分析的影响也开始扩大到维也纳圈子之外。弗洛伊德在 1914 年的《精神分析运动史》一书中描绘了精神分析的这一发展状况。他说，1907 年形势顿时完全出乎意料地起了变化，许多新成员相继加入，包括伦敦的琼斯（Ernest Jones）、布达佩斯的费伦茨（Sandor Ferenczi）、陶斯克（Victor Tausk）、富特缪勒（Carl Furtmüller）、兰克（Otto Rank）和沙赫斯（Hanns Sachs），此外，还有来自瑞士并受到弗洛伊德特别看重的荣格、艾廷冈（Max Eitingon）和亚伯拉罕(Carl Abraham)等人。1910 年，精神分析运动的发展出现了一个高潮，这一年“国际精神分析学会”正式成立，出版了《精神分析中心杂志》作为学会的机关刊物。然而，在最初几年盛大的外表之下，分裂的空气一直在国际精神分析学会内部扩散着。实际上，精神分析从创立伊始争吵和分裂就从未间断过。最早，弗洛伊德一度承认性欲的重要性，布洛伊尔就与他分手了；1906 年，他又与弗里斯(Fliess)分道扬镳。由于弗洛伊德刚愎自用，不容许他人对其观点和理论说三道四，哪怕是其学生、同事的善意批评他也难以容忍。因此，在国际精神分析学会成立之后又出现了三次给弗洛伊德本人和精神分析运动带来巨大震动的分裂，即 1911 年与阿德勒和斯泰克尔的决裂、1914 年与荣格的决裂、1926 年与兰克的决裂。

### 一、阿德勒与弗洛伊德的分裂

阿德勒是弗洛伊德最早的追随者之一，也是 1902 年成立的“星期三心理学讨论会”的创始成员之一，但是尽管他与弗洛伊德交往近十年，终于还是以分道扬镳告终。

1900 年，阿德勒面临学术生涯的重要转折点。在此之前，他的兴趣主要是在一般医学领域里研究精神病理学的症状。这一年，弗洛伊德出版了《梦的解析》，阿德勒反复阅读了这本书，他认为这本书对于理解人性是一个巨大的贡献。因此，他在维也纳一家著名的刊物上撰文公开支持弗洛伊德的主张。这使弗洛伊德非常感动，于是，他给阿德勒寄去了一张明信片，除了表示感谢，还邀请他参加每周三举行的精神分析讨论会。阿德勒接受了邀请，从此成为弗洛伊德学派的核心成员之一。但是，阿德勒从一开始就认为自己是弗洛伊德这位大师的年轻同事而不是弟子，但弗洛伊德则始终把阿德勒看做自己的信徒和门生，他不能容忍他心目中的弟子对他的学说有任何怀疑和偏离。

起初，阿德勒与弗洛伊德的影响是相互的，他们之间的讨论促进了精神分析理论的发展，而阿德勒也因此扩大了自己的影响。1907 年，阿德勒发表了《器官的缺陷及其心理补偿的研究》一文，并因此获得了很大的声誉。此时，弗洛伊德倾向于同意他的观点，将其看做是对自我心理学的一大贡献。但是，随着阿德勒对精神分析的进一步研究，开始背离弗洛伊德的理论。1908 年，阿德勒又发表了关于“侵犯驱力”的论文，1910 年发表关于“自卑感”以及作为过度补偿的《男性的抗议》的论文，以一种新的价值观念取代了驱力的概念。1910 年，国际精神分析大会在纽伦堡召开，在这次会议上，阿德勒与弗洛伊德之间的关系出现了明显的裂痕。当时矛盾的焦点在于学会的领导权之争,阿德勒对弗洛伊德将学会的领导权交给瑞士人荣格极为不满。为了缓和两人之间的矛盾,弗洛伊德辞去了维也纳分会主席的职务,提名由阿德勒担任,并同意由阿德勒和斯泰克尔共同主办一份新杂志,即《精神分析中心杂志》。弗洛伊德对阿德勒的安抚、拉拢在他会后给费伦茨的信中表露无遗,他写道:"我将把领导职务移交给阿德勒,这并非出于情愿,也并非是这样做更适宜,说穿了,不过是因为他是唯一的人选,于他而言,或许在其位便不得不维护我们共同的基地。"①然而,阿德勒并未因担任这一职务而改变自己的主张,相反这恰恰给了他一个更好的机会,便于宣传自己的主张。这次会议上的斗争,表面上起于领导权的争夺,但其根源却在于阿德勒与弗洛伊德日益加重的学术观点上的分歧。弗洛伊德对此有着清醒的认识,他曾指出:"阿德勒背离精神分析似乎更远,他彻底摈弃了性欲的重要意义,将人的性格与精神症的成因仅仅归咎于人对权力的欲望和补偿体质上缺陷的需求,而将精神分析在心理学上的发现完全置于脑后。但是,他所摈弃的一切却都以其他名义做遮蔽,又硬性楔入他所营造的封闭的体系之中。他所谓的'男性的抗议'无非是变相的、具有性的特征的压抑而已。"②弗洛伊德的这番话道出了他与阿德勒分歧的关键所在。阿德勒认为,器官有无缺陷的人都会产生自卑感,而自卑正可以激发出奋争向上的自我意识,当这一自我发展的过程受阻时,便会产生神经症。这样阿德勒就把他的自卑情结和自我意识推到了人格的第一动力的位置,从而以自卑情结取代了俄狄浦斯情结,向上愿望取代了性欲愿望。向上愿望的冲动本身无需乔装改扮,因此,潜意识也就没有存在的必要。这样,同样从人的生物性和社会性的冲突出发,阿德勒却逐渐走到与弗洛伊德不同的方向去了。

1911 年,阿德勒公开批评弗洛伊德强调性因素的理论,认为人格的发展并不取决于本能的生物性因素,而是社会力量作用的结果。弗洛伊德不能容忍阿德勒的"反叛",他马上召集门下弟子开会,要求阿德勒做出解释,并请与会者做出评判。由于阿德勒不愿向弗洛伊德妥协,于是在 5 月份,他与其盟友宣布退出精神分析学会,正式与弗洛伊德决裂。同年,阿德勒组建了"自由精神分析学会",1912 年改名为"个体心理学学会"。自此以后,阿德勒便致力于发展和完善他的个体心理学理论体系。

阿德勒的分裂对弗洛伊德的打击是巨大的,因为这不仅意味着组织的

① 徐信华:《弗洛伊德传》,河北人民出版社 1998 年版,第 147 页。

② 弗洛伊德著,顾闻译:《弗洛伊德自传》,上海人民出版社 1987 年版,第 75 页。

分裂，而且更重要的是，它还意味着弗洛伊德理论的核心观点面临着严峻的挑战。弗洛伊德一生都对阿德勒怀有敌意，阿德勒逝世后，在答复一位对阿德勒的逝世感到巨大悲痛的友人时，弗洛伊德说道："我不理解您对阿德勒的同情。一个犹太孩子从维也纳的郊区出来而死于阿伯丁，这是一种闻所未闻的经历，并足以证明他走得太远了。世人对他曾经在对抗精神分析方面所做的贡献，实在给了足够的奖赏。"①也许，对弗洛伊德个人而言，阿德勒可能确实是个"背叛者"，但是对于弗洛伊德所创立的精神分析学来说，阿德勒所做的工作确实不能说是"对抗"或"离弃"，而是一种修正和补充。

## 二、斯泰克尔与弗洛伊德的分裂

同阿德勒一起与弗洛伊德发生决裂的，还有另一位维也纳医生威廉·斯泰克尔（Wilhelm Stekel，1888—1942），他与阿德勒一样，也是星期三讨论会的创始成员，而且正是他向弗洛伊德建议成立这样一个小组的。斯泰克尔当时正患神经症疾病，便向弗洛伊德求助，这次治疗非常成功，于是斯泰克尔便开始追随弗洛伊德从事精神分析活动。

严格地说，斯泰克尔并不是一位科学研究人员，更不是一个理论家。他对于精神分析学的基本理论不感兴趣，他所注重的是一些实际问题。在弗洛伊德看来，斯泰克尔缺乏独立见解，惯于人云亦云，不过是阿德勒的"附属品"。琼斯曾指出，斯泰克尔之为人、为学都是热情、聪明有余，而实在、严谨不足。由于重视经验与实际问题，斯泰克尔在性的象征问题上有独到的见解。1911 年，他发表了关于梦的著作，提出了较为新颖的"象征学"。关于这一点，弗洛伊德私下里也承认斯泰克尔的贡献。但总的来看，斯泰克尔不是一个适合钻研学问的人。弗洛伊德对此早有认识，但是他仍然喜欢他，其原因在于斯泰克尔擅长交际。在精神分析走向国际之时需要他这样的人物。事实上，在星期三心理学讨论会成立之初，就是靠他和《新维也纳日报》的关系，每周一次在这家报上发表学会的讨论结果，并由他执笔。

然而，随着时光推移，斯泰克尔的弱点越来越暴露无遗。他的浮夸作风使他的论文缺乏严密可靠的论据和论证，他甚至为了耸人听闻而不惜牺牲文章的科学性。斯泰克尔写过一篇病例分析的文章，并把它拿给弗洛伊德看，弗洛伊德问他为什么会涉及到许多病人的名字，他满不在乎地回答说，都是他假设出来的。弗洛伊德对这种不负责任的态度大为不满。因此，他

① 舒尔茨著，沈德灿译：《现代心理学史》，人民教育出版社 1981 年版，第 36 页。

建议《精神分析中心杂志》不要刊载斯泰克尔的文章。同时，阿德勒走后，为了防止斯泰克尔独揽杂志的编辑和发行工作，弗洛伊德派陶斯克检查编辑工作。对弗洛伊德的这项组织安排，斯泰克尔大为不满，并迁怒于陶斯克，禁止他的文章在《中心》杂志上发表。鉴于斯泰克尔的做法事关杂志的水准、品质，弗洛伊德终于决定撤销其总编辑的职务。然而，斯泰克尔居然鼓动起全维也纳的出版商们集体拒绝承印这份杂志。这样，两者的决裂已势在必行。弗洛伊德动员起国际精神分析学会的理事们，一致签名罢免了斯泰克尔总编辑和发行人的职务，这才收回《精神分析中心杂志》。此后，杂志交由费伦茨、兰克和琼斯共同主编。斯泰克尔被逐出杂志以后于 1912 年 11 月 6 日宣布退出维也纳精神分析学会。

同之前与阿德勒、之后与荣格的决裂不同，弗洛伊德对斯泰克尔的不满，不是由于理论观点的分歧，而主要是在于其为人。1923 年，在弗洛伊德因癌症进行手术之前，斯泰克尔曾去信慰问，亦有重修旧好之意。弗洛伊德在复信中明确表示，他与斯泰克尔绝交非关学术，纯系为人。

### 三、荣格与弗洛伊德的分裂

从 1906 年 3 月荣格写给弗洛伊德的第一封信开始，到 1914 年两人最后一次吵架而分道扬镳，这两位伟人的友谊持续了不到 10 年。在此期间，他们从相互欣赏到相交笃深，再到分裂、反目，彼此从对方那里既得到了启发和帮助，也体会到了“道不同”的悲哀。他们的交往充分表现了两位个性独特的精神分析学家之间复杂的关系。

从《梦的解析》问世起，荣格就开始了与弗洛伊德的特殊关系。1900 年，弗洛伊德的《梦的解析》刚一出版，荣格就阅读了这本书。该书给了荣格很大的启发，他将之称作“划时代之作……也许是有史以来的最大胆之作，旨在把握作用于明显坚实的经验性基础的无意识心灵的种种不解之谜。对于那时我们这些年轻的精神病医生来说，此书是……使人顿开茅塞的启迪之源”①。当时，精神分析还未能被社会所接受，弗洛伊德在学术界也是一位不受欢迎的人，而荣格却不顾反对公开地支持他，并撰写文章为他辩护。1906 年，荣格给弗洛伊德寄去他关于字词联想的研究论文，开始了两人之间的书信交往。1907 年 3 月，弗洛伊德邀请荣格到维也纳家中做客。两人一见如故，相互倾心，畅谈了整整 13 个小时。这一年，荣格 32 岁，弗洛伊德 51 岁。

① 荣格著，刘国斌等译：《回忆・梦・思考》，辽宁人民出版社 1988 年版，第 251 页。

后来荣格回忆说："弗洛伊德是我遇到过的第一个确实重要的人。他的态度中根本没有一点浅薄的东西。我发现他极为聪明、机敏和卓尔不群。"①可以想象得出，弗洛伊德比荣格大 19 岁，他们之间的关系与其说是朋友，不如说是类似父子。首次会面，荣格与弗洛伊德便有所分歧，主要表现在对"灵性"和"性欲"问题的看法上。弗洛伊德谈论的有关性的理论虽然深深吸引了荣格，却无法消除他内心的忧郁与怀疑。当话题涉及到荣格持认可态度的超自然意义上的精神与智力上的灵性问题时，两人进行了争论，弗洛伊德对此相当怀疑，并且还转弯抹角地将之归结为受压抑性欲的表现，对此荣格难以苟同。初次见面时的争议后来成了两人的主要分歧。但自此之后，两人便开始了长达 6 年的私人友谊和事业上的合作。他们每周通信，彼此交流自己正在进行的研究和最新发现，而且还曾互相邀请对方到自己的家中做客。

同年，第一次国际心理学和精神病学大会在阿姆斯特丹举行，荣格和弗洛伊德应邀参加了这次大会。会上，荣格再次为弗洛伊德辩护，这使弗洛伊德非常感动。他突然意识到，应该有人代替他去捍卫他的事业，而这个人正是荣格。弗洛伊德之所以如此欣赏荣格，除了荣格本身极为优秀之外，还因为荣格是瑞士著名的精神病医生，他的观点在整个医学界颇受重视；而且荣格与弗洛伊德圈子中的大多数人不同，他不是犹太人。1909 年，两人同时应邀前往美国克拉克大学讲学，在船上度过了为期七周的旅途生活。也就是在这一次，他们的关系出现了问题。由于弗洛伊德的客观观察力的限制，荣格对他的信心一次又一次地动摇了。荣格越来越觉得弗洛伊德把任何事情——诸如他的权威、他所得意的理论以及他对情欲的依恋——都只按照性欲去解释，这超出了追求真理的范围。② 旅途中，两个人曾相互分析对方的梦。在对弗洛伊德的一个梦的分析中，荣格要求他提供一点更详细的个人信息，但弗洛伊德拒绝了，理由是"不想拿自己的权威冒险"，他的回答令荣格很失望。这时荣格已经预感到了两个人之间的分歧，1910 年的一次谈话让荣格的直觉更加坚定了。弗洛伊德有一次突然对荣格说："亲爱的荣格，答应我永远不要放弃性理论，那是一切事情中最基本的事情，你知道我们必须把它规定为一种教义，一座不可动摇的堡垒。"③这令荣格大吃一惊，因为"没有人想规定一种教义"，除非"一劳永逸的禁止怀疑，那样一来就与

① 荣格著，刘国斌等译：《回忆·梦·思考》，辽宁人民出版社 1988 年版，第 255 页。

② 芭芭拉·汉娜著，李亦雄译：《荣格的生活和工作——传记体回忆录》，东方出版社 1998 年版，第 101 页。

③ 芭芭拉·汉娜著，李亦雄译：《荣格的生活和工作——传记体回忆录》，东方出版社 1998 年版，第 104 页。

科学判断无关了，剩下的仅仅是个人权势的欲望。”[1]对弗洛伊德的信念在荣格心中再一次瓦解。

1912 年，荣格发表了重要的著作《力比多的转变和象征》，突现了他和弗洛伊德之间已经产生的分歧。在这本书中，荣格不仅得出了有关集体潜意识的结论，而且论述了他对力比多的一些不同于弗洛伊德的看法。他认为，力比多不是一种带有性意味的潜意识心理能量，而是一种一般性的生命能量，性仅仅是其中的一部分。荣格在书中还首次将“精神分析”这个术语变成“分析心理”。也正是从这时起，荣格明确地使自己的学说区别于弗洛伊德的学说，这就是“分析心理学”。因此，该著作的出版宣告了荣格与弗洛伊德关系的结束，同时也成为荣格分析心理学的奠基。同年 9 月，荣格受纽约福德汉姆大学邀请赴美讲学。在演讲中，荣格公开对弗洛伊德的理论提出了质疑，并从中引发出自己的观点，从而将两人的分歧公之于众。为了挽救两人之间的关系，1913 年初，荣格和弗洛伊德在慕尼黑会谈，但分歧已无可挽回。经过痛苦抉择，荣格于 1913 年 10 月 27 日给弗洛伊德写了最后一封短笺，表明自己将辞去《精神分析与精神病理学研究年鉴》主编的职务。1914 年 4 月，荣格又辞去了国际精神分析学会主席的职务和会员资格。这样，荣格与弗洛伊德持续了 8 年的友谊彻底破裂了，从此以后两人再没有见过面，但荣格终生都对弗洛伊德保持着真诚的敬意。

弗洛伊德与荣格交往的 8 年，对于两人来说都是非常重要的。相识之初，荣格用自己“词语联想”的研究成果支持了弗洛伊德的“自由联想”理论，令孤立中的弗洛伊德感激不已。而弗洛伊德自我分析的方法在通信中也给荣格带来了不少启示。后期荣格对神话学的研究，对弗洛伊德创作《图腾与禁忌》也有所帮助；另一方面，也正是在弗洛伊德的帮助下，荣格从众多精神分析学者中脱颖而出，成为这一学术领域内举足轻重的人物。因此，这 8 年无论对荣格还是对弗洛伊德都是至关重要的，最后的分手给双方造成的损失也是巨大的，但两人为了追寻各自的理想又必然会分手。

### 四、兰克与弗洛伊德的分裂

奥托·兰克(Otto Rank，1884—1939)是弗洛伊德最重要的弟子之一，也是最后一个背离弗洛伊德而走上发展自己理论道路的弟子。对兰克来

① 芭芭拉·汉娜著，李亦雄译：《荣格的生活和工作——传记体回忆录》，东方出版社 1998 年版，第 104 页。

说，这种背离并非出于对弗洛伊德长期统治的愤怒，而几乎是偶然的。最初，兰克是在家庭教师阿德勒的推荐下开始阅读弗洛伊德的作品的，一读就欲罢不能，他深感解决世间一切谜题的关键尽在其中。1905 年春，兰克把自己一本书的手稿呈给弗洛伊德过目，书名为《艺术家》，该书是把精神分析的观念应用于文化领域的初步尝试，它给弗洛伊德留下了深刻的印象。一年多以后，兰克被委任为星期三心理学讨论会的秘书。弗洛伊德对兰克有着父执的关怀，深情地称他为“小兰克”，并资助他重返学校，鼓励他成为一位非专业的分析师，而且对他委以重任：1912 年的《潜意象》以及次年的《国际精神分析期刊》，兰克都扮演了创始人和编辑的角色。

在阿德勒、斯泰克尔和荣格相继“叛离”之后，琼斯建议组织一个秘密小组，其任务是保卫正统的弗洛伊德主义、回应批评、控制各种精神分析组织，使弗洛伊德神话永存。加入这个小组的成员只需承担一项明确的义务：成员一旦要背离精神分析理论的基本原理，诸如压抑、潜意识、幼儿性欲等，必须在事先与小组其他成员讨论他的见解，否则不得公开发表。这个提议得到兰克和费伦茨的衷心拥护。这个小组后来称为保卫弗洛伊德“委员会”，成立于 1913 年 5 月 25 日，琼斯任主席，成员有兰克、费伦茨、亚伯拉罕和萨克斯。以后，经弗洛伊德推荐，1919 年 9 月艾廷冈加入该委员会。

委员会自成立以后，大约在 10 年左右的时间内忠实地贯彻了初衷，履行了职责。但是到 1923 年底，在委员会内部发生了分歧。分歧的起因是兰克与费伦茨未经全体成员的讨论，擅自出版了他们的《精神分析学的发展》。书中包含了许多技术上的革新，但也出现了忽视精神分析对童年经验的强调的倾向，企图借此缩短分析的疗程。这种治疗上的乐观取向正好与弗洛伊德在分析上繁琐、持续时间较长的要求背道而驰，这引起了秘密委员会其他成员的不安。他们向弗洛伊德指出，书里隐藏着类似于 10 年前导致荣格分裂的萌芽。这本书的风波尚未平息，兰克就又出版了一部新作《出生创伤》，从而将隐藏的分裂萌芽明朗化了。在这本书中，兰克通过牺牲父亲的角色来提升母亲的角色，通过牺牲俄狄浦斯情结来强化诞生的原生焦虑。他认为，人类最早最痛苦的经历是在出生时所伴随的窒息危险。弗洛伊德虽然也提到个人出生时所受的精神创伤，但兰克将它作为人类生命中最重要的事件，认为它是引起神经症的最主要原因。这与弗洛伊德关于俄狄浦斯情结是人类精神神经症基础的看法大相径庭。弗洛伊德最初对这本书的反应是忍耐并试图加以理解，但他坚决不同意兰克试图以此来重新建构一种新的精神分析理论和技术。然而，精神分析圈内的其他成员则大为不满，琼斯和亚伯拉罕等人对兰克进行了猛烈的批评，亚伯拉罕甚至在给弗洛伊德的信中指出兰克是在步阿德勒的后尘。兰克多次拜会弗洛伊德想进行调解，甚至声称自己患了严重的神经症，但始终未获成功。兰克由此萌生去意，恰好此时他接到美国方面的邀请函，请他前去讲学，兰克趁机于 1924 年前往美国，借此脱离了委员会，离开了弗洛伊德。1929 年，兰克正式宣告退出维也纳精神分析学会，成为该组织第四位叛逆者。

与兰克的分裂令弗洛伊德十分痛苦且旷日持久，但弗洛伊德仍从兰克的离经叛道的想法中攫取出许多重要的课题，这全都体现在他的《抑制、症状和焦虑》一书中。弗洛伊德认为："兰克对于焦虑感受的提醒，如同我最初所主张的，乃是诞生过程及其处境被重复经历的结果，这使我们必须重新检视焦虑的问题。"①从这场分裂中，弗洛伊德纠正了自己的一个重大的理论错误，即颠倒了原来所持的焦虑与压抑之间关系的观点，认为压抑并未引起焦虑，反而是焦虑产生了压抑。"在与弗洛伊德决裂的动作中，兰克让弗洛伊德受益之巨远超兰克自己的想象。"②

## 第二节　荣格的分析心理学

荣格的分析心理学是在 20 世纪 20 年代左右开始形成并逐渐发展的，它与精神分析学派创始人弗洛伊德的理论有着密切的关系。荣格曾是弗洛伊德亲密的同事和合作者，弗洛伊德也曾将荣格视作其理论的继承人。然而，后来由于两人之间严重的思想分歧，荣格于 1914 年与弗洛伊德分道扬镳，开始逐步建立自己的理论体系，这就是分析心理学。尽管荣格在 1907 年至 1913 年间参与了弗洛伊德的精神分析运动，但将其视为叛徒或是追随者都是不适当的。荣格心理学中的许多核心思想在他遇见弗洛伊德之前就已经形成了。因此，这两种心理学体系虽然存在着相似之处，但荣格的体系并非弗洛伊德体系的派生产物。

① 彼得·盖伊著，龚卓军等译：《弗洛伊德传》，鹭江出版社 2006 年版，第 137 页。
② 彼得·盖伊著，龚卓军等译：《弗洛伊德传》，鹭江出版社 2006 年版，第 142 页。

## 一、荣格的生平与著作

卡尔·古斯塔夫·荣格(Carl Gustav Jung,1875—1961)

卡尔·古斯塔夫·荣格(Carl Gustav Jung,1875—1961)是瑞士著名精神病医生,分析心理学的创始人,1875 年 7 月 26 日出生在瑞士康斯坦斯湖畔一个名叫凯斯维尔的小镇。荣格的父亲列夫·保罗·荣格(Johann Paul Achilles Jung,1842—1896)是一位乡村的新教牧师,为人善良、宽容而又因循守旧。母亲爱米莉·普里斯维克·荣格(Emilie Preiwerk Jung,1848—1923)是巴塞尔大教堂主教的女儿,性格外向、热情,但有时又神秘莫测。荣格父母的关系不和睦,这对荣格的影响是深刻而持久的。童年的荣格没有什么玩伴儿,两个哥哥在他出生前就夭折了,直到 9 岁时才有了一个妹妹,但那时荣格已经习惯了独自游戏和冥想。荣格的童年生活还笼罩着一种浓厚的宗教气氛,家族中有八位伯父、叔父是牧师,生活在这样的家庭里,不能不使荣格的思想受到强烈的感染和影响。荣格学说中的宗教色彩和神秘气氛,在很大程度上与这种家族环境的影响是分不开的。荣格 4 岁的时候,家庭搬迁到距巴塞尔三英里的克莱恩—许宁根。在这里,父母开始了荣格的学前教育:父亲教荣格拉丁文;母亲则给他读一本印有印度佛像的小画书。也许从那时开始,在不知不觉中荣格就对东方文化产生了浓厚的兴趣。

1886 年,11 岁的荣格进入了巴塞尔大学预科。学校的生活枯燥而刻板,令荣格非常厌倦。1887 年初夏的一天,荣格在放学回家途中,一个男孩从后面打了他一下,他的头撞在路边的石栏上,晕倒了很长时间。这之后有半年多的时间他不得不休学在家,遇到和学习有关的事情还常有昏厥现象发生。直到有一天,他无意中听到了父亲与朋友的谈话,为他的前途感到担忧,就从那一刻起,他的病不治而愈。荣格后来回忆说:“我就是在这时明白了什么是神经症。”①

1895 年春,荣格考入巴塞尔大学医学系。荣格的父亲在他进入大学一年后逝世,家里的经济状况突然恶化,荣格不得不靠教课等方式赚钱,以支

---

① 荣格著,刘国斌等译:《回忆·梦·思考》,辽宁人民出版社 1988 年版,第 57 页。

付学费并赡养母亲和妹妹。到了第三学年，荣格面临着选择专修外科还是专修内科的难题。然而，接下来在暑假发生的几件事注定要影响荣格的职业选择。一件是家里一张陈年的胡桃木饭桌突然破裂成两半，另一件是一把钢质的面包刀碎裂成一堆碎片。这两件事看起来是那么的不合常理，让荣格大惑不解。几个星期后，荣格开始参加每周六在亲戚家举行的降神会。降神会上一个15岁的通灵少女引发了他对神秘现象的兴趣。在此后的两年里，他多次参加降神会，并作了详细的记录。这些连续发生的神秘现象深深吸引了荣格，使他将兴趣从哲学转向了心理学和心理病理学。那年秋天返校后，荣格为准备考试而阅读了克拉夫特—埃宾(Krafft-Ebing)的《精神病学》。在这本书的序言中作者把精神病患者称作"人格之病"，这使荣格受到很大的震动。他认识到，精神病学才是他唯一可能的目标。就这样，荣格拒绝了到慕尼黑做弗里德里希·冯·缪勒(Friedrich Von Müller)助手的邀请，在同学和老师的惋惜声中，义无反顾地踏上了他作为精神病医生的征程。

1900年，荣格离开居住了25年的巴塞尔，来到苏黎世，成为布勒霍尔兹利精神病医院的一名助理医生。该医院的院长是著名的精神病学家欧根·布留伊勒(E. Bleuler，1857—1939)，他以擅长治疗精神病并提出了精神分裂症而闻名世界。荣格庆幸自己能有机会在这样一位名人的指导下工作和学习。从1900年到1909年，荣格一直在布勒霍尔兹利精神病院从事临床治疗，这10年的工作实践对荣格来说十分重要。正是在这种"学徒式"的生活和工作中，荣格开始建构起自己的理论基石，并最终找到了自己的人生坐标。为了提高自己的学术水平和研究能力，在布留伊勒的推荐下，荣格于1902年冬至1903年初来到巴黎的法兰西学院，师从法国精神病理学家让内学习癔病和病理心理学，半年的学习使荣格受益匪浅。从法国回来之后，荣格便与他心仪已久的埃玛·罗森巴赫(1884—1955)结婚。埃玛与荣格相伴52年，为他生育了一子四女，是荣格忠实的生活伴侣和科学事业的合作者。在布勒霍尔兹利医院期间，荣格做出了许多有价值的工作，其中最大的成就莫过于采用语词联想测验发现了"情结"，"情结"一词现在已成为心理学研究的一个日常术语。1905年，荣格成为一名高级医生，同时被聘为苏黎世大学的精神病学讲师。与他早年在医院和大学的同事一样，荣格在布勒霍尔兹利精神病院工作期间也进行私人开业，由于病人很多，1909年荣格索性辞去他在医院的职位。

与弗洛伊德的友谊也是发生在这一时期。1906年，荣格与弗洛伊德开始通信。1907年，两人首次会面，开始了他们之间持续7年的友谊与合作，但后来由于理论观点的分歧和其他原因，最终导致他与弗洛伊德关系破裂。

与弗洛伊德的决裂对荣格来说几乎是毁灭性的打击，他陷入了深深的孤独和无所适从之中，在大约3年时间里过着一种“内心不确定”或有“定向力障碍”的生活。他辞去了大学的教职，把时间和精力都用来研究自己的梦和幻想，并力图理解它们。荣格此后创立的分析心理学中的许多基本观点都和这一时期的反思有关。他在回忆中写道：“我所有的著作，我的一切创造活动，都是始于1912年，即差不多50年前这些最初的幻觉和各种形式的梦中，我晚年的一切均包含在它们中，不过最初只包含在各种情感和意象的形式里就是了。”①

从20年代起，为证实自己的设想，荣格开始到世界各地广泛地游历和考察。1920年，荣格到北非的阿尔及尔和突尼斯游历。1924—1925年，他访问了新墨西哥州的印第安人。1926年，荣格又去了非洲的肯尼迪、乌干达等地。1937—1938年，他受邀访问印度，亲身感受到了亚洲文化和东方宗教。通过与原始部落居民的接触和对各民族、各地区风俗的比较研究，荣格发现，西方人的潜意识心理和原始人的神话与崇拜的心理表现有着惊人的相似性。正是通过这些考察和分析，荣格对现代人和古代人、西方人和东方人的心理进行了广泛的比较，进一步证实了他的人格结构与潜意识学说。

这一时期可以说是荣格学术研究的最高峰，他撰写了大量关于人的个性、象征、神话、宗教和心理学方面的著作，主要有《心理类型学》(1921)、《心理结构》(1927)、《分析心理学的贡献》(1928)、《人生诸阶段》(1930)、《寻找灵魂的现代人》(1933)、《集体潜意识的原型》(1934)、《集体潜意识的概念》(1936)。

第二次世界大战爆发后，荣格停止了游历和考察。这时他的思想已经成熟，分析心理学的理论架构已基本完成，他开始集中精力研究那些长久以来一直吸引着他的问题，如炼金术、心灵学、占星术，甚至还包括瑜伽、中国的易经、禅宗佛学等，发表了《心理学与炼丹术》(1940)、《论共时性——非因果性联系》(1951)等重要的著作和文章。

1944年初，将近70岁的荣格在散步时突然滑倒在雪地上，摔断了腿。几天之后，又发作了一次心脏病。病愈之后，他又开始了一段富有成果的时期。1947年，72岁的荣格辞去了他在巴塞尔大学所有的教职，隐居在波林根的塔楼里。1955年，荣格的妻子埃玛·荣格去世，这对荣格来说是一个沉重的打击。1958年，荣格与他的秘书安妮拉·雅菲(Anila Jaffe)女士开始着

① 荣格著，刘国斌等译：《回忆·梦·思考》，辽宁人民出版社1988年版，第319页。

手写他的自传《回忆·梦·思考》。1961年6月6日下午，荣格在苏黎世库斯那赫特的家中逝世，享年86岁。

## 二、分析心理学理论

### 1. 人格结构观

荣格用心灵或精神(psyche)一词来代指全部人格，对荣格来说，心灵与人格二词在意识和潜意识水平进行概述时是可以相互替换的。心灵包括了一个人所有的思想、情感、行为，无论是意识的还是潜意识的。它的作用就像一个指南针，调节和控制着个体，使个体适应社会环境和自然环境。心灵由若干不同但却彼此相互作用的系统组成，荣格将之分为由浅及深的三个层次：意识、个体潜意识和集体潜意识。意识的核心是自我，个体潜意识的大部分内容是情结，集体潜意识的主要内容则是原型。

(1) 意识。

意识是心灵中唯一能够被个人直接感知到的部分，它位于人格结构的最顶层，是人生来就具有的先天倾向，其职责是使个体了解每天生活中发生的事，保持自我同一感和时间连续感，以期能良好地适应周围环境。一个人意识的发展过程实际就是"个性化"的过程。在荣格看来，所谓个性化就是一个人的意识逐渐变得富有个性，变得不同于其他人。通过这一过程，个人逐渐变成了一个心理上不可分的统一体或整体。意识和个性化在人格的发展中始终是保持同步的，意识的开端就是个性化的开端。

在意识的个性化过程中产生出一种新的要素——自我。自我是意识的核心。它具有高度的选择性，某些情感、观念、记忆等心理活动，如果不被自我承认，就永远也不会进入意识。因此，自我虽然只占心理活动的很小一部分，但它作为意识的守门人却担负着重要的任务。自我通过对心理材料的选择和淘汰，保证了人格的统一性和连续性。意识自我的选择性取决于四个因素：一是一个人心灵中占主导地位的心理功能。一个情感型的人会允许较多的情绪体验进入意识；而对一个思维型的人来说，思想比情感更易进入他的意识。二是经验在自我中引起的焦虑的程度。意识自我倾向于拒绝唤起焦虑的观念和记忆进入感知领域。三是个性化所达到的程度。高度个性化的个体的意识自我将会允许较多的内容进入意识领域。四是经验的强度。强度巨大的生活经验能够冲破意识自我的大门，进入意识领域，而那些强度微弱的生活经验则很容易被拒之门外。关于自我的形成，荣格与弗洛伊德的观点不同，在荣格看来，自我不是从原始伊底分化出来的，而是从身体需要与环境之间的冲突开始的。例如，一个婴儿为了生存就必须通过哭喊使别人知道他的需要。当婴儿做到这一点的时候，他的刚刚萌芽的自我也就把自己和环境区分开了。荣格进而认为，婴儿自出生之日起就被集体潜意识所包围，自我发展本身就是儿童把自己从原型世界中分化出来的过程。

(2) 个体潜意识。

与弗洛伊德一样，荣格虽然也承认意识的存在和作用，但他认为对人格发展影响最大的还是潜意识。潜意识有两个层次：个体潜意识和集体潜意识。

个体潜意识是潜意识的表层，与意识自我最接近。它包括所有那些在个体生活中被遗忘的精神内容，以及几乎没有能量上升为意识的一切阈下印象和感知觉。另外，那些受到压抑、因而被排除在意识之外的，但却能够回忆起来的内容，以及那些让人痛苦的、因而完全被排除到意识之外的内容，也都属于个体潜意识的范围。个体潜意识的内容很容易被意识所接受，随时有浮出意识的可能，它与意识自我之间存在着大量的交互作用。通过对个体潜意识的研究，荣格发现个体潜意识的主要内容是情结。

荣格认为，情结“是一种经常隐匿的，以特定的情调或痛苦的情调为特征的心理内容的聚集物”①。在荣格看来，情结是自主的，具有自己的内驱力；它属于阴影的一部分，具有强烈的情绪色彩，这种情绪性质是情结内部所固有的。例如，具有母亲情结的人，当母亲出现在面前时，甚至提到母亲这个词时，都会引起他明显的情绪反应。在荣格观察到的情结中，有许多是他的病人所具有的，这些情结深深地根植于病人的神经症症状之中，具有消极意义，“不是人支配着情结，而是情结支配着人”②。因而，分析治疗的目的之一就是分解消融这些情结，把人从笼罩他的情结的暴虐下解救出来。然而，情结的作用是可以转化的，它并不一定成为人的调节机制中的障碍。当情结作为人的心理能量和动力起点时，它可以引导人去有意识地面对内心隐蔽的立场。这时它便成了灵感和创造力的源泉，引导人在事业上有所成就。因此，就心理分析来说，它的目的不是要让人消除或根除其情结，而是通过觉察与理解情结在自己的心理与行为中所起的作用来降低情结的消极影响。

关于情结的形成，荣格最初受弗洛伊德的影响，认为情结起源于童年时

① 荣格著，成穷、王作虹译：《分析心理学的理论与实践》，三联书店 1991 年版，第 49 页。

② 霍尔著，冯川译：《荣格心理学入门》，三联书店 1987 年版，第 37 页。

期的创伤性经验。例如，一个孩子经常受到老师、家长的批评，就会在他幼小的心灵里产生一种“批评情结”，以后到了成年期每当听到有人对他评头论足的时候，就会触动他的这一情结，造成神经紧张、恐惧等。情结的另一个来源是荣格所谓与本性不和谐的“道德冲突”。例如，一个人具有强烈的性欲望，但他也知道进行手淫和发生婚前性关系都是不好的，由此就会导致他的内心发生强烈的道德冲突，进而导致要么压抑自己的性欲望，要么把这种欲望扭曲成敌意或焦虑。后来，随着研究的深入，荣格意识到情结必定起源于人性中某些比童年时期的经验更为深邃的东西，这种更为深邃的东西就是集体潜意识。

（3）集体潜意识。

荣格认为，集体潜意识是人格或心灵最底层的潜意识部分，是在漫长的历史进化过程中所获得的心理上的沉淀物，是包括祖先在内的世世代代的活动方式和经验库存在人脑结构中的遗传痕迹。用荣格的话来说，集体潜意识是“一种不可计数的千百亿年来人类祖先经验的沉积物，一种每一世纪仅增加极小极少变化和差异的史前社会生活经历的回声”①。在荣格看来，个体不仅与自己童年的往昔相联系，更重要的是与种族的往昔相联系，甚至与有机界进化的漫长过程相联系。

集体潜意识的主要内容是本能和原型，它们都能驱使人做出某种行为，但人们却意识不到这种行为背后的真实动机。荣格把本能视为受潜意识决定的生理内驱力，而把原型视为受潜意识决定的心理内驱力；本能是一种典型的行为模式，而原型则是一种典型的理解模式。荣格十分重视原型的研究。原型指的是一种本原的模型，其他各种存在都根据这种原型而成形。原型是普遍的，每个人都继承了相同的基本原型。例如，全世界所有儿童先天都具有母亲的原型。荣格指出，原型不同于人对往事的记忆，不能简单地被认为是过去在心底留下的明晰画面。原型本身是空洞的、纯粹形式的，它们仅仅是人类心灵中一些先天的倾向或可能性。荣格说：“生活中有多少种典型环境，就有多少个原型。无穷无尽的重复已经把这些经验刻进了我们的精神构造中，它们在我们的精神中并不是以充满着意义的形式出现的，而首先是‘没有意义的形式’，仅仅代表着某种类型的知觉和行动的可能性。”②荣格几乎把整个后半生都投入到有关原型的研究和著述之中。他识别和描述过大量的原型，但在实践中有一些原型对形成我们的人格和行为特别重

① 黄希庭：《人格心理学》，浙江教育出版社 2002 年版，第 114 页。

② 荣格著，冯川、苏克译：《荣格文集》，改革出版社 1997 年版，第 90～91 页。

要,它们是人格面具、阿妮玛和阿妮姆斯、阴影、自性。

① 人格面具。人格面具(persona)一词源于希腊语,本意是演员为扮演某一特殊角色而佩戴的面具。在荣格心理学中,人格面具作为一种原型指的是一个人在公开场合中表现出来的人格方面,目的在于表现一种对自己有利的良好形象,以便得到社会的认可。因此,人格面具也被称作顺从原型。人格面具同个体的真实人格可能是不一致的,因为人格面具是多种多样的,谁也不会在任何时候、任何情况下都戴着相同的面具。每一个人格面具都是对特定环境和一系列条件的恰当反应,而每个独特的人格面具必须和人的身份地位相一致。荣格认为,人格面具对于人的生存来说是必需的,它保证了人与人之间的和睦相处,并且能够实现个人目的,达到个人成就。因此,人格面具是社会生活和公共生活的基础。然而,人格面具也有一些明显消极的方面。如果一个人过分热衷和沉湎于自己所扮演的角色,将自身视同于这种角色,他的人格的其他方面就会受到排斥。这种人一方面会由于自己成功地充当了某种角色而骄傲自大,并企图把这种角色强加于他人,使他人感到痛苦不堪。另一方面,他本人也会成为受害者,当达不到预期的标准和要求时,他会感到深深的自卑,进而感到自己与集体疏远,并因而体验到孤独感和离异感。

② 阿妮玛和阿妮姆斯。荣格认为,每个人都天生具有异性的某些性质,"不管是男性还是女性身上,都伏居着一个异性形象"①。男性心灵中的女性成分或意向称为阿妮玛,女性心灵中的男性成分或意向称为阿妮姆斯。阿妮玛和阿妮姆斯是在漫长的岁月中与异性交往所获得的经验的沉积,它们的作用也正在于帮助人们理解异性。从历史上看,男女之间通过数千年来的相互交往和接触,既获得了作为同性别的人所应具有的心理特征和行为表现的种族经验,也获得了异性所应具有的心理特征和行为表现的种族经验,这些种族经验的遗传,便构成了人的意识和潜意识心理活动的内容,从而保证了男女之间在日常活动中的相互理解和协调。因而,阿妮玛和阿妮姆斯具有重要的生存价值。阿妮玛和阿妮姆斯如果得不到充分发展,就会造成人格上的不平衡。例如,某些年轻的男子会由于过分突出的阿妮玛原型的作用,而显得阳刚不够,阴柔有余;反之,如果阿妮玛的性质得不到适当展现则会变得冷酷无情,缺乏起码的人情味。对于女性来说同样如此,一个年轻女子若完全以阿妮姆斯的心象自居,改变自身的女性特征,就会像个男人而非女人;反之,阿妮姆斯发展不足则会造成依赖、顺从、缺乏独立性和创

① 荣格著,冯川、苏克译:《心理学与文学》,三联书店1992年版,第78页。

造性等。

③ 阴影。阴影是人的心灵中遗传下来的最黑暗隐秘、最深层的邪恶倾向，是人格中的动物性部分。荣格的阴影同弗洛伊德的“伊底”概念非常相似，它包含着不道德的、激情的、不可接受的欲望和冲动。由于阴影是一些野蛮的欲望，以及与社会常规不相容的情绪和激动，所以我们总是试图控制、压抑它们的显现。一个成功地压抑了自己本性中动物性一面的人可能会变得文雅起来，然而他却必须为此付出高昂的代价，他削弱了自己的自然活力和创造精神，削弱了自己强烈的情感和深邃的直觉，丧失了来源于本能天性的智慧。这也就是说，虽然阴影常常被看做是消极的，但它也有积极的一面。因为阴影中容纳着人的基本的和正常的本能，它是自发性、创造性以及具有生存价值的现实洞察力和正常反应力的源泉。在荣格看来，排斥和压抑阴影会使一个人的人格变得平庸苍白，而完全没有阴影的生活很容易流于浅薄和缺乏生气。

④ 自性。自性(self)代表着一种“整体人格”，它是集体潜意识中最核心的原型。荣格区别了自我和自性，自我只是理智的我或意识的主体，而自性才是整个心灵的核心。自性作为精神的一种整合力量，其特点是能够潜在地把一切意识和潜意识的心理过程、内容和特性都结合在一起，使之组成一个有机的整体。因此，自性的作用就是赋予生活以意义，为人格确定方向，协调人格的各组成部分，使之达到整合、统一。自性集中体现了荣格对人类精神人格所持的统一性、完整性以及超越性的观念。自性是人格的起源、开端，也是终极目的。一切人格的最终目标是充分的自性完善和自性实现。荣格认为，自性的实现在很大程度上要依靠自我的合作，只有在意识自我的参与下，自性才能发挥作用，才能成为人格平衡发展的活跃因素，只有在意识水平上，自性和自我才能达到相互渗透，进而使自性得以实现。

### 2. 人格动力观

荣格不仅系统阐述了他的人格结构理论，而且还提出了人格动力学说。在他看来，正是人格的动力推动着人格不断地发展。荣格通过等量原则与熵原则、前行与退行来阐释他的人格动力学理论。

(1) 精神系统的相对封闭性与心理能量。

荣格认为，人的整个人格和精神是一个相对封闭的系统，即精神世界是相对地封闭在自身之内的、独立自主的完整系统。虽然精神也要从外部世界，包括从肉体获得必需的能量，但这些能量一旦为精神所吸收就转化为心理能量而不再属于物理能量或化学能量了。换句话说，人的精神领域具有不可渗透的性质，它只有向内输入能量的通道，经由这些通道，来自外部世界的新的能量被吸收到精神系统之中，成为人的精神世界的一部分。荣格的这一观点并不意味着否认人的心理与环境之间的相互作用。事实上，荣格在许多文章中都清楚地表明，他承认人的心理与环境之间的折中交互作用，而且有时候还非常强调这种相互作用。

人格或精神系统的动力源泉是心理能量（psychic energy），即力比多。与弗洛伊德不同的是，荣格是在更广泛的意义上使用力比多这一概念的。他不同意弗洛伊德把力比多视作心理活动的唯一能量来源，以及这种能量在性质上主要是性欲的观点。他认为，力比多是一种普遍的生命能量，性仅仅是其中的一部分。力比多能量除了表现于生长和生殖之外，还表现于其他活动，而究竟表现在哪一方面，则主要取决于在任一特定的时间里对个体最重要的是什么。后来，在与弗洛伊德彻底决裂之后，荣格基本上不再使用力比多一词，而用“心理能量”来取代。为了对心理能量的数量值进行估计，荣格还提出了心理值（psychic value）的概念。所谓心理值就是用来衡量分配给某一特殊心理要素的心理能量的计量尺度。当很高的心理值被投入一种观念或情感时，也就意味着这种观念或情感拥有相当的力量以左右和影响一个人的行为。但是，荣格也指出，投入某一心理要素的心理能量值不可能绝对地测定，而只能相对地测定。

（2）等值原则与熵原则。

荣格大量地吸收了他那一时代的物理学知识，并付诸人格理论的研究。他以物理学的两条基本原理来说明心理能量在整个心理结构中的分布配置，以及从某一心理结构向另一心理结构的转移。等值原则（equivalence principle）是热动力学的第一原理，指的是在一个系统内能量的数量基本上是固定的。荣格借用这一原则来说明心理能量的各种表现形式之间的关系。他说：“力比多的特定量消失以后，紧接着就出现另一种形式的同等价值。……特定数量的能量因为造成某种条件而被消费或消耗了，而相同数量的能量将以同样或其他形式出现于别的地方。”①也就是说，从事一种活动的心理能量减少或消失，就意味着另一种活动的心理能量增加或产生。心理能量不会凭空消失，它只是转移了位置而已。然而在某些情况下，一定的心理能量似乎真的消失了，并没有转变为其他活动。这时，心理能量实际上是从意识中的自我转移到个体潜意识或集体潜意识中去了。熵原则（entropy principle）是热动力学的第二原理，指的是在一个系统内存在一种能量相

① 拉·莫阿卡宁著，江亦丽、罗照辉译：《荣格心理学与西藏佛教》，商务印书馆 1989 年版，第 160 页。

等的恒常趋势,荣格用它来说明心理能量流动的方向。荣格认为,在整个心理系统中,能量的分配趋向于在各种心理结构之间寻求一种平衡。如果两种心理值具有不同的强度,心理能量就倾向于从较强的一方转移到较弱的一方,直到两方趋于平衡。熵原则制约着整个人格系统中的能量交换,其目标是要实现系统内的绝对平衡。然而,这一目标永远也不可能完全实现,其原因在于,如果这一目标实现了,也就不存在能量交换,整个精神的作用也就停止了。另一方面,人的精神系统并不是完全封闭的,来自外部世界的能量,总是不断地加入到人的精神中来,从而打破平衡创造不平衡。

(3) 心理能量的前行与退行。

心理能量的前行(progression)和退行(regression)是荣格用来说明一个人的适应能力的两个重要概念,指的是两种相反方向的能量流动。前行是有意识的,是朝向适应环境的方向;退行则主要是潜意识的,是为了满足内在的要求。在荣格看来,力比多的前行可以说是同外部世界的要求同步的。从生命开始的那一天起,人就按照他的先天倾向以一种特殊的心理功能去把握世界。但总有一天,原有的心理功能不再能够应付和适应环境,这时候就需要有一种新的心理功能。在这种情况下,力比多的退行就会发挥作用,它可以激活那些被意识排除在外的潜意识内容,使之成为一种新的心理内容。这种新激活的机能将会面临适应外部世界的复杂任务,一旦新的心理功能在适应过程中取得了初步成绩,力比多的前行就又一次重新开始了。

荣格认为,心理的适应作用既包括对外部世界所发生的事件的适应,也包括对自己内心世界的适应。在他看来,一个人"只有当他适应了自己的内心世界,也就是说,当他同自己保持和谐的时候,他才能以一种理想的方式去适应外部世界所提出的需要;同样,也只有当他适应了环境的需要,他才能够适应他自己的内心世界,达到一种内心的和谐"①。这两种适应作用相互依赖,忽视其中一种也就必然损害另一种。因此,要达到身心和谐协调,前行作用和退行作用同样都是必要的。因为,前行使人把心理能量积聚起来,用以应对外部环境中的各种事件。在前行受挫的情况下,采取心理退行的方法,使潜意识心理活动内容得到激活,使个人重新适应自己的内部心理世界,开发新的潜能,同样能够促进人格的健康成长。在这个意义上说,一个人明智而适时地做出前行或退行的选择,对促进其人格的继续成长是十分必要的。

① 霍尔著,冯川译:《荣格心理学入门》,三联书店 1987 年版,第 100 页。

3. **人格发展观**

荣格认为，人格的发展包括两种相互交织的趋势：一种是构成全部精神的诸结构的个性化；一种是把所有这些结构统一为一个整体的整合作用，即超越功能。个性化是一个人心灵的各种成分经历完全分化并充分发展的过程，其特点就是把精神的各种非自我方面——如阴影、人格面具、阿妮玛、阿妮姆斯，以及在人格中不占主导地位的态度和功能类型，等等——加以强化、区分和整合，使之成为意识的过程。个体凭借着这一过程来不断了解和整合人格的所有构成成分，以成为真正的自己，亦即一个独立且与人格整体不可分割的完整个人。个性化的实现有赖于超越功能，它是一种对人格中所有对立倾向和趋向加以统一、完善和整合的能力。荣格指出，超越功能的目的"是深藏在胚胎基质中的人格的各个方面的最后实现，是原初的、潜在的统一性的产生和展开"①。荣格认为，个性化和超越功能都是人生而固有的，它们在人格发展中相互交织在一起，同时并存，共同作用，使个体的精神从一种混沌的、未分化的统一状态发展为一个充分分化了的、平衡和统一的人格。虽然完全的分化、平衡和统一的目标很难达到，但这正是人格发展努力的方向。

人格的成长过程受到许多因素的影响。荣格认为主要有三个方面的因素决定着儿童人格的发展。首先，荣格相信遗传因素可能造成一种特殊的偏向某一方面发展的人格。例如，一个人可能生来就有外倾或内倾的强烈倾向；他的阿妮玛原型或阴影原型可能在天性上就比较强或比较弱。其次，荣格强调在儿童的发展中父母起着重要的作用，对这一自明的问题他提出了一些全新的观点。他认为，儿童在生命的初始还没有完全的独立性，他们的精神完全反映着父母的精神，而父母的精神失调，必然会影响到儿童的精神世界。因而，对于儿童的精神治疗也就有很大一部分是对其父母精神的分析。第三，荣格重视学校教育对个性形成的影响。他曾反复强调教育者必须懂得青少年的心理发展，他认为教师对于学生人格发展的影响，与教师对学生智力发展和知识积累的影响同样重要。因而，教师对学生所进行的教育也应该包括心理学的内容。

荣格在心理治疗中发现，人格有一系列发展阶段，最终目标是实现个性化或自我实现。他早年和晚年对人格阶段的划分有所不同。在早年，他将人的一生划分为人生第一年、童年期到青春期、青春期到整个成年期和老年期四个阶段。后来，在他撰写的《人生的阶段》(1930)一文中又对此做了修

① 霍尔著，冯川译：《荣格心理学入门》，三联书店1987年版，第117页。

改。

(1) 童年期。这一阶段(从出生到青春期)分为前期和后期,前期指出生后的最初几年,儿童还不具备意识的自我。他虽然有了最初的意识,却缺乏组织整理各种知觉的能力;他的记忆短暂,也没有意识的连贯性和认同感;他的行为是自发的、任意的,缺乏条理与控制,完全处于混沌状态。他完全依靠父母,生活在父母为他提供的精神氛围之中。到了后期,由于记忆的延伸和个性化的作用,他的意识自我逐渐形成,开始摆脱对父母的依赖,逐步迈向精神的独立。

(2) 青年期。这一阶段(从青春期到中年)以青春期发生的生理变化为标志,荣格把它称作“心灵诞生”的时期。此时的心灵正发生一场巨变,他面临人生道路的各种问题。由于心理的不成熟,在需要对社会生活作出各种不同的适应时,往往会产生各种矛盾冲突,尤其是当他始终执着于童年的幻想,不能清醒地面对现实时,更会导致无穷的痛苦和烦恼。荣格认为,一个人在青年阶段面临的困难,并不完全是那些与外部事物有关的问题,往往也可能是内心精神上的困境。因此,这一时期的重要任务是克服童年期的意识狭窄现象,努力培养自己的意志力量。

(3) 中年期。中年期包括从 35 岁或 40 岁到老年,这是荣格最为关注的时期。他发现,虽然许多中年人事业有成、家庭美满,但却感到人生仿佛失去了意义,心灵变得空虚苦闷,荣格将其称为“中年期心理危机”。出现这种危机的主要原因是,年轻时人们的心理能量指向于外,主要关注于事业、家庭、金钱等外部的兴趣,到达中年以后,这些目标已基本完成,因而人的心灵失去了继续奋斗的目标而变得僵化和盲目。如果不能正确地处理好这一时期的各种问题,中年人就会陷入深深的内心痛苦和矛盾之中。荣格在心理治疗中经常接待的就是一些有这样或那样心理问题的中年人。因此,荣格认为,要想使中年人振作起来,就必须寻找一种新的价值来填补这个真空,扩展人的精神视野和文化视野。要做到这一点,必须通过沉思和冥想,把心理能量转向内部主观世界,重新发现中年生活的意义。

(4) 老年期。老年期是人生的黄昏时期,荣格对此阶段不太感兴趣。他认为,老年类似于童年,喜欢沉浸在潜意识之中,不断地考虑着“来生”。而且,老年人过分依恋过去的目标和生活方式,许多在早年害怕生活的人到老年却害怕死亡。荣格认为,在老年期可以通过发现死亡的意义来建立新的人生目标,找到人生的终极意义。通过梦的分析可以了解老年人对死亡的态度,帮助他们发现人生有意义的哲理。

4. **人格类型观**

荣格早年在运用字词联想测验进行心理治疗时发现，不同性格类型的人，其情结的表现形式也各不相同。后来经过长期的临床和与社会各阶层人士的广泛接触，他在 1913 年初步提出了两种态度类型的学说。后来，他又于 1921 年发表了《心理类型学》一书，系统论述了内倾和外倾两种态度类型，划分了感觉、直觉、思维、情感四种功能类型，并进而描述了态度类型与功能类型有机结合而形成的八种性格类型。

(1) 人格态度类型。

荣格认为，精神在与世界的联系中，是朝着两个主要倾向发展的。一是朝向个人主观世界的内部倾向，一是朝向外部环境的外部倾向。荣格把这两种倾向称为态度，前者称为内倾，后者称为外倾。内倾型的特点是心理能量指向于内，对外界事物不感兴趣，而更关心自己的内心世界，看待事物的准则以主观因素为依据。这种类型的人常常喜欢沉思默想，而不喜欢与他人交谈，因而显得冷漠、孤僻；他的朋友不会很多，但对这些朋友他会忠诚友好；他们不喜欢社会，比较难以适应环境。荣格认为，精神分裂症就是性格过分内倾的受害者，他们总是在自己的内部世界中寻找意义，完全忽略外部世界。外倾型的特点是心理能量指向于外，关注客体，对周围的环境、事物感兴趣，受外部客观因素的刺激和引导。这种类型的人开朗直率、自信乐观，喜欢社交，容易适应各种环境，能迅速与外部世界建立起各种联系。但另一方面，这种人的缺点也很明显。这类人做事往往流于表面，不愿按规章办事，喜欢标新立异，又害怕孤独。荣格在早期的临床实践中发现，癔病患者总是倾向于使外部世界带上一种情绪色彩，是一种典型的外倾型。

荣格虽然区分了内倾和外倾两种态度类型，但他指出绝对的内倾和外倾是不存在的。事实上，许多人的性格都是在内倾和外倾的两极之间摇摆不定。也就是说，在人的一生中总是某种态度类型占优势，另一种态度类型则相对地居于劣势，但它们是可以相互转化的。荣格认为，在每个人的精神世界中都存在着两种不同的态度类型，受自我控制的态度处于意识之中，而不受自我控制的态度则保存在潜意识之中；前者占据主导地位，后者则处于从属地位；而且两者在表现形式上恰好相反，即凡在意识中是外倾的在潜意识中则是内倾的，反之亦然。

(2) 人格功能类型。

在荣格的理论中，人格差异不仅表现在内倾和外倾的态度上，而且也表现在四种机能方面，即思维、情感、感觉和直觉。这些机能都是与个人如何观察世界、处理信息和经验有关的。对荣格来说，心理功能具有与态度类型同等的重要性。

按照荣格的观点,“思维是一种根据自身的规律用某种方式表达概念关系的心理功能。它是一种统觉活动,并由此被区分为主动和被动的思维活动”①。它的作用是评价事物正确与否,为观察到的成分分门别类并进行意义界定。情感是一种价值判断的功能,其作用是确定客观事物是否值得接受及其重要性如何。思维与情感是一对相互对立的功能,称为理性功能,因为它们涉及的是推理和判断的认知过程。感觉是一个人发现和确定某一事物是否存在的一种功能。直觉是在没有实际资料可以利用时,对于过去和将来事件的预感。感觉和直觉也是一对相互对立的功能,称为非理性功能,因为它们不需要任何根据和理由。它们是一种心理状态,通过作用于个体的刺激的变化流动而逐渐形成。荣格使用“非理性”一词并不意味着它与理智相冲突。感觉和直觉只不过是与理智完全无关而已,它们是非理性、非判断的。荣格认为,每个人身上都会程度不同地表现出某种占优势的功能类型,除此之外,还有一个发挥得相当不错的第二种功能,第三种功能则很少被人有意识地使用,而第四种功能则主要保存在潜意识之中,构成了阴影的一部分,因而又被称为劣势功能。

(3) 人格的八种类型。

荣格利用两种态度类型和四种功能类型的组合,描绘了八种不同类型的人。

外倾思维型。这种人喜欢分析、思考外部事物,尊重客观数据,生活有规律,客观而冷静,但比较固执己见,情感压抑。例如,工程师、会计师常常属于这种类型。

内倾思维型。这种人易受主观思想的影响,喜欢离群索居,独自追求自己的思想,常有创造性思想产生,但较孤僻和冷漠。例如,哲学家、思想家常常属于这种类型。

外倾情感型。这种人易受社会情境控制,非常注重与他人建立和睦的关系,思维常被压抑,没有独特的观点和见解。荣格认为,女性尤其是在大学工作的女性多为这种类型。

内倾情感型。这种人较难接近,难以被人理解,气质属于抑郁质。内心有强烈的情感体验,多在宗教和诗歌中表达深刻的感情。荣格认为,这种类型的多为女性。

外倾感觉型。这种人易对外部现实中的具体事物发生兴趣,感觉敏锐,

① 荣格著,吴康等译:《心理类型学》,华岳文艺出版社1989年版,第583页。

精明求实，情绪活泼，富于魅力，但易变成追逐感官享乐的人。例如，校对员、品酒师、美食家和文艺鉴赏家常常属于这种类型。

内倾感觉型。这种人易对事物有深刻的主观感受，或对客观现象做主观解释，但缺乏思想和感情，往往通过艺术形式表现自我。例如，肖像画家常常属于这种类型。

外倾直觉型。这种人易对外部的变化有直觉，具有创造性，爱好广泛，但是做事仅凭主观预感，且缺乏耐心，难以坚持到底。例如，政治家和商人多属于这种类型。

内倾直觉型。这种人易脱离现实，富于幻想和想象，体验奇特怪异，不易被人理解，无法与人有效地交流。例如，幻想家、预言家和宗教界人士多为这种类型。

荣格指出，这八种类型可能只是从未存在的纯理论形式，实际上每个人都会表现出某种占优势的性格类型，在他的身上还有不占优势的第二、第三种性格类型。

## 三、心理治疗观

荣格是一位有着深邃思想的哲学家、思想家和心理学家，但是他首先是一位精神病医生。他提出了许多深奥的理论，这些理论都是从他的心理治疗实践中产生出来的。心理治疗是荣格心理学理论的沃土。

### 1. 心理治疗的目标与基本观点

荣格认为，人格的整合完善、精神的和谐统一是一种自然倾向。每个人的灵魂深处都隐藏着一切未来发展的种子，但由于外界不适当的胁迫干扰，使得趋向于人格的整合完善的自然自发的个性化进程受到了阻抑，所以才会出现精神的分裂或人格的片面发展。在荣格看来，神经症症状正是人的精神尝试自我调整的一种企图，是患者在无意识深处想获得更完整人格的一种外部表现。因此，神经症症状的解除并不是心理治疗的目标，而是人格得到发展的一种副产品。心理治疗的基本目标应该是发展人格，而不是治疗症状。心理治疗应该帮助个体克服和摆脱外界对个性化进程的阻抑，恢复精神人格原本的丰富性、整合性和完善性。

在分析原则上，荣格采取了一种综合心理建构的治疗原则，即注重对患者的精神世界进行重建和对梦及症状进行解释，强调探索人格中那些健康的方面和值得保留的东西，并鼓励患者发展自己的心理能力，特别是那些未得到充分发展的能力。在分析方法上，分析心理学的治疗方法最大特点就是灵活多样，能够根据患者的年龄、发育程度、气质及不同的心灵需要来确定治疗的具体方法。荣格认为，由于每个人都是独特的、无法预测的，因而在心理治疗中没有一成不变的方法，方法都是在工作进程中自然形成的，适应特定的个人需要的。他告诫治疗学家不要受任何先入之见和理论假设的影响，对每位患者都应该采取一种不同的语言，顽固坚持某一种理论或方法是根本错误的。

**2. 心理治疗的方法与技术**

虽然荣格不太重视具体的治疗方法，但在长期的治疗实践中，荣格还是形成了一些独特的心理治疗方法和技术。他在塔维斯托克(Tavistock)诊所演讲时明确提到了三种方法，即字词联想法、梦的分析和积极想象。

(1) 字词联想法。

尽管荣格并非第一个使用字词联想技术的人，但他却是第一个利用这一技术来研究心理疾病根源的心理学家。通过字词联想技术，荣格发现了情结的存在及其作用。在荣格的字词测验中，首先要准备一张由 100 个刺激词组成的词表，当主试说出一个刺激词后，要求被试马上说出他心中联想到的第一个词，记下这个反应词和反应时间。第一次呈现之后，马上呈现第二次，再测一遍被试的反应。结果发现，有时被试需要很长时间才能做出反应，当询问被试为什么这么迟才做出反应时，被试却说不出任何原因。荣格猜想这种延宕可能是由于一种制止或妨碍患者作出反应的潜意识情绪导致的。当他进一步研究时，又发现与这些词有关的一些词也会导致这种延迟反应。于是荣格认为，人的潜意识当中一定有一些成组的彼此连接的情感、思想和记忆。荣格把它们称为“情结”，把能够触动情结的词称为“情结指示词”。他指出，情结是导致心理疾病的真正原因，由于情结和自我相分离，它才以心理疾病的形式自发地表现出来，使患者产生了幻想、幻觉、精神不适、焦虑等。通过对这些情结指示词进行分析，就可以发现被试潜意识中的心理内容，这样就可以对精神病患者进行分析治疗。

(2) 梦的分析。

对潜意识内容的揭示是荣格心理治疗的关键，而他对潜意识的认识大多来自他对梦的分析。荣格认为，梦是潜意识内容最常见、最重要的显现形式。因此，心理学家可以通过梦的分析来探究意识心理事件的潜意识方面，在认识潜意识的同时，协调解决意识与潜意识之间的冲突，消除心理病症。荣格不赞同弗洛伊德把梦看做是一种隐匿的、不被承认的欲望的歪曲表现，而认为梦是一种自然而然的心理现象，梦没有伪装，不存在显梦和隐梦之分，梦的内容正是它的表现形式。对于梦的分析，荣格坚持认为，没有任何固定的原则、标准可以适用于任何梦的解释。他一再强调分析者不可将梦者的梦强行纳入某种预先设计好的理论模式。也就是说，分析者不能事先假定梦的意义，不能按照自己的期望来解释梦，否则分析者的解释就值得怀疑。这一方面要求梦者尽可能详细地描述梦的内容，提供梦的背景资料和梦的意识情境。另一方面也要求分析者自身具备渊博的知识，因为梦所使用的是象征性语言，并且往往具有古老的或神话的性质，这就要求梦的分析者必须掌握这门“语言”的所有相关知识，如宗教、神话、文学、艺术等，才不至于遗漏梦所包含的复杂意义。此外，荣格对梦的分析还有一个特点，那就是除了分析单个的梦之外，他还非常重视对梦的系列，即在时间和内容上有所联系的梦的分析。事实上，荣格认为对单一的梦的分析几乎没有什么意义，而梦者在一段时间内的梦的系列则可以提供一个连贯的人格画面，可以通过对某些反复出现的主题的揭示，使梦者心灵的主要倾向得以显露。

(3) 积极想象。

积极想象是荣格独创的方法。在荣格看来，字词联想和梦的分析都是“间接沟通”潜意识的方法，而积极想象则是直接获取潜意识的技术，他将之称为“睁着眼睛做梦”。荣格描述了积极想象的程序与步骤：首先，尽量客观地观察一个意象的任何细节的发展与变化，摆脱一切思绪，不作任何判断；其次，赋予内在的意象以某种适当的表现形式，可以用文字来描述它们，也可以通过一些非言语形式，如音乐、绘画、雕塑、舞蹈或摆弄沙堆来表达；最后，坚持这种练习，直到意识不再任意控制想象与意象，直到一个人能够达到无为的境界而让事物自发地出现，也就是说，实现了意识与潜意识的沟通对话和相互协调。荣格认为，整个积极想象的过程在很大程度上类似于东方炼金术的炼金过程，它包含了两个对立面即意识和潜意识之间的持续对话，在对话过程中，精神人格的各个部分在自性的统摄之下逐渐整合成为一体。对立双方的统一和融合作用，最终导致心理的转化。

## 四、对荣格理论的评价

### 1. 主要贡献

第一，发展了弗洛伊德的古典精神分析学。荣格的分析心理学在许多方面修正并发展了弗洛伊德的古典精神分析学，这也正是人们通常将荣格的观点归之于弗洛伊德学派之下的原因。荣格与弗洛伊德一样，都把潜意识视为构成人的统一的精神整体不可缺少的组成部分，并对之进行了系统的研究。但是，荣格扩大了潜意识的内涵，他认为潜意识中不只容纳着个体早期生活中被压抑的经验，更重要的是，它还与人类的整体发展历史有关，是人类精神发展的缩影和仓库，并由此提出了集体潜意识和原型的概念。集体潜意识是荣格理论最重要的核心，它深化和扩大了我们对人的精神与心理的了解。荣格还拒绝了弗洛伊德以性本能解释一切行为的观点，将性本能看做是一种一般性的生命能量，这一观点使他的理论更接近现实。此外，荣格还将弗洛伊德的人格发展扩展至整个人生，而且与弗洛伊德强调童年期发展不同，他尤其重视人的后半生的发展问题。

第二，拓展了心理学的研究领域。荣格用集体潜意识解释其他人格理论无法解释的现象，如宗教、炼金术、神话、象征、梦、超感能力等等，这实际上是一种独特的民族心理学的研究，为探索人类意识、心理的起源提供了理论启示。荣格把众多的人类活动都包含在这一理论中，在历史、文学、人类学、宗教及临床心理学等领域都产生了深刻的影响。他的这些研究也对后来超个人心理学的发展具有很大的启示作用，以至于荣格被看做超个人心理学的先驱。荣格的人格类型说还扩展了人格心理学的研究，他的内倾性与外倾性的概念已成为现代心理学中一个被人们普遍接受的概念。一些心理学家还对此作了大量的验证性研究。例如，艾森克借助于因素分析，把内倾—外倾作为人格的三大维度之一，并且他认为自己的发现是对荣格学说的一个基本证明。

第三，字词联想实验和情结理论对西方心理学产生了深刻影响。荣格的字词联想实验被人们看成是当代非问卷类型的“人格测验”的先驱。例如，罗夏墨迹测验和主题统觉测验的技术就曾深受荣格的联想实验的影响。荣格还在实验中研究了被试的皮肤电反应，他曾想用这种方法发现犯罪行为，但没有成功。而现代科学在此基础上发明了测谎仪，成为生物反馈理论的先驱。荣格通过联想实验发现的“情结”概念已成为一个公认的心理学概念。

第四，研究方法灵活多样。荣格在心理学研究和治疗中不拘泥于任何一种方法。在他看来，无论什么方法，只要适合研究问题，适合正在治疗的病人，就应该立刻加以采用。他指出：“我们越是深入到人性的深处，就越是产生这样的信念，这就是，人性的多样性和多元性需要我们在立场观点和方法上都富于最大的灵活性和丰富性，这样才能适应人的精神深处的丰富性和灵活性。”[①]因此，在实际的研究和治疗中，他有时采用弗洛伊德的方法，有时采用阿德勒的方法，有时采用他自己发明的方法。正因为如此，我们很难

① 霍尔著，冯川译：《荣格心理学入门》，三联书店 1987 年版，第 188 页。

说什么是标准的荣格式的治疗方法。荣格强调，不能将分析心理学变成一套僵化的教条主义原理和方法。

2. **主要局限**

第一，缺乏严密的逻辑体系和科学依据。荣格的分析心理学以集体潜意识概念为核心，但是集体潜意识是不可证明的，其存在只能根据一些效应来推测。荣格常常根据精神病患者的妄想、出现在艺术、宗教中的符号以及人们的幻想来发展并证明自己的理论，这导致其理论模糊、晦涩、前后不一致，甚至自相矛盾。此外，荣格的写作时常凭借着直觉，随兴致所至，这也使得他的许多观点无法得到验证。因此，荣格的理论遭到一些学者的批评，他们认为荣格的理论是不科学的甚至是反科学的。

第二，充满了神秘主义色彩。荣格崇尚直觉、整体论、目的论，这使他不愿拘泥于可知觉的、相互分离的、机械因果的现实世界，他的学说不可避免地具有较浓厚的神秘主义色彩。这不仅表现在他对炼金术、星象学、占卜术、招魂术、降神术的兴趣和迷恋，而且还表现在他把集体潜意识、原型的概念和功能扩大到了不可思议的程度，并以神秘的语言对之进行描述，把许多人们无法解释的现象统统塞进集体潜意识中。

第三，过分夸大潜意识的作用，把意识降低到了附属的地位。荣格过于强调集体潜意识，使得他在一定程度上忽视了意识的作用，这不符合人类心理的现实，容易导致非理性主义。另外，他只从心理学的角度看到意识起源于集体潜意识的心灵，没有看到在意识起源中起决定作用的是社会环境和人类的生产生活实践，否认了心理活动的客观来源和心理发展的动力源泉，在历史观上陷入了唯心主义。

3. **影响与发展**

如果从20世纪初荣格开始从事精神病学研究算起，分析心理学已经走过了整整100年的历程。在这100年的时间里，分析心理学不断地发展壮大。1948年，当荣格还在世的时候，第一所荣格学院便在荣格的家乡瑞士的苏黎世建立，此后，在世界各国相继建立了分析心理学的组织。1955年，成立了国际分析心理学会（IAAP），并出版了《分析心理学杂志》。在精神分析领域内，荣格直接影响和启发了大批追随者：除了在苏黎世和伦敦有分析心理学会和荣格学院之外，60年代以后，世界上许多国家都有荣格的崇拜者和相应的组织，他们继承和发展了荣格心理学的主要思想，特别是他关于原型和分析治疗方法方面的观点，同时也吸收了精神分析和其他心理治疗的理论与方法，形成了一个具有广泛国际影响的后荣格学派，其中心是瑞士、英国和美国的荣格心理学派别。当然，荣格的影响并不只局限于精神分析领域。与弗洛伊德与阿德勒相比，荣格具有更显著的当代色彩，尤其是他对原型和集体潜意识理论方面的研究，对学术领域和科学领域的影响甚至大于对心理学本身的影响。例如，历史学家、神话学家和作家都承认荣格是他们产生灵感的源泉。同时，荣格的理论在20世纪八九十年代以后也引起了公众的广泛注意，甚至在美国出现了讨论集体潜意识和原型对现代生活影响的大众电视系列节目。

## 第三节　阿德勒的个体心理学

阿德勒的个体心理学是精神分析学派内部第一个反对弗洛伊德的心理学体系，是古典精神分析向新精神分析转折的过渡。阿德勒之所以把自己的理论体系称作个体心理学，是为了强调人的不可分割性。他认为，人是一个与他人和社会和睦相处、选择和追求与社会理想相一致的人，而不是一切为"性"的动物。要理解这样的人，就只有通过理解他与其他社会成员联系的途径才能实现。与弗洛伊德把人格发展的动力归结到性因素上不同，阿德勒主要是从社会因素方面去理解人格的发展，重视家庭环境、学校教育和社会运动等因素的作用。因此，阿德勒的个体心理学被认为是心理学中沿着社会科学方向发展的第一个心理学理论体系，是当代许多心理学思想的来源。

### 一、阿德勒的生平与著作

阿德勒(Alfred Adler，1870—1937)

阿德勒(Alfred Adler，1870—1937)是奥地利著名精神病学家，精神分析学派的代表人物之一，个体心理学的创始人。1870年2月17日，阿德勒出生于维也纳郊区一个犹太人家庭，父亲莱昂波里德是一位出色的谷物商人。阿德勒从小生活安逸，物质生活相对富足。然而，家境的富裕似乎没有给他的童年带来多少快乐的感觉，他认为自己的童年是不幸的。阿德勒从小因患软骨病而身体孱弱，行动不便，直到 4 岁才能自己走路；5 岁时又得了严重的肺炎，并差点因此而丧命。这场病，加上 3 岁时睡在身旁的弟弟死亡以及两次被车撞的经历，使得年幼的阿德勒在心理上始终笼罩着对死亡的恐惧和对自己软弱无力的愤怒。因此，幼年的阿德勒便立志长大后做一名医生，以更好地抵御死亡的危险。

阿德勒在家庭六兄妹中排行第二，有一个表现很出色的哥哥，这对他的生活产生了很大的影响，因为他总是觉得自己生活在哥哥的影子底下。由于幼年患病，阿德勒有点驼背，而且身材矮小，相貌平平，这使他在健壮英俊的哥哥面前总感到深深的自卑。因此，他非常嫉妒自己的哥哥，常常感觉自己微不足道、不引人注意。阿德勒 5 岁时就读于一所离家较近的小学，由于在各方面表现平平，因此小学生活并不是很愉快。1879 年，9 岁的阿德勒进入了弗洛伊德 14 年前就读过的一所相当好的中学。刚入学时，他的学习成绩很差，以至于一位老师曾向他的父母建议训练他做一个鞋匠，因为他明显不具备干其他工作的能力。然而，他的父亲并没有这样做，而是支持、鼓励他。最终，阿德勒依靠自己的勤奋成为班上最优秀的学生之一。这些童年时代的经历对他日后心理学思想的形成产生了巨大的影响，他后来提出克服自卑感和追求优越是人格发展的动力，正和他本人的早期经历有着密切的关系。阿德勒承认，“那些熟悉我的人都清楚地看到我童年时代的事实与我所表达的观点之间的一致性”①。

1888 年，阿德勒以优异的成绩考入了维也纳医学院，实现了他童年时的抱负。在大学期间，他不像其他学生那样围着教授转，而是热衷于社会活动。他曾以一个旁听者的身份参加了一个学生社会主义小组的活动，还参加过“学生社会主义者同盟”，并读过马克思的《共产党宣言》和《政治经济学批判》以及马克思的一些早期哲学著作。此外，他还非常关注女权运动与社会改革，相信追求人类生活的改善是社会发展的根本要求。1895 年，阿德勒获得了医学博士学位。在维也纳医院短暂实习之后，他于 1896 年 4 月应征入伍，在匈牙利军队的一所医院服役半年。1897 年，他回到维也纳医学院进一步深造。同年，阿德勒与罗莎·梯诺弗吉娃结婚。罗莎是一位来维也纳求学的俄罗斯富家姑娘，也是一位思想解放而又盛气凌人的女性。一些人认为，这个事实正是阿德勒创造“男性抗议”这一概念的缘由。他们婚后共生有四个孩子，其中女儿亚历山德拉（Alexandra）和儿子库尔特（Kurt）均继

① Bottome, P. (1939). *Alfred Adler: a biography*. New York: Putnam, p. 9.

承父业，后来成了阿德勒派的心理学家。1898年，阿德勒写出了第一本著作《裁缝业工人健康手册》，他指出了裁缝业工人在健康问题上所面临的危害，强调不能孤立地考虑人的问题，而必须联系整个环境来考虑这些问题。尽管那时他还只是个28岁的年轻人，但他已经从整体的角度来研究人的问题，这对他后来的思想有很大影响。1899年，阿德勒在维也纳布雷特公园附近开设了自己的诊所。他的病人主要来自下层社会，其中也有演奏家、画家和杂技演员。阿德勒发现，这些富有创造技巧的演奏家们常常是在克服他们童年时身体上的弱点和意外事故的基础上发展了他们的杰出才能。这一发现给阿德勒以极大的启发，其个体心理学的思想即来自于此。

与荣格一样，阿德勒也是通过阅读《梦的解析》一书而了解弗洛伊德的精神分析心理学的。他写了一篇论文支持弗洛伊德，之后被邀请加入维也纳精神分析学会，并于1910年成为该学会的主席。然而，仅一年之后，阿德勒就因强调社会因素的作用，公开反对弗洛伊德的泛性论而与弗洛伊德决裂，从此两人再未见面。

第一次世界大战期间，阿德勒在奥地利军队担任外科医生。他曾经负责一个专治患斑疹伤寒的俄国俘虏病房，还访问了儿童医院，并从那令人心碎的情景中看到了战争的残酷。第一次世界大战结束后，阿德勒的思想产生了一个重要的变化：他提出了“社会兴趣”这个重要的概念，并将自己的全部精力都投入到了这一目标，即探索发展人类的“社会兴趣”的途径。他希望通过培养人类的社会兴趣来避免战争这一历史悲剧的重演。战后，阿德勒曾被选为一个工人委员会的副主席，并由此接触了一些社会民主党的官员，当时社会民主党已掌权。通过这些关系，阿德勒和他的学生们成功地在维也纳30多所国立中学中建立了个体心理学诊所。这些诊所办得相当出色，以至于1921至1934年间，维也纳地区的青少年犯罪记录显著下降。这些儿童指导诊所是阿德勒早期把他的理论运用于儿童抚养、教育问题和其他日常生活问题的尝试之一。他的许多著作、文章、演讲都是针对教师和一般公众的。阿德勒很快便名声大噪，声望与日俱增。20世纪20年代，个体心理学的理论观点吸引了大量追随者，许多人来到维也纳投师求学。在1922年至1930年间，阿德勒主持召开了五次国际个体心理学会议，个体心理学的发展达到了一个鼎盛时期。这一时期，他还频繁地出国讲学。1926年，阿德勒访问美国，受到教育者的热烈欢迎。1927年，他担任哥伦比亚大学的客座教授。1932年，他出任纽约长岛医学院医学心理学教授。1935年，阿德勒在美国定居，部分原因是欧洲纳粹的迫害。1937年5月28日，阿德勒在赶往苏格兰阿伯丁市演讲的途中因心脏病突发逝世，享年

67岁。

阿德勒的主要著作有：《神经症的性格》(1912)、《器官缺陷及其心理补偿的研究》(1917)、《个体心理学的实践与理论》(1919)、《生活的科学》(1927)、《理解人类本性》(1929)、《生活对你应有的意义》(1932)和《儿童的教育》(1938)等。

## 二、个体心理学理论

### 1. 人格动力观

在个体心理学理论中，动力问题是首要的问题。阿德勒从一开始就反对弗洛伊德把性本能看做人类行为根本动力的观点。他通过扩充和发展弗洛伊德已经注意过的缺陷和补偿的思想，逐渐形成了自己的以补偿为核心的人格发展动力学说。

(1) 自卑感与补偿作用。

自卑感是个体心理学的一个最基本的概念，对自卑感的强调也是个体心理学的特色之一。阿德勒认为，当个体面对困难情境时会产生一种无法达成目标的无力感与无助感，对自己所具备的条件、作为和表现感到失望与不满，对自我存在的价值感到缺乏重要性，对适应环境生活缺乏安全感，对自己想做的事不敢肯定，这就是自卑感(inferiority feeling)。在阿德勒看来，这种普遍存在的自卑感是行为产生与发展的最原始的决定力量。阿德勒对自卑与补偿的看法经历了扩展和修正的过程。

在早期理论中，阿德勒把自卑感与身体缺陷联系起来，认为由于儿童身体发展方面存在缺陷，如虚弱、多病、笨拙、丑陋、言语障碍等，他们在生活中将会遇到许多困难，还可能会受到别人的侮辱或者成为别人嘲笑的对象，因而产生自卑感。由于自卑感总是造成紧张，因此争取优越感的补偿动作必然同时出现。例如，口吃的人会对自己的语言表达感到自卑，并促使他们加强这方面的训练，这样有可能成为演说家。当然阿德勒更强调一个人对其器官缺陷的态度，而不是说每个有器官缺陷的人都能发展出相应的能力。阿德勒认为，由于有机体是作为一个整体单位进行活动的，因而补偿可能有两条基本途径：① 觉知到自己的生理缺陷后，集中力量在低劣的器官上发展其功能，如某些弱不禁风的人可通过努力劳动来克服身体的虚弱；② 承认自己的某种缺陷，发展自己的其他机能以弥补缺陷。阿德勒喜欢以拿破仑为例来说明这种补偿。他认为，拿破仑作为一个统帅的能力在一定程度上是由于他从幼年起就有特别强烈的自卑感，而自卑感引起了力图摄取权力的欲望。在某些情况下，一个人通过极大的努力可以把原先的缺陷变成自己的优势。例如，古希腊的狄摩西尼(Demosthenes)原来有口吃的毛病，他经常口含一粒石子对着大海演讲，经过艰苦努力终于成为一位伟大的演说家。阿德勒将这种补偿称之为过度补偿(overcompensation)。

后来，阿德勒扩展了自卑感这一概念，将其理论的重点从真正的生理自卑感转向了"主观的自卑感"。他认为自卑感起源于个体生活中所有不完满或不理想的感觉，包括身体的、心理的和社会的障碍，不管是真实的还是想象的都包括在内。这样，补偿作用也就不仅仅只是针对现实的器官缺陷，也指向"想象的"缺陷或自卑。于是，阿德勒最终正式把补偿作用看做个体发展的主要动力而取代了弗洛伊德的性驱力，他说："精细的观察者只要容许把性欲的作用贬黜到一个次要的地位，并且领悟到正是补偿的动力学在推动个体趋向超人的目标，那么就会发现导致个体的某种卓越局面的补偿作用的动力学性质。"①

阿德勒认为，个体的自卑感源于婴幼儿时期的无力、无能和无知。无论是否存在器官上的缺陷，任何人在生命之初都具有自卑感，因为所有儿童都要完全依赖于成年人才能生存，与那些他们所依赖的强壮的成人相比，儿童总是显得那样的无力虚弱，因而不能不产生自卑感。在阿德勒看来，自卑感是在所有儿童生活中普遍存在的一个基本事实，因此"自卑感本身并不是变态的"②，它对个体人格的发展有积极和消极两种作用。从积极方面看，个体在自卑心理作用下，如能处理得当，就可以将自卑感转变为奋发上进的内在动力，力求补偿缺陷，求得成功。一个人由于感到自卑才推动他去完成某项事业，在取得一项成就时他会体验到一种短暂的成功感，但若与别人更大的成就相比，又会使他产生自卑感，从而又激发他去争取更大的成就。自卑与补偿之间这种"推和拉"的过程贯穿于人的整个一生。阿德勒相信，自卑感不仅是个人成长的动力来源，而且也"是人类地位之所以增进的原因，……我们人类的全部文化都是以自卑感为基础的"③。但是，如果个体不能对自卑进行适当的补偿，就会产生自卑情结(inferiority complex)，导致心理疾病的发生。自卑情结是以个人自卑观念为核心，由潜意识欲望和情感所组成的一种复杂心理，它是一个人不能或者不愿进行奋斗而形成的文饰作用，而这种文饰作用又会加重个体的自卑感，使个体愈加显得悲观、失望与逃避。

① Adler, A. (1929). *The practice and theory of individual psychology*. New York, p. 14.
② 阿德勒著，黄光国译：《自卑与超越》，作家出版社 1986 年版，第 50 页。
③ 阿德勒著，黄光国译：《自卑与超越》，作家出版社 1986 年版，第 50 页。

总之，阿德勒认为，自卑和补偿是人格发展的动力，每个人都有不同程度的自卑感，它可以是力争上游的动力，也可能会导致精神病。

（2）追求优越。

阿德勒认为，自卑感之所以能够成为个体发展的动力根源，其原因在于每一个个体身上都存在着与生俱来的追求优越的向上意志。一个人从婴幼儿时期就开始不断产生自卑感，同时又不断进行补偿。他们奋力追求的目标就是阿德勒所谓的优越，它包含着完满的发展、成就、满足和自我实现。追求优越是一种对现实完美的寻求，是人的活动背后的动机力量，也是人的一般目的。

早在1908年，阿德勒就相信“侵犯驱力”是所有动机背后的动力，追求优越就是追求更多的攻击、力量，并以此作为克服自卑感的手段。后来，阿德勒将侵犯驱力概念改为“男性的反抗”，泛指个体通过具备更多男性品质使自己变得更有权利的现象。阿德勒由于受当时文化条件的影响，把权利和力量与男性等同，把虚弱和自卑与女性等同起来。在他看来，变得更有力量就意味着具有更多的男性品质，而更少地带有女性品质。既然男性和女性都为了克服自卑感而追求使自身变得更有力量，所以他们都企图实现男性特征的文化理想，也就是说，男性和女性都致力于男性反抗。1912年，阿德勒发现用男性的反抗来解释正常人的动机不合适，于是又改用中性化的术语“追求优越”来取代男性反抗作为一种核心的动力力量。

在阿德勒看来，追求优越是人的本性，是先天遗传的。因而，不管是正常人还是神经症患者都具有这种倾向，它是人的生命的一部分。同时，追求优越又是后天发展出来的。人在刚出生时，它只是作为一种潜能存在。但从5岁开始，个体开始确立优越的目标，并以此来指导心理的发展。通过对优越的追求，人便从一个阶段发展到另一个更高的阶段。正如阿德勒所说，追求优越“与身体的生长并行地发展着。它是生活本身的一种固有的需要……我们所有的机能都遵循这个方向前进；无论是正确的还是错误的，它们总是为了征服、安全、增长而斗争。从负到正的冲动永不停止。从‘低’到‘高’的欲求也永无休止”①。正因为每一个体身上都存在着这样一种与生俱来并与生长过程并驾齐驱的基本动机，因而自卑感才成为个体不断弥补不足、不断进取、不断超越的潜在动力。阿德勒也看到，虽然每一个体都有追求优越的向上意志，但不同的人所追求的具体的优越感目标不同，它是个人

---

① Adler, A. (1930). *Individual psychology*. In C. Murchison(ed.), *Psychologies of* 1930. Worcester, Mass: Clark University Press, pp. 398～399.

独有的，取决于个人赋予生活的意义。阿德勒认为，每一个人所做的每一件事都与他最终的优越感目标相联系，都是有意识地或潜意识地为了达到这个目标，因此，对于理解人的行为，未来比过去更重要。不过，他也没有忽视过去经验的重要性，并认为个人的过去经验、现实处境及未来的发展方向都会影响个人的决定。后来，阿德勒把这种具体的优越感目标称为"指导性自我理想"。

阿德勒区分了追求优越的两种不同方法。一种是只追求个人优越，很少关心他人，其行为往往受过度夸张的自卑感驱使。例如，违法犯罪的人就属于此类。另一种是追求一种优越、完善的社会，使每个人都获得益处。他指出，这种人关注社会发展而不是个人利益，其成功感和价值感与其对社会的贡献密不可分。这是一种心理健康的追求个人优越的方式。

同自卑一样，追求优越既可能导致积极的发展，也可能会产生危害。如果一个人一心追求自己的优越而忽视其他人和社会的需要，那么这个人就会形成一种优越情结。一个具有优越情结的人会变得专横跋扈、爱慕虚荣、骄傲自大、自以为是。

**2. 生活风格与创造性自我**

在阿德勒看来，对于优越和完美的追求是普遍存在的，但是在达到目标的过程中，每个人的行为方式是不同的，这就涉及个体心理学的另一个重要内容，即有关生活风格的问题。个体往往是通过建立自己的生活风格，以一种独特的反应方式来表现自己的追求。这种生活风格涉及到个体怎样补偿真实的或想象中的自卑。同时，阿德勒强调，人的生活风格不是被动地由过去经验和伊底决定的，人具有主动性，可以自觉地加入到塑造自己人格和命运的过程中。

(1) 生活风格。

阿德勒认为，个体的生活主要在于克服婴幼儿时期的无助感并追求优越，其最终的目的是提高个人的价值，为个人带来安全感。在达到这一目标的过程中，由于个人所处的环境千差万别，导致每个人试图获得优越的手段也迥然不同。阿德勒把个体追求优越目标的方式称为"生活风格"。在阿德勒的个体心理学中，生活风格这一概念经历了不断演变的过程。最初，阿德勒于1912年在《神经症性格》中提出了"生活计划"(life project)概念，认为个体的主导观念通过生活计划来给虚构目标提供途径。1913年他又用"自我路线"(ego line)、"生活路线"(life line)来表示与"生活计划"相近的意思。自20年代中期，他开始广泛使用"生活风格"(life style)这一概念。在1929年《生活的科学》一书中，阿德勒进一步明确了"生活风格"的含义。他写道：

"我们已经看到，机体有缺点的人遇到了困难，觉得不安全时，就患有一种自卑心理或自卑情绪。但是人类对于自卑心理是不能够长久忍受的，所以自卑心理就刺激他发展动作行为，结果他便有了一个目标。这种朝着目标的一致的动作，个体心理学久已把它叫做生活计划。为防止误解，现在把它叫做生活风格。"①

生活风格代表着一个人人格的整体性和独特性，并表现在个人生活的各个方面。因此，认识和理解了某一个体的生活风格，也就把握了他的人生之轮，也就实现了心理学"理解人性"的目的。生活风格与个体的人格发展过程紧密相连，它起着制约性的作用。阿德勒认为，生活风格作为个体克服自卑追求优越的工具，决定了个体会重视生活的哪些方面和怎样重视，赋予个体以同一性；它决定了个体会如何解决生活中遇到的问题；它也决定了个体会注意到什么和忽视什么。生活风格还决定了个体所赋予生活的意义，因而也就指定了他的优越感目标。

在生活风格形成的时间上，阿德勒与弗洛伊德的观点基本一致。他认为，一个人的生活风格在 4 岁到 5 岁就基本定型了，以后很难改变，它为今后处理各种经验提供了一个基本框架。阿德勒说："在生命的第四和第五个年头，出现了起原型作用的生活风格。这种生活风格具有抓住生活的特殊方法、征服生活的战术以及一定水平的合作能力。"②但此时儿童由于年幼还意识不到自己的生活风格，它只是潜意识地表现出来。在阿德勒看来，每个儿童形成什么样的生活风格主要取决于儿童生活的环境和条件，特别是家庭环境。每个人一来到这个世界上便处于各不相同的家庭环境中，家庭的经济状况、社会地位、父母的性格、兄弟姐妹的多寡、他自己在家庭中的地位以及家庭气氛等，都影响着他应付困境以克服自卑、谋求补偿、追求优越的具体方法和手段。阿德勒还特别考察了儿童在兄弟姐妹中的排行对于他的行为方式的影响，发现无论是老大、老二还是老小，在追求优越的向上意志的推动下，都会尽可能地通过发挥自身的优势来弥补劣势，从而获得在家庭中的优越地位。除家庭因素之外，邻里的关系和各种社会压力也对儿童生活风格的形成产生了一定的影响。实际上，个体心理学所说的生活风格就是一种儿童面对幼年挫折经验的方法。个体在不同的环境和条件下形成的应付困境的基本补偿手段和策略是不同的，这些策略和手段在生活过程中不断地被概括、总结、归纳，并逐步在个体身上固定下来，最终成为个体所特

---

① 阿德勒著，傅任敢译：《生活的科学》，商务印书馆 1936 年版，第 52 页。

② Adler, A. (1930). *The education of children*. Chicago: Henry Regnery, p. 403.

有的、持续存在的生活风格。

阿德勒把生活风格分为健康的和错误的两种。健康的生活风格可以使人逐步达到完美并与他人和睦相处,同时为社会发展做出贡献,有利于社会目标的实现。错误的生活风格则是建立在自私自利基础上的,是与社会目标相违背的,将会导致各种失败,如酗酒、犯罪、自杀等。

(2) 创造性自我。

创造性自我是阿德勒提出的一个与生活风格紧密联系的概念。阿德勒认为,生活风格对人格的影响可能是潜意识的或被动的,而创造性自我则是按照自己的创造性构建起来的独特的生活风格,它在塑造人格过程中是一种有意识的主动力量。所谓创造性自我是指人格中的自由成分,它促使个体在能够选择的生活风格和追求目标之间,自由选择对自己最有效用、最适合的一种组合。创造性自我能够使我们控制自己的生活,为自己的行为和最终目标负责,从而成为自己生活的主人。它决定了我们对优越目标的选取、达到目标的方法和社会兴趣的发展,即决定着我们自己的人格。

阿德勒承认遗传和环境在人格形成中具有重要的作用,认为每个儿童天生都有一种独特的遗传构成,而且很快便会在家庭、学校和社会环境的影响下拥有不同于他人的社会经验。但是,人并不仅仅是遗传和环境影响的消极被动的接受者,相反,每一个人都能自由地作用于这些影响,按照个人自己"创造"的方式将它们组合起来。阿德勒说:"遗传只赋予人能力,环境只提供人印象。这些能力与印象,以及人'经验'它们的方式——也即人对这些经验做出的解释——都是砖块,而只是人对待生活的态度,才决定其与外界的关系。"[①]这也就是说,遗传和环境仅仅提供了个人按照自己独特的方式建造人格的砖块和水泥,而创造性自我则给人提供了建筑的设计风格。因此,在人格形成中最重要的不在于我们从遗传和环境中得到了多少,而在于我们如何使用这些材料。正像前已述及的,某些有生理缺陷的人经过补偿成为对社会有益的人;但另一些人则形成了自卑情结,一事无成,其原因就在于它们的创造性自我不同。

阿德勒还强调,创造性自我并不是一个静态的主体,而是一种包含活动在内的动力。因为生活的最显著特点就在于它是一种活动,是一种运动的过程。人的行为的目的性、力量、勇气、冲动性和人的气质等都反映了生活的动力学本质。因此,为生活负责的创造性自我就必然具有动力学本质,体

① Adler, A. (1935). Prevention of neurosis. *International Journal of Individual Psychology*, vol, p. 4.

现人生的主动原则。在阿德勒看来，正是创造性自我决定着人成为正常的或不正常的、健康的或异常的、有用的或无用的。

**3. 社会兴趣**

(1) 社会兴趣的含义。

社会兴趣是阿德勒晚年提出的一种重要理论，它标志着阿德勒对社会问题的一贯关注，也标志着他的理论参照系的转变。这一概念的提出与他的思想转变和人生经历有着直接的关系。从思想转变来看，在理论创立之初，阿德勒的参照系是神经症，即以神经症患者推论正常人，因而提出了“侵犯驱力”、“权力意志”、“男性的反抗”等强调人的自私驱力的概念，并以此作为个体克服自卑、追求个人优越的手段。但是，这种忽视社会动机的观点受到了严厉的批评，一些人指责他把人描绘成了被自私的欲望所推动去为个人优越而奋斗的个体。因此，阿德勒不得不修改自己的理论，转向强调人的社会性与社会兴趣。他提出，人并非是单纯的生物，而是一种社会动物，社会性是人的种族发生和个体发生所必需的，因此人的存在不仅仅是为自己，也是为他人、为社会，人的本性天生就具有“社会兴趣”的潜能。另一方面，阿德勒的人生经历也使他认为人类社会的发展必须建立在广泛社会兴趣的基础上。阿德勒与弗洛伊德一样亲身经历了第一次世界大战。但是他们从战争中引申出来的结论却完全不同，弗洛伊德从战争中看到了人类的死本能，认为死本能导向外部是战争的根源。而阿德勒却从战争的残酷中看到了人类的命运，相信人类要想永远避免战争的悲剧，就必须有意识地发展自身的社会兴趣。

在阿德勒看来，一个人要成为正常而健康的人，他就必须通过合作和建设性的姿态将自身融入社会之中，借此获得一种社会意识，即对他人怀有一种社会兴趣。社会兴趣是指个体对所有社会成员的一种情感，或是对人类本性的一种态度，表现为个体为了社会进步而不是个人利益而与他人合作。社会兴趣不仅是一种情感，而且也是一种对生活的评价态度，是一种用别人的眼睛去看的能力。在阿德勒的个体心理学理论中，社会兴趣的含义非常广泛。阿德勒说：“社会兴趣贯穿于人的一生，它变得分化、确定、扩展，在可取的情况下，扩延到不仅是家庭成员，而且是更大的群体、国家、全人类，甚至可以扩延到动物、植物、无机物、宇宙。”[1]同时，“社会兴趣也是对于个体所存在的全部自然的弱点的真正的和必然的补偿”[2]。由此，我们可以看出，阿

① 车文博主编：《弗洛伊德主义论评》，吉林教育出版社 1991 年版，第 753 页。

② 车文博主编：《弗洛伊德主义论评》，吉林教育出版社 1991 年版，第 754 页。

德勒的社会不限于人的社会，也泛指一般的联结，泛指一切与人有联系的对象。社会兴趣可以超越人类的范围，扩及到动植物、无生命的事物，最后扩及全宇宙。而且社会兴趣所指向的也并非是某一眼前的社区或社会，而是全人类未来的理想社会。社会兴趣的表现形式也不是单一的，而是多样化的，主要表现在三个方面：一是平时或困难时与他人合作、帮助他人的准备状况；二是在与他人交往时保持着只求奉献不求索取的情操；三是对他人的思想、感情、经验给予理解的能力。

（2）社会兴趣的形成与发展。

阿德勒认为，社会兴趣是一种先天的潜能，但是它作为一种先天因素是很微弱的，只有在适宜的社会生活环境中，在教育与训练的影响下才能发展成熟。在社会兴趣的培养和发展上，家庭教育起着很重要的作用，其中母亲是关键。母子关系的性质决定着儿童社会兴趣的程度，决定着儿童今后能否以一种健康坦诚的态度对待他人，而且母子关系也是以后建立与其他人的社会关系的雏形。虽然弗洛伊德也强调早年的母子关系对于儿童今后一生中的适应问题的重大影响，不过弗洛伊德关注的是儿童的生物性欲望的满足或挫折，特别是所谓"童年期的性生活"对于成年以后的人格的影响。与此不同，阿德勒关注的是母亲对待孩子的态度方式对形成儿童的社会兴趣，即对儿童今后会形成什么样的生活风格的影响。如果母亲努力与孩子之间保持一种积极的、合作的气氛，儿童就倾向于形成社会兴趣；如果母亲总是紧紧地把孩子束缚在自己身边，孩子就会把他人排斥在自己生活之外，从而缺乏社会兴趣。因此，在阿德勒看来，为了使孩子具有充分发展的社会兴趣，形成正确的、健康的生活风格，作为母亲，"在她使孩子和她自己成功地联系上之后，她的第二个工作是把他的兴趣扩展到他的父亲身上"[①]。父亲是儿童生活环境中的第二个重要人物，成功的父亲可以避免情感分离和父亲权威的双重错误。这两种错误会导致儿童产生情感漠视、对母亲的神经症依恋和神经症的生活风格。此外，母亲还要使孩子的兴趣转向环绕着他的社会生活，转向家里其他的孩子，转向朋友、亲戚和平常人。因此，母亲在儿童社会兴趣形成中的任务有两项："她自己必须给予孩子一个可信赖人物的最初经验，然后她必须准备将这种信任和友谊扩展开，直到它包括整个人类社会为止。"[②]这样，随着年龄的增长，儿童不断地被卷入各种人际关系的网络之中，这些人际关系决定着儿童人格的形成和发展，也为个体追求优

① 阿德勒著，黄光国译：《自卑与超越》，作家出版社 1986 年版，第 110 页。
② 阿德勒著，黄光国译：《自卑与超越》，作家出版社 1986 年版，第 110 页。

越提供了具体的情境。在这个情境中，追求优越的过程逐渐变得社会化。社会理想与社会兴趣取代了纯粹个人的野心和自私的目的，通过公益的社会活动，个体补偿了他自己的不足。

对于社会兴趣的发展，阿德勒指出，我们可以通过个体对社会生活中面对的三大问题的解决情况来考察社会兴趣的发展状况。每一个人的一生中都必须解决三个重大的问题：① 职业问题：个人通过投身于建设性劳动来促进社会发展；② 社会问题：即需要与他人合作；③ 爱情和婚姻问题：通过与异性接触、扮演性角色维持社会的延续。这三个主要问题的正常解决都有赖于个体充分发展的社会兴趣。而"所有失败者——神经病患、精神病患、罪犯、酗酒者、问题少年、自杀者、堕落者、娼妓——之所以失败，就是因为他们缺乏从属感和社会兴趣。他们处理职业、友谊和性的问题时，都不相信这些问题可以用合作的方式加以解决。他们赋予生活的意义，是一种属于个人的意义……他们争取的目标是一种虚假的个人优越感，他们的成功也只有对他们自身才有意义"①。

阿德勒把社会兴趣作为衡量心理健康的标准。他认为，有社会兴趣的人是心理成熟的，他们真正关心别人，有成功的目标，这个目标也包含着别人的利益。而神经症患者则是自我中心的，追求个人权力和优越的。缺乏社会兴趣的人会产生两种错误的生活风格：一种是优越情结，即完全追求个人优越而不顾及他人和社会的需要；另一种是自卑情结，一个人由于过分自卑而感到万念俱灰，甚至陷入神经症之中。阿德勒认为，错误的生活风格主要产生于三种童年时期特别不佳的状态：① 器官缺陷，它会引起儿童的生理自卑感，为了弥补这种缺陷，一些人会通过补偿作用追求优越的生活目标，而另一些人则可能滥用自己的弱点，强迫别人接受自己的支配。② 溺爱或娇纵，这往往会养成儿童以自我为中心的习惯。这样的儿童只会要求别人为自己服务，而不会想到别人和社会，也不会主动地发展与其他人的关系。③ 被人忽视或遭受遗弃，这样的儿童由于感到自己的价值被人忽视，因而变得对社会和他人极端冷漠、仇恨，对所有的人都不相信，有时甚至会出现病态的攻击。"这三种情景——器官缺陷，被娇纵，被忽视——最容易使人将错误的意义赋予生活。从这些情境中出来的儿童几乎都需要帮助以修正他们对待问题的方法。"②因此，阿德勒呼吁，为了避免儿童产生错误的生活风格，应加强儿童的早期教育，从增加儿童的社会兴趣入手修正他们对待生活

① 阿德勒著，黄光国译：《自卑与超越》，作家出版社 1986 年版，第 11 页。

② 阿德勒著，黄光国译：《自卑与超越》，作家出版社 1986 年版，第 19～20 页。

意义的偏差态度。

4. **人格类型观**

阿德勒认为，人类不能分为等级或类型。虽然追求优越和成功是普遍存在的倾向，但每一个人对他的目的所持有的态度是独特的，而成功对每一个人来说都具有不同的意义。因此，对人格进行分类必然是一种毫无成果的办法。因此，阿德勒指出，他的人格类型划分仅仅是为了教学目的而采取的一种教育工具而已。

阿德勒以活动程度和社会兴趣作为划分人格类型的指导原则，将人分为四种类型。一是统治—支配型，即喜欢支配和统治别人。这种类型的人在追求目的时显示出许多活动，但是缺乏社会兴趣。他对别人的不关心使他以一种反社会的态度行动。二是索取—依赖型，即喜欢依赖或无偿占有别人的劳动。这种类型的人既缺少活动又缺乏社会兴趣，总是希望从别人那里获得一切，并竭力从别人那里索取他能索取的一切东西，而且其本人缺乏创造性和对他人的关怀。三是回避型，即喜欢回避生活中的问题，以无所作为来逃避失败。这种类型的人不去为了成功和优越而奋斗，而是站在那里犹豫不决，他的活动性和社会兴趣都是很小的。四是社会利益型，即能够正视问题，以有益于社会的方式来解决问题。这种类型的人的活动同其他人的需要相和谐，并有利于他人。阿德勒认为，前三种类型的人的社会兴趣和生活风格都是错误的，只有第四种类型的人才有希望获得充实而有意义的生活。

阿德勒还运用个体心理学的基本原理剖析了性格的本质、起源及类型特征。他认为，性格是一种心理态度，是某一个体对他所处的环境进行探索的品质与本质，是个体的生活方式和行为模式的外在表现形式。性格并非是由遗传决定的，虽然一个家庭或家族成员可能具有一些共同的性格特征，但这主要是因为模仿或同化所导致的。在阿德勒看来，性格主要是受环境影响而形成的。阿德勒对人的性格特征进行了划分，他根据个体对待障碍的态度把人分为乐观主义者和悲观主义者。前者坚持自己的信仰，以轻松自如的态度确立起一种快乐的生活态度，能够轻松忍受障碍，在困难中也能镇静自若地相信所有的错误终会得到纠正，他们容易交到朋友。后者由于在孩提时代形成了“自卑情结”，认为生活不是一件轻松舒适的事，更容易意识到障碍，更容易丧失勇气，缩手缩脚。他还将人分为攻击型和防御型两种。攻击型的人常用猛烈有力的运动证明自己能干，这恰恰表现了他的不安全感；他们对世界怀有敌意、骄傲自大、目空一切、自以为是，常与人发生冲突。阿德勒在《理解人性》一书中详细描述了虚荣、嫉恨、贪婪等几种攻击型的性格特征，并重点批判了虚荣的人，认为虚荣有许多不良表现，是个体社会感发展不当，过分追求权力，追求优越所致。防御型的个体不伤害任何人，但却回避生活与社会，回避与所有人的接触，也很难与人合作，具体表现为隐遁、焦虑、软弱等几种性格特征。

### 三、心理治疗观

与弗洛伊德的精神分析学一样，阿德勒的个体心理学既是一种关于人格和心理病理学的理论，同时也是一种心理治疗的方法。个体心理学强调人的意识性、选择性，把克服自卑、追求优越与社会兴趣作为个体心理是否健康的标准。阿德勒认为，适应良好的个体有勇气面对问题，追求优越和完美，形成健康的生活风格和社会兴趣。反之，适应不良的个人只追求个人的优越而缺乏足够的社会兴趣，往往导致心理疾病的产生。因此，个体心理治疗在人格分析上重视揭示患者的生活风格，在治疗方法上重视提高患者的社会兴趣，改进患者的自我适应水平。

#### 1. 心理治疗的目的

阿德勒认为，每一个人都有自卑感，但在某些人身上这种自卑感会导致阻碍个体发展的“自卑情结”；同样，每一个人也都有与生俱来的追求优越的向上意志，但在某些人身上却会形成爱慕虚荣、自我中心、自以为是的“自尊情结”。为什么同样的动机，在一些人身上是正常的，而在另一些人身上则会形成病态呢？阿德勒认为，原因在于后者在其特定的环境条件，特别是在童年生活条件下采取并逐步固定下来一套错误的用以摆脱自卑获得优越感的方法和策略，即养成了一种缺乏社会兴趣的生活风格。因而治疗的实质就在于设法使患者发展他的社会兴趣，修正他的生活风格。但是，阿德勒也注意到，既有的生活风格具有自我永存的倾向，如果不健康的人对自己的生活风格缺乏理解，他就不可能有意识地去改变其生活风格。阿德勒说：“每个人形成的这些基本模式是不会改变的，除非主体偶然认识到这个模式的某些有害的谬误，才会对它进行修改。无论是谁在童年如果没有获得必要程度的社会意识，那在以后的一生中也不会获得……只要这个人没有获得对自己生活风格的理解，那即使他有再多的痛苦经验也不会改变他的生活风格。”①因此，治疗的首要目的是让患者对自己的生活风格全貌有一个透彻的了解，使自己的生活风格与社会利益相一致。阿德勒提出，可以从出生顺

① 赫根汉著，何瑾、冯增俊译：《人格心理学导论》，海南人民出版社1986年版，第112页。

序、最初记忆和梦的解释三方面入手来揭示患者的生活风格。

(1) 出生顺序。

阿德勒特别强调家庭关系中当事人的出生顺序(birth order),认为它对了解患者的生活风格非常重要。一个人在家庭中的排行不同,在家庭中的心理地位就会不同,因而生活的经历也不同,结果便形成了不同的人格和不同的人际互动形式。阿德勒集中研究了长子、次子、幼子和独生子。长子在家里受到的关怀最多,但当第二个孩子出生后,他便不得不让位,结果第一个出生的儿童可能感觉到不安全而敌视他人。次子常常有强烈的野心、叛逆心和嫉妒心,总是试图在各方面胜过别人,但与家里的其他儿童相比,他比较容易与人合作,并容易适应环境。幼子受到的刺激多,竞争的机会也多,经常发展得最快,但常常被娇惯坏了,比较懒散,难以实现抱负。独生子和长子的情况比较相似,他的竞争对手主要来自学校。

(2) 最初记忆。

阿德勒认为,诊断患者生活风格的一种最佳方法是要求患者说出他能够记住的最早的事件。所谓最初记忆(first memories)是指那些对个人有重大影响的早期生活经验。由于人的记忆具有主观选择性,所以在许多发生过的事件中,只会记住某些事件,这些被记住的事件反映了个体对生活的看法和生活风格。阿德勒指出:"记忆决不会出自偶然:个人从他接受到的、多得无可记数的印象中选出来记忆的,只有那些他觉得对他的处境有重要性之物。"而"早期的回忆是特别重要的。首先,它们显示出生活样式的根源,及其最简单的表现方式。……此外,我们在其中还能看出儿童和父母以及家庭中其他成员的关系。"[①]通过对患者的最初记忆的分析,可以揭示患者错误的生活风格的根源。因此,最初记忆之所以重要不在于它曾经发生过,而在于它被记住了。

(3) 梦的解释。

在强调梦的重要性这一点上,阿德勒与弗洛伊德的观点是一致的,但是他完全不同意弗洛伊德对梦的解释。在阿德勒看来,梦是人类心理活动最具创造性的一部分,梦表现了个体对所面临生活问题的态度,通过梦的分析可以掌握有关个体生活风格的大量信息,揭示个体心灵深处为之奋斗的优越目标。这与弗洛伊德把梦视为愿望满足的观点大相径庭。阿德勒认为,梦与生活有着紧密的联系,一方面它反映了个体的生活风格,另一方面,它也有助于生活风格的建造与加强。梦的目的便是支持生活风格,并引起与

① 阿德勒著,黄光国译:《自卑与超越》,作家出版社 1986 年版,第 66～67 页。

生活风格相适应的态度和行为。因此，通过分析一个人在梦中如何处理问题、如何运筹未来，就能够深入了解他的生活风格。

此外，阿德勒还常常通过观察患者的一般举止来了解当事人的生活风格。他观察了患者的各种癖性，如他们如何行走，如何言谈，如何穿戴打扮，坐在何处等，所有这些都被他当做是有关患者生活风格的有价值的生活资料来源。

#### 2. 心理治疗方法

在了解患者生活风格的基础上，为了使患者面对自己的自卑感，阿德勒学派的治疗主要是采取鼓励和肯定，以帮助患者提高克服困难的勇气。阿德勒总是力图使患者打破自我偏见，鼓励他们在应付生活中的问题时做出有意义的选择。此外，阿德勒的治疗不像弗洛伊德那样只是被动地听、问或做些解释，他除了解释之外还把主要时间用于对患者的劝告。他采取直接谈话，以不受拘束的方式与患者密切合作，在亲切的诱导下加以鼓励，启发患者谈出自卑感，树立自信心。谈话的内容虽然也涉及过去的经验，但更多的是强调改变现状，选择和追求未来行为的目标，最终通过提高当事人的社会兴趣来达到治疗的目的。在治疗过程中，治疗师的任务按照治疗过程可以归纳为四个方面：① 治疗者通过共情与患者建立起相互信任与尊重的关系，如此将使患者感到被了解与被接纳。② 帮助患者了解和决定其生活风格的信仰、情感、动机与目的，探索患者各层面的生活功能，并进行初步的评估。③ 帮助患者洞察他们的生活风格，并体察他们错误的目标与自我挫败的行为，使患者不再受限于这些错误的理念。④ 帮助患者通过自我努力重新定向，将理解化为行动。鼓励患者正视其优点、内在资源以及自己做抉择的勇气。

总的来看，阿德勒个体心理学的治疗方法非常灵活，它的具体操作与当代心理学中的其他疗法，如行为疗法、认知疗法、患者中心疗法等有相当大的共同性。

### 四、对阿德勒理论的评价

#### 1. 主要贡献

第一，对后弗洛伊德精神分析产生了重要影响。阿德勒个体心理学理论中的一些思想观点为古典精神分析学的进一步发展提供了最有价值的种子，影响了精神分析内部两方面的发展。首先，个体心理学扭转了精神分析的方向，使精神分析不再依赖于自然的生物因素，而是强调人的社会性和社会因素的作用，开创了精神分析社会文化取向的先河。正如舒尔茨指出的："阿德勒提出了关于人的一种更令人满意和乐观的概念。他强调了社会因素的重要性……这种态度加强了已经增长着的对社会科学的兴趣，也加强了更为传统的精神分析开始重新确定研究方向，以便使它的原则更能应用于不同文化条件下的不同的行为方面。"①因此，阿德勒成为精神分析社会文化学派的直接先驱，成为由注重本能和个体因素的古典精神分析向注重社会和群体因素的新精神分析过渡的桥梁。其次，个体心理学提高了自我在精神分析中的地位，使自我成为精神分析研究的重要内容，并为自我心理学的形成奠定了某种基础。阿德勒反对弗洛伊德的人格结构理论，认为人格是一个统一的整体，是不可分割的；即使作出划分，那么强调的也不应该是伊底，而应该是依据现实原则行事的自我。自我并不像弗洛伊德所说的那样受制于伊底，它本身具有积极性和能动性。阿德勒强调自我的努力促使哈特曼、埃里克森等人进一步系统地提出了自我心理学理论。

第二，对人本主义心理学产生了积极影响。阿德勒在自己的心理学体系中强调并引入被主流心理学极力回避的"意义"、"价值"、"责任"、"自由选择"与"生活理想"等概念，这就使他很自然地走上了一条沿着社会科学和人文科学方向发展的心理学道路，被认为是人本主义心理学学派的先驱。更为重要的是，阿德勒提出了"创造性自我"的概念，否定了遗传和环境决定论，这就成了从精神分析走向人本主义心理学的重要环节。他强调人可以通过主观努力改造人格，通过创造性选择使人确立某种生活态度的思想，这种观点对奥尔波特（G. Allport，1897—1967）、马斯洛（A. Maslow，1908—1970）、罗杰斯（C. Rogers，1902—1987）等人本主义心理学家产生了重要的影响。例如，创造性自我的概念是马斯洛自我实现理论的新起点，马斯洛在他的《存在心理学探索》一书中就把阿德勒列为"第三势力"心理学家的首位。又如，阿德勒在治疗理论中强调自尊、同情和平等的重要性，这种观点影响了罗杰斯，他在治疗中也强调同情、尊重患者、以患者为中心。

第三，发展了整体研究的方法论原则。在西方心理学史上，长期存在着分析研究与整体研究之争。自从冯特创立了科学心理学以来，占主导地位的学院心理学主要采取分析研究的方法论原则，即主张对心理现象进行分析和还原。分析研究的方法论虽然能够促进人们对心理现象细节的了解，但一味强调这种方法的科学性，排斥整体研究的方法论，可能会导致丧失对

① 舒尔茨著，杨立能等译：《现代心理学史》，人民教育出版社1981年版，第371页。

心理现象整体的清晰把握。阿德勒的个体心理学将人格视为统一的整体，认为每个人都是由各种动机、兴趣、价值所构成的不同部分的整体，同时强调意识和潜意识、主观性和客观性、个体性与社会性都是相互联系的。即使在对单一个体进行研究时也应该突出完整的人，把人放在家庭和社会的意义场中进行研究。阿德勒对个体的自卑及其补偿、追求优越、社会兴趣、创造性自我等的研究就突出了完整的人与社会的相互作用，试图全面地研究人。虽然这种研究仍然过多地停留于主观，但无疑开创了精神分析的整体论先河。

第四，推动了心理学走向应用。阿德勒强调人的价值和社会性，重视将其在心理治疗中阐发的理论应用于社会生活。实际上，阿德勒对社会实际问题的关注甚至要早于他的心理学研究。他认为，一种心理学理论体系必须与产生它的生活哲学紧密相连，为个体顺利解决生活的三大问题提供指导。阿德勒的个体心理学在教育领域的贡献和影响最为显著，他及其学生在维也纳的几十所学校里开设了"儿童指导诊所"，并为教师提供咨询服务。同时，他还重视儿童的早期教育，呼吁家庭和学校要培养儿童正确的社会兴趣，为儿童教育提供了实际的指导。可以说，阿德勒是最早关注教育问题的心理学家之一，他的工作不仅在当时受到了人们的欢迎，而且对后来的家庭与学校教育产生了深远的影响。

**2. 主要局限**

第一，基本观点的非理性色彩和生物学化的倾向。尽管阿德勒是站在不同于弗洛伊德的立场上来阐发自己的理论的，但是他毕竟没有完全脱离弗洛伊德所开创的精神分析传统，"阿德勒的学说是一种放宽限制的弗洛伊德主义"[①]，其理论基调仍然是潜意识的。而且，他还将尼采"超人哲学"的观点应用到他的个体心理学中，这就使他的理论仍然带有非理性和生物学化的倾向。例如，他认为，作为人格发展动力的追求优越和自卑与补偿，实际上根源于儿童的器官缺陷或先天的软弱无能，这种观点带有明显的生物本能决定论的色彩。

第二，某些理论观点缺乏系统深入的论述，科学性不强。阿德勒的个体心理学主要依赖于他自己的临床观察和日常生活的常识性观察，这使得一些心理学家认为他的理论过于肤浅。他使用的许多基本概念都缺乏明确的操作性定义，难以对其进行验证，导致他的理论缺乏一致性。而且，他的学

① 丹尼尔·N·鲁宾逊著，杨韶刚等译：《现代心理学体系》，社会科学文献出版社1988年版，第12页。

说虽然是建立在临床观察的经验研究的基础之上的，但后来的许多研究并未对其科学性提供较多的支持。例如，他的出生顺序概念激起了大量的验证性研究，但其中的许多研究表明，出生顺序仅仅是影响性格的一个因素，因而无法以此为根据对某种性格特质做出一致性的假设。

第三，对人的社会性理解的主观抽象化。阿德勒的理论非常重视家庭对人格发展的制约性，却忽视了社会关系对塑造人格的极其重要的作用，而且始终没有看到众多制约因素的现实联系的基础在于人的实践活动。这是对人的社会性理解的表面化与抽象化的表现。阿德勒还把心理疾病的原因仅仅归结为缺乏社会兴趣和不健康的生活风格，没有看到社会的异化是人性扭曲的根源。因此，尽管他倡导培养正确的社会兴趣，但还未真正认识到应该从社会发展的角度来研究人性。

### 3. 影响与发展

自从阿德勒逝世后，他的追随者迅速把他的个体心理学思想加以继承和发展，形成了一个具有广泛国际影响的新阿德勒学派。目前在欧美已经有按照阿德勒的个体心理学体系培训学员的机构共30多家，阿德勒理论研究组织100多个。在美国、德国、瑞士、奥地利、法国、荷兰、意大利和英国等国家甚至建立了全国性的阿德勒研究学会，在它们的基础上，组建了“国际个体心理学会”。已出版的主要刊物有:《个体心理学杂志》、《个体心理学》和《新闻通讯》等。国际个体心理学会每三年召开一次会议，每年都会在不同国家举办为期两周的暑期讲习班，从而将阿德勒的理论和技术观点不断地传播到世界各地。今天，仍然有许多心理学家沿着个体心理学的方向从事研究和应用工作，特别是在咨询和儿童养育技术领域，阿德勒的工作依然具有非常大的影响力。

## 第四节　兰克的心理分析学

奥托·兰克是继荣格和阿德勒之后第三个离开弗洛伊德而自创学派的学生。他把精神分析理论拓展到对神话、传说、艺术以及创造力的研究上，第一个把精神分析理解的重点由儿童期男性取向的恋母情结以及作为冲突中心的阉割焦虑转向了最初的母子关系、分离焦虑和个体化，由此开辟了通往客体关系理论和自我心理学之路。同时，他对文学作品中自恋人格障碍的研究，对自体心理学的产生具有重要影响。另外，他还是人本主义心理学、存在主义心理治疗、格式塔治疗和超个人心理学等领域的先驱。但是，长期以来，兰克却因为他的离经叛道而被他所处的那个专业团体所误解，更不为普通公众所知晓，正如阿奈·尼恩（Anais Nin）在对《艺术与艺术家》的评论中指出，兰克的思想是领先于他那个时代的，而且他因与正统观念的背驰受到了无情的开除“教籍”的处罚，并被从精神分析史上和对精神分析运动的公开评价中划掉。直至20世纪50年代，才逐渐有一些学者开始关注他的思想、研究他的著作、发现他的价值，并对他做出了较为恰当的评价。应当说，在精神分析运动的发展中，兰克是一位承上启下的重要人物。

## 一、兰克的生平与著作

奥托·兰克（Otto Rank，1884—1939）是奥地利精神分析学家，同时还是社会哲学家。他原名为奥托·罗森菲尔德（Otto Rosenfeld），于1884年4月22日出生在维也纳，是一个犹太家庭的次子。他的父亲嗜酒成性，对家庭不负责任，而母亲则只关心他和他哥哥的物质需要。在中学毕业后，奥托进入一所技术学校就读，并于1904年在维也纳的一个金工车间谋得一份工作，这是一个并不适合他而且令他产生了最大厌恶和绝望的职业。正是由于这种处境，年轻的兰克投入到了书籍、剧院和音乐的世界之中，如饥似渴地博览群书，尤其受到了叔本华（Schopenhauer）、易卜生（Ibsen）和尼采（Nietzsche）的影响。他的笔名兰克就是根据易卜生《玩偶之家》中的一个人物而取的，并于19岁时正式采用了这个姓。姓氏的改变使他与父亲及其犹太祖先们相脱离，开始塑造一个不同的自我，一个新的人格，一个他自己的命运。①

奥托·兰克（Otto Rank，1884—1939）

兰克是个求知欲很强的人，20岁时，在家庭医生阿德勒的帮助下，他阅读了弗洛伊德的许多著作。1905年，他利用弗洛伊德的观点写作了一篇关于艺术创造性的论文。1906年，他把这篇论文提交给弗洛伊德，弗洛伊德对

① Lieberman E. J. (1985). *Acts of will*. New York: The Free Press, p. 5.

这位年轻人的聪明机智和洞察力留下了深刻的印象，认为他天赋异禀。此后，弗洛伊德便吸收兰克参加每周三在他家里举行的研讨会，并指派他做星期三心理学社的会议记录，还资助他重返学校，鼓励他致力于精神分析的非医学方面。1907年，兰克把这篇论文以《艺术家》为书名发表，此书以弗洛伊德关于梦的理论来解释艺术家创作的心理过程，认为艺术家介于梦幻者与精神病患者之间。兰克从此开始了他和弗洛伊德及精神分析运动的联系，不过，当时两个人都没有察觉到，其实这本书中就已经蕴含了他们之间根本的、不可调和的分歧的萌芽。当然，两人更没有意识到它是背离弗洛伊德理论的先兆。

1909年，兰克的第二本书《英雄诞生的神话》出版，这本书是兰克应用精神分析的最初阐述，1912年，他出版了《诗歌与英雄传说中的乱伦主题》。这两本书是他最享盛誉的著作，他在书中竭力论证"恋母情结"怎样给诗歌和神话提供了丰富的主题与推动力。同年，兰克以一篇关于精神分析的论文获得维也纳大学哲学博士学位，他是第一个没有医学学位的精神分析学家。也是在同一年，弗洛伊德与荣格决裂后，组织了一个由7名最忠诚的追随者组成的秘密委员会来负责精神分析运动的继续开展，兰克是这个委员会中最年轻的成员。弗洛伊德对这位年轻信徒宠爱有加，不断委派重要职务给他：1912年的《潜意象》[①]，他扮演了创始人和编辑的角色；1913—1924年，他创办并一直担任《国际精神分析杂志》的主编；1919年国际精神分析出版社建立后，他在1924年之前一直担任社长。那段时期，兰克成为精神分析运动的核心领导者之一。

1914年，兰克被征召入伍参加第一次世界大战，担任奥地利军队官方报纸《克拉科报》的主编。从军队服役回来后，大约在1920年，兰克在弗洛伊德的鼓励下开始心理治疗实践。

治疗实践和战争经验使兰克在理论上有了自己的见解。1924年，他和费伦茨出版了《精神分析的发展》一书。他们都强调母亲对婴儿的重要作用，并把这种观点应用到治疗实践中，主张治疗者应发挥主导作用，即他们所谓的"积极治疗"，并企图借此缩减分析的疗程。这种主张忽视了精神分析对童年经验的强调，明显背离了弗洛伊德的观点，在精神分析圈内遭到了很多批评。同年，兰克出版《出生创伤》一书，在此书中，他建构了一种心理发展起源的新方法，认为影响个体未来发展的最重要因素是出生时与母亲

① 该杂志创办于1912年，是一本把精神分析应用于文化科学领域的期刊，1938年由于纳粹入侵而被迫停刊。1938年汉斯·萨克斯(Hanns Sachs)移居美国后重新创办《美国潜意象》杂志。

分离的“初始焦虑”，并探讨了怎样用“前俄狄浦斯情结阶段”的分离焦虑来解释艺术、神话、宗教、哲学以及治疗。这本书无论在哪方面对精神分析学来说都是一个威胁。正是这本著作改变了兰克的生活，他由精神分析运动最受喜爱的儿子变成了一个引起争论甚至被排斥的人物。弗洛伊德对这本书的反应是忍耐并试图加以理解，但他坚决不同意兰克试图以此来重新建构一种新的精神分析理论和技术，而精神分析圈内的其他成员则更是不满，琼斯和亚伯拉罕显然是这一敌对运动的领导者。兰克多次拜会弗洛伊德想进行调解，但始终未获成功。此时弗洛伊德越来越质疑兰克新理念的价值，甚至说：“你是心怀诞生创伤的可怕大卫，致力颠覆我的作品。”[①]1926 年，兰克悄悄地退出了维也纳小组，1929 年正式宣告退出维也纳精神分析学会，成为该组织第四位叛逆者。

1926 年同弗洛伊德分道扬镳之后，兰克一直居住在巴黎，频繁来往于法国和美国之间，继续从事临床实践、教学和写作，并于 1935 年移居纽约。在此期间，他出版了三卷本的《精神分析技术》(1926，该书的第二、三卷的英译本标题为《意志治疗》[1936，1945])和三卷本的《自我结构的精神分析基础之上的发生心理学纲要》(1927，其英译本题目为《真相与现实》)，阐发了出生创伤理论和一种自我建构的精神分析设想。他还出版了另外两本著作：《性欲与罪疚感》(1926)和《艺术与艺术家：创造性冲动和人格发展》(1932)。他在哈佛、耶鲁、斯坦福和宾夕法尼亚等大学举行了关于客体关系、经验和此时此地的心理治疗以及艺术、创造性意志和“神经症乃是一个失败的创造者”等主题的一系列演讲。此外，他帮助建立了宾夕法尼亚大学社会工作学院，并在纽约和费城的社会工作学院从事过教学工作。可以说，兰克的心理分析理论和实践对美国的社会工作领域产生了重大影响。1939 年 10 月 31 日兰克因患传染病去世，年仅 55 岁。身后出版有《超越心理学》(1941)、《心理学与心灵》(1961，A. S. Barnes 编辑)、《双重性》(1971，Harry J. Tucker 翻译并编辑)、《唐璜传说》(1975，David G. Winter 翻译和编辑)。

## 二、心理分析观

兰克并没有构建过一个有关心理的有组织的思想体系，事实上，兰克也反对这样的理论构建，因为它会给人经久不变的错误印象，而实际的心理生命是处于一个持续改变的过程中的。一些重要概念存在并贯穿于兰克的思

① 彼得·盖伊著，龚卓军等译：《弗洛伊德传》，鹭江出版社 2006 年版，第 134 页。

想之中，构成了其心理分析观的主要内容。

1. **核心概念：创造力**

在早年独自内省、自我教育和超越童年环境的奋斗中，兰克开始认识到他自己的人格的创造性动力，这个认识促使他在最广泛意义上把创造力作为理解人性的核心概念并专注于此。在他看来，创造性过程既展现在艺术家的多产工作中，也展现在人格本身形成与发展中。而艺术家的创造力作为人类力求自我表达、自我成长和自我改变的最令人注目的例子，使得兰克选择艺术家作为创造性体验的范例。兰克是在一个更广泛的意义上使用“艺术家”一词的，即包括艺术、音乐、文学、哲学、科学等许多领域的创造性个体。当然，他也不是想要以因果关系的心理术语来“解读”艺术家或他的作品，而是想通过对艺术家的创造性过程的洞察来对人类心理或一个整体生命有大致理解。他明确地指出：“创造力相等地展现在艺术家的创造本质上和生命体验的本质上。”①

兰克从认识弗洛伊德之前发表第一篇关于艺术和创造性的论文到1932年出版《艺术和艺术家：创造性冲动和人格发展》，把精神分析的理论用于解释艺术、神话和人类文化，用于探讨艺术家与创造性人格之间的关系，系统地阐述了他的艺术精神分析思想。其主要观点是：① 文艺复兴时的人几乎在所有方面都放纵自己的冲动，尽情地享受生活的欢乐，这也是正常人的行为表现。② 艺术家往往执迷于自恋，较多脱离现实，类似于受压抑的人。③ 只利用艺术来满足自恋的人可能并没有什么艺术才华和兴趣，而只是想通过艺术来发泄自我恋欲。④ 严重自恋的艺术家更强烈地追求自我表现，甚至用艺术取代一切。这种自恋会导致或重或轻的精神疾病。⑤ 精神病态的艺术家只想一味地满足他的冲动，但又常常遭到失败。这一痛苦的现实导致这类艺术家经常发生精神疾病、自残或自杀。⑥ 自我恋欲的过分发泄也会引起暂时的恐惧，使艺术家出现艺术创作停滞的创造性障碍。兰克认为艺术家求助于精神分析的原因就在于此。⑦ 自恋性专注会使艺术家产生创造性疲乏，导致艺术家暂时地甚至永久地放弃艺术而回归普通生活。艺术家的孤独完全可以用这种自恋性专注来解释。②

艺术家在能完成其创造性冲动的作品之前，必须创造他自己，即艺术家被他自己任命为艺术家，这是创造性冲动的一个本能表现形式。它就好像

① Otto Rank (1932). *Art and artist*. New York: Tudor Publishing Co., p. 38.

② 郭本禹主编：《心理学通史·第四卷·外国心理学流派（上）》，山东教育出版社2000年版，第491页。

艺术家的第一次创造性努力是自我定义，即他的自我概念的陈述。自我概念正是对他的人格的一种赞美，而不像神经症患者那样，或是过度自我批评，或是过度理想化，而且其自我形象过度依赖于别人。自我任命的能力是反映一个人的个体化，即走出对子宫的早期依赖的活动。就创造一个成熟的、独立的人格而言，在一个普通个体身上它是前提，而就创造性艺术人格而言，它是第一个生产性工作。艺术家后来的工作，一部分是这个最初创造的重复表达，一部分是通过作品的推动力为它（这个最初创造）辩护。因为艺术家的工作依赖对他的个体人格的赞美这个前提，同时在他自己的心理生命中应要通过工作和越来越高的成就为他的个体创造辩护。①

兰克把人格中的创造性视为人的优越性的表现，这种观点和弗洛伊德所谓力比多驱力的升华作用相抵触。弗洛伊德重视的是无意识的防御机制，而兰克则从意识和无意识的相互关系方面揭示了人类的创造性冲动，从文化发展和人的精神意义中来认识人的艺术表现。兰克还用冲动、恐惧和意志的概念来论述艺术家和人的创造性。他认为正常的人往往违背自己的意志而屈服于大势。他们的心情是平静的，既没有强烈的冲动也不会产生恐惧；神经症患者由于经常遭受失败，而不得不压抑自己的冲动，甚至放弃艺术活动而寻求在神经症中逃避冲突；只有创造性的艺术家才能够独立地评价自己的意志，他们能超脱世俗地从事艺术创作。这些探讨是他把精神分析应用于日常生活和社会文化问题的结果，显然是对精神分析理论的一种发展。

**2. 出生创伤理论**

兰克致力于人类状态中固有的不可避免的痛苦，认为所有的人都面临分离恐惧，面临同时发生的对个体化的渴望与恐惧，并由此产生了焦虑与罪疚感，而意志的存在与运用使对恐惧、焦虑以及罪疚感的控制成为可能。在创造性艺术家那里，意志的表达到达它的极点，而神经症患者则没有能力肯定他自己的意志。

(1) 分离焦虑。

兰克在《出生创伤》一书中第一次阐述了出生创伤和分离焦虑。最初，兰克按照字面含义思考出生创伤，认为婴儿离开了有着丰富食物、温暖而又安静、氧气充足的母亲子宫，进入了一个充满饥饿、寒冷、喧闹和令人窒息的嘈杂世界，这是第一次分离。对此的体验在身体意义上必然或多或少是损

① Esther Menaker (1982). *Otto Rank: a rediscovered legacy*. New York: Columbia University Press, pp. 35～36.

伤性的，而对这种体验的回忆却深深地埋藏在无意识之中，并以初始焦虑的形式在心理上留下了它的痕迹。而且，他认为，在个体与母亲分离之后所发生的一切焦虑都是以这种最初的体验为模型的。不过，在其后期作品中，兰克抛弃了焦虑源自出生体验中母子身体分离这样一个缺乏想象力的解释，转而坚持对这种分离的一个隐喻的解释。出生时的身体分离被人类生命过程中所有分离体验的心理价值所替代，并且"出生"意味着心理诞生即个体化，焦虑范式也不再是两个人的身体分离，而是通过个体化的发展而发生的彼此的心理分离。

分离总是导致焦虑。人类的婴儿在一个完全无助的状态中出生并且其生存完全依赖母亲，当一些生存需要如食物、温暖、抚触等未被及时满足时，婴儿模糊觉察并体验到一种非生存的恐惧。随着儿童对世界的意识的形成，他开始清醒地认识到他依赖的程度。然而，促使儿童成长的自立的发展比较缓慢，对世界的控制也是逐步发展的，但这些都跟不上这一认识，即对自己依赖他人尤其是母亲的程度的认识。因而，在所有具有情感依赖特性的重要关系中和所有能象征这种最初依赖的分离情境中，就有了这种在整个生命中被重复的残留的恐惧，这种分离恐惧会受到体质因素、与母亲关系的具体性质和历史以及个体可用以战胜这种恐惧的先天资源的影响。①

兰克认为，随着个体的生理成熟、社会成熟和心理成熟，进一步造成了个体与母亲的分离，以及与核心家庭的分离，同时也为自我与他人进行新的创造性综合设置了条件。兰克将儿童出生后的这些变化连同出生一起看做是产生焦虑和罪疚感的主要根源。显然，兰克重视儿童与母亲的关系，尤其是将注意集中在自我形成中的分离问题上，这预示了后来的客体关系理论和自我心理学。同时，兰克还给母亲的作用增加了某些社会文化因素。他抛弃了弗洛伊德关于焦虑起因于童年性冲突的观点，也摆脱了弗洛伊德思想中男人占支配地位的倾向，这也许是引发兰克与弗洛伊德冲突的主要原因之一。

最早的母子关系的特征仅仅是孩子与子宫一体的一个重复。尽管生理分离通过出生活动而发生，心理分离仍不得不发生。对母亲来说，孩子仍然是她自己的一个延伸；对孩子来说，也是如此，在他自己与母亲之间仍然没有分化。用精神分析的话来说，这个关系是一个自恋的关系。随着孩子的成长与发展，分化发生了。首先是在知觉水平上，然后是通过"行使意志力"

---

① Esther Menaker (1982). *Otto Rank: a rediscovered legacy*. New York: Columbia University Press, p. 45.

的意志行动中的自作主张的展开。但是，最早的自恋关系的某一遗留物以共情的形式仍然存在。因此，无论一个个体的意志与另一个个体的意志、愿望和需要是否相反，一个不可避免的冲突在自作主张与共情之间发生了。正是在这个冲突的节点上，罪疚感出现了。

(2) 罪疚感。

兰克关于罪疚的观点有一个逐渐转变的过程：在1926年的《性欲与罪疚感》和1927年的《自我结构的精神分析基础之上的发生心理学纲要》两本著作中，他表达了最早期的观点，其出发点是弗洛伊德的力比多理论，而在1941年他死后发表的最后著作《超越心理学》中，他所表达的是存在主义的观点，罪疚已经成了作为个体出现而不可避免的代价，可以通过创造性工作对它进行改善。最终，兰克把罪疚与意志运作以及它是个体化过程一个不可避免的副产品这样的事实联系起来。兰克思想中的这个发展使得弗洛伊德和兰克理论间的差异以及精神分析思想的演变清晰地显示出来。

对兰克来说，罪疚是人类状态的一个必然发生的方面，并且在个体意识一出现时就被塑造进人格中。凭着自作主张，儿童必定会否认由父母满足他的依赖需要而引起的感激，或者通过爱的表达来否认对感激的这种否认。既然这样的表达的出现是从属性的、防御性的，而且不是一个感激“他者”(the other)的、分化的且独立的人格之结果，它们必然引起罪疚感。如果意志是以反抗另一个所爱之人来表达，罪疚则表达一个个体同另一个个体的关系，以兰克所用的术语说是道德的。当然，意志也可以在对他者意志的屈服中被表达，不是出自让步的意志——这对于意志冲突会是一个健康的解决办法，而是作为对独立的一个反应，于是罪疚因对自己向个体化的努力的背叛而存在。

兰克对于罪疚现象的探索既没有限于性罪疚也没有限于超我的维度，对被抑制并与超我发生冲突的性愿望或是攻击愿望的罪疚仅仅是罪疚体验的一个非常有限的方面。罪疚作为个体化意志的一个副产品，如果它被接受而不是被谴责，那它本身就会成为自我分化的工具。如果一个个体不仅能够接受自身的罪疚，而且还能作为爱的表达、作为另一个个体对他的关心的一个表达来接受，那么个体的自我就会变得更强大、更分化。能够在意志运作中发现罪疚与分离过程及个体化过程的这种关系是兰克的独特贡献，这一观点在精神分析理论中是全新的。他还发现，当意志创造性地运作时，罪疚也正在产生。“创造性意志无意识地引起罪疚反应……简言之，意志与罪疚是同一现象的两个互补的方面。”①

(3) 意志。

美国著名存在治疗学家欧文·D·雅洛姆(Irvin D. Yalom)指出，兰克关于意志有一个从消极到积极最后再到创造性意志出现这样发展的先验图式。② 兰克认为，个体的意志从它的起源方面来说具有一个消极的特征，它作为反意志、作为“不想要”而开始，从而发现了相反的力量。虽然兰克并没通过幼年的发展阶段来追溯这个过程，但对处于2～4岁反抗期儿童的观察可以证实作为对抗现象的意志的初始出现，即个性的坚持，重点就在儿童坚持自己的个性、行使自己的意志的需要上，即使它必定与其母亲的需要是相反的。在兰克看来，向个体化的努力是首要的；它是在个体的自我对更高目标的创造性追求中表达的一个基本事实。兰克说，自我是“宇宙的原始力量的现世代表；……这种力量的强度体现在个体身上，我们就称之为意志”③。

尽管意志作为一个原始力量存在于个体之内，但在它作为个性的最终表达的运作中，它必定会在由挑战障碍所产生的压力下出现。换言之，在与另一个个体、社会或文化情境、生活环境或人格自身某些冲突方面的关系中，意志表达必然发生，它是个体分化、自我与“他者”或群体分离的传达工具。

兰克对普通个体的意志的理解在心理学和治疗学上是意义深刻的。兰克的意志既不是尼采的权力意志，也不是一般哲学家眼里的意志，而是一种内在力量。在朝向个体化和分离与对抗死亡和湮灭的双重斗争中，正是意志坚持着个体对自主、分化以及与母亲子宫分离的权利与需要，创造自我并且肯定生命以及必然发生的与之成对的死亡，帮助个体把生活经验与自己的优点及成熟整合起来。兰克通过把意志问题从哲学晦涩中显现出来作为意志冲突引入心理学舞台，对常常出现的焦虑与罪疚问题作出深刻洞察，并通过强调意志的努力、创造性方面，指出了这些人类问题的改善之路，那就是解放个体的意志。而且，在把与意志有关的这些洞察运用到治疗过程期间，他还采用了对有效治疗动因的新理解和帮助病人的一个新技术方法——“意志疗法”。

兰克认为，人类精神的信念是能够通过意志的运用而做出选择的自由，这与弗洛伊德把人视作其体质和过去经验的产物这一观念之间有一个根本

① Otto Rank (1950). *Will therapy and truth and reality*. New York: Alfred A. Knopf, p. 239.

② Irvin D. Yalom (1980). *Existential psychotherapy*. Basic Books, pp. 293～297.

③ Otto Rank (1950). *Will therapy and truth and reality*. New York: Alfred A. Knopf, p. 212.

的不同，那就是“改变”这个概念。因为弗洛伊德在他试图治疗神经症过程中得到了有关人格的发现，他的人格模式源自他关于运行于个体内部的各种力量间的不均衡作用这个观念，所以人格的改变在于通过治疗干预对一个特定结构框架中的治疗干扰的实体和力量进行重新排列。而兰克最关心的是个体化，他把个体化视作这样一个过程：开始于与母亲基质（matrix）的分离，然后通过执行选择的意志的发展而继续进行，最后到包括人格的创造在内的创造性活动。所以，人格的改变是个体意志的创造性的选择，而且一定包括责任的承担。

3. **人格类型理论**

兰克和弗洛伊德决裂之后，开始把研究重点放在儿童与母亲的关系上。他以1924年发表《出生创伤》为起点，到1932年形成了独特的人格理论。首先，兰克提出了两个重要的人格概念，即分离个体性和独立意志。在兰克看来，人格是在生的恐惧和死的恐惧之间的冲突中形成和发展的。人之所以感到生命受到威胁，是因为和母亲分离意味着放弃了保护和支持，而死亡则象征着丧失了独立的自由活动。但是，如果一个人受到过分的关怀或保护，他也会感到像死人一样丧失了个体性。因此，儿童在和母亲“分离”之后，实际上成了独立的个体，随后在心理上便出现了从依赖性向自作主张和创造性人格的发展，这就是所谓的分离个体性。在和母亲分离后，个体的人格能否得到健康发展，要看他能否借助“独立意志”克服焦虑和摆脱恐惧。兰克进而指出，生活是一种持续的分离过程，人正是通过分离而逐步形成自己独立人格的。但人格的形成过程和以后人格的保持过程一样，都必须继续得到意志的支持。这样，在兰克的人格理论中，意志便成为决定人格的核心力量，他也正是从这一立场出发而提出“意志治疗”的。①

其次，兰克提出了人格类型理论。他是按照人对环境的适应和意志表现进行分类的：① 正常的、有适应力的人。在生活中，他把大多数人的意志作为自己的意志来接受，相信周围世界的观念、标准及要求与自己的生活方式完全一致，努力适应周围的环境与社会。因此，这种类型的人很少产生痛苦的心理冲突，但他也不可能达到创造性的艺术家所能达到的更高的创造水平，这种人只获得了部分的成功。② 有神经症的人。兰克认为，神经症是朝向自我实现的创造性冲动的不足，因为它被分离恐惧抑制了。个体要过独立的生活必然怀着被分离的恐惧，由于他无法适应这种分离，内心常体验

① 郭本禹主编：《心理学通史·第四卷·外国心理学流派（上）》，山东教育出版社2000年版，第492～493页。

到一种分离的罪疚感。这种人不能顺应环境，无法成功地发展起自己独立的人格。③ 创造性的艺术家。兰克认为，只有真正的艺术家才是能够达到最高成熟和创造性的人。这种艺术家感到自己的意志已被周围环境所接受，没有罪疚感和恐惧感，能毕生致力于创造性生活。正如兰克所说："创造性的人将是新型人的最新代表。他可以通过艺术而放弃生活保障，并将其全部创造性力量奉献于生命和生命的创造。这种放弃的回报将是一种丰富的创造性和表现性人格，因而享有更大的幸福。"①

兰克根据创造性冲动的结局在艺术家与神经症个体之间作了一个有趣的区分。艺术家总是成功地战胜早期创伤，减少罪疚与焦虑，使对他自己的必死性的认识与对不朽的愿望之间的冲突减到最少。他通过两个方式达到这一点：一是通过创造一个具体的表达他的个性的产品，二是通过他朝向他自己和生命本身的性质中固有的必然性的创造性态度。通过意志活动他能对这些必然性说"是"，兰克将这称为"应尽责任的意志肯定"。恰恰正是这个最后提及的创造性活动是某些神经症患者不能进行的，兰克把这样的个体称为"想当艺术家而没有成功的人"(artiste manqué)，他们在行使积极意志去创造时受到抑制。

综上所述，兰克非常推崇人格的独立性和创造性，进而又把创造性和人的自由意志或独立的个人选择观密切联系起来。就是说，一种真正的创造性活动是以前从未进行过的活动，因此也没有受到环境的强化和控制。在这个意义上可以说，兰克是第一个大胆地为创造性意志，为一种自我发动的创造性活动而大声疾呼的重要理论家。但在弗洛伊德那里，创造性活动起因于生物冲动和外部限制之间的冲突。或许正是兰克对创造性人格的这种追求，才导致了他和弗洛伊德的决裂。②

### 三、心理治疗观

尽管引发弗洛伊德与兰克分裂的《出生创伤》出版于 1924 年，但一直到 1931 年，兰克才停止认为自己是一个精神分析学家。这期间的几年，他完成了两部巨著：一部是三卷本的《精神分析技术》，另一部是三卷本的《自我结构的精神分析基础之上的发生心理学纲要》。当他写到这些著作的第三卷

① Otto Rank (1932). *Art and artist*. New York: Tudor Publishing Co., p. 431.

② 郭本禹主编：《心理学通史・第四卷・外国心理学流派(上)》，山东教育出版社 2000 年版，第 494 页。

时，他对正统的弗洛伊德观点的背离在理论上和实践上都变得清晰起来。但是，直到着手准备《精神分析技术》的第二、三卷和《自我结构的精神分析基础之上的发生心理学纲要》的第三卷的英文译本时，他才认识到创造性意志在他关于人格发展和治疗思想中的核心角色，并且同意把他的分析工作在理论上和实践上都称为“意志治疗”。

对兰克来说，神经症不是一个医学问题，也不主要是一个性问题，而是一个深切显示人的特点的问题，是自我运作中的一个障碍。兰克认为，神经症是“由个体的意志表现出来的对他自己的本性的过度控制的结果。简言之，神经症就是用意志力促成本能的结果”[①]。他把神经症患者看做是一个失败的创造性典范，并称之为想当艺术家而没有成功的人。因此，他的治疗观与弗洛伊德的完全不同，治疗目标是建设性的而不是分析性的，关注的是成长过程而不是内容解释，主要并不是集中在对早期经验的一个因果关系的理解以及由此而获得的洞察的完成上，而是致力于对阻碍了个体的创造性意志发展的焦虑与罪疚的一次再体验，并通过在治疗的相互作用中，对这个意志的肯定使它自由、积极而富有创造性地运作，通过在个体内释放创造力而超越恐惧、焦虑与罪疚。

把神经症看做是一个不成功的创造性过程的观点的治疗价值在于没有谴责，在于它对个体努力的尊重，而且还在于对个体进一步成长的希望。已完完全全通过消极的意志实现了个体化的神经症患者被抑制而不能积极地表达他的创造性意志，放弃了真正的自发性行为。所以，治疗必须以一种平衡的方式把行使意志力的可能性归还给神经症个体，这可以通过分析师对病人的接纳来完成，即治疗师把病人作为“人”来接受，而无视在一个特定时间他所处的情感发展上的特殊点。这种不加批判的接受传达了治疗师对于患者跨越他当前的神经症障碍的能力的信心，正是患者对于这种接受与信心的觉察以及他对此认同的能力，唤起了他的积极意志，使他能够以不再过度控制的方式接受自己，并由此成长。兰克的这种观点后来被人本主义心理学的重要代表人物卡尔·罗杰斯(Carl Rogers)吸收到“来访者中心治疗”中，在讲到影响自己的重要人物时，罗杰斯也从来没忘记感谢兰克。

兰克认为，分析情境对意志运作具有重要意义。分析情境包括治疗师的权威性、病人的易感状态、遮暗的房间和让病人无论他头脑中出现什么都可以表达的指导。对兰克来说，治疗是当下的一个新的、生动的体验，他重视那种经典分析所回避的强烈的此时此地的现实，认为应把当下作为治疗

① Otto Rank (1958). *Beyond psychology*. Dover Publications, p. 48.

的集中点，因为心理治疗是一个人格发展的活跃的过程，而不是一个对于不确定的历史因果关系的探寻。同时，兰克又非常强调存在于治疗师和病人之间的人际关系的治疗效果，运用治疗关系来帮助病人。“作为现代心理学中对有意识的意志、当下和对现实的关心与催化的最主要的提倡者，兰克成为了最早的关系治疗师，一名存在主义的开拓者。”①

在治疗程序上，兰克强调心理治疗应该设定一个明确的结束日期，这样可以使患者意识到“分离是不可避免的”，没有必要产生罪疚感，患者可以通过“自我建构”和“意志治疗”而逐步克服分离的恐惧和罪疚感。而且，确定治疗结束的日期还可以缩短治疗过程和减少患者对治疗的依赖性，患者对治疗和治疗者产生过多的依赖不利于其人格的健康发展。

### 四、兰克心理分析学的影响

兰克的心理学思想是在弗洛伊德精神分析理论的影响下，结合自己对艺术的研究和临床经验而发展起来的，却因为对正统精神分析的背离而被长时间地忽视。埃丝特·麦纳克(Esther Menaker)认为：“从历史的观点看，兰克更多地属于我们的时代，而非他所写作的那个时期。”②获得普利策奖的社会学家恩斯特·贝克尔(Ernest Becker)在其著作《拒斥死亡》的序言中给予兰克极高的赞赏：“兰克的体系对于社会科学的发展有着最为深广的内涵，这些内涵甚至为阿德勒和荣格所不及，它们才刚刚开始被发现。”③

兰克的心理学正在被越来越多的学者和治疗师发现，可以说，当代西方心理学和心理治疗在许多方面都受到兰克的影响。在现代精神分析理论中对母亲的重视或许是以兰克的“初始固着”、“初始退行”和“初始焦虑”概念为先驱的；兰克和费伦茨提出的“积极治疗”至今仍在精神分析领域内外拥有很多追随者；而兰克的意志治疗更是预示了现代短期心理治疗所强调的病人的动机对正面治疗经验的重要性，正如享有国际声誉的精神病学家贾德·马默(Judd Marmor)所说：“在某些方面，奥托·兰克很可能是短期动力心理治疗运动的最重要的历史先驱……[他]为前俄狄浦斯时期的人格发展尤其是早期母子关系支配其他的重要性后来得到承认打下了基础。遗憾的是，对弗洛伊德不忠的问题给评价兰克的成就蒙上了沉重的阴影。……我

① Lieberman E. J. (1985). *Acts of will*. New York: The Free Press, p. xxxviii.

② Esther Menaker (1982). *Otto Rank: a rediscovered legacy*. New York: Columbia University Press, p. x.

③ 恩斯特·贝克尔著，林和生译：《拒斥死亡》，华夏出版社 2000 年版，序。

们现在能够看出，兰克是这些发展[包括分离与个体化概念]的首位理论先驱者。”[①]对最初的母子关系、分离焦虑和个体化的强调，使他成为客体关系理论和自我心理学的先驱。有人认为，甚至英国“客体关系学派”的主要代表M·克莱因的某些早期概念可能都受到兰克观点的影响。另外，海因茨·科胡特创立的自体心理学在许多方面都使人联想到兰克，比如他强调与重要的其他人尤其是与母亲的相互作用中自我的发生，再比如他强调通过病人—治疗师关系的实现来矫正病人已遭受的发展亏空的重要性，而科胡特的镜像移情和理想化移情接近于兰克所说的患者的退行性母体趋向。

兰克对心理治疗和人类潜能的看法还深深地影响了人本主义心理学家，同时，他还是存在主义心理治疗、格式塔治疗和超个人心理学等领域的先驱。团体治疗与存在主义心理治疗的权威、精神病学家雅洛姆乐意承认受了兰克的恩惠，他说：“有意或无意地，每一位治疗师都假定每个病人在他身上都具有通过意志的选择而改变的能力。运用各种策略与手法的治疗师试图护送病人到他能做选择的一个十字路口。……治疗师的解释性话语全部都可以根据它们如何对病人的意志有影响来考虑。”[②]另外，兰克在社会工作学校的教学与实践，使他的理论在社会工作领域得到了广泛的传播。

近年来，对兰克的关注与研究也日趋增加。由J·杰西·塔夫脱(J. Jessie Taft)筹划并由弗吉尼亚·P·鲁滨逊(Virginia P. Robinson)于1965年11月在宾夕法尼亚创立的奥托·兰克学会，致力于促进对兰克关于艺术、文学、心理学、心理治疗以及文化史的思想及其意义的深入探索，并且每半年出版一期《奥托·兰克学会杂志》，主要发表兰克及其追随者的著作。不过，令人遗憾的是，这个学会于1983年解散了。除了杰西·塔夫脱的传记和其他人写的一些文章外，1982年埃斯特·麦纳克(Esther Menaker)出版了《奥托·兰克：重新发现的遗产》。1985年，E·詹姆斯·利伯曼(E. James Lieberman)出版《意志行动》一书，详细介绍了兰克的生活、工作及思想。1996年，罗伯特·克瑞莫(Robert Kramer)以《不同的心理学》(A Psychology of Difference)为书名编辑出版了兰克1924—1938年间在美国的演讲集，罗洛·梅(Rollo May)在为此书作序言时写道：“一直以来，我都认为奥托·兰克是弗洛伊德圈子里最不被人承认的天才。”[③]

总的看来，在精神分析运动的发展中，兰克及其心理分析理论具有承前

---

① Lieberman E. J. (1985). *Acts of will*. New York: The Free Press, p. xxxv.

② Lieberman E. J. (1985). *Acts of will*. New York: The Free Press, p. xxxv.

③ Otto Rank (1996). *A psychology of difference: the Americanl Lectures*, selected, edited and introduced by Robert Kramer. New Jersey: Princeton University Press, p. xi.

启后的桥梁作用。显然，探讨兰克心理学理论的形成和发展，对于我们正确把握精神分析运动的现状，更好地理解当代西方心理学和心理治疗，都具有深远的历史意义和积极的现实意义。

## 第五节　亚伯拉罕和费伦茨的贡献

在精神分析早期运动史上，除了开山鼻祖弗洛伊德之外，我们不应该忽视另外两位非常重要的代表人物，那就是亚伯拉罕和费伦茨。他们都是弗洛伊德的亲密弟子，都属于由弗洛伊德所成立的秘密团体的可信赖成员。他们在精神分析理论和临床实践方面都有着自己的创造与拓展，其各自的理论与技术都对后来正统的精神分析学派如客体关系学派和自我心理学学派产生了重要的影响。

### 一、亚伯拉罕：德国首位精神分析学家

#### 1. 亚伯拉罕的生平与著作

卡尔·亚伯拉罕(Karl Abraham，1877—1925)

卡尔·亚伯拉罕(Karl Abraham，1877—1925)于1877年出生在德国不来梅(Bremen)一个有教养的传统犹太家庭。最初，他对学习语言很有兴趣，除了母语德语之外，他还能流利地说英语、西班牙语和意大利语。1896年，亚伯拉罕完成了中学的学习，1901年，他在弗赖堡大学获得医学博士学位。他的第一个职位是在靠近柏林的一家医院里当一名内科医生，并在那里工作了四年。1904年，亚伯拉罕去了苏黎世布尔格霍尔茨诊所并成为了著名学者布洛伊勒的助手。他在那里与荣格相识并通过布洛伊勒和荣格的介绍从而接触到了弗洛伊德的研究。1906年，亚伯拉罕在瑞士结婚，并有了两个子女。他的女儿希尔达·亚伯拉罕(Hilda Abraham)是一位杰出的分析家，并且是她父亲作

品的编辑和整理者。1907 年 11 月，亚伯拉罕与弗洛伊德一见如故，从那时起他们便定期会面直到 1924 年 8 月。1907 年 12 月，亚伯拉罕回国后任职于柏林私立精神病院，于是成为了德国第一位精神分析学家。1910 年，亚伯拉罕不顾同行们的反对成立了柏林精神分析学会并亲自担任会长直到逝世，这成为了国际精神分析学会的第一个分会。柏林精神分析学会在扩大弗洛伊德的影响方面曾起过巨大的作用。第一次世界大战爆发后，亚伯拉罕在东部边境接诊精神病患者，并在那里工作了四年时间。1918—1925 年，亚伯拉罕一直担任国际精神分析学会主席。1925 年 5 月，亚伯拉罕患上了肺炎并且很可能是肺癌，从那以后就一直处于病痛的折磨之中。同年圣诞节去世，年仅 48 岁。

也许是亚伯拉罕的英年早逝，他没有留下太多著述。他一生重要的论文主要包括：《对肛欲期人格理论的贡献》(1921)、《口欲期对人格形成的影响》(1924)、《以精神障碍看待力比多发展的一项简要研究》(1924)、《力比多生殖期水平上的人格形成》(1925)。此外，《亚伯拉罕论文选集》(1949)和《精神分析临床论文和随笔》(1955)可以涵盖他对精神分析研究领域的贡献。

**2. 心理性欲发展阶段的再划分**

亚伯拉罕以弗洛伊德的生殖欲前期性组织结构的阶段理论作为出发点，把人格发展划分为三个阶段，其中的每个阶段又细分成两个子阶段：① 口欲期阶段。这一阶段分为前口欲阶段和后口欲阶段。前口欲阶段即被动吮吸阶段，这一阶段是前矛盾性的，婴儿的目标是吮吸，既没有爱也没有恨，儿童不能区分开自我和母亲；后口欲期是主动的、施虐的、吞咬阶段，婴儿与乳房的关系处于矛盾状态，儿童希望咬住并吞没它。基于这种假设，亚伯拉罕推断出两种不同的婴儿客体关系模式，即通过吮吸方式的合一(incorporation)关系和通过吞咬方式的破坏关系。亚伯拉罕认为后一种关系把矛盾冲突引入到了婴儿的生活中。② 肛欲阶段。这一阶段分为前肛欲阶段和后肛欲阶段。亚伯拉罕试图通过这种划分来解释忧郁症与强迫性神经症的形成。前肛欲阶段是逐出性的和施虐欲的；后肛欲阶段是保持性的和控制性的，儿童寻求占有物体并牢牢地抓住它。在这一阶段儿童首次表现出对客体的关注，成为了后来朝向客体的爱的关系的先兆。③ 生殖欲阶段。这一阶段分为前生殖欲阶段和后生殖欲阶段。前生殖欲阶段是排除生殖器官之外的客体爱，后生殖欲阶段则具备了完整的客体爱。亚伯拉罕对力比多发展的生殖欲前期的理论贡献一直激发着后来者对这一领域的研究。

### 3. 人格形成论

亚伯拉罕在人格形成的理论方面做出了突出贡献。亚伯拉罕在《对肛欲期人格理论的贡献》中突出了肛欲期对儿童人格形成的影响。他在肯定了弗洛伊德和琼斯(E. Jones)等人的研究之外,又扩展了这方面的研究。他认为,不仅要教给儿童不要被自己的排泄物弄脏身体和周围的环境,也要教育儿童应该在适合的时间执行自身的排泄功能。换句话说,儿童不得不放弃嗜粪癖及其在排泄中的快乐。[①] 这将是儿童面临的一个严峻考验,绝大部分儿童会或早或晚适应这一要求,原因是因得到父母的赞扬而带来的自豪感补偿或者是替代了对其最初的自恋的伤害。但是少数儿童在这方面却不是那么成功,会出现过度补偿现象,就会导致各种神经症。神经症患者希望把他的行事系统引入到任何事情中。亚伯拉罕还探究了肛欲期人格的一个典型特质,那就是患者对钱的态度,即表现出来的极其吝啬或是过度贪婪。亚伯拉罕认为热衷于分类、列表或者数据汇总、通过时间表制定项目和安排工作等,都可以被视为肛欲期人格的表现。

亚伯拉罕在《口欲对人格形成的影响》一文中指出,当我们在承认了口唇、肛门、生殖器这些性感区对人格形成的重要作用的时候,我们却在意识上忽略了问题的另一个方面,即那些来自组元本能(component instinct)的作用。例如由于存在于婴儿本能生活中的残忍组元(component)和口欲的密切联系会成为个体人格形成和其他方面的证据,所以导致了我们很难去特别关注它。亚伯拉罕还指出,肛欲期人格的起源和口欲期的历史紧密相连,如果不提及婴儿的口欲期,那么肛欲期人格将不会被完全理解。亚伯拉罕认为,儿童如果在吮吸阶段感到失望或是过分满足,那么作为虐待症的最原始的形式即吞咬的快乐将会得到特别强化。于是,儿童将会开始处于一种异常的情感矛盾之中,在实际生活中就会以敌对和厌恶的人格去表现自己。亚伯拉罕进一步说到,属于肛欲期人格的临床现象,是在口欲期的发展没有完成的废墟之上构筑起来的。此外,亚伯拉罕还认为人格中的野心特质实际上是一种口欲期的人格特质。

亚伯拉罕认为,每个个体的人格的确定性发展都依赖于其俄狄浦斯情结的历史,并特别依赖于他所发展起来的把自身的友好感情迁移到其他人

---

① Karl Abraham(1948). *Selected papers of Karl Abraham*. Translated by Douglas Bryan and Alix Strachey, Printed in Britain by R. & R. Clark, Limited, Edinburgh. p. 373.

或者是他的整个环境上去的能力。① 亚伯拉罕根据他的分析经验认为，即使是社会观点中所认为的最完全的人格发展，也只是代表着在克服更初级的心理结构类型时的一种相对的成功，个体的内部与外部的一种自然环境决定了距离完成最终目标的程度。亚伯拉罕还指出，只要一种严重情感冲突继续存在于一个人的人格中，那么就会总是存在一种对于他及其外部环境的危险，即他的人格会突然从一个极端转向完全相反的另一面。

**4．精神病理学的开拓与发展**

亚伯拉罕在精神病理学方面也做出了重要的贡献。亚伯拉罕承认弗洛伊德有关哀伤和忧郁的研究，并在此基础上开始了对躁狂忧郁症病人的研究。亚伯拉罕认为，强迫性神经症与忧郁症不仅在急性的症状上相似，在病人的平静时期也有着重要的共同方面。忧郁症患者放弃了他与客体之间的心理性欲关系，而强迫性神经症患者则保留了这种关系。精神病人的绝望是性的目标或者是爱的对象丧失的结果。他还把精神分裂症和童年期的创伤、固着、退行等概念联系在一起。亚伯拉罕还认识到，不成熟的交往模式起源于他们与其更早客体的身体关系的影响。在这些躯体阶段的任一阶段的固着构成了将来对社会环境的反应。成熟对亚伯拉罕而言，是指与一个稳定的客体的一种情绪关系。当这种状态获得后，个体就会与他的社会环境处于一种友好的和谐之中。分析家的目标就是帮助个体达到完全成熟。在弗洛伊德更多地关注于父亲与儿童的关系的形势下，亚伯拉罕还是第一位强调儿童与其母亲早期关系重要性的分析家，尤其是与母亲乳房的关系。他认为，儿童在早期阶段所关注的不是作为一个整体的母亲，而只是母亲的一部分。儿童不能在自我与外部客体之间做出区分。亚伯拉罕还区分出了女性两种类型的阴茎嫉妒：愿望满足的和报复性的。他还对俄狄浦斯杀害他父亲的交叉路口的象征意义作了分析，认为交叉路口象征着母亲的生殖器，是儿子绝对不允许父亲碰到的地方。数字三可以看做是男性生殖器的象征，但也可以视为父亲、母亲、儿子的结合体，如果进行更深入分析，数字三则代表着口唇、肛门、生殖器官。②

**5．亚伯拉罕的影响**

弗洛伊德曾把亚伯拉罕称为精神分析运动发展史上的第一位德国精神

---

① Karl Abraham(1948). *Selected papers of Karl Abraham*. Translated by Douglas Bryan and Alix Strachey, Printed in Britain by R. & R. Clark, Limited, Edinburgh, p. 410.

② Alexander Franz, Eisenstein Samuel, Grotjahn, Martin(1995). *Psychoanalytic Pioneers*. New Brunswick, NJ, US: Transaction Publishers, p. 8.

分析学家。尽管亚伯拉罕不是一位多产的作家，但是他对精神分析理论的诸多方面却做出了开拓性的贡献。他是研究力比多发展、人格形成、精神分裂症、躁狂抑郁症、酒精成瘾以及药物依赖等领域的先驱。① 他也经常论及一些其他的边缘领域，如人类学、历史学、神话学等等。琼斯在弗洛伊德的传记中写道，"亚伯拉罕在这一具有坚定性、常识性、敏锐性和完全的自我控制等特质的团体中是一名最正规的成员"②。亚伯拉罕作为弗洛伊德学派的圈内人物、弗洛伊德最亲密合作者之一，从一开始就对精神分析作为一种探索潜意识和发现人类经验新维度的方法的可能性有着深入的洞察力。③ 作为弗洛伊德最早的追随者，他发展了弗洛伊德的心理性欲发展阶段理论。弗洛伊德认为个体与社会之间的对立不可避免，但是亚伯拉罕相信在成熟的个体身上，个体的需要和社会之间可以达到一致。他赞成弗洛伊德的力比多理论和对心理性欲发展阶段的划分，认为生物因素决定着力比多发展的特殊序列，病人的人格可以用其在心理性欲发展阶段中的一个特殊阶段的固着来解释。他还对早发性痴呆和躁狂抑郁症这两种心理障碍颇有研究，并把它们分为两种类型：一种类型可以用心理动力学理论去解释，另一种类型则无法用心理学去解释。

亚伯拉罕曾作过很多人的分析师，其中比较著名的包括卡伦·霍妮(Karen Horney)、梅兰尼·克莱因(Melanie Klein)、詹姆斯·格洛弗(James Glover)、爱德华·格洛弗(Edward Glover)和艾丽克斯·斯特拉奇(Alix Strachey)。亚伯拉罕对英国客体关系理论的贡献比通常认为的更为重要，他自己的某些研究就是客体关系理论的重要组成部分。亚伯拉罕的精神病理学的研究、性器欲前期发展阶段理论以及他首创的很多概念都被克莱因和费尔贝恩等人借用和吸收。亚伯拉罕把口欲阶段划分为前期和后期的思想是克莱因的偏执型精神分裂和忧郁状态以及费尔贝恩的精神分裂样人格和忧郁状态的先兆。④ 由于亚伯拉罕曾经是克莱因的第二位分析师，所以亚伯拉罕思想的许多方面都影响了克莱因日后客体关系理论的创立和发展。例如，亚伯拉罕关于部分客体和内部客体的观点对克莱因创立她的客体关

① Alexander Franz, Eisenstein Samuel, Grotjahn, Martin(1995). *Psychoanalytic Pioneers*. New Brunswick, NJ, US: Transaction Publishers, p. 4.

② Karl Abraham(1948). *Selected papers of Karl Abraham*. Translated by Douglas Bryan and Alix Strachey, Printed in Britain by R. & R. Clark, Limited, Edinburgh, p. 40.

③ Alexander Franz, Eisenstein Samuel, Grotjahn, Martin(1995). *Psychoanalytic Pioneers*. New Brunswick, NJ, US: Transaction Publishers, p. 9.

④ Snowden, Nancy Helen(1992). The origins of object relations theory, *in Freud, Abraham, Klein, Fairbairn*. p. 1.

系理论就具有重要的启发意义，克莱因对俄狄浦斯情结和超我的早期历史的阐述也以此为基础。克莱因在形成她的抑郁状态的概念的时候，融合了几项亚伯拉罕对忧郁症的研究发现。亚伯拉罕有关人格形成的思想，强调童年期的母婴关系特别是与母亲乳房的关系重要性的思想都体现在了克莱因的理论中。亚伯拉罕所提出的婴儿最初的压抑是后来忧郁症的前兆以及对哀伤和忧郁症的看法多年后也被克莱因继承和发展。亚伯拉罕早期观点的进一步确认可以在斯皮茨对母亲器官敌意的研究中找到，斯皮茨在自己的临床工作中也表明了亚伯拉罕早已假定的婴儿早期的口欲挫败感和精神分裂症之间的直接和间接的关系。此外，温尼科特所提出的儿童在口欲期早期不能区分出自己和母亲的观点也与亚伯拉罕的理论相一致。

## 二、费伦茨：先驱者的先驱

### 1. 费伦茨的生平与著作

桑多尔·费伦茨（Sándor Ferenczi，1873—1933）于1873年7月7日出生在距离匈牙利首都布达佩斯不远的米什科尔茨（Miskolc）。费伦茨的父母都是来自波兰的犹太人，他的父亲是一位书商，经营着一家规模很大的书店。费伦茨在他的11个兄弟姐妹中排行第八。也许是由于费伦茨在书店的环境中长大，以至于贯穿其一生最快乐的事情就是阅读。在家乡完成了大学预科学习后，考入了维也纳大学学习医学。作为一名医学学生的费伦茨开始对心理现象感兴趣。他曾经在其妹妹和一名17岁的书店店员身上尝试过催眠。1894年，费伦茨获得医学博士学位之后，开始作为内科医生服役于军队，他的兴趣很快就转向了神经和心理疾病。1900年，他为了神经病学和精神病学的实践开始了神经病学方面的私人开业，成为了伊丽莎白救济院主要的神经病学家。五年后，他被任命为位于布达佩斯的皇家法院（Royal Court of Justice）的精神病学专家。到了1907年，他已经在匈牙利和德国的医学杂志上发表了大约30篇论文，这些早期的文章表明了费伦茨在临床医学和心理学方面的兴趣。费伦茨在弗洛伊德的《梦的解析》出版不久就阅读过，最初并无太大印象，不过在他吸收了荣格的联想测验之后便很快认同了弗洛伊德的思想。1908年2月2日，费伦茨和弗洛伊德首次见面，从此他们便一直保持着将近

桑多尔·费伦茨（Sándor Ferenczi，1873—1933）

20年的父子般的师生关系。1909年,受霍尔的邀请他与荣格一起随同弗洛伊德访问了美国的克拉克大学。同年,费伦茨发表了他的第一篇理论研究论文《内投和移情》。1910年,在弗洛伊德的建议下,费伦茨积极投身于国际精神分析学会的创立。1913年,费伦茨创建了匈牙利精神分析学会。1916年,费伦茨开始作为克莱因的分析师,这对克莱因后来的理论产生了很大影响。1918年9月,国际精神分析大会在布达佩斯召开,费伦茨当选为学会主席。1919年费伦茨受聘于布达佩斯大学任精神分析学教授,从这之后费伦茨便完全投身于精神分析运动的发展和对病人的治疗。1924年,费伦茨与兰克共同发表了《精神分析的发展》专题论文,但是受到了弗洛伊德、琼斯等人的批评。1926—1927年间,费伦茨在美国用了六个月的时间进行了精神分析方面的讲演和培训分析师的工作。1933年5月22日,费伦茨因自身的恶性贫血而病逝于布达佩斯。

费伦茨是一位多产的学者,他的绝大部分研究论文都收编在了其去世后被整理出版的《精神分析中的性》(1950)、《对精神分析理论与技术的进一步贡献》(1950)、《对精神分析的问题与方法的最后贡献》(1955)三本论文集中。他一生中最重要的论文包括《现实感的发展阶段》(1913)、与兰克合写的专题论文《精神分析的发展》(1924)、《精神分析技术的灵活性》(1928)、《放松与新宣泄原理》(1930)、《成人分析中的儿童分析》(1931)、《临床日记》(1932)、《成人和儿童间的语言迷惑》(1933)。

**2. 语言迷惑理论**

费伦茨提出了创伤的语言迷惑理论(confusion of tongues)。弗洛伊德认为病人提到的童年期的性创伤是建立在本能驱动的幻想之上的记忆,于是放弃了性诱惑假说。但是费伦茨却扩展了这一假说。他在其著名的论文《成人和儿童间的语言迷惑》(1933)一文中提出,由于父母传递给孩子的信息是他们将通过性欲来表达对孩子的爱,由此迷惑成为了一种最初的内部状态。然而儿童除了感到自己正在被伤害与虐待之外并没有感到丝毫的爱。儿童的父母因自身未能解决的自恋需要,为了自身的性欲、权力欲、施虐欲等欲望的满足,就把它们强加到了渴望爱与温柔的孩子身上。成人非但没有表现出爱,实质上却是对儿童的侵犯。儿童事后被告知,如果这种虐待被提到的话,那么他将会受到身体伤害,更糟糕的是,父母中的一方更可能威胁儿童说将收回对他或她的爱,结果是更加强化了儿童的这种迷惑状态。①费伦茨认为,这种迷惑状态歪曲了儿童的现实感,因为儿童被强迫要求接受施虐者对这一事件的定义。"然而,相同的焦虑,如果到达了一种确定的最大程度,就会如自动装置一般强迫他们去服从攻击者的意愿,预测攻击者的每一个欲望并使其满足,并通过与攻击者认同而完全忘却了他们自身"。"柔弱的、发育不良的人格是对突然的不愉快的反应,不是通过防御而是通过对受焦虑折磨的认同和对胁迫者或攻击者的内投"。②儿童心理内部的否认和分裂机制开始占主导,承担了对创伤部分的缓解作用。于是正如所有的防御机制的作用一样,病人再也不能体验到创伤或者是与其相联系的情感。费伦茨认为,此时一种言语或者语言的压抑就产生了,儿童得了"语塞",患者不能说出创伤所在。儿童自我感的发展被其父亲或母亲为满足自身性需要而给儿童带来的过度刺激所淹没。这些儿童感到了身体上和道德上的无助,为了达到对成人的权威和无法忍受的暴力的反抗,他们的思维能力和人格将不会充分发展和巩固。费伦茨的语言迷惑理论的基本思想是:创伤的形成是儿童父母中的一位或者是权威人物的性诱惑的结果。他对性诱惑假说的深入研究使精神分析从对生物学驱力的探讨转向了对人类行为中的创伤作用的关注。

3. **自我发展阶段论**

费伦茨在《现实感的发展阶段》(1913)一文中认为,由于儿童认识了自然的力量而引起的对夸大狂的替代构成了自我发展的主要内容。费伦茨把自我的发展分为四个时期:① 无条件的全能期。费伦茨认为人类处于子宫的时候就有了精神生活,尽管只是一种无意识状态。全能就是指一个人具有他所想要的一切,并且不再有其他的愿望。胎儿期就可以做到这一点,因为胎儿可以满足他所想要的一切,并且不存在其他的要求。在这一时期,胎儿所需要的所有温暖、保护、营养都会通过脐带得到满足。费伦茨认为,病人本身的童年期夸大狂只是要求曾经存在的无条件全能状态的回归,即他们曾经是全能的那些"美好的旧时光"③。婴儿出生之后,随之而来的则是一个神奇幻觉的全能时期。② 神奇幻觉的全能期。费伦茨认为夸大狂的一个方面或者说是其存在的主要特征是一种全能的感受。当母体中的胎儿的需要不断得到满足的时候,胚胎时期就成为了一个无条件的全能期。婴儿出

---

① Arnold W. Rachman (1999). Sandor Ferenczi's ideas and methods and their relevance to group psychotherapy. *Group*, vol. 23, Nos. 3/4, pp. 122~123.

② Sandor Ferenczi (1955). *Final contributions to the problems and methods of psychoanalysis*. Maresfield Reprints London, pp. 162~163.

③ Sandor Ferenczi (1950). *Sex in psychoanalysis*. Dover Publications, Inc., NewYork, p. 186.

生之后，他的无助的哭闹和挣扎很明显是对先前状态被打断的抗争反应。但是，婴儿的哭闹很快就会被母亲那温暖的怀抱和无微不至的关照所平息，于是婴儿出生后的第一个愿望满足的实现就是因出生而失去的满足环境的重新获得。由于婴儿还不具备理解原因和结果之间关系的能力，更不知道母亲或者是照看者的存在和活动对其愿望满足的重要意义，因此，他会觉得自身是处于一种神奇的能力护佑之下，只要通过简单的想象就能满足自身的愿望。③ 借助神奇姿势的全能期。当婴儿的需要和自身不协调的简单表达不能充分满足需要的时候，婴儿便逐渐发展出了特殊的表达方式。例如，婴儿模仿吮吸的动作来表达饥饿的需要，逐渐学会伸手去抓他所想要的物体。在婴儿懂得哭泣以及其他表示需要的动作和表情能带来满足时，儿童便进入了一个靠姿势来表达的全能时期。当儿童首次学会把自我和客体加以区分时，他就想在每一个客体中找出他自己的器官及其自身的活动。④ 神奇想法和神奇语言期。在这一阶段中，儿童的言语开始于象征性姿势，但是很快就具有了特殊意义。象征性姿势加速了有意识思考和动力释放的能力。由于这一时期的儿童的愿望比较少而且相对简单，他身边的人很快就能懂得儿童的要求并急于使其满足。儿童终于明白，是想法和语言让他的愿望得以满足。费伦茨认为，这一阶段的强迫症病人把思考放在了行动的位置上。这种神奇想法和神奇语言的信念存在于迷信中的神奇公式、巫术中的诅咒、宗教中的膜拜祷告等这些不可抗拒的力量之中。这一时期是迷信、巫术以及某些宗教崇拜的基础，也是那些着迷的父母寻求归宿的时期。

**4. 治疗技术的发展与革新**

费伦茨在治疗技术上是一位极具创造性的改革派。他发展出了著名的相互分析技术(mutual analysis)。他建议治疗师和病人之间进行相互分析，倡导治疗师的自我披露和作为聆听者的必要性。为了积极技术(active technique)中分析师的权威，他还提倡灵活和放任的技术。费伦茨允许创伤病人重新体验其症状。他建议分析师要以更加谦和的态度对待病人并要勇于承认自己的错误，即便是对原有理论的否定也要采纳一种更具灵活性的分析技术。[1] 他认为如果让病人在分析过程中所产生的负面情感得以自由释放，并且分析师做到了乐意承认自己的错误并在以后的分析中努力去避免，那么病人对分析师的信任将会增强。这种信任会在病人的现在和不可

① Sandor Ferenczi (1955). *Final contributions to the problems and methods of psychoanalysis*. Maresfield Reprints London, p. 124.

忍受的过去创伤之间形成对比，这种对比将会使病人不再以幻觉式产物的形式而是以客观的记忆去重新体验过去。分析师在病人处于这种状态下所提出的问题，一定要简单到儿童也能理解的程度，所提出的建议通常应该是鼓励性话语，而不是特别的指导。分析师应该尽可能以完全的耐心、理解、善意、亲切去迎合病人，只有这样病人才会产生安全感，也就是不同于他童年的痛苦经历。在他看来，只有做到了这些，病人才会以更加趋近于儿童的方式和心态去表达创伤，才会有勇气使自己沉浸到痛苦过去的再现之中。费伦茨认为，分析师如果继续以冷酷的、教育式的态度对待病人，那么最终将会把最后一根联系病人和分析师的线弄断。费伦茨还指出，病人具有一种对愿望、倾向、幻想、同情以及对分析师的反感的过度细化的敏感性，即便是分析师完全没有意识到它的存在。这就要求分析师不仅要从病人所联想到的过去经历中辨别出痛苦事件，还要区分出病人所压抑或是主动抑制住的对治疗师的负面情感。费伦茨认为，有必要让分析师本人经历一种深度的分析以及认识到自身所具有的不受欢迎的人格特质，以便于更好地面对那些巧妙隐藏在病人联想中的憎恨和蔑视。

此外，弗洛伊德把分析过程中的反移情看做是对分析师工作的一种干扰，需要通过分析师的自我分析加以控制的观点，而费伦茨却认为反移情在分析治疗过程中是一种很有价值的工具，并不会妨碍治疗师的工作。费伦茨为治疗创伤首创了放松疗法(relax therapy)，他认为分析师的重要作用之一就是让病人放松。费伦茨在《成人分析中的儿童分析》一文中写道："我有这种感觉，即我们所谓的自由联想仍然有着太多的思维水平上的意识选择的本质，所以我鼓励病人更深度地放松并且更完全地听任于自身潜意识的印象、趋向、情绪的摆布。"①于是，费伦茨为促进病人的自由联想而发展出了积极技术。费伦茨还首次把共情(empathy)引入了精神分析治疗中。他认为，共情反应是临床交互作用的核心，共情将有助于分析师远离分析过程中不必要的阻抗。费伦茨强调一种由共情原则所主导的分析环境而不是倡导一种挫折、禁忌或者是中立的氛围。总之，费伦茨对精神分析的临床技术上的革新深深影响了后来的客体关系学派和人本主义心理学的治疗方法。

**5. 费伦茨的影响**

弗洛伊德曾把费伦茨对精神分析理论和临床上的贡献描述为"纯金"②。

---

① Sandor Ferenczi (1955). *Final contributions to the problems and methods of psychoanalysis*. Maresfield Reprints London, p. 128.

② Alexander Franz, Eisenstein Samuel, Grotjahn, Martin(1995). *Psychoanalytic Pioneers*. New Brunswick, NJ, US: Transaction Publishers, p. 14.

在弗洛伊德的学生中,费伦茨可以说对精神分析理论做出了最多的原创性贡献。弗洛伊德曾经在他的《精神分析运动史》(1917)中写道:"与奥地利在地理上如此临近、科学上如此疏远的匈牙利,只给予了精神分析一名工作者——桑多尔·费伦茨,但是这个人却顶得上一个完整的协会。"①有人认为,如果把弗洛伊德看做是经典精神分析之父,那么费伦茨则是当代精神分析理论与技术的创始者。由于费伦茨本人的性格特点以及与弗洛伊德在治疗关系和临床技术方面上的不一致,再加上琼斯对其评价的不公正,还有政治上的原因,多年来费伦茨的许多贡献遭到了忽视。但是,通过费伦茨的学生巴林特(M. Balint)和美国的汤姆森(C. Thomson)的工作,费伦茨的思想开始复兴。汤姆森认为,由于费伦茨对弗洛伊德的尊敬与热爱而抑制了他走自己的路线或是领导一个新的思想学派。但是有观点认为,费伦茨实质上并无意另辟蹊径,他只是想为精神分析的理论和治疗引入一种新的框架。② 因此,即便是在积极疗法和交互分析的使用上与弗洛伊德意见相左,费伦茨却总是认为自己是主流精神分析的一员。

费伦茨教育和影响了一大批精神分析的学习者。在曾被他分析的人中大有作为的包括:英国的克莱因、琼斯、巴林特,法国的协助巴黎精神分析学会的元老索罗尼卡(Eugénie Solonicka),美国的创办芝加哥分析学院的亚历山大(F. Alexander)和建立哥伦比亚大学精神分析临床研究中心的哈多(S. Rado)以及自成一家之言的玛勒。③ 费伦茨所倡导的分析中的新技术的目的在于体验与共情,而不是传统的弗洛伊德技术中的理性洞察。费伦茨表现出了对传统的移情分析的不满,他用对病人的纵容和放松作为必要的分析环境代替了分析师的中立态度。目前许多精神分析治疗师一再强调的治疗师的自我披露和对病人采取一种关照式的母亲立场的做法,均与费伦茨所提出的积极疗法或母爱式的治疗技术相一致。费伦茨对分析师和病人之间互动关系的见解启发了客体关系理论家。一种观点认为,费伦茨可以被看成是自我心理学和客体关系心理学之父。④ 他对反移情和自我身份认同的提出均早于温尼科特和沙利文提出的相似概念,且温尼科特对分析师与

① Sigmund Freud (1917). *The history of the psychoanalytic movement*. Nervous and mental disease publishing company, p. 25.

② Douglas H. Frayn (2004). Book review. *American Journal of psychotherapy*, vol. 58. No. 1, p. 1.

③ 王国芳:《克莱因的对象关系理论研究》,南京师范大学博士学位论文 2000 年,第 30 页。

④ Douglas H. Frayn(2004). Book review. *American Journal of psychotherapy*, vol. 58. No. 1, p. 1.

病人间的真诚和开放的人际关系重要性的强调也非常接近于费伦茨的分析技术。费伦茨曾经是克莱因的第一位分析师，其理论中的很多方面特别是分析师和病人之间的互动关系的见解，都被克莱因吸收和发展甚至影响到了拜昂的理论。例如，费伦茨所提出的关于儿童内投能力的观点，影响到了克莱因后来在解释儿童的幻想上对内投、投射等概念的大量使用。费伦茨称得上是伊底精神分析学家中的自我心理学家，他的思想和临床研究可以被看成是构建一种关系视角的最初尝试。费伦茨最显著的遗产可能是他已经在分析技术上使所有精神分析学家成为了他的学生，而不管他们是否意识到了这一点。① 费伦茨对共情原则的引入及其对共情的临床和理论含义的研究贡献，影响了后来的客体关系学派、自体心理学、人本主义心理学的治疗理念与技术。共情的引入成为了精神分析扩展其理论的大道，为分析师的治疗提供了一种方向。

总之，亚伯拉罕和费伦茨在精神分析的发展中都占有重要的一席之地，他们在促进精神分析理论在国际上的影响和人们对精神分析思想的理解上起到了重要作用。他们在驱力结构的模式下，从不同角度发展了弗洛伊德曾论及到但没有将其发展完善的客体关系理论，并启发了以克莱因为代表的许多后来者的研究，从而最终使精神分析实现了由驱力结构模式向关系结构模式的转变。② 当我们在今天重新探究精神分析理论和治疗技术发展史的时候，我们不应该再忘却亚伯拉罕和费伦茨。虽然两个人各自的学术生涯略显短暂，但是他们却都走在了时代的前面。

① Douglas H. Frayn(2004). Book review. *American Journal of psychotherapy*, vol. 58. No. 1, p. 1.

② 王国芳:《克莱因的对象关系理论研究》，南京师范大学博士学位论文 2000 年，第 29 页。

# 第三章

# 自我心理学的建立

在弗洛伊德逝世以后，精神分析的自我心理学代表着正统的精神分析运动的新发展，在国际精神分析学界处于领导地位。其实在弗洛伊德的理论体系中早已蕴含有自我心理学的思想，后经其女儿安娜的过渡，使自我心理学成为精神分析运动的合法领域，最终由哈特曼确立了自我心理学体系。自我心理学最初产生于德国，在第二次世界大战爆发之后，转移到美国继续发展。

## 第一节　自我心理学的产生与特点

### 一、弗洛伊德与自我心理学的奠基

弗洛伊德的古典精神分析理论大致可以划分为创伤范式、驱力范式和自我范式三个发展时期。我们从中可以看出弗洛伊德的自我心理学思想的发展线索。

精神分析运动的最初十年是创伤范式时期。弗洛伊德早期在运用催眠术和疏导法治疗神经症时发现，如果病人在催眠状态下能回忆起并说出过去的创伤和痛苦情绪经验，病症就会消失。而且他还发现，这种创伤主要是一种性创伤。这就是所谓创伤范式的理论。但后来却又发现，病人所说的过去性创伤大多是假的，是病人主观臆想出来的。同时在治疗过程中，病人还会出现向治疗者发生移情的现象。这给弗洛伊德以沉重的打击，迫使他不得不寻求新的理论途径。这一时期与自我心理学有关的是弗洛伊德在1894年所写的《神经—精神病症》一文中，首次提出“防御”概念，这是后来的“自我防御”概念的先导。

大约从1897年开始，弗洛伊德放弃了理论上的创伤范式，转向了驱力范式。这一时期长达四分之一世纪。弗洛伊德开始强调潜意识中的本能驱力特别是性本能的作用，用力比多能量解释人的一切心理活动，是一种典型的泛性论。他把自我也看成是一种本能。例如，他在1911年的《关于心理机能的两条原则的系统论述》一文中提出了自我本能概念。在1914年的《论自恋》一书中又提出自我驱力和自我力比多学说。在他看来，自我本能和性本能一样，也是具有欲望，追求自身的满足。如自恋就是自我本能欲望的一种表现，这种满足自恋的行为被称为“自体性欲满足”(auto-erotism)。自我一方面追求趋乐避苦，表现为愉快的自我；另一方面又要满足现实需要，表现为现实的自我。由于实现自我本能经常受到现实环境的压力，自我有时不得不放弃某种快乐的根源，而延缓满足，暂时忍受一些痛苦，并等待更适合的机会最后实现满足。当自我受到这种经常训练之后，自我本能的行为就变得合理了，它不再受盲目的快乐原则支配，而有可能按照现实原则行事。但在驱力范式时期，弗洛伊德仍把自我本能从属于性本能，而且它的能量还需要性本能供给。此时弗洛伊德关于自我的思想还是一种本能理论，把自我看成是一种驱力。这在他以后提出的伊底、自我、超我三部人格结构中对应于伊底部分，所以也称“伊底心理学”。

从1914年开始，弗洛伊德进入了弗恩(Reuben Fine)所谓的“自我心理学”时期[①]。从1915年起，弗洛伊德开始撰写《元心理学导论》[②]一书，打算解释整个心理机能。他借用“元心理学”(metapsychology)，旨在对心理过程按照精神分析路线进行综合性的描述。到了1923年他出版的《自我与伊底》一书中将其表述为我们现在看到的伊底、自我和超我的一般人格结构理论。这标志着他的理论从驱力范式转向自我范式，也标志着他的自我心理学思想的重大发展。弗洛伊德开始赋予伊底、自我和超我三种成份在人格结构中的各自地位。他不再把自我看做是简单的本能力量，而把它看做是人格结构中的一个相对独立的组成部分。它遵循着现实原则，其内部存在

① 弗恩对弗洛伊德的自我心理学起点时间的划分(1914年)与拉波帕特的划分(1923年)有所不同。

② 该书计划完成12篇论文，但后来弗洛伊德只出版了其中的五篇，另外七篇不知何故被弗洛伊德毁掉了。

着一系列的防御机制，以处理力比多与现实的关系。这样，弗洛伊德就从本能理论转到了结构理论，这也是精神分析从伊底心理学向自我心理学迈出的很重要的一步。同时，弗洛伊德也修正了他以前理论中与自我心理学相矛盾的一些内容。例如，他在1926年出版的《抑制、症状和焦虑》一书中，修正了他的焦虑理论。他放弃了早期主张焦虑是对不可发泄的性紧张的一种有害反应的观点，即第一焦虑理论，而主张焦虑是自我发出的一种危险到来的信号，即第二焦虑理论。这与整个自我心理学的方向是一致的。在此书中，弗洛伊德还列举了自我的一些防御机制，如压抑、退行、认同、固着等。

但我们知道，在弗洛伊德的古典精神分析体系中，始终贯彻一个观点，即精神分析的核心就是阐明潜意识的本能动力学。他的精神分析理论中最真正的心理事实还是伊底。在他生前最后一本著作《精神分析纲要》(1940)中，弗洛伊德还坚持"伊底的能量标志着有机体生命的真正意图和目的"。因此，尽管从20年代以后，在弗洛伊德的理论中逐渐增加了自我的重要性，但在他看来，自我的能量仍然来自伊底。"伊底要求什么，它就得到什么。"① 总之，弗洛伊德的理论仅为自我心理学勾画了一个初步的轮廓，奠定了一个雏形，指出了一个继续发展的方向。他的自我心理学思想为其女儿安娜所直接继承。

## 二、安娜与自我心理学的合法化

安娜(Anna Freud，1895—1982)是弗洛伊德最小的女儿，其父有意让她成为精神分析的传人。安娜从1918年起就参加维也纳精神分析学会著名的星期三讨论会，1923年起便开始了精神分析的医疗实践。1925—1938年担任维也纳精神分析学会主席。1938年随其父亲从奥地利到达伦敦，后来成为一位著名的儿童精神分析学家。自1947年至1982年，安娜一直主编她与哈特曼和恩斯特·克里斯(Ernst Kris)创办的《儿童精神分析研究》。她先后获得过美国杜克大学(1950)、奥地利维也纳大学(1972)和英国剑桥大学(1980)授予的名誉博士

安娜·弗洛伊德(Anna Freud，1895—1982)

① Freud, S. (1964). *An outline of psycho-analysis*. In J. Strachey(ED.). *The standard edition of the complete psychological works of Sigmund Freud*. London: Hogarth Press, p. 207.

学位。此外，美国政府授予她“麦迪逊奖”，英国政府也曾授予她大英帝国骑士爵位。安娜一生发表100多篇论文和出版10多部著作，其中重要的著作有：《儿童分析四讲》(1927)、《儿童精神分析技术导论》(1928)、《自我与防御机制》(1936)、《战时的幼儿》(1942)、《无家可归的婴儿》(1943)、《战争与儿童》(1943)、《对儿童发展的观察》(1951)、《儿童的正常与病理：发展的评估》(1965)、《发展性心理病理学的精神分析观点》(1974)、《儿童分析的主要任务》(1978)、《作为正常与不正常心理成长研究的儿童分析》(1981)等。

在弗洛伊德生命的最后16年，安娜一直陪伴在其身边。因此，她深知其父晚年的工作意图，进一步继承和发展了弗洛伊德后期的自我心理学思想。安娜接受了弗洛伊德关于人格是由伊底、自我和超我这三种结构组成的学说。但在如何看待自我作用的问题上，父女俩则持有不同的意见。弗洛伊德始终重视伊底的作用，伊底为自我提供能量。自我仅是伊底与外界之间的中介，伊底通过自我来对付外界。而安娜则更加重视自我的作用，反对伊底对心理活动具有绝对支配作用。她说：“研究伊底及其活动方式永远不过是达到目的的手段。我们的目的是终始如一的：即矫正心理异常，使自我恢复其统一性。”①在安娜看来，伊底和超我是不能直接观察到的，我们只能观察到自我。只有当伊底、超我和自我不一致时，我们才能了解这两种心理组织。因此，“我们观察的适当领域总是自我。可以说自我是一个媒介，我们试图通过这个媒介来了解其他两种结构的情况”②。弗洛伊德主张的是伊底控制自我，而安娜主张的则是自我约束伊底。如果说弗洛伊德以分析伊底作为治疗和理论的起点，那么安娜则彻底逆转了其父亲的起点，把分析自我作为解决所有精神分析问题的起点。这在自我心理学发展史上是一个巨大的进步。自此，自我成为精神分析的一个合法的研究对象，自我心理学在精神分析运动中获得了合法地位。

安娜还进一步系统总结和扩展了弗洛伊德对自我防御机制的研究。她归纳出其父亲提出的十种防御机制，即压抑、投射、反向形成、否认、移置、认同、退行、升华、合理化和固着；又补充了她自己提出的五种防御机制，即否认、自我约束、对攻击者的认同、禁欲作用和利他主义机制。但她仍把主要注意力放在她自己提出的这些防御机制上，并对它们进行了明确的阐述。安娜关于防御机制的研究对自我心理学的发展具有重要的意义。因此，尽

---

① Freud, A. (1946). *The ego and the mechanisms of defense*. New York: International University Press, p. 4.

② 车文博主编：《弗洛伊德主义原著选集(下)》，辽宁人民出版1989年版，第296页。

管自我的功能很多,但其防御功能却是主要的。它们直接和自我的强度、性质紧密相关,具有重大的临床意义。自我发展总离不开防御机制的发展,通过防御机制的活动可以看到自我的影子。

安娜对自我心理学的另一贡献是她将精神分析法用于儿童心理治疗,提出了发展线索概念。她在长期从事儿童分析工作中,观察儿童成长过程,发现他们通过伊底和自我交互作用,逐渐增加对外界的信赖性,终于形成了自我对内外现实的控制能力。安娜划分了儿童的六条发展线索:① 从依赖他人到情绪上的自信;② 从吮吸动作到正常的饮食;③ 从大小便不能自控到能自控;④ 从对自己身体的管理不闻不问到负起责任;⑤ 从关注自己的身体到关注玩具;⑥ 从以自我为中心到建立友谊关系。安娜提出的发展线索是一个重要的概念,它把重点放在自我适应生活要求的能力上。因而使精神分析在摆脱单纯受内部本能冲动的支配上迈出了重要的一步。

安娜继承和发展了弗洛伊德的自我心理学思想,对自我心理学的建立做出了重要的贡献。然而,她终究是弗洛伊德的女儿,而不是别人。她并没有真正解决弗洛伊德思想中始终存在的自我的两种机能的不协调,即狭义的防御(与本能冲突所产生的)与广义的适应(与环境相互作用中产生的)矛盾。她仍在自我与伊底的冲突与防御中来研究自我,而发展自我心理学的关键任务是让自我离开伊底,使自我成为没有冲突的领域。所以安娜仅仅是发展弗洛伊德的自我心理学思想的一位过渡人物,而自我心理学的真正建立则是由哈特曼所完成的。

### 三、自我心理学的历史演变

几乎从精神分析运动的一开始,就出现了自我心理学的萌芽。著名的自我心理学家拉波帕特(David Rapaport)最早对精神分析的自我心理学的历史演变做出概括。他在 1959 年发表的《精神分析的自我心理学的历史概略》[①]一文中,把自我心理学的历史划分为四个发展阶段:第一阶段是从 1886 年至 1897 年,弗洛伊德提出最初的防御概念。第二阶段是从 1897 年至 1923 年,弗洛伊德把自我看做一种本能,提出自我本能、自我驱力和自我力比多学说。第三阶段是从 1923 年至 1937 年,弗洛伊德划分人格结构中的伊底、自我和超我三种成份,给自我相对独立的地位。安娜进一步强调自

① David Rapaport(1959). A historical survey of psychoanalytic ego psychology. *Psychological Issues*. vol. 1. No. 1, pp. 5～17.

我的作用，阐述自我的防御功能。第四阶段是从1937年至1959年，即从1937年哈特曼在维也纳精神分析学会发表他的《自我心理学与适应问题》著名演讲开始，这被看做自我心理学真正建立的一年。自此，自我心理学进入一个新的历史发展时期，成为现代心理学的一个重要流派。后来自我心理学家布兰克夫妇（Blanck，G. & Blanck，R.）在《自我心理学》[①]（1979）一书中，把第四阶段的下限延伸到1975年，以玛勒《人类婴儿的心理诞生》一书的发表为标志。1986年他们又在《超越自我心理学》[②]一书中，将前述的第三阶段（1923—1937）称为早期的自我心理学，第四阶段（1937—1975）称为后期的自我心理学。

## 四、自我心理学的特点

第一，强调儿童心理发展。这是自我心理学的一个重要特点。自我心理学的奠基人安娜·弗洛伊德继承了弗洛伊德晚年重视自我的倾向，将重点放在自我适应生活要求的能力上，总结出了儿童心理发展的线索，使自我心理学合法化，并在精神分析与发展心理学之间架起了一座重要的桥梁。哈特曼接续了安娜的研究，扩展了自我机能的概念，建立了自我心理学。在哈特曼理论的基础上进一步做出贡献的是三位齐名的自我心理学家斯皮茨、玛勒、雅可布森，他们均致力于研究儿童的早期心理发展，从观察儿童入手来建立他们的儿童发展理论体系。斯皮茨从心理和生理两个层面考察婴儿与他人的交往，尤其关注婴儿出生第一年的心理结构的发展并对此进行了深入细致的研究，充实了自我心理学对前语言期婴儿的自我发展的探索；玛勒把精神分析的传统驱力模式、自我模式和客体关系模式相结合，创立了独具特色的分离—个体化理论，阐述了生命头三年的心理诞生过程；雅可布森对儿童自我的形成和儿童心理结构的发展做出了详细说明，建立了一个整合性的自我模式。这些研究使精神分析运动向新的方向迈出了重要一步，对于理解个体的早期心理发展无疑具有重要的意义。

第二，强调儿童精神分析。自从哈特曼建立自我心理学，将精神分析纳入普通心理学的范畴之后，由弗洛伊德开创的精神分析运动便发生了重大转向，即从成人精神分析转向儿童精神分析。儿童精神分析是以儿童为对

① Blanck，G.，Blanck，R. (1974). *Ego psychology：theory and practice*. New York：Columbia Universities Press，pp. 19～23.

② Blanck，G.，Blanck，R. (1986). *Ego psychology：developmental object relations theory*. New York：Columbia Universities Press，pp. 3～4.

象的精神分析理论与技术，安娜是其先驱之一，1945 年，她与哈特曼共同创办了《儿童精神分析研究》杂志。在安娜之后，自我心理学内部出现了许多著名的儿童精神分析学家，如斯皮茨、玛勒、埃里克森等人。他们在自己的临床实践中，把病例与理论结合起来分析精神障碍的成因，通过大量的儿童病例的分析治疗，揭示了早期关系对个人成长的重要意义。虽然他们的视角各不相同，但是都关注于母亲和儿童的相互作用。为了能够对儿童进行有效的分析，自我心理学家还在技术上使用了一些适合于儿童的治疗方法。例如，埃里克森运用各种游戏治疗技术，让患儿通过自己的想象用玩具建构一些激动人心的场景来发现和理解儿童患者的独特问题。在他看来，游戏能够使年幼儿童重演过去、弥补过失，增强对未来生活的信心。因此，游戏不只是一种娱乐，更是一种用来提高控制感的活动。这种方法解决了儿童精神分析的技术难题，并扩大了精神分析的治疗范围，为儿童精神病诊断和防治提供了工具。

第三，积极吸收其他学科的理论和方法。自我心理学继承了古典精神分析和客体关系学派的理论和方法，同时也积极吸收和借鉴其他学科的理论与方法，以扩展和修正弗洛伊德的理论。自我心理学家大多具有医学背景，这使他们能够充分利用生物科学的知识，从一个新的视角对儿童的心理发展进行审视。例如，哈特曼的"适应"概念、埃里克森的"渐成论原则"、玛勒的"共生"概念都是从生物学中借用来的术语。斯皮茨的思想与生物学、进化论的关系更为直接，他将胚胎学中的"组织者"概念引入并作为其理论的核心，并多次使用动物行为学的实验结论来验证自己的假设。同时他们还吸收了皮亚杰的儿童心理学的一些重要思想，主张婴儿的发展是量变与质变的结合，发展阶段的先后顺序是不变的，等等。一些自我心理学家还对古典精神分析的方法进行了革新，其中尤以斯皮茨最为突出。他将主流心理学的实验法与测验法引入精神分析的研究中，将临床观察与实验相结合，从而为精神分析研究提供了量化指标，增加了其科学性；特别是他还将电影法作为研究儿童的手段之一，这一新技术的引入不仅是对精神分析，而且对整个心理学界都起到了启发性的作用。

第四，强调社会文化因素。自我心理学在继承弗洛伊德古典精神分析的深蕴心理学，坚持潜意识、驱力、早年经验等概念以外，又加进了社会文化因素，将个人的发展纳入了社会文化的轨道，把人的发展解释为伊底—自我—超我装置与外部世界之间交互作用的产物。哈特曼认为，自我的根本机能是适应，强调人对"正常期待的环境"的适应，有利于精神分析的人格模式与社会环境的沟通。埃里克森则为精神分析理论建立了崭新的框架，他将心理社会的因素容纳进自己的自我心理学理论体系，建立了把人的一生分为八个阶段的自我发展渐成学说，他提出的心理社会性发展学说是对弗洛伊德提出的心理性欲发展学说的一种发展。在他看来，基本的人格问题是决定个体如何适应于每个人出生的独特社会及历史环境。贯穿其理论的核心主题是个人与文化的相互渗透，即个体的心灵是在特定文化背景的要求下产生和形成的，而个体在生活中努力寻找意义和连续性的努力又影响了文化和历史的变化。因此，埃里克森代表着自我心理学的社会文化转向。

## 第二节　哈特曼与自我心理学的建立

哈特曼是第二次世界大战以后精神分析学派最著名的理论家之一，被誉为“自我心理学之父”。[①] 在精神分析运动发展史上，哈特曼既是一位历史意义极为重要，却又是常常受到忽视的非凡人物。研究哈特曼的自我心理学，对于了解哈特曼与弗洛伊德在自我心理学思想上的联系和区别，特别是他对自我心理学的理论贡献具有十分重要的意义。

### 一、哈特曼的生平与著作

哈特曼（Heinz Hartmann，1894—1970）出生在维也纳，他的家世显赫，几个世纪以来，他的家族一直取得较大的科学和学术成就。从其父系传统来看，可以追溯到16世纪的天文学家和史官阿道夫·甘斯（Adolf Gans），甘斯与当时的天文学家开普勒（Johannes Kepler，1571—1630）和布拉赫（Tycho Brahe，1546—1601）是好友。哈特曼的祖父莫里茨·哈特曼（Moritz Hartmann）是著名的文学教授，在1848年德国革命期间，他曾积极

海因茨·哈特曼（Heinz Hartmann，1894—1970）

① Mitchell，Stephen A.，Black，Margaret J.（1995）. *Freud and beyond：a history of modern psychoanalytic thought*. New York：Basic Book，p. 34.

参与政治活动，并在革命之后成为德国议会的议员。当这一民主政体的临时政府被推翻后，他被迫逃往日内瓦。他的父亲以研究历史闻名，曾任维也纳大学教授，还担任过一个工人阶级成人教育团体的领袖。第一次世界大战以后，他做过奥地利驻德国的大使。哈特曼的母亲多才多艺，是一位雕塑家和优雅的钢琴师。他的外祖父赫罗巴克(Chrobak)是产科学和妇科学教授，弗洛伊德曾在其《精神分析运动史》中称赞他"也许是我们维也纳所有的医生中最杰出的人"①。由于他的这种家庭和个人背景，哈特曼能够经常接触到当时杰出的科学家和学者，这使得他从小就受到了各种文化、思想观念的熏陶。

1920年，哈特曼在维也纳大学获得了医学博士学位。在大学期间，他最初的兴趣是药理学，然而他很快便决定专攻精神病学。哈特曼除了主修当时流行的医学课程外，还选修了许多哲学和社会科学课程。例如，他曾聆听了著名社会学家马克斯·韦伯(Max Weber)的社会学讲座，并留下了深刻的印象，这对他后来思想的形成产生了重要影响。获得博士学位以后，哈特曼留在维也纳大学精神病与神经学学院工作。同时，他还跟随安娜·弗洛伊德学习精神分析，在她的引荐下参加了维也纳精神病教学医院的精神病学例会，并担任该会的第二助理。在这期间有一年左右的时间，他曾前往柏林精神分析研究所继续他在维也纳开始的精神分析训练。1932年后，哈特曼转往维也纳精神分析研究所担任教师和训练分析师。1938年纳粹占领奥地利，哈特曼移居巴黎，之后又到了瑞士，并最终于1941年定居美国。自1941年起，哈特曼以教师和精神分析师的双重身份任职于纽约精神分析研究所。1945年，哈特曼开始担任《儿童精神分析研究》杂志的主编，该杂志是由他与安娜·弗洛伊德和恩斯特·克里斯(Ernst Kris)共同创办的，致力于创立精神分析的自我心理学。1948年，哈特曼被任命为纽约精神分析研究所治疗中心医学部主任，并在这一职位上一直工作到1951年。哈特曼在临床实践中具有异常敏锐的洞察力，然而在他的著作中却很少提及这些临床资料，这与他的信念是一致的。哈特曼认为，临床观察本身处于次要的地位，只有当它们成为某一概念框架的一部分，或者被用来说明一般的理论问题时才具有首位的重要性。1952年至1954年，哈特曼任纽约精神分析学会会长，1951年至1957年任国际精神分析协会主席，1959年后一直任国际精神分析协会名誉主席。

① Freud, S. (1914). *On the history of the psycho-analytic movement*. London: Hogarth Press, p. 13.

哈特曼的著作不丰，但却很有分量，它们经常被引用，已经成为精神分析的经典作品。1922 年至 1935 年间，哈特曼发表了一些临床方面的论文，其中最值得注意的是，他尝试以精神分析理论为基础来研究同卵双生子的人格。从方法论的角度来看，哈特曼的这些文章成为后人进行双生子的精神病与精神分析研究的一种重要参照模式。1927 年，哈特曼出版了《精神分析的基础》一书，这是他学术生涯早期一本比较重要的著作，该书系统论述了精神分析理论与方法方面的各种问题。在书中，哈特曼像弗洛伊德一样，主张精神分析是一门自然科学，具有适合于其研究主题即人格的科学方法论，同时他还将精神分析与其他心理学流派进行了比较。1939 年，哈特曼的自我心理学奠基之作《自我心理学与适应问题》一书出版，标志着精神分析自我心理学的正式诞生。这本书是哈特曼根据自己 1937 年在维也纳精神分析学会上所作的同名演讲概括而成的，阐述了他对自我心理学各种理论问题的看法。该书虽然不是一本临床方面的著作，但却为其他人的临床实验研究提供了理论框架。从某种意义上讲，它代表着哈特曼对现代精神分析理论的一种重要的转向，对精神分析的自我心理学的建立与发展产生了极大的影响，这是一本可以与弗洛伊德的《自我与伊底》(1923)相媲美的重要著作。同年，哈特曼还出版了《精神分析与健康概念》一书，对“适应过程”与经常使人误解的“适应现实”作了区分。这两本书的出版表明，哈特曼的目的就是要实现弗洛伊德创立一门普通精神分析心理学的愿望。1964 年，他还出版了《自我心理学文集》。

由于深受家庭和成长环境的影响，特别是其父亲和祖父的影响，哈特曼十分尊重和信奉通行的思想传统。这导致他对弗洛伊德理论的主要部分采取一种保守性或许是一种明智的保护性的态度。正如格林伯格(Jay Greenberg)和米切尔指出的，哈特曼的著作读起来就像读立宪学者的著作。这些学者不能挑战已有宪法的主体，宪法本身是规定的，只能通过对“规定”意义的解释，进而应用到以前未能预见和探讨它们可能适用的情况。但这样显然是改变了他们所评注的宪法文件的影响。这个比喻特别适合于哈特曼对待弗洛伊德精神分析的态度。他的许多论著都是评注精神分析理论的一个或另一个方面，其贡献似乎仅在于阐释。尽管这种阐释是以弗洛伊德的理论本质为基础的，但它们的增值作用在于打开了许多以前从未考虑过的可能性。[①] 哈特曼的主要贡献在于，一方面澄清了弗洛伊德体系中关于自我心

① Greenberg, J. R., Mitchell, S. (1983). *Object relations in psychoanalytic theory*. Cambridge: Harvard University Press, pp. 237～238.

理学的一些模糊认识；另一方面他把精神分析中的一些命题表述恰当地纳入普通心理学范畴，试图建立精神分析与学院心理学之间的联系。

## 二、自我心理学的主要思想

哈特曼认为，精神分析从一开始就有狭义和广义两个目标。狭义的目标指的是对病态和处于正常心理学与心理病理学边缘的现象的研究。在这一时期，精神分析的工作主要围绕着伊底和本能驱力，集中于冲突领域。精神分析的广义目标则是要创立一门普通的精神分析心理学，即将那些传统上为非精神分析心理学所研究的主题，如对环境的适应、自我作用以及更一般的理性和非理性活动纳入精神分析的视野，使精神分析成为心理生活的普通理论。这一方向的最关键、最有代表性的一步就是自我心理学的兴起。作为精神分析自我心理学的创建者，哈特曼为实现这一目标提出了一系列理论概念，巧妙地兼容了古典精神分析的思想逻辑并改造了古典精神分析的要求，代表着精神分析运动的正统发展。

### 1. 没有冲突的自我领域

无论是弗洛伊德还是安娜都从心理动力学出发，强调自我与伊底的冲突与防御，他们的自我概念仍然没有自己的独特领域。在弗洛伊德的理论中，伊底始终是其关注的核心，虽然他在后期提出了自我的调整、适应和改造环境的作用，但却未给予应有的重视，也未进行详细的研究。安娜似乎比其父亲前进了一步，把自我当做“观察的适当领域”，但她对自我的观察仍是为了说明自我与伊底和超我之间的动力关系，自我仍然处在伊底和超我的夹缝中间，难以发挥独立的影响。因此，创立自我心理学的一个首要任务就是为自我划定一个独特的研究范围。这一范围应当与本能的研究有所不同，应体现出自我的特殊的心理规律及其主动性的特点。哈特曼将这一范围称作“没有冲突的自我领域”(the conflict-free sphere)。他认为，古典精神分析的最大毛病就是忽视了没有冲突的心理学领域，把冲突作为自己唯一的研究任务，而“下一步扩大精神分析范围的任务应该是揭示自我的各种没有冲突的活动了”①。

哈特曼强调：“我们务必认识到，虽然自我确实在冲突的基础上成长，但冲突并不是自我发展的唯一根源。我们许多人希望精神分析成为一般的发

① 车文博主编：《弗洛伊德主义论评》，吉林教育出版社 1992 年版，第 958 页。

展心理学，为达此目的，它一定要包含自我发展的其他根源。”[①]事实上，并非每一对环境的适应或每一学习和成熟过程都是冲突的，在冲突之外，还存在知觉、意向、对象认识、思维、语言、回忆现象、创造活动和众所周知的动作发展阶段，如抓握、爬行、走路以及其他许多现象都表现出的成熟和学习过程。在哈特曼看来，这些活动并不是自我与伊底驱力相互作用的产物，它们是在一个没有冲突的范围里得到发展的。所谓没有冲突的自我领域，是指“一套心理机能，这些机能在既定时间内在心理冲突的范围之外发挥作用”[②]。这个领域并非是一个空间范围，而是就个体而言，能够在经验上存在于心理冲突领域之外的过程，它们以自己的方式发生和发展。需要注意的是，哈特曼这里所回避的冲突并不是正常人心理具有的一般冲突，如烦恼、选择、进退两难等，而是古典精神分析所研究的病态冲突。哈特曼的整个自我心理学体系都是围绕着没有冲突的自我领域展开的，包括自我的起源、自我的自主性发展、能量的中性化和自我的适应过程等。哈特曼提出了没有冲突的自我领域，这是古典精神分析与自我心理学的分水岭，标志着精神分析的自我心理学的真正建立，所以他被誉为“自我心理学之父”。他明确将这一概念纳入精神分析，扩大了精神分析的范围，引起了精神分析的实质变化。

**2. 自我的起源及其自主性的发展**

承认自我的独立起源及其自主性是哈特曼自我心理学存在的基石和核心，也是他与弗洛伊德的根本不同之处。自我心理学的关键问题是给予自我结构以能动性，使其不屈服于本能的控制，而是否承认自我在起源上的独立性及其自主性的发展正是决定自我能动性的实质所在。

(1) 自我的起源。

哈特曼指出，尽管一些诸如记忆和学习等自我机能在试图解决冲突时被采用，但在发展中，它们在解决冲突问题之前就已出现。记忆、学习、联想和其他自我机能是自我和伊底驱力关系的先决条件，它们不是那些交互作用的产品。在哈特曼看来，由于伊底的本能驱力远离现实，而且不能够实现生存与适应的目标，因而以生存和适应为其主要机能的自我必定具有自己的生物学起源。他不同意弗洛伊德有关伊底不论在生物学上还是心理学上，都比自我的出现要早，自我是从伊底中发展出来并为伊底服务的观点。哈特曼相信，自我与伊底在人的生命之初就同时存在。自我不仅仅是作为

① 车文博主编：《弗洛伊德主义原著选集（下）》，辽宁人民出版社 1989 年版，第 315 页。

② Hartmann, H. (1939). *Ego psychology and the problem of adaptation* (D. Rapaport, Trans). New York: International Universities Press, p. 39.

学习与经验的结果而发展的，它还遵循着自己的类似于生理过程的先天发展的时间表，例如，抓握、走路、语言的运动方面及其他自我机能出现的时间都遵循这种生理学时间表。因此，哈特曼认为，自我与伊底是两种同时存在的心理机能，自我独立于本能冲动，但又是与它同时发生发展的。那么，自我与伊底是怎样同时发生发展的呢？哈特曼认为，它们都是从同一种先天的生物学禀赋——“未分化的基质”(the undifferentiated matrix)中分化出来的。在这种未分化的基质中，一部分生物学禀赋演化为伊底的本能驱力，另一部分生物学禀赋演变为先天的自我的自主性装备(the apparatuses of ego autonomy)。这说明自我并非源于伊底，两者虽有共同的起源，但遵循着不同的发展路线。在自我与伊底未经分化之前，既没有自我，也没有伊底。自我与伊底一样都是先天遗传的，伊底不是唯一的遗传禀赋，自我也不是伊底的副产品，两者都是分化的产物。

哈特曼在自我起源问题上的这种修改标志着自我心理学最重要的进展，具有十分深远的意义。因为这一修改承认了自我与伊底具有共同的先天起源，使自我在起源问题上摆脱伊底，具有明显的独立性。这一独立性可以扩大精神分析的范围，使之包括研究记忆、思维、想象、学习等普通心理学的问题。同时在起源上区别伊底与自我，这有利于认识自我的主动性，揭示人类区别于动物的特点。

(2) 自我的自主性发展。

自我的独立起源和独特的生物学禀赋决定了自我必然具有自己的独立发展过程，哈特曼称之为自我的自主性发展。当涉及发展或自我机能时，“自主性”这一术语含有独立于本能驱力和外部现实的意思。但是，哈特曼认为，这种独立性仅仅是相对的，因为一个人不能在没有驱力、超我和外部现实的刺激影响的情况下孤立地考察自我。与本能驱力相比，自我的自主性机能与外部现实的关系更为密切，它们是个体适应其环境的最重要机能。

哈特曼区分了两种自我自主性：一是初级自主性(primary autonomy)，一是次级自主性(second autonomy)。所谓的初级自主性是指那些先天独立于伊底的没有冲突的自我机能。这种自我机能一旦从未分化的基质中分化出来，就开始起着对环境的适应作用。哈特曼通过提出初级自主性概念，修正了古典精神分析的一个主要假设，即自我源于伊底，“通过假设先天自我装备，如直觉、意向、对象认识、思维、语言、记忆现象、创造性、运动发展等的存在，他提供了一种新的参考框架。在正常情况下，先天的自我装备发展成机能，存在于无冲突的领域之中”①。在个体心理发展的过程中，初级自主性主要表现为一种自我机能的成熟过程。哈特曼指出，自我的自主性发展也要以各种神经和心理的成熟为前提。而成熟过程在出生时并未完成，还有一个在母体外的成熟过程，它作为一种独立因素在经验、学习、练习、同一性之外发挥作用。在刚出生后的最初几个月内，婴儿的心理处于未分化的状态，不仅自我与伊底浑然一体，婴儿与环境也浑然一体。例如在吃奶时，婴儿把母亲当做自己的一部分。大概到了五六个月，婴儿的自我开始分化。本能驱力按照自身区位的成熟而不断发展，同时，自我也按照自己固有的发展程序分化出来。哈特曼强调，自我的知觉、思维、运动机能都有自己独特的结构和发展规律。“这些机能的应用独立于直接的需要，与外界刺激具有更加分化的关系，它们是现实的自我发展部分。”②自我的这些特点及其成熟处在现实和本能驱力的影响之外，哈特曼把它们称为自我的初级自主性因素，它们起源于遗传的生物学禀赋。从半岁到1岁，自我的初级自主性开始成熟起来，它们包括知觉、运动、记忆、学习和抑制等机能的成熟。这些变化使婴儿能更好地控制自己的身体，部分地掌握生活空间中的非生命客体，形成一定的预测能力。哈特曼提出了在无冲突领域发展的自我的初级自主性机能，这就使自我和一般的心理过程联系起来，使精神分析有可能从病理范围转向正常的心理范畴。

所谓次级自主性是指从伊底的冲突中发展起来并成为健康地适应生活的工具的那些自我机能，也就是指最初服务于伊底的防御机制并逐渐演变成一种独立的结构，摆脱了冲突的领域。哈特曼认为，防御在本能水平上已经存在了，这种存在于本能中的机制后来可以服务于自我并演化成自我应付伊底的手段。自我的次级自主性的一个例子是理智化作用（intellectualization）。理智化原是一种防御机制，是指人们为了防御不可接受的潜意识动机而故意用智力活动压抑它，如小孩可借助看小人书而压抑恋母情结。最初理智化是解决冲突、反对伊底的防御机制，发生在本能水平上，但在这一过程中，理智化在自我结构的组织和利用下可以演化成一种高超的智力成就。正如哈特曼自己所说：“这一过程还有一种现实倾向的方面，即这一反本能的防御机制同时可以看成一种适应过程。”③所以，理智化作用具有与

① Blanck, G., Blanck, R. (1974). *Ego psychology: theory and practice*. New York: Columbia Universities Press, p. 28.

② Hartmann, H. (1964) *Essays on ego psychology*. New York: International Universities Press, p. 167.

③ 车文博主编：《弗洛伊德主义原著选集（下）》，辽宁人民出版社1989年版，第319页。

现实环境相互作用的方面，体现了人们对现实的认识，可以转化为人的思维、记忆等智力活动。这一过程实质上是一个机能转变过程，即最初起源于某一冲突领域的活动形式，在发展过程中转变成一种完全不同的没有冲突的心理领域，具有不同的作用。哈特曼认为："在心理生活中，尤其在自我发展中，这一'机能变换'的作用是很大的。"①通过机能转变，建立在本能模式基础上，并且最初用来应对外部世界的机制可能会发展为实施自我防御的机构；反过来，这一机制也可能会成为适应的手段和次级自主性机能。因此，机能转变使个体获得了新的机能和目标，并形成了新的动机。在哈特曼看来，"许多目的、态度、兴趣、自我结构都是以这种方式产生的……那些作为防御本能驱力的结果而发展起来的活动或多或少都会成为结构化的机能"②。在理智化的例子中，作为防御机制的理智化就变成了作为适应的自我的次级自主性。哈特曼提出了自我的次级自主性对于进一步理解病理性和正常发展的防御、适应和自我作用具有十分重要的意义，但同时也说明了他在自我心理学理论上的妥协性一面。尽管次级自主性也是一种自我机能，但它的起源仍是本能的，这说明次级自主性仅凭借自身的力量难以完成整合的使命，必须从伊底中获得能力。其实，这也就等于承认自我的次级自主性起源于伊底，它不是自我本身固有的，而是伊底能量的改头换面。这表明了哈特曼理论的保守性立场。

**3. 能量的中性化**

哈特曼在描述没有冲突领域的自我机能时提出了一个问题，即这些机能是从何处获得其能量的？如果心理主要是由力比多和攻击性提供能量，那么适应过程，如知觉和学习能力的能量又来自何处呢？弗洛伊德认为，心理能量主要来自伊底的力比多能量，它是一切心理活动的动力源泉。自我的能量来自伊底，也受制于伊底。因此，哈特曼要想促使自我彻底离开伊底，赋予自我自主性，就必须修正和扩展弗洛伊德的心理能量概念。在他看来，如果某一服务于自我的能量过于接近本能则会妨碍自我的机能，因此必须使本能的能量中性化(neutralization)。能量中性化概念最早出现在哈特曼1949年所写的《对攻击理论的注释》一文中，他在这篇文章中指出："我们倾向于认为，中性化的攻击能量对装备自我和超我与力比多具有同等重要

① 车文博主编：《弗洛伊德主义原著选集(下)》，辽宁人民出版社1989年版，第326页。

② Hartmann, H. (1950). Comments on the psychoananlytic theory of the ego. *The Psychoanalytic Study of the Child*, vol. 5, pp. 74～96.

的作用。”[1]一年后，他又更加详细地论述道：“攻击性与性能量可以被中性化，并且在两种情况中，中性化的过程都是通过自我的中介过程发生的。”[2]所谓的中性化是指一种把本能能量改变成非本能模式的过程，从而使这种能量为自我所用，成为自我的能量源泉，它使“自我在选择完成其目标的手段时具有了高度的灵活性和可塑性”[3]。中性化的能量不同于原始的驱力能量，因为它的释放需要具有较小的强制性，其目标具有较少的本能特征。

哈特曼认为，自我机能一旦从伊底中解脱出来为它自己服务时，中性化的过程就产生了。3个月的婴儿就多少有一些使驱力能量中性化的能力，比如当他饥饿时，他就能把饥饿感和过去得到满足的记忆痕迹联系起来，于是他就用哭声来呼唤母亲。这时，他已经能将新生儿的无目的的哭声变成有目的的了。在饥饿驱力和呼唤母亲的联系之中就存在着中性化的过程。自我在反对伊底的斗争中，将本能驱力中性化，转变成为自我服务的能量，从而脱离和控制本能的能量，实现其自主性机能和达到适应环境的目的。如果这种本能能量的中性化过程没有成功，自我就不能承担起组织者的角色，也不能协调驱力与现实之间的关系，从而导致精神疾病的发生。

能量的中性化的概念为哈特曼所首创，但中性化的思想早已发端于弗洛伊德的思想之中。弗洛伊德认为，自我一经形成便可以直接使力比多能量实现非性欲化，如升华作用。升华可以把直接的性冲动通过某种高尚的社会行为转变为社会所接受的东西。这是一种本能的替换作用，通过这种行为方式，可使自我获得变相的、象征性的满足。然而，当将驱力升华时，它们仍然以一种伪装的方式保留着性欲和攻击性的特征。要使自我没有冲突的机能成为真正自主性的，似乎就需要一种不具有上述特征的能量。为解决这一问题，哈特曼提出了能量的中性化，通过中性化过程，自我消除了驱力的性欲和攻击性特征。因此，哈特曼的中性化概念虽然吸收了升华的思想，但却与这一概念有所不同。首先，升华仅仅是对力比多能量的改造，而中性化则包括两种本能的非本能化。哈特曼认为，本能不仅包括性欲，而且包括攻击性，攻击性也含有大量的能量。自我不仅通过力比多的非性欲化

---

① Hartmann, H., Kris E., Loewenstein R. M. (1949). Notes on the theory of aggression. In *Papers on psychoanalytic psychology*. Psychological Issues, Monograph. vol. 14. New York: International Universities Press, 1964, p. 70.

② Hartmann, H. (1964). *Essays on ego psychology*. New York: International Universities Press, pp. 128～129.

③ Hartmann, H. (1964). *Essays on ego psychology*. New York: International Universities Press, p. 132.

获得能量,而且通过攻击性的非攻击化来获得能量。弗洛伊德的非性欲化概念不能囊括全部能量的改造,所以哈特曼提出能量的中性化概念来表述对两种能量的改造过程。其次,他认为中性化是一个持续的过程,而非个体仅仅在驱力要求增强的情况下所采用的一种防御方式,它包括本能驱力的质的改变,而不单单是像升华那样将本能目的暂时转变成社会可接受的目的。同时,中性化也是有等级之分的,它从完全本能化到完全中性化。例如,超我所借用的攻击本能便具有本能性,尚未脱离攻击的原型;而非防御性的自我活动所借用的攻击本能是最具有中性化特点的。尤其重要的是,在心理的发展过程中,自我可以贮存中性化的能量,摆脱了具体特殊的中性化及其等级化,形成自身的目的和机能。也就是说,经过贮存的中性化能量是一种不带有本能痕迹的纯粹中性能量,可以被自我自由和随时地支配和运用,而不像升华那样依靠直接的能量转化。中性化的能量已发生了质的改变,在某种意义上,它已不再是本能的能量而是自我的能量了。由此,哈特曼就把自我的独立性又推进了一步,使自我的中性能量距离本能更加遥远,自我拥有的能量不再具有本能的形态,只是根源上属于本能,这种能量对本能的归属只是名义上的。

事实上,在最终解决心理能量这一问题的过程中,哈特曼甚至比他提出的中性化概念所暗示的走得更远,进一步摆脱了古典精神分析。中性化的能量无论其去本能化的程度如何,也不管为自我所掌握的数量有多少,最初都源于本能驱力。然而,早在 1949 年,哈特曼就对这一论断的准确性持怀疑的态度。在《对攻击理论的注释》一文讨论去本能化的脚注中,他指出:"在此,心理能量只是在与本能驱力的关系中才加以考虑,我们不讨论心理能量的其他非本能起源的问题。"①一年后,他又回到了这一问题,但再次拒绝做出明确的回答,他说:"自我贮存的所有能量是否都起源于本能驱力的问题,我不准备回答。弗洛伊德认为心理结构中'几乎所有的能量'都来自本能驱力,因而,他不否认一部分能量可以有不同的起源,但是心理能量的其他来源在何处?我认为有几种可能……。某些能量可能发源于我从前描述的自主性自我。然而,这些有关心理能量的原始起源问题最终都要追溯到生理学——正如本能能量一样。"②1955 年,哈特曼在《对升华理论的注

① Hartmann, H., Kris E., Loewenstein R. M. (1949). Notes on the theory of aggression. In *Papers on psychoanalytic psychology*. Psychological Issues, Monograph. vol. 14. New York: International Universities Press, 1964, p. 63.

② Hartmann, H. (1964). *Essays on ego psychology*. New York: International Universities Press, p. 130.

释》中，对他提出的这一问题给出了可能的答案。他认为，并非所有能量都来自本能驱力，从发生上来说，“部分心理能量——无论我们多么难以估计其大小——并不是原始的驱力力量，而是从一开始就属于自我”①。他进一步指出：“严格地说，一开始就属于自我的能量当然不能被称为‘去本能化的’(deinstinctualized)或‘中性化的’，它应该被叫做‘非本能化的’(noninstinctualized)，或许最好称之为‘原初的自我能量’(primary ego energy)。”②哈特曼的这一修改具有潜在的瓦解意义，承认能量的独立起源也就等于承认心理动力的独立起源，这样，自我也就可以合理地具有自己的动机和目的了。对弗洛伊德来说，自我的操作完全借用了来自伊底的本能驱力，尤其是力比多驱力，因此，它的功能必定与其本能冲动保持着联系。哈特曼则明确指出，自我可以利用不同中性化程度的攻击性与力比多能量，从而最终利用始终属于自我的非本能性能量来发挥其功能。通过使自我活动与本能的特殊的能量方式的联系更加松弛、疏远和间接，哈特曼的自我心理学增强了自我的可塑性及其操作强度，自我不再像弗洛伊德模式中那样极端受制于伊底和超我，并且他还将自我提高到现实的仆人和代理人的高度，这样，现实就可以影响驱力的特征。但与此同时，哈特曼又重申了伊底与现实之间的疏离。这种矛盾说明他并不想完全抛弃弗洛伊德的本能理论，而只是试图将一些新的观点整合进精神分析的概念框架之中，同时保持驱力结构模型的核心主张不变。

哈特曼的中性化理论成为后继自我心理学家对古典精神分析做出进一步修正所参照的模板，他们的目的都是要继续保留古典的驱力结构模式。例如，雅可布森认为，现实经验应对原始未分化的能量分化成为力比多和攻击负有部分责任，这种观点增强了“客体世界”对驱力的影响。克恩伯格则进一步指出，力比多和攻击性都是因对他人的好和坏的体验而产生的。这些理论家都通过承认驱力在动机中的首位作用来保持与驱力模式的联系，但同时又试图通过增加现实对能量来源及其根本特征的影响来修改精神分析的本能理论。哈特曼的中性化概念为这一修正打开了大门。

**4. 自我的适应过程**

哈特曼认为，能量的中性化过程的产生，也就是自我的适应过程的产

---

① Hartmann, H. (1964). *Essays on ego psychology*. New York: International Universities Press, p. 236.

② Hartmann, H. (1964). *Essays on ego psychology*. New York: International Universities Press, p. 240.

生。适应实质上是自我的初级自主性和次级自主性作用的结果，也就是说，一旦自我装备与环境取得平衡就产生了适应。研究自我的适应机能是没有冲突的自我领域的必然要求。正如哈特曼自己所说的："没有冲突的自我领域的思想使我们研究与掌握与现实任务密切有关的机能，即适应机能……适应是精神分析的一个核心概念，因为一旦我们深入探讨许多问题，这些问题都可集中到适应问题上来。"①他把适应看做是一种有机体与环境交互作用的过程，一种不断地与环境相适合的连续运动，而不是一种静态的产品。哈特曼借用了弗洛伊德著作中的自体成形（autoplasty）和异体成形（alloplasty）概念来解释个体对环境的适应活动。个体或者通过改变自己去适应环境，即自体成形活动；或者通过改变环境使之更适合于自己的适应，即异体成形活动。在哈特曼看来，人类的适应包括两个过程：人类活动使环境适应人的机能，然后又适应自己创造的环境。哈特曼认为，学习异体成形活动必然是人类发展的最高任务之一。然而，异体成形活动实际上并不总是适应的，就像自体成形活动并非总是意味着不顺应一样。通常只有更高级的自我机能，才能决定在既定环境中异体成形或自体成形活动是否合适或特殊的改变是否合适。此外，哈特曼又增加了第三种适应形式，这种适应形式既与异体成形或自体成形活动有关，又不完全等同于这类活动，它是指选择有利于有机体实现机能的新环境。发现新的有利的环境是最有意义的，尤其对于人类适应来说更是如此。

哈特曼进一步深入研究了人类适应的操作手段与适应过程的关系。他认为有两种适应在前提和结果上有所不同，一是进步的适应（progressive adaptation），另一是倒退的适应（regressive adaptation）。前者是指与心理发展的方向相一致的适应，后者是指为了将来或整体上对环境的适应而暂时表现出的倒退与适应不良，即通过倒退而迂回前进。哈特曼指出："适应现实这种最高度分化器官的机能不能单独保证有机体的完善。"②因此，在适应过程中，还必须考虑有机体的整体适应（fitting together）的重要作用。在通常情况下，某一适应在整体上是前进的，体现了有机体对环境的适应。但个别的组织过程可能是不适应的、倒退的。为了保证整体适应，个别心理组织必须暂时表现出不适应。例如，对于一个已经获得现实适应的成年女性来说，如果她有了一个孩子，那么她的这种适应本身并不能自行使她成为一位够好的母亲，除非她还具有一种部分的和暂时的倒退能力。只有暂时放弃

① 车文博主编：《弗洛伊德主义原著选集（下）》，辽宁人民出版社 1989 年版，第 324 页。
② 车文博主编：《弗洛伊德主义原著选集（下）》，辽宁人民出版社 1989 年版，第 333 页。

她的更高发展形式，母亲和婴儿才能达到整体适应，从而满足两者各自的需要。这种整体适应表现为自我的整合机能（synthetic function）。它体现了自我的本质特点和适应的最高成就。它并非是自我的一个独立机能，而是自我机能的统合。整合机能使人类区别于动物，使自我能够衡量各种利弊，比较长远和短近的利益，进行正确的选择。自我的整合机能说明，适应并非是被动的过程，而是一种克服困难、改造环境的能动活动。

哈特曼认为，适应过程既受生理心理组织的影响，又受外部环境的影响。适应更直接地取决于有机体的个体发生的阶段。在适应过程中，精神分析一直格外强调这种历史—发展的因素。人类并不是每一代都重新习惯于他的环境，除了遗传因素之外，人的特殊进化如传统的影响和人的工作的延续性等，都可以确保人与环境的适应关系。我们从前人手中接受了许多解决问题的方法，人的活动是其解决问题方法的对象化，从而使这些方法成为一种可延续的因素。可以说，人类总是生活在自己一代与过去一代人之间。在环境方面，哈特曼则提出了"正常期待的环境"（average expectable environment）这一概念。所谓正常期待的环境是指人的正常适应和正常发展所面临的环境，是正常人可以期待和想象的环境。正常人一生的大部分时间都处在正常期待的环境中，其个人发展的要求与环境的要求是吻合的。正常期待的环境首先从对儿童发生作用的母亲和其他家庭成员开始，日后逐渐扩大到整个社会关系。哈特曼认为，人们务必适应的环境是一种社会结构，这种社会结构决定了何种行为形式具有最大的适应机会。每一环境都要求不同的行为形式、成就形式、生活和平衡形式。也就是说，社会结构至少部分地决定了行为的特殊形式的适应机会。另一方面，人类在环境面前也不是被动的，人们主动加入这一环境。哈特曼指出："人所适应的环境一部分已经由人自身和人的属性所塑造了……。人不仅适应环境，而且主动创造着自己注定要适应的环境。"①譬如，对一个健康的新生儿自我来说，正常期待的环境就是婴儿自我最适合的环境。在这种环境中，婴儿借助他的自我调节机能影响着环境，而环境又反过来影响着婴儿自我。婴儿的自我正是在这种交互作用的关系中螺旋式地逐步与环境保持平衡，并不断向前发展的。哈特曼的自我心理学理论强调自我与环境的调节作用，使精神分析从伊底心理学的理论框架中解脱出来，走向正常的发展心理学，这无疑是一个巨大的进展。

---

① Hartmann，H.（1939）. *Ego psychology and the problem of adaptation*（D. Rapaport，Trans）. New York：International Universities Press，p. 31.

## 三、对哈特曼理论的评价

### 1. 主要贡献

在弗洛伊德逝世以后，哈特曼领导正统的精神分析运动沿着自我心理学的方向继续发展。在自我心理学的创立上，他无可否认地起了承上启下的作用。他在继承弗洛伊德和安娜的自我心理学思想的基础上，创建了自我心理学的理论体系，成为自我心理学的当之无愧的建立者，其贡献主要表现在以下几个方面。

首先，哈特曼的自我心理学澄清了弗洛伊德和安娜对自我心理学的概念和体系的模糊思想，探讨了没有冲突领域的自我心理学规律。在弗洛伊德的驱力模式中，自我被认为是软弱无力的，因为它是继发性的，源于伊底，借用了伊底的本能能量，而且它缺乏自己的目标，仅仅充当了其他更强大的心理机能的仆人。哈特曼则从起源上说明了自我与伊底的区别，强调自我的独立性。他阐述了自我的自主性发展的特点，赋予自我以主动性。他还把伊底的本能能量中性化为自我的能量，使自我脱离伊底的控制。哈特曼的这些工作扩展了弗洛伊德和安娜的自我概念，使自我的机能由防御本能变为适应环境。他进一步阐述了自我的适应过程，把适应过程看做是有机体与环境的交互作用的过程，是自我装备与环境不断取得平衡的过程。他还引入了正常期待的环境的概念，以说明环境对自我适应的影响。在哈特曼的自我心理学体系中，人在环境和本能面前不是被动的，而是主动的，人有能力控制环境和本能。

其次，哈特曼扩大了精神分析的目的和范围，把精神分析的研究内容纳入了普通心理学的研究范围。长期以来，精神分析的普通心理学意义的问题一直困扰着心理学家。在学院心理学家看来，精神分析的概念和方法对于理解正常人用处不大，精神分析学家则埋头于治疗实践，不关心普通心理学的发展。这使精神分析的发展脱离了整个心理学的进程。而哈特曼的工作正是试图建立精神分析与学院心理学之间的联系。他提出了“没有冲突的自我领域”，确立了自我这一独立的研究领域；主张精神分析有狭义和广义的目标，广义的目标即是研究人的适应、研究正常的心理、研究正常期待环境下的心理发展，从而使记忆、语言、思维、学习等自我的功能成为精神分析新的主题，极大地扩展了精神分析的研究范围，把古典精神分析从研究本能冲突的病态心理转向了研究自我适应的正常心理，这是哈特曼最大的理论贡献。正如他自己指出的，自我心理学的兴起，“使我在最广泛意义上不再怀疑精神分析学可以被称为普通心理学”①。

第三，哈特曼把自我的发生和发展的研究作为精神分析的重要任务，探讨了精神分析的发生学原则，试图建立精神分析的发展心理学。哈特曼“希望精神分析成为一般的发展心理学……我们要借助精神分析的观点及其方法重新分析非精神分析心理学领域提供的研究成果，这自然使精神分析学家对发展过程的直接观察（首先是对儿童的直接观察）具有了新的重要性”②。安娜的发展线索概念就是受了哈特曼的影响，下一节中将要讨论的斯皮茨、雅可布森和玛勒等人，都是从观察儿童入手建立他们的理论体系的。哈特曼在阐述自我的适应机能时还引入了一个“正常期待的环境”的概念，对婴儿来说，它所指的就是对婴儿具有重要意义的母亲和抚养人。他们是婴儿最理想的、期待中的环境事件，他们使婴儿可以最大限度地利用这一环境来适应外部世界。哈特曼肯定了母亲对于婴儿的关键作用，并描绘了母婴之间的客体关系。他认为，客体关系的发展经历了从原始自主的无客体、满足需要的客体到客体稳定性这样三个阶段。哈特曼的这一思想激起了后继者对儿童发展的研究，并且对重视儿童发展的客体关系学派产生了影响。

**2. 主要局限**

在精神分析运动发展史上，哈特曼是一位承上启下的人物，他所创立的自我心理学有利于精神分析的人格模式与社会环境的沟通，有助于说明心理学中的社会原则与生物学原则的统一性。然而，我们也应当看到，哈特曼并没有完全摆脱弗洛伊德思想的束缚，其理论观点仍然有很大的局限性。

首先，哈特曼对弗洛伊德的理论体系的改造并不是彻底的，从而导致了他的自我心理学体系具有许多不可克服的矛盾。哈特曼一方面提出精神分析的新目标即没有冲突的自我领域，另一方面又把冲突领域的心理学问题毫无保留地交给了古典精神分析。他在引进新概念描述自我的正常发展和适应过程的同时，保留了本能冲突对于解释病态心理的作用。在他看来，本能及其冲突可以解释病态心理，但不能说明正常心理；而自我及其适应可以解释正常心理，但不能说明病态心理。因此，在哈特曼的理论中，对正常心理的解释和病态心理的解释是不协调地存在着的。如果精神分析果真是普

① Hartmann, H. (1964). *Essays on ego psychology*. New York: International Universities Press, p. 4.

② Hartmann, H. (1939). *Ego psychology and the problem of adaptation* (D. Rapaport, Trans). New York: International Universities Press, p. 8.

通心理学，那么它一定具有贯穿这两个领域的一致理论。哈特曼的根本缺陷在于未能将整个人格结构与社会环境具体地统一起来，只是在自我水平上，人与环境是统一的、互相影响的；而在伊底水平上，现实的影响总是外在的、抽象的。

其次，在哈特曼的体系中，尽管用伊底驱力和中性化这些一般概念来说明自我在它的次级自主过程中，使受伊底控制的心理能量转化为一种与环境交互作用的能量，但是他的这一观点仍然没有逃脱伊底驱力的束缚，并没有给自我以真正独立的能量。可惜的是，哈特曼在这一发展的逻辑上没有再向前迈出一步。这与哈特曼本人的认识有很大的关系，他将其对精神分析理论所做的修正看做是对弗洛伊德思想的一种扩展和深化，而非是一种背离。哈特曼曾多次强调，他对自我的无冲突方面的兴趣是为了使精神分析成为一门普通的心理学，而不是为了建立一种特殊的心理病理学理论。正是这种保守的态度决定了他必然处于新旧体系的夹缝之中，不能进行彻底的革新。

# 第四章

## 自我心理学的发展

在哈特曼建立自我心理学体系后的数十年间，西方涌现了许多新的自我心理学家。不过，真正把哈特曼的自我心理学作为出发点，在其理论表述上建立各自的自我心理学体系的，则要算斯皮茨、玛勒和雅可布森等人。他们都各自描述了儿童自我结构化的全过程，对自我心理学的发展做出了各自的贡献，并推动了精神分析运动向儿童心理学的发展。斯皮茨、玛勒和雅可布森等人在哈特曼理论的基础上，进一步发展了自我心理学。埃里克森则代表着自我心理学朝着社会文化方面的转向。

### 第一节　斯皮茨对自我心理学的发展

斯皮茨在哈特曼的自我心理学理论的基础上，提出了自我形成的发生场理论，把发展看做是在一个场中从不稳定到稳定的一种进步。他把生命第一年中的微笑反应、陌生人焦虑和摇头说“不”等三种新的情感表达称为“心理组织者”(organizer of the psyche)，新生儿自我的正常发展就是这三个心理组织者依次构造的过程，由此推动了自我心理学的发展。尤为可贵的是，斯皮茨把精神分析的临床观察法和实验法相结合，同时，斯皮茨还积极采用测验法和电影方法，从而进一步推动了精神分析向正常心理学发展。

## 一、斯皮茨的学术生平与思想来源

### 1. 学术生平

勒内·A·斯皮茨(René A. Spitz, 1887—1974)

勒内·A·斯皮茨(René A. Spitz, 1887—1974)于1887年1月29日出生在维也纳。18岁时,进入匈牙利的布达佩斯大学攻读医学专业。在大学他结识了当时著名的精神分析学家费伦茨,并得到他在弗洛伊德面前的大力推荐,斯皮茨于1910—1911年接受了弗洛伊德对他的指导分析。在弗洛伊德的调教下,斯皮茨很快成为精神分析运动的第一代督导分析师之一。

第一次世界大战时,斯皮茨应征入伍,在奥地利部队从事医疗服务工作。战争结束后,回到维也纳并恢复了与维也纳精神分析研究所的联系。1930年,斯皮茨迁至柏林并加入柏林精神分析协会。两年之后,他又离开柏林前往巴黎,成为巴黎精神分析研究所的教员。

1938年,为躲避第二次世界大战的战火,斯皮茨再次举家西迁,落户纽约。他在纽约度过了长达18年的时间。1939年,斯皮茨成为纽约精神分析研究所的一名教员,同时兼任纽约新奈山医院的教员、纽约市立大学的客座教授、美国精神病学和神经病学委员会的医师。1950—1952年当选为纽约精神分析学会副主席。

1956年,斯皮茨应邀前往丹佛,担任科罗拉多大学医学院的精神病科客座教授。尽管来到丹佛时已经年逾七旬,但在丹佛的17年却是斯皮茨学术上达到顶峰之时。此间,他发表了一系列广为人知的论文,出版了他最重要的三部著作。除此之外,斯皮茨还积极致力于丹佛精神分析组织的建设,于1962年协助创办了丹佛精神分析学会并担任首届主席。他的到来使得丹佛的精神分析研究活动日益活跃,并得到了全国同行的认可。

斯皮茨以对生命第一年的研究而闻名。其代表作有:《否与是:论人类交往的发生》(1957)、《自我形成的发生场论:对病理学的意义》(1959)、《生命的第一年:客体关系的正常与异常发展的精神分析研究》(1965),其中第二本著作是斯皮茨在弗洛伊德诞辰102周年时的演讲稿,第三本是他最重要的一本著作。1962年,在斯皮茨75岁大寿时,友人们自发为他组织了一场生日盛宴,并将宴会上发表的讲演编辑成书,名为《合集:力比多的客体与主体——斯皮茨75岁生日献词》。1983年，由罗伯特·N·埃姆德编辑的《勒内·A·斯皮茨论文选：来自婴儿的对话》出版，除了汇集斯皮茨各时期的论文外，还有来自精神分析学、儿童精神病学、儿科学、婴儿心理健康、心理学、儿童虐待、发展心理生物学等领域的专家撰文论述了斯皮茨对各自领域的影响。

1974年，斯皮茨逝世于丹佛，享年87岁。他一生勤于创造，成果卓著，与他接触过的人无不称赞他的人格魅力。1980年4月，在斯皮茨逝世六年之后，在葡萄牙召开的第一届世界婴儿精神病学大会特别缅怀了斯皮茨的贡献。

**2. 思想来源**

斯皮茨知识广博，在其理论中整合了多学科的知识与理念。首先，斯皮茨受到生物学和进化论的影响。斯皮茨思想与达尔文进化论的关系甚为直接。在其理论中，他始终强调心理功能的目的是生存和适应，可以从自然演化知识中获得对人类心理的理解。在斯皮茨的最后日子里，他不断地提到达尔文主义的思想。他希望自己的理论最后为人所记住的词是“生存、适应和进化”①。弗洛伊德可能影响了斯皮茨对生物学的兴趣，斯皮茨的医学背景也使他拥有深厚的生物学积淀。他从胚胎学、种系发生学和动物行为学等领域吸收了许多知识，对婴儿的心理发展进行全新的审视。例如，从胚胎学中，斯皮茨借鉴了个体发育的生物学模式，在生理发展与心理发展之间找到了诸多相似之处。他积极将胚胎学中的“组织者”的概念引入并作为其理论的核心。从动物行为学中，斯皮茨比较了人与动物行为的异同并从动物实验中受益颇多。他多次使用动物行为学的实验结论来验证自己的假设。从系统发生学中，斯皮茨的进化论观点有了切实的实验依托。系统发生学的思想将他的进化观点与心理发展观在微观层面上紧密地结合起来。可以说，生物学对斯皮茨的影响与心理学一样重要。

其次，斯皮茨受到精神分析的影响。作为弗洛伊德的学生，斯皮茨对导师一直十分尊崇。斯皮茨沿用了弗洛伊德的潜意识学说与人格结构学说，部分借鉴了弗洛伊德的心理性欲发展阶段理论和防御机制思想。斯皮茨自己也曾承认，他的研究主要是建立在弗洛伊德的《性学三论》的基础上的，尤其是其第二部分对他的影响很大。斯皮茨几乎完全接纳了自我心理学对古

① Robert N. Emde.（1992）. Individual meaning and increasing complexity: contributions of Sigmund Freud and René Spitz to the developmental psychology. *Developmental Psychology*. vol. 28, pp. 347～359.

典精神分析的改造，在自我的起源与适应以及能量的中性化方面与哈特曼的自我心理学一脉相承。可以说，除了弗洛伊德之外，对斯皮茨影响最大的精神分析学家就是哈特曼。哈特曼将主流心理学中的成熟与发展概念引入精神分析，这极大地影响了斯皮茨的理论体系。哈特曼关于心理分化、发展的观点激发了斯皮茨将性欲发展阶段、器官、行为、适应功能等融为一体的做法。两人对新生儿的未分化阶段思想的阐述也如出一辙。斯皮茨还赞同哈特曼对古典精神分析最为重要的一项改造，即提出自我的非冲突领域。事实上，斯皮茨理论中所提到的自我功能大多数是非冲突的。哈特曼提出的能量中性化概念也对斯皮茨产生了重要的影响。斯皮茨还采纳了客体关系学派的某些基本观点，对母婴关系在婴儿发展中的作用做了深入细致的研究。他与客体关系学派的许多代表人物一样，把婴儿与环境的交往看做是婴儿与母亲的互动，赋予母亲在婴儿的世界中以无与伦比的地位。在斯皮茨看来，婴儿的异常心理往往起源于异常的客体关系。此外，斯皮茨晚年将客体关系学派的思想加入到他的自我理论中，使得自我的发展与客体关系的影响交相辉映，形成了独特的理论风格。

第三，斯皮茨受到了皮亚杰儿童心理学的影响。斯皮茨的心理发展观与皮亚杰的心理发展观有着某些一致性。斯皮茨与皮亚杰的心理发展阶段观在形式与实质方面都具有一定的类似性。例如，斯皮茨认为，不同的发展点汇集到一起便形成心理的组织者，婴儿的发展是量变与质变的结合，发展阶段的先后顺序是不变的，等等。再者，斯皮茨借鉴了皮亚杰的实验法与临床法相结合的方法。当然，斯皮茨的心理发展理论并不局限于婴儿的认知方面，因而在某些方面超出了皮亚杰的框架。

## 二、自我心理学的方法和理论

### 1. 研究方法

斯皮茨的研究方法主要是临床观察法和实验法的结合。同时，斯皮茨还将测验法作为一种研究手段。除了上述三种方法，斯皮茨还广泛使用电影拍摄法，他是最早将影像引入心理学研究的学者之一。

首先，斯皮茨把临床观察法与实验法结合起来。他在对婴儿进行临床观察的基础上，对许多具体的现象进行了实验研究。通过临床观察法与实验法的有机结合，他将对婴儿的横向与纵向分析、宏观与微观理解融为一体。斯皮茨的被试主要来自育儿所（Nursery）和育婴之家（Foundling Home）这两种寄养机构中照看的婴儿。育儿所是一种隶属于刑事系统中的特殊的婴儿照看场所。因为一些违法的怀孕妇女无法在监狱里常规服刑，监狱就成立了特别的育儿所，让怀孕的妇女在此待产，让刚生育的妇女在这里抚养自己的孩子。在这里，所有的喂养、照看等任务都是由母亲自己完成。育婴之家则是一种普通的福利机构，主要是收养弃儿。这些弃儿要么是一些已婚妇女因为家庭条件太困难而无力养育他们，要么是一些未婚母亲因为种种原因不能抚养子女。育婴之家一般规定，婴儿在刚到机构的三个月里需要母亲的照顾，三个月后母亲便可以离开。离开母亲的婴儿们由一名护士长和几名护士照料，平均每个护士照顾 7 名婴儿甚至更多。对斯皮茨来说，在这两种机构中的研究经历对他的理论建构极为重要，他的心理病理学理论主要就是建立在他对这两个机构中婴儿的观察与分析基础上。而且，不同机构的性质往往导致婴儿相应性质的异常心理及行为。

其次，斯皮茨采用了测验法。他使用比勒—黑兹(Bühler-Hetzer)儿童测验(也称维也纳测验)作为测量工具，这是一种被广泛采用的人格发展测验，可以进行个体间与个体内的比较。该测验主要测量人格的六个部分，即知觉的发展与成熟、身体机能的发展与成熟、人际关系的发展与成熟、记忆与模仿的发展与成熟、操作能力的发展与成熟以及智力的发展。通过对这六个部分的测量，人们可以获得有关发展的趋势、速度和方向的信息。斯皮茨强调，他只是将测验作为婴儿发展水平的参考，而非准绳。通过测验，他可以更准确地了解婴儿的发展状况，而将测验成绩与理论分析结合起来能够加深对婴儿的了解。

第三，斯皮茨使用了电影法。他是最早运用电影拍摄方法的心理学家之一，他总是随身携带着摄像机，习惯于在研究中拍摄电影。通过观察拍摄到的儿童电影，可以保存一些最为真实的片段。人们可以重复地观看这些影像，甚至可以对画面一帧一帧地进行分析。斯皮茨所拍摄的 16 毫米黑白电影现在成为我们了解那个时代儿童的珍贵记录。斯皮茨面世的十部电影目前都存放于纽约大学的电影博物馆中，如《悲伤：婴儿的危险》、《出生与生命的前 15 分钟》和《婴儿情感饥渴的身体后果》等。

**2. 自我结构：心理指征、心理组织者和客体关系**

斯皮茨的自我结构理论可以用三点三线来进行概括。三个点是生命第一年中发生的三大标志性事件，即 3 个月的微笑反应、8 个月的陌生人焦虑和 15 个月的摇头动作。斯皮茨称之为心理指征(indicators)，即婴儿内部心理变化的外部行为反映。以这三个点为基点，斯皮茨整理了婴儿发展中的三条线索，它们分别是客体关系的发展、自我的整合以及情感的积累。当然，这三者并不是独立的，而是相互依赖的，并且它们是人格整体的不同方面。具体来说，微笑反应标志着第一个心理组织者的形成和前客体的建立；陌生人焦虑对应着第二个心理组织者的形成和客体的建立；摇头说“不”意味着第三个心理组织者的形成和客体关系的进一步发展（见图 3-1）。

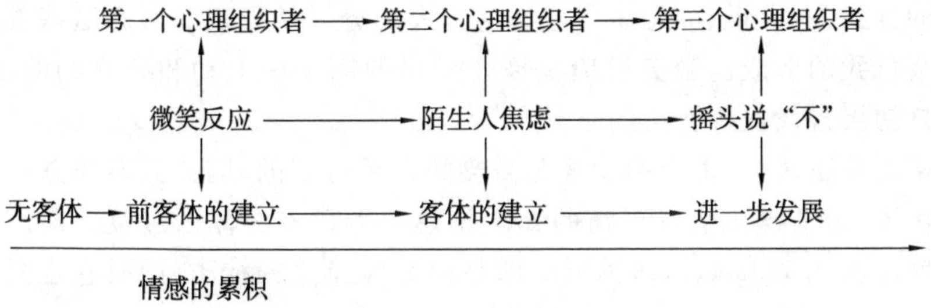


图 3-1 生命第一年的发展

心理组织者（organizer of psyche）是斯皮茨从胚胎学中借用的概念，用来描述婴儿的心理结构。在胚胎学中，组织者指的是有机体在某一点上几条生理发展线索的汇合。斯皮茨把这些观点引入其理论并指出，在一些关键期（critical periods），一组发展趋势将与成熟所引起的新功能一起被整合到人格框架中，其结果就是在更高的层面上进行心理系统的重建。整合成功后便出现了心理组织者。换句话说，心理组织者代表着一个全新水平的自我，它是经历了一系列成熟、发展与整合的结果。心理组织者对儿童有序而顺利的发展是极为重要的。如果婴儿在恰当的水平上成功地建立了一个心理组织者，那么他就可以按照发展方向顺延到下一个心理组织者。当然，心理组织者的建立有一个关键期。如果已经到了关键期却没有出现某种特定的心理发展，那么以后要实现这种发展就很难，甚至不再可能。

（1）微笑反应。

在 3 个月大时，婴儿会对人脸或类似人脸的物体发出微笑，斯皮茨将其称为微笑反应（smiling response）。斯皮茨认为，微笑反应具有五层意义：首先，它标志着初级自我的形成；第二，它标志着心理的第一个组织者的诞生；第三，它标志着前客体的形成；第四，它标志着婴儿从完全的被动到获得主动的转变；第五，它激发了婴儿社会关系的开始，是所有后继社会关系的原型和前提。斯皮茨曾经这样评价微笑反应，它的出现“意味着儿童生活的新纪元，新的生活开始了，它是儿童行为的转折点”[1]。

从自我方面来看，微笑反应的出现表明了婴儿从接收内部刺激转变为知觉外部刺激，而且，由于婴儿现在可以将注意力放在外部刺激上，因此现

① Spitz, R. A. (1965). *The first year of life*. New York: International Universities Press, p. 119.

实原则开始起作用。此外，婴儿可以识别人脸并对此做出微笑反应，说明记忆痕迹已经形成了，婴儿还可以把目前的知觉对象与以前的记忆痕迹进行比较。同时，由于这些记忆痕迹是保存在前意识中的，因此这也意味着心理机制的分裂，潜意识、前意识和意识这三大部分开始形成。所有这些都标志着初级自我的形成。微笑反应是婴儿做出的第一个主动和有目的的活动，它正是初级自我发挥作用的结果。

斯皮茨还认为，由于引发婴儿微笑的人是可变的，因此其对象并不是真正的客体，而是婴儿从对事物的知觉到建立力比多客体的过渡。斯皮茨称之为前客体（preobject），微笑反应即是前客体建立的标志，同时它也是正在形成中的客体关系的一个标志。斯皮茨特别指出，母婴关系是一个双向的过程。在不断变化的相互反馈过程中，婴儿的自我得到了发展，客体关系也即将建立起来。

(2) 8个月的焦虑。

婴儿6～8个月时，陌生人不再能引起婴儿的微笑反应，婴儿只会对熟悉、喜欢的人微笑，而对陌生人则表现出不同程度的不愉快反应。对于陌生人的接近，婴儿一般表现出焦虑与抗拒。由于出现这种焦虑的平均年龄是婴儿8个月大时，因此斯皮茨将这一现象称为“8个月的焦虑”（the eight-month anxiety），有时也称“陌生人焦虑”（the stranger anxiety）。斯皮茨指出，8个月的焦虑的出现意义有三：第一，它标志着自我成为一个有组织的心理结构，拥有多种系统、机制和功能；第二，它标志着第二个心理组织者的出现；第三，它标志着客体和客体关系的正式形成。

从8个月的焦虑开始，自我功能进入了一个更高级、更理智的发展，开始了一个新的时期。首先，婴儿对唤起不愉快的刺激的知觉与识别变得更加具体。从刚出生时紧张的随意释放到现在不愉快有了具体的焦虑形式。其次，婴儿开始调整他们应对环境和控制环境的方式。自我的一些防御机制开始形成。同时，婴儿的社会关系也变得越来越复杂。这些自我整合能力的增强都意味着新的心理组织者已经建立起来。

8个月大的焦虑同样意味着客体关系发展的新阶段。在3个月大时，人脸只是一个代表需要满足的格式塔符号，而在8个月大时，由于陌生人与母亲的脸不一致，因此陌生人的接近令婴儿产生了母亲不在的失望。此时，婴儿可以辨别母亲的脸并且赋予其独特的地位和属性。这反映出婴儿已经建立起真正的客体关系，而母亲成为他的力比多客体、爱的客体。它使得母亲在婴儿的世界中具有了至高无上的地位，也使得客体关系牢固地建立起来并得到快速的发展。

(3) 摇头动作。

婴儿在生命的15个月时出现了有意义的摇头动作。当婴儿想表达"不"的概念时,他们会通过摇头这样的方式,有时还会说出"不"这样的词,其形式和意义与成人几乎无异。斯皮茨认为,摇头是婴儿第一个具有可被成人理解的符号意义的身体姿势。首先,它代表着婴儿自身的一种意愿和需要,一种表明婴儿自己的态度的信号。其次,它代表着一种符号,一种表示拒绝的概念。斯皮茨认为,摇头动作是第一个象征意义的表达,"标志着童年早期最引人注目的理智和语言进步"①。随着这种进步,婴儿获得了对符号的操作能力以及判断功能、概念建构和抽象思维。

说"不"和摇头反应意味着第三个心理组织者已经建立起来。姿势与语言中的"不"是拒绝与判断的语言表达,同时也是婴儿形成的第一个抽象概念,而且是一个成人心理意义上的抽象概念。由于这种语言符号是语言交流的起源,因此,它标志着有目的、有指向的相互交流信息的开始。

摇头姿势对心理结构和客体关系都具有重要意义。它引入了一种新的模式来进行交流。在获得表示"不"的摇头姿势以后,婴儿的心理发生了巨大的变化。一些更高级的理性功能被运用到适应和控制之中,尤其是可逆性、语言的发展以及包括抽象在内的思维过程。到婴儿18个月时,他们已经基本可以使用简单的词句。语言使得客体关系大大丰富,并成为主要的交流工具。人际交往水平上的社会关系由此开始了。

**3. 心理发展的阶段**

以三种心理指征为标志,斯皮茨把心理发展划分出三个发展阶段,即从出生到3个月的微笑反应为第一阶段;从3个月的微笑反应到8个月的焦虑为第二阶段;从8个月的焦虑到15个月的摇头为第三阶段。

(1) 第一阶段:非分化阶段。

在出生伊始,婴儿的知觉、行为和机能都不足以组织成一个单元。斯皮茨将这一时期称为"非分化阶段"②(nondifferentiated stage)或者"无客体阶段"(objectless stage)。他认为,新生儿在心理上是非分化的,具有某些先天能力和倾向。但它们的机体缺乏意识、知觉、感觉等心理功能,无论是意识

---

① Spitz, R. A. (1957). *No and yes: on the genesis of human communication*. New York: International Universities Press, p. 99.

② 哈特曼的未分化(undifferentiated)概念是指自我与伊底之间、意识与潜意识之间缺乏分化,即四者是相互分离的,它是一个精神分析概念。而斯皮茨的非分化阶段(nondifferentiated stage)不仅是精神分析层面的,还是生理、行为层面的。在非分化阶段,心理与身体之间、内部与外部之间、驱力与客体之间、"我"与"非我"之间,甚至身体的不同区域之间,没有明确的区分。

的还是潜意识的，各种功能、结构，甚至是本能驱力，都是逐渐从整体中分化出来的。在非分化的阶段，新生儿不能分辨外部事物与自己的身体，不能将环境与自己分开。其原因在于，新生儿的感官通过设置极高的刺激壁垒来保护他们不受外部世界的伤害，这种壁垒阻止婴儿在刚出生的几周或一个月里感知外部刺激。只有当外部刺激的强度超过了婴儿自身设置的刺激强度时，他们才会对这种不愉快产生激烈的反应。

(2) 第二阶段：第一个组织者向第二个组织者的过渡。

从无客体阶段过渡到自我导向的有组织的活动阶段后，婴儿又在另一种更高的整合水平上产生了过渡，而这依然是通过婴儿与环境的交往与互动实现的。婴儿在出现微笑反应后，已经可以完成有目标、有组织的行为。他们通过将本能驱力转化为有目标的活动，通过对外部世界的进一步探索，逐步地扩展其心理边界。在该过渡阶段，自我的结构、有效性、力量等也会进一步发展，自我逐渐能够掌控外部的刺激。这种掌控能力有着不同寻常的意义，因为它将影响自我被建构和组织的方式，从而最终影响人格。

(3) 第三阶段：第二个组织者到第三个组织者的过渡。

8个月的焦虑出现后的数周，出现了许多新的行为模式和关系，其中最重要和最明显的就是新的社会关系形式的出现。这种新的社会关系体现在婴儿对社会姿势的理解和应用中，尤其是在婴儿对禁令和命令的理解和反应中，在婴儿对互动的社会游戏的参与中。婴儿开始理解成人行为所隐含的符号意义。在第二个组织者建立以后的阶段里，婴儿逐渐使用到身体姿势，后来这些姿势又被转化为语言。从此语言将成为母婴交流的主要工具，它将带来客体关系性质上的根本改变和自我发展极为重要的转折点。斯皮茨将这种语言称为姿势语言(verbal gestures)。当然，这种姿势语言要等到心理的第三个组织者出现后才可以实现。

#### 4. 心理发展的动力

斯皮茨在古典精神分析的基础上，吸收了哈特曼的驱力中性化思想，接受了客体关系学派将驱力与客体联系在一起的做法，强调驱力在心理发展中的作用，强调驱力的分化与融合。他尤其是对攻击驱力进行了详细的阐述。

(1) 驱力的中性化。

斯皮茨借用了哈特曼的中性化概念来解释驱力的变化。他认为，本能能量可以被转化为中性能量。在人格的发展过程中，驱力会产生更多的变化形式，包括将驱力疏导至某一器官或某一活动的心理表象中。驱力疏导的目标是获得满足或避免不快，但其结果可能是成功的也可能是不成功的。

婴儿从这个过程中获得经验教训，抛弃不成功的尝试。也就在此时，中性化产生了。因为中性化的产生是建立在现实原则的基础上。婴儿需要明白，他们的即时目标可能无法实现或者招致不快。这种认识需要婴儿进行一定的心理操作，而这又是建立在一定的自我水平上的，整合的自我可以延迟满足、悬置本能驱力。

斯皮茨由此认为，中性化在驱力中起到的作用类似于现实原则在行为中所起到的作用。在中化性完成之前，非融合的本能驱力导致了对客体或主体的破坏与损伤。但是当它们被中性化时，驱力能量就可以被悬置，寻找更合适的机会运用中性化能量以完成自我想要的目标。因此，驱力的中性化像现实原则一样，起着迂回的作用。同时，由于驱力的中性化有着防御的功能，也被斯皮茨列入防御机制的行列中。

(2) 攻击驱力。

斯皮茨从婴儿的依恋性抑郁症(anaclitic depression)和住院致病症(hospitalism)中得到启示，深入思考了攻击驱力在婴儿发展中的作用。他认为，依恋性抑郁症和住院致病症的症状揭示了客体关系在婴儿发展中的核心作用，而力比多和攻击驱力对于婴儿与其力比多客体的关系来说都是十分重要的。

斯皮茨详细分析了攻击驱力的作用。他观察到，攻击活动在 8 个月大之后的正常婴儿身上表现得很明显，但在患依恋性抑郁症和住院致病症的婴儿身上却明显缺乏。在 6～12 个月时，正常婴儿的攻击与力比多驱力的释放并没有什么区别，它们都指向同一个力比多客体。婴儿与爱的客体的关系为他的攻击驱力提供了一个出口。然而，在力比多客体缺失的情况下，两种驱力都失去了它们的目标。当失去客体时，攻击驱力只得指向婴儿自己——剩下的唯一客体。斯皮茨假设，在两种驱力正常的融合状态下，攻击所起到的作用如同载波，攻击的推动力使得两种驱力都可以指向外部；而对于分离的婴儿来说，因为他们无法释放力比多和攻击驱力，所以攻击会转而向内指向婴儿自身，这样力比多也无法再继续指向外部了。

## 三、儿童心理病理学与治疗方法

### 1. 异常的客体关系：两种婴儿心理病理

斯皮茨的儿童心理病理学是建立在他对客体关系的研究基础上的。他将母婴间异常的客体关系分为两种：一种是不当的(improper)母婴关系，另一种是不足的(insufficient)母婴关系。前者是客体关系障碍的定性因素，说明母亲在经营母婴关系上出现了情感偏差;后者则是客体关系障碍的定量因素,说明母婴关系本身是好的,但在数量上却是缺乏的。

在不当的母婴关系中,母亲的人格无法提供给其孩子正常的关系,或者母亲由于其人格问题总是去干扰本应正常的关系。此时,母亲的人格便成为婴儿患病的起源。斯皮茨将这种客体关系的后果称为婴儿的精神病变疾病(psychotoxic diseases of infancy),并将对婴儿心理有害的母亲行为模式分为以下六类:① 最初的明显抗拒,② 原始焦虑的过度放纵(primary anxious over-permissiveness),③ 焦虑掩饰的敌意,④ 溺爱与敌意之间的摇摆,⑤ 母亲心境的循环起伏,⑥ 敌意的意识补偿。

在不足的母婴关系中,母亲个人的人格所起到的作用不大,因为婴儿产生的病症是由于母亲因故不能留在婴儿身边,母亲的替代者又不能完全替代她造成的。这样,婴儿在生命第一年部分或完全被剥夺了客体关系。斯皮茨将这种病症称为心因性缺陷疾病(psychogenic deficiency diseases)或者情感缺陷疾病(emotional deficiency diseases)。他还根据婴儿被剥夺的程度,将情感不足的结果分为两类:① 部分不足,② 完全不足。

斯皮茨的婴儿心理病理学的最大特色是,他认为婴儿的某些身体病症与某些由不和谐的客体关系引起的心理障碍之间存在对应关系。也就是说,特定的身体疾病是由特定的心理障碍引起的。斯皮茨试图通过观察和实验确定二者间的这种联系,为病症的有效治疗提供线索。他所确定的母亲态度与婴儿疾病的关系详见下表:

**表 1　母亲态度与婴儿疾病的关系**[①]

| | 母亲态度的病理因素 | 婴儿病症 |
|---|---|---|
| 不当(定性) | 最初的明显抗拒 | 新生儿的昏迷 |
| | 原始焦虑的过度放纵 | 三个月大的疝痛 |
| | 焦虑掩饰的敌意 | 婴儿湿疹 |
| | 溺爱与敌意之间的摇摆 | 摇摆 |
| | 循环起伏的心境 | 玩屎 |
| | 敌意的意识补偿 | 攻击性的情感增强 |
| 不足(定量) | 部分的情感剥夺 | 依恋性抑郁 |
| | 完全的情感剥夺 | 衰弱 |

① Spitz, R. A. (1965). *The first year of life*. New York: International Universities Press, p. 209.

### 2. 心理治疗

斯皮茨在临床上提倡他所谓的依恋性治疗(anaclitic therapy)。由于儿童和成人的障碍都与早前的客体关系有关,因此,治疗就是要返回到前语言期。也就是说,治疗师要提供患者所缺失的客体关系。对这种缺失的诊断可以参考青少年或成人身上的固着现象,因为从这些固着现象上可以追溯到特定阶段的情感创伤。

斯皮茨对固着现象进行了详细的探讨。他指出,最开始时,自我有着强烈的倾向去建立一个可以实现动态平衡的结构。但客体关系的缺失或变异会干扰成熟与发展之间的整合。如果这种情况发生,那么自我会通过变异的整合方式来补偿发展的延迟。由此产生的变异的自我内核与后来正常的环境需求相冲突,引起了固着现象的产生并出现退行。尽管如此,自我的整合倾向还是会在人格的发展中发挥作用。因此,变异的自我内核也会与正常的自我内核一起被整合到一个聚合的结构中,结果产生了变异和不平衡的自我。这种早期的模式将对儿童未来的发展产生极大的破坏作用。当发展不平衡在某一水平上稳固地建立后,它将会改变下一个组织者的模式。这样,内在系统和外在系统的关系将遭到严重破坏或是改变。

基于上述原因,斯皮茨将固着点看得极为重要,认为心理治疗的两个目标之一就是发现固着点的位置。而另一个目标就是帮助患有精神疾病的个体回到正确的道路上。这是由两个步骤完成的:第一步是降低对适应过程的过度补偿,使得它们不再能侵蚀其他的生活功能;第二步是令患者返回到曾经由于缺陷和不平衡而迷失过的发展中。在这种治疗中,咨询师不是要指导、建议或教育,而是要解放人格使其能够自我调节。

## 四、对斯皮茨理论的评价

### 1. 主要贡献

首先,对自我心理学的贡献。斯皮茨在继承弗洛伊德理论的同时,也对他的体系进行了一定程度的修正。斯皮茨不仅从心理层面,还从生理层面上考虑婴儿与他人的交往。这种对生理的发展和作用的强调是斯皮茨对古典精神分析学的扩展。此外,斯皮茨从哈特曼的自我心理学思想中汲取了大量的养分,进一步细化了能量的中性化过程,扩大了自我的非冲突领域,增加了人们对环境问题的兴趣。斯皮茨尤其关注婴儿出生头一两年的心理结构的发展并对此进行了深入细致的研究,这充实了自我心理学对前语言期婴儿的自我发展的探索，也奠定了他在自我心理学研究中的独特地位。斯皮茨的特殊贡献还在于，他一直强调客体关系在自我发展中的作用，将客体关系的发展融入自我的发展之中，甚至将客体关系的进步作为自我发展的阶段性标志。他是最早一批从客体关系的视角来看待自我发展的自我心理学家。在他的理论中，体现了自我心理学与客体关系学派的结合。或者说，他架起了自我心理学与客体关系学派交流的桥梁，起到了承前启后的作用。

其次，对研究方法的革新。罗伯特·N·埃姆德（Robert N. Emd）认为，斯皮茨最重要的贡献包括他对研究方法的革新。① 这种革新体现在两个方面。一是斯皮茨将主流心理学的实验法与测验法引入精神分析的研究中。他借用实验心理学的方法论对婴儿及其母亲进行了多年系统、大规模的直接观察。而在此之前，精神分析一般只是采用临床观察法。实验法与测验法的运用为精神分析研究提供了量化指标，增加了科学性，使其更容易被主流心理学所接受。二是斯皮茨将电影拍摄作为研究的辅助方法。在斯皮茨之后，越来越多的心理学家们使用电影作为研究手段之一。可以说，这一新技术的引入不仅是对精神分析，而且对整个心理学界都起到了启发性的作用。

第三，对儿童教养的贡献。斯皮茨最广为人知的理论贡献在于他对母育剥夺的研究。斯皮茨通过对育婴之家这样的机构的长期观察，探讨了母育缺乏所造成的结果，并在此基础上提出了住院致病症概念。斯皮茨及其后继者的努力极大地改善了世界范围内的婴儿领养程序。因为在此之前，人们普遍认为，婴儿在寄养机构中多呆一段时间比较好，这样可以对婴儿的特点进行观察，以便他们能与领养的家庭更为匹配。但是，斯皮茨却用大量的证据和深刻的分析使人们相信，机构中的经历往往会导致婴儿的发展延缓，由于母育的剥夺，婴儿可能遭受认知、情感和健康上的极大损伤。因此，寄养机构中的等待是没有必要的。现在，待领养儿童在寄养机构中等待的时间大大缩短了，这对于儿童与领养家庭来说都是一个福音。这也是斯皮茨的理论对于儿童教养实践产生的最大贡献。

第四，对儿童心理健康和精神病的贡献。斯皮茨通过对自我发展阶段的阐述，刻画了婴儿的正常和异常发展状况。他致力于理解婴儿与父母之

---

① Robert N. Emde.(1992). Individual Meaning and Increasing Complexity: Contributions of Sigmund Freud and RenéSpitz to Developmental Psychology. *Developmental Psychology* vol. 28, pp. 347～359.

间非语言的信息传递系统。他的工作使人们认识到，环境的养育对婴儿的认知、感情和运动发展的重要性；婴儿对环境的反应的重要性；婴儿与父母的对话的重要性。同时，斯皮茨还致力于探索儿童精神病的产生与发展过程。他的研究有助于人们理解儿童精神病的病因，为有效地预防病症的产生提供了理论指导。T・贝里・布拉泽顿(T. Berry Brazelton)认为，发展精神病学领域应向斯皮茨所做出的努力致敬。①

**2. 主要局限**

第一，理论内容的简单化。斯皮茨仅仅从微笑反应、8个月的焦虑和摇头动作这三种现象中建构出婴儿生命第一年的发展历程，有过于概括、以点代面之嫌。另外，在斯皮茨的病理学思想中，他认为特定的疾病都有与之相对应的母婴关系种类，未免过于简单化。心理的发展和疾病的出现都是受多种因素影响的结果，要在婴儿的身体疾病与母亲态度之间寻找一一对应关系恐怕是难以实现的。

第二，研究对象的局限性。斯皮茨的理论主要是研究从出生到一两岁的婴儿。这一点既是斯皮茨的理论特色，也是他的不足之处。研究对象的相对集中使得斯皮茨的理论深度有余而广度不足。毕竟心理的发展是一个长期的过程，生命的第一年尽管十分重要，但并不是全部。因此，从全面性的角度来看，斯皮茨的理论是存在缺陷的。

## 第二节　玛勒对自我心理学的发展

玛勒是一位重要的自我心理学家和儿童精神分析学家。她沿着哈特曼的自我心理学路线，把精神分析的传统驱力模式、自我模式和客体关系模式相结合，并在大量的经验观察和临床实践的基础上，创立了独具特色的分离—个体化理论，阐述了生命头三年的心理诞生过程，对自我心理学的发展做出了重要贡献。斯蒂芬(Stephen)认为，玛勒是继哈特曼扩展了驱力模式

① Brazelton, T. B. (1983). *Dialogues from infancy*. New York: International Universities Press, p. 441.

后使得精神分析达到一个新的高度后最有影响力的继承者。她关于个体自我的形成和儿童精神病的研究以及解释都推前到弗洛伊德所界定的前俄狄浦斯时期。

## 一、玛勒的生平与著作

玛格丽特·S·玛勒
（Margaret Schoenberger Mahler，1897—1986）

玛格丽特·S·玛勒（Margaret Schoenberger Mahler，1897—1986）于1897年5月10日出生在匈牙利西部的一个小镇。她的父亲是当地一位开业医生，并担任当地负责公共卫生的官员，具有一定的社会地位，且为人正直，性格刚毅。她的母亲是一位典型的家庭妇女，且相当自负、脾气暴躁。玛勒的父亲充满爱心，像教育男孩一样来培养她，坚持对她进行科学知识的灌输，注重她在知识学习上的进步。

在16岁那年，玛勒离开家乡来到布达佩斯学习卫生学。在这里，她认识了自己最好的朋友埃里斯·塞凯伊-科瓦奇（Alice Szekely-Kovács）。埃里斯的母亲维尔马·科瓦奇（Vilma Kovács）夫人是一位社会名流，后来成为匈牙利著名的训练分析师。她有一座漂亮的别墅，经常在别墅里召开沙龙，讨论精神分析。沙龙的气氛十分活跃，来者都是对精神分析十分感兴趣的医生、学生和社会名流。玛勒在这个沙龙里结识了一批相当有学识的人，并首次领略了精神分析的魅力。尤其是遇见了一位对她后来的学术生涯产生深刻影响的人——费伦茨，费伦茨为她打开了一扇通向精神分析的大门，并引导她初次拜读了弗洛伊德的《性学三论》。玛勒后来回忆道："在这个沙龙的热烈讨论中，出于他们的临床观察和理论研究，已经出现了关于母婴双重实体的思想萌芽。"①

1916年，玛勒完成了卫生学的学习，进入布达佩斯大学医学院学习。她一边学习儿科学，一边学习精神分析。经过三个学期的预科学习，玛勒转到慕尼黑大学进行临床实践。而此时德国的当权派限制犹太人上大学的权利，作为一名犹太人以及一位女性，玛勒的学习和生活均受到了严重的干

① Paul E. Stepansky(1988). *The memoir of Margaret S. Mahler*. New York: The Free Press, p. 16.

扰。在混乱的政治环境中，玛勒坚持不懈地学习。她的成绩十分优异，颇受老师和同学的关注。随着1920年魏玛共和国的倒台，反犹太人运动日益公开化，玛勒和她的犹太籍同学遭到了当地同学和居民的排斥，她的生活越来越陷入困境，甚至被捕入狱。后来在一位律师的帮助下，玛勒出狱并离开慕尼黑来到日内瓦大学，学习了许多治疗婴儿疾病的方法。正是在这段时间里，玛勒意识到心身疾病的问题，并在给儿童做治疗时有意忽略身体的部分，只关注心理部分，她的"共生"(symbiosis)①概念由此开始萌芽。在治疗中，玛勒发现游戏对于儿童的治疗非常重要。正当玛勒全身心投入到儿童治疗中时，慕尼黑的反犹太运动并没有放过她。她不断地受到攻击，并被迫中断学习。几经周折，玛勒最终获得了慕尼黑大学的文凭。

1921年夏天，玛勒毕业后来到维也纳。为了能获取儿科医生的从业资格，她通过了开业医师资格考试并取得了执照。但当她申请做主治医生时遭到了拒绝，玛勒对此感到十分受挫。1922年，玛勒决定自己开业，尝试为儿童做精神分析。1926年，玛勒开始正式接受分析，给她做分析的是弗洛伊德的弟子之一德西(H. Deutsh)夫人。德西夫人相当高傲、态度冷漠、为人势利，加上当时玛勒的经济也十分拮据，所以整个分析过程遭遇不少困难。

1938年，纳粹占领了奥地利，玛勒的生活变得十分不平静。随着政治局势的恶劣，犹太人的身份又为她带来了麻烦。她随时都面临着失去自由和生命的危险。同年10月，玛勒来到美国，加入了卡罗琳人类发展研究协会，参与分析受挫儿童的情感与心理以及习得性障碍。1940年1月玛勒做了一场题为"假性低能——一顶神奇的隐性帽子"的演讲，引起了很大的反响，并受到纽约精神分析协会的邀请担任儿童咨询工作。从1941年开始，玛勒的大部分精力投入到儿童精神病患者的研究和治疗中。1949年，她加盟纽约爱因斯坦医学院，主持儿童精神病研讨会，研究儿童精神病问题，同时担任费城精神分析研究所儿童精神分析部主任。1959年，玛勒在费城建立了马斯特斯儿童中心(Masters Children's Centre)，提出了由母亲参与进来的三方治疗模式。在马斯特斯中心，玛勒还于1963年正式开创性地对正常儿童与母亲之间的关系进行了研究，由此，她从精神病研究转向了对人类正常发展的研究，观察婴儿如何从共生状态分离出来并获得同一性，取得了十分丰富的成果。

① 共生本来是生物学上的概念，是指两个生命或生物体紧密联系，相互依存，共同起作用，相互优化对方，并且朝向共同利益方向发展。玛勒借用共生概念，是指一个人的自我与他人(客体)相联系共同出现的心理现象。

玛勒先后在《国际精神分析杂志》和《精神分析季刊》等刊物上发表论文120多篇。1968年出版的重要著作《论人类的共生和个体化的变迁》（与Manuel Furer合作），阐述了儿童精神病理学。1975年，她又出版了其代表性著作《人类婴儿的心理诞生：共生和个体化》（与Fred Pine and Anni Bergman合作）。1978年、1979年分别出版了《玛勒论文选集第一卷：婴儿精神病和早期贡献》、《玛勒论文选集第二卷：共生与个体化》。1988年出版了玛勒撰写、斯捷潘斯基（P. E. Stepansky）整理的《玛勒回忆录》。

## 二、儿童心理发展理论

玛勒在长期观察和研究的基础上，提出了她关于儿童心理发展的理论。她首次把儿童心理发展划分为正常的孤独期、正常的共生期和分离—个体化三个阶段，然后又把分离—个体化时期划分为身体意象的分化与发展、实践、和解、个体性的巩固和情感客体永久性的开始四个亚阶段。为了突出其分离—个体化理论，我们将正常的孤独期和正常的共生期作为分离—个体化过程的准备时期（the forerunners of separation-individuation process）。玛勒认为，每个心理发展阶段都是对后一个发展阶段的铺垫和准备。在最佳条件没有得到满足时，每个阶段都能修复和弥补。由于发展过程并非固定，有很大的适应空间，所以儿童极易受到影响。比如，一个儿童在共生期间受到患抑郁症母亲的影响，分离就会发生很迟。儿童随后找到了弥补共生缺失的替代，与外部世界融合，只要母亲能够很好地配合儿童，他就能重新进入正常的发展轨道。玛勒的心理发展理论是一个动力发展理论，它存在着退行、接近、依恋、需要、探索、脱离实际需要之间的起伏。

### 1. 分离—个体化的准备时期

玛勒认为，正常的孤独期和正常的共生期是两个未分化的早期阶段，前者是无客体时期，后者是前客体时期，两者也是正常的分离—个体化的先决条件。在分离和个体化发生之前，发挥机能作用的基本自我已经产生。不同时期的自我发展会有重叠，但从发展观点来看，每个时期可以看做是个体在心理诞生上的量的不同。

（1）正常的孤独期。

在出生的头几周，正常的孤独期（the normal autistic phase）[①]（0～1月）

---

① Margaret S. Mahler, Fred Pine, Anni Bergman(1975). *The psychological birth of the human infant: symbiosis and individuation*. New York: Basic Books, pp. 41～44.

作为后胎儿期即子宫外生活的生理成长的巩固时期，促进胎儿的体内平衡。婴儿在这个时期所有重要的系统发生能力都投注给母亲，婴儿的发展任务是适应子宫外的生活，通过起支配作用的生理机制获得体内平衡和器官平衡。新生儿具备一定的反射机制，如吮吸、握、抓、依附等。弗洛伊德认为，婴儿把头转向乳房是"快乐动机"的支配以获得先前获得过的愉悦感。同时，新生儿对外界具有原始的自主性机能，而这些原始的自主性机制遵循中枢神经系统组织，对任何超过感觉阈限的刺激给予反应。这是一种全域的、扩散的机制，是婴儿的胎儿生命的延续，其各种器官机能都是交互作用的。同时，婴儿也具备一种短暂的、警觉的机制以对刺激做出反应。这一机制在婴儿正常的孤独期与其他发展时期总是保持一致的。

（2）共生期的开始。

新生儿的觉醒生活总是围绕着他持续尝试获得体内平衡而展开的。婴儿离不开母亲的照料，同时自己也能做出一些释放紧张的行为，如排尿、咳嗽、打喷嚏、呕吐等，都是为了从不愉快的压力中解脱出来。这些行为有助于婴儿区分"好"和"坏"的经验。从第二个月开始，对能满足其需要的客体的模糊意识标志着共生期的开始（the beginning of symbiotic phase）（2～3月）。这一时期，婴儿的行为、机能赋予他与其母亲处于一个万能幻想、共享同一个边界的双重实体的系统中，形成一个母婴双重实体的共生轨道，一种保护性、接受性、选择性的积极投注的刺激壳开始形成。在这一期间，婴儿是绝对地依赖共生伙伴的，而共生对于母亲来说具有不同的意义，即婴儿对于母亲的需要是绝对的，而母亲对婴儿的需要是相对的。

玛勒所谓的"共生"是一种比喻说法，它不同于生物学的共生，不是真正意义上两种不同物种的独立个体之间的互惠的利益关系，而是表示一种婴儿与母亲之间的未分离的融合。其中，婴儿的"我"（I）与"非我"（not I）尚未分离，但他逐渐感觉到内外的区别。任何产生于内外的不愉快知觉经过投射，超出了共生边界。在未分离的"自我—伊底"中的原始能量的基质中似乎包含了一个未分离的力比多和攻击力的混合体，共生轨道的力比多投注取代了新生儿本能的刺激保护，保护基本自我免予受到非特定的压力或创伤。共生的根本特征是幻想与母亲表象的万能的心身融合，尤其是两个独立个体的共享边界的幻想。[1]

（3）正常的共生期。

① Margaret S. Mahler, Fred Pine, Anni Bergman(1975). *The psychological birth of the human infant: symbiosis and individuation*. New York: Basic Books, p. 45.

正常的共生期(the normal symbiotic phase)(3～4 月)以婴儿逐渐增加对外界刺激的知觉和情感投注为标志。婴儿意识到刺激来自外界，但是不能清晰地认识到它源自何处。此时婴儿开始形成“记忆岛”[1]，但是还意识不到内部与外部、自身与他人的区别。婴儿逐渐提高了对现实的投注，尤其是对母亲。婴儿能够对来自内部和外部的刺激做出不同的应答，比如能辨别出光和饥饿。假定婴儿没有辨别不同刺激和他人的观念和图式，他对于被重点投注的客体的内部经验便是模糊的，此时母亲就是部分的客体。爱的客体意象以及身体意象和心理自身来自不断增加的快乐或悲伤体验、情感经验的记忆痕迹以及与之相联系的感觉。婴儿一旦获得心身的平衡就会产生最原始的分离，这样就进入了分离—个体化阶段。

**2. 分离—个体化时期**

玛勒对分离—个体化时期(separation-individuation phase)描述得最为详细，将之划分为身体意象的分化与发展、实践、和解、个体性的巩固和情感客体永久性的开始四个亚阶段。分离—个体化理论是玛勒自我心理学思想的核心内容，后来的学者主要是发展了玛勒的这一学说。

(1) 身体意象的分化与发展亚阶段。

婴儿到了 4、5 个月大的时候，即共生期的顶峰，其行为表现似乎表明分离—个体化的第一个亚阶段的到来，该阶段被玛勒称为身体意象的分化与发展亚阶段(differentiation and the development of the body image sub-phase)(4、5～10 月)。在此阶段，婴儿已经熟悉了作为其共生伙伴的母亲，通过将作为信号的非特定的社会性微笑逐渐发展为特定的社会性微笑回应，婴儿确立了与母亲之间的纽带关系。诞生过程是分离意识准备的重要的第一步，婴儿的内部模式逐渐开始形成身体意象的“核心”。

分化阶段的婴儿产生了警觉知觉并且能坚持目标的方向，此现象为孵化(hatching)[2]行为。孵化过程是个体发生、发育中感知觉逐渐成长的过程，对知觉对象的意识系统能使婴儿无论是清醒还是睡眠时都有一种永久的警觉机能。大约 6 个月时，分离个体的暂时性试探活动开始，婴儿拉母亲的头发、耳朵或者鼻子，把食物送到母亲嘴边，并与母亲拉开距离以便更好地看清楚母亲的脸庞。这是一个很明确的信号，表明婴儿开始与母亲分离，6～7

---

① 此处的记忆岛(memory island)与认知心理学里的记忆岛有区别，玛勒把前者界定为心理上的记忆机制。

② 孵化就是动物由卵变成幼体的过程，这个过程通常发生在体外，个别的鱼类和爬行动物会在体内完成这样的过程，我们称之为“卵胎生”。玛勒以此来描述婴儿与母亲的心理融合状态的分离。

个月是对母亲脸庞进行触摸、通过触觉和视觉进行探索的高峰。婴儿注意到母亲身体被衣服遮盖的部分和未遮盖的部分，对母亲的胸针、眼镜或母亲的饰物产生兴趣。躲猫猫游戏是这个时期大部分母亲和婴儿喜欢的，但游戏中的婴儿还处于被动的角色。这样的探索机能就是后来要发展的核查功能的前身。

到7～8个月时，开始了核查模式(the checking-back pattern)，婴儿出现了重要的认知模式和情感发展。婴儿开始相对仔细地观察，他对母亲产生了兴趣并把母亲与他人作比较，把熟悉与不熟悉的人作比较，进行特征上的比较，他越来越熟悉母亲的感觉、味道与气味和外表。他开始能够区分哪些部分是属于母亲的，哪些部分不是母亲的。对"母亲之外的人"的行为了解现象被斯皮茨称为"陌生人焦虑"(stranger anxiety)。婴儿对陌生人反应的显著特征是好奇，并在第一时间里能分辨出陌生人。一旦婴儿能够独立地辨别母亲的脸，通过触觉、视觉等确认自己熟悉的共生伙伴时，他就开始把陌生人的脸和母亲的脸即他内心的母亲内部意象作比较，即核查母亲的脸，并把其与快乐经验相联系。

在婴儿12～13个月大的这段时间里，可以很清楚地看到分离—个体化的内部心理发展轨迹是两个纠缠的、有时不成比例的发展轨迹。一条是个体化的轨迹，内部心理自主性、知觉、记忆、认知现实的试探性发展，另一条是分化的内部发展轨迹，沿循着分离、距离、边界形成而与母亲相分离。所有这些结构最终形成内化的自体表象，并与内化的客体表象区别开来。可以通过无数的细致变化，观察到个体分离的现象，最佳的情况是意识到身体与母亲的分离并伴随着独立自主性机能的发展，包括认知、知觉、记忆、现实试探等。这些机能都是为个体化服务的。

(2) 实践亚阶段。

实践亚阶段(practicing subphase)(10～13、14月)分为早期实践期(the earling practicing period)和正式实践期(the practicing subphase proper)。早期实践期的婴儿表现出握、抓等动作，正式实践期包括自由的直立运动和爬。

在早期实践期，婴儿自身意识到分离—个体化要经历三个相关的可辨别的发展时期：身体与母亲分离；与母亲建立特定的关系；与母亲相接近的自主性自我机制的发展和机能获得。这些发展使婴儿能从对母亲的兴趣上顺利地转移到无生命的客体上，这些物体是由母亲提供的，包括毛毯、纸、玩具等，婴儿用眼睛或者通过手和嘴巴来探究它们的气味、质地，这些东西就会成为过渡性客体。然而，在这样的分离期，婴儿对外界探索的兴趣大部分依然是以母亲作为客体对象为主的。运动觉的成熟和其他机能的发展在实践早期对共生期的婴儿有非常重要的影响。运动能力的扩大拓展了儿童的世界，使得他的眼界更为广阔，对原本熟悉的有限环境有了更新的认识，同时掌握了与母亲随时拉开距离的主动权，更多地运用看、听、触摸的能力，尽管此时母亲依然还是儿童的中心。

正式实践期的婴儿把大部分力比多投注到自身的自主性机能和扩展到现实的探索中去。这个时期的主要特征是婴儿开始兴高采烈地投入到自主性机能的实践中，从而疏远了母亲。随着运动机制的日渐成熟，婴儿与母亲的距离越来越远，他投入到自己的活动中而忘记了母亲的存在，当然他还是会回到母亲处，表现出与母亲的接近。运动知觉赋予婴儿最大的财富就是与世界的爱的联系的开始，即在个体化上迈出重要的一步。他的直立行走极大地改观了他曾经有限的视野。从 10、12 个月到 16、18 个月这六个月的时间里，婴儿的世界像一个迷宫，力比多投注迅速增长，自主性、自我机能也快速成长，婴儿陶醉于自己的世界中，自恋达到顶峰。能平稳过渡到分离—个体化的学步儿童能寻找自恋以安慰失去客体时的痛苦，他专注于自己掌握的技能并将其运用于实践。他为自己所获得的能力、发现更广大的世界而欣喜，练习自我机制并为能与母亲分离而喜悦。

(3) 和解亚阶段。

和解亚阶段的时间为 14 个月至 2 岁。在实践期时，随着儿童自我意识、认知功能的发展，尤其是直立行走能力的发展，学步儿童开始迈入了人类个体化的征程。① 自由的直立行走在很大程度上改善了他的视野，他以完全崭新的视角来观察世界，感受到了欣喜和愉快。在 10、12 个月到 16、18 个月的成长过程中，婴儿力比多的投注发生转移，他更加专注于自己的世界，自恋水平达到了顶峰，其力比多更多地投注到自我的自主功能、实践运动技能的探索中。人们可以观察到，这个时期的儿童一旦被剥夺了玩具或者他所关注的人或者非人的客体就会表现出很强烈的不满。直立行走在帮助儿童开拓视野的同时，还使得儿童可以更加自由地掌控与现实的接触。与此同时，儿童看见自己的生殖器，小便时获得快感，为身体部分增加了刺激。

从大约 15 个月起是和解的开始(beginning rapprochement)。婴儿与母亲的关系发生质的转变，婴儿不再把母亲看做是家庭基地，而看做是一个与婴儿分享他的发现的一个对象。这个时期的最重要特征是婴儿开始不断地

---

① Margaret S. Mahler, Fred Pine, Anni Bergman(1975). *The psychological birth of the human infant: symbiosis and individuation*. New York: Basic Books, p. 76.

给母亲展示他所发现的东西，把他发现的东西放在母亲的腿上。与此同时，婴儿用言语、声音和手势向母亲表达要分享他的发现物的喜悦。婴儿意识到母亲的意愿并非总是和自己保持一致，有时甚至是相反的，这个感觉严重威胁了实践期的全能感。对于婴儿来说，他遭遇了一个双重实体幸福感的挫折。这个时候婴儿的运动和探索减少，其愉悦感从独立的运动和探索中转移到了人际交往上。儿童开始热衷于躲猫猫的游戏以及模仿游戏，并开始模仿其他婴儿的行为。[①] 这些行为出现在肛欲期，表现为妒忌和羡慕。

这个时期儿童表现出一种尾随(shadowing)和被追逐的愿望，他期待获得拥抱。这表明他既希望与客体即母亲的重新融合，又害怕再次进入融合。在 15 个月到 24 个月期间，对世界的探索和发现给他带来了喜悦。随着各种技能的获得和发展，内部的客体表象和自体表象出现分离，同时在实践中，儿童逐步发现世界并不是随心所欲的。当儿童遭受到阻碍或者挫折时，他会感到自己是渺小的、无助的，需要发出叫喊来满足自己的愿望。母亲的情感投入可以帮助儿童心理成熟，她的情感、愿望等都能推动儿童走向独立，同时也是儿童正常健康成长的必要条件。然而，此时开始出现了分离焦虑，即儿童对分离产生焦虑，尾随母亲可以帮助儿童产生正常的客体永久性，但是母亲越是很少给予关注和情感应答，儿童就越是强烈地要求获得。

在 18～20 个月及其以后出现了和解危机(rapprochement crisis)，儿童产生对爱的丢失(lost)的恐惧。从 18 个月开始，儿童非常渴望实践自己正在迅速增长的自我能力，在情感上表现为不满足、发脾气，不断地推开母亲又不断地拥抱母亲。这个矛盾正是儿童把母亲作为自身的扩展，以此来逃避对分离的恐惧的表现。儿童有时表现为极度的活跃，有时表现为极度的沉静。在和解危机中，儿童能够判断母亲身在何处。婴儿在 18 个月时表现出渴望实践自己的自主性能力。这个时候的婴儿似乎还意识不到他所获得的帮助实际上是来自于外界，在情感上总是得不到满足、易怒，不断推开母亲又不断表现为对母亲的依恋。儿童对独立的要求也会使母亲表现得很不安，对婴儿产生敌对情绪，同时先前产生的陌生人焦虑再次出现，整个时期都充满着犹豫不决的矛盾气氛。婴儿经历了更广泛的情感经历后经常会在极度活跃和极度静止两极之间摇摆。

21 个月大的时候，个体开始解决和解危机。和解的冲突开始消失，万能的控制、极端的分离焦虑、对自主的强烈要求等都在消退。儿童寻找与母亲

① Margaret S. Mahler, Fred Pine, Anni Bergman(1975). *The psychological birth of the human infant: symbiosis and individuation*. New York: Basic Books, p. 77.

的最佳距离，以此来更好地发挥自己的自主性。他们运用语言来表达愿望。随着和解危机的结束，儿童能够更加成熟地发展自己的力比多客体永久性，增加了抗挫折能力，为成年后应付重大挫折、对待阉割焦虑、解决俄狄浦斯情结以及青少年时期的成长等奠定了基础。万能幻想和分离焦虑开始退却，意味着儿童开始实践自主性，在社会性交往中获得快乐。儿童自己使用言语给事物命名，而言语的发展不仅是一个内化过程，同一性和一些规则的内化，而且还表现为愿望和幻想的进步。与此同时，性别意识开始形成。

（4）个体性的巩固和情感客体永久性的开始亚阶段。

第四个亚阶段称为个体性的巩固和情感客体永久性的开始亚阶段(consolidation of individuality and the beginnings of emotional object constancy subphase)（2～3岁）。它的主要任务包括两个方面：① 获得确定的、贯穿整个生命的个体性；② 获得一定程度的客体永久性。[①]

首先是客体永久性的获得。情感客体永久性的建立依赖于对母亲内部意象的稳定、积极投注的内化。情感客体永久性占据认知客体永久性获得的首要位置。与此同时，儿童人格发展的其他方面也参与进来。这一时期是非常重要的内部心理发展时期，是稳定的实体（自身边界）感和性别身份的原始巩固时期。

客体永久性不仅是对缺失爱的客体的表象的获得，同时也是把“好的”和“坏的”客体融入到一个整体的表象中，这促使了攻击力和力比多驱力的融合，在攻击力强烈时能缓和对客体的“恨”。客体永久性是成熟的客体关系发展的最后阶段，它能够阻止攻击力。在这个阶段，即使自我没有得到满足，爱的客体也不会遭受排斥或彼此交换；即使客体不在场，依然会渴望该客体。[②]

一旦客体永久性进展顺利，那么即使母亲不在场，内部稳定的母亲意象就可以替代母亲。同时，儿童能够延长忍受暂时的分离。在皮亚杰的意义上，在确立力比多客体永久性的先决条件中，客体的永远性与客体的“心理意象”的确立十分重要。驱力的其他方面和自我的成熟与发展还发生在从原始的、模糊的、爱的客体关系过渡到学校儿童和成人的更加成熟的“相互

① Margaret S. Mahler, Fred Pine, Anni Bergman(1975). *The psychological birth of the human infant: symbiosis and individuation*. New York: Basic Books, pp. 109～110.

② Margaret S. Mahler, Fred Pine, Anni Bergman(1975). *The psychological birth of the human infant: symbiosis and individuation*. New York: Basic Books, p. 110.

给予和承担爱的客体关系”。[1]

儿童这个时期的综合认知能力越来越清晰，语言沟通代替其他沟通模式。超我开始初具雏形，自我机能得到很大的发展，现实原则取代了快乐原则。儿童此时处于肛欲期和前俄狄浦斯期的发展，由于害怕又回到与母亲的共生中，与母亲的分离过程仍然在继续。母亲所给予的积极的内在意象的内化可以帮助巩固情感客体的永久性。母亲意象是一个将客体好的和坏的方面进行统一的渐进过程，是一个以自我认同为基础在儿童连续发展的过程中逐渐被统一的自体意象。

其次是个体化的获得。这个时期的儿童学会用语言表达自己，可以通过语言、行为来考察他们与母亲的内部心理的分离、冲突。儿童所感兴趣的游戏越来越具有建设性的意义，他在游戏中对玩伴的兴趣超过对母亲的兴趣，并开始投入到各种幻想性游戏、角色扮演游戏中。儿童对真实世界的观察越来越细节化。儿童产生了时间的感觉，不仅能够理解还能够运用“以后”、“明天”这样的字眼；不仅能够忍受满足的延迟，而且能够忍受分离。他们经历着母亲的来与去[2]，表现出对成人要求的抵制和对自主性独立的需要。在这个快速的自我分离期，即 20 个月到 30 个月，自体表象明显区别于客体表象，并可以最终产生自我身份。

## 三、儿童精神病及其治疗观

玛勒长期从事儿童精神分析和儿童精神病治疗，对儿童孤独性精神病和儿童共生性精神病的病理作了系统探讨，并提出了一套完备的治疗体系。

### 1. 两种儿童精神病

(1) 儿童孤独性精神病。

从社会生物学的视角看，儿童孤独性精神病是对原始子宫内生活的固着或者退行。其最为显著的症状表现为，儿童无法察觉到作为代表外部世界的母亲，无法把其当做现实世界的生存航标，无法从环境中的无生命客体中辨别出自身，甚至是身体自身。亦即生命体与无生命体中的最初分离发生了先天性的缺失。玛勒认为，这种对母亲“充耳不闻”、对世界“浑然不觉”

---

① Margaret S. Mahler, Fred Pine, Anni Bergman(1975). *The psychological birth of the human infant: symbiosis and individuation*. New York: Basic Books, p. 111.

② Margaret S. Mahler, Fred Pine, Anni Bergman(1975). *The psychological birth of the human infant: symbiosis and individuation*. New York: Basic Books, p. 112.

的否定的幻想行为是一种获得性的积极保护。这种保护是一种古老的且发展迅速的保护，以至于它的心理结构和意义都无法被辨别。对早期行为的观察表明，这个时候儿童的记忆痕迹里已经包含了哺育时儿童没有从母亲处获得他所期待的关注。

从行为的视角看，儿童孤独性精神病不同于器质性的神经疾病，也不同于儿童共生性精神病。儿童只要求处于一个自给自足的满意状态中，就像一个万能的魔法师，住在一个静止的、压缩的无生命环境里，就算他说话，他的语言也不是用于交流。他通过手势和其他信号来命令父母作为生命客体或无生命机器为他执行需要的服务。同时，这类孤独性精神病儿童对成人的命令有惊人的抵触。他控制内在情感的能力、思维过程、运动等知觉意识都超过了他未分离的、保护性的基本自我。他无法应对外界的、多余的、意外的刺激，无法调和内外刺激。他仿佛置身于现实之外，从自身排除了把现实看做获得母爱的来源。他设法建立了一个维护自己的坚固巨大的幻想刺激屏障来免于受到外界的刺激和冲突。玛勒尝试给儿童一些金属客体，使其发出很大的声音，此时儿童的反应是仿佛什么都没有听到。这个应答性的缺失是一个知觉的否定、幻想的否定，而不是真正意义上的聋哑。例如，有人播放音乐，儿童会听，并随着节奏摆动。

从心理学的视角来看，孤独性精神病儿童完全是与外部世界脱离的。他只关注自己身体的感觉，如果尝试把他与他所接触的幻想性客体相联系，试图打击他的孤独状态，就会引起他的发怒。尽管有一些儿童与无生命客体或者部分客体保持着形式上的联系，并投注于这些客体，但是对于观察者来说，他们的行为相当令人费解。他的兴趣在奶瓶、布或者旋转的电风扇上，他不发出声音，即使发出声音也不是为了交流而只是模仿。他行为散漫，对生理不适或者疼痛的反应通常是采取持续的自我侵袭或者在动觉上的自我刺激，包括旋转、撞击头部等，与外界客体和无生命客体没有丝毫联系。母亲或者观察者都无法猜测到儿童是为了亲近她还是为了攻击她。例如，他是咬母亲还是吻母亲。其实，观察者无法理解儿童的意图正是由于儿童退行或者固着在尚未分离的驱力状态里。而且儿童趋向于接近或者靠近母亲的意图很明显，虽然母亲和治疗师都感觉到儿童需要获得帮助，但是他们无法对儿童所表现出来的痛苦进行移情。儿童的各种行为，包括自身刺激、限制身体行为、用沙子摩擦身体、撞击头部、野蛮的爆发攻击力等，都表明了自我表现出伊底的原始水平，用于释放身体内部微小的不适，或者自我结构试图用其他类似的感觉做出一些故意的行为来对抗不适。

严格说来，儿童孤独性精神病的特征是儿童无法通过母亲来作为辅助的自我，在内部和外部世界来指导自己的方向。这些儿童的具体表现是对一些无生命客体的依恋。有些母亲描述自己的儿童“他从来不对我笑”、“我无法碰我的孩子”等。另一个症状表现是他异常聪明，但面部表情总是很忧愁。例如，虽然目光没有聚焦在你脸上，但是他似乎很仔细地在查看你。从一开始，他就建立并且试图把自己封闭在一个小的、有限的、自己的世界里，并具有一个强迫性的欲望要保护同一性，全身心投入到一些无生命的客体中，或者投入到一些他用以表达自己情感的固着的行为模式中。结果导致他对于周围无生命客体的任何变化都难以忍受，他必须建立自己的模式来抵御来自内外部的刺激。

孤独性精神病儿童或者模仿别人的语言，或者把别人当做自身的外延，或者对他人充满无意识期望，以及对非生命客体的模仿。就他而言，从现实中撤回是最有效的保护策略，尤其是从无生命的、人类外部的世界去生命化。一旦精神病儿童意识到人类客体与自身分离超出了自己的能力，当一个更加持久的与人类客体的纠缠产生时，他似乎就会采取原始的同一性形成，产生万能的母婴融合。在很多严重的病例中，真正的对人类客体的投注几乎全部是撤回的，有一些儿童在诊断后发现对客体心理表象的投注是与自身表象融入一起的，表现为对非生命客体的强烈投注，即精神病性的崇拜。

在一个长达 9 年的追踪研究里，玛勒研究了儿童从 5 个月到 36 个月的分离与个体化的过程，发现孤独期儿童没有与母亲发展正常的共生，即没有发展出孤独期。随着体内的成熟，原始的孤独期儿童没有一个环境可用于维持他的自身以抵御外部世界，尤其是人类环境。他的孤独期的自我隔离和万能幻想受到成熟机制和驱力发展的阻碍和威胁。因此，强迫儿童与客体进行接触对于孤独性精神病儿童来说是危险的，事实上，必须要让儿童意识到满足来自外界。由此，玛勒认为，孤独性精神病的治疗首先是要使儿童与人类爱的客体发生关系，让其逐渐与人类客体接触。前提是不能让这一步强行发生，否则就会产生共生焦虑与恐慌。

玛勒认为，孤独性精神病是儿童保护自己的基本手段，儿童无法把母亲作为情感指导的方向，在功能上母亲是不存在的。这些儿童缺乏情感纽带，不能与威胁到他作为一个完整个体存在的内外刺激的综合体相匹配。总之，孤独性精神病是一个去分化、去生物化的手段，被当做一种机制来排除感知觉的潜在资源，尤其回避了在人的世界里被要求情感的无限多样的社会性回应。

(2) 儿童共生性精神病。

共生性精神病儿童对母亲的心理表象是退行的融合，与自身没有分离，依然参与到母亲的全能幻想里。与孤独性精神病儿童不同，共生性精神病儿童已经获得了一些自我发展的进步，初显分离和个体化的端倪。其异常在于对满足其需要的客体的固着或者退行。因此，在临床表现上，儿童共生性精神病要远远比儿童孤独性精神病复杂。生理性成熟是生物因素决定的，而客体关系和对现实的尝试却不是。

母亲对儿童的关注与儿童对母亲的信赖，从共生关系理论来看，是一个人今后人生中一切人际关系发展的基础。共生是指一个人的自我与他人(客体)相联系共同出现的心理现象。这种共生的危险对儿童之所以特别具有威胁性，不仅是由于儿童要完全依赖他人，全然没有自助能力，而且还由于儿童本身具有强烈的矛盾心理。玛勒认为，在没有一个内在组织者的状况下，母亲不得不作为一个缓冲者的身份来对抗内外刺激。母亲借着供应儿童需求上的满足及防止过度的挫败而成为儿童的依恋自我。母亲各式各样的抱持行为可使儿童避免过多的紧张及挫败，而且防止儿童不至于过早发展出他自己本身的资源。当儿童实际上接收了母亲所执行的功能时，就会发生过早的自我发展。当需求不是那么紧急时，儿童可以在某种程度上暂时搁置紧张。当儿童能够等待且有自信地期待满足时，一个自我结构形成的过程就产生了。实际上，有一些可处理的挫败其实有助于发展，但太多的话反而会阻碍发展。

共生性精神病儿童通常表现出非同寻常的敏感性，对任何微小的挫折都表现出发展的不平衡和初始自我极为显著的脆弱性，他对微小的失败所引起的反应通常都发生在部分自我功能的实践和和解期。例如，他会因为曾经摔倒而排斥走路这样的活动。而产生的原因通常都是由于受到环境创伤，例如母亲态度突然的、无意识的转变。另外还包括适切性的分离、毁灭性的恐慌以及与现实的尖锐的、不可挽回的分离。一般来说，幼儿入学、就医、弟妹出生等事件都会成为发病诱因。

共生性精神病儿童通常是在人格发展的关键时期出现一些异常行为，母亲描述他为“爱哭”或者“过分敏感”。因为在一般情况下，自我的成熟发展要作用于与母亲的分离，应该使儿童掌握对现实的持续认识，并独立于母亲。在这一时期，共生性精神病儿童的表现一般都是逐渐性的或者急性的，一旦儿童遭遇自我分离以及心理性欲的发展，他就面临着与母亲的分离焦虑以及自己独立性的挑战，他所依赖的全能的共生幻想遭受威胁，产生严重的恐慌。这些表现通常发生在出生后的第3年、第4年或者俄狄浦斯期发展的最高峰。

由于儿童最重要的成熟期发生于生殖期，在身体意象中，力比多大规模的发生与发展是独立于环境影响的，力比多发生重大的投注转变导致前生殖期的力比多身体意象表象的出现。身体意象融合的第二个阶段需要很多重要的条件，例如，前生殖期的成功融合，能顺利辨别父母身份，父母对待儿童的性别态度，自我把自身的记忆、观念和情感组织到牢固的、分层次的自身表象的组织结构中。在共生性精神病儿童身上，非中立的力比多与攻击力继续投注到母亲与儿童的融合体系中，是母婴共生的回忆痕迹的残留。儿童感受到世界是危险的，遭受的分离焦虑占据着共生性精神病儿童脆弱的自我，使得他产生严重的焦虑反应，表现为情感恐慌。他不断尝试恢复自恋融合，恢复与母亲的共生体的幻想，以及身体幻想与自恋性的被爱与被恨的幻想，对全能的母亲的幻想或者父母意象浓缩物的幻想融合。在共生性精神病病例中，现实探究保持着对共生母婴关系的全能幻想、固着或者退行，儿童的自身与非自身边缘的模糊，甚至是身体自身的心理表象都没有清楚的界线。

同时，自我与母亲的分离失败，仍旧与母亲保持全能的幻想融合。为了研究临床症状和基本共生性精神病的动力原因，玛勒对2～3岁儿童的自我发生发展进行全面仔细的观察，并得出有力的证据。她认为，大脑中枢神经的成熟发展以及自我机制的发展是注定的，是独立于环境与情感的影响的。第二年的生理成熟把学步儿童置于一个相对较高的身体自主的行为情形中，他的情感、独立性必须与身体成熟的发展相匹配。如果儿童没有与母亲分离，自我也无法与母亲分离，这样也使得儿童经历成熟和发展的矛盾，并伴随着发展的恐慌。如果自主功能的发展超出了情感上与母亲的分离发展，原本脆弱的自我结构就会破碎。这样就会产生儿童共生性精神病。

### 2. 儿童精神病的治疗观

玛勒的儿童精神病理学是以她的心理发展理论为基础的。她认为，儿童每一个心理发展阶段都有特定的任务和特点以及危机，如果每一个阶段的发展不能做到健康、有意义的发展，那么，心理的成长就会受到创伤，从而导致心理障碍，尤其在自我孤独期和共生期的融合受到阻挠或者中断时，更是如此。自恋性精神病就是源于儿童在心理发展的共生阶段不能与母亲形成正常的共生，无法使得心理进一步发展，停滞在自恋期，病患者进而会退回到前一个阶段。玛勒认为，对这样的病案，治疗手段就是充当母亲替代角色，发挥自我辅助的作用，促进其与外界尤其是客体的融合，并尝试让儿童自身来处理角色的转换。

玛勒认为，心理治疗应该基于患者的发展需要，无论患者是成人还是儿童，通过让患者重新体验早期的发展阶段，心理治疗可以帮助患者达到高水平的客体关系。儿童患者必须弥补、补偿有缺陷的发展阶段，而治疗师在整个治疗中充当的是母亲角色，着力改善儿童自身与外界的关系。在她看来，在孤独性精神病障碍中，儿童似乎从未与包括母亲在内的任何人建立共生性关系。没有共生性体验，心理就得不到进一步的发展。必须用各种方式，例如音乐、有节奏的、愉快的感觉刺激，把他从孤独壳里诱导出来，而且对于非人类的客体接近必须是逐步的。相反，那些直接的身体接触、触摸、拥抱并没有益处，反而会阻碍儿童脱离孤独壳。如果过于迅速地将儿童置于社会环境中，那么儿童就会紧张，进而形成急性的共生性精神病。共生性精神病儿童不能解决分离—个体化，对任何分离的现实都会做出恐慌反应。共生性精神病儿童必须逐步意识到自己是一个独立的、分离的实体，他需要从认可（最好是对母亲的认可）中获得支持。通过对自我的持续投注，小心谨慎地促进客体的分离，形成矫正性的共生体验。

（1）治疗目标。

玛勒认为，儿童精神病的治疗目标，首先是要恢复或者建立更加牢固的身体意象的完整性，使之能体会到实体感和同一性感；其次是能够自发地发展客体关系；第三，恢复曾经缺失的或者遭到扭曲的自我机能的成熟和发展。[①] 要实现上述目标，儿童必须要经历先前未能顺利发展的前孤独期、孤独期、共生期和分离—个体化期。治疗师要提供一个更加实用、便捷的辅助性自我，发挥替代性作用。例如，儿童要获得心理性欲的肛欲期的发展必然要进行大小便的训练，否则儿童就无法得到正常的肛欲期力比多发展的满足。力比多得到满足不仅能够使得肛欲期所遭受的挫折和过分刺激得以平衡和中性化，同时对于身体意象的发展也十分重要。

治疗师要做的就是在适当的时机引导一个适当的发展路径，为儿童在肛欲期的开始阶段提供适当的替代方式。例如，粘土或者手指画，有时候要允许并鼓励儿童接触粪便等肮脏的排泄物，这样做的目的是为了把儿童置于一个与母亲相对立的位置。如果与母亲的共生融合仍然是儿童所适应的唯一方式，那么此情景下的精神病儿童就会把治疗师看做是“魔鬼的代言人”(the devil advocate)，随即产生恐慌。此时治疗师可以给予警告，以促使儿童自我的发展。

（2）三方治疗模式。

---

① Margaret S. Mahler, Manuel Furer(1968). *On human symbiosis and the vicissitudes of individuation*. New York: International Universities Press, pp. 79～80.

三方治疗模式（the tripartite therapeutic design：mother-child-therapist）①顾名思义即要求母亲、儿童、治疗师三方共同参与到治疗中来。母亲、治疗师和精神病儿童同时进入治疗室，母亲和治疗师参与到精神病儿童的恢复中。显然，这样的方式不仅在理论上具有合理性，同时能够针对精神病儿童进行立即的治疗以获得最佳的心理状态。因为了解儿童的病因不仅要从观察中得出，还要听取母亲的陈述。母亲和治疗师可以交流对儿童的观察后的心得。治疗师要获得母亲的信任和协助，而母亲提供的关于儿童的信息能够促进治疗师和儿童之间建立共生关系。

（3）治疗阶段。

玛勒的治疗阶段分为治疗开始阶段（an introductory stage）和正式治疗阶段（a stage of treatment proper）。

首先是治疗的开始阶段。此时治疗师的任务是与无法与他人建立或者经历直接联系的精神病儿童建立最初的接触并形成交流。在某种程度上，治疗师要使儿童能够感受到他的存在，让儿童感受到一种积极的力量，不一定要让儿童必须感受到治疗师是一个“人”的存在。治疗师的出现是一种非闯入式的，否则会引起儿童的焦虑。治疗师渐渐地跟随儿童的视线，要让儿童感受到治疗师的存在如同舒缓器，让儿童感到更加舒适。同时，治疗师要作为一个部分客体出现，让儿童把治疗师当做自身的延伸。例如，利用治疗师的手臂去接触他自己够不到的东西；躺在治疗师的怀里如同一个柔软的台子，等等。总之，使儿童感觉到随时随地只要他需要，治疗师总是伴随着他。逐渐地，治疗师可以主动地满足儿童的需要，如喂饭。儿童开始接受治疗师与其共同参与某项活动，如敲打桌面或者哼歌等。因为一开始儿童是排斥视觉上的直接接触的，所以要回避视觉而进行听觉接触。

在治疗开始的第一阶段，治疗师通过儿童简单的歌唱、熟悉的曲调附和儿童，并能让儿童通过这样的活动感觉到快乐，然后开始语言上的交流，语言要丰富多样。从这个意义上看，治疗师的作用是相当于充当了儿童与环境之间的缓冲器，当儿童感觉到治疗师的声音接近时，他还无法清楚地意识到是来自哪里的，这被称之为“过渡性现象”②。儿童开始逐渐地意识到过渡性的现象、舒缓的感觉来自治疗师，但是还无法感知到治疗师是一个“人”或分离的客体。治疗师也作为一个舒缓器来抵御来自环境和儿童内部的焦虑

① Margaret S. Mahler，Manuel Furer（1968）. *On human symbiosis and the vicissitudes of individuation*. New York：International Universities Press，p. 70.

② *The selected papers of Margaret S. Mahler*，*volume II*：*separation-individuation*，*Jason Aronson*，Jason Aronson，1979，pp. 80～81.

和不安。治疗师的舒缓作用帮助降低儿童的攻击力和破坏力，使之更加灵活自如地发挥自我的作用。当治疗师完成前期工作时，儿童接受治疗师作为母亲的角色，治疗师开始把母亲带入治疗关系中。首先是治疗师与母亲的谈话，然后儿童加入。此时儿童面临着分离的人类客体，即治疗师和母亲，他对所发现的部分客体总是反应积极，对另一部分客体总是表现消极。情感的分裂导致了防御机制分裂为好或坏的客体意象。

在治疗开始的第二阶段，治疗师把母亲引入她与儿童的关系中来。由于三方治疗模式的基本理念就是重建和恢复受到挫折和扭曲的客体共生关系，母亲的参与是很好的催化剂。母亲和治疗师交流和讨论儿童的生活，而儿童根据记忆以及自身的最初模式参与进来，母亲更加容易理解儿童的行为。

当治疗师最终建立了母亲和儿童的接触，为两者创造了和谐亲切的环境，还要母亲谈论她的家庭生活，使得双方能够更为积极地参与到治疗中。于是儿童的感觉开始指向分离的人类客体，即治疗师和母亲。当儿童的需要获得满足以及获得爱的客体时，他对母亲和治疗师便产生了类似共生的需要，有时候这样的共生需要非常强烈。

其次是正式治疗阶段。在治疗开始阶段，治疗师帮助儿童重建了客体关系，儿童在正式治疗阶段要体验阻碍其发展的创伤体验，治疗师便在精神病投注和对母亲的再投注之间搭建一座桥梁。在这个时期，治疗师一方面要引导，另一方面要跟随儿童从对母亲的部分客体关系中产生并获得分离的、完全的人类客体。这个阶段要求儿童能够更加明确自身和客体、环境的分离，实现对客体的投注，自我控制更加明显。例如，可以做到把玩具、喜欢的东西与词汇上的表达相分离。从对非人类情形的语言模仿过渡到对人类客体语言的模仿，逐渐形成儿童自己的语言表达模式。此时，交流方式，如音乐、唱歌等十分有益处，通过让儿童的哼唱或者自言自语来观察判断他的需要，使之逐渐获得满足。

在谨慎而细微的连续性治疗中，要适当地诊断并巩固自我。在共生性精神病儿童中，个体化的缺失，尤其是自我基本能力在母亲的身心融合基质中发展的时候，如果分离没有获得特定的个体化，自我就会不可挽救地遭到否定，导致自恋性的脆弱和破碎。在孤独性精神病儿童中，缺失更为严重，因为特定的基质不存在，自我就无法成长。要坚持长时间的治疗才能见效，但是随之而来的是不易治愈的高原期，并且会加重负担，使得父母失望、焦虑。如前所述，一旦孤独性精神病儿童被过于迅疾地带入社会性接触中，尤其是新形成的共生关系，会导致挫折，使得他产生紧张性精神分裂状态和急性精神病。分离的恐慌会导致脆弱的自我结构分裂成碎片，如果这样的紧张性精神病无法避免，那么孤独性精神病儿童最好是保持在孤独期的外壳里。

由于其产生的原因和病理，精神病儿童通常会平行、交替或者交融地出现孤独性精神病和共生性精神病两种症状。因此，玛勒提出要对儿童进行因时制宜的治疗，根据不同时期出现不同症状采取相应手段，帮助儿童建立或者重建被破坏的客体关系。

## 四、对玛勒理论的评价

### 1. 主要贡献

第一，从驱力模式向自我模式的转变。玛勒的理论基于传统的精神分析理论又对其进行了超越。她提出，婴儿心理发展是从一个无序到有序的过程，婴儿之所以成为人，是从与母亲心理的融合（即共生）中分化进而分离而生成的。她对于共生的解释源自弗洛伊德对于自恋的界定，即认为力比多的投注是指向了一定的客体。自恋是指向自己，只是在共生的概念中自恋力比多指向的是与之共生的客体。同时，她又认为共生幻想是指内在的表象和外在行为状态，因为她把客体关系界定为自我认识的与他人的联系，自恋是自我和客体的融合和投注。正常的、被满足的自我发展完全依赖于儿童与母亲的关系。她着重观察了儿童三岁以前（这一时期处于弗洛伊德所定义的前俄狄浦斯时期）与母亲或者母亲的替代者之间的关系对其心理发展的影响，弥补了弗洛伊德的俄狄浦斯理论对三岁之前研究的不足，提出了独具特色的分离—个体化理论。从这个意义上来说，玛勒的研究对于前俄狄浦斯时期具有里程碑式的开创性意义。

第二，从驱力模式向关系模式的转变。玛勒关于客体关系的观点起源于克莱因对于儿童心态的研究。在克莱因之前，弗洛伊德通过成人的分析推断出了 3～4 岁儿童心理发展特点，而克莱因的理论却表明了在生命第一年的特定心理机制的出现，揭示了婴儿期自我与客体的关系特征以及特定的焦虑和防御形式。玛勒吸收了克莱因的观点，认为在对他人和自我“好的”和“坏的”形成中，“好的”自我意象把自我与客体融入为好的、满意的关系中，而“坏的”意象把儿童置于一个孤独的、危险的和恐惧的境地。母亲的态度和照料方式、交流方式、应答方式对于儿童心理的发展和成熟都具有重要的意义。玛勒把儿童的内部心理的自体意象以及对于客体意象的形成都纳入儿童与母亲的关系中来。

第三，从成人精神分析向儿童精神分析的转变。玛勒早期是一名儿科医生，从事儿童疾病治疗，在治疗过程中由于接触了很多精神病儿童病例，她就结合自己对精神分析的浓厚兴趣，逐渐把事业转移到儿童精神分析上来。她对多名精神病儿童进行了分析治疗，把病例和理论结合，分析精神障碍的成因。由于长期的治疗经验与临床观察，以及到了美国后建立的马斯特斯儿童中心，玛勒对健康正常母婴关系进行了长期的、全方位的、多层次的追踪观察和记录，设计了精巧而细致的观察室，积累了丰富的临床经验，并在此基础上形成了具有特色的儿童心理发展理论。因而，她的儿童精神分析学完全是建立在临床观察和治疗之上的，区别于纯粹的实验室观察和理论假设。

第四，理论的广泛影响。玛勒的理论吸引了大批学者，引起了世界范围内的精神分析的自我心理学派、客体关系理论、儿童精神病治疗领域的广泛关注和研究。玛勒提出的分离—个体化理论对后来的学者产生了很大影响。早期的富勒（Manuel Furer）、伯格曼（Anni Bergman）等人根据分离—个体化理论讨论驱力和自我产生的根源和发展；后来的研究者，每年都在芝加哥举办关于分离—个体化理论的年会，根据当代婴儿观察的理论，对玛勒的理论进行补充和修正。尤其是21世纪以来，对于玛勒的分离—个体化理论热潮不减。在2005年美国费城精神分析中心举办的第36届玛勒研讨会上，许多学者提出了很多崭新的见解和研究方向，并就“内部心理和人格之间边缘的形成”这一主题展开了热烈讨论。

**2. 主要局限**

第一，没有从根本上突破传统的驱力理论。由于玛勒忠于精神分析的原初理论，尽管对驱力、自我意象和客体意象作了修正和更改，以更好地融入分离—个体化理论中。但是正像斯特恩（D. N. Stern）所说的，玛勒的理论与传统驱力理论结合过于紧密，而失去了像科胡特自体心理学理论的灵活和自由，禁锢了其理论的发展内涵，局限于传统的驱力、自我的自主机能的发展。玛勒认为，驱力不是朝向分离的，而本能才是朝向分离的驱力，并认为自主的冲动性是带有本能含义的。这些都表明了玛勒的自我心理学没有从根本上超越传统的驱力理论。

第二，理论带有假设成分。玛勒重视儿童的潜意识与母亲的共生幻想与融合，假设早期客体关系的作用，强调内投、投射和认同机制，对于儿童对客体的身体意象、客体意象、自身意象的投射等采取了客观的观察和分析，并与传统的精神分析理论相联系。尽管这些概念具有一定的观察基础，但它们仍是带有假设和推测的色彩。对于儿童的内部对象的来源、内部客体与儿童关于真实他人的知觉和记忆表象之间的关系，她也缺少明晰的表述，甚至是回避。[①] 此外，玛勒的自我心理学在讨论心理实质时，涉及到哲学思辨成分。哲学心理学早就存在两种观点：一是万物有灵论，认为精神不仅独立于身体，而且控制着人体的活动，古希腊哲人称之为"灵魂"；另一是原子论，认为原子是世界的本原，精神不能脱离物质而存在。玛勒在其著作中经常引用这些思辨、假设的哲学观点。

第三，理论带有生物学化倾向。作为一个临床儿科医生，玛勒的理论不免带有生物学化倾向。出生于医生家庭的玛勒从小在父亲的熏陶下，就对医学和理科感兴趣。玛勒在16岁的时候开始学习卫生学，随后在大学里学习医学和临床儿科，应该说她的整个事业发端于医学的研究，所以她研究之初就明确了心理发展与身体发育成熟是平衡的观点，神经体系的发育成熟是心理成熟的必要条件。她的"共生"一词就是从生物学借用来的。她把心理产生的过程紧密地联系于生物体的发生，结合婴儿的生理成熟来探索心理的诞生，由此不免带有浓厚的生物学化倾向。

第四，理论没有涉及俄狄浦斯时期及其后的心理发展。玛勒填补了弗洛伊德的前俄狄浦斯时期的具体内容，吸收了弗洛伊德关于儿童在三岁时的性别意识的形成和同性的恒定概念，并在此基础上追溯了三岁以前的心理形成，把个体发展时间推进到了婴儿一出生时，并强调了10、12个月到18、20个月这段期间婴儿与母亲之间的关系、母亲对于婴儿的态度等，对婴儿的心理形成产生的决定性作用。这对儿童心理的研究无疑是一个很大的进步，大大充实了俄狄浦斯时期的心理发展内容。然而，玛勒并没有涉及俄狄浦斯时期及其后的心理发展，即3岁后期直至青少年阶段、成年阶段的全程发展，相对于艾里克森贯穿于人的整个生命的同一性发展来说，玛勒的研究不免带有阶段上的局限性。

---

① Paul E. Stepansky (1988). *The Memoirs of Margaret S. Mahler*. New York: Free Press, pp. 68～70.

# 第三节　雅可布森对自我心理学的发展

将雅可布森归为自我心理学家，这主要归功于她对自我心理学所做出的杰出贡献。[①] 她的自我心理学理论对儿童自我的形成和儿童心理结构的发展做出了详细说明。其最大特点在于建立了一个整合的自我模式，即整合了古典精神分析的驱力理论、自我心理学理论和某些客体关系理论。

## 一、雅可布森的学术生平与思想来源

艾迪斯·雅可布森（Edith Jacobson，1897—1978）于1897年出生在德国。20世纪30年代，她在德国接受医学和精神分析训练，并成为柏林精神分析学会的成员。在纳粹执政期间，雅可布森积极反抗纳粹运动，帮助与纳粹作斗争的人，特别是自己的病人，甚至在盖世太保的迫害与逼问下，也没有透露自己的病人参加反抗纳粹活动的情况。[②] 1935年至1936年她曾被纳粹逮捕并关进集中营，后来保外就医时逃亡美国。

艾迪斯·雅可布森（Edith Jacobson，1897—1978）

雅可布森于1938年来到美国，并在纽约开设私人诊所。1941年加入纽约精神分析学会，1954年至1956年担任该学会主席。1944年担任培训分析师，并主持纽约精神分析研究所工作。1954年加入美国教育委员会。雅可布森于1978年12月8日去世，其大部分重要工作都是在20世纪40年代至60年代期间完成的。她最终成为精神分析运动中的一位杰出的临床学家、重要的作家和受人尊

① Gertrude, Rubin Blanck (1974). *Ego psycholoy theory & practice*. Columbia University Press, p. 61.

② Michael Schroter, Elke Mühlleitner, Ulrike May (2004). Edith Jacobson forty years in Germany (1897—1938). *Annual of Psychoanalysis*, vol. 32, p. 209.

重的老师。[1]

雅可布森通常与美国的自我心理学联系在一起,也有些学者肯定其对客体关系理论做出的贡献。她丰富并发展了精神分析的元心理学,对弗洛伊德关于驱力、情感和自我的心理模式做出了重大的修正。她的重要著作有:《自体和客体世界》(1964)、《精神病冲突与现实》(1967)和《抑郁症:正常、神经症、精神病状态的比较研究》(1971)。她为精神分析做出了重大贡献:以精神分析理论分析妇女抑郁症的形成及其表现;分析儿童自我的形成,阐释儿童心理结构的发展模式。

雅可布森的思想首先可以追溯到弗洛伊德,她继承并发展了弗洛伊德的精神分析理论。她保持了弗洛伊德的伊底本意,不同的是,弗洛伊德认为自我源自伊底,而她却沿用哈特曼的说法,认为自我和伊底源自一种未分化的基质。力比多和攻击驱力最初也是未分化的,包含在未分化的基质中。她将这种基质称为原始的心理生理自体(psychophysiological self)。弗洛伊德的超我是从自我中分化出来的,包括自我理想和良心,超我由对父亲指令的吸纳以及对父亲的禁止行为的恐惧发展而来。[2] 雅可布森指出,超我的形成有其内部因素,但还有外部因素,即与客体的关系。婴儿对客体特别是母亲客体的认同在超我形成中起着重要的作用。弗洛伊德的超我制约甚至威胁自我,而雅可布森的超我除了制约自我外还保护自我免受危险。[3] 其次,雅可布森思想的直接来源可以追溯到自我心理学家哈特曼。哈特曼认为,自我和伊底是两种同时存在的心理机能,自我独立于本能冲动,但又与之同时发展。它们都是从同一种先天的生物学禀赋即"未分化的基质"中分化出来。自我和伊底都是先天遗传的,自我不是伊底的副产品,两者都是分化的产物。雅可布森继承了哈特曼的这一观点,并在哈特曼的意义上使用"自体"一词:哈特曼的自体意指整个人,包括身体的和心理的;而雅可布森指出,自体是指区分作为一个有别于客体世界的主体的人。[4] 再次,雅可布森的部分思想来自客体关系理论学家梅兰妮·克莱因。克莱因在弗洛伊德、费伦茨、亚伯拉罕和琼斯等前人的基础上提出由驱力结构模式向关系结构

---

① Edward Kronold (1980). Edith Jacobson 1897—1978. *Psychoanalytic Quarterly*, vol. 49, pp. 505～507.

② Judith Marks Mishne (1993). *The evolution and application of clinical theory*. The Free Press, p. 185.

③ Judith Marks Mishne (1993). *The evolution and application of clinical theory*. The Free Press, p. 185.

④ Jacobson, E. (1964). *The self and the object world*. New York: International University Press, p. 6.

模式的转变。① 雅可布森对克莱因混乱的术语提出批评，尤其批评了克莱因未能把客体、客体表象和内射性客体区分开。她在此基础上澄清了一些模糊的术语，对术语进行了详细的界定，明确把自体概念从自我和自体表象中区别开来。这很重要，因为其理论重点是强调自体、客体及其关系。此外，雅可布森也借鉴了埃里克森的自我同一性理论、玛勒的共生期概念以及斯皮茨的“第八个月焦虑”或“陌生人焦虑”说。

## 二、整合性的自我心理学理论

### 1. 自我的整合观

雅可布森提出的整合的自我模式没有丢弃传统的驱力概念，同时也强调客体关系的重要性。这一模式保留了传统的伊底—自我—超我的结构，却坚持将它们放在客体关系中来考察，即坚持驱力理论，但关注通过父母与孩子接触以促进孩子的自我和超我的发展。她仔细考察了童年的经验，以论证本能、客体关系、伊底—自我—超我结构之间复杂的相互作用。她还利用婴儿对母亲的体验来连接驱力模式和客体关系模式。

雅可布森明确区分了自我、自体和自体表象这几个概念。在她看来，自我(ego)是指一种结构，一种具有各种机能的心理系统。这与传统的弗洛伊德理论一致，区别在于对自我起源的理解上。她认为，自我始于一种融合的自体意象(self-image)和客体意象(object-image)，客体意象要求关系的存在以提供给客体意象。相反，弗洛伊德认为，自我是从伊底发展而来的。

雅可布森认为，自体表象(self representation)是一种身体自体和心理自体在自我之内的潜意识、前意识或意识的内心表象。② 一个自体表象就是一种起源于愉快和不愉快感觉的记忆痕迹的自体意象。一开始，这些自体意象不是稳定的心理单元，③到后来才逐渐形成。随着心理发展的进程，这些自体意象就变成了更加统一、真实和有组织的意象。一个真实的自体意象是“一种正确地反映了我们身体自体和心理自体的状态、特征、潜能、资源和

① 王国芳：《克莱因的对象关系理论研究》，南京师范大学博士学位论文 2000 年，第 29 页。

② Jacobson, E. (1964). *The self and the object world*. New York: International University Press, p. 19.

③ Jacobson, E. (1964). *The self and the object world*. New York: International University Press, p. 20.

限度的意象"①。

自我、自体和自体表象占据着一个人经验和抽象的不同水平。"我"(I)有一个"我自体"(myself)的意象,但是我的"自体"(self)多于我的"自我"(ego),自我恰恰是关于许多意识过程的术语。没有人曾经看见或感觉过一个自我;我(I)在镜子中看见的是我的身体。这会为我内部的自体意象做出贡献。我的确在体验我的"自体",我就是我的"自体"。

可见,自我是一种心理结构,自体是个人身心的总和,而自体表象是自体在自我这个心理结构中的反映或叫"内心表象"(endopsychic representation)。雅可布森作这样的严格区分,主要是为了在整个理论阐述中不至于让自我与自体体验着的客体以及现实中的客体发生混乱。

雅可布森还通过建立自体和客体表象与驱力或源自驱力的感觉之间的联系,将驱力和客体关系理论联系到一起。她修正了弗洛伊德的自恋和受虐狂概念以完成这一联系。弗洛伊德认为,在生命伊始,自恋是一种心理能量"向内"投入(investment),即向自我的贯注(cathexis),而不是指向"外部"。婴儿在将任何力比多投入给环境中的一个客体之前是被隔离的,因为他与任何人都没有联系。客体关系理论家认为,婴儿本来就与环境中的人发生联系。雅可布森很好地弥合了弗洛伊德的古典理论与客体关系理论之间的缺口。她修正了弗洛伊德的自恋概念,认为在生命之初,未分化的力比多和攻击驱力被投入到一个融合的自体—客体表象(self-object representation)中,即自恋是心理能量向自体—客体表象的贯注。弗洛伊德认为受虐是攻击力比多向自我的投入,雅可布森认为受虐是攻击力比多向融合的自体—客体的投入。可见,雅可布森承认弗洛伊德的驱力,但又认为驱力投入到融合的自体—客体表象,这个表象是自体与客体融合不分的,因而婴儿与客体是有联系的。这样,她就调和了弗洛伊德与客体关系理论家之间的矛盾对立并使两者产生联系。

总之,雅可布森提出的整合的自我模式颇具包容性,实现了驱力、现实影响和客体关系之间的相互关系。不过,其根源是传统驱力理论的心理结构和本能驱力。雅可布森毕竟是一位自我心理学家,这一模式是在自我心理学理论范围内构建的,对自体、自体表象、客体、客体表象等的探讨是为自我如何形成以及最终如何健康地适应外部世界生活做准备的。

① Jacobson, E. (1964). *The self and the object world*. New York: International University Press, p. 22.

2. **自我的形成**

在雅可布森的理论中，自我究竟是如何发展的呢？她指出，自我是在驱力的影响下从婴儿与母亲的关系中发展起来的。[①] 当驱力被分化为力比多和攻击时，它们就被融合、中性化和贯注到自我和超我中。[②] 由于在与母亲的关系的经验中获得满足和挫折，婴儿的自我获得被满足和剥夺的自体意象。此时，婴儿正在发现客体世界，获得客体世界与自体的区别，这为建立独立于客体的自我做好了准备。婴儿"借用"了母亲的自我，母亲以一种外部自我的方式支持和修正儿童的经验。在这种外部自我的支持下，儿童的自我控制部分地禁止儿童的驱力以及满足驱力的需求。母亲节制了发生在儿童身上的驱力，并帮助儿童获得他们的需求。母亲的帮助作为针对超强体验的缓冲是非常重要的，因为太多的满足或太大的挫折都会使儿童防御性地退行到自体表象和客体表象的早期再度融合。这种退行性的再度融合，可能延迟自体表象与客体表象之间坚固界限的建立，这当然会妨碍自我和超我的形成。

除了父母给予的帮助外，驱力还通过向客体与儿童自体投入心理能量而为自我的发展做出贡献。父母促进这种稳定的力比多向客体和自体投入。通过关注父母的爱在形成健康的爱的关系以及持续认同方面的作用，雅可布森明显不同于弗洛伊德所强调的俄狄浦斯阶段的恐惧。[③] 父母的影响帮助儿童度过早期婴儿般神奇的全部欲望满足的期望。

体验到挫折和失望之后，儿童产生了矛盾感：成长中的自我最初想把快乐的事情归于自体，把不快乐的事情归于外部客体，即把攻击转向挫折性的客体，把力比多转向自体。这对于自体与客体的分化有很大帮助。攻击性在与兄弟、姐妹或同性父母的俄狄浦斯式的性嫉妒和竞争中，尤其有助于这种分化以及认同的发现。因而兄弟姐妹间的一些斗嘴或冲突，有助于加强"他们自己是谁"的感觉。

认同在自我形成中起着一定的作用。基于内射和投射的早期，初级认同包含着自体和客体意象的融合。通过这些内射和投射的心理过程，自体意象就具有了客体意象的特征，反之亦然。这些过程始于早期婴儿般的结

① Jacobson, E. (1964). *The self and the object world*. New York: International University Press, p. 37.

② Jacobson, E. (1964). *The self and the object world*. New York: International University Press, p. 15.

③ Gertrude and Rubin Blanck (1974). *Ego psychology: theory & practice*. Columbia University Press, p. 70.

合一排斥幻想[①],是一种古老的呈现环境中的客体特性的方式。当自我成熟以及自体和客体建立了界限时,仍有一些与客体的融合或者一些自体表象与客体表象的再度融合。只有通过变为持久的、选择性的和连贯的认同,认同才能逐渐变成整合的,成为自我的一部分,并且永久地修正其结构。[②] 这会促进自我的形成和认同的形成达到这样的地步:无论外界怎样变化,儿童总会意识到自己有一个保持同样的一致自体。

自我的成长包括了发展一种同一性感。当婴儿3个月大时,他有了"非我"(not I)的意识,但只有到了2岁,儿童才能发展到足以做出他自己的同一性的惊人发现,即"我是我"(I am I)的经验。[③] 这种同一性的发现与儿童的第一个爱的客体有关,而且只有当儿童逐渐形成了一个作为一个实体的自体概念时,才会有同一性的发现。同一性的形成是"一个过程,这个过程形成了保持完整的心理组织的能力,无论同一性形成的结构性、分化性和复杂性如何,但作为一个高度个人化而一致的实体在人的发展的任何阶段都保持方向性和连续性"[④]。

**3. 超我的形成**

雅可布森认为,自我的形成也伴随超我的发展,自我目标和自我理想作为超我的一部分融入超我,超我是一个统一的系统,它修正自体表象的力比多和攻击能量的贯注。超我在对性和攻击驱力做出反应的过程中由一些不连续的成分和过程逐渐形成,大体上可以分为三个一般的层面。

第一层面即最深层,包括施虐的古老意象和惩罚的客体表象。大约在1岁末至2岁初,自体表象和客体表象没有清楚地区分开,超我前身已经出现。这些前身体现了对幻想的、施虐禁忌的、惩罚的客体意象的内化或体现融合的自体—客体表象,该表象是"坏的",被投射到挫折的母亲和其他客体身上。[⑤] 这些前身是一些零散的反应形成,它们使得儿童将攻击从客体转向

---

① Jacobson, E. (1964). *The self and the object world*. New York: International University Press, p. 46.

② Jacobson, E. (1964). *The self and the object world*. New York: International University Press, p. 68.

③ Jacobson, E. (1964). *The self and the object world*. New York: International University Press, p. 68.

④ Jacobson, E. (1964). *The self and the object world*. New York: International University Press, p. 26.

⑤ Kernberg, O. (1979). The contributions of Edith Jacobson: An Overview, *Journal of the American Psychoanalytic Association*, vol. 27, pp. 793～819.

了自体，其中最主要的前身都集中在肛门期反应形成。[①] 例如，粪便是脏的，而把环境弄脏的儿童就是脏的、坏的。儿童为了躲避所谓的惩罚就得接受父母的命令要求，即保持清洁。由于自体表象和客体表象很容易再融合，儿童将自己体验为父母的延伸物。如果父母让儿童感到失望，儿童就能感觉到指向父母的愤怒和攻击。这种愤怒和攻击的能量往返于自体表象和客体表象之间，因此，由客体给予挫折所产生的愤怒可能被体验为针对自体。而且，儿童会将恐惧和攻击性归咎于父母。认为父母是威胁性的，以为给予挫折感的父母是在惩罚和报复儿童，并认为阉割恐惧来自父母。因此，儿童会内化古老的、攻击性的、理性化的父母意象，包括父母命令的标准。在这一层面，正是父母所给予的这些挫折、失望和所谓的惩罚促进儿童的外部和内部现实的检验，帮助儿童逐渐放弃对爱的客体以及自己的虚假幻想，[②]从而促进超我的发展。

第二层面由自我理想的整合构成，它基于理想自体表象和理想客体表象的融合。[③] 客体关系因逐步变化和成熟，而变得更加现实、深情、不古老、完整。儿童逐渐将父母视为完整的个人，而不是夸大的客体。[④] 但儿童会因力比多和攻击能量仍在自体和客体表象之间摇摆不定而感到矛盾，以至于既形成了由理想化的父母和自体意象构成的自我理想，又形成了现实的自体和客体表象。理想化(idealization)有助于客体关系的建立。当超我形成开始时，这种理想化就开始从理想化的人延伸到抽象的价值、观念、理想和理想追求。[⑤] 建立理想化的父母意象能够避免儿童对父母的攻击性贬低，而理想化的自体意象则阻止儿童的自我贬低。[⑥] 因此，理想化的过程不仅保护婴儿的客体关系，还有助于治愈儿童的自恋伤口。理想化的客体和自体意象最终构成自我理想，而儿童逐渐降低幻想并接受现实。自我理想作为超我的一部分而建立，是自我的导航员。这时，成长的自我可以调节现实原

---

① Jacobson, E. (1964). *The self and the object world*. New York: International University Press, p. 250.

② Jacobson, E. (1964). *The self and the object world*. New York: International University Press, p. 105.

③ Kernberg, O. (1979). The contributions of Edith Jacobson: an overview. *Journal of the American Psychoanalytic Association*, vol. 27, pp. 793～819.

④ Michael St. Clair 著，贾晓明、苏晓波译：《现代精神分析“圣经”——客体关系与自体心理学》，中国轻工业出版社 2002 年版，第 145 页。

⑤ Jacobson, E. (1964). *The self and the object world*. New York: International University Press. p. 110.

⑥ Jacobson, E. (1964). *The self and the object world*. New York: International University Press. p. 110.

则，使得儿童对自己以及父母的态度变得比较现实、适度。

第三层面是整合和内化。大约在6至7岁，儿童的内化变得较为现实、缓和，将不同的超我构成元素组织并整合进一个稳固的功能体系，即建立超我。这时，自我已成熟并获得现实检验能力，而且形成对父母的现实感知能力，儿童的认同也较为成熟。认同在超我的形成中具有重要作用，超我的认同使儿童接受并内化父母传授的道德准则、道德指示和道德评价以及内化父母的要求和禁忌。[①] 儿童还内化自我批评的理想和标准，所有这些内化可以较强地控制本能，如性需要的减少、内驱力趋向中性化。

超我形成时，自我对父母人格形成了概念性的、抽象的和辨别性的理解，即对他们的心理特征、超我标准、观念和意见、态度和愿望、期待和要求以及禁忌、道德准则的一致性理解。[②] 超我以后还会经历进一步的成熟与完善。

#### 4. 心理发展的阶段

雅可布森认为，心理发展是从未分化、未成熟的形式向分化、明显区分的形式前进。伊底和自我随着发展而分化，本能驱力分化为力比多和攻击，早期融合的自体—客体表象分化为自体表象和客体表象。雅可布森借鉴弗洛伊德、斯皮茨、玛勒、埃里克森等人的理论，将个体心理发展明确划分为：婴儿早期、前俄狄浦斯期、俄狄浦斯期、潜伏期和青春期五个阶段。

(1) 婴儿早期。

生命的最初几周，个体的内部心理生活从未分化的基质开始，该基质既包含着自我与伊底的本源，也包含着力比多和攻击两种驱力。这是自体—客体表象融合之前的一个短暂时期。此时，机体的各种因素决定着婴儿的内部心理过程，婴儿的力比多只能静悄悄地通过生理渠道向内部贯注。这一阶段可以称为前共生阶段，其第一个外显表现是愉快的情感。[③] 未分化的心理生理自体标志着自体表象和客体表象的始发点，力比多能量同时向自体和客体贯注。这种内部心理结构的倒退或衰退就会产生自闭性综合症。

(2) 前俄狄浦斯期。

生命第一年以母—婴单元为代表，在母—婴关系的影响下，婴儿逐渐形

① Jacobson, E. (1964). *The self and the object world*. New York: International University Press. p. 111.

② Jacobson, E. (1964). *The self and the object world*. New York: International University Press. p. 127.

③ 郭本禹主编:《心理学通史·第4卷·外国心理学流派(上)》，山东教育出版社2000年版，第522页。

成一种融合不分的自体—客体表象。这是心理发展的第二阶段，婴儿的第一个内部心理结构开始诞生。[①] 玛勒说，这是儿童心理发展的共生阶段的开始。它在儿童的发展中很重要，因为婴儿正是在此基础上区分出自体与客体世界。起先，婴儿无法将自己的快乐感和客体与其来源区别开，只有当知觉功能完全成熟时，满足和挫折才与客体相联系。早期渴望的融合以及与母亲成为一体的幻想是所有客体关系和未来所有认同的基础。饥饿的婴儿对食物与力比多满足以及融合的渴望，是客体关系的前身，是第一个初级认同类型，也是自体—客体意象（self-object image）的再度融合所获得的认同的根源。与爱的客体融合的幻想源于母—婴间的共生关系，这是一种更为积极的初级认同，源自儿童对爱的客体的模仿。雅可布森认为，前俄狄浦斯期如果长期地或病理性地停滞下去，就会导致儿童的共生性精神病或抑郁性精神病，也会导致成人期的精神分裂症。

（3）俄狄浦斯期。

在生命的第二年，儿童与客体世界的关系的本质开始变化，这是心理发展的第三阶段。随着机体的成熟，未分化的驱力发展出力比多和攻击，能量向外释放的通道也逐渐被打开。投入了攻击驱力的未分化的自体表象，与投入力比多驱力的自体表象相对立。客体关系的内部世界包含"好的"和"坏的"客体表象。儿童用内射和投射来维持自体表象和客体表象间好的或理想的关系，排除自体表象和客体表象之间坏的关系。[②] 这种客体关系以能够区分爱的客体的单个身体和心理特征，比较并知觉客体间以及客体与自体间的不同为前提。此时，儿童的自恋开始采取一种新的方式，其目标也变化了。儿童逐渐放弃只希望神奇地控制爱的客体，并努力寻求可以观察到的真实成就。但在本能冲突的影响下，这些努力很快变得极富攻击力并越来越多地表现在与敬佩的、强大的爱的客体特别是与竞争者之间的争斗中。这时，儿童会努力维持爱的客体的一部分，但不再想让他们成为自体的部分，而是渴望真正与他们相同。这种新的认同代表儿童需要维持共生情境，需要倚靠满足、保护和支持的爱的客体来调解依赖与独立之间的冲突。在俄狄浦斯阶段初期，儿童的同一性形成从渐增的生殖器兴趣中获得强大的动力，将自体和客体导向的贯注转向他人和自己的生殖器官意象。这些贯注导致性同一性的发现，这是个人同一性最重要的组成成分。雅可布森认

---

① 郭本禹主编:《心理学通史 · 第4卷 · 外国心理学流派(上)》,山东教育出版社2000年版,第522页。

② 郭本禹主编:《心理学通史 · 第4卷 · 外国心理学流派(上)》,山东教育出版社2000年版,第522页。

为，如果俄狄浦斯期发展正常的话，理想化过程就会使幼儿向超我形成迈进；而误入歧途则会导致抑郁性心理病理症状。

(4) 潜伏期。

大约从 4、5 岁开始。此时，儿童的道德系统影响稳固的防御和升华活动以及真实自我目标的同时发展，这种影响给予认同以特殊的指导和方向。这些过程与自我和客体关系的进一步成熟一起拓宽个人和社会投入以及自我兴趣的范围。幼儿理想化的自体表象和客体表象被整合为自我理想，成为超我的一部分。自我和超我开始分化，从而完成了伊底、自我和超我三分结构的确立。由于自体表象和客体表象的分化，自我与外界现实和伊底的界限才逐渐巩固，自我的界限才更加分明。① 自恋贯注从性欲身体区域退缩，扩展至整个身体和心理自体的表象以及自我功能上，相应的活动逐渐增多并发生变化，它们加强了儿童对自体的体验，使之认为自体是一个复合的、一致的同一性。同一性帮助儿童形成一种属于他的年龄团体的感受，促使他接受自己的当下状况、局限性以及与同伴的个体差异。这就使团体形成、团体归属感和团体价值感问题成为焦点。潜伏期的开始会强化这种团体并可能很快将它从男孩团体和女孩团体间的区别延伸到其他团体的分化，最终延伸到社会、文化、种族、国家团体等之间的区别。归属于相同的年龄和性别团体的经验不仅强化了个人同一性感，还使道德、社会、身体和智力等团体标准的发展和接受成为可能。这导致儿童的关系和认同部分地从父母转向新的权威人物，这一过程在青春期变得极为强烈。

(5) 青春期。

进入青春期，青少年必须放弃对儿童期最重要的人的依恋，并更快地放弃以前的快乐和追求；必须追求成人的性、爱和责任，追求一种新的、不同的人际和社会关系，并追求新的价值、标准和目标，这些为他作为一个成人的未来生活提供方向。

青春期男孩第一次射精通常导致手淫，所以射精可能恢复阉割恐惧并激起内疚冲突。女孩月经的开始激起潜在的甚至危险的冲突，因为生殖器流血会恢复生殖器是被阉割的这一信念。对青春期的生理表现的焦虑而矛盾的反应会导致身体的、心理的和智力的显著变化，这些是青少年成熟过程的结果。这些变化对青春期的自我和超我的修正具有重要的影响，并影响同一性感和同一性形成。

---

① 郭本禹主编：《心理学通史·第 4 卷·外国心理学流派(上)》，山东教育出版社 2000 年版，第 523 页。

青少年在潜伏期建立起来的防御可能被彻底打碎，而要重建防御系统，就必须放弃乱伦的性和敌意欲望。超我在此发挥重要作用，它帮助儿童解决俄狄浦斯冲突和矛盾冲突。冲突解决的成功与否影响同一性的形成和人格的进一步发展。青少年为了成熟并从家庭纽带中解脱出来，就要修正超我和自我并形成新结构。在青春期，超我重新调整并巩固，包括重设防御系统。防御系统的重组预示并依赖于超我系统的重塑。超我和自我结构与功能的修正最终导致超我和自我的显著加强，这使得自我能够重设并重新巩固其防御组织。

父母反对青少年解开与家庭的纽带并获得自由，这导致自我和超我发展的步伐缓慢而不规则。因此，青少年可能反对父母，但不能摆脱他们，只能退行地固着在不能解决冲突的青少年水平，在依赖自恋倾向和攻击自恋倾向间徘徊。青少年会表现出自恋型人格，它干扰心理系统的成熟以及个体同一性的形成。雅可布森认为，发展过程中的这些障碍会导致不同程度的抑郁症。

### 三、抑郁症及其治疗

雅可布森被业内人士视为抑郁症及其治疗方面的权威。她将自己对抑郁症的研究热情归功于父亲杰奎西·雅可布森，他在一战前线作军医时患了“严重抑郁症”[①]。她先从弗洛伊德的情感理论开始分析，1930 年撰写第一篇精神分析论文就讨论到抑郁症。1930 年至 1935 年，她开始分析抑郁症病人。1935 年至 1936 年她被纳粹逮捕并与反纳粹女政治犯关押在一起，很多囚犯表现出不同程度的抑郁症状，这为她研究抑郁症提供了良机。出狱后她继续研究抑郁症并进行治疗，1971 年出版著作《抑郁症：正常、神经症、精神病状态的比较研究》。

雅可布森认为，自我内部的抑郁根源可能先于自恋挫折和自尊丢失之前的冲突而存在。因此，她提出自我心理学的抑郁理论，认为抑郁症源于自我内部的抑郁情感。[②] 她考察了抑郁症的临床表现与神经症、边缘性人格和精神病抑郁的基本心理动力学意义，并区分了精神分裂抑郁（schizophrenic depression）与躁狂—抑郁（manic-depression）和忧郁症抑郁（melancholic

① Michael Schroter, Elke Mühlleitner, Ulrike May (2004). Edith Jacobson forty years in Germany (1897—1938), *Annual of Psychoanalysis*, vol. 32, p. 200.

② Kernberg, O. (1979). The contributions of Edith Jacobson: an overview. *Journal of the American Psychoanalytic Association*, vol. 27, pp. 793～819.

depression)。

雅可布森首先将抑郁症分为精神病抑郁和神经症抑郁。精神病抑郁的症状多而杂，因为它包括精神分裂抑郁、忧郁症抑郁、躁狂—抑郁，症状相似但有细微区别，很难清晰地区分。通常，患者通过退行逃避来解决情绪和本能冲突，这种逃避包括本能退行和整个人格组织的严重退行过程。病人表现为一种滞留的、有缺陷的自我和超我发展。雅可布森认为，这种倾向的核心因素是力比多和攻击性力量没有充分中性化的结果。精神病障碍的特征包括所有系统的严重退行过程，伴随驱力的去中性化(deneutralization)和去融合(defusion)。

精神病患者的人格没有清晰地区分自体和客体表象以及自我理想。超我不稳定，过分控制自我或者分离(disintegrate)、分解(dissolve)，然后与客体表象和自体表象相融合。因此，对与客体世界的冲突的反应不是自我对不可接受的渴望的防御，而是力比多和攻击贯注的退缩和转移。精神病过程重现婴儿期的冲突，然后扩展到整个客体世界，而精神病患者的自我有缺陷，无法在神经症防御的帮助下控制这些冲突。它将力比多和攻击专注从客体转移到自体表象以解决这些冲突，重新努力再次集中于客体，最后逐渐融合客体和自体意象。这一过程导致自体和客体意象的崩溃，并最终分裂成初级意象。自我和超我认同分解并被"自恋认同"代替，结果可能导致整个心理系统的崩溃。

精神病患者的次级过程思维崩溃，现实感严重失调，对客体世界以及自体的知觉与判断出现失调，自我功能以及与真实的人和非生命客体之间的情绪关系出现紊乱，对周围的客体世界出现误解，反应也不适当。精神病患者会出现人格解体，认为自己的身体或身体的某个部分不属于自己。他们对自己很生疏或觉得自己死了。他们会发出"我是谁"这一疑问。雅可布森认为，真正的人格解体体验经常出现在精神病初级阶段，在精神病中期开始发展，并最终导致泛化的内部死亡状态以及伴随客体丢失的自我消失状态。[①] 精神病心境表现为对真实事件的否认，用幻想代替现实，现实被扭曲，而幻想却没有被扭曲。精神病心境中的现实检验是无效的。精神病抑郁的认同表现为一种病理的"仿佛"(as if)，即患者像对待客体一样对待自己(如忧郁症抑郁)或以客体的身份自居而行事(如精神分裂抑郁)，病人最终会相信自己就是客体。这是一种退行的认同过程，患者通常意识不到自己的这

① Edith Jacobson(1964). *Depression: comparative studies of normal, neurotic, and psychotic condition*. International Universities Press, Inc., pp. 137～139.

种认同。① 躁狂抑郁患者的认同则是退行的、神秘的，患者固着在与理想父母虚假融合的阶段。② 神经症抑郁病人表现出发展良好的现实感并具有很好的洞察力，能够和治疗师合作并形成良好的治疗同盟。自我的综合能力较强，自由联想效率高，能够升华并建立自己的人格。③

雅可布森发现，许多在婴儿早期失去父母或其中一位的病人会表现出神经症抑郁状态。她认为，神经症具有很多临床问题，但病人对早期客体丢失的反应最值得一提。病人反应的主要特征是断然拒绝现实事件的真实性。④ 这一反应与许多儿童产生的家庭浪漫(family romance)有关。家庭浪漫是指儿童幻想自己真正的父母富有、天资聪颖、具有高贵血统，家庭和谐美满等。⑤ 实际上，几乎所有的孤儿或单亲病人在儿童期都会建立华丽的家庭浪漫。在青春期，他们会修正白日梦，使之更接近于现实，试图寻找符合他们幻想的家庭或人。他们寻找优越的、"有价值的"人，这些人经常很富有，可能愿意"收养"他们。但这些注定会落空，因而病人会失望而产生抑郁。神经症抑郁也会出现人格解体。⑥ 神经症心境的特征是夸大外部事件的重要性。与精神病心境在结构上和本质上是不同的。神经症认同不明显，它处于前意识层面，是一种幻想认同，而且患者在意识层面否认这种认同。

抑郁症患者为缓解抑郁症给自己带来的痛苦会使用以下防御机制：① 否认：否定现实或幻想，用明晰的记忆掩盖创伤事件所带来的惨痛后果。② 压抑：将引起焦虑的思想、观念压入潜意识中，甚至遗忘。③ 投射：将自己的错误归咎于外部客体。④ 内射：将本来指向外部的攻击冲动或感情转移到自己身上。⑤ 孤立(或称隔离)：一方面把心理单元分割为若干部分，另一方面又将这些被分割的部分融合在一起重组为一个新的心理整体。⑦

---

① Edith Jacobson(1964). *Depression:comparative studies of normal,neurotic,and psychotic condition*. International Universities Press,Inc., p. 243.

② Edith Jacobson(1964). *Depression:comparative studies of normal,neurotic,and psychotic condition*. International Universities Press,Inc., p. 259.

③ Edith Jacobson(1964). *Depression:comparative studies of normal,neurotic,and psychotic condition*. International Universities Press,Inc., p. 205.

④ Edith Jacobson(1964). *Depression:comparative studies of normal,neurotic,and psychotic condition*. International Universities Press,Inc., p. 185.

⑤ Edith Jacobson(1964). *Depression:comparative studies of normal,neurotic,and psychotic condition*. International Universities Press,Inc., p. 185.

⑥ Edith Jacobson(1964). *Depression:comparative studies of normal,neurotic,and psychotic condition*. International Universities Press,Inc., p. 139.

⑦ Edith Jacobson(1964). *Depression:comparative studies of normal,neurotic,and psychotic condition*. International Universities Press,Inc., p. 126.

雅可布森认为，精神病的防御系统复杂而反常。对否认的使用要比神经症多得多，彻底否认残酷现实，而且大多不会恢复。神经症将否认作为一个补偿防御来使用，对婴儿期经验的否认和遗忘，后来还可以恢复。神经症压抑矛盾的、威胁性的观念，将它们放入伊底中，不过这些观念可能在病人的自我态度、社会行为或性行为中表现出来。当这些观念再次进入意识层面时，患者又会使用否认作为最终的防御来扭曲现实。

雅可布森指出，精神病和神经症都使用否认、内投、投射，关键区别在于退行的深度不同。[①] 神经症只是部分地退行到内部心理现实的阶段，尽管清晰地区别于外部现实，但还是以同样具体的方式来处理。尽管神经症否认可能包括分离(disconnection)、孤立以及综合各种心理成分等过程，各种心理成分的综合将分离和孤立改变为似乎具体的(quasi-concrete)、意象般的(imagelike)单元，但后者(分离和孤立)在本质上并没有失去心理特质。内部和外部现实间的分界线仍然存在。而精神病的病理过程却导致心理现象(manifestation)的真实断裂(fragmentation)、分裂(splitting)、具体化(concretization)和外化(exteriorization)，达到具有真正、具体特质的程度。精神病将抽象的心理变为具体的身体，导致内部现实与外部现实、客体与内心客体意象、对客体的知觉与对客体刺激的反应、客体与自体间界限的混乱。

雅可布森根据自己对抑郁症的理解提出自我治疗模式，包括：① 最初虚假的移情成功阶段；② 隐藏的负移情阶段，伴有相应的消极治疗反应(negative therapeutic reaction)，即患者拒绝接受治疗或干脆结束治疗，而陷入更加严重的抑郁状态；③ 一种危险的内射防御和自恋退缩状态阶段；④ 最后逐渐建设性地解决冲突阶段。

雅可布森提出，为避免病人在抵触中结束治疗或带着严重的抑郁离开，可以允许病人产生非常矛盾的移情。治疗师必须意识到自己反应的情绪特质，这比经常会面重要得多。许多抑郁症患者一周经历四次甚至三次会面要比六次或七次好很多。给予这些病人以机会与分析师在时间上和空间上保持距离，能够减少而不是增加患者的矛盾。如果病人在抑郁症发作期非常迟钝，有自杀危险，可能必须延长会面或增加会面的次数，但这也应该小心使用。

治疗师还要意识到反移情是发自内心的，如温和、理解、尊敬等，但不是过于和蔼、同情和保证，这些才是病人真正需要的。当病人受到自恋退缩威

---

① Edith Jacobson(1964). *Depression: comparative studies of normal, neurotic, and psychotic condition*. International Universities Press, Inc., p. 133.

胁时，治疗师应该积极关注病人的日常生活，特别是他们的升华，并参与其中。超脱（detached）的治疗师在治疗抑郁症时会遇到困难，因为没有这种温和、灵活的情绪气氛，病人和治疗师无法建立融洽的关系，治疗就没有效果。有时，支持性的反面态度（counterattitude）和干涉也是必须的，但必须小心使用，因为使用时治疗师可能必须对此付出代价。

细心的分析师的解释和态度可能被病人视为诱人的诺言、严重的拒绝和缺乏理解、施虐惩罚，所有这些可能增加贪得无厌的需求、挫折、矛盾，最终导致抑郁。所以在关键时刻，分析师的反应必须是自发的和蔼态度或短暂的愤怒表情，这些可能会让病人度过抑郁阶段，特别是危险时期。因为这些病人通常很容易激怒，病人的这种情绪反应表现在本质上预示着分析师需要最细心的自我审查和自我控制。

雅可布森认为，在积极移情的早期，既要解释病人对移情的期望的幻想本质，又要警告他们。当关键的移情情境出现时，就需要特殊的反向情绪态度（emotional counterattitude），治疗师必须根据病人的防御需求和方法来解释自己行为的动机。例如，当妄想精神分裂患者斥责分析师具有错误的情绪态度时，分析师要细心地避免解释。因为此时，任何解释都会被病人错误地用来责怪分析师。

## 四、对雅可布森理论的评价

### 1. 主要贡献

首先，雅可布森建立了一个包容性的整合自我模式，在自我心理学范围内连接了传统精神分析理论和客体关系理论。这一模式将情感分化领域的最早发展、客体关系、早期防御机制和早期本能发展的变化与三重心理装置的心理结构模式结合在一起，为精神分析提供了一个发展框架。① 她虽然扩展并修正了传统概念，但她的模式仍然是继弗洛伊德之后最令人满意的驱力—结构模式。② 这一模式的全面性、包容性和整合性得到评论家们的一致称道。

其次，雅可布森在客体关系理论领域做出了贡献，她批评了客体关系理

① Kernberg, O. (1980). The contributions of Edith Jacobson, In *Internal world and external reality*. New York: Aronson, pp. 100～101.

② Michael St. Clair 著，贾晓明、苏晓波译：《现代精神分析“圣经”——客体关系与自体心理学》，中国轻工业出版社 2002 年版，第 158 页。

论家梅兰妮·克莱因的理论术语的模糊性，认为克莱因没有正确区分客体、客体表象以及内射客体。雅可布森不仅清晰地区分了这几个概念，还区分了自我、自体和自体表象，从而促进了客体关系理论的发展。

第三，雅可布森对抑郁症特别是对妇女抑郁症的研究与治疗做出了杰出贡献。她将自体和客体表象的病理性再融合这一理念运用于抑郁症分析治疗，并提出忧郁症的自我治疗模式。她由于在抑郁症领域所做的工作而被视为最具影响力的抑郁症心理动力学贡献者。雅可布森区分了精神病抑郁和神经症抑郁，又将前者细分为精神分裂抑郁、忧郁症抑郁、躁狂—抑郁，并分别说明了它们的病理机制及其防御机制。

第四，雅可布森对当代一些精神分析学家产生了相当大的影响。克恩伯格受其影响尤为明显，他赞赏她的模式并进一步对精神分析与客体关系理论作更为深入的研究和整合。克恩伯格承认，自己的很多想法都来自雅可布森的独特贡献。① 科胡特没有承认雅可布森对自己的影响，也没有一味地赞同她的观点，但从她对于自恋的理解以及自体和自体的内在表象的区分中获益良多。与雅可布森并行的两位自我心理学家雷恩·斯皮茨和玛格丽特·玛勒在一些方面也与她有所共识，他们相互借鉴。例如，雅可布森为玛勒提供了一个整体的参考框架，而玛勒关于孤独和共生的儿童精神病以及正常和变态(异常)分离—个体化变化的革命性发现反过来为雅可布森的整合模式的发展提供了支持性材料。②

**2. 主要局限**

首先，雅可布森没有走出弗洛伊德的生物学化倾向。她继承了弗洛伊德心理结构说，没有否认他的驱力理论。虽然她对弗洛伊德的理论进行了一些修正，甚至有时与他持相反的观点，但仍没有摆脱生物学化倾向，主张本能即力比多和攻击这两种驱力在人的发展中的决定性作用。

其次，雅可布森通过对成年病人的临床观察来研究儿童的心理发展。据她记录，她只接触过一个儿童案例研究。她说通过成人的回忆来研究比直接研究儿童更真实、更准确可靠。但成人对儿时事情的回忆可能不准确。因此，通过成人的回忆来研究儿童的心理发展不能说是确切的。

第三，雅可布森的语言晦涩，理论抽象复杂又缺乏清晰性。评论家们普

---

① Michael St. Clair 著，贾晓明、苏晓波译：《现代精神分析“圣经”——客体关系与自体心理学》，中国轻工业出版社 2002 年版，第 158 页。

② Kernberg，O. (1980). The contributions of Edith Jacobson，In *Internal world and external reality*. New York：Aronson，p. 101.

遍认为，难以概括她的理论并得出一个简洁明了的图式（scheme），研究起来很困难；[1]而且她在一些会议上发言时的语言也较为抽象复杂。她的理论对读者要求很高，这也是她不如其同时代的精神分析学家那样知名的原因之一。

## 第四节 埃里克森与自我心理学的转向

埃里克森是美国著名的儿童精神分析师，也是现代精神分析自我心理学最著名的代表人物之一。他以首次提出的“自我同一性”概念以及以自我为核心的人格发展渐成说而闻名遐迩。他的自我心理学以心理社会动力的观点扭转了弗洛伊德对本能动力观点的强调，扩大了精神分析理论的研究，并在青少年教育、发展心理学、人格心理学和社会心理学等学科领域产生了广泛的影响，对精神分析心理学的发展做出了杰出的贡献。正如美国心理学史家墨菲和柯瓦奇指出，现代弗洛伊德心理学的锋芒所向是自我心理学，而其杰出的代表人物则是埃里克森。[2] 他的理论代表着自我心理学的社会文化转向。

### 一、埃里克森的生平与著作

埃里克·洪伯格尔·埃里克森（Erik Homburger Erikson，1902—1994）于 1902 年 6 月 15 日出生于德国的法兰克福，父母都是丹麦人。生父在埃里克森出生之前就抛弃了他和他的母亲。三岁时，母亲带着他移居德国巴登，改嫁给当地一位名叫奥尔多·洪伯格尔（Theodor Homburger）的儿科医生。埃里克森在童年时期并不知道洪伯格尔不是他的亲

埃里克·洪伯格尔·埃里克森（Erik Homburger Erikson，1902—1994）

① Kernberg, O. (1979). The contributions of Edith Jacobson: an overview, *Journal of the American Psychoanalytic Association*, vol. 27, pp. 793～819.

② 德纳·墨菲、约瑟夫·柯瓦奇著，林方、王景和译：《近代心理学历史导引》，商务印书馆 1980 年版，第 420 页。

生父亲,但是他总是出现自己不属于父母亲这种感觉。埃里克森多年来一直沿用继父的姓,甚至在第一次写论文时还使用埃里克·洪伯格尔的名字,直到1939年他加入美国国籍时才改姓埃里克森。

埃里克森那种不属于他的家庭的感觉因为他的外貌而不断被加剧:他的母亲和继父是犹太人,而他自己的长相明显具有斯堪的那维亚人的特征,身材高大,碧眼金发。他父母教会的成员都叫他异教徒,但在学校,同学们把他当做犹太人。因此,"同一性"概念成为后来埃里克森理论上最为关注的问题之一也就不足为怪了。他早期生活的其他方面是非常平静的。6岁到10岁接受小学教育,此后一直到18岁在大学预科学校(程度大致相当于美国的高中)学习。然而,他不喜欢严格、正式的学业氛围。埃里克森一生都非常厌恶正规教育,从没有获得任何大学学位。大学预科毕业后,他违背继父要他成为一名医生的愿望而去学习艺术专业,并周游了整个欧洲大陆。

1927年是埃里克森一生的转折点。这一年,他受一位名叫彼得·博尔斯(Peter Blos)的朋友的邀请到维也纳一所规模较小的学校任艺术教师,该校的学生都是弗洛伊德的病人和朋友的子女。正是在这所学校,埃里克森遇到了安娜·弗洛伊德,并在她的指导下接受了精神分析训练,最终成为一名儿童精神分析师。安娜的精神分析理论与她父亲的理论不同,在诸多方面都具有独特的创见,这对埃里克森产生了深刻的影响。1929年,埃里克森与同校任教的加拿大籍教师琼·塞尔森(Joan Serson)结婚。1933年,为了对付纳粹日益加剧的威胁,埃里克森全家迁居丹麦,后又迁往美国,定居波士顿。作为马萨诸塞州第一个儿童精神分析学家,埃里克森同时在哈佛医学院、马萨诸塞州普通医院和哈佛精神分析诊所任职。1936年至1939年,埃里克森接受了耶鲁大学医学院精神病学系的聘请。在此期间,他研究了自我发展的三个问题:① 儿童的空间游戏行为中所表现的社会道德的概念,② 作为一种连续统一体的自我的发展,③ 关于人在时空中的人类学调查。大约在这一时期,他先后结识了心理学家默里(H. A. Murray)、勒温(K. Lewin)等人和人类学家本尼迪克特(R. Benedict)、米德(M. Mead)等人。1938年,他前往南达科他州考察苏语印第安人的儿童抚育方式,这些考察使他更加重视社会文化因素对人格的影响。

1939年,埃里克森在取得美国国籍后迁居加利福尼亚,在那里他担任了加利福尼亚大学伯克莱分校儿童福利研究所的研究助理。1939年至1944年,他参加了儿童福利研究所的纵向"儿童指导研究"。他的研究成果包括三个方面:① 儿童游戏结构中的性别差异,② 人的生命周期中各个阶段的冲突的解决,③ 关于儿童发展各问题的人类文化学的连续调查。这一时期他还到北部的尤洛克部落进行了儿童的跨文化现场调查。通过这些人类学研究，他认识到，不能因为这些文化中的成员表达他们潜在需要的仪式和典礼与美国文化中的表达方式不同，而认为他们是野蛮的和病态的。

1950年，埃里克森出版了《儿童与社会》一书，这本书的出版很快使他成为国际心理学界公认的自我心理学领袖。他在这本书里详述了建立在其多年跨文化研究和临床经验基础上的人类发展理论，令人信服地描绘了各个发展阶段的演变以及自我是怎样变化、生长与整合各种经验的。在这本书编辑出版过程中，埃里克森卷入了加利福尼亚大学的员工和董事间的政治斗争。由于拒绝在忠诚宣言上签名，他辞去了教授职位，并离开加利福尼亚大学。1951年至1960年，埃里克森居住于麻省的斯多克桥，他在那里担任了奥斯汀—里格斯中心的高级会诊医生和匹茨堡大学医学院精神病学系教授。1958年，他出版了《少年路德：精神分析和历史的研究》，在这本书中他采用心理历史学的方法对神学家马丁·路德（Martin Luther）进行了分析。1960年，埃里克森回到哈佛医学院，在那里担任人类发展学教授，并讲授“人类生命周期”课程，这是一门深受研究生欢迎的课程。此后，他一直呆在哈佛，直到1970年退休。这段时期他创作了许多著名的作品，主要有《儿童与社会》（1950，1963）、《同一性与生命周期》（1959）、《领悟与责任》（1964）、《同一性：青春期与危机》（1968）、《甘地的真理》（1969）、《新的同一性维度》（1974）、《生命历史与历史时刻》（1975）、《游戏与理由》（1977）、《生命周期的完成》（1982）、《老年人的重大事件》（1986）等。

1978年，哈佛大学授予埃里克森荣誉博士学位。1982年，他成立了埃里克（H. Erik）和琼·M·埃里克森（Joan M. Erikson）中心。他还广泛参加美国各种社团活动，继续通过写作和咨询从事他的研究工作，直到1994年去世。

## 二、自我心理学的转向

### 1. 自我及其同一性

埃里克森自认为是弗洛伊德学说的热烈拥护者，他曾把弗洛伊德的著作比做“磐石”，认为一切有关人格的理论无不建基于其上。他接受了弗洛伊德对人格结构作伊底、自我和超我的划分，承认人格结构的形成源自先天的力比多能量。但是，埃里克森与弗洛伊德的侧重点和赋予自我的功能却是大不相同的。在弗洛伊德看来，自我的力量相对较弱，受力量强大的伊底控制，它的功能在于满足个体的本能需求，而这种满足既不能违背惩罚性的超我的道德标准,也不能抑制伊底的本能冲动。埃里克森则将弗洛伊德关于自我在人格结构中的作用进行了系统的扩展,使得自我更为自由。他认为,自我是一个独立的力量,不再是伊底和超我压迫的产物。他把自我看做一种心理过程,这一过程包含着人的意识活动并且能够加以控制。自我是人的过去经验和现在经验的综合体,并且能够把进化过程中的两种力量——人的内部发展和社会发展综合起来,引导心理性欲向合理的方向发展,决定着个人的命运。因此,在埃里克森的理论中,自我既不具有防御性质,也不涉及个体的生物驱力的控制,而是帮助个体积极适应环境挑战,使个体勇敢面对危机,解决冲突,顺利进入下一个发展阶段。这一观点把自我的作用同社会联系起来,使社会成为一种潜在的力量源泉。

埃里克森赋予自我许多积极的特点,诸如信任、希望;独立性、意志;自主性、决心;勤奋、胜任;同一性、忠诚;亲密、爱;创造、关心;统整、智慧等等。这些特性都是弗洛伊德从未提到的。他认为,凡是具有这些特性的自我都是健康的自我,它能对人生发展的每一阶段所产生的问题加以创造性地解决。

在上述的自我特性中,埃里克森特别重视的是自我的同一性(identity)。他指出:"对同一性的研究已成为我们时代的策略,犹如弗洛伊德时代对性欲的研究。"[①]在他看来,具有建设性机能的健康自我必须保持一种同一性感,即自我同一性感或心理社会同一性感。同一性概念的提出最初源自战时对伤病员的诊断。第二次世界大战期间,埃里克森在齐昂山退伍军人健康诊所工作时发现,战争造成的伤员中,有一些病人既不曾患有弹震症,也不是在装病,而是在战争的紧急状态中失去了个人同一性和历史连续性之感。他们失去了对自己的中枢的控制。在埃里克森看来:"这种一致感和连续性必须归因于自我的工作,因为没有任何其他内部机构能完成这种贯穿于儿童期的有意义的认同作用的选择性任务,完成对于在同一感中达到顶点的自我意象的逐渐整合的任务。"[②]由此,他采用同一性危机(identity crisis)来命名这一病症。后来的观察表明,在具有严重内心冲突的青少年身上,也同样出现了自我同一性的丧失,这些人或是反抗社会,或是极度退缩,表现出的是自我控制的崩溃。

自我同一性是一个多维度的概念,埃里克森在不同时期所指的内容并不完全一致。例如,他认为同一性是"一种熟悉自身的感觉";"一种知道自

① Erikson, E. H. (1963). *Childhood and society*(2nd ed.). New York: Norton, p. 256.

② 车文博主编:《弗洛伊德主义论评》,吉林教育出版社 1992 年版,第 1041 页。

己将会怎样生活的感觉”；“一种从他信赖的人们中获得所期待的认可的内在自信”①；“一种不断增长的信念和一个人在过去经历中形成的内在的恒常性和同一感（心理上的自我）”②。但从根本上说，同一性是一种意识到的独特感和方向感，它来源于多种与自我相统一的心理社会体验，包括对个人以往各种身份、各种自我形象的综合感以及个体对合适伴侣做出明智选择的意识和感受。当我们进行特定职业选择并被他人认可为对这个社会负责任的一员时，同一性还包括自我与未来的联系。因此，同一性指的就是我们是什么，我们想成为什么，我们应该成为什么，以及我们不想成为什么或者我们知道我们不可能成为什么。对同一性这种复杂的内部状态，可以从四个方面来理解：① 个体性（individuality），是指一种意识到的独特感，以不同的、独立的实体而存在；② 整体性和整合感（wholeness and synthesis），是指一种内在的整体感，产生于自我的潜意识整合作用。成长中的儿童形成许多零碎的自己表象，健康的自我就把这些零碎的表象整合成一种有意义的整体；③ 一致性和连续性（sameness and continuity），是指潜意识追求一种过去与未来之间的内在一致和连续感，感受到一个人生命的连贯性并朝着有意义的方向前进；④ 社会团结性（social solidarity），是指具有团体的理想和价值的一种内在团结感，感受到社会的支持和认可。埃里克森认为：“在人类生存的错综复杂社会里，如果没有自我同一性感就没有生存感。同一性的剥夺能导致残杀。”③

同一性的另一极端是同一性混乱（identity diffusion）或角色混乱（role confusion），也就是通常所讲的同一性危机④。同一性混乱是指内部和外部之间的不平衡和不稳定之感，或者是感受不到一个人生命是向前发展的，不能获得一种满意的社会角色或职业所提供的支持。埃里克森列举出了七种同一性混乱：① 对时间不信任的时间混乱，这是青少年的典型病态表现之一，他们对命运、前途、计划、希望和供养者都表示不信任；② 同一性意识的混乱，表现为一个人夸大了自我意识与别人看待他的形象的距离；③ 角色固着，即不愿对许多角色进行尝试，它与儿童期的现实与幻想、游戏中的选择和俄狄浦斯情结有明显的联系；④ 工作瘫痪，它可能是为满足自我理想的不

① Erikson, E. H. (1959). *Identity and the life cycle*. New York: International Universities Press, p. 118.

② Erikson, E. H. (1963). *Childhood and society* (2nd ed.). New York: Norton, p. 263.

③ Erikson, E. H. (1959). *Identity and the life cycle*. New York: International Universities Press, p. 90.

④ 最初艾里克森使用“同一性散乱”(diffusion)概念，后来才改为“同一性混乱”(confusion)。

现实要求引起的,并不是缺乏潜能;⑤ 性别的混乱,表现为不知道自己是男是女,往往在同龄团伙中受到嘲弄而成为牺牲品;⑥ 领导的混乱,青少年预见到了领导和服从的两极分化,一个人既不能领导又不能服从,就只有陷于孤独而形成有害的退缩;⑦ 价值的混乱,在青年期,上述各种同一性混乱都或隐或现地提供了不同的意识形态,使青少年经受着价值混乱的痛苦。

埃里克森还认为,自我的同一性产生于婴儿期,但要到青春期才能正式形成。儿童最初在对父母的基本信任感中获得了经验的连续感和一致感;后来,通过父母施加的要求,儿童形成了良心道德感;最后在青春期,青少年通过将父母、教师对自己的期望与自己的要求加以对比,形成了内部的同一感。在这三个过程中,父母作为权威总在起着潜移默化的作用。

**2. 人格发展的渐成论原则**

埃里克森认为,在人类进化的历史中,生理结构和心理禀赋一直是同时发展的。个体自出生到老死,一生中会产生阶段性变化,这些变化代代重演,故称为生命周期(life cycle)。生命周期可以分为八个阶段,其发展顺序是依照渐成论原则(epigenetic principle)而进行的。这是埃里克森从生物学中借用来的术语,他说:"无论何时我们要试图了解生长的含义,最好记住有机体的生长从子宫内就获得了的渐成论原则。笼统说来,这个原理说明任何生物都有一个大体的生长方案。由于有了这个方案,机体的各部分才得到生长,每一部分都具有它特殊的优势,只有各个部分都能获得生长才能形成一个有机的整体。"[①]埃里克森进一步将这个原则从身体的成长扩展到心理和社会的成长。在他看来,人格似乎也按照"人类有机体准备中预先决定的、被驱动向前的、被意识到的、与日益扩展的重要人物和机构发生相互作用"[②]的步骤而发展。也就是说,人的发展阶段是以不变的序列逐渐展开的,而且在不同的文化中是普遍存在着的,因为它们是由遗传因素所决定的。但他又指出,每个阶段能否顺利地度过则是由社会环境决定的,在不同文化的社会中,各阶段出现的时间可能不一致。正是由于这一原因,埃里克森才把他的发展阶段理论称为"心理社会发展阶段",以区别于弗洛伊德的心理性欲发展阶段。

埃里克森认为,人格发展的每个阶段都由一对冲突或两极对立所组成,并形成一种危机。所谓危机不是指一种灾难性的威胁,而是指发展中的一个重要转机。没有发展危机,个体的自我就难以得到充分的发展,只是在从

---

① Erikson, E. H. (1968). *Identity: Youth and crisis*. New York: Norton, p. 92.
② Erikson, E. H. (1968). *Identity: Youth and crisis*. New York: Norton, p. 93.

发展危机转变为发展转机时，将视个体的能力、经验等因素出现不同的情况：有的可能将危机化解趋向正极方向发展，即危机的积极解决；有的可能因危机不能化解而趋向负极方向，即危机的消极解决。前者会增强自我的力量，使人格得到健全发展，有利于个人对环境的适应；后者则会削弱自我的力量，使人格不健全，阻碍个人对环境的适应。埃里克森还指出，前一阶段危机的积极解决，会扩大后一阶段危机积极解决的可能性；前一阶段危机的消极解决，则会缩小后一阶段危机积极解决的可能性。每一次危机的解决，都存在着积极因素和消极因素，只有根据其中的哪一种因素多少而称积极的解决或消极的解决。当积极因素的比率大时，危机就顺利地解决，反之则相反。一个健康人格的发展，必须综合每一次危机的正反两个方面，否则就会有弱点。

埃里克森认为，每一阶段的危机能否成功解决，在很大程度上取决于个体心理社会体验的质量。同时，它还依赖于个体能否积极地去分析和整合该体验并利用新生能力和技能。当个体成功解决各阶段的危机后就会出现一种埃里克森称之为"品质"(virtue)的内在力量。在埃里克森看来，每一阶段都为发展出一种特殊的力量或品质创造了条件。每一种品质的建立，既不意味着它是一种不可改变的成就，也不意味着个体在发展的后一阶段不会遭遇新的危机。

**3. 人格发展的八个阶段**

埃里克森接受了弗洛伊德对心理性欲阶段的设定，将它作为对从婴儿期到成年期人格发展中重要事件的有效描述。然而，埃里克森认为，弗洛伊德的阐述是不完整的。他给予儿童的社会经验的承认太少，并且青年期以后还有一些弗洛伊德没有意识到的发展阶段。因此，埃里克森将整个人生的发展划分为八个阶段，其中前五个阶段与弗洛伊德划分的阶段是一致的，但他在描述这几个阶段时，并不强调性本能的作用，而是把重点放在个体的社会经验上。至于后三个阶段则完全是他独自阐述的。埃里克森所划分的人格发展的八个阶段均以该阶段所产生的危机来命名。

(1) 基本信任对基本不信任。

信任对不信任(trust vs. mistrust)阶段相当于弗洛伊德的口欲期，从出生到1周岁。这一时期，口唇周围是快感中心，婴儿的主要活动是吮吸，他们依赖口唇生存和得到快感。母亲对婴儿来说是最重要的人，婴儿的健康发展取决于母亲的关爱程度。在母亲给予照料和婴儿接受照料的相互作用中形成了本阶段的发展危机：信任对不信任。

这个阶段的儿童最为软弱，非常需要成人的照料，对成人依赖性很大。

如果父母等人能够以关爱和一贯的方式来照料婴儿,满足婴儿的需要,那么婴儿就可能会发展出基本的信任感。这种信任感的表现就是当母亲离开婴儿的视线时,婴儿不会有明显的烦躁不安。因为他确信母亲一定会回来喂养并照顾他,这也是婴儿取得的第一个社会性发展的成就。这种确定感是自我同一性形成的前提条件,因为自我同一性是建立在婴儿认识到他人是可信赖的基础上的。相反,如果母亲以消极、拒绝和不一致的态度对待婴儿,则婴儿就会产生不信任感和不安全感,表现为婴儿将周围视为恐怖的世界,体验到挫折、烦恼、恐惧等情绪,甚至感到愤怒。这种被抛弃的感觉还会导致持续的不信任,进而影响其以后的发展。埃里克森认为,发生在生命第一年期间的令人不满意的母婴关系对信任感的损害,在以后的时间里可能由于儿童享有一个特别值得信任的社会环境而得到某些修复。然而,这种损害不可能被以后的积极经验完全修复。同样,婴儿在第一年里建立起来的安全信任态度,以后也可能由于婴儿与那些对他来说重要却不可依靠的人之间的经验而动摇。但他仍然会保留一定程度的自我信任,并感觉到别人的信任,这些都建立在他成功地度过婴儿期的信任—不信任危机的基础上。危机期间产生影响的这种永久性原则,对随后的成长阶段中所面临的其他危机同样有效。当婴儿获得的信任感超过不信任感时,基本信任对基本不信任的危机就成功地解决了。但埃里克森指出,健康的个体并不总是相信任何事情,因为在现实生活中信任一切会带来麻烦,适度的不信任感是有益的,对于生存是有积极意义的。

在这个阶段中,如果儿童具有的基本信任超过基本不信任,就会形成希望(hope)的品质,即"对热烈愿望的实现怀有持久的信念,尽管存在标志生存初期的那种隐晦的迫切要求及愤怒"[①]。个体在出生第一年所建立的初步希望感会由于新的压力和冲突的出现而受到破坏,或者因后继的积极体验而得以加强。具有希望品质的儿童敢于冒险,不怕挫折和失败,对未来存有热切的期待。相反,缺乏足够信任感的儿童会形成恐惧(fear)的品质,他们对未来不可能怀有希望,因为他们必须为需要是否能得到满足而担忧,所以他们被目前所束缚。

(2) 自主对羞怯和疑虑。

自主对羞怯和疑虑(autonomy vs. shame and doubt)阶段相当于弗洛伊德的肛欲期,出现在2～3岁。在这一时期,儿童的肌肉组织发育成熟,并开始学习如何控制这些组织。正是在这一时期,父母开始依据社会行为规范

---

① Erikson,E. H. (1964). *Insight and responsibility*. New York: Norton, p. 118.

对儿童进行大小便训练。幼儿必须根据父母的要求学会符合社会要求的排泄习惯，这就导致儿童陷入了自己意愿与父母意愿相互冲突的危机之中。这就要求父母对儿童的养育，一方面要根据社会的要求对儿童的行为进行一定的限制和控制；另一方面又要给儿童一定的自由，不能伤害他们的自主性。

如果父母耐心、宽容并灵活地指导儿童，使儿童感到自己能够控制自己，那么儿童便会发展出自主感和自我控制感，在完成各种任务的过程中体验到自豪感。如果父母对子女的行为限制过多、惩罚过多和批评过多，就会使儿童感到羞怯，并对自己的能力产生疑虑。在这种情况下，儿童会面临“一种双重反抗和一种双重打击”①，即他们无法支配他们的肠道，也无法控制他们父母的行动。所以，他们可能通过退行到口唇活动或者通过变得敌对和任性而假装进步。

在这一阶段，如果儿童的自主性超过羞怯和疑虑，在儿童的人格中就会形成意志（will）品质，即“进行自由决策和自我约束的不屈不挠的决心”②。如果不能成功地解决危机，就会产生自我疑虑（self-doubt）。

（3）主动对内疚。

主动对内疚（initiative vs. guilt）阶段相当于弗洛伊德的生殖欲期，出现在4～5岁。在这一阶段，身体的发育使儿童的运动更为自如有力，可以独立地与家庭以外的人进行更广泛的接触；他们的语言更为精确，已经达到了可以理解的程度，与人交往时喜欢说也喜欢问。运动与语言这两方面的发展使儿童的想象更为生动，并且扩大到了许多自己曾梦想和虚构的角色。这一阶段的儿童还对差别，尤其是性别和年龄差异产生了强烈的好奇心。他们开始了创造性的思维、活动和幻想，开始了对未来事件的规划。

埃里克森认为，顺利度过前两个阶段的儿童已经深信自己是一个能支配自己的人，现在他们开始探究他们可以成为什么样的人。在这一阶段，他们检验各种限制，以便确定什么是允许的，什么是不允许的。如果父母肯定和鼓励儿童的主动行为和想象，儿童就会获得主动性，以积极主动而自信的方式对待面临的一切事物。相反，如果父母经常讥笑和限制儿童的主动行为和想象，儿童就会缺乏主动性，并且感到内疚，这样的儿童循规蹈矩，没有进取精神，倾向于生活在别人为他们安排好的狭隘的圈子里。

---

① Erikson, E. H. (1959). *Identity and the life cycle*. New York: International Universities Press, p. 68.

② Erikson, E. H. (1964). *Insight and responsibility*. New York: Norton, p. 119.

如果这一阶段的危机得到积极解决，主动超过内疚，就会形成目的(purpose)的品质，即“正视和追求有价值的目的的勇气，尽管这种目的曾被幼年的幻想、内疚、对惩罚的失魂落魄的恐惧所阻挡”①。如果危机是消极解决，就会形成无价值感(unworthiness)。

(4) 勤奋对自卑。

勤奋对自卑(industry vs. inferiority)阶段相当于弗洛伊德的潜伏期，出现在6～12岁。在这一阶段，儿童离开家庭开始学校生活。学校是他们学习、玩耍和活动的主要场所。在学校里，儿童学习各种必需的谋生技能以及能使他们成为社会生产者所具有的专业技巧，体验“从稳定的注意和孜孜不倦的勤奋来完成工作的乐趣”②。教师是这一时期对儿童影响最大的重要人物。埃里克森指出：“不止一次，我观察到在那些独具天赋和富有灵感的人们的生活中，大多是教师燃起了一个未被发现的天才的内心火焰。”③

如果儿童在学校经验到的成功多于失败，他的勤奋感就会进一步发展，敢于面对困难情境的挑战，以后也会继续追求成功。如果儿童不能发展这种勤奋，他将产生自卑感，不敢面对生活中的现实困难，对自己能否成为一个对社会有用的人缺乏信心。

如果儿童获得的勤奋感胜过自卑感，他们就会形成能力(competence)的品质，即“灵巧和智力在完成任务中的自如运用，它不为儿童期自卑感削弱”④。如果危机是消极解决，就会形成无能感(incompetency)。埃里克森认为，能力是由于爱的关注与鼓励而形成的，而自卑感则是由于儿童生活中十分重要的人物对他的嘲笑或漠不关心造成的。

(5) 同一性对角色混乱。

同一性对角色混乱(identity vs. role confusion)阶段大致相当于弗洛伊德的生殖欲期，出现在13～20岁。埃里克森认为这个阶段是从童年期向青年期发展中的过渡阶段。经过前四个阶段的发展，儿童懂得了他是谁，具有什么样的能力特征，也了解了所能担任的各种角色。此时，儿童必须思考所有他已掌握的知识，包括对自己和社会的知识，为自己确定生活的策略。如果在这一阶段能做到这一点，儿童就获得了自我同一性或叫心理社会同一感。自我同一性对发展儿童健康的人格是十分重要的，同一性的形成标志

① Erikson, E. H. (1964). *Insight and responsibility*. New York: Norton, p. 122.

② Erikson, E. H. (1963). *Childhood and society* (2nd ed.). New York: Norton, p. 259.

③ Erikson, E. H. (1959). *Identity and the life cycle*. New York: International Universities Press, p. 87.

④ Erikson, E. H. (1964). *Insight and responsibility*. New York: Norton, p. 124.

着儿童期的结束和成年期的开始。然而，埃里克森认为，应当把这个阶段本身看做是一个寻找同一性的时期，而不是具有同一性的时期。因此，他将其称为心理社会的合法延缓期（psychosocial moratorium），其用意在于表示青年期和成年期的间隔。

如果在这个阶段青少年不能获得同一性，就会产生角色混乱和消极同一性。角色混乱是个体不能正确地选择适应社会环境的角色，消极同一性则是个体形成了与社会要求相背离的同一性。这样的青少年不知道对他们自己或对别人来说他们是谁，在选择生活角色上缺乏一致性和连贯性，对未来没有正确的信念，感到空虚、孤独和焦虑。作为对角色混乱的防御，青少年可能会过度认同小团体或群体里的英雄来建立他们的同一性，从而可能暂时失去他们自己的个性。他们在这些混乱而职业方向不确定的阶段中，通过临时建立一个小团伙，通过在着装与言语上、在观念上以及在偶像和敌人上保持一致，来帮助彼此排除这种不舒适感。埃里克森是一个性善论者，他对青少年及其发展从总体上说持乐观的态度。他认为，青少年的一些迷茫和过失行为不是他们自身造成的，而是由于社会的急剧变化所导致的原有价值观不再起作用的缘故。另一方面，成人无法给予青少年正确的指导也是造成青少年同一性危机的原因之一。

如果这一阶段的危机得到积极解决，青少年就会形成积极同一性，而不是消极同一性，同时获得忠诚（fidelity）的品质。埃里克森把忠诚定义为："使忠诚得到持久和保证的能力，尽管不可避免地存在价值体系的各种矛盾。"具有这种品质的青年人，表现出对自己个性的强烈感知和对他们为社会接受的认识。[①] 如果危机是消极解决，就会形成不确定性（uncertainty）。这样的人在以后的生活中会继续显露出一些不成熟的特征，如不能忍耐、排他、冷酷对待"异类"、对英雄和偶像的盲目认同或忠诚，等等。

（6）亲密对孤独。

亲密对孤独（intimacy vs. isolation）阶段属成年早期，时间约从 20～24 岁，该阶段及以后的两个阶段就没有了与弗洛伊德心理性欲发展的对应时期。

埃里克森同意弗洛伊德把健康的人定义为拥有爱情且辛勤工作的人，并强调只有建立了牢固的自我同一性的人才敢与他人发生爱的关系，热烈追求与他人建立亲密的关系。因为与他人发生爱的关系，就要把自己的同一性和他人的同一性融为一体，这里有自我牺牲，甚至有对个人来说的重大

① Erikson, E. H. (1964). *Insight and responsibility*. New York: Norton, p. 125.

损失。而对自己的同一性没有把握的青少年总是躲避人际间的亲密关系，或者使自己陷入一种“乱七八糟”的亲密之中，既无真实的融合，也不是真正的自我放弃。埃里克森指出，亲密关系的建立不能与性关系的亲密混为一谈，性的亲密只是他所讲的亲密关系的一部分，因为性的亲密往往先于与别人的真正相互的心理社会亲密能力的发展，其中包括友谊、性交和共同感受等。在埃里克森看来，真正的亲密关系只能发生在已明确建立自我同一性和忠诚关系的伴侣之间。对成年早期的个体而言，成熟的爱是指“配偶和伴侣之间相互分享同一性，双方通过在对方身上……发现自己而互相认同”①。健康的亲密关系对个人和社会都有益处。埃里克森认为，亲密关系应当符合下列标准：① 相互达到兴奋感；② 彼此相爱；③ 性别不同；④ 相互信赖；⑤ 愿意为适应对方而调整自我的工作、生活、娱乐等活动；⑥ 保证子女在所有阶段都获得令人满意的发展。② 如果一个人不具备与他人建立亲密关系的能力，就会体验到一种孤独感，即不能通过共享真正的亲密形成自己的同一感，这种人注重自己的内心世界，担心同他人建立亲密关系会丧失自我，他们离群索居，人际关系非常淡薄。

如果一个人在这一阶段形成的亲密友爱胜过孤僻疏离，就会形成爱(love)的品质，即“永远抑制内在分裂机能的相互献身”③。如果危机是消极解决，就会导致年轻人的乱交(promiscuity)。

(7) 繁殖与停滞。

繁殖与停滞(generativity vs. stagnation)阶段属于成年中期，年龄为25～65岁。这一时期一个人已由儿童变为成年人，变为父母，建立了家庭和自己的事业。如果一个人很幸运地形成了积极的自我同一性，并且过着充实而幸福的生活，他们就试图把这一切传给下一代，或直接与儿童发生交往，或生产和创造能提高下一代物质和精神生活水平的财富，从而获得一种繁殖感。埃里克森认为，繁殖不仅是指生儿育女，还指通过工作来创造实物和思想，更重要的是关心和指导下一代的成长。这一阶段的危机主要在于，成人是能够有效而富有创造性地工作并帮助年轻一代，还是处于停滞状态。停滞是指工作缺乏效率，对现有的生活状态感到厌倦，人际关系单调。

如果一个人的繁殖感高于停滞感，就会形成关心(care)的品质，它“是一种对由爱、必然或偶然所造成结果的扩大了的关爱，它消除了那种由不可推

---

① Erikson, E. H. (1964). *Insight and responsibility*. New York: Norton, p.128.

② Erikson, E. H. (1963). *Childhood and society* (2nd ed.). New York: Norton, p.266.

③ Erikson, E. H. (1964). *Insight and responsibility*. New York: Norton, p.129.

卸的义务所产生的矛盾心理”①。具有这种品质的人能自觉自愿地关心他人的疾苦和需要，能给他人以温暖和爱。如果危机是消极解决，就会形成自私(selfishness)的品质。

(8) 自我整合对失望。

自我整合对失望(integrity vs. despair)阶段属成年晚期或老年期，从65岁开始直至死亡。这个阶段主要是一个强烈的反省期，包括对往事与旧梦的回忆和怀念，试图重建生活的意义。前面七个阶段都能顺利度过的人，就具有充实幸福的生活和对社会有所贡献，他们有充实感和完善感，怀着充实的感情向人间告别。这种人能够将死亡的必然性看做是生命周期的一个必经环节，因而他们不惧怕死亡，在回忆过去的一生时，自我是整合的、有意义的。相反，过去生活中有挫折的人，以及自私自利不关心生活的个体，在回忆过去的一生时，则经常体验到失望，因为他们生活中的主要目标尚未达到，过去只是连贯的不幸。他们感到已经处在人生的终结，再没有开始重新生活或者重建整合性的机会了。他们不愿匆匆离开人世，对死亡没有思想准备。

如果这一阶段的危机得到积极解决，就形成智慧(wisdom)的品质，即“在面对死亡时仍关心生活本身”②，它包括克服自我中心，能更深入地洞察自己和他人的动机与行为，并发展出对他人的移情感、同情心和怜悯心。如果危机是消极解决，就会形成失望(despair)和毫无意义感(meaninglessness)。

埃里克森对人格发展八个阶段的分析，贯穿关于人的发展是生物学的、心理的和社会的过程相结合的思想。他把发展视为一个连续的过程，虽然每一个阶段都有各自不同的主题，但是阶段之间并非割裂的。在他看来，不仅所有的发展阶段是依次相互联系着的，而且最后一个阶段和第一个阶段也是相互联系的。例如，老人对死亡的态度会直接影响幼儿的人格发展。他说：“如果儿童的长者完美得不惧怕死亡，儿童也不会惧怕生活。”③人的发展阶段是以一种循环的形式相互联系着，一环扣一环，形成一个圆圈。

### 三、心理治疗观

埃里克森不仅因其对心理社会阶段的具体界定和青春期同一性危机的

① Erikson, E. H. (1964). *Insight and responsibility*. New York: Norton, p. 131.
② Erikson, E. H. (1964). *Insight and responsibility*. New York: Norton, p. 133.
③ Erikson, E. H. (1963). *Childhood and society* (2nd ed.). New York: Norton, p. 269.

论述而受到重视，也因他对精神分析治疗理论与技术的卓越贡献而为人称道。他修正并拓展了弗洛伊德的许多概念和方法，同时还提出了自己的一些概念和方法。

埃里克森强调，他的精神分析治疗技术不同于古典精神分析的传统技术，因为时代已经发生了巨变，出现了许多不同种类的精神失调。他说："今天的病人大部分是遭受着他应当信仰什么，他应成为什么样的人，或确切地说，他可能是怎样的人或会成为怎样的人等问题的折磨；而早期精神分析者治疗的病人大多数是遭受着阻止他们成为什么人和阻止他认为自己是什么人的各种约束的折磨。"①因此，对今天的病人来说，传统的发掘潜意识心理内容，进而使患者摆脱压抑的治疗法弊大于利，因为这种方法"会使某些患者的病情更重……特别是在精神治疗的情境下我们对'使之有意识'任务的热心追求的时候，就会把一个身处潜意识危险境地边缘的人推进去了"②。在埃里克森看来，一个健康的人是以在八个发展阶段中每个阶段的危机都能以积极的方式加以解决而形成的八种良好品质为特征的。因此，精神治疗的目的就在于促进未曾得到的积极品质的形成。埃里克森认为，每一种危机解决的结果是可以消除的。例如，一个在离开第一个发展阶段时未形成基本信任的人，可以在以后的发展中重新获得基本信任感，而已获得这一美德的人也可能会丧失它。治疗过程的关键是必须增强病人的自我，使其能达到处理生活问题的程度。"如果临床治疗侧重于对病人零乱的人生进行规划，如果规划注重于加强对建立病人同一性的各个要素的重新整合，患者的恢复工作就会进行得更有效、更经济。"③

在具体的治疗过程中，埃里克森对治疗师与患者之间的关系的看法也不同于弗洛伊德。弗洛伊德让患者半卧在躺椅上，而自己则坐在病人的侧后方，目的是要营造一种非个人和客观的氛围。与弗洛伊德相比，埃里克森则对患者采取了更为平等和个人的立场。他让患者坐在对面的安乐椅上，而不是让他们躺在床上，因为对患者来说，前者比后者创造了一个更为宁静的情境。

埃里克森在精神分析治疗工作中使用了弗洛伊德的一些技术，如移情、自由联想、梦的分析等，但他对这些技术的使用同样与弗洛伊德有很大的不同之处，尤其在梦的解析方面。弗洛伊德认为，梦是患者潜意识愿望的象征

---

① Erikson, E. H. (1963). *Childhood and society* (2nd ed.). New York: Norton. p. 279.

② Erikson, E. H. (1968). *Identity: Youth and crisis*. New York: Norton. p. 164.

③ Erikson, E. H. (1959). *Identity and the life cycle*. New York: International Universities Press, p. 43.

化满足。埃里克森则认为，梦的内容更可能是与同一性问题而不是与性欲有关，它是个体试图保持和加强同一性的表现。埃里克森特别重视对显梦内容的理解，虽然他也承认分析隐梦有助于发现引起先前冲突的原因，但他更认为显梦可以揭示做梦者当前生活问题的重要信息及其对自己与治疗师之间关系的看法。因此，梦可以帮助个体面对过去和未来。作为一位儿童精神分析学家，埃里克森在治疗中还采用了一些适合于儿童的治疗技术。例如，他采用游戏治疗来寻找儿童产生问题的原因，通过让患儿根据自己的想象用玩具建构一些激动人心的场景，可以使儿童重演过去，弥补过失，增强对未来生活的信心。此外，埃里克森还是使用心理历史分析法（psychohistorical analysis）的先驱。心理历史分析是运用个人所写的和所说的及其行为的报告，来对个人的心理发展所做的分析。他运用自我发展理论及生命周期中的各种危机对一些杰出人物，如马丁·路德（Martin Luther）、甘地（Gandhi）等进行了分析研究。他的这些努力的目的是要确定伟大领导者的生活历史与“他们出现的历史性时刻”之间的显著关系，埃里克森的这种方法将个体自我与社会文化联系起来，产生了很大的影响。

## 四、对埃里克森理论的评价

### 1. 主要贡献

埃里克森以自我为核心，按照渐成论原则提出了同一性概念和人格发展的心理社会阶段理论，受到学术界和社会各界的广泛关注，为精神分析自我心理学的发展做出了杰出的贡献。

首先，修正了弗洛伊德理论的偏颇。埃里克森将人格结构的重心从弗洛伊德的伊底转到了自我，这就把人的发展动机从潜意识扩展到意识领域，从先天的本能欲望移到了现实关系之中。在承认潜意识的大前提下，埃里克森用心理社会发展渐成论修正了弗洛伊德的心理性欲渐成理论；用兼具潜意识和意识的自我潜能补充了潜意识的力比多冲动力量，用个人和社会之间的相互作用代替了有机体与环境之间不可避免的冲突性。这种转向在一定程度上改变了人们对古典精神分析理论所持的消极、冷漠甚至反感的态度。

其次，推动了自我心理学的社会文化转向。哈特曼、斯皮茨、玛勒和雅可布森等人的自我心理学仍然在弗洛伊德的心理性欲范围内阐述自我的形成和发展，忽视了自我形成与发展过程中社会文化因素所起的作用，因此并没有从根本上摆脱古典精神分析思想的束缚。埃里克森则把自我放在心理与社会相互作用中,强调社会环境在自我形成和发展中的作用。他还将以自我为中心的人格发展阶段扩展到整个生命周期,突破了其他自我心理学家仅仅描述幼儿早期人格发展的局限性。他详细描述了人格发展每一阶段的普遍性问题,涉及到发展中的许多冲突和危机。他把解决人格发展中的冲突和危机视为一种两极分化的对立面斗争过程,自我就在这一过程中不断得到增强。埃里克森认为,在人的发展过程中所形成的是兼具生物的、心理的和社会的三方面因素的统一体,从而将自我心理学理论提高到一个新的水平。

再次,扩大了精神分析的理论范围。埃里克森从一开始就有意把精神分析扩展为正常心理学,他的理论对许多领域产生了积极的实践影响,极大地扩大了精神分析学的研究范围。例如,他提出的自我同一性和同一性危机等术语已成为人们日常使用的概念,许多心理学家应用不同的方法研究青少年发展,发现在青少年身上的确存在着自我同一性和同一性混乱,并用同一性混乱解释一些青少年吸毒和犯罪的原因;他关于自我发展各阶段及其固有冲突的观点激发了临床工作者针对儿童、青少年和成年人探索出不同的治疗方法;职业咨询者依据他的理论向年轻人提供职业目标的建议;心理健康咨询者则依据该理论来探寻商业雇员克服其工作过程中的停滞感的方式,以帮助他们提高繁殖感。正如著名心理学家墨菲指出的,埃里克森各方面的研究以及同一性的概念对"精神病学、教育学,甚至就整个文明的评价来说,都已成为一个中心问题。……显示出一扫无遗的跨文化倾向……并已像弗洛伊德所梦想的那样变成一种对一切有关人性东西的关注"①。

**2. 主要局限**

首先,理论体系不够严密,思辨性多于科学性。他的理论充斥着高度抽象和界定不清的概念。例如,他提出的同一性概念缺乏牢靠的科学理论基础,并且始终也未能对其做出明确的界定。一些批评者认为埃里克森提出的人生八个阶段以及各个阶段危机的解决办法和由此形成的各种品质都具有人为的色彩,并非人的发展所固有的,而是埃里克森的理想和希望的东西。

其次,理论中隐含着个人—社会发展的二因次平行论。尽管他强调自我与环境、个人与社会之间的相互作用和依存关系,但他又认为人的发展是一个进化的过程,体现出自我的先天成熟时间表;而在解决每一阶段的冲突

① 加德纳·墨菲、约瑟夫·柯瓦奇著,林方、王景和译:《近代心理学历史导引》,商务印书馆 1980 年版,第 422 页。

和危机时，也反映了自我的要求及其制约性。社会本身也是一个发展过程。在他看来，个人的成长在心理发展过程中反映了社会的历史发展；个人成长中出现的危机也反映着社会的历史发展中出现的危机。美国辩证法心理学家巴斯曾明确地指出："他（埃里克森）所提出的是一个包括八个明显的自我阶段的生命周期发展学说……他所提出的是一种二因次的发展观点，二者平行然而又相互渗透，是个人（个体发生）和社会进化（历史）的发展。与个人发展八个阶段相适应的是社会发展的八个阶段……个人信任感的社会对应物是宗教制度；自主感和自我控制的对应物是法律和秩序的制度；主动感为经济；勤奋感为文化的工艺学；同一感为某种意识形态；亲密感为伦理学；繁殖感为教育、艺术和科学，而完善感的对应物为所有伟大的文化制度，包括经济、政治、哲学和宗教，只有最后阶段人生周期的开始和终止才结合起来。"①巴斯虽然也指出埃里克森并没有把社会历史各阶段描述得像心理各阶段那么完善，二者发展之间的对应关系也不是那么精确，但个人成长和社会发展之间显然是一种机械的、形而上学的平行关系。个人没有参加社会实践活动，社会制度也只是以心理社会产物为基础的一些上层建筑。不管埃里克森强调自我有如何丰富的潜能，个人和社会又如何互相需要和彼此支持，个人对于社会的改革和创新，显然是无能为力的。

① Buss, A. (1979). *A dialectical psychology*. New York: Irvington Publishers Inc., pp. 60～70.

# 第五章

# 客体关系学派的建立

精神分析运动自弗洛伊德创立以来，其内部发展路径经历了从驱力模式到自我模式、客体关系模式再到自体模式的发展，分别形成了古典精神分析学、自我心理学、客体关系学派和自体心理学等。它们从学科内部推动着精神分析运动不断向前发展。[①] 客体关系学派是精神分析运动内部发展链条上的重要一环，它是在经典精神分析的基础上发展起来的，它否定或贬低本能驱力，重视人际关系尤其是早期母婴关系，是一个庞大而松散的学术群体。这一学派以关系模式与经典的驱力模式相抗衡，其学术地位日益受到重视。

## 第一节　客体关系学派的形成与特点

### 一、广义与狭义的客体关系学派

客体关系学派有狭义和广义之分。从狭义上来说，客体关系学派是指以克莱因、费尔贝恩、冈特里普(H. Guntrip)、温尼科特等为代表的一批英国精神分析学家，他们改变了古典精神分析的理论基础，不再强调先天生物因素和本能驱力，转而强调早期母婴关系对儿童心理发展的影响，形成客体

① 郭本禹：《精神分析运动的发展逻辑》，《南京师大学报》(哲社版)，2006 年第 5 期，第 81 页。

关系理论。这是狭义的客体关系学派，又称英国客体关系学派，其中以克莱因及其拥护者（又称克莱因学派）为核心。这一理论派别重视客体及客体关系对人格形成的影响，忽视或抛弃本能驱力的作用，强调关系寻求的动力性，重视前俄狄浦斯期的心理发展对之后心理特点的影响。

广义的客体关系学派不仅指英国客体关系学派，还指受这一学派的影响，在英国本土之外遵循客体关系研究范式的精神分析心理学家。后者如以克恩伯格、米切尔为代表的美国学派。有些西方学者倾向于将美国的自我心理学和沙利文的人际关系理论、英国以克莱因为代表的客体关系学派、美国科胡特（H. Kohut）的自体心理学、克恩伯格的客体关系学说统称为客体关系理论，以对应于传统的本能驱力理论，[①]或者将迄今为止的精神分析理论分为三种模式：驱力结构模式、客体关系模式和自体关系模式。两种划分方式都倾向于将克莱因的客体关系理论视为由传统的驱力模式向现代的关系模式转化的桥梁和纽带，视其为一种过渡形式。

本书认可三分法，但不主张将自我心理学中的玛勒、雅可布森和斯皮茨等人的理论以及沙利文的精神病学的人际关系理论、科胡特的自体心理学归为广义的客体关系学派。这并非否认上述理论对关系的研究，而是为了避免抹杀其理论本身的独特性。因为从总体而言，自我心理学重视的是自我，而不是客体及其关系。玛勒、雅可布森和斯皮茨三人是自我心理学中从关系的角度探讨儿童心理发展的杰出代表，但他们的观点并没有跳出精神分析的驱力模式，正如克莱尔对雅可布森的评价：雅可布森建立了一个连接内驱力和客体理论的包容性的整合模式，但这一模式仍然是继弗洛伊德之后，最令人满意的内驱力结构模式。[②] 沙利文所强调的“人际关系”，是广大社会背景下的人与人之间的现实关系，即使是母婴之间的情感交流也是带有真实性和外在性的。这显然与客体关系学派强调亲子关系以及重视内部客体关系的特点不一致。20 世纪 70 年代在美国由科胡特发展起来的自体心理学或自体客体理论，研究的重点不是介于伊底和超我之间的自我（ego），而是相对于客体的自体（self），是自体与自体客体的关系对于人的心理发展的作用。科胡特是在研究自体的前提下来研究客体关系的，其理论核心是自体的发展与变化，这从他的几部著作及研究他的著作的名称上也可以显示出来，如《自体的分析》（1971）、《自体的重建》（1977）、《自体心理学

---

① Greenberg, Jay R., Mitchell, S. A. (1983). *Object relations in psychoanalytic theory*. Harvard University Press, pp. vii-x.

② Michael St. Clair 著，贾晓明、苏晓波译：《现代精神分析“圣经”——客体关系与自体心理学》，中国轻工业出版社 2002 年版，第 158 页。

的理论与实务》(M. T. White & M. B. Weiner, 1986)、《客体关系与自体心理学》(M. St. Clair, 2000)。因此,我们宁愿将科胡特的理论归为自体关系模式。

要了解客体关系学派,还必须澄清精神分析理论中对"客体"和"客体关系"的理解。精神分析理论中对"客体"的理解,前后是有差异的。在弗洛伊德的古典精神分析理论中,"客体"(object,也可译为"对象")是指力比多驱力的目标,它可以是人也可以是物,可以是一件衣服或一件艺术品——只要拥有释放能量的潜力。① 在客体关系理论中,"客体"则指人类,指人、人的部分或人的象征,它与人们所熟悉的作为"物"的意义上的客体是不同的。用克恩伯格的话说,即"在客体关系理论中,'客体'这一术语更为恰当地应该是指'人类客体',因为它反映的是此术语的传统用法……即与他人的关系"②。这些关系可以是内在的或外在的、幻想的或真实的,但它们基本上是集中在与其他人的互动上。

因此,客体关系是指人与人之间的关系。客体关系理论是指以客体和客体关系为基础,重视关系轻视驱力的精神分析观点。

## 二、客体关系学派的形成

对于精神分析史的研究显示,真正意义上的客体关系理论源自英国,是传统弗洛伊德理论在英国的修正和发展。这一理论的早期倡导者包括克莱因、费尔贝恩、温尼科特和鲍尔比(J. Bowlby)等人,稍后的代表人物有拜昂、罗森费尔德、冈特里普、巴林特(M. Balint)等人。客体关系理论的哲学出发点是:人性基本上是社会性的,我们对他人的需求是最基本的,因而"关系"应置于人性发展的最核心位置。他们认为在个体的心理发展中,对关系的需求是最原始的,自我是由意识或潜意识层面上的内在关系构成的。由此,被弗洛伊德所重视的生物驱力在客体关系理论家那里或被驱逐或仅处于次要地位,寻求客体成为它的主要功能。

上述客体关系理论家因持有共同的基本理论假设,而被英国之外的精神分析团体称为英国客体关系学派,这一学派的学术观点即被称为客体关系理论。但是,这些客体关系理论家之间的具体观点互有差异,且常有冲

① Cashdan, S. 著,林秀慧、林明雄译:《客体关系治疗——关系的运用》,心理出版社 2001 年版,第 4 页。

② Cashdan, S. 著,林秀慧、林明雄译:《客体关系治疗——关系的运用》,心理出版社 2001 年版,第 3~4 页。

突。如费尔贝恩从根本上抛弃了弗洛伊德的本能驱力概念，而克莱因却只是对它的内涵作了悄然的改变；温尼科特把精神分析概念和态度带到儿科学之中，他的专业领域和工作方式远远超出精神分析会谈室的范围；巴林特则强调医患关系的重要性；冈特里普试图将费尔贝恩丰富的理论和温尼科特引人共鸣的实践糅合到一起，从而创造出整合性的客体关系心理治疗；鲍尔比则借助于新的动物行为学和系统论科学，在传统的弗洛伊德观点和客体关系理论的前提之间提出了一种依恋行为的综合理论，但在当时却不受同事们的欢迎。由此看来，英国的客体关系理论并不是一种系统的、依序发展的整合理论，英国的客体关系学派只是一个结构松散的团体。

相对而言，以克莱因的理论观点为基础发展而来的“克莱因学派”则是一个富有内聚力的群体。克莱因学派的建立没有明确的时间标志，但从文献的分析来看，1943—1944 年发生在英国精神分析学会的科学论战[①]，可以视为该学派成立的依据。20 世纪 30 年代，克莱因发展的儿童游戏治疗技术日趋成熟，她关于超我在俄狄浦斯前期出现的观点、婴儿期的偏执心态和抑郁性心态的观点逐渐形成。其观点得到英国精神分析学会中的一些老会员如琼斯（E. Jones）、格洛弗（E. Glover）（后来成为克莱因的对立派）、斯特拉奇夫妇等人的支持，一些年轻的会员如里维埃（J. Riviere）、伊萨克斯（S. Isaacs）、海曼（P. Heimann）等人则是克莱因的追随者和学习者，克莱因在英国精神分析学会的地位日渐巩固。

然而，克莱因以客体关系为特色的理论观点，也不断招致英国内外的维护弗洛伊德驱力模式的精神分析学者的反对和批评，特别是当弗洛伊德全家于 1938 年到达伦敦之后，安娜和克莱因之间关于儿童分析技术的对立日趋激烈。为此，英国精神分析学会于 40 年代举行了一系列科学讨论。讨论结束之后，通过在主要的教学课程内部确立两个独立的训练方向，从而保持了英国学会表面上的统一。但实际上学会中的成员已分为两派：A 组（以克莱因团体的成员为主）和 B 组（以安娜为代表的维也纳学派）。此后，在 A 组的基础上又分裂出中间小组（又称独立分析者小组），这一组的代表人物是温尼科特和利门塔尼（A. Limentani）。他们最初都受到克莱因的影响，部分地支持克莱因的观点。独立小组的宗旨是批判性地评价上述两个阵营的观点，选择最正确的观点从而丰富精神分析。这次大讨论使得克莱因的地位

① 这次科学论战由琼斯主持，试图通过科学讨论使对立的观点相互了解和对话，从而达到统一。但结果适得其反，论战之后英国精神分析学会内部原本存在的分歧公开化，并导致了学会内部的分裂。关于本次论战的主要内容可参见 K. Pearl & S. Riccado eds. (1991). *The Freud-Klein controversies*, 1941　1945, London: Routledge.

进一步巩固，并促使克莱因学派的成员深入思考如何更加精确、严格地论证自己的观点。而独立小组分离出去后，克莱因团体作为一个学派更加彰显，其宗旨和观点也更具一致性。而且，随着克莱因影响的扩大，越来越多的学生和分析者转向克莱因，请她作督导。更为重要的是，一些精神病学的医生开始寻求克莱因的指导，反过来，他们的精神病学知识又促成了克莱因关于精神病问题的探讨，这些医生即克莱因学派的新成员或第二代成员有西格尔、罗森费尔德、拜昂和迈策尔等人。大约从50年代开始，到英国接受精神分析训练的外国学习者特别感兴趣于"训练成为一个克莱因学派的分析者"，这些学习者主要来自南美和欧洲的意大利、西班牙等国家。在今天，克莱因的观点已经极大地影响了英国内外的精神分析学思想，克莱因在英国的后继者被称为"后克莱因学派"，在拉美等国家甚至已形成以克莱因的观点为基础的克莱因团体。

可以说，克莱因学派是在对立中发展起来的。作为一个团体，克莱因学派始终是英国客体关系学派的中坚力量，克莱因以客体关系为特色的精神分析理论是英国客体关系理论的核心，也为广义上与驱力理论相对立的关系模式奠定了基础。

到20世纪60年代，英国的客体关系理论通过南美洲传播到北美地区，又出现了以美国的克恩伯格为代表的客体关系理论，并与美国的精神分析自我心理学由对立逐渐走向融合。斯蒂芬·米切尔则做出进一步整合的努力，试图寻找一种方法论，将不同的关系模式整合在一起，构建一种可以使传统模式成为具有广泛包容性的模式；同时，运用这一广泛性的关系模式审视一些精神分析研究的重要领域，例如性、幼稚行为和自体等。

### 三、客体关系学派的特点

在英国形成和发展起来的客体关系学派，因为并不否认潜意识的作用，而且基本接受弗洛伊德提出的基本概念和理论框架，因而它是精神分析的一个分支。但是，与传统精神分析不同的是，客体关系学派的理论家将客体及客体关系置于理论和临床研究的中心，视客体关系为人类经验和行为的重要决定因素。客体关系理论家将人类精神的本质视为关系，人类行为被关系所驱动，心灵的构成材料多与关系的内化有关，而与原欲冲动和精神能量没有多大关系。这是人类心理研究道路上的重大转折。正如克莱因所说："客体关系理论是针对弗洛伊德的本能驱力的动机概念做出的第一个也是最重要的反应。”[①]格林伯格和米切尔在他们的观点中也回应了这种思想：“关系模型将关系构象建构成存在的基础；所有人类的行为和体验……都是关系的衍生物。”[②]

重视早期的亲子关系尤其是儿童与母亲的关系，这是客体关系理论的另一重要特征，同时也是对传统精神分析观点的深刻背离。因为在传统的精神分析理论中，父亲占据核心地位。通过使小男孩心理上产生阉割焦虑，使小女孩心理上产生阴茎嫉妒，父亲强有力地影响了儿童是否能成功地度过恋母期。客体关系理论却将重心从父亲身上转到了母亲身上。这一重大转变意味着在重要概念上的重新定位。比如前恋母期受到客体关系理论家的重视，在前恋母期发生的事件、出现的冲突和体验对个体心理的影响超过了恋母期的事件和体验。相应地，个体心理发展的关键期也由 5 岁或 6 岁提前到了 1 岁以内，甚至是 5～6 个月大的时候，亲子关系中的权力和控制等问题也不得不让位于亲密和抚养的问题。

大多数客体关系理论家（克莱因是个例外）都将婴儿心理视为关系的“白纸状态”。早期与母亲的互动被内化成关系构象，这种关系构象随着时间的进展会转变成存在的感觉。这种内化过程连同它聚集的投射和认同一起构成了最终被体验为“自体”(self)的事物的基本成分。

相应于贬低或否认伊底的作用，客体关系理论家更加重视自我的统合功能。克莱因和费尔贝恩都承认自婴儿诞生之初即存在一个自我，自我的整合过程即人格的形成，因而自我是人格的一种内在统整力量，自我与内部客体和外部客体的关系，演绎着儿童精神结构化的图景。对自我的重视，成为客体关系理论日后与美国的自我心理学相互融合的基础。

所有的客体关系理论家似乎都注意到了自体内部深层运作的好与坏的动力，强调它对“分裂”机制的基础性意义。在克莱因的理论中，这种动力表现为奶水通畅、提供满足的“好乳房”与奶水不足、带来不适的“坏乳房”的对立。在费尔贝恩的理论中，这种动力是以中心自我、原欲自我和反原欲自我来表达的。自体心理学家科胡特认为，在更为高级的发展水平上，这种动力是以“好的”和“坏的”自我—客体表象来表达的。婴儿的内心世界充满了好体验和坏体验这一事实导致内在世界的分离，这一分离对后来的功能运作有重要意义。

---

① Sheldon Cashdan 著，鲁小华等译：《客体关系心理治疗——理论、实务与案例》，中国水利水电出版社 2006 年版，第 23 页。

② Sheldon Cashdan 著，鲁小华等译：《客体关系心理治疗——理论、实务与案例》，中国水利水电出版社 2006 年版，第 23 页。

除了上述理论上的特色之外，客体关系学派的成员在治疗理念和方法上也迥异于传统精神分析。首先，病因由内在冲突转向“联系困扰”(contact disturbance)，也就是说，个案不是遭受“症状”之苦，而是遭受“联系困扰”之苦。个案的痛苦在于没有能力与他人建立并维持令人满意的关系，而不是无力调和内在冲突。焦虑、抑郁、躯体主诉等精神症状的意义在于个案的关系正在恶化或正威胁着他的自体感。其次，治疗的焦点被放在了内部客体关系在产生和维持关系中所起的作用上，尤其是分裂机制对好与坏的客体关系的发展所起的作用，以及什么样的客体关系影响了目前的自体感。其三，由于重视关系，在治疗情境中，此时此地的医患关系被视为个案生活中病态关系的生动表达，医患关系成了发现和解决不良客体关系的有效途径。反移情受到空前的重视。在经典的精神分析治疗中，反移情被理解为是治疗师的病理反应，是治疗师自身未解决的内在冲突的表现，因此在治疗中要求避免或消除反移情。与之相反，客体关系学者把反移情视为治疗师对个案病理的体验性反应，视其为治疗过程中有价值的部分，因而重视它在分析中的诊断和治疗意义。为此，客体关系学者们也写了大量有关在治疗中如何使用反移情的论著。其四，重视儿童精神分析，重视游戏治疗技术的使用，重视对精神病患者和人格障碍患者的分析治疗，这些是客体关系学者们随着理论观点的转向在临床实践领域获得的重大突破。

## 第二节　克莱因与客体关系学派的建立

克莱因被称为“客体关系之母”，她的理论被誉为由精神分析的驱力模式向客体关系模式过渡的桥梁。在英国精神分析学界以克莱因本人的观点为核心形成克莱因学派，她的学生及后来的学习者发展出后克莱因学派。客体关系理论的重要代表温尼科特不仅是她的学生和受督导者，而且许多观点都是来源于克莱因或受其启发。即使远在美国的克恩伯格也毫不掩饰克莱因对他的影响。因此，克莱因对于客体关系理论和客体关系学派起着奠基者的作用。克莱因大约从 1919 年起正式开始精神分析的研究，而 20 年代恰恰是弗洛伊德的精神分析发生重要转折的时期。弗洛伊德本人关于自我、攻击性和焦虑等观点激发了新的研究。克莱因正是在这些观点的启发下，沿着亚伯拉罕(K. Abraham)开辟的方向发展了自己的思想。

## 一、克莱因的学术生平与思想来源

### 1. 学术生平

梅兰妮·克莱因(Melanie Klein，1882—1960)是德裔英国著名儿童精神分析学家，精神分析客体关系学派的建立者。她于1900年前后在维也纳大学学习艺术与历史。早年曾有志于学医，1914年第一次接触弗洛伊德的著作，对精神分析产生极大的兴趣。1917年接受费伦茨的分析治疗，受到鼓励便立志从事儿童精神分析。1921年应亚伯拉罕之邀到柏林精神分析研究所担任儿童治疗专家。1922年加入柏林精神分析学会。1924年至1925年跟随亚伯拉罕学习精神分析。1926年移居伦敦，1960年去世。20世纪40年代中期，在英国精神分析学领域以其思想为核心形成的克莱因学派曾一度成为英国精神分析学的主流。克莱因的客体关系理论在欧洲和拉美等国家影响巨大，其后继者被称为“后克莱因学派”。

梅兰妮·克莱因(Melanie Klein，1882—1960)

克莱因的学术研究大致可划分为三个时期，1919～1932年是第一个时期，她利用在其临床实践中发明的游戏疗法进行儿童精神分析，对于俄狄浦斯情结早期阶段、超我的早期表现进行了富有创新性的探索。这一时期的代表成就是《儿童精神分析》一书。第二个时期是1933～1945年。抑郁性心态(depressive position)和躁狂防御机制的发现开启了一个为期10年的研究时期。在这一时期，克莱因的所有概念都是围绕着发生于生命第一年的正常的发展危机理论重新组织的；这一危机是儿童发展的关键点，是在神经症、精神病和健康之间进行选择的时刻。其论述主要出现于下面两篇论文中：《对于躁狂抑郁性状态的心理发生学的贡献》(1934)和《悲哀及其与躁狂抑郁性状态的关系》(1940)。第三个时期是1946～1960年。这一时期涉及儿童最早的发展阶段，即发生于0～3、4个月的偏执分裂样心态(paranoid-schizoid position)。随着偏执—分裂样心态的发现以及不断地将注意力集中于婴儿与母亲的原始关系，克莱因的思想观点逐渐成形。内部客体、潜意识幻想、客体关系以及投射、内投、认同和分裂等防御机制成为克莱因理论的重要支点。这一时期的论述主要见之于《关于某些分裂机制的注解》

(1946)和《嫉妒与感恩》(1957)。

可以说,1934 年是克莱因思想发展的转折点。在此之前,她研究的重点是儿童精神分析的技术,同时根据性欲发展阶段和伊底、自我、超我的结构理论来描述她的临床发现。从 1934 年开始,她首次根据自己的结构性概念"心态"来解释她的发现。她意欲通过心态概念来界定超我和自我的真正结构,并根据偏执—分裂样心态和抑郁性心态的观点来界定它们的关系。因而,后两个时期是克莱因真正的理论建构时期。

克莱因的著作主要有:《儿童精神分析》(1932)、《对精神分析的贡献,1921—1945》(1948)、《精神分析的进展》(合作主编,1952)、《精神分析的新方向》(合作主编,1955)、《感恩与嫉妒》(1957)、《儿童分析记事》(1961)和《我们成人的世界及其他论文》(1963)。

**2. 思想来源**

(1) 弗洛伊德的客体观的启发。

精神分析的早期发展是围绕着力比多驱力概念发展起来的。弗洛伊德把人的力比多冲动视为人的生物本能的体现,它为所有心理活动提供能量并成为所有心理活动的目标。在他的驱力模式下,人格和心理病理的所有方面基本上都可视为驱力及其转化形式的一种机能和衍生物。与他人的关系(或个体对那些关系的内部表征)也均起源于驱力自身的演变。因而弗洛伊德的精神分析通常被称为本能理论或驱力结构模式。然而,在某种程度上,弗洛伊德的精神分析又带有关系心理学的性质,即它蕴含着客体关系理论的萌芽。

比如在论述婴儿焦虑的起源时,弗洛伊德已隐约意识到了客体关系的重要性。他认为,儿童在黑屋子中言称害怕,但实际上儿童所害怕的不是黑暗,而是他所爱的人物的离去;因而一旦他证明那个人物出现了,他就能体验到一种真实的确定感和安全感。这一观点最早出现于他的《性学三论》(1905)一文的脚注之中,表明与他人的关系对于儿童焦虑起源的影响。

当弗洛伊德的伊底、自我、超我的人格结构观形成之后,即当他开始关注"自我"问题以及它与外在世界和他人的关系时,他开始真正接触到客体关系的描述。根据人格结构观,自我处于伊底和超我的夹缝中,遵循现实原则协调着人格结构中各部分之间的关系,同时协调着机体与环境之间的关系,从而保持心理结构的平衡。伊底、自我和超我之间的关系实际上是由力比多能量的流变实现的。当伊底把能量发送于客体时,这部分能量即为客体力比多,自我与该客体认同,使客体力比多转变为自恋力比多或自我力比多。自我力比多能量放弃性的目的而升华为自我理想,即超我的善的方面。

而原来的客体力比多或性力比多中被解脱出来的死本能或破坏性冲动也被超我接收，以良心的方式用以对抗自我。由此可见，弗洛伊德主要是通过驱力的变化与能量的释放来理解客体及客体关系。

(2) 其他早期精神分析学家的直接引导。

尽管弗洛伊德认识到了客体关系的重要性，然而他并未将其发展成完善的客体关系理论。与他同时代的费伦茨、亚伯拉罕和琼斯等人，在驱力结构的模式下，从不同的角度发展了他的客体关系观，并启发了克莱因和费尔贝恩等人，最终实现了由驱力结构模式向关系结构模式的转变。

费伦茨是匈牙利著名的医生和精神分析学家，是弗洛伊德早期得意的弟子与朋友。克莱因于1917年接受费伦茨的分析治疗，受到鼓励立志从事儿童精神分析。费伦茨不同于弗洛伊德，他将注意力由本能转向关系，第一个强调了分析者的人格和行为严重地影响病人所体验到的与分析者的关系的性质，并进而影响治疗。由于重视分析过程中分析者和病人的相互作用，他提出了一种积极疗法或母爱式的治疗技术。分析者以一种和善的态度，充分表露自己的感情，目的是给予病人一种情感上的支持。这种方法尽管后来被他本人和克莱因所否定，但他对于分析者与病人之间互动关系的见解却启发了后来的客体关系理论家。他的另一学生巴林特就继承了他的这一治疗思想。

对于客体关系理论影响最大的当推德国精神分析学家亚伯拉罕。他不仅是克莱因进行儿童精神分析的另一位引路人，而且他自己的某些研究就是客体关系理论的重要组成部分。他对于精神分析最主要也是最基本的贡献是对前生殖欲发展阶段的研究。他把弗洛伊德划分的口欲期和肛欲期又分别划分为两个子阶段。口欲期分为前口欲期和后口欲期，前口欲期是吮吸阶段，它是前矛盾性的：婴儿的目标是吮吸，既没有爱也没有恨。在后口欲期，儿童与乳房的关系是矛盾的，既爱又恨，儿童希望吮吸它，同时又想咬住并吞没它。肛欲期也分为两个子阶段：前肛欲期是逐出性的和施虐欲的，在儿童的潜意识幻想中，被吞没的客体变成粪便被排出，后肛欲期是保持性的和控制性的。在这一阶段儿童开始关注客体的出现，尽管客体——大便仍被施虐性地控制着，但还有保存它的愿望。亚伯拉罕认为，前生殖欲阶段的客体是“部分客体”，“部分客体关系”代指与父母解剖学上区分两性特征的部分（乳房和阳具）之间的关系。[①] 弗洛伊德也曾描述过某些与部分客体的关系，例如，婴儿对于乳房的原始欲望，即婴儿的第一个客体关系是与母

① Hanna Segal(1979/1989). *Klein*, H.. Karnac (Books) Ltd, p. 24.

亲的乳房的关系。他还谈到对于部分客体关系的退行，例如，患病的妇女从对男人的欲望退行到一个部分客体——阳具。但是，弗洛伊德并没有重视这类前生殖欲的固着。相反，亚伯拉罕详细研究了与部分客体的口欲和肛欲形式的关系，诸如与“部分客体”乳房及其转化形式“部分客体”大便的关系。亚伯拉罕还第一个描述了在这一过程中内部客体的丧失，排便即被体验为失去一个内部客体。此外，他对于口欲发展阶段的关注还使他比弗洛伊德更加重视婴儿与母亲的矛盾关系。亚伯拉罕的这些思想，尤其是他关于部分客体和内部客体的观点，成为克莱因创立的客体关系理论中的重要内容。

如果说亚伯拉罕对于客体关系理论直接做出了贡献的话，那么琼斯不仅有此贡献，而且还是客体关系理论的伯乐。因为，一方面，他对于早期的焦虑—形势问题、由犯罪感而引起攻击倾向的意义以及对女性性欲发展早期阶段的研究，为克莱因等人的客体关系理论奠定了基础；另一方面，他认识到克莱因和费尔贝恩等人的研究的重要性，从而为他们提供了物质和精神上的各种支持，使得英国成为精神分析客体关系理论的发源地。

(3) 适宜的文化土壤。

英国是17世纪以来欧洲的经济和文化强国，在文化教育上处于领先地位。受300年来的文化熏陶，加上浪漫派诗人及19世纪小说家的大力宣扬，儿童时期对人的世界观有决定性作用的观点备受重视，因而英国学界对于儿童精神分析有着特别的兴趣。诗人沃兹沃思(Wordsworth)早在弗洛伊德之前，首先提倡“儿童时期奠定成人人格之基础”的观念。20世纪初，英国正是对母—婴关系特别强调的时期，直到今天，英国的精神分析仍受其主宰。

在英国的心理学界，对于儿童的研究兴趣一直十分浓厚。在克莱因到达伦敦之前，英国精神分析学会中的瑟尔(N. Searle)早已开始了儿童研究，佩恩(Sylvia Payne)曾宣读过一篇儿童分析的论文，尽管她本人从未直接分析儿童，伊萨克斯从教育领域出发分析和研究儿童。因此当克莱因带着她的儿童分析技术定居伦敦之后，立即得到了众多的支持、合作和鼓励。在这些合作者中许多已是著名的精神分析学家，包括温尼科特在内的许多人都向她学习儿童分析技术。里维埃和伊萨克斯成为她的知己和合作者，后来，海曼也加入进来。除了温尼科特之外，这些人都是后来形成的克莱因学派的重要成员。

弗洛伊德本人并未深入儿童分析领域，“小汉斯”病例是他进行儿童精神分析仅有的一次尝试。但他并不排斥分析和研究儿童。他认为，儿童分析面对的是婴儿特征，所以他希望女性分析家来分析儿童并深入探索女性性欲的发展。克莱因和安娜都是接受这一挑战的女性分析家。

安娜步其父亲的后尘，而且她接受的是教师的训练，这使她的分析更具说教性。而克莱因却使儿童分析成为纯粹的精神分析活动。在她们之前，休戈·赫尔姆斯（Hermine von Hug-Hellmuth）在柏林也已经开始分析儿童。由于弗洛伊德本人及其后继者的提倡，在20世纪初的欧洲，儿童精神分析的兴趣不断高涨。

(4) 欧洲战时的特殊需求。

克莱因在精神分析领域的黄金时间正是欧洲战乱频繁的时期，一战结束后她正式步入精神分析的大家庭，正当她在这心仪的领域辛勤耕耘时，二战又爆发了。两次世界大战造成众多普通家庭的解体或离散，从而使战争孤儿和患有心身疾病的儿童猛增。广大的医学工作者、心理学和精神分析学的研究者纷纷加入到关心和救助这些儿童的行动之中，战时保育院、儿童诊疗所的数目急剧增加，有关战时婴幼儿的研究论著不断出现。总之，关心儿童、解决儿童的身心问题成为一个社会性的大课题。克莱因治疗的儿童患者大部分来自正常家庭，但是这些儿童的心理障碍的形成，与战争造成的社会和家庭的不安定都有着直接或间接的关系。

(5) 由驱力模式向关系模式的转变。

前人思想的启发、名师的引导与支持、理想的工作氛围、适宜的文化土壤以及具有特殊需要的社会环境，这些因素有机地结合在一起，使克莱因关于儿童精神分析的临床和理论研究都进入最富创造力的旺盛时期。克莱因从费伦茨那里获得早期的分析经验，并把亚伯拉罕所提出的内部客体概念化，认为正常的发展和病理心理都可归因于婴儿的自我与内部和外部客体之间的相互作用。然而，相对来说，她更重视内部客体经验对于婴儿心理发展的意义。克莱因的内部客体实质上就是其他分析者所谓的内在客体表征，其差异在于克莱因的内部客体尽管是幻想的，然而它被体验为比内在的客体表征更加具体。克莱因把本能驱力——尤其是来自死亡本能的破坏性——看做是决定这些相互作用之性质的动力。可以说，克莱因的理论是作为一种客体关系理论出现的，在这一理论中自我与客体的关系是关注的焦点，自我及其内部客体之间的关系经验对于发展具有核心的意义。然而在她看来，这些关系中的问题与力比多能量的变迁相联系。可见，克莱因并没有完全抛弃弗洛伊德的驱力理论，而是试图从中为其客体关系理论寻找支持。因此，克莱因是在本能理论、传统的自我心理学和客体关系理论分界处的一个重要的过渡性人物，她的理论是传统的驱力结构模式和后来的关系结构模式之间的重要桥梁。

## 二、过渡性客体关系理论

### 1. 基本命题与核心概念

克莱因客体关系理论的基本命题是，人类自诞生起就存在一个虚弱的和未整合的自我，客体关系亦从出生时即存在。婴儿与最初的客体——母亲乳房的关系是一切客体关系的开端，并决定着自我与超我的发展，影响着婴儿爱与恨的情感和不同焦虑及防御形式的出现。围绕这一基本命题，克莱因阐释了俄狄浦斯情结和超我在前生殖欲期的形成与发展，并创新性地提出了关于自我发展的心态观，论证了儿童在早期的客体关系、情感冲突及其防御等结构特征，发展出以游戏治疗为核心的认识儿童内部世界的新的分析技术。但她并未完全放弃弗洛伊德的驱力观，因此其理论通常被称为过渡性客体关系理论。

在克莱因所使用的诸多概念中，有些是她个人的独创，有些是取自传统精神分析的用语，但其含义或使用范围却发生了一定的变化。前者如投射性认同、心态和修复等概念，后者如内部客体、潜意识幻想、内投、投射、分裂、驱力等。下面仅就克莱因所用的核心概念作一介绍。

(1) 客体(object)与内部客体(inner object)。

客体和客体关系(object relations)概念是一切客体关系理论的基础和出发点，而“内部客体”又是克莱因理论的核心概念。在克莱因之前，弗洛伊德也谈客体，但在总体上本能驱力这一概念在他的理论中处于第一位。而且，弗洛伊德所说的客体是指本能的客体，是力比多能量贯注的客体，是对于外部客体的内部心理表征。克莱因所谓的内部客体比客体的内部心理表征更加具体，相对于外部客体(真实的外在客体)而言，内部客体是潜意识幻想的产物，是相对于婴儿自身的客体。它不仅是本能能量所指向的客体，而且是婴儿的心灵中具有可依赖性、爱、贪婪、仇恨和嫉妒等心理特征的人格。内部客体的这种性质是由婴儿投射给客体的冲动和婴儿对于外部客体——母亲的人格的知觉共同决定的。克莱因还区分了“好客体”(good object)与“坏客体”(bad object)、部分客体(part object)和整体客体(whole object)。以部分客体“母亲的乳房”为例，如果它能满足婴儿的需要，自我投射给它的是力比多冲动，它就是好客体；如果不能满足婴儿的需要，自我向它投射破坏性冲动，它就是坏客体。内部客体既可能是好客体或坏客体，也可能是部分客体或整体客体。由部分客体关系向整体客体关系的进展，由把客体分裂为全好或全坏到把好与坏整合到一个客体上面，是以婴儿的认知和整合能力的发展为前提的，它标志着自我的成熟和心理结构的逐渐形成。

（2）潜意识幻想。

它是克莱因所扩展和改变的弗洛伊德的概念之一。理解克莱因对于潜意识幻想（unconscious phantasy）概念的使用，是理解她的内部客体观和自我与超我的早期发展观的重要前提。弗洛伊德认为，儿童的潜意识幻想是较晚出现的心理产物，当现实原则建立起来而快乐原则继续以分裂的方式操作时，潜意识幻想才出现。而克莱因在对幼儿的研究中却发现，潜意识幻想很早就出现了，它是动力性的，是普遍存在的，它影响着儿童所有的知觉和客体关系。儿童通过潜意识幻想与整个世界保持联系。克莱因对于潜意识幻想的扩展，是与她的下述观点相联系的：婴儿一出生就存在足够的自我去形成原始的客体关系，并能使用投射、内投和分裂等基本的心理机制。因此，在她看来，潜意识幻想并不是一种纯粹的伊底现象，而是由自我的冲动、防御和客体关系共同作用的产物。

（3）投射性认同。

投射（projection）、内投（introjection）①和认同（identification）是弗洛伊德曾经描述过的重要的心理防御机制。投射是将自我不能接受的欲望、冲动、意念投射给外界的某个客体；内投则是将原来指向外界的仇恨和攻击性冲动与感情转而投向自身；认同又称同一化或自居作用，是指在潜意识中将自我与客体等同起来，以减缓自我所受到的压力和焦虑。尽管这些机制早已被弗洛伊德用来解释病理心理现象，但是他始终认为这些机制在儿童心理中出现得较晚，尤其是认同机制是在俄狄浦斯情结期才活跃起来。克莱因则扩大了它们的功能，并将其使用范围扩展到婴儿期。她认为内投和投射是基本的心理防御机制，它们自婴儿诞生起就存在而且贯穿一生。对部分客体的内投不仅是自我的机能，而且是自我发展的重要基础。投射也并不限于破坏性的情绪和冲动，力比多冲动也可以被投射给客体。正是婴儿自己的好情绪的投射才创造了理想的好客体。在变革上述防御机制的功能和范围的基础上，克莱因提出了新的防御机制——投射性认同（projective identification）。投射性认同是指婴儿将自我和内部客体的分裂部分投射给外部客体，并在潜意识幻想中把外部客体认同为这些投射的部分，从而达到控制客体的目的。投射性认同具有多重目标：一是将自我不喜欢的或危险的部分投射出去，以便摆脱它们，或者攻击和摧毁外部的坏客体；二是将自

① 据鲁本·弗恩的观点，此概念最早由费伦茨于1909年首先使用。

我好的部分投射给外部的好客体，使之发生认同，以保护外部的好客体免受自我内部坏客体的破坏，或者以此修复外部客体。总之，投射性认同是在潜意识幻想中操作的，其目的是排除内在的焦虑和危险。这一机制比弗洛伊德所定义的投射和认同机制更加复杂，而且它对于客体关系和自我的发展起着重要的作用。

（4）分裂。

分裂(splitting)是克莱因从弗洛伊德那里继承而来的概念，但是它的功能与弗洛伊德的使用有所不同。弗洛伊德对分裂的使用有多种不同的含义，但主要是指心理整合的病态表现和一种防御性心理机能的手段，[①]克莱因主要将它与自我和客体的分裂联系起来，视它为在偏执—分裂样心态中使用的重要防御机制，分裂的目的是使被各种危险冲动所包围的混乱的内部世界具有秩序。克莱因这样说明自我和客体的原始分裂：受内部死亡本能引起的消亡感的威胁，婴儿为了保护自己，把包容着死亡本能的那一部分自我分裂掉，并攻击性地将它投射给原始的部分客体——母亲的乳房。这样，就把乳房分裂为好的、让人爱的部分和坏的、迫害性的部分，二者彼此分离。与分裂相伴随的原始防御机制还包括否认、投射、内投性认同和理想化等。实际上，分裂机制的使用是自我虚弱的结果。

**2. 婴儿期的心理结构**

克莱因所有的理论观点基本上都是围绕客体关系展开的。她的客体关系学说认为，儿童期的自我发育取决于各种驱力客体(能引起驱力的物件)。在发育早期，儿童先是与部分客体(如母亲的乳房)而后是与整体客体(如母亲)发生联系。从出生到1岁左右的婴儿，心理生活中逐渐形成两个重要的构造，她称之为偏执—分裂样心态和抑郁性心态。它们不仅成功地组织起了儿童的内部世界，而且是焦虑、防御和客体关系的集合，它们在整个发展过程中不断出现。

克莱因在儿童观察和儿童分析实践的基础上，对弗洛伊德的儿童心理性欲发展阶段观提出异议。她认为弗洛伊德的发展阶段概念过于局限，因为她认识到，在从一个阶段到另一个阶段的发展过程中，这些阶段不仅具有连续性而且是可以反复的。此外，这些阶段的转换并非完全以力比多的贯注为转移，更多的是随着客体关系的变化而变化。为此，克莱因用“心态”(position)观取代弗洛伊德的“阶段”(stage)观。她认为，我们并不是从那些“阶段”发展而来，而是发展自两种心态：偏执—分裂样心态和抑郁性心态。

① 鲁本·弗恩著，傅铿编译：《精神分析学的过去和现在》，学林出版社1988年版，第179页。

二者之间存在连续的张力(tension)。在人的一生中,人们不断从一种心态发展到另一种心态。克莱因的心态观强调这样的事实,即她所描述的现象不仅是像口欲期这样简单的过渡阶段,而是暗含着一个特殊的结构,包含贯穿人的一生的客体关系、焦虑和防御。也就是说,个体在后期所遇到的问题,如俄狄浦斯情结、焦虑和神经症防御都可以在偏执—分裂样和抑郁性的关系模式中找到根源。克莱因的"心态"观是对弗洛伊德的心理性欲发展"阶段"观的修正。

(1) 偏执—分裂样心态。

这种心态是在婴儿达到客体的一致性之前建立起来的,大约存在于从出生到3～4个月左右。在这个时期,婴儿同"部分客体"即母亲的乳房建立了关系。当时强烈的力比多冲动(生的本能)和攻击性冲动(即口欲期的噬咬—死亡本能)都投射到乳房上。由此,母亲的乳房就被分裂为"好"与"坏"两种客体:当它带来满足和愉快时,它就是"可爱的好乳房",就能引发生的冲动;当它不能带来满足并令人失望时,它就变成"可恨的坏乳房和惹人讨厌的东西",成为死亡冲动的物质基础。与这种客体的划分相联系,原始的处于虚弱和未整合状态的自我也被分裂为力比多自我和破坏性自我两部分,即"好我"与"坏我"。此时,"好"与"坏"的方面是分离的,因而"好的客体"不可能被破坏。此阶段自我的目标是内投和认同它的理想客体,同时令迫害者消失。但是,由于死亡本能的运作所激起的消亡恐惧,婴儿害怕自己被获得的"坏客体"毁灭,因而产生迫害性焦虑。这一阶段的主导焦虑是唯恐迫害者摧毁自我或好客体,因而婴儿采用了分裂机制。偏执—分裂样心态是一种发展步骤。通过内投并认同理想乳房,婴儿克服他的分解和消亡恐惧。原始的分裂是儿童获得区分能力的第一步。但是,当此阶段焦虑过度时,未解决的问题就会引起最严重的病理问题。克莱因认为,这一早期发展阶段的偏执焦虑和分裂防御,潜伏于精神分裂性的疾病群、分裂性人格以及婴儿或成人神经症的偏执或分裂特征之中。

(2) 抑郁性心态。

大约从第5个月或第6个月开始,直到1岁左右,婴儿进入"抑郁性心态"。此时,母亲作为一个不同于婴儿自身的人被全面地理解或认识。这个"完整的客体"身上汇聚着可爱与可恨两个方面的特征,她既令人满足又令人受挫,既有好的方面也有坏的方面。儿童开始有了矛盾情感的体验和犯罪的动因。一方面,他爱他的母亲,他不仅需要她而且完全依赖她。但是,由于母亲不能总是满足他的愿望,他有时便对她萌生了强烈的恨。此时,力比多冲动和破坏性冲动指向了同一个客体——作为整体客体的母亲。这种仇恨和破坏性冲动使得婴儿害怕自己会毁灭母亲从而失去她，于是陷入抑郁性心态。

克莱因指出，婴儿在抑郁性心态时的核心任务是在其自我的核心建立足够好和安全的整体内部客体。如果这一活动失败，儿童就会患偏执或躁狂—抑郁类的心理疾病。在讨论抑郁性心态时，克莱因还认识到修复机制在儿童成长中的根本作用。抑郁性的情感和破坏好客体的犯罪感引起了保存和复活所爱客体的渴望，由此驱动了修复愿望和修复好的内部客体的幻想。好的内部客体的建立正是以这种愿望为转移。在修复的过程中，儿童获得责任感，克服了焦虑并安定下来，从而对母亲建立了爱的客体关系。这种内部统一性的黏合剂就是儿童在其爱的补偿性能力中成长着的自信心。克莱因认为，抑郁性心态是一种发展的普遍现象，抑郁性心态中客体关系被整合的方式是人格结构的基础。随着开始于抑郁性心态的整合过程的继续发展，焦虑减少了，而修复、升华和创造性倾向逐渐取代精神病和神经症的防御机制。抑郁性心态的特点是，婴儿开始把母亲知觉为一个独立的整体客体，此时的客体关系是与整体客体的关系，占优势的机制是整合、矛盾、抑郁性焦虑和犯罪感。

### 3. 自我与超我

在人格的结构问题上，克莱因与弗洛伊德有所不同。她不仅用客体关系来解说自我和超我的形成与发展，而且她认为自我在婴儿出生时即已存在，即使超我也是早在生命之初就被建立起来了，它具有前生殖欲期的施虐特征。相对于弗洛伊德的伊底—自我—超我的三重结构模式而言，克莱因忽略伊底的重要性，并且使自我和超我的出现时间提前了许多。

克莱因认为，自婴儿诞生之初，就存在一个基本的自我，也存在一个原始的本能生命。她认为自我和伊底是同一心理结构的不同方面。从生命之初开始，婴儿的本能就驱动自我指向客体，由此在幻想和现实中形成原始的客体关系。与最初的部分客体即乳房的关系，对于自我和超我的形成与发展起着重要的作用。克莱因一般强调好的客体关系经验对于自我的整合和发展的主导作用。对于好客体的内投直接影响着自我的发展。对克莱因来说，内部的好乳房在很大程度上是幻想的产物，它促进自我的统一和整合，并针对内部的坏客体提供保护。这种好的内部客体的存在来自婴儿对于外部好乳房的内投，而外部好乳房的善良性质主要来自婴儿把良性的、与吮吸相连的力比多投射到了它的上面，当然也受到与它相关的现实满足经验的影响，不过在克莱因看来，前者占主要地位。

投射和内投是婴儿早期使用的自我防御机制。通过把死亡本能和力比多冲动投射到外部令人受挫或令人满足的客体（如乳房）上，婴儿把客体分裂为好的和坏的。外部客体（乳房或母亲）好的方面，如慈爱、哺育和照料，被内投到婴儿的内部世界并成为自我认同的种种品质。这些内投的客体成为婴儿心灵进一步发展的组织者，同时不断地受到其他客体的修正。通过投射和内投，婴儿创造出自我与客体的混合物，即发展中自我的核心。在自我发展的早期阶段，婴儿的内部世界是包含客体和自我影像在内的一个混沌的世界，是未加整合的部分客体的世界。婴儿在生命最初的几年中，需要从部分客体转移到整体客体，从破碎的自我转变为整合的自我。根据克莱因的看法，婴儿在一开始时，其分化和精确感知现实的能力是有限的，因此婴儿在它们的内部世界中充塞着它们自身的恐惧、贫乏和贪婪。带着越来越多的成熟性，那些混乱的幻想变得愈来愈统一，婴儿终于克服掉必须要对客体具有全能式控制的错觉；也就是说，投射和内投机制的使用愈来愈少，精确感知能力越来越强。

克莱因及克莱因学派坚持认为存在一个早期的自我或自体，它具有关系和防御机能。在过去的数十年中，这一观点激起了传统精神分析学家的严厉批评，这些批评所依据的基础是：婴儿的心理结构是未分化的，因而不可能以这些方式进行运作。然而，关于婴儿心理发展的研究，尤其是斯特恩（Daniel Stern，1985）的研究已开始严肃地挑战这一基础，而且最终维护了克莱因的观点。最近，美国的自体心理学家已倾向于将他们关于早期发展的思考与婴儿研究者的发现结合起来，因而他们也开始认为，在他们的婴儿病人身上的确存在一定水平的心理辨别能力。这是克莱因学派的学者从不怀疑的。

克莱因很早就关注良心或者说超我的起源，她坚持认为超我自生命之初就被建立了起来，它是通过把客体内投到自我中而形成的。因为这些内部客体曾受到儿童投射的冲动尤其是他的破坏性冲动的渲染，超我一开始主要带有迫害性的特征。克莱因还发现，超我不是俄狄浦斯情结结束之后的沉淀物，而是俄狄浦斯情结的要素和组成部分。显然，这与弗洛伊德的观点已不完全一致。1933 年，克莱因在她的论文《儿童良心的早期发展》中首次直接阐明她的超我形成观。克莱因认为，儿童将他的攻击性冲动投射给他的内部客体，使客体变成惩罚性的，变成了超我。所以，超我是作为一个内部的幻想客体被了解到的，它最早出现于前生殖欲期，而通常所谓的生殖欲阶段的超我仅仅是一个复杂发展的后期阶段。

超我的最早根源可追溯到口唇—施虐欲阶段即后口欲期，因此它带有非常原始的口唇欲、尿道欲和肛欲的特征。在口唇—施虐欲阶段，如果乳房不能满足婴儿的需要，婴儿会以抓、咬等方式攻击母亲的乳房，由此婴儿在幻想中认为乳房会对他的攻击进行野蛮的报复，即乳房被婴儿内投为一个迫害性的和破坏性的客体——“一个坏的迫害性的内部乳房”[①]。克莱因认为，这是超我的迫害性和施虐特征的最早根源。与此类似，当婴儿处于爱和满足的状况时，它会内投理想的、能够爱与被爱的乳房，这是超我的自我理想方面的根源。可见，超我两个方面的特征——迫害、施虐的和自我理想的特征分别来源于对于坏乳房与好乳房的内投。

由于克莱因并不否认本能驱力的作用，所以她认为超我的严厉性还与婴儿的攻击本能和施虐欲冲动紧密相连。在与乳房这一部分客体的关系中所遭受的挫折和焦虑的影响下(如断乳挫折)，婴儿幻想的贪婪、带有嫉妒性的攻击延伸到母亲的整个躯体及其内容物。他幻想母亲的躯体中容纳着所有的财富。一方面，出于贪婪的力比多欲望和幻想，婴儿幻想掏空并吞没母亲体内的客体；另一方面，因为他的仇恨和嫉妒，攻击性地幻想着噬咬、撕毁和摧毁母亲体内的东西。由于婴儿将自己的攻击性内投到作为内部客体的坏母亲身上，使得儿童幻想它是一个充满毁灭性和报复性客体的可怕地方，母亲的躯体成为恐惧的客体，坏母亲成为一个内在的迫害者。当然，这一意象并不代表真实的父母，而是婴儿的攻击幻想混合了他自身的感受而在心灵内部建构起来的，它是儿童潜意识幻想的产物。克莱因认为，儿童对于父母的幻想越具施虐性，父母的意象越是可怕，他越发感到要迫使这些情感远离好的父母，因此他越发试图再次内投那些好的外在父母。这样，由内部客体产生的焦虑压力驱使儿童与真实的父母发展出一种俄狄浦斯关系。

克莱因在人格结构的观点上与弗洛伊德显然有许多不同之处。首先，弗洛伊德把本能能量和结构要素分开来看待，但克莱因则认为它们是不可分割的。对克莱因来说，驱力是关系性的；她视幻想为再现本能，而该幻想则是力求与客体接触。从根本上说，人格是内部客体经验和幻想的最高集合。其结果是，自我和伊底的界线模糊不清，她倾向于将伊底和自我视为同一心理机制的不同方面。而弗洛伊德则清楚地区分了自我和伊底。其次，对弗洛伊德来说，心理冲突源自伊底的本能对自我产生威胁，因而只有当伊底和自我分化清楚时，冲突才能产生。这大约发生于二岁到三岁左右，即接近俄狄浦斯情结期。由于克莱因并未将伊底视为一个独立的结构，而是认为由于潜意识幻想使之和自我成为同一心理结构的不同方面，这使她得出

---

① Segal, Hanna (1964/1974). *Introduction to the work of Melanie Klein*. Basic Books, Inc., Publishers, p. 4.

结论，冲突可以在生命之初的某个时期就出现。其三，与冲突的较早出现相对应，克莱因提出了一个功能性的自我，在生命一开始就有防御机制，这就意味着婴儿在这个阶段具有比弗洛伊德所描述的更为高级的心理组织。

克莱因的超我观是在论述俄狄浦斯情结的早期阶段时提出的，而她的自我观则散见于她的心态观和其他问题的讨论之中。因此，尽管克莱因也论及自我和超我，但她的人格结构观显然没有弗洛伊德的严谨和明晰。

4. **俄狄浦斯情结**

在克莱因之前，人们普遍接受了弗洛伊德的观点，认为俄狄浦斯情结约出现于3岁至4岁，大约在6岁时达到顶点。然而克莱因观察到，2岁半儿童的身上已表现出俄狄浦斯幻想和焦虑，而且它显然已有一段历史。克莱因发现，当幼儿与“整体客体”建立了关系时，即在抑郁性心态阶段，俄狄浦斯情结就开始形成了。因此，俄狄浦斯情结的历史也可以追溯到前生殖欲期。前生殖欲倾向和生殖欲倾向一样，不仅出现于俄狄浦斯的幻想中，而且对于俄狄浦斯冲突和俄狄浦斯情结的产生起着重要的作用。无论男孩还是女孩的俄狄浦斯情结，都是从前生殖欲期对母亲的依恋关系开始的，最终促进俄狄浦斯情结形成和发展的则是作为内部客体的超我。

就女性的俄狄浦斯情结来说，克莱因与弗洛伊德的分歧主要在两个方面。一是她不同意弗洛伊德关于女性性欲的看法，二是否认阳具期的重要性。据她看来，小女孩由母亲的乳房转向母亲的躯体，就像小男孩一样，幻想着将其掏空并将其中的东西据为己有。由于女孩的力比多和攻击性驱力的双重作用，母亲的躯体不仅成为欲望和嫉妒的特殊客体，而且也是仇恨和恐惧的特殊客体。克莱因把女孩体验到的恐惧称之为迫害性焦虑，它与男孩的阉割焦虑是等同的。为了应付这种偏执焦虑，婴儿发展出多种防御机制，如对真实父母的分裂和理想化；对母亲躯体的修补和修复幻想；兴趣的转移，即从引起了众多焦虑的母亲的躯体转移到周围世界，儿童开始发展出一种对外部客体的兴趣。

对于男孩的俄狄浦斯情结，克莱因的观点也存在一个重要的改变，即她强调男孩早期与母亲的依恋关系，即男性的女性心态。和女孩一样，早期与母亲乳房的关系以及关于母亲躯体的幻想，在男孩的俄狄浦斯情结发展中同样起着重要的作用。男孩也经历了一个认同被欲望和被嫉羡的母亲的躯体再到欲望父亲的阳具这样一个阶段，克莱因称之为男孩的女性心态；而且从很早的时候开始，男孩就展开了女性心态和男性心态之间的斗争。在女性心态中，他由认同母亲转向欲望一个好的阳具；而在男性心态中，他希望认同父亲并欲望他的母亲。克莱因认为，男孩的阉割焦虑有两个来源：一是由他对父亲的俄狄浦斯敌意所引起的焦虑，二是害怕他早期对于母亲的身体以及她体内父亲的危险阳具的幻想性攻击所导致的报复。同样，俄狄浦斯情结力量的减弱不仅源自男孩的阉割焦虑也源自他对父亲的爱和愧疚感，因为“在好的方面父亲是一个独立的力量源泉，是一个男孩要向他寻求保护和指导的朋友和榜样，因此男孩感到必须将其作为一个内部和外部人物来加以维护”①。

在克莱因的观点中，超我不仅先于俄狄浦斯情结，而且促进它的发展。由内化的坏客体所引起的迫害性焦虑使得儿童更加义无反顾地寻求与作为外在客体的父母之间的力比多接触。占有母亲躯体的欲望不仅是因为力比多和攻击性的目的，而且是因为焦虑，儿童要在这一真实的人物中寻求保障以对抗可怕的内部人物。儿童试图通过真正的生殖活动来修补和修复真实的母亲，以弥补母亲在幻想中受到的伤害。对于父亲来说也是一样，真实的父亲及其阳具是对抗内投而来的内部坏的阳具和父亲的保障。这样，由内部客体产生的焦虑压力驱使儿童与真实的父母发展出一种俄狄浦斯的关系。克莱因认为，当儿童开始认识到自己生物学上的性别时，生殖欲倾向才真正起作用。从此，传统分析理论所描述的俄狄浦斯阶段就开始运行起来了。

### 三、儿童精神分析：游戏治疗

精神分析作为一种治疗技术是从分析成年病人开始的。但是，精神分析的创始人弗洛伊德并没有忽视儿童分析的重要性。因为在他看来，成人神经症的固着点是在儿童期，更准确地说，是在俄狄浦斯情结的冲突期。在对成人的分析中，他推断出了儿童心理生活的丰富内容，归纳了儿童心理性欲发展的阶段和规律，儿童普遍存在的情感冲突。但是，所有这些仅仅是推断，无法得到实践的证明。因为那时还没有人能够把精神分析技术用于儿童。弗洛伊德迫切希望有分析者特别是女性分析者对儿童进行分析，以便验证他在成人身上发现的婴儿本能倾向，并通过对儿童的深入分析而获得对儿童心理生活更加准确、直观和深刻的理解。但是直接对儿童进行分析却面临两大困难：一是技术上的困难，即儿童的言语还不发达，而且天性好动，无法用自由联想的方法对儿童进行分析；二是观念上的障碍，当时许多

① Bacal, H A., Newman, K. M. (1990). *Theories of object relations: bridges to self psychology*. New York: Columbia University press, p. 63.

分析者普遍认为儿童精神分析是一项危险的事业，因为它可能会触及儿童最深层的某些消极情感。克莱因通过创立游戏治疗，解决了儿童分析中的技术难题，又遵循了传统的分析准则：与儿童建立标准的类似成人的分析情境，严格规定分析的时间，保持分析者的中立性。而且更为重要的是，她形成了游戏治疗中的解释技术，从而使她在儿童分析中充分采纳了移情分析或移情解释这一最具分析特色的技术手段：解释儿童的游戏内容、儿童在游戏中扮演的角色，儿童在分析情境中的举动、儿童的言语、绘画等，即使是儿童的迟到、犹疑和不合作也成为她的解释内容。

游戏疗法是克莱因对于精神分析技术的一项创新。克莱因用儿童的游戏代替成人的自由联想，通过观察和解释儿童的游戏来接近儿童的幻想和潜意识。游戏疗法不仅使得对幼儿的分析成为可能，而且引发了一系列关于幼儿心理的重要发现。克莱因游戏疗法的前提是：首先，承认儿童的游戏是类似于梦一样的潜意识形式，它用象征性的行为而非意象来表达潜意识的欲望，分析游戏的过程可等同于释梦。其次，认为儿童能够像成人一样对分析者产生移情，移情的基础是儿童早期的客体关系，即与母亲的关系的内化形式，移情的实现即儿童将内投而来的父母式人物投射到分析者身上。克莱因游戏疗法的目标是与儿童尽可能严格地建立一种分析的情境。在游戏分析的情境中，分析者的任务是以共情的方式解释儿童的焦虑，充分地描述儿童在爱与恨、真实与虚幻等对立的需求之间所遭受的强烈冲突。在克莱因的游戏治疗中，儿童的游戏完全是自发的，分析者尽量不去干涉。克莱因认为环境的设置和玩具的使用是游戏技术的一个本质部分。环境设置应保持时间和空间的稳定性，玩具应具有安全性和个人使用性以及与环境和病人的适宜性等特点。克莱因严格规定了游戏技术的环境设置以及游戏中病人与分析者的关系，形成了一套严格的游戏治疗体系。

克莱因把分析情境的建立和移情的形成看做是相辅相成的两个方面，形成了她独具特色的纯粹分析性的儿童精神分析。自克莱因之后，游戏治疗成为儿童分析的主要技术手段，并被众多的分析者所采用。

## 四、对克莱因理论的评价

克莱因对于精神分析事业有两大不可磨灭的贡献：一是关注客体关系，重视内外客体经验对于婴儿心理发展的意义。掀起了精神分析运动由本能驱力模式向客体关系模式转变的浪潮，她本人由此成为这一过渡期的关键性人物。二是开辟了儿童精神分析的新方向，创立游戏治疗技术。

具体到客体关系理论和儿童精神分析方面，克莱因的成就也是非常可观的。首先，她把精神分析学者关注的焦点由俄狄浦斯期提前至前俄狄浦斯期，由对儿童性心理发展动力和阶段的研究转变为他们如何建构其内外客体世界的研究。其次，通过婴儿与不同客体的“爱—恨”关系来描述其心理发展过程。克莱因关于偏执—分裂样心态和抑郁性心态的描述，使我们对于1周岁内的婴儿心理的发展和婴儿的内部世界有了深刻的认识和了解，为人们理解弗洛伊德所谓的这一“昏暗且朦胧的时代”提供了一个概念框架和研究工具。第三，克莱因对于自我和超我的研究为发展心理学家了解和进一步探讨婴儿期的人格结构提供了理论依据和新的视角。第四，克莱因首创“投射性认同”概念，支持内部客体世界是人类精神的基石的观点，并重新解释了分裂、修复等潜意识的防御机制。这些观念和观点影响了后来的客体关系理论家和心理治疗家。

不过，克莱因用精神病理学的术语来命名婴儿的心理结构，不仅欠妥当而且令人难以接受。她的一些观点，如对母亲体验的原始起源、内在善恶力量的斗争等已经被淘汰。在研究方法上，克莱因主要依赖于观察、描述和解释，因此难免有局限于推理和思辨之嫌。

## 第三节　拜昂对克莱因理论的发展

克莱因逝世后，她所开创的英国客体关系学派不仅成为英国精神分析学的主流，而且是国际精神分析运动的一支重要力量，对于整个精神分析运动以及精神分析的具体理论和实践都产生了革命性的影响。克莱因的思想在20世纪后半期的发展有两个重要的方面：一个是投射性认同和象征化理论的发展，另一个是从精神分析的角度来理解团体和组织，而这两个方面均与其学生拜昂有密切的关系。拜昂是一个关键人物，他创造性地发展了克莱因的理论，从而开启了理解人类心理的功能、心理的发展和心理病理学的广阔领域，促进了精神分析技术和团体心理治疗的发展。

## 一、拜昂的生平与著作

威尔弗雷德·拜昂(Wilfred R. Bion, 1897—1979)

威尔弗雷德·拜昂(Wilfred R. Bion，1897—1979)是英国著名的精神分析学家，克莱因学派的第二代成员或后克莱因学派的成员之一。拜昂于1897年9月8日出生在印度西北部联合省的马特拉，他的父母都是英国人。作为维多利亚时代英国政府官员的儿子，按照惯例他被独自送回到英国接受正规教育。对于一个正充满情感需要的小孩来说，这是一种痛苦和可怕的经历。1906年至1915年，拜昂一直在比谢普·斯托特福德学校接受教育，这是一所非国教徒的寄宿制公立学校。1914年，第一次世界大战爆发后，拜昂满怀激情地参加了皇家坦克军团，并被派往法国服兵役。作为一位19岁的坦克指挥官，他参加了康布雷战役，由于作战勇敢而被授予了杰出服务勋章(DSO)和荣誉爵位。

一战后，拜昂进入牛津大学的皇后学院学习历史，在此期间他遇到了H·J·佩顿(H. J. Paton)。佩顿是一位精通康德哲学的学者，拜昂阅读了他翻译的康德的几本著作，并经常向其请教问题。佩顿的影响激发了拜昂对康德学说的兴趣，康德学说成为拜昂后来提出的客体关系理论的最重要的哲学基础。1921年，拜昂从牛津大学毕业，之后回到中学母校教授历史和法语。

拜昂在何时开始对精神分析感兴趣不是很清楚，但是可以确定的是，当他在1924年离开比谢普·斯托特福德时就已经决定研究精神分析了，并且为了这一目的进入了伦敦大学医学院学习。他在学校里获得了一个职位，即作为威尔弗雷德·特罗特(Wilfred Trotter)教授的外科手术助手。特罗特是一位杰出的英国脑外科医生和社会学家，曾参加过1908年举办的第一届国际精神分析大会，并将与会者的思想介绍到英国。特罗特写了一本题为《和平与战争中群体的本能》的著作，提出了“群居性”的概念，这一概念对拜昂感兴趣的并正在开始形成的有关团体行为的理论产生了深远的影响。1930年毕业后，拜昂在少年犯罪科学治疗协会任职，而且是麦达沃医院心理治疗科的医生。1932年，拜昂来到塔维斯托克诊所接受精神分析训练，并在此工作直到1948年。

1940年至1945年，拜昂作为一名医生再次参军服役。先是在柴斯特菲的戴维汉姆军医院，然后又到了诺斯菲尔德军医院。在诺斯菲尔德军医院，他开始了团体行为的研究。之后，拜昂被任命为陆军部选拔委员会的高级精神病军官，负责军官的选拔。他有效地利用了自己在团体方面的经验，创造了“无领袖团体”的选拔方法，通过考察候选人应对来自工作团体的压力的方法来判断他们的适应性。这些战时的经历为他战后在塔维斯托克诊所继续进行团体工作的研究奠定了坚实的基础。1945 年，拜昂返回了塔维斯托克诊所，并成为医疗委员会主席。同年，他开始接受克莱因的分析，并一直持续到 1953 年，这一经历对他后来成为一名精神分析理论家和分析师产生了重要的影响，并可能促使他因此转向了个体的精神分析。

1947 年，拜昂成为英国心理协会医学分会的主席。1948 年，他成为英国精神分析协会的候选会员，同年离开塔维斯托克诊所开设了私人诊所。1950 年，他提交了一篇题为《想象中的双生子》的论文而成为精神分析协会的正式会员，其作为克莱因最杰出的学生的地位开始得到承认。这一时期拜昂完成了关于团体动力学的主要著述，包括 1948 年至 1951 年发表在《人类关系》杂志上的《团体中的经验Ⅰ～Ⅶ》，以及 1952 年的《团体动力学：回顾》。1961 年，拜昂将上述文章加上 1943 年的《治疗中的团体内张力》集合成《团体中的经验》一书出版。该书出版了多种外文版本，而且成为团体心理学中的一本经典之作。

20 世纪 50 年代和 60 年代早期，拜昂是英国精神分析协会中一位重要而活跃的人物。1955 年至 1962 年，他担任伦敦精神分析诊所主任，1962 年至 1965 年任英国精神分析协会主席、梅兰妮・克莱因信托公司和出版委员会主席。除了承担这些职务之外，他还写作了一系列优秀的临床论文，主要有《精神分裂症理论注释》(1954)、《精神分裂症思想的发展》(1955)、《语言与精神分裂症》(1955)、《精神分裂症与非精神分裂症的区别》(1957)、《对联结的攻击》(1959)和《思维理论》(1962)等。在随后的四年里，拜昂继续精神病方面的研究，其成果构成了他 60 年代四本书的基础：《从经验中学习》(1962)、《精神分析的元素》(1963)、《转变生成》(1965)和《注意与解释》(1970)。

1968 年，拜昂在美国精神分析革新者团体的邀请下移居洛杉矶，并开始写作他的最后一本著作，即三卷本的《未来的回忆》(1975)，这是一位精神分析师的内心世界的极其真实而彻底的自传。这一时期，拜昂曾多次出国进行工作访问，宣传克莱因学派的客体关系理论。他四次受邀前往巴西和阿根廷，举办专题研讨会和演讲，与当地的精神分析学者交流。他在巴西声名卓著，并出版了《拜昂的巴西演讲》Ⅰ和Ⅱ，在拉美拜昂的学说产生了持久的影响。此外，他还到过托皮卡、伦敦（4 次）、罗马（2 次）、里昂、巴黎、纽约和华盛顿。

1979 年，拜昂决定返回英国，并于九月初抵达伦敦。之后拜昂即像往常一样开始工作。他继续与加利福尼亚保持联系，并同意 1980 年 1 月前往孟买与那里的精神分析团体一道工作。然而不幸的是，拜昂在 10 月下旬开始生病，病情的发展异常迅速，很快于 11 月 8 日在医院病逝，享年 82 岁。

## 二、对克莱因理论的发展

### 1. 容纳功能观

作为克莱因的学生，拜昂继承了克莱因理论中最具特色的投射性认同概念，将其发展为一种人际互动的容纳者模型。投射性认同这一术语最初是由克莱因提出的，她将其作为偏执—分裂样心态的一种防御机制。1946 年，克莱因在题为《关于某些分裂机制的注解》的文章中首次正式提出并系统阐述了投射性认同概念。她说："很多针对自体成分的仇恨现在指向了母亲。这导致了一种特殊的认同形式，它建立起一种攻击性客体关系的原型。我建议对这些过程使用术语'投射性认同'。"[①]在克莱因之后，许多学者不断地扩展和深化投射性认同的内涵，使其成为当代精神分析的一个主要的生长点。可以说这一概念已经成为理解正常和病态发展必不可少的理论，它对于克莱因学派分析师的研究工作来说至关重要，以至于有的学者将投射性认同对精神分析界造成的影响类比为地心引力或进化机制的发现。在发展投射性认同概念的过程中，克莱因的继承者拜昂的影响深远，他通过自己的临床实践将其发展为一种容纳者与被容纳者的独特理论。

在开始时，拜昂继承了克莱因投射性认同概念的基本涵义，并进一步区分了正常形式和病理形式的投射性认同。一方面，他认为成功的"现实的"投射性认同是心理发展的基础，实际上是我们思考能力的一个必不可少的初级阶段。另一方面，拜昂主要强调了精神病患者的病理性投射性认同中的攻击性成分。他认为，精神病患者对攻击性的控制能力较弱，因而这些攻击性就显得非常强大，精神病患者甚至能够把爱转化成虐待。这个时候的拜昂在临床理论和实践上基本上还是一个克莱因主义者。

但是在 1962 年前后，拜昂的术语体系发生了变化，他提出了一对新的术语，即容纳者（the container）和被容纳者（the contained）。克莱因描述了

① Klein, M. (1946). *Notes on some schizoid mechanisms*. London: Hogarth Press, p. 8.

与婴儿恐惧的修正有关的投射性认同的一个方面。婴儿投射其心理的一部分，即将坏的情感投射给一个好的乳房，之后在适当的时候它们被移走和再次内投。在它们寄居好的乳房期间被修正，然后以一种对婴儿的心理来说可以忍受的方式再次被内投。从上面的理论中，拜昂抽象出一种客体可以被投射入其中的容纳者，以及可以被投射入容纳者中的客体即被容纳者的观念。拜昂认为，母亲就像一个容器，大到可以包容婴儿所投射出来的所有感觉，如痛苦、害怕、死亡、忌羡和恨。这些感觉被养育性的乳房接纳、保留、吸收并消毒。当母亲的关怀重新被婴儿吸收之后，婴儿就有了被支持和被拥抱的感觉，这种感觉自然取代了原来不好的投射内容。因此，婴儿得以重新了解他的经验，并内投进去一个能够承受并缓和焦虑的客体。婴儿再次内投的内容是否变得能够忍受并可以整合，这主要取决于母亲这个客体对投射的内容进行修正和代谢的能力。也就是说，这个母亲够不够"好"。这样一来，本来发生在一个个体内部的投射性认同，变成了两个人之间的事情，投射性认同代表了母婴之间的关系，而这种关系的内化影响到了儿童的认知。所以，在拜昂的理论中，投射性认同变成了反复发生在两个人——容纳者和被容纳者——之间的一种共生关系。这个变化对临床的影响很大，拜昂强调分析师和孩子的母亲一样，能够吸收、接纳患者的投射。如果分析师能够修正这些投射，给予它们意义和真实感，然后患者就能够再次内投这些投射，从而加强他的内心世界。在这里，拜昂的投射性认同与其说是一种防御机制，不如说是对一个两人系统的无意识交流模式的描述。这的确和先前的精神分析理论的着眼点大不相同，算得上精神分析运动史上一次不大不小的视域迁移行动。

"容纳"是一种积极主动的过程，它包括具有情感关系的两个人。拜昂的容纳理论在养育孩子以及心理治疗情境中具有非常实用的价值。在拜昂看来，婴儿常常被极端的且未调节的情感所淹没，并且会通过哭泣、喃喃自语而表达出来。父母接纳婴儿的这些感觉，包容它们，调节它们并赋予其意义，然后返还给孩子。孩子最后将会内化这些过程并且学会容纳自己的情绪。父母不只要容纳孩子的不悦情绪，也需要观看他们的游戏，分享他们的快乐，而且给予热烈的赞扬，对父母与孩子双方来说，这都是一种更令人喜悦的容纳功能。在心理治疗中，安静倾听、不打断别人、真诚关心的反应都为患者提供了容纳的功能。在拜昂看来，要使治疗有效，分析师就必须容纳患者的情感。

拜昂描述了容纳者与被容纳者之间的三种不同的联结：① 共生的，意指容纳者与被容纳者双方彼此受益。例如，发明得益于思想者，反过来也一样。② 合作的，意指容纳者与被容纳者之间善意的或恶意的对抗。例如，“证明”一词最初是由描绘男性生殖器图画的埃及象形文字表示，指的是只有带有睾丸的男性才被赋予作证的资格，今天该词的意义仍然保留，但是最初所包含的概念已经消失。③ 寄生的，在这种关系中，容纳者与被容纳者彼此破坏。例如，儿童分裂和投射他的恐惧感、嫉妒与憎恨进入乳房。很明显，这种情形将阻止容纳者与被容纳者之间共生关系的出现。在理想的情况下，容纳者与被容纳者之间的关系是共生的，“为了彼此的利益而互相依赖，而且彼此之间没有伤害”[1]。

**2. 从个体分析到团体分析：团体动力学理论**

拜昂将精神分析的研究领域从二人扩展到了团体，认为客体关系理论本身关注于内在与外在、自体与他体以及这些界限时而清楚、时而交错或模糊的过程。这些概念可以应用在比单个人更大的系统中，如家庭、团体与机构。在第二次世界大战期间，拜昂担任北地军医院康复中心的主任，负责医治因战争创伤而引起的精神疾病患者。他开创了一种新的精神分析临床实践，即将患有情绪障碍的士兵组织成几个具有共同兴趣的团体，对团体的结构或团体会议的结论事先不做明确的预见，尽可能少地给予团体成员的活动议程、行动步骤或目标方面的指导。拜昂通过这种方式来研究团体。战后，他在伦敦的塔维斯托克诊所继续他的研究，指导了塔维斯托克诊所的多项团体计划的实施。他试图找到团体情境概念的参考框架，以便用精神分析的方法来处理出现于团体活动中的临床资料。

(1) 团体的界定。

拜昂认为，参加团体生活是由我们作为一个人而存在的特性所决定的，而且对于“通向完满的生活”[2]绝对必不可少。拜昂将团体界定为三个或多个个体共享相同的心理定势：“团体的最小规模是三个人，两个人之间存在着个人(私人)关系；三个人或多个人之间则存在一种性质的变化(人际关系)。”[3]根据拜昂的团体概念，身体的加入并不是构成团体必不可少的条件，拜昂曾详细地说明了没有在空间上与团体在一起的缺场人员，如何通过在别的地方度过他们的时间来对其他成员表示“轻蔑”，或通过垄断在场成员的注意和谈话来承担团体领导者的角色。因此，重要的是成员具有共享的心理定势。共享的心理定势指的是团体成员共同谈论的事物，如一个人、一

---

① Bion, W. R. (1962). *Learning from experience*. London: William Heinemann, p. 91.
② Bion, W. R. (1961). *Experiences in groups*. London: Tavistock, p. 22.
③ Bion, W. R. (1961). *Experiences in groups*. London: Tavistock, p. 26.

个地方、一项活动或者是一种共同的记忆。

(2) 团体的类型。

拜昂认为,团体像梦一样,具有明显的、公开的一面和潜在的、隐秘的一面。明显的一面是工作团体(work group)。工作团体也称作复杂团体,指的是理性的、现实寻求的并与团体的明确任务相联系的心理活动。拜昂指出,工作团体指的"……只是一种特殊的心理活动,而不是参与其中的人"①。工作团体能够与现实建立联系,能够意识到时间的推移和进一步学习与发展的需要。团体成员为了某一目标而彼此合作并竭力避免基本假设的控制。工作团体以一种相当科学的方式来处理冲突,探索现实,寻求知识,检验结论,并不断地思考如何才能最有效地实现目标。它相当于弗洛伊德的自我(ego)的功能。组织、结构、合作以及言语交流是其最有效的手段。如果工作团体没有被一种基本假设所控制,它就代表着团体的前进方向。这就是为什么对于任何一个团体来说,为了保持在一个复杂的水平(工作团体)之上,它必须处理优势的基本假设的情绪。工作团体可以持续几个小时或几个月,这取决于团体解决来自潜在的基本假设的情绪压力的能力,基本假设会不断地试图控制团体。这种团体的领导者有机会接触团体外部的现实,而基本假设团体的领导者只能够接触特定的基本假设内部的现实。然而,团体并非总是理性地或有效地起作用,团体成员的共同秘密构成了团体生活的潜在方面——基本假设团体(basic assumption group)。基本假设团体不同于理性的、目标定向的工作团体,它是由无意识的愿望、恐惧、防御、幻想、冲动和投射构成的,是一种无意识的行为模式。所谓基本假设指的是团体在原始水平操作时的情感状态、防御和驱力特征。"基本"和"假设"这两个词对于理解这一术语十分重要。"基本"指的是团体的生存动机,"假设"则强调生存动机不仅以事实或现实为基础,更重要的是要建立在团体的共同投射基础之上。拜昂认为团体成员行动时似乎常常具有某种共同的信念或"基本假设",并且这些假设可能会妨碍团体成员集合在一起所要完成的明确任务。基本假设可以从作为一个整体的团体而不是个体成员的行为中推断出来。拜昂描述了三种基本假设:依赖、争斗—逃逸和配对。三种基本假设是原始的,具有类似于精神病的特点,"重现了婴儿与母亲的乳房的关系"②。

依赖(dependence)基本假设代表着团体成员体验到的一种矛盾的情感,

① Bion, W. R. (1961). *Experiences in groups*. London: Tavistock, p. 144.
② Bion, W. R. (1961). *Experiences in groups*. London: Tavistock, p. 127.

即产生一位可以信赖的领导者的需要，同时又对其不信任的情感之间的矛盾。在拜昂看来，依赖基本假设意味着提供一个外部客体，其功能就是为不成熟的有机体提供安全感。获得安全感是团体的基本目标，团体寻求一位领袖的支持，希望从他的身上获得精神上的或物质上的引导、保护和“养育”。当领导者不能满足这些可能的需要时，团体成员就会以各种不同的方式表达他们的失望和敌意。团体的行为水平是不成熟的，因为团体成员完全依赖于领导者，“坐等他来解决他们的所有问题”①。拜昂进一步指出，与领导者建立一种个人关系的需要在团体中占有支配地位，成员都想从领导者身上获取更多的“父母式”的照顾。这种情绪性导致团体成员之间会出现抑郁、妒忌和内疚等情感。在依赖基本假设团体中，领导者与成员的关系类似于医生和病人或教师和学生的关系。依赖基本假设团体缺乏批判性的判断能力。

争斗—逃逸(fight—flight)基本假设代表了攻击或逃避某一事物的需要，似乎团体内部或外部存在着威胁或“敌人”。团体需要寻找一位可以动员团体成员去进攻或带领团体成员逃避的领导者，通常具有偏执特征的个人更容易承担这一角色，他们通过将“敌人”投射到外部而防御内部迫害。争斗—逃逸基本假设中的情绪性主要是愤怒、憎恶和恐慌。“争斗”常常表现为抱怨或反抗团体的正式领导者，这可能反映了依赖假设受挫后的一种反依赖的反应。弗洛伊德的杀死和吞食年老的领导者并吸纳他的力量和才智的神话就是这些团体反叛形式的原型。在团体治疗情境中，“反叛”意味着成员或团体的重要部分既不能理解也不能接受治疗师的非指导性态度。“逃逸”则表现为成员逃避主动的参与、沉默、不加约束的幻想，在身体上、心理上或精神上脱离接触或退出团体。这种无意识团体策略反映了逃离“漠视他人的领导者”及其“冷漠”的团体的倾向。争斗—逃逸基本假设团体缺乏自我思考或内省的能力，其成员陷入了公开的冲突、批评和退缩行为之中。

配对(pairing)基本假设以两个人的配对为基础，二者的联合将会产生一种想法或一个救世主式的领袖，最终结束由绝望、憎恨和毁灭等情感所产生的一切痛苦。然而，为了使其成为可能，不可避免地会出现一种矛盾，即领导者应该是“未诞生的”(unborn)。也就是说，希望必须一直持续下去，它应该就是一种“纯粹的希望”(pure hope)。当人们感到这种想法或领导者可能成为一种现实的时候，愤怒和毁灭的情感将再次占统治地位。拜昂发现，

① Bion, W. R. (1961). *Experiences in groups*. London: Tavistock, p. 82.

在配对基本假设团体中最主要的情绪是救世主式的希望。这些情感也可以在治疗团体之外观察到,例如在宗教信仰或最杰出的人物之中。

拜昂认为,每一种基本假设都有一种对应于团体及其成员的潜在情绪性的隐性领导需要,这些领导类型通过影响整个团体文化的无意识投射和移情反应发挥作用。与每一种基本假设相联系的情绪状态必定会阻止其他基本假设的出现。然而,对于一个团体来说,某一特定的基本假设的情绪性"……不能够排斥适合于复杂团体的情绪"①。二者的相互依赖导致工作团体与基本假设团体在一定程度上同时起作用,但是在任何一个特定的时间里,只有一种基本假设起作用。工作团体集中于外部,朝向目标;基本假设团体则集中于内部,朝向幻想和更加原始的机制。工作团体和基本假设团体之间总是存在着一种张力,这种紧张关系常常会由于各种行为与心理结构,包括个人的防御系统、团体规则和期望而获得平衡。正是在这两种模式之间的动力交互作用之中,产生了共享的意义和幻想,并且出现了团体文化。

(3) 团体的精神分析。

拜昂认为,一个团体的障碍越多,越会激发起精神病(幼儿期的)焦虑,并对之进行防御。他相信团体特别容易产生一些克莱因所描述的偏执—分裂样心态和抑郁性心态阶段特有的原始机制。克莱因认为,分裂和投射性认同是偏执—分裂样心态两种重要的防御机制。偏执—分裂样心态的主导焦虑是"唯恐迫害者摧毁自我或好对象,因而进一步促使婴儿采用分裂机制"②,同时婴儿会在幻想中"将内在的本能冲动、自我被分裂的部分和躯体的产物(如粪便)投射给外部对象,并使外部对象与自我被投射的这些部分发生认同,借以缓解某些内在焦虑和内在危险"③。投射性认同包括一个深刻的分裂,在这种分裂中,自我投射给他人的部分是被自我所彻底否认的。拜昂很快意识到了这些观点对于理解团体心理学的适用性,他结合自己的团体实践和经验,对克莱因的投射性认同理论做出了重要的修正和扩展,用以解释团体中的心理现象。拜昂考察了投射性认同和分裂等无意识防御机制在处理团体行为中的焦虑的重要作用。拜昂的整个基本假设思想暗含着一种基本水平的分裂,分裂之后随之而来的就是投射性认同。首先,每一位团体成员都可能会受到实际上来自于每一位其他成员的投射性认同;其次,

① Bion, W. R. (1961). *Experiences in groups*. London: Tavistock, p. 96.

② 王国芳:《克莱因的对象关系理论研究》,南京师范大学博士学位论文 2000 年,第 43 页。

③ 王国芳:《克莱因的对象关系理论研究》,南京师范大学博士学位论文 2000 年,第 44 页。

团体的领袖或指导者成为所有成员投射的中心，个体投射他们的幻想和原始需要给团体领导者。拜昂指出，在团体生活中分裂和投射性认同更多的是表现在团体成员与领导者之间的关系中。例如，争斗—逃逸团体的核心焦虑和投射性认同都指向领导者。团体采取行动好像团体的生存依赖于攻击或逃避某种即将来临的危险，团体成员尤其意识到领导在团体中的重要性，因为行动需要一位强有力的权威，像军队中的指挥官一样。争斗—逃逸基本假设团体的领导被期望具有动员团体去攻击或撤退的能力。缺乏这种好胜的特点将预示着团体成员会在他们中间寻找一个新的领袖。

虽然拜昂没有进一步确定团体成员之间以及对领袖或指导者的投射性认同的内容，但是人们可以推测出这些内容可能会包括：未处理的焦虑，如β元素(Beta-elements)；代理和角色期望，如爱、拯救、对“敌人”的攻击和庇护所等；全能以及全知。值得注意的是，弗洛伊德早在《群体心理学与自我的分析》一书中就已阐述了群体中的这种投射性认同，尽管他从未将其命名。弗洛伊德指出，在群体形成过程中，每一个群体成员都会将其自我理想投射给群体的领袖。然而，弗洛伊德只是注意到了每一个成员投射自我理想给领袖，而拜昂却发现了成员的期望和焦虑的投射。对弗洛伊德来说，个体对领袖的认同依赖于内投过程，而在拜昂看来，这种认同“不仅仅是依赖于内投，而且同时还有投射性认同的过程”①。

1952年，拜昂在《国际精神分析杂志》上发表了《团体动力学：回顾》一文。三年后，他吸收了克莱因的思想并对这篇文章进行了修正，作为克莱因等人编辑的《精神分析新方向》一书的一部分出版。在修改后的文章中，拜昂将人格解体作为个体成为团体一部分时必然会经历的一种退行现象。这是拜昂在他的团体研究工作中首次提到并使用退行的概念。拜昂认为，个体为了与生活于其中的团体的情绪活动建立联系，往往会以一种严重的退行方式求助于克莱因描述的心理活动最初阶段所特有的原始心理机制。他强调这一任务“对于成人来说似乎是非常艰巨的，就像对婴儿来说要与乳房建立关系一样”②。因此，在拜昂看来，团体对其成员来说具有某种动员特点，使得个体体验到了一种心理机能模式的强烈退行过程。个体在团体中有一项任务，即满足团体生活所提出的要求，与团体情感生活建立联系。不能满足这一需要就会出现退行现象，表现为个体失去了它的“个人独特性”(individual distinctiveness)，这与人格解体完全相同。因此当一个团体形成

① Bion, W. R. (1961). *Experiences in groups*. London: Tavistock, p. 177.

② Bion, W. R. (1961). *Experiences in groups*. London: Tavistock, pp. 141～142.

时，常常会观察到这种退行现象。拜昂对团体生活过程中所诱发出的退行性力量的问题持有一种独特的观点。一些学者将拜昂的基本假设和弗洛伊德的心理性欲发展阶段联系起来，认为依赖基本假设代表了一种"口唇依赖"阶段的退行形式，它以婴儿—母亲双向交互作用为其特征；争斗—逃逸基本假设相当于与肛门期有关的"分离—个性化"时期的退行；而配对基本假设则代表了一种生殖或俄狄浦斯阶段的退行。但是，也有许多其他的团体理论家并不赞同拜昂的观点，他们强烈地批评了这种观点。正如舍默尔(Schermer)指出的，拜昂更倾向于认为通过原始的基本假设状态产生的团体退行性影响的作用无处不在。因此，团体内在固有的一些东西将会激起团体动力学中的倒退运动，这不能归因于团体机能障碍的情况。① 在拜昂看来，团体内在固有的特征是由精神病的机能模式构成的，它们是团体生活的最终源泉。

### 三、精神病理学思想

精神分析学派中，在精神病的诊断、了解和治疗方面最具影响力的首推以克莱因为首的英国客体关系学派。克莱因通过焦虑来研究精神病，她的观点是：我们最早的焦虑在内容上是精神病的，婴儿的正常发展可以看做是一种过程的混合，通过这种过程精神病性质的焦虑被修通(work through)和修正。然而，在异常的婴儿身上，修通和修正的过程没有发生，结果是原始的焦虑和可怕的人物仍然未被修正，而且产生了控制婴儿和成人精神病患者的心理的威胁，以至于自我被迫过分地使用分裂和投射性认同来进行防御。克莱因的这些基本观点都为拜昂的理论所吸收，拜昂将这些发现和观点置于一种不同的框架之中，形成了自己独特的心理病理学思想。

拜昂把精神病(主要指的是精神分裂症)看做是先天倾向(inborn disposition)的混合物与母亲不能包容婴儿的死亡恐惧的结果。在他看来，精神障碍的原因是双重的。一方面是婴儿或患者具有过度的破坏性的憎恨、嫉妒等高度有害的先天倾向。这种有害的先天倾向导致从生命之初即形成了一种精神病人格。从那时起，他的人格的精神病部分与非精神病部分将出现越来越大的差异。拜昂认为，只有认识到这一点，我们才能理解精神病。在人格的精神病部分(每一个人身上或多或少都存在)，心理既不能思考也不

① Robert M. Lipgar, Malcolm Pines (2003). *Building on Bion—roots: origins and context of Bion's contributions to theory and practice*. London: J. Kingsley, p. 124.

能知觉。而一旦心理不再是思考的、知觉的，那么它所运用的投射性认同不仅是过度的，而且也是异常的。投射性认同不是被用于与客体的正常交流，而是被用于排空和根除自体和客体的意识。它们负载了大量的敌意，是摧毁自体和客体的直觉知识基础的武器。在这种心理中，来自内部或外部的印象不能变成心理的正常元素，之后它们可能被压抑，或成为梦的思想，或成为意识或无意识的，并导致一种清醒与睡眠共存的状态。而那些具有较好的先天倾向的婴儿则非常不同，他们能够面对并认识挫折，而且运用原始的思维前身来修正它们。例如，哭着要母亲，直到她来。而不太幸运的婴儿则不能面对他们的处境，通常是做出逃避的反应。

产生精神障碍的另一方面的原因是母亲容纳功能的破坏。拜昂提出了一种关于母亲作用的独特的容纳模型。他的天才之处就在于看到了母亲具有容纳、修正婴儿投射的能力。一般来说，婴儿把自身无法处理的原始野蛮愿望或焦虑等元素投射给母亲客体，母亲通过容纳功能接纳、保留、吸收并消毒这些被投射进来的元素，并将之返回给儿童。“在它们停留在好的乳房（母亲）期间，它们被认为已经得到了修正，通过这种方式再次内投的客体变得能够为婴儿的心理所忍受。”[1]通过母亲的容纳功能，婴儿的恐惧和焦虑得到了缓解和减轻，有害的元素被转化成能够在婴儿自己的心理被消化的元素。一旦这些转化后的元素被婴儿吸收，他就能够把它们作为情绪和理智发展的建筑材料，从中发展出一种思考能力，并形成心理结构。但是，当这一过程出现障碍，母亲拒绝婴儿的投射时，婴儿就不得不接受他自己投射的未修正的恐惧自体和经验，从而出现了精神病性的“无可名状的恐惧”。拜昂认为，精神病过程涉及婴儿分裂和适当投射的能力，而分裂和投射的缺乏源于缺少一个适当的容纳者以包容婴儿投射的东西。

母亲容纳功能的失败是环境和婴儿内在特质之间交互作用的结果。首先，环境可能会拒绝婴儿使用最基本的交流形式，即投射性认同。拜昂在这里主要指的是母亲不能够忍受婴儿的投射。因为母亲由于自己是压抑的或是精神病的而不能设法处理这种投射。她要么拒绝投射进入她的内部，要么是通过成为源自婴儿情感内投的焦虑的牺牲品而做出这种反应。拜昂认为后一种方式必定是极少数的，而拒绝是主要的。当一种创造性的联结不能在两个参与者之间形成时，“两个客体就不能结合在一起……产生一个新

① Bion, W. R. (1962b). *Learning from experience*. London: William Heinemann, p. 90.

的心理客体"[1]。而且，动力性的或创造性的思考就变得不可能。其次，如果母亲能够内投婴儿的情感并保持一种平衡，那么婴儿对母亲与自己之间的联结的攻击就会减弱，但不会消失。这是因为婴儿朝向毁灭、憎恨和嫉妒的倾向结合在一起产生了严格的原始超我，他破坏了正常的关系。精神病婴儿似乎"被对母亲尽管体验到了婴儿的情感，但是仍然能够保持一种舒服的心理状态的能力的憎恨和嫉妒所控制"[2]。婴儿的嫉妒会歪曲母亲接纳投射的能力，当母亲移除婴儿的焦虑时，婴儿感到她剥夺了自己的东西，却没有返还给他。婴儿的憎恨和嫉妒使他们将母亲的内投能力视为对自己心理的贪婪的吞噬，把母亲平静的心理状态当做敌对的冷漠。当婴儿为了摧毁他如此嫉妒的平静心理状态而采取犯罪行为和威胁自杀时，问题便产生了。婴儿的这种憎恨阻碍了母亲容纳功能的发挥。这时投射性认同会增加，但不是以一种可交流的方式出现，相反它旨在破坏交流。总之，不管是因为母亲拒绝成为婴儿情感的贮藏所，还是因为婴儿的憎恨与嫉妒使他不允许母亲发挥这种功能，两者最终都将破坏乳房和婴儿之间的联结，导致任何学习所依赖的好奇冲动的严重障碍，使婴儿无法健康地成长。

拜昂的精神病理学观点还注意到了从精神病到非精神病的连续体。拜昂认为人格的精神病部分总是与人格的非精神病部分共存。人格的一个部分通常支配着其他部分，它们具有不同水平的自我组织、机能和稳定性。因此，一个被诊断为精神病的人仍然存在着一个隐藏的人格的非精神病部分，而一个被诊断为神经症的人将存在一个隐藏的精神病因素。拜昂把忍受或不能忍受挫折视为区分精神病与非精神病的一个基本因素。拜昂认为，婴儿出生时就具有对将满足其需要的客体，即乳房的预期。如果这种预期遇到了挫折，那么在某种程度上，结果取决于婴儿忍受挫折的能力。如果婴儿能够忍受挫折，那么他最终将发展出思想。反之，当对挫折的忍耐力很小或没有时，获得满足的能力就会受到妨碍。

### 四、对拜昂理论的评价

拜昂的客体关系精神分析学说对于当今的客体关系学派的理论与治疗实践均产生了广泛的影响。他的工作"……既可以看做是弗洛伊德和克莱

---

① Bion, W. R. (1957a). The differentiation of the psychotic from the non-psychotic personalities. *International Journal of Psycho-Analysis*, vol. 38, p. 273.

② Bion, W. R. (1959). Attacks on linking, *International Journal of Psycho-Analysis*, vol. 40, p. 313.

因研究的扩展，也可以视为一种理论和实践上的激进革命”①。

1．**主要贡献**

首先，作为克莱因的学生，拜昂继承了克莱因理论中最具特色的投射性认同概念，并将其发展为一种人际互动的容纳者模型。在弗洛伊德早期的著作中，客体只是满足或抑制婴儿欲望的对象而已。一般而言，发展到生殖欲阶段，客体概念已经完全形成了，至于它是如何形成的，弗洛伊德并没有明确加以说明。虽然克莱因一直在努力整合驱力理论及其所强调的原始客体概念，但是接受克莱因分析的拜昂则力图将克莱因学派的理论由驱力导向关系。拜昂把一种系统的观点带进了精神分析的术语体系，发明了一对新的术语——容纳者和被容纳者，这样他就将克莱因的投射性认同概念说得更清楚。拜昂的这种母亲作为容纳者的理论支持了在精神分析实践中采纳一种临床态度的观点，即作为一位分析师应该保持与病人进行情感交流的开放态度。从这个意义上说，所谓精神分析的本质也就是精神分析师作为一个容器，接受并加工患者的无法忍受或接纳并投射给分析师的心理内容，然后患者再内化被分析师容器转化加工过的内容。应该说，拜昂是精神分析学家中认识到投射性认同的人际维度与内部心理维度的第一人。在他之后，深入理解投射性认同成为克莱因学派成员的主要研究领域。

其次，拜昂还以精神分析的方法来观察和研究作为一个整体的团体，将精神分析的研究领域从二人世界扩展到了团体，这是他最具创新性的贡献。在拜昂之前，无论是古典精神分析学者，还是后来的客体关系理论家都极少有人涉足团体心理。弗洛伊德虽然阐述过群体心理现象，但是主要考察的是力比多依恋和神经症焦虑，并没有充分地表现出团体现象的特征。拜昂继承、扩展并补充了弗洛伊德的群体行为理论，准确地描述了出现于团体之中的并不明显但是却有着巨大效力的精神病现象，他提出的基本假设团体或基本假设心理状态的思想，使人们看到了在团体生活中存在着一种无意识水平的团体共谋，使得表面上无联系的和冲突的各种个体行为之间建立了一致性。拜昂为人们理解团体现象提供了一种不同的视角，启发和鼓舞着许多后来者。从这个意义上说，拜昂是“精神分析团体和组织研究之父，至少是其中之一”②。

第三，拜昂用于研究团体的程序后来成为著名的塔维斯托克方法，塔维

---

① Robert M. Lipgar, Malcolm Pines (2003). *Building on Bion—roots: origins and context of Bion's contributions to theory and practice*. London: J. Kingsley, p. 246.

② Kenneth Eisold (2005). Using Bion. *Psychoanalytic Psychology*, vol. 22, No. p. 3.

斯托克诊所是当前欧洲极为重要的精神分析培训中心。拜昂强调，团体治疗家应该直接关注作为一个整体的团体，而不应该注重分析个体成员，这也成为塔维斯托克团体关系传统的一项核心原则。目前，拜昂所开创的这种方法在伦敦的塔维斯托克诊所和华盛顿的莱斯(Rice)机构得到了进一步的发展，在这两个机构中，团体关系的研究已扩展到整个团体与团体间过程、权威和领导的性质以及个人在组织生活中的作用等方面。

**2. 主要局限**

由于时代以及个人经历和知识的局限，拜昂的理论也存在着许多不完善之处。第一，拜昂的投射性认同概念过于宽泛。在克莱因那里，投射性认同更多地被理解为个体内部的心理过程，它发生在一个人的自体表象和客体表象之间。而拜昂则强调投射性认同的人际维度，提出了容纳理论，认为母亲或分析师与婴儿或来访者可以互相成为彼此的容纳者和被容纳者。这种扩展使得投射性认同可以用到任何人际关系或认知现象之中，这与两人之间的"交流"几乎没有什么区别。因而有的学者认为，在拜昂的理论中，投射性认同过于宽泛，已经失去了其特有的精神分析涵义。而且，拜昂在临床上使用投射性认同的方式引起了许多争议。第二，拜昂的基本假设理论过于注重"情绪性"。尽管拜昂的基本假设理论没有否认任务活动的重要性，但是他却过多地专注于团体的情绪。他强调的是团体成员言语交流背后的情绪状态，而非言语交流的内容，忽视了社会和人际因素对团体成员行为的影响，他仅仅注意到了团体水平的行为特点而忽略了个体差异。第三，拜昂的理论缺乏整合性。拜昂最初是通过运用精神分析的方法来研究团体行为而步入精神分析领域的，但是在20世纪50年代中期以后，拜昂放弃了团体行为的探索而转向了个体精神分析的研究。正因为如此，使得拜昂在个体精神分析和团体过程两个领域提出了许多富有创新性的思想，极大地影响了这两个领域的发展。但令人遗憾的是，拜昂在有生之年并未将其团体理论和个体精神分析两方面的思想整合成一个统一的体系，以至于许多团体治疗家向他咨询，却不知道他是一位精神分析学家，而精神分析学家接近他，却不知道他与团体的关系。第四，拜昂的语言晦涩，难以理解。在所有的精神分析思想家和实践者中，拜昂被许多人认为是其中最难以理解的一位，阅读他的著作使人感到好像是在阅读一篇用"另一种语言写成的考古学文章"①。其原因一方面是因为他的思想极其丰富，而拜昂又从众多的学科，

① Robert M. Lipgar, Malcolm Pines(2003). *Building on Bion—roots: origins and context of Bion's contributions to theory and practice*. London: J. Kingsley, p. 226.

如数学、诗歌、艺术、哲学、宗教、逻辑学和历史学等角度来阐述自己的观点。另一方面，拜昂在阐述其理论的过程中常常使用神话和隐喻，并混合着深奥难懂的或神秘主义的评论来进行写作。例如，他选择“消化道”来隐喻原始资料的“消化”和“吸收”过程。各种宗教和生理隐喻的使用，再加上拜昂在写作时极少使用解释性的叙述，更增加了对其理论理解的难度。

# 第六章

# 客体关系学派的发展

二次世界大战期间，与很多欧洲大陆的精神分析师一样，梅兰妮·克莱因和安娜·弗洛伊德也相继避难到了英国。正是这两位杰出的女性分析师，由于各自对弗洛伊德理论的不同阐释与发展，掀起了一场激烈且旷日持久的争论。这一争论的直接结果，就是导致了在1943—1944年英国精神分析学会内部分裂为三个团体：由克莱因及其支持者组成的克莱因学派（A组）、以安娜·弗洛伊德为代表的维也纳学派（B组）以及英国本土的独立学派（或中间学派）。[①] 中间学派发展了非克莱因主义的客体关系理论，其中的重要人物有费尔贝恩、温尼科特、巴林特、鲍尔比和冈特里普等。本章重点介绍中间学派中的费尔贝恩、温尼科特、巴林特对客体关系理论的发展。

## 第一节　费尔贝恩的纯粹性客体关系理论

费尔贝恩是一位杰出的苏格兰精神分析家，他参与并帮助发起了客体关系革命，是客体关系心理学的创立者之一。他根据自己独特的临床实践，发展并补充了弗洛伊德和克莱因的理论，在20世纪40年代创立了纯粹心理的人格客体关系理论，从而彻底完成了精神分析由本能向客体关系模式的转变。

① Mitchell, Stephen A., Black, Margaret J. (1995). *Freud and beyond: a history of modern psychoanalytic thought*. New York: Basic Book, p. 113.

## 一、费尔贝恩的生平与著作

威廉·罗纳德·多德斯·费尔贝恩(William Ronald Dodds Fairbairn，1889—1964)

威廉·罗纳德·多德斯·费尔贝恩(William Ronald Dodds Fairbairn，1889—1964)于1889年出生在苏格兰爱丁堡的一个宗教色彩浓厚的中产阶级家庭中。作为家里唯一的孩子，费尔贝恩自出生起就受到了父母保守而严格的管教，这使得他自幼性格就比较内向，童年时代拥有活跃的幻想生活。费尔贝恩早年就读于麦奇斯顿卡斯特的一所贵族私立学校。在那里，他得到了良好的人文学科的基础训练。在此期间，他还接受过当时大不列颠联合王国为大多数男子私立学校学生开设的军团指挥训练学校的学习，主要了解军队服务和殖民地管理的相关知识。

1907年，出于对道德和心理学的兴趣，18岁的费尔贝恩进入爱丁堡大学哲学系学习(那时的哲学系也开设心理学方面的课程)。四年后，他以优等成绩毕业。毕业后，费尔贝恩决心成为一名牧师，为此，他先后到过德国的基尔、法国的斯特拉斯堡以及英格兰的曼彻斯特大学，进行过短期的古希腊文化的学习。1914年，他返回爱丁堡大学，学习基督教长老教会正规的神学课程。也正是在这一年，第一次世界大战爆发。次年，费尔贝恩参军。在服役期间，他曾有机会到爱丁堡一所专为神经休克的军人开办的医院里，拜访了著名的人类学家和医学心理学先驱里弗斯(W. H. R. Rivers)博士，接触到了令他感兴趣的“新的心理学”。1917年，费尔贝恩所在的部队被派往中东，参加在巴勒斯坦攻打土耳其军队的战役，并进驻耶路撒冷。1918年，费尔贝恩因病提前退役。

在巴勒斯坦，费尔贝恩对医学心理学的兴趣已基本成形。牧师的工作已不能满足他理解和帮助人类生活的需要，新的心理学为他的未来指明了方向。为了成为一名精神分析师，费尔贝恩在1919年到1923年接受了为期四年的医学训练。次年，他阅读了弗洛伊德和荣格的著作。1921年，他开始与康泰尔(E. H. Connell)一起从事私人分析。1922年，他又到巴黎接受临床训练。医学训练结束后，费尔贝恩曾在皇家爱丁堡医院——高级精神病医院和训练中心做过助手。1925年起，他开始在自己的私人诊所里从事治疗。1926年春，费尔贝恩获得了大学精神病学的毕业证书。此后，他在爱丁堡接任了两份兼职工作。一份是在一家医院做普通的内科医生，主要处理晚期疾病。五年后，随着精神分析工作压力的增大，他不得不放弃这份工作。另一份是在爱丁堡大学心理系当教师，主要向医学和非医学专业的本科生以及精神病学的研究生讲授动力心理学课程。此外，还有大部时间是作为精神科医师在大学的儿童心理门诊工作。这份工作他一直做到 1935 年。

费尔贝恩的第一篇临床论文《记录一个女病人的宗教幻想》完成于 1927 年，即他正式从事临床工作两年之后。虽然这篇文章没有正式发表过，直到 1952 年才收录到他的文集《人格的精神分析研究》中，但从这篇论文中人们已能看到他后来思想的雏形。从 1928 年到 1930 年，费尔贝恩集中探索了弗洛伊德的心理结构、本能理论和压抑的本质理论。通过这些研究，他发现了弗洛伊德理论中的不足之处，这为他后来从驱力理论转向客体关系理论埋下了伏笔。1929 年，费尔贝恩完成了他的博士论文《从医学角度思考分裂与压抑的关系》。在这篇文章中，他比较了弗洛伊德和琼斯的观点，并谨慎而细致地对两人的观点作了评价。这篇论文还富有创见性地阐述了压抑和分裂概念，得到评审者们的高度评价。不能不提的是，克莱因早期研究对费尔贝恩产生的影响。从 1926 年起，克莱因每年都在《国际精神分析》和《英国医学心理学杂志》上至少发表一篇论文。费尔贝恩认真阅读了这些论文，谨慎地吸收了克莱因的许多思想。

20 世纪 30 年代中期，费尔贝恩辞去了在爱丁堡大学心理系的职位，到格拉斯哥大学心理系任教。第二次世界大战初期，费尔贝恩担任卡斯泰尔斯医院急诊部神经精神科病房的客座精神科医师，继而又担任了退休福利部的咨询精神病学家，他在这个职位上一直工作到 1954 年。这一时期也是费尔贝恩事业上的顶峰时期。他笔耕不辍，陆续完成了多篇论文，这些论文绝大多数都没有公开发表。此外，他每年都会出席一些英国精神分析学会的会议，但由于地理位置上的疏离，他并未跟伦敦会员保持经常性的联系。1931 年，费尔贝恩在公开发表的一篇文章中，指责琼斯和精神分析学家通常都陷入了概念的混乱中，这篇文章得到了琼斯的欣赏。此后不久，经由琼斯推荐，费尔贝恩正式成为英国精神分析学会的会员。

从 1940 年到 1944 年，费尔贝恩发表的四篇论文(《人格中的精神分裂因素》、《关于精神病和精神神经症的一种修正的心理病理学》、《压抑和坏的客体的返回》和《以客体关系的术语思考的内心结构》)完成了他的视角转向——即由弗洛伊德的心理地形、驱力和结构模型转向一种以关系的需要和内化为基础的心理学，为治疗关系的中心性提供了理论基础。这一系列的论文形成了他生前唯一一本著作——《人格的精神分析研究》(1952)的核心，该书为费尔贝恩的论文集(在美国出版时书名为《人格的客体关系理论》)。不久，这些文章便得到广泛的认可，被视为一种将精神分析的发现与习性学的本能观点加以融合的一种创造性的方法，同时也为社会科学提供了一种将人格与社会的相互作用联系起来的更具有动力学色彩的框架。

在晚年，尽管费尔贝恩没有减少对精神分析的兴趣，仍会出席一些相关的社会活动，偶尔也接待病人，但日益恶化的健康问题，使他不得不经常卧床休养，并越来越专注于自己的家庭和花园。1964 年 12 月 31 日，费尔贝恩在医院去世，享年 75 岁。费尔贝恩的传记作者萨瑟兰曾对他的人格做过这样的评价：费尔贝恩"是一个完整的人——一个有丰富个性的人，一个非常正直的人，一个高尚的人。他重视每一个人的价值，他愿意为了自己的信念披荆斩棘，勇敢战斗"①。1963 年，美国的多伊尔斯顿基金会发表了一篇调查，将他的观点与弗洛伊德的观点做了比较。结果表明，费尔贝恩被认为是精神分析心理学中极少数重要的革命者之一。②

## 二、纯粹性客体关系理论

### 1. 心理动力观

在有关心理动力问题上，费尔贝恩的解释与弗洛伊德和克莱因有着很大不同。弗洛伊德认为，人格的基本动力来自于性欲或性本能；克莱因虽然开始对内部客体予以关注，但是仍保留了弗洛伊德对本能内驱力的强调，认为人格的动力是生本能和死本能；费尔贝恩则明确指出，人格的动力不是性欲，而是客体关系。

(1) 客体关系的界定。

费尔贝恩质疑了弗洛伊德关于"人生的基本动机是寻求快乐"的前提，认为力比多主要不是寻求快乐，而是寻求客体。力比多的真正目的不仅仅是为了减少紧张，而是要建立与客体满意的关系。力比多是具有依附性的，即总是指向于特定的客体。由于费尔贝恩是在一种模糊的方式上使用"客体"这一术语的，从未正式地在作为真实的"外部客体"与作为虚幻的"内部客体"之间加以区分，因此他所说的客体关系具有两方面的含义。一方面，

---

① Sutherland J. D. (1989). *Fairbairn's journey into the interior*. London: Free Association Book, p. 161.

② 萨瑟兰著，李小龙译：《回忆费尔贝恩》，中国心理教育网，2007-06-25.

客体关系指的是婴儿与真实的外部客体，即母亲或其他养育者之间的关系。婴儿需要被看做是一个拥有独立权利的人，并且要求得到父母无条件的接受和爱。当婴儿在与父母的关系上经历到重要失败时，便会将无法接受的(或被拒绝的)父母方面加以内化，使之得到控制。因此，严格地说，"客体关系"这一术语描述的是个体与所需要的父母之间一种失败的人际关系。另一方面，客体关系还意指婴儿与虚幻的、内化了的客体之间的关系。婴儿内化了他所需要的、无法接受的父母方面后，又将其分成两部分——令人拒绝的客体和令人兴奋的客体。随后，原始自我的各部分也发生分裂，并通过认同与这两个内化的客体部分建立联系。

(2) 客体关系的动力性。

既然人类最基本的动机是寻求客体，那么与客体之间的关系必定构成了人类活动的最终动力来源。人类的一切活动，究其根源都是为了与客体建立满意的关系。客体关系具有动力的性质，是心理活动的机能。由于费尔贝恩反对弗洛伊德结构与能量相分离的观点，认为结构和能量是不可分离的，认为"无能量的结构和无结构的能量都是无意义的概念"[①]。因此，客体关系作为一种心理动力来源也应具有结构性，是一种动力性的结构，而这一结构性又是与内心结构密切相关的。

**2. 内心结构观**

虽然费尔贝恩的内心结构理论是建立在弗洛伊德心理地形和心理结构的基础之上的，但是他几乎重塑了自我理论，并构建了以关系为中心的人格结构理论，即内心结构观。在费尔贝恩的理论中，自我不再是弗洛伊德所说的人格结构的组成部分之一，而是被理解为最初的心理自体，是一个与力比多能量整合在一起的自我。它是先天就具有的人格成分，是真实的自体(self)，即人格的核心或动力中心。自我具有原始的整体性，每一个刚出生的婴儿都具有原始的、未分化的整体自我，这是人类最本质的特点。但是，由于自我具有关系的本质，它总是会不断地寻求建立同客体之间满意的关系，因此，在现实中难免又会遭遇各种挫折(包括心理和生理方面)。由于婴儿的能力有限，他们只能采取从主观上改造客体的方式来应对挫折，由此也使得原始自我发生了改变，不再是单一的连续体，而成为一个多重的结构，即内心结构(endopsychic structure)。

(1) 内心结构的起源。

① Fairbairn, W. R. D. (1952). *Psychoanalytic studies of the personality*. London: Routledge & Kegan Paul, p. 149.

费尔贝恩从心理发生学的角度对内心结构进行了描述。婴儿的第一个力比多客体无疑是母亲的乳房。随后，围绕着这一原始的母亲器官，又形成了作为整体的母亲客体。从理论上说，婴儿与母亲之间完美的力比多关系是令人满意且不会引起任何挫折的。在这种情况下，婴儿不会自发地攻击他的力比多客体。然而，这种理论上的条件，对于成长于文明世界之中的人类婴儿来说是不可能实现的。社会文明的进程无情地将母婴分离强加到了儿童身上，致使在生活中所有的母婴关系都不可避免会经历到挫折，只不过挫折的程度不同而已。挫折导致婴儿在与力比多客体的关系中表现出了攻击，由此也形成了一种矛盾的状态——在婴儿看来，母亲是一个充满了矛盾的客体，既是好的，也是坏的。这种矛盾令他无法容忍，因此他就通过将母亲分裂为好的和坏的两个客体这种方式来减轻矛盾。只要母亲满足了他的力比多需要，便是好的客体；只要没有满足他的力比多需要，便是坏的客体。而这接下来又使他发现，目前所处的这种情境对他的忍受和调节能力施加了极大的紧张。他无力控制外部世界，于是只能通过某些自己能够使用的手段来处理这种紧张。而他所能使用的手段又是非常有限的，他觉得内心世界是自己更能够控制的，因此，他尽最大努力将外部情境中的创伤因素转移到自己的内心世界中，即将母亲作为“坏的”客体加以内化。

还需要说明一点，费尔贝恩认为，婴儿首先内化的客体都是坏的客体，或称之为不令人满意的客体。坏的客体具有两面性：一方面，它们使人受挫；另一方面，它们又充满了诱惑力。在这些客体被内化之后，仍然会保留这两方面的性质，以至于让婴儿感觉到自己陷入了进退两难的境地。引入到内心世界中的客体不仅令他的需要继续受挫，而且还刺激了他的需要。于是他又将内化了的坏的客体继续分裂为两个客体：被需要的客体（或令人兴奋的客体）和令人受挫的客体（或令人拒绝的客体）。随后，婴儿使用攻击作为动力，压抑这两个客体。

除此之外，还会出现一种复杂的情况：由于婴儿的力比多一开始是附着于未分化的客体之上的，在压抑客体的过程中，为了维持对被压抑的客体的力比多依附，他的自我就会分化出伪足（pseudopod）。这些伪足代表了自我分裂的最初阶段。随着客体压抑的继续，最初的自我分裂成为既定事实。两个伪足由于与被拒绝的客体相关联，因此也受到了中心自我的压抑。这样，两个附属自我——力比多自我和内部破坏者（反力比多自我）逐渐同中心自我相分裂，一个多重的自我结构由此形成。[①]

简言之，内心结构的形成来源于在原始自我与原始客体的矛盾关系之中，出现了持续挫折，由此导致原始客体分裂为被接受的客体和被拒绝的客体。被拒绝的客体受到内化，并依次分裂为令人拒绝的客体和令人兴奋的客体。与这两个依次发生的客体分裂同时发生的还有与被拒绝的客体相关联的自我的分裂，这个自我被依次分裂为力比多自我和反力比多自我，前者认同于令人兴奋的客体，而后者认同于令人拒绝的客体。这样就形成了一个由中心自我与理想客体、力比多自我与令人兴奋的客体、反力比多自我与令人拒绝的客体组成的三部分、六成分的内心结构。内心结构的图示如下：

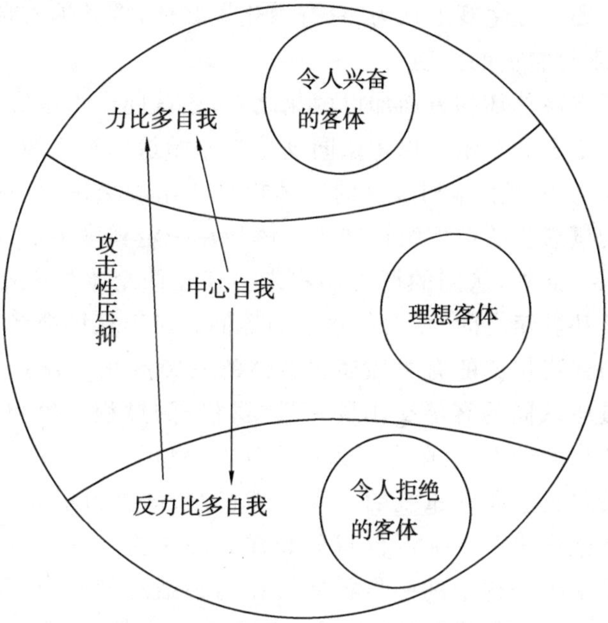


图 6-1　内心结构图示

→表示攻击性压抑

（2）内心结构的心理机制。

当然，内心结构的各部分之间并不是静态、孤立地存在着，而是不断相互作用。自我分裂并内化坏的客体，坏的客体又被分裂为令人兴奋的客体和令人拒绝的客体。力比多自我认同于令人兴奋的客体，反力比多自我认同于令人拒绝的客体。中心自我与被接受的客体部分使用攻击，压抑力比

① Fairbairn, W. R. D. (1952). *Psychoanalytic studies of the personality*. London: Routledge & Kegan Paul, pp. 109～112.

多自我与令人兴奋的客体部分以及反力比多自我与令人拒绝的客体部分；反力比多自我又反过来攻击性地压抑力比多自我与令人兴奋的客体，一个最大的压抑施加于力比多自我与令人兴奋的客体部分之上。与此同时，受到压抑的自我和客体部分又会对压抑它们的部分做出反抗。这样就使得人类的内心世界成为一个具有动力性质的结构。

在内心结构的形成中主要涉及到内化、认同、压抑、分裂等心理机制。费尔贝恩对内化的范围加以限定，认为只有坏的客体和客体关系才会被内化，令人满意的客体是不会被内化的。他的理由是，婴儿之所以内化一个客体，必定是由于该客体在现实中不能满足婴儿的正常需要，这使他们感到了挫折和沮丧。婴儿在主观上认为，只有内化该客体，将其纳入自己的内心世界中，才能实现对它们的控制。

自我除了将客体坏的方面加以内化之外，还认同于这些客体部分，忠诚地依附于它们之上。费尔贝恩将认同划分为原始认同和次级认同。原始认同指一个还未与投注主体相区分的客体投注。比较来说，费尔贝恩更常使用次级认同的概念。所谓次级认同指个体与在一定程度上已经有了区分的客体建立联系。此外，认同的概念还用来描述在两个本质上不同的客体之间（如，在阴茎和乳房之间）建立情感上的等同。对于认同概念的理解，我们不妨可以参照弗洛伊德的有关描述："客体的阴影落在了自我上。"①即认同是认同者向其所认同的客体交出同一性（身份）的过程。换句话说，客体的阴影是一种残暴的约束，它限定了认同主体的身份。

分裂是费尔贝恩非常重视的一种心理机制，甚至可以说分裂是费尔贝恩理论的核心概念之一。他不仅将分裂样心态作为一种最基本的心态，而且认为分裂是一种结构上的防御机制。在内心结构形成中，涉及到客体和自我结构的分裂。分裂帮助婴儿解决了那些无法克服的、引起焦虑的问题。另一方面，分裂还保护了儿童对于来自客体的爱的希望。例如，在对受虐儿童的研究中，我们会发现，受虐待的儿童常常受到客体（母亲或其他养育者）的忽视或虐待，这可能会让他们感到失望，但是一旦该儿童使用了分裂手段作为防御，那么他将会保留对令人兴奋的客体的完全的希望。例如，一个早上才被殴打的儿童，放学回家时可能会满怀着希望和对爱的预期。之所以会这样，是因为他对于虐待他的父母客体的合理的愤怒都被压抑到了他的反力比多自我中，并指向于令人拒绝的部分客体。由于他的力比多自我同

① James S. Grotstein (1993). A reappraisal of W. R. D. Fairbairn. *Bulletin of the Menninger Clinic*, vol. 57, Issue 4, p. 425.

反力比多自我是完全分开的，因此，他的恨并不会破坏他对令人兴奋的客体的依恋，因为他并不知道令人拒绝的客体的存在。

在内心结构的形成过程中还涉及到另一种机制——压抑。费尔贝恩同样从客体关系的角度来看待压抑。他认为，被压抑的内容既不是“坏”的冲动，也不是痛苦的记忆，而是内化的坏的客体。从本质上说，受到压抑的是一种结构。压抑可分为直接压抑和间接压抑两种。直接的压抑是中心自我对内化的坏的客体以及它们所依附的自我部分进行的压抑。直接压抑又可分为两类：直接的主要压抑和直接的次要压抑。直接的主要压抑是中心自我对令人兴奋的客体和令人拒绝的客体的压抑；直接的次要压抑是中心自我对力比多自我和反力比多自我的压抑。这样区分的原因在于，从本质上说，压抑是针对于客体的，但由于客体与自我的相关性，使自我也不可避免地受到了牵连。总的来看，自我所受到的压抑要远远小于被内化的坏的客体所受到的压抑。间接压抑是指反力比多自我以一种无妥协的敌对态度指向于力比多自我和与之相联系的令人兴奋的客体。

**3. 儿童发展观**

与弗洛伊德以性本能为基础的“心理性欲发展理论”不同，费尔贝恩从客体关系的角度出发，阐述了一种纯粹心理的人格发展理论。该理论不仅认为人格发展的实质是自我客体关系的成熟，还综合了弗洛伊德的阶段理论与克莱因的心态概念，构想了一个全新的人格发展图式。

(1) 两种发展心态。

受克莱因心态论的影响，费尔贝恩构想出两种发展心态：分裂样心态和抑郁性心态。其中分裂样心态是费尔贝恩总结自己的临床实践而提出来的一种心态，也被认为是心灵中最基本的心态。分裂样心态形成于婴儿早期。当婴儿根据母亲满足自己需要的程度，将其分裂为好的母亲和坏的母亲时，分裂样心态就已经形成。由于人们在生活中无一例外都会遭遇挫折，都要以分裂作为手段来应对这些挫折，因此，任何个体的人格都具有分裂的本质。与之相比，抑郁性心态的出现要稍晚一些，它只有在原始的一元自我已经分裂、分裂样心态建立之后才会产生。虽然在费尔贝恩临床的实践中很少涉及到抑郁症，但他感觉到抑郁性心态的重要性是不可否认的，尤其在那些饱受抑郁症之苦的病人身上，这一点表现得尤为明显。因此，他就借鉴了克莱因对抑郁性心态的描述。当婴儿将母亲认知为一个“整体客体”时，这个客体身上汇聚着可爱和可恨两个方面，她既令人满足又令人受挫，由此婴儿会对母亲产生爱与恨两种矛盾的情绪体验。当恨的情绪占上风时，婴儿便产生了抑郁性焦虑。在人的一生中，两种心态不断交替出现。首先，当一个人认为爱是坏的，由此产生的焦虑会导致分裂的退缩；随之，当这一想法发展成恨是坏的时候，就导致了愧疚感。

(2) 客体关系的发展阶段。

费尔贝恩将人格发展的核心从伊底和性欲转向了自我和客体关系，认为人格发展尺度是自我的逐渐成熟。由于自我具有与客体相关的本质，因此自我的成熟也就等同于自我客体关系的成熟。他非常重视依赖在客体关系中所扮演的角色，提出个体人格发展的总线路是从依赖于部分客体发展到依赖整体客体，从对客体不成熟的依赖发展到对客体成熟的依赖。在这个过程中大致会经历三个阶段：婴儿的依赖阶段、过渡阶段和成熟的依赖阶段。

人格发展的第一阶段是婴儿的依赖阶段。这一阶段的突出特点就是无条件的依赖。婴儿不仅在身体健康与生存上，也在心理需要的满足上无条件地依赖于他的客体，这种依赖是不成熟的。婴儿的依赖等同于口唇依赖。这一事实不仅可以在婴儿先天就是口唇的意义上得以解释，也可以从母亲乳房是他的原始客体的意义上加以理解。不成熟的依赖具有分裂和渴望退行性地重建原始认同的特征（即对客体的口唇吞并）。婴儿通过认同保持他同客体之间的情感关系。口唇吞并是个体最早采用的同化客体的方式。被个体认同的客体变成了被吞并客体的同等物。“正是在情感上对口唇吞并的认同，赋予了婴儿依赖阶段最为明显的特征。”[①]另外，在这一阶段婴儿对客体主要持一种索取的态度。

婴儿的依赖阶段与弗洛伊德的口欲期在时间上是对应的。费尔贝恩又进一步将这一阶段划分成两个子阶段——口欲前期和口欲后期。口欲前期是前矛盾的，即客体的分裂还未出现，其主要特点是婴儿将母亲的乳房作为“部分客体”加以对待。吸吮与拒绝是个体在其中主要采用的行为方式。到了口欲后期，婴儿仍会保留对客体索取的态度。虽然此时婴儿仍具有将整体客体作为部分客体加以对待的特征，但却已经能够清楚地感知到“整体客体”，也就是母亲。口欲后期是矛盾的，客体分裂已经出现，吸吮和啃咬是婴儿所采取的主要行为方式。

人格发展的第二阶段是过渡阶段，也被称为半依赖阶段。在这一阶段，个体能够区分出客体与自我，二分或外化被吞并的客体成为其主要特征。个体逐渐抛弃以原始认同为基础的最初的客体关系，并逐渐接纳以客体区

① Fairbairn, W. R. D. (1952). *Psychoanalytic studies of the personality*. London: Routledge & Kegan Paul, p. 48.

分为基础的成熟的客体关系。处于此阶段的儿童会使用“过渡”或“神经症技术”，试图外化先前内化的、被拒绝的客体。由于这一阶段在时间上与弗洛伊德的肛欲期相一致，即都开始于个体生命的第二年，因此，费尔贝恩引用“肛门”隐喻对此进行描述。他认为：“就过渡阶段而言，必定会涉及到抛弃婴儿的依赖，客体拒绝扮演主要的角色……当然，生物学本质的排泄必定是一个拒绝过程；借助这一事实，它无疑在心理学中被看成客体在情感上拒绝的标志。”①过渡阶段是一个充满了矛盾和冲突的阶段，其中最大的冲突就是个体强烈要求发展到对客体的成熟依赖的态度与退行性地不情愿抛弃婴儿依赖的态度（主要的是对客体的认同）之间的冲突。

在这一阶段，个体还产生了一个转变——从将“部分客体”作为“整体客体”加以对待，转变到将“整体客体”作为“内化的内容”加以对待。过渡阶段是一个分离的、不连续的阶段，它是连接第一阶段与第三阶段的桥梁，而生活的大部分时间也集中于这些过渡之上。

第三阶段是成熟的依赖阶段。这一阶段的首要特征是个体采取一种给予的态度。先前内化的客体已经被“外露”或“外化”，个体指向于“具有生殖器的整体客体”。理想地说，这样一种成熟的关系应该不存在原始的认同和吞并，是完全“独立”的，但这种理想状态很难在任何个体身上得到实现。所以，这一阶段最好被描述为“成熟的依赖”，而不是“独立”。对许多个体来说，必定会存在着一定程度的依赖——不仅依赖适合于这一阶段的客体，而且还依赖于那些在较为不成熟的阶段中曾经内化且从未放弃过的客体。成熟的依赖代表了自我与其附属客体融合成一个整体以及整体自我的重建。

费尔贝恩所描述的最后阶段与弗洛伊德理论中的后生殖欲期多少有些相似——在时间上，都是从 11～12 岁开始，直至生命终结。但与弗洛伊德相比，费尔贝恩不仅否认了前生殖现象的存在，还限制了此阶段中生殖器的重要性。他指出：“在成熟的个体身上……生殖器官提供了一条最少反抗客体的道路——但即便如此，它也只是与其他的道路同时存在的。”关系的特质是最主要的，至于它是怎样被性欲或力比多表现出来的，则是次要的。

总之，费尔贝恩要告诉我们的是，儿童的发展过程从本质上说是自我客体关系的发展过程。在自我客体关系从不成熟到成熟发展的每一阶段中，身体需要与特定的身体区域——例如口唇、肛门和生殖器——只是自我偶然的兴趣所在。归根结底，个体发展在整个过程中主要发展的是心理方面

---

① Fairbairn, W. R. D. (1952). *Psychoanalytic studies of the personality*. London: Routledge & Kegan Paul, p. 51.

的关系特性，而力比多的满足只是第二位的。

### 三、心理病理观

与纯粹的客体关系模型相对应，费尔贝恩提出了一套与以往精神分析截然不同的心理病理学观点。他不仅认为，一切心理问题的本质都是精神分裂，而且还从自我客体关系的角度对各类神经症的起源作了分析。

#### 1. 心理问题的精神分裂本质

费尔贝恩认为，一切心理问题的本质都是精神分裂，精神分裂构成了所有心理病理现象的基础。精神分裂通常具有这样一些特征：全能的态度、隔离和冷漠的态度以及专注于内部现实。其中，专注于内部现实是精神分裂最重要的特征。这些态度不一定是公开的，它们可能存在于意识之中，也可能存在于无意识之中；可能是表面的，也可能掩盖在伪装之下。

费尔贝恩区分了四种精神分裂状态，它们分别是：精神分裂症、分裂类型的精神病态人格（包含主要的精神病态人格病例，且不排除癫痫）、精神分裂样特征（包含那些人格中体现出明显精神分裂样特征，却又不能被看做是精神病的个体）以及分裂状态或暂时的分裂事件（包含了相当一部分青少年的“神经衰弱”）。除了这些比较明显的精神分裂状态之外，在那些神经症患者的症状中也可以发现精神分裂的性质。在分析治疗中，当用来保护人格的精神神经性防御减弱时，这种分裂性质就容易表现出来。相当高比例的焦虑状态、偏执狂、恐惧症、癔症、强迫症患者都有精神分裂的背景。

不仅神经症患者普遍具有精神分裂的特征，那些在治疗中很难判断其属于何种心理病理问题的患者往往也具有精神分裂的特征。这类群体往往由于这些方面的不足来寻求咨询，例如不能专心工作、性格问题、异常的性取向以及性心理问题等。此外，在这一群体中还包括了大多数抱怨某一单独症状的病人（如担心精神错乱、裸露焦虑等），或者那些以不充分的理由想接受分析治疗的人。另外，在现实感丧失、梦游、记忆丧失以及双重或多重人格等现象中也包含有精神分裂过程。更进一步说，在人类心灵的更深层面上，在所有人的梦中，也都是分裂的。梦代表了一种普遍的精神分裂现象。梦中的形象既代表了梦者人格的某些方面，又代表了与人格的这些方面有关的客体，这些客体通常以认同为基础，存在于内心世界中。在梦中，梦者的特征为多个形象所体现，这说明了在梦的意识水平上，梦者的自我是分裂的。

通过扩展了对精神分裂现象的理解，费尔贝恩大大扩展了“精神分裂”

这一术语的含义,使得精神分裂涵盖了更为广泛的社会群体。它不仅表现在各种精神病和神经症患者身上,而且在狂热的宗教徒、煽动者、罪犯、革命者和社会暴动者中也占有极高比例,甚至在知识分子中也是极为普遍的。例如,知识分子对中产阶级的鄙夷、艺术家对市侩的嘲讽都可以看做精神分裂本质的一种表现。此外,还有很多杰出历史人物不是具有精神分裂人格,就是具有精神分裂的特征。

总之,在费尔贝恩看来,任何人无一例外都是精神分裂的。实际上,缺少了分裂特点的人几乎是没有任何存在价值的。最根本的精神分裂现象是自我的分裂,许多精神分裂的表现实际上是为了防御自我的分裂,自我的分裂是精神分裂现象最重要的特点。虽然每个人在本质上都是分裂的,但分裂的程度是不同的。为便于理解,费尔贝恩将自我的分裂看做是一个连续体。在连续体的较低端是精神分裂症,精神分裂人格位于一个较高的位置上,精神分裂特征则位于更高的位置,在连续体的最高端是理论上的完全整合。这一连续体为人们理解个体所表现出来的精神分裂特征提供了可能。另外,与传统弗洛伊德的心理病理学观点有所不同,费尔贝恩认为,精神分裂的个体能够表现出显著的移情能力,具有接受精神分析治疗的可能性。①

**2. 各类神经症的起源**

费尔贝恩关于各类神经症起源的看法可以说是对亚伯拉罕的心理病理学观点的修正。亚伯拉罕认为,精神病和神经症是由特定阶段的固着所引起的。费尔贝恩则指出,偏执狂、强迫症、癔症和恐惧症并不是特定力比多阶段固着的产物,而只是个体采用的多种防御技术,使自我免受起源于口唇的冲突的影响。

费尔贝恩认为人格的发展过程包含了三个阶段:婴儿的依赖阶段、过渡阶段和成熟的依赖阶段。其中,占据人类生命最长历程的是过渡阶段。过渡阶段之中充满了矛盾与冲突,其最大的冲突就是强烈要求发展到对客体成熟依赖的态度与退行性地不情愿抛弃婴儿依赖的态度之间的冲突。由于冲突是一种既令人渴望又令人恐惧的情境,所以个体可能会使用一些具体技术来解决这些冲突。同时,由于过渡阶段涉及到抛弃婴儿的依赖,所以客体拒绝具有重要的作用,拒绝技术的使用也是这一阶段的重要特征。而偏执狂、强迫症、癔症、恐惧症既是四种典型的拒绝技术,也是个体最经常采用的防御技术。

① Fairbairn, W. R. D. (1952). *Psychoanalytic studies of the personality*. London: Routledge & Kegan Paul, p. 3.

偏执狂和强迫症都形成于拒绝性的排便过程中，但它们并不仅仅是拒绝技术，在拒绝坏客体的同时，也包含了对好客体的接受。其中，偏执技术代表了一种较高程度的拒绝。在外化被拒绝的内部客体的过程中，偏执狂个体将这些客体看做是完全的、绝对的坏，即将其看做迫害者；而对强迫症个体来说，排便不仅代表了拒绝客体，而且代表了放弃内容。[①] 因此，在强迫技术中，我们会发现在婴儿依赖中占据主导的索取态度与在成熟依赖中占据主导的给予态度之间的折衷。而偏执狂个体是完全不会拥有这种折衷态度的，对他们来说，排便仅仅代表了拒绝。

癔症也是由于使用特殊的拒绝技术而产生的一种状态。它具有拒绝被吞并的客体的特征。同强迫症一样，它也部分接受了成熟依赖的给予态度。癔症个体具有一种典型的特征，即愿意向所爱的客体交出任何东西，除了他的生殖器官和生殖器官对他的重要性之外。癔症所处理的冲突也是拒绝与接受客体的冲突。从癔症患者强烈的爱的关系中清楚地体现出对客体的接受。但是，这些情感关系的过分夸张本身让人产生一种怀疑，即拒绝得到了过分的补偿。这点被癔症朝向分裂现象的倾向所证实。很显然，分裂现象代表了对生殖器官的拒绝。分析总是会揭示出病人用被拒绝的生殖器官来认同婴儿依赖阶段的原始力比多客体——乳房。一方面，癔症所分裂的是一个器官或它自身的功能，这意味着被拒绝的客体是内化的客体；另一方面，癔症患者过高估计真实的客体，这说明他接受的是外化的客体。因此，癔症状态具有接受外化的客体和拒绝内化的客体的特征。

抛弃婴儿依赖就要抛弃同原始认同的客体之间的联系，建立与区分的客体之间的联系。过渡阶段的冲突还使个体的行为具有这样的特征：既绝望地努力使自我与客体相分离，又绝望地努力使自我与客体再统一——绝望地试图逃出监狱和绝望地试图返回家中。尽管其中有一种态度会逐渐占据优势，但最初由于焦虑，儿童总是摇摆于两者之间。伴随着分离的焦虑会体现在对隔离的恐惧上；伴随着认同的焦虑会体现在对被禁闭、监禁或吞噬的恐惧上。这些焦虑从本质上说就是恐惧性焦虑。前进性地与客体相分离和退行性地与客体相认同的愿望之间的冲突，就成为恐惧症的基础。

通过比较分析我们发现，恐惧症和强迫症技术可以被看做是处理同一基本冲突的两种不同方法。这两种不同的方法对应于对客体的两种不同的态度。从恐惧症角度看，冲突表现在逃离与返回客体之间——前者客体是

① 排便功能在本质上固然是拒绝性的，在一定意义上也是生产性的。因此，对儿童来说，它容易获得额外的创造性和给予性活动的心理重要性。

被接受的;后者客体是被拒绝的。在这两种情况下,客体都是外在的。从强迫症角度看,冲突表现在排出与保留客体之间——排出的是被拒绝的客体,保留的是被接受的客体。在这两种情况下,客体都是内化的客体。很明显,恐惧技术主要是一种被动的态度,强迫技术是一种主动的态度。强迫技术还表现了一种更高水平的、公开的对客体的攻击,不管客体被排除还是被保留都会受制于这种强大的控制;另一方面,对于恐惧症患者来说,则要在逃离客体的力量与受制于客体之间做出选择。换句话说,在本质上强迫技术主要是虐待狂的,恐惧技术主要是受虐狂的。

以类似方法分析偏执狂和癔症也会发现,如果说癔症状态是过高估计外部世界的价值的话,那么偏执狂个体则将外部世界看做是迫害者;癔症的分裂是一种自我贬低的形式,偏执狂个体的态度是一种过分夸张的形式。偏执状态可以被看做是拒绝外化的客体,接受内化的客体;而癔症则是接受外化的客体,拒绝内化的客体。这四种技术的关系如下表所示:

| 技术 | 被接受的客体 | 被拒绝的客体 |
|---|---|---|
| 强迫症 | 内化的 | 内化的 |
| 偏执狂 | 内化的 | 外化的 |
| 癔症 | 外化的 | 内化的 |
| 恐惧症 | 外化的 | 外化的 |

总之,偏执狂、强迫症、癔症、恐惧症的重要性在于它们都代表了一种源于特定防御技术的使用状态。不同技术不能被看做是对应于力比多发展的某种假定水平,相反,我们可以把它们看做是在客体关系发展的同一个阶段中的可供选择的技术。至于使用何种技术,或者在多大程度上使用该技术,则取决于在婴儿依赖阶段中建立的客体关系的本质,尤其取决于客体被认同的程度以及发展中的自我与内化的客体之间建立的关系的形式。

### 四、对费尔贝恩理论的评价

费尔贝恩无疑是精神分析领域中的一位革命者。他一生最重要的工作都建立在对弗洛伊德基本假设的批判之上,即便在最孤立和隔离状态中,他依旧保持了坚定而忠诚的科学信念,独自进行着创造性的工作。尽管他自己的观点代表了一种不同的方式,他却并没有致力于创建一个自己的学派。谦逊的风格与富有创造性的工作为他赢得了很高的声誉。欧内斯特·琼斯对费尔贝恩的工作给予这样的评价:“弗洛伊德的理论以不同性感区的兴奋所导致的神经系统激活以及性腺活动产生的内部紧张为起点；而费尔贝恩则以人格的中心——自我为起点，描述了自我在尽力达到一个支持它的客体中所做的努力及遇到的困难。费尔贝恩详尽地阐述了这一主题……他既得出了本能问题的生物学含义，又得出了内部和外部客体相互交换的心理学含义。所有这些构成了精神分析中一个新的取向，这必将引起更多富有成果的讨论。"[①]费尔贝恩的传记作者萨瑟兰认为，费尔贝恩"首次以系统的方式提出以社会关系中的经验，而不仅仅是以内部本能紧张的释放为基础建立人格的精神分析理论，从而完成了哥白尼式的革命"[②]。

**1. 主要贡献**

首先，他提出了最"纯粹"的客体关系理论。费尔贝恩继承和发展了弗洛伊德、克莱因等人有关客体关系的描述，将客体关系作为其理论的核心；他完全排除经典的驱力和本能理论，完成了克莱因未能完成的精神分析由驱力模式向客体关系模式的转变。他用客体寻求代替了快乐寻求，用现实原则代替了快乐原则，用原始清白代替了原始罪恶，他的理论只集中于心理方面的内容，排除任何与生理有关的内容。可以说，在所有的客体关系理论家中，费尔贝恩的客体关系模式是最为纯净、最为激进的，这使得他的理论被称作"纯粹的"客体关系理论。米切尔将费尔贝恩描述为这种关系模式"最纯的代表"[③]。

其次，他提出了以自我为核心的内心结构理论。萨瑟兰认为，费尔贝恩是内部世界最早的"制图员"，也是第一个把系统理论的概念应用于精神分析的人。他从心理发生学的角度提出了以自我为核心的内心结构理论，这一理论不仅是对弗洛伊德心理结构理论的修正，也为后来许多精神分析学家提供了可吸收和借鉴之处。费尔贝恩看到了弗洛伊德的心理结构理论所固有缺陷的根源——能量与结构的分离，于是提出了动力性的结构理论，将伊底和自我元素结合成了一个统一的"自体"。这一自体寻找客体而不是仅仅为了得到满足。这一模型很好地解释了最初自体或自我的发展。费尔贝恩还以独特的内投、认同和压抑概念为基础，描绘了一个三部分、六成分的具有动力性质的内心结构，为理解人类复杂且富有变化的内心世界提供了

① Sutherland J. D. (1989). Fairbairn's journey into the interior. London: Free Association Books, p. viii.

② Sutherland J. D. (1989). Fairbairn's journey into the interior. London: Free Association Books, p. 162.

③ James S. Grotstein (1993). A reappraisal of W. R. D. Fairbairn. *Bulletin of the Menninger Clinic*, Fall, vol. 57 Issue 4, pp. 421～29.

一种很好的思路。

再次，费尔贝恩提出了以依赖为核心的人格发展理论。与克莱因一样，费尔贝恩也把个体所有的发展阶段缩短到个体生命的早期。他用婴儿的依赖代替婴儿的性欲，把发展看做由不成熟的依赖向成熟的依赖逐步转化的过程，整个过程都暗示了存在于两个不同的、却彼此联系的个体之间的关系，从而真正做到将客体关系摆在人格发展的首要位置。他看到人与人之间的关系具有终身的性质，指出客体依赖是终身的，将发展的最终目标看做"成熟的依赖"，这要比玛勒等人所使用的"个体化"概念更加确切。"成熟的依赖"的说法不仅在客体关系学派内部得到了广泛认同，也被科胡特等自体心理学家所继承。他还看到阶段理论和心态概念各自的长处和局限，提出了融二者于一体的人格发展图式，既为解决精神分析内部两种概念体系在这一问题上的冲突提供了一种可行思路，又大大拓展了人们看待人格发展问题的视野。

最后，费尔贝恩发展了克莱因的心态观，并以自己对精神分裂人格障碍的研究为基础，提出人格的根本心态是分裂样心态。"分裂样心态"概念的提出不仅促使克莱因将"偏执心态"修改为"偏执—分裂样心态"，而且在心理病理学中起到了重要作用。他认为一切心理问题都具有精神分裂的本质，并将自我的分裂看做一个连续体，这为人们理解个体所表现出来的精神分裂特征提供了可能。他还从分裂与个体发展的角度对偏执狂、恐惧症、强迫症和癔症等神经症给予了新的解释，这为精神分析的临床实践注入了新的力量。他还提出精神分裂个体也具有接受治疗的可能，从而扩展了精神分析的治疗领域。

**2. 主要局限**

由于时代以及个人知识和能力的局限，费尔贝恩的工作也存在很多不完善之处。

首先，他使用的一些概念不够明确，容易令人产生误解。尽管费尔贝恩本人的观点根本不同于弗洛伊德的元心理学假设，但他保留了许多驱力理论中的术语。费尔贝恩在其理论的至关重要的位置上，重复使用了"自我"、"力比多"这样一些术语，虽然这些术语的含义与经典精神分析不再相同，且费尔贝恩对这些术语也做过仔细的界定，但难免还会令人产生误解。即便费尔贝恩所使用的"客体"这一术语也是容易令人误解的，因为他并没有清晰地指出这一概念是有别于驱力模式中的客体概念的。使用驱力理论的语言导致了许多对费尔贝恩理论理解上的混乱，在相当程度上也阻碍了其理论本应产生的影响。

其次，费尔贝恩的语言晦涩，难以理解。由于其哲学背景出身以及宗教和人文知识背景，费尔贝恩在阐述其理论时，习惯于运用隐喻。比如，他用"浮士德式的交易"来隐喻儿童内化并认同于坏的客体；虽然他排除了人格的身体方面，却将内心结构隐喻为"仿佛具有一个身体现实"①；他还用"驱魔"来隐喻精神分析师的工作，认为分析师的任务是帮助病人将无意识中的坏的客体解除出来。各类宗教和生理隐喻的使用，加大了对费尔贝恩理论理解的难度。

最后，费尔贝恩的理论有过于激进和绝对化之嫌。他一方面反对弗洛伊德在对人格的阐述中过于注重生理方面的内容，另一方面自己又走向了另一个极端，排除了一切与生理有关的因素，只关注人格的心理方面的内容。此外，他扩大了精神分裂概念的含义，认为分裂不仅是癔症、偏执狂、强迫症、恐惧症的病理学基础，是人格的根本心态，甚至所有人无一例外都是精神分裂的。这种高度概括化的结论，似乎有待进一步的商讨。

## 第二节　温尼科特与客体关系理论的转向

温尼科特是精神分析客体关系理论独立学派的杰出代表，以其独特的母婴关系为理论核心的客体关系理论在精神分析学界独树一帜，强调环境的影响使他和那些更为关注儿童内心冲突的客体关系理论家们之间有了显著的区别，他的理论相对独立于其他人的客体关系理论，引领了客体关系理论的转向。他提出的众多论题，如够好的母亲与促进性环境、真实自体与虚假自体、过渡客体与过渡现象等，丰富和发展了客体关系理论。他经由大量临床实践形成的精神分析治疗观颠覆了经典的精神分析治疗观的某些方面，影响了越来越多的精神分析师。他提出了强调过程与自发性的游戏理论，发展了包括潦草画线游戏在内的卓有成效的游戏治疗方法。这些内容在很多方面丰富了精神分析的主流，影响了越来越多的精神分析师。

① James S. Grotstein(1993). A reappraisal of W. R. D. Fairbairn. *Bulletin of the Menninger Clinic*, Fall, vol. 57 Issue 4, pp. 421～29.

## 一、温尼科特的生平与著作

唐纳德·伍兹·温尼科特
(Donald Woods Winnicott,
1896—1971)

唐纳德·伍兹·温尼科特(Donald Woods Winnicott, 1896—1971)是英国精神分析客体关系学派的重要代表人物,是著名的儿科医生和儿童精神分析师。他于1896年出生于英国丹佛普利茅斯一个富裕的中产阶级家庭,是家中最小的孩子和唯一的儿子。温尼科特与母亲和两个姐姐的感情很好,但父亲却令他失望,"他绝大部分时间把我扔给了我的妈妈们"。他在理论工作中撇开父亲、着迷于母婴关系可能有此根源。1910年,他进入剑桥的莱斯寄宿学校学习,在那里他立志成为一名医生。1914年进剑桥耶稣学院攻读医学,却因为第一次世界大战的爆发而中断。战争结束后,在伦敦的圣·巴塞洛缪医院继续他的医学培训。在23岁那年,温尼科特偶然接触到弗洛伊德的作品,产生了浓厚的兴趣,并立志要"把这门学科(精神分析)介绍给英国人,使它变得路人皆知"[①]。此后,他的兴趣开始从儿科学扩展到精神分析学,并在二者的交叉之处展开自己的工作。

1923年,温尼科特获得儿童医学会诊医师证书,随即在伦敦定居。曾先后在哈克利的女王儿童医院、伦敦城市议会风湿病和心脏病临床医院、帕丁顿·格林儿童医院工作,并在帕丁顿·格林儿童医院工作了40年直至退休,正是在这里他对近6万对母婴进行了咨询,获得了大量的临床经验。他对儿童及其发展过程感兴趣,做儿童精神分析,阐发儿童发展的观点,终其一生从事儿童的工作,这对于一个精神分析家来说是很少见的。温尼科特带着极大的快乐与儿童会谈诊疗,并有着令人吃惊的与儿童相处的才能。他还受聘为牛津郡政府教育项目的精神病学顾问,在各种场合做广播讲话和演讲,以通俗的话语向母亲、教师、护士、政府官员等宣传儿童心理学知识,他的很多专业术语成为人们闲聊的话题。

从1923年起,温尼科特开始接受詹姆斯·斯特拉齐长达十年的精神分析(斯特拉齐是弗洛伊德的英文版的翻译者),接着又接受琼·内维尔近五

① Winnicott, D. W. (1987). *The spontaneous gesture* (*selected letters*). Cambridege, MA: Harvard University Press, p. 2.

年的分析，正是斯特拉齐引导他接受克莱因的指导。他与克莱因的关系复杂而矛盾，最初被克莱因所描述的丰富的儿童内心世界所吸引，接受她的指导，并成为其最得意的学生，但逐渐对其儿童分析中的教条感到不满并表现出独立的姿态，最终成为与克莱因领导的学派相抗衡的“中间学派”的倡导者。“中间学派”的宗旨是批判性地评价另两个阵营（以克莱因为首的“克莱因学派”，又称“A 组”；以安娜为首的“维也纳学派”，又称“B 组”）的观点，选择最正确的观点以丰富精神分析。除了温尼科特，费尔贝恩、鲍尔比、巴林特等都是独立阵营里的干将。温尼科特曾谈到克莱因和安娜·弗洛伊德的冲突，并指出他自己的位置就是在她们两者之间做选择，他找到第三种立场，把二者明显不相容的观点结合在一起，并做出一定的修正。但温尼科特和克莱因的私交维持终生，从 1935 年到 1939 年，温尼科特分析了克莱因的儿子艾里克，而克莱因也分析了温尼科特的第二个妻子克莱尔。

温尼科特早期的婚姻生活很不幸，1923 年，他与艾丽斯·泰勒结婚，但妻子的病症和乖戾的性格使他深受压抑，但直至 1948 年第一次冠状动脉血栓发作并且父亲去世，他才下定决心于 1949 年离了婚，并于 1951 年与社会工作者克莱尔·布里顿结婚，从此爆发出生活的激情和创作的激情。温尼科特为人温和恳切、积极乐观、爱说笑话、喜欢想象。由于冠心病发作，于 1971 年在伦敦去世。

温尼科特一生进行了大量的写作，生前身后共出版著作 21 本，发表论文 540 多篇。就著作的影响而言，他是精神分析发展史上仅次于弗洛伊德的学者，在 20 世纪六七十年代，几乎每位精神分析家都阅读他的著作。他出版的主要著作有：《关于儿童期精神紊乱的临床笔记》（1931）、《儿童与家庭：第一关系》（1957）、《儿童与外部世界：发展中的关系研究》（1957）、《文集：从儿科学到精神分析》（1958）、《儿童、家庭和外部世界》（1964）、《家庭和个人发展》（1964）、《成熟过程与激励性环境：情绪发展理论研究》（1965）、《游戏与现实》（1971）、《儿童精神病学治疗建议》（1971）、《皮狗：对一个小女孩精神分析治疗的解释》（1977）、《剥夺与失职》（1984）、《家庭是我们的出发点：一个精神分析家的文集》（1986）、《抱持与解释：一个分析的片段》（1986）、《自发动作：温尼科特书信选》（1987）、《人的本性》（1988），等等。因其富有创建的工作和广泛的影响，1956 年至 1959 年和 1965 年至 1968 年，温尼科特先后两度被选为英国精神分析学会的主席，1968 年获斯彭斯儿科学奖章。

## 二、客体关系理论的转向:儿童精神分析理论

### 1. 够好的母亲与促进性环境

温尼科特有句名言:“从来没有婴儿这回事(There is no such thing as a baby)。”①也就是说,当你看到婴儿的时候,一定同时看到照顾他的母亲。这是温尼科特思想的标志性语言,也是他理论的出发点。弗洛伊德在自己的工作中很少注意到养育配对与婴儿护理的细节;克莱因在母婴关系的框架内注重的是婴儿在爱与恨之间的冲突和内部幻想;温尼科特则处于一个非常特殊的地位,他关注的是早期的母婴关系中“够好的母亲”(good enough mother)和“促进性环境”(facilitating environment)对儿童人格发展的重要性。

温尼科特认为,不论是适合的环境还是不适合的环境,都影响儿童的发展。如果有一个促进性环境,婴儿将在成熟的过程中成长并取得成功。母亲是最早期的环境,够好的母亲就是促进性环境。促进性环境的特征是对儿童需要的适应,适应婴儿的需要和成熟的过程是母亲的责任。她创造了一个抱持性(holding)的物理和心理空间,在其中婴儿受到保护却不知道自己受到了保护。需要母亲的时候她一定在,这是至关重要的,同样重要的是,不被需要的时候她就后退。起初母亲完全适应婴儿,然后逐步去除适应,鼓励儿童自己独立。

温尼科特创造了“够好的母亲”这个词,用来描述为使婴儿获得良好生活的开端,而提供充分满足的父母的作用。② 在母婴关系的早期发展阶段,够好的母亲充分提供婴儿所需要的一切,她不仅认识到婴儿的本能需要,而且了解他的创造性,尊重他的边界,依据儿童需要的变化进行适应和改变。相反,不够好的母亲不能提供婴儿成长所需的必要的环境,婴儿不是感到被抱持,而是体验到冲突。真正人格的核心——自发性和创造性暂停发展了,只是适应性地顺从有缺陷的环境,人格的发展围绕一个空壳进行。不够好的母亲没有提供一个自我可在其中自由发展的心理空间,而是呈现给婴儿一个他必须立即妥协和适应的世界,使其过早地关心外在世界,被迫关注、处理外部世界的要求,从而在内心产生了冲突,限制和阻碍了内在心理的发展。

① Winnicott, D. W. (1964). *The child, the family and the outside world*. Harmondworth: Penguin. p. 88.

② Michael St. Clair 著,贾晓明、苏晓波译:《现代精神分析“圣经”——客体关系与自体心理学》,中国轻工业出版社 2002 年版,第 90 页。

温尼科特用“原初母爱贯注”（primary maternal preoccupation）一词来表示那种能使够好的母亲提供婴儿所需环境的心理状态的特性，它的特点是从出生前到出生后数周之内的全神贯注。母亲在怀孕的最后三个月与婴儿共用呼吸、吸收、消化和排泄器官，婴儿在母亲身体里的成长充满了她的身心。母亲越来越从自己的主体性和对世界的兴趣中退缩，越来越关注于婴儿的活动和活力。在为婴儿提供促进性环境的时候，母亲发现自己的主体性、个人兴趣、生活节奏以及自己关心的东西都退到背景中去了，她的运动、行为及存在都是为了适应婴儿的愿望和需要。原初母爱贯注是一种“高度敏感”状态，类似于一种对婴儿的原初的、精神的认同。弗洛伊德和克莱因认为是内在死本能所做的事情，温尼科特则认为是护理环境的失败，在他看来，不关注的或者心不在焉的母亲是婴儿持续成长过程的破坏者。母亲最初的原初母爱贯注提供了一种背景，使婴儿的本性开始自我显现，使发展的倾向开始展开，使婴儿体验到自发性动作。作为婴儿成长中介的母亲的持续性关怀“使婴儿开始存在，开始具有经验；开始建立一个个人的自我，开始驾驭本能，并克服生活中所有的困难”。“如果母亲不能充分适应婴儿的需要，如果婴儿的要求是对她自己需要的早熟的适应，那么真实感将不复存在，而会出现一个假我来掩饰真我、来服从命令、来对刺激做出反应。”①

至此，对于温尼科特来说，母婴关系变成了精神分析情境的第一模型，母婴关系就是他工作中类比的源泉，够好的母亲与促进性环境就成为他进行分析和治疗的范式。

**2. 真实自体与虚假自体**

在临床上引起温尼科特巨大兴趣的不是精神分析传统意义上的病理症状或性格畸形，他更关心的是个体主观体验的质量，如内在现实感、个体意义感、自我体验的真实感，等等。他观察到很多病人，他们不是被强烈冲突撕裂的人，或是被烦扰的症状折磨的人，或是背负沉重抑郁和内疚的人，而是那些行动或功能像个正常人但感觉不到自己像个人的人。温尼科特用“虚假自体障碍”来表述这一心理病理的特征。这种心理病理是怎样产生的？温尼科特将成年病人身上的虚假自体障碍和他在婴儿生命初始就观察到的母婴之间的互动变化联系了起来。至关重要的不是严重的剥夺，而是母亲对婴儿的需要做出的反应的特性，是母亲对婴儿体验的“个性化”特征的响应。温尼科特通过这一深刻和富有创造性的洞察，在成人心理病理的

① Winnicott，D. W.（1958）. *Through paediatrics to psycho-analyses*. London：Tavistock. Publications Ltd，pp. 304～305.

特性与早期母婴互动的特性之间架构了一座桥梁，为自体发展和分析过程提供了一个新的视角。他把婴儿最初几个月体验的质量看做人格发展的关键，是早期母亲提供的环境决定了后来人格发展的结果。温尼科特的观点是，虚假自体障碍是"环境缺陷障碍"(environmental deficiency disorders)。[1]

真实自体(true self)与虚假自体(false self)均来自于婴儿与环境的互动。"够好的母亲满足婴儿的全能感，并在一定程度上理解这种需求，她反复地这样做。通过母亲对婴儿全能要求的执行，婴儿弱小的自我获得了力量，一个真实自我开始具有生命。"[2]一个并非够好的母亲不能满足或提供给婴儿全能感，婴儿的姿势、表情或态度可能反复地被忽视和错过，相反，母亲给出自己的姿势、表情或态度，让婴儿去顺从。这种婴儿方面的顺从，是虚假自体的最早阶段的迹象，它出自母亲对婴儿需要的无力理解。这种顺从，将导致婴儿与自己自发的、赋予生命以意义的核心保持一种隔离状态。虚假自体会顺从地按照环境的需要进行活动并建立虚假的关系。虚假自体隐藏了真实自体，使其不能自然地活动。只有真实自体才是自然的，能感到真实和真诚；虚假自体表现的是不真实和无效，在关系中不能真诚地表现。

温尼科特认为，虚假自体具有三种功能：照料母亲；通过服从环境的要求而掩藏和保护真实自体；替代环境所没有提供的护理功能。虚假自体具有不同的程度，从健康礼貌的自体的方面到分裂顺从的虚假自体。在虚假自体与真实自体之间需要平衡，在现实环境中不能完全没有虚假自体的存在，因为人必须适应制度、法规、人际礼仪、禁忌等，但如果过度在意，又会完全失去真实自体，所以真实自体和虚假自体的互换是要巧妙且调适得当的。

母亲的镜像作用是温尼科特用来解释真实自体和虚假自体形成的又一视角。"母亲的作用就是将婴儿自己还给婴儿。当婴儿看着母亲脸的时候，他可以在母亲的表情中看到他自己，看到他的感觉。"[3]如果母亲正关注于其他事情，那么当他看着她的时候，他将只能看到她的感觉，他将不能从环境中找回他自己的某种东西。如果母亲反应的是自己的情绪，如果母亲的脸因抑郁的心境而变得僵硬，甚至更糟，她反应的是自己的僵化的防御方式，那么儿童就会被迫去感知和理解母亲的心境，而他自己的感觉却得不到认

① Winnicott, D. W. (1965). *The maturational process and the facilitating environment*. London: Hogarth Press and the Institute of Psycho-Analysis, p. 148.

② Winnicott, D. W. (1965). *The maturational process and the facilitating environment*. London: Hogarth Press and the Institute of Psycho-Analysis, p. 145.

③ Winnicott, D. W. (1971). *Playing and reality*. Australia: Penguin Books Ltd, p. 131.

识。至少是在儿童自发动作的时候，如果他不被母亲看到，他就不能感到自己存在。在温尼科特看来，被母亲看到就是被认可，这使得母亲成了婴儿的真理裁决者，她反应中的认可构成了婴儿对自己的理解，母亲是婴儿的真实自体的见证者。如果她违背了婴儿的需要，而迫使他看她，那么她就伤害了婴儿，而使真实自体趋于隐蔽。母亲是温尼科特意义上的精神分析家，她必须认可和反馈婴儿的姿态表情，如果她有任何的拒斥，婴儿都必须服从她的反应。这种服从策略就是虚假自体的组织，就是被强加的对母亲需要的关注，使得婴儿的自体总是缺少某种本质上属于原创性的东西。

极端的虚假自体反映了发展的失败，将引发许多严重的性格病症。在虚假自体模式中成长起来的婴儿不能体验到关系中的安全和相互满足。母亲不能移情性地与儿童接触，她们的反应大多建立在自己的内在幻想、自恋需要和神经症性冲突的基础之上。儿童要生存，只能依赖于适应母亲反应的能力，从而远离了儿童的需要。这样就逐渐训练婴儿顺应母亲所能够给予的，而不是寻找和发现婴儿所需要的。长大成人时，这些人或有神经症或有精神病，他们与世界的联系是通过一个顺从的外壳，对自己和分析师都是不真实的。他们易猜疑，倾向于退缩，只能通过保护性的外壳产生交流，这一外壳明显具有强迫性和顺从性，但却割裂了与朋友有意义的联系。这些有障碍的人格类型反映了早期客体关系的损害，特别是早期母婴互动的相互性和反应性方面的损害。温尼科特试图在够好母亲模式的基础上建立治疗受到这种损伤的患者的原则。这要求一种抱持的能力、移情反应的能力、一种创造性地游戏交流的能力，使患者有能力成长，使原来隐藏在虚假自体的顺从阴影里的真实自体感得到扩张。

### 3. 过渡客体与过渡现象

温尼科特对客体关系理论最突出的贡献之一，是提出了“过渡客体”(transitional object)与过渡现象(transitional phenomena)的概念，它们是指在内在现实与外在现实(或者主观客体与真实客体)之间所体验到的中间领域。安娜·弗洛伊德认为“‘过渡客体’征服了整个分析世界”[①]。在1951年温尼科特发表论文《过渡客体与过渡现象》之前，精神分析的文献还从未表述过介于内在和外在之间的空间。弗洛伊德提出了从快乐原则向现实原则发展的观点，有助于理解从出生到成熟的过渡，但没有关注过渡过程本身。克莱因关注于内在世界和婴儿的幻想，对于外部世界的影响没有给予足够的重视。但是在人类发展过程中，婴儿从自己的主观全能状态逐步发展为

① Rodman, F. R. (2003). *Winnicott: life and work*. Perseus Publishing, p. 323.

越来越具有客观性，并能象征性地思考，这中间有很多工作要做，但这一心理历程却从未被反映过。温尼科特经过与母婴 30 多年的工作，发现儿童是通过对他的第一个“非我”对象，即他称为“过渡性对象”的利用才最终达到一个相对独立的阶段，终于提出了一个既非完全主观也非完全客观的“中间领域”的概念。

过渡客体是儿童的第一个“非我”所有物①。婴儿在主观全能感中以为是自己创造了欲望的客体，如乳房，并相信能完全控制它。在根据客观现实组织的体验中，婴儿发现自己必须去找出欲望的客体；并敏感地觉察到与客体的分离和不同，感到缺少对它的控制。过渡客体被体验为既非主观创造可控的，也非可发现和分离的，而是在这两者之间。从对婴儿行为的研究中，温尼科特认为客体是母亲乳房（儿童在环境中接触到的最初及最重要的客体）的替代物。既不是内部对象也不是主观对象，也不仅仅是外部对象，它存在于一个中间领域，既有客体的外在现实（母亲的乳房）又有儿童自己的主观性。这一中间地带既是主观的又是客观的，并不排斥任何一方。一般的过渡客体是一块柔软的毛毯、一件旧的衣服、一个玩具或一块尿布等，这能让儿童保留母亲气味或有着同母亲的慰藉相联系的特征。他拥有过渡客体并与之游戏，直到他对它已不再需要而将其抛弃。

过渡现象比过渡客体包括得更全、更宽泛，属于体验的中间领域，即内部现实和外部生活两者中间。过渡现象使儿童有可能完成早期的基本转换，即从主观性到客观性、从与母亲的融合到与她分立。过渡现象为内在世界和外在世界提供了桥梁，也为心理发展的过程提供了连续性。而在此之前的精神分析观点认为，这一发展过程是一些互相排斥的选择，要么是主观性，要么是客观性；要么与母亲统一，要么与她分立；要么是创造，要么是发现。在对客体的感知以及与客体的关系上从完全主观转变为客观，是通过过渡现象的发展获得的，过渡现象是通过过渡客体的最初出现来表征的。包含在过渡现象中的有婴儿的咿呀声、含糊不清的嘟哝、怪僻或者自己身体的一部分（如大拇指），这部分儿童的身体也不被认为是属于外部真实世界的。通过咿呀声、嘟哝、怪僻或者抚弄自己的身体等方式使睡觉时获得舒适感或者阻抗焦虑与孤独，这些事情或者声音对儿童来说变得至关重要。婴儿从全能的控制感过渡到被外界所控制，儿童需要幻想一个中间的状态——部分是主观的，部分是现实的状态。

在内部世界和外部世界之间，温尼科特认为还存在第三个精神世界，即

① Winnicott, D. W. (1971). *Playing and reality*. Australia: Penguin Books Ltd, p. 1.

潜在的或过渡空间(transitional space)。随着婴儿主观全能感的逐渐破灭，开始区分“我”与“非我”、内部与外部，伴随着这种区分工作的进行，一个第三方的“过渡空间”被创造出来。外部世界是外部充满无数真实他人的生活现实，内部世界是内化的客体关系世界，而过渡空间是经验的中间区域，存在于幻想和现实之间。作为中介，它使得从幻想和无所不能到参与现实得以实现。过渡空间同游戏、象征的产生密切相关，属于游戏、创造力、幻想、想象和错觉的范畴。儿童的游戏场就是一个过渡空间，儿童由此发展出人际交往的能力。

“我把这东西叫做过渡客体。通过这种方法，我可以表明，每个儿童都会体验到的一个困难，就是将主观现实与可客观观察的公共现实联系起来。从醒到睡，孩子从一个观察到的世界跳向一个自我创造的世界。在这过渡的中间，有一种对所有过渡现象的需要，对过渡空间的需要。没有人会声称这种真实的东西是世界的一部分，或者是儿童创造的。它被理解为两者都真实：儿童创造了它，而且这世界提供了它。这是正常的母亲使她的儿童承担的那个最初任务的延续，这任务就是当她通过一种最精密的积极适应而将自己成千次地提供给儿童的时候，儿童要创造出某种像她所提供的乳房之类的东西。”①

在其后期著作中，他将过渡性体验扩展到心理健康和创造性的领域中。过渡性体验成为一个受保护的领域，其间创造性自体可以操作和游戏；这也是艺术和文学产生的体验领域。如果一个人主要生活在主观全能中，没有通往客观现实的途径，那么他是自闭和自我关注的。如果一个人主要生活在客观现实中，没有主观全能的根基，那么他是受表面调节的，缺少激情和原创性。正是过渡领域的含糊性使体验扎根于自体内部，同时又与他人的世界产生了联系。过渡现象逐渐变得广泛，从母婴关系延伸到成人生活，充满了整个内部现实和外部世界之间的中间区域，充满了整个文化领域。这一观点“扩展了对一些领域的理解，诸如游戏、艺术创作、爱情、宗教情感、梦想、盲目崇拜、说谎、偷窃、强烈情感的起源与丧失、药物依赖以及强迫性仪式等”②。

#### 4. 攻击性与客体使用

在精神分析学界，攻击性(aggression)概念的提出要追溯到弗洛伊德。

① Winnicott, D. W. (1964). *The child, the family and the outside world*. Baltimore: Penguin Books, pp. 143～144.

② Winnicott, D. W. (1971). *Playing and reality*. Australia: Penguin Books Ltd, p. 6.

弗洛伊德在《超越快乐原则》(1920)中提出了单独的攻击性驱力概念,并提出了生本能与死本能的理论。克莱因对婴幼儿的工作使她放大了弗洛伊德的本能理论,她把攻击性视为死本能的体现。克莱因认为,攻击性等同于嫉妒、恨和施虐,所有这些都是死本能的体现。既然死本能是先天的,那么攻击性、嫉妒、恨和施虐也是新生儿与生俱来的。温尼科特虽然也把攻击性视为是先天的,但他很明确地反对死本能的观点。他认为,嫉妒、施虐和恨是婴儿情绪发展的标志,是在与外部环境产生联系的过程中发展起来的。温尼科特的攻击性理论认为,正是外部环境影响着婴儿处理其先天攻击性的方式。他曾经用过这样一个比喻:"谁能说出火在本质上是建设性的,还是破坏性的?"[①]他认为,在一个好的环境中,攻击性作为一种有用的能量整合进个体的人格之中,参与工作与游戏,但是在不够好的环境中,攻击性就会变成暴力与破坏性。在温尼科特看来,攻击性等同于活力(activity)与动力(motility)。他认为攻击性最早的证据是,在子宫里或在母亲怀抱中,婴儿先天的攻击性在与母亲的接触与对抗中得到了表达,它还存在于热切、贪婪的吮吸与咀嚼中。随着婴儿的成长,攻击性的性质在改变,这一变化完全依赖于环境的种类,在够好的养育与促进性环境中,儿童的攻击性逐渐得以整合,如果环境不够好,攻击性则以破坏的、反社会的方式显示它自己。如果母亲在受到婴儿攻击后能够幸存,这会让婴儿认识到,母亲不是他的一部分,不在他的控制之下,因此攻击是一个重要的发展性的力量。如果母亲不能应对婴儿对她的攻击,尤其是当她报复的时候,这时候所发生的破坏性就会成为儿童人格中的一个特征,儿童可能通过抑制攻击或将攻击转向自身来对此进行防御。正是在这样的背景中温尼科特提出,在临床情境中,越是具有攻击性的儿童就越健康。[②]

总之,温尼科特把攻击性视为一种生命的力量,而不像弗洛伊德那样将其视为死亡的力量,也不像克莱因那样将其视为压倒性的破坏性力量。他视攻击性为一种潜能,一种儿童生来就具有的构成性要素。这一潜能以何种方式表现出来依赖于环境提供的功能。可靠的促进性环境使儿童向健康的表达攻击性的方向发展。但是不够好的环境会使儿童产生过度顺从或反社会的破坏性攻击反应。

温尼科特提出了一个极具创造性又极具争议的概念——"客体使用"

① Winnicott, D. W. (1989). Comments on my paper "the use of an object". *Psycho-Analytic Explorations*. London: Karnac Books, p. 239.

② J. Milton, C. Polmear & J. Fabricius 著,施琪嘉、曾奇峰主译:《精神分析导论》,中国轻工业出版社 2005 年版,第 59 页。

(object usage)，这是在他后期论文中引入的一个概念，是为了探究攻击性在主观全能和客观现实的过渡中的地位。在主观全能中，婴儿“无情地”使用客体，他创造它、利用它，完全出于自己的快乐，在完全侵吞时又毁灭它。从婴儿主观性之外的视角来看，这种体验需要母亲交出自己并能在被使用后存活。渐渐地，婴儿开始觉察到受到他的破坏又生存下来的其他人。这是一个全能创造、破坏和继续生存循环的过程，这一过程开始为婴儿建立某种外在感，一个自存的、在其全能控制之外的真实的他人。如果母亲经过婴儿的使用不能存活，如果她退缩或崩溃或反击，婴儿一定会以他自己欲望的完整体验为代价，过早地注意外在会感到危险。结果是婴儿害怕需要、使用他的客体与成人，并伴随着对欲望的不合理抑制。在温尼科特的观察中，成人之爱也需要周期性的相互的客体使用，每一方都听从于自己内在需要的节奏和强度，而不必担心另一方在被使用后的可生存性，正是另一方牢固坚实的耐久性使个体与自己的激情进行充分、强烈的联系成为可能。

**5. 两条心理发展线索**

温尼科特有关儿童心理发展理论的中心主题是强调母婴的养育性配对，即婴儿不是一个被隔离的个体，而是养育性配对的必要部分。没有母亲的照顾就没有婴儿，婴儿的发展离不开母亲的照顾，“婴儿的发展”和“母亲的养育”是一个联合体。据此他提出了两条儿童心理发展过程的线索：其一，儿童的心理发展过程是人与人之间、人与环境之间关系的发展，表现为三个发展阶段，从完全依赖到相对依赖，直至趋向于独立；其二，儿童在够好的母亲的环境中，从原始的未整合状态发展到有结构的整合状态，并伴随着对客体关系的能力，成熟过程的三个阶段是整合、人格化和现实化，它们大致与母亲养育的三种形式，即抱持、爱抚和客体呈现相重叠。

“从依赖到独立的发展观点没有什么新奇之处，每个人都要开始这样的旅程，到达离终点差不多远的地方，带着内在的社会感达到独立。这一方法的价值在于它能使我们同时研究和讨论个体与环境因素，健康意味着个体与社会都健康，在一个不成熟或病态的环境中个体要达到完全成熟是不可能的。”①“绝对依赖”(absolute dependence)是婴儿情绪发展的最早阶段。此时母亲处于“原初母爱贯注”的状态中，在婴儿生活的最早几天或几个星期里，母亲被她的婴儿全部占有，婴儿完全依赖母亲，甚至不知道这是母亲的关照，并且在很多方面母亲也处于依赖状态，她提供食物、测试洗澡水的温

① Winnicott. D. W. (1965). *The maturational process and the facilitating environment*. London: Hogarth Press and the Institute of Psycho-Analysis, p. 84.

度，提供婴儿需要的环境。任何影响、冲突、伤害或适应失败都会引起婴儿的反应(reaction)，这一反应切断了持续存在的状态(going-on-being)。在绝对依赖状态，婴儿完全与母亲融合在一起，意识不到母亲的供养。相对依赖(relative dependence)阶段指婴儿开始知道他是依赖母亲的，并对这种认知感到焦虑。从绝对依赖阶段转变为相对依赖阶段象征着客体关系能力至关重要的发展，它伴随着一个重要的转折——在对客体的感知以及与客体的关系上从完全主观转变为客观的能力。这是一个逐渐减少对母亲依赖的阶段，是一个逐渐适应失败的阶段。此时，母亲逐渐地恢复她自己或者在她的婴儿出生前的样子，逐渐重新开始她自己的生活。当她的孩子成长并且独立性增加时，她自己也独立起来。较早具有智力理解力的婴儿能延迟饥饿，并且知道厨房的噪音表明食物将会很快到来。婴儿也知道此时需要妈妈，婴儿此时已经能意识到知道需要母亲。这个阶段大致从 6 个月持续到 2 岁。朝向独立(towards independence)阶段意味着儿童发展了心理机制以及智力理解力，逐渐与社会相认同，做一些事情时不用实际的关照，发展了真正的独立。这一阶段描述了蹒跚学步的儿童和青春期少年的努力和发展。

温尼科特还认为，个体成熟的过程即发展的阶段包括整合(integration)、人格化(personalization)和现实化(realization)。整合暗示着个体被创造性地组织进入一个联合体，使婴儿成为一个独立个体，生活在自己的身体里，虽然这时人格还没有开始全部完成。人格化提供了一条途径，在这条途径上，个体的心理被固着在身体上，自我与身体联合成整体。现实化伴随真实感觉，与真实的人和环境中现实的客体相联系。温尼科特认为，一个人完全"蜷缩在他的躯壳内部"(dwelling in the body)时，是无法感受外在的现实的，于是会产生易感心身疾病的身心分离。

## 三、精神分析的治疗观

### 1. 精神分析的情境

对于温尼科特来说，精神分析的情境不是纯粹治疗性的，它首先是要提供一种适宜的环境，一种类似于母爱护理的环境，即构造一种分析的背景。在其中患者并不接受权威的解释(即把他的潜意识反馈给他)，而是受到分析者的鼓励和帮助，将自己展示给自己看。分析师像够好的母亲一样提供一种环境，在其中她自己的主观性被悬置。分析师像够好的母亲一样试着抓住病人体验较深的个体维度、病人自发出现的欲望。病人受到庇护免受外在世界要求的困扰，除了"在"分析情境中、与所体验到的发生联系并将其表达出来，其他什么也不被期待。不要求“连续性”或“秩序”，“未整合”及“不连续”则受到期待和接受。分析师和分析情境提供了一个抱持性的环境，在这一环境中失败的自我发展继续受到鼓励并且可以安全地使真实自体开始出现。

温尼科特引进了与其他研究者不同的思考分析情境的方式。对弗洛伊德来说，病人的困难源自秘密、记忆中的缺口。病人的自由联想为分析师提供了一个揭开秘密、重新建构记忆、展现和修正病人内部阻抗的工具。痊愈使病人最终放弃了冲突性的婴儿期欲望。而对温尼科特来说，病人的困难源自个体体验的内在割裂。问题不在于特定的欲望、冲突或记忆，而在于体验产生的方式。分析情境退行的拉力促进了旧的“自我需要”（而不是旧的欲望）的产生，即自体成长的发展性需求。温尼科特把病人看成是能有力自我复原和塑造分析情境的人，能够提供童年时缺失的环境特征。内容和解释基本与温尼科特的治疗无关，关键是病人在与他人的关系中的自体体验。

温尼科特认为，精神分析不仅仅是要解释被压抑的潜意识问题，而且要提供一种有技巧的信任背景，解释作为这个背景的一部分，其目的是识别和重构患者所缺乏的父母之爱，即什么样的早期成长需要没有得到承认。但其危险在于，分析中的解释很容易发生影响，会先入为主地占据患者本身尚未成熟的思想和情感。分析治疗“在根本上意味着照料”，即照料个人的成长。治疗者必须具有“一种能力，去控制患者内心出现的冲突，并等待患者自己找到解决办法，而不是焦急难耐地四处寻找治疗方案”①。

对于温尼科特来说，患者并非原本不可接受自我，只是他只能在适合自己的时间里接受自我。精神分析在一种类似的意义上，就是时间的允许，就是分析家让患者自己确定步伐的快慢。其隐含的意思是：重要的不是解释本身，而是患者对解释的利用。病人对待给予他的东西的方式，比那些给予他的东西更重要。

**2. 退行至依赖的治疗过程**

退行（regression）在精神分析理论中有着多层意义，经典理论将其视为返回本能生活的早期阶段，退回到一个固着点；现代精神分析更多地运用另一层意义，即过去（主要指婴儿期）的重现可以视为一种被遗弃的或已经重塑了的功能模式的再现，不同的精神分析师以不同的程度对其病人的退行

① Winnicott, D. W. (1971). *Therapeutic consultations in child psychiatry*. London: Hogarth Press and the Institute of Psycho-Analysis, p. 2.

倾向进行鼓励。

在温尼科特那里，退行在治疗中具有举足轻重的意义。在其生命的最后十年，他越来越强调，感到真实的感觉才使生活有意义。因此，在分析的情境中帮助已经发展出虚假自体障碍的患者重返早期失败的环境，即退行至依赖，从而发现真实感、寻找到真实自体是治疗的核心。温尼科特治疗的观点紧紧围绕着他对环境本质的理解，即环境必须为儿童提供所需的一切。如果心理疾病与早期环境的缺失有关，就会造成无价值感和假自体的发展，治疗正好要与此相反，必须提供早期母爱的过程，以产生真诚、健康的真实自体。他认为治疗是一个控制退行的过程，即治疗的条件、专业设置以及治疗师的忍耐可以促进患者的退行。退行是有组织地退回到早期依赖和环境缺失的阶段，它不是退回到早期的本能生活的一些点，而是趋向于再建立依赖。治疗所带来的结果，不是治疗师做了什么，而是患者在退行的依赖关系中进行自我治疗而产生的结果。退行的目的是通过提供早期主观全能感的成功体验，置换掉早期失败的情感体验。当患者以自己的方式在自我全能的氛围中使早期的创伤性因素进入治疗情景中的时候，一些失败的环境因素会再现出来，而此时，抱持性的环境替代了失败的环境，患者能体验到满足和成功。为了帮助患者退行，治疗师必须宽容患者的不合理、混乱以及吝啬。通过治疗师的培养，患者能重新再现早期婴儿的体验，并且修补这些发展的空缺。在治疗中，个体感受到自信，因为治疗师提供了促进性的环境。被体验的过程是独立增长的过程，治疗师帮助个体的真实自体应付有限的环境，而不用去组织防御。所有这些，必须被一次又一次地反复重复，就像好的母亲必须向她的婴儿重复好的体验一样。

**3. 精神分析师的工作**

精神分析对于反移情(counter-transference)的看法经历了较大的发展变化。经典精神分析认为反移情是治疗者对病人移情的潜意识反应，弗洛伊德认为反移情对治疗有不良影响，治疗者应努力克服它。克莱因坚持这一观点，不要求对经典分析技术做实质性的修正。但是对于温尼科特而言，精神病是“环境缺乏疾病”，分析师作为一个够好的环境，病人一定会向分析师传递他过去的信息，并对分析师提出新的要求，分析师如何能保持中立、抑制的态度？他在1947年提交给英国精神分析学会的著名论文《反移情中的恨》中进行了明确的自我表露。反移情是治疗者对治疗过程和病人情绪的、生理的和认知的反应，它是治疗者对过去经历和病人现在行为的反应，从中衍生出的可能是治疗者意识中的责任感和强烈的焦虑。治疗师在与精神病人工作中所承受的紧张情绪激起了治疗师的恨，但这种恨是病人所需要的情绪输入，正如婴儿也需要恨一样。温尼科特谈到："把一个儿童带到另一个家里给他爱——这是完全不够的。实际上，过不了多久他就获得了希望，然后开始检验他所发现的环境，看他的保护人有没有能力恨他。看来只有当他体验到被恨以后，他才能相信自己得到了爱。"①如果这儿童没有得到恨，如果他身上那些不可接受的东西没有被注意，那么他的爱和可爱之处就不会显得真实。来自养育者的"适当的恨"是真正关系的一种功能。由此，在抱持性的分析情境中，分析师对病人的恨的表达是病人重新建立真实感、发展既爱又恨的能力的重要途径。

经典精神分析的主要技术是解释，即言语交流，这同样受到了温尼科特的质疑。首先当面对的病人是儿童的时候，"儿童与成人的区别在于，儿童总是在游戏而不是在交谈，而且某些成人也乱涂乱画，也做游戏"②。其次，"对于病人来说，重要的不是解释的精确性，而是分析者给予帮助的愿望，分析者认同病人的能力，以及相信病人需要什么并予以满足的能力"③。再次，如果是"朝着统一和成长的内在倾向产生了健康，而不是来自环境方面的供应产生了健康"，那么"分析的工作是由病人来完成的，这也不言自明"④。分析者的解释应当是让病人利用的，而不是用来颠倒、抄袭、服从的，解释只有在它被病人感觉为由他本人创造出来的时候，才是对病人有益的。温尼科特描述了三种形式的交流："成长出现了，儿童现在拥有三条交流线索：永远沉默的交流，明白的、间接的、令人愉快的交流，而这第三种交流形式（或者中介的交流形式），即是在各种文化体验中进行游戏。"⑤温尼科特认为，第一种交流并不是非语词的，它是绝对个人性的，它属于生命。他把第二种交流形式与语词联系起来，它既是间接的又是明确的。语言保护着分离性，保护着自我的孤立。在这里，他把自体看做孤立的、秘密的、沉默的，真实自体必须永远不与外部现实交流，或者不受到外部现实的影响。每一个人都是一个孤立的、永远不交流的、永远不为人知的、事实上不被发现的存在者。

---

① Winnicott, D. W. (1958). *Through paediatrics to psycho-analyses*. London: Tavistock. Publications Ltd, p. 199.

② Winnicott, D. W. (1965). *The maturational process and the facilitating environment*. London: Hogarth Press and the Institute of Psycho-Analysis, p. 117.

③ Winnicott, D. W. (1965). *The maturational process and the facilitating environment*. London: Hogarth Press and the Institute of Psycho-Analysis, p. 122.

④ Winnicott, D. W. (1965). *The maturational process and the facilitating environment*. London: Hogarth Press and the Institute of Psycho-Analysis, p. 167.

⑤ Winnicott, D. W. (1965). *The maturational process and the facilitating environment*. London: Hogarth Press and the Institute of Psycho-Analysis, p. 188.

4. **游戏治疗**

温尼科特认为，在游戏中婴儿、儿童或成人在过渡空间内部或通过过渡空间沟通了内部世界与外部世界，游戏的质量等同于创造性生活。他提出，在精神分析治疗中，游戏是治疗的最终成就，因为只有通过游戏，自体才能被发现和加强。“游戏具有一般、共同的特质，它属于健康；游戏能促进成长和健康；游戏能引导进入群体关系；游戏能成为心理治疗中交流的一种形式；精神分析已经发展为一种高度专业化的游戏形式，服务于与自己和他人的交流。”①他认为，在游戏治疗中，治疗师特别关注的应是儿童自己的成长过程，以及去除发展的障碍。游戏本身就是一种治疗。安排儿童进行能力所及的游戏，这本身就是一种心理治疗，这种心理治疗有着即时、普遍的应用，它包括对游戏建立一种积极的社会态度。游戏是一种体验，永远是一种创造性的体验，是一种时空连续性的体验，是一种基本的生存方式。在治疗中，重要的时刻是儿童通过自发游戏，使自己感到惊奇的时刻，而不是治疗师清晰解释的时刻。

温尼科特在对儿童的诊断和治疗工作中常用到一种他称为潦草画线游戏(squiggle game)的绘画技术。一开始他先在一张纸上划几条线或者潦草画一些线，要求儿童添画，把这些线变成一些东西，例如兔子、房子等任何东西。然后儿童再潦草地画一些线，温尼科特再将这些线变成一些东西。每次会谈，通常会产生 30 幅图画。儿童逐渐地依据画线的内容表现出他或她的人格和他们所关注的东西。对温尼科特来说，潦草画线游戏不仅是诊断的工具，而且是他所称的“治疗性咨询”(psychotherapeutic consultation)。在他所描述的许多个案中都应用了这种技术，并使他与儿童工作时充满了乐趣。

## 四、对温尼科特理论的评价

温尼科特作为英国精神分析学会中独立团体的领军人物，用其独特的思想影响了精神分析世界的许多分析家，正像美国当代著名精神分析家格林伯格和米切尔一样，他们高度评价温尼科特，并对于温尼科特的很多观点予以接受和发展，如对“自体感”的概念，抱持性环境使活力重新复活，冻结、中断了的自体就被唤醒并继续发育；认同温尼科特的治疗目的，即不是清晰地理解，而是患者产生某些体验的能力，包括感觉真实、重要以及与众不同

① Winnicott, D. W. (1971). *Playing and reality*. Australia: Penguin Books Ltd, p. 48.

的自己。许多人都认为“温尼科特对精神分析理论与实践的发展是极有创造性和影响力的贡献者”①。

1. **主要贡献**

第一，温尼科特对精神分析思想的实质性贡献可以压缩为三个主要领域：母婴关系、原初创造性以及过渡现象——贯穿所有概念的是自体感的价值。其独具创造性的理论既帮助确立了客体关系理论的地位，与驱力理论和自我理论进行了明确的区分，也为他自己确立了在客体关系学派中的特殊地位，强调环境的影响使他和那些更为关注儿童内心冲突的客体关系理论家们之间有了显著的区别，使他的理论别具特色。他对传统精神分析所依赖的本能理论做出了修正，并且在很多方面丰富了精神分析的主流，远离了弗洛伊德对本能的强调，并早于科胡特的健康自恋理论以及自体的重要性。他关于自体发展的重要观点极富创造性，对其他治疗家一直产生着激励和灵感，是海因兹·科胡特学派思想的先导。②

第二，对儿童精神分析理论的贡献。作为与儿童精神分析学的两大创始人克莱因和安娜·弗洛伊德同时代的儿童精神分析师，温尼科特在她们二人的对立中寻找到与她们平等、独立的位置，发出与她们不同但同样响亮的声音。随着针对儿童的创造性治疗工作以及他最初思想的发展，他提出了关于儿童发展的早期阶段理论。够好的母亲与促进性环境关注于儿童心理发展环境；真实自体与虚假自体考察了儿童心理发展结构；过渡客体与过渡现象考量了儿童心理发展空间；攻击性、创造性、反社会倾向等研究了儿童心理发展动力；分别从绝对依赖—相对依赖—独立、整合—人格化—现实化两条线索考察了儿童心理发展过程。许多富有真知灼见的观点引导了人们对于儿童的新的看法。

第三，精神分析的治疗从态度到方法都有重大修正。弗洛伊德及其追随者都秉承治疗师的中立、冷淡的态度，其作用就如“侦探”层层撕破、直击病人的潜意识，虽然犀利但掩盖不了无情与血腥。温尼科特一般是在分析中等待发生治疗的退行阶段，然后治疗师以关怀的态度，顺应治疗性退行的病人介入，作为一个适应关心其人的方式来进行一种心理性的再养育，以促进来访者人格得到完成，产生对于主体性的真实感受，获得真实自体，以重

① Mishne, J. M. (1993). *The evolution and application of clinical theory-perspective from four psychologies*. The free press, p. 241.

② Michael St. Clair 著，贾晓明、苏晓波译：《现代精神分析“圣经”——客体关系与自体心理学》，中国轻工业出版社 2002 年版，第 89 页。

新健康地进入社会生活。这一精神分析方式其实在本质上已经颠覆了经典精神分析所使用的单纯移情关系进行的治疗，而发展了移情治疗关系并且再次使来访者得到类似童年心理环境的新发展。治疗中病人的情感是被接纳的，类似于人本主义心理治疗师罗杰斯所提倡的共情，这在精神分析治疗中是不多见的。针对儿童的游戏治疗，他更多关注的是儿童在游戏中的自发性与体验，还创造了潦草画线游戏增进和儿童的接触与了解。

第四，温尼科特一反弗洛伊德和克莱因对个体发展持悲观、被动的论调，对个体的成长抱以积极的态度。他认为冲突是成长的必然，而不是传统理论中生与死的决斗；攻击性是创造性的先导，而不是本能中的恶或焦虑的体现；抑郁也是有积极价值的，意味着自我的力量。他还专门撰文叙述"健康个体的概念"、"创造性地生活"等，赋予成长以积极向上的特征。

第五，温尼科特在科学方面的缺点恰恰标显出他的长处：他并不以牺牲自己的创造性为代价来追求系统一贯性。他的精神魅力在于反对一切极端主义者和极权思想，拒绝遵从，无论在思想上还是在治疗中，都坚持自发性、真实感。

### 2. 主要局限

然而应当看到温尼科特的明显缺陷。第一，理论缺乏系统性。许多研究者，如贝克尔(1990)指出温尼科特的学说缺少系统化的理论陈述及结果的一致性。[①] 对于他的某些令人困惑的理论，查尔斯·利克罗夫特曾做出了这样的批评："一种个人的陈述，它太有个性了，因而很难被吸收入任何科学理论。"[②]由于理论没有体系，缺乏明确的界定，因此很难有进一步的系统发展。他的很多思想被其他人，包括很多反对者所吸收，却不自知，因而不承认是受了他的影响。很多后来的研究者发展了他的某些理论，但这些发展因缺乏统整也显得比较零散。

第二，缺少父亲的影响。温尼科特在其论著与治疗中提到的总是"母亲"，"父亲"成了隐身人，这也许与他的个人经历有关。但是应当看到，越来越多的研究表明，父亲在儿童成长过程中所起的作用是母亲不可替代的，而且很多研究表明父亲的存在和参与对儿童是有好处的。父亲的参与有利于儿童的学习和社会化的发展，而且是越早越好。儿童的学业成就也受到父亲的影响，即使父亲只是最小限度地参加学校活动，他的孩子也将更有可能

① Bacal, H. A., Newman, K. M. (1990). *Theories of object relations: bridges to self psychology*. New York: Columbia University Press, p. 347.

② 亚当·菲利普著，龙卷风译：《威利柯特》，昆仑出版社 1999 年版，第 116 页。

进入更高学校并完成学业，而缺少父亲的儿童有更大的可能性较早地离开学校。儿童的社会化发展受到父亲的影响，特别是在儿童的自制能力、行为的外化和行为的内化方面。父亲与儿童的交互作用对于儿童的社会交往能力的发展是重要的，父亲与儿童间和谐的亲子关系可以增加儿童的社会责任感等。缺少父亲影响的温尼科特理论无疑是有缺憾的。

第三，对退行的质疑。温尼科特在治疗中提出退行是进一步获取有用的、合适的、与分析有关资料的极佳途径，但是因为其含义不明确，容易产生误导，很容易让人理解为发展过程的逆转，而且在治疗过程中也很难把握退行的尺度。不少临床学者指出，作为一种治疗关系原则，对退行不应过于轻信，也不要坚信退行会将在其他情形下无法反映出来的病人与其母亲在极早期的关系中加以呈现。许多分析师，如安娜·弗洛伊德认为，在治疗关系中对退行作用的强调过了头，莫戴尔虽然对温尼科特等人的临床观察价值很信服，认为“母婴早期的关系通过移情可以重现这一事实毋庸置疑，但问题在于将退行解释为分析设置下的治疗反应是否合适”？[①] 关于退行功能的争论只能在不断的临床实践中加以验证。

## 第三节　巴林特对客体关系理论的发展

巴林特是布达佩斯学派著名的精神分析心理学家，也是英国客体关系理论独立学派的杰出代表。他提出了原始客体爱的思想，认为原始客体爱是个体最早的原始客体关系，在此基础上，个体又会形成两个次级的原始客体关系，即亲客体倾向和疏客体倾向。他还提出了心理的三个区域，即创造区域、基本缺陷区域和俄狄浦斯区域。在精神分析的治疗方面，巴林特发展了治疗性退行的思想，并根据退行目的不同将退行分为良性退行和恶性退行两类，认为只有良性退行才有利于治疗。巴林特从理论上和实践上都积极推进了客体关系理论的发展，并开创了国际巴林特运动。

① 施琪嘉：《精神分析的发展概略(二)》，《德国医学》，2000 年第 4 期，第 189 页。

## 一、巴林特的生平与著作

迈克尔·莫里斯·巴林特
(Michael Maurice Balint,
1896—1970)

迈克尔·莫里斯·巴林特(Michael Maurice Balint,1896—1970)于1896年12月3日出生在匈牙利布达佩斯的一个中产阶层犹太家庭,父亲是一位全科医生(general practitioner),也是一位严肃的东正教(Orthodox)犹太人,脾气火暴、易怒,常常会吓到年幼的巴林特。① 母亲虽没受过什么正规教育,但温柔、热爱生活。

巴林特从小学习认真刻苦,头脑机灵,富于想象,对所有事物都充满好奇,这使他在进入大学前就对科学、艺术和宗教有了很好的理解。同时,由于受到父亲行医实践的熏陶,他从小就对医学很感兴趣。1914年,巴林特进入布达佩斯的塞默尔斯威尔(Semmelweiss)大学医学院就读,但是入学后不久,第一次世界大战的爆发使他中断了学业。他应征入伍,并先后开赴俄国和意大利前线。由于1916年左手拇指严重受伤,他能够退役并重新开始医学学习。在大学期间,巴林特对医学、物理学、化学和生物化学等科目都特别感兴趣。1917年,他到所在大学的卫生学实验室当助手,并在这一年遇到了彻底改变其生活的第一任妻子埃丽斯(Alice Szekely-Kovács)。正是在埃丽斯的影响下,他对精神分析产生了浓厚的兴趣。埃丽斯的母亲维尔马·科瓦奇(Vilma Kovács)是费伦茨的病人及后来的学生,她因其分析培训理论而著称。埃丽斯对精神分析很感兴趣,正是她借给巴林特《图腾和禁忌》和《性学三论》,从而使他真正发现了弗洛伊德的理论,并由此发展了他研究的两大主题:个体性欲机能(individual sexual function)的发展和人类关系(human relations)的发展。巴林特于1919年聆听了费伦茨的精神分析课程,费伦茨是当时世界上首位精神分析领域的大学教授。② 这是他与费伦茨的首次接触,也为他日后拜费伦茨为师创造了条件。

1920年,巴林特获得医学博士学位,同年与埃丽斯结婚。不久,便决定

① Michelle Moreau Ricaud (2002). Michael Balint: an introduction. *The American Journal of Psychoanalysis*, vol. 62, p. 17.

② Haynal, A. (1988). *The Technique at Issue. Controversies in psychoanalysis: from Freud and Ferenczi to Michael Balint*. London: Karnac Books, p. 104.

和妻子前往柏林。初到柏林，巴林特半天在奥托·瓦尔堡（Otto Warburg）的生物化学实验室当助理，半天和埃丽斯一起在柏林精神分析研究所接受培训，跟随汉斯·萨克斯（Hanns Sachs）进行个人分析。两年后，巴林特开始在马克斯·艾廷冈（Max Eitingon）和汉茨·利伯曼（Hans Liebermann）的督导下从事精神分析治疗，这是一项以后伴随其终身的工作。在获得生物化学博士学位后，他开始在柏林沙里泰医院进行心身疾病的治疗，由此成为用精神分析治疗心身失调的第一人。在柏林，巴林特还遇到了许多重要的精神分析家，如卡尔·亚伯拉罕、梅兰妮·克莱因以及来自布达佩斯的罗德（S. Rado）和哈尔尼克（J. Harnik）等。多年后，他回忆说，当时的氛围极其热烈，大家互相讨论，交流经验，让其受益匪浅。

然而，巴林特对萨克斯说教式的生硬分析方法并不满意，这让他颇感为难，后来决定和埃丽斯于 1924 年重回布达佩斯，一起跟随费伦茨进行精神分析工作。从 1925 年起，巴林特开始发表自己的精神分析观点。当时，巴林特在大学医院做研究助理，主要进行心身医学方面的研究。他用“谈话治疗”的心理疗法对患有心身失调症状的病人进行治疗。然而，由于没有合适的条件，他不得不放弃，所幸的是，这项研究在他后来定居伦敦后又得以继续进行。同时，在此期间，巴林特还加入了匈牙利精神分析协会。从 1931 年至 1935 年，担任布达佩斯精神分析研究所的副所长，从 1935 年至 1939 年担任所长。巴林特还为 1930 年布达佩斯精神分析诊所的创立做出了重大努力，并在费伦茨于 1933 年逝世后接替成为该诊所的负责人，直到 1939 年 1 月受纳粹迫害去英国为止。该诊所不是由官方资助创办的，而是完全由私人捐资兴办，并由匈牙利精神分析协会成员提供专业的治疗。因此，该诊所的病人要远远多于维也纳和柏林，这也为巴林特提供了绝好的治疗机会。

到了 1932 年，激进的右翼政府开始在匈牙利当政，为了诱捕种族主义分子，警察开始监视匈牙利精神分析协会的每一次讨论和会议。他们记录下所有参与者的名字以及会议所讨论的内容，甚至在会后还要传讯其中的某些人。在这种氛围下，想要自由讨论各种问题是根本不可能的。当时，巴林特已经在布达佩斯建立了第一个针对全科医生的“培训与研究小组”。他希望通过这种方式在他们的医疗实践中融入精神分析的方法，使治疗更加有效。尽管讨论小组兴致高涨，甚至后来还组建了第二个小组，然而当时的政治形势让他不得不中断了所有的活动。

随着布达佩斯政治局势的恶化，在欧内斯特·琼斯（Ernest Jones）和约翰·里克曼（John Rickman）的帮助下，巴林特一家于 1939 年 1 月移民到英国的曼彻斯特。然而，同年 8 月 29 日，年仅 40 岁的埃利斯却暴病而亡，这对巴林特是个巨大的打击。巴林特与埃丽斯的婚姻极其和谐，两人总是一起学习和工作，彼此交流思想心得，共同探讨各种问题，她在各方面都给予了巴林特很大的帮助。巴林特在曼彻斯特一直呆到1945年，还担任了一所儿童指导诊所的主任。在曼彻斯特期间，他的研究主要集中在婴儿及其行为和关系上，并开始发表关于"原始爱"(primary love)、"原始关系"(primary relation)和"基本缺陷"(basic fault)的观点。他获得了英国行医资格，撰写的关于婴儿个体差异的论文还使他从曼彻斯特大学获得了心理学理学硕士学位。其中，关于婴儿具有稳定且独特的自然喂养规律的研究发现已成为这一领域的先导，而且，这仍是当前研究的热点。

在曼彻斯特期间，巴林特于1944年再婚，但这段婚姻并不成功。而让巴林特雪上加霜的悲剧是，1945年他的父母由于不愿遭受匈牙利纳粹的囚禁，双双服毒自杀了。同年10月，悲伤的巴林特搬到了伦敦，并于1947年正式成为英国公民。次年，他加入塔维斯托克诊所，开始研究团体工作。与自己的导师费伦茨一样，巴林特对人类关系越来越感兴趣。1949年，在该诊所的一个关于婚姻问题研究和培训的项目中，巴林特认识了其第三任妻子伊妮德(Enid)，后来他们将该项目发展成为家庭问题咨询所，并对社会工作者进行相关的培训。同时，在此基础上，巴林特于1950年秋天在伦敦发起了第一个"研究与讨论"的研讨会，即后来著名的巴林特小组(Balint groups)，以研究他们在工作中遇到的问题以及处理这些问题时可能采取的方法，并进行相应的培训。这很好地延续了他以前在匈牙利一直渴望实现的工作。这种讨论小组取得了巨大的成功，并于1969年成立了巴林特协会。随着巴林特运动影响力的逐渐扩大，欧洲许多国家都纷纷组建了巴林特协会，并于1972年成立了国际巴林特联盟。

1961年，巴林特从塔维斯托克诊所退休后加盟伦敦大学医学院。他不仅开展全科医生的研讨会，而且还将这种方法用于医学学生的培训。与此同时，他还是美国辛辛那提大学和俄亥俄大学的访问教授，担任英国心理学会医学心理学分会的主席。1951年至1953年，巴林特担任英国精神分析协会的学术秘书，1968年当选为该会主席。1970年12月31日，因心脏病发作逝于任上。

巴林特一生著述颇丰，从1925年开始发表论文，不断总结自己的理论和临床技术，阐述其精神分析观点。他的许多论文后来都收集整理成多部重要著作，如《原始爱与精神分析技术》(1952)、《人类的快感与行为问题》(1957)、《医生、病人与疾病》(1957)、《震颤和退行》(1959)、《医学心理治疗技术》(1961)、《医生的研究》(1966)、《基本缺陷：退行的治疗方面》(1968)

等。作为一名临床医师和理论家，巴林特获得了广泛的认可和尊重。

## 二、对客体关系理论的发展

巴林特的思想非常大胆，极具新颖性，尽管不为当时的精神分析主流所接纳，但随着精神分析运动的发展，其重要性越来越凸现出来。巴林特进行了40多年卓有成效的研究，撰写了许多论文和著作，对其精神分析理论和临床技术进行了系统总结，推动了客体关系理论的发展。

### 1. 原始爱的理论

(1) 原始客体关系。

从1935年的一篇名为《对前生殖欲期的力比多组织理论的评论》的论文开始，巴林特就一直坚持自恋是一种次级的现象，从来都不是原始的，而这一观点正好与弗洛伊德的原始自恋理论相反。弗洛伊德在不同时期对个体与环境的最原始关系提出了三种重要理论，即原始客体关系理论、原始自体性欲理论和原始自恋理论。① 尽管它们彼此间存在矛盾之处，但弗洛伊德并未就此展开过任何讨论，而且还将这些理论整合起来支持原始自恋理论。然而，在巴林特看来，所有被弗洛伊德及其追随者用来说明原始自恋的临床观察，如同性恋、机体疾病、疑病症、精神分裂症等都证明了次级自恋的存在。“原始自恋”的理论假定，在子宫外的生命初期没有客体的存在，是一种未分化的状态，个体和环境之间没有任何界限，所以个体也不能意识到外部世界。而巴林特则认为，婴儿一经诞生就立即拥有了一个原始的客体关联性。婴儿与母亲的客体关系是原始的，是一种基本的生理和心理假设，它出现在最早期的、最深远的、最原始的心理层面中。在否定了弗洛伊德的原始自恋理论的基础上，巴林特提出了自己原始客体爱(primary object-love)理论。

根据客体的力比多投注，巴林特阐述了原始客体爱，即原始客体关系的最早期状态及其发展。巴林特认为，个体出生于一个从生物学和力比多上都与其环境具有密切关联性的状态。出生前在母亲子宫里的胎儿对环境的依赖最强烈，因此胎儿时期对环境的力比多投注要比儿童和成人时期更加强烈。而此时子宫内的环境可能是一种未分化的状态，这种环境不仅没有客体的存在，而且还没有结构，尤其是没有针对个体的明确界限，环境和个体相互渗透，共同存在于一个“和谐的融合”(harmonious mix-up)之中，也就

① Balint, M. (1968). *The basic fault: therapeutic aspects of regression*. London: Tavistock Publications, pp. 35～39.

是说，自体与环境和谐地、相互渗透地融合在一起，没有客体的存在，只有无尽的物质和广阔的和谐。

然而，出生却是一种创伤。由于环境的彻底改变扰乱了这种平衡，并在一种真实的死亡威胁之下，迫使个体开始一种全新的适应形式。这从一开始就极大地促使了个体和环境的分离。因此，客体和自我开始在这种物质的融合中，从无尽广阔的和谐的破裂中出现。与以前比较友好的物质相比，客体有着坚实的外形，明确的界限，而且必须受到认可和尊重。力比多也不再像从伊底流向环境那样均匀，在出现的客体的影响下，有了稀薄和浓缩的变化。而且，由于客体的出现与先前宁静的和谐形成了强烈的反差，力比多也退回到了自我，这就促使其试图重新获得第一阶段的“唯一”(oneness)感觉。因此，这部分力比多确实是自恋的，但是继发于原初的环境投注，即次级自恋(secondary narcissism)。巴林特总结了在婴儿早期观察到的四种力比多投注：① 转移到刚出现客体的原初环境投注的剩余部分，② 被退回到自我的原初环境投注的其他剩余部分，作为对抗挫折的次级安慰，即自恋力比多和自体性欲力比多，③ 来源于自我的次级自恋的重新投注，④ 导致发展亲客体倾向的(ocnophilic)和疏客体倾向的(philobatic)世界结构的力比多投注。[①] 由于前三种力比多投注都已经研究过，所以第四种才是巴林特讨论的重点。

(2) 两种性格类型：亲客体倾向和疏客体倾向。

由于遭受出生、与客体分离等不可避免的挫折，使得原本和谐融合的世界被摧毁，从而出现了坚实的客体。为了对这些创伤事件做出反应，婴儿或病人可能会使其客体关系朝着亲客体倾向(ocnophilia)和疏客体倾向(philobatism)的方向发展，从而形成了两种性格类型，即亲客体倾向性格和疏客体倾向性格。根据巴林特的观点，亲客体倾向的世界由客体组成，客体之间又被可怕的空间隔开。[②] 亲客体倾向的人很依附(cling)于这些客体，离开客体就会激起恐惧，结合后就会减轻。所以，这些客体被认为是安全的、让人舒适的，而客体之间的距离则是危险的、可怕的。疏客体倾向的世界由友好的广阔空间伴随着一些危险而不可预测的客体组成。个体在友好的广阔空间中谨慎避免与有潜在危险的客体接触。由于无客体的广阔空间保留了原初的原始投注，因而被体验为安全的、友好的，而客体则是危险的、敌对的、

① Balint, M. (1968). *The basic fault: therapeutic aspects of regression*. London: Tavistock Publications, p. 68.

② Balint, M. (1959). *Trills and regressions*. London: Hogarth Press, p. 32.

威胁的，因为客体的出现破坏并摧毁了这种无边无际的广阔和谐。

因此，亲客体倾向的人总是生活在客体会保护他的幻想中，因而有接触和靠近客体的强迫性需要，他对客体出现的反应是依附这些客体，并内射它们；他觉得客体的存在是理所当然，当需要它们时能随时奉命。而疏客体倾向的人则幻想他的自我技能（ego skills）会保护他远离危险的、潜在不友好的客体；因而其强迫性需要是观察环境中是否有潜在危险的客体出现，并使用其自我技术将之转化成友好的、危险性较小的客体。巴林特将这些自我技术总结为尊重（regard）、体贴（consideration）、关心（concern）和照看（looking after）等情绪态度。[①]

巴林特还将这些亲客体倾向和疏客体倾向的态度进行了延伸，使其不仅包含了人类关系的外部世界，还包含了思想和理想的内部世界。亲客体倾向会强烈地依附于他熟悉的思想、信仰和习俗，且觉得很难与它们分开。另一方面，疏客体倾向则喜欢抛弃旧思想，而准备寻找新思想，但是新的思想不会比那些被抛弃的思想持续得更久。这些态度对考察治疗中的心理变化有着重要意义。此外，巴林特还探讨了爱、攻击和仇恨以及自体性欲与这些状态的关系。

更重要的是，巴林特还将亲客体倾向和疏客体倾向都归入了基本缺陷的范畴。[②] 在亲客体倾向的原始二人关系中，客体一般被认为是极其重要的支持，与客体分离的任何威胁都会产生强烈的焦虑，因而最常用的防御手段是依附。另一方面，由于客体从原初物质中继承了大量的力比多投注，因此变得非常重要，根本无需再对其给予关注，它的存在也被视为是理所当然的。而在疏客体倾向的原始客体关系中，由于客体被认为是冷漠欺诈、不值得信任的威胁，最好避而远之。为此，个体必须发展一些自我技术，以便能在无客体的广阔空间中自由活动，并保持和谐。由此可见，在这些和谐的原始客体关系中，只有一方有自己的希望、兴趣和需要；并认为另一方，即客体或友好的广阔空间，也理所当然地会自动具有同样的希望、兴趣和期望。

**2. 心理的三个区域**

巴林特根据单人、两人和三人心理学提出了全新的心理机能格局，即心理的三个区域或水平：创造区域、基本缺陷区域和俄狄浦斯区域。创造区域（the area of creation）是病态的、创造性的，它只有主体，没有外部客体的存

---

① Balint，M. (1959). *Trills and regressions*. London：Hogarth Press，p. 36.

② Balint，M. (1968). *The basic fault：therapeutic aspects of regression*. London：Tavistock Publications，p. 68.

在；基本缺陷区域(the area of the basic fault)是一种两人关系；俄狄浦斯区域(the area of the Oedipus conflict)是一种三人关系，它除了主体，至少还有两个相关的客体。此外，每个区域都还有各自的其他特征。其中，基本缺陷区域即两人关系是巴林特重点强调的。

(1) 俄狄浦斯区域。

俄狄浦斯区域最重要的一个特征是，在俄狄浦斯区域所发生的任何事件，无论是与前俄狄浦斯或前生殖欲期的经验有关，还是与俄狄浦斯期或生殖欲期的经验有关，都是在一个三人或三人以上的关系中发生的。也就是说，除了主体之外，至少还涉及两个相关的客体。而这两个客体既可能是俄狄浦斯情境中的两个人，也可能是在口欲期或肛欲期范围的某个人和某个客体。在口欲期范围的客体除了可能是食物的来源或提供者之外，食物也可能作为另一个客体出现；而在肛欲期范围的客体则代表了粪便及其多种派生物。尽管这两个范围都属于前生殖欲期，但由于它们相关的关系结构都包含了一个主体和至少两个相关的客体，因此，这两个范围都归入或擢升至俄狄浦斯区域。①

在俄狄浦斯区域所遇到的问题都与冲突有关，因此，俄狄浦斯区域又称为俄狄浦斯冲突区域，而心理的冲突是该区域起作用的动力学力量，这是其第二个特征。俄狄浦斯情结或冲突是所有人类发展的核心情结。这种冲突是由主体与其两个相关客体之间关系的复杂性所导致的矛盾而引起的。②虽然这种冲突是俄狄浦斯情境中所固有的，但却都能加以解决，至少能得到很好地调解(adjust)。最典型的冲突可能是一个外部或内部的权威阻止了某一特定形式的满足。而这种冲突最终会导致固着，使一定数量的力比多在无力挣扎中被压抑，从而产生连续的紧张。因此，分析治疗的任务就是，通过解释技术或者让病人在移情中有机会退行，以寻找更好的解决方法，来释放和流动(mobilize)这部分力比多。

巴林特认为，精神分析治疗在本质上是一种客体关系的治疗。在医患双方关系中，分析师就像一面擦得很亮的镜子能够反映出病人所传递给他的内容，然后再通过解释技术反馈给病人。要使治疗过程有效，还需要病人同样也能理解分析师给他解释的内容，即通过内化(internalization)来“接受”(take in)分析师的解释，实现弗洛伊德所描述的修通(working-through)

① Balint, M. (1968). *The basic fault: therapeutic aspects of regression*. London: Tavistock Publications, p. 15.

② Balint, M. (1968). *The basic fault: therapeutic aspects of regression*. London: Tavistock Publications, p. 15.

过程。但事实上，病人内化的重要先决条件是要具有良好的自我结构。只有当病人的自我足够强大时，病人才会接受分析师的语言，并将之体验为一种解释，明白其中所包含的意义，使之影响自己的心理，从而实现修通过程。然而，这一点并非所有的病人都能做到，他们往往无法理解或是误解了分析师的解释，甚至出现阻抗。因此，在分析情境中就会产生两个水平的分析工作，进行两个水平的治疗过程，而由此产生的两种心理水平或区域，巴林特将之概括为俄狄浦斯区域和基本缺陷区域。

在俄狄浦斯区域，当分析师以成人的语言来解释俄狄浦斯期的、前俄狄浦斯期的、前生殖欲期的事件时，病人能够接受分析师的语言，将之视为一种解释，语词对医患双方具有相同的意义，因此，俄狄浦斯区域的第三个重要特征是，成人的语言是一种恰当而可靠的交流工具。① 而在基本缺陷区域则不可能，它似乎还处于前俄狄浦斯期、前生殖欲期或前言语的水平。

（2）基本缺陷区域。

正如前述，基本缺陷区域的一个重要特征是成人的语言在描述该区域的事件时往往是无用的，病人常常无法接受解释或是产生误解，病人不再将分析师所作的解释体验为一种解释，正常的语言丧失了约定俗成的意义。相反，病人将之视为一种蓄意的攻击、暗讽或侮辱等迫害性内容，或是某种让人高度愉悦、兴奋、满足的诱惑性内容。此时，普通的语词无论是好的还是坏的，其意义都突然变得极其重要，且具有力量。事实上，甚至分析师的每一个姿态或动作都具有了超越现实意义的重要性。②

基本缺陷区域的第二个特征是发生在该区域的所有事件都仅仅是两人关系的。这种两人关系是一种更为原始和罕见的客体关系，与平常所观察到的成人关系有着本质的差异。在这样一种两人关系中，只有其中一方是重要的，而且只有他的愿望和需要才有价值，必须得到关注；而对于另一方而言，尽管其力量也很强大，但是只有当他愿意满足第一方的需要和愿望，或者决定不满足它们而让他们失望时，才具有重要意义；除此之外，他的个人兴趣、需要、欲望、愿望等都不存在。③

此外，在基本缺陷区域起作用的动力学力量，既不是一种本能形式，也

① Balint, M. (1968). *The basic fault: therapeutic aspects of regression*. London: Tavistock Publications, p.16.

② Balint, M. (1968). *The basic fault: therapeutic aspects of regression*. London: Tavistock Publications, p.18.

③ Balint, M. (1968). *The basic fault: therapeutic aspects of regression*. London: Tavistock Publications, p.23.

不是一种冲突形式，而是一种缺陷形式，即某种在心理中被扭曲的或缺乏的东西，从而产生一个必须要更正的缺陷。这种缺陷是一种比较原始的东西，也许仅存在于现在，但也可能会贯穿病人的整个一生。也许只有找到缺乏的要素才可以治疗这种基本缺陷。巴林特认为："基本缺陷的起源可追溯到个体早期形成阶段中的生物或心理需要与整个相关时期所得到的物质或心理关爱、关注和情感之间的巨大差异。这就会产生一种缺乏的状态，其结果和后效似乎只在某种程度上才具有可逆性。这种早期差异的原因可能是天生的，即婴儿的生物或心理需要可能太苛刻，或者也可能是环境的，例如关爱不够或缺乏关爱，关爱具有随意性，过于焦虑和过于保护性的关爱，严厉和严格的关爱，关爱存在很大的不一致性，关爱时间安排得不正确，过度刺激的关爱，等等。"①

（3）创造区域。

根据巴林特的观点，创造区域只具有一人关系，它没有外部客体的存在。主体就是他自己，而主体主要关注的是从其自身产生某种东西；而这种产生出来的东西可能是一个客体，但也不尽然。② 属于该区域的不仅有最典型的艺术创作，而且数学、哲学、获得顿悟、理解某人或某事，甚至身体和心理的患病以及从疾病中自然康复的早期阶段等其他重要现象也都包含在创造区域中。然而，由于没有外部客体的存在，因而也就没有外部的客体关系，没有移情关系可以发展。因此，分析师的分析方法在该区域变得无能为力，只能借助于不可靠的推理和归纳，从而使所获得的创造区域的知识变得极其有限、不确定。

巴林特认为，尽管在创造区域没有客体，只有主体自身的存在，但是在某些时候，主体并非是完全孤独的，在他的心理区域还存在某种东西，巴林特称之为"前客体"或"客体雏形"。他认为，拜昂在总结这些过程时也遇到了同样的困难，并将之称为"α 和 β 元素"和"α 机能"。③ 根据巴林特的观点，创造区域的前客体极其原始，没有被组织过，也不是一个整体。而且，只有在创造工作成功地将它们组织起来，使之成为一个整体后，才能对其进行恰当的语言描述和界定，也才能在它们和外部客体之间进行语言的、俄狄浦斯

① Balint, M. (1968). *The basic fault: therapeutic aspects of regression*. London: Tavistock Publications, p. 22.

② Balint, M. (1968). *The basic fault: therapeutic aspects of regression*. London: Tavistock Publications, p. 24.

③ Balint, M. (1968). *The basic fault: therapeutic aspects of regression*. London: Tavistock Publications, p. 25.

式的相互作用。当然，这种相互作用在任何时候都是较为原始的，因此也就难以观察，更加难以确切地进行描述。

巴林特指出，这种从"前客体"向恰当的"客体"转变的创造过程，无论是成功还是失败都是不可预知的。创造的速度既可能非常缓慢也可能闪电般迅速。这些在艺术和科学创造过程中都时有发生。他还认为，俄狄浦斯区域的强烈冲突可能会促使或限制创造过程的速度。但是起重要作用的还是主体创造区域的心理结构。在分析情境中，当病人出现沉默时，分析师通常仅仅将这种沉默视为对某种来自于病人过去的或实际移情情境中的无意识物质的阻抗。然而，病人在逃离某种通常是冲突的东西时，同样也可能在奔向某种东西，即某种让他觉得相对安全、能够处理令人烦恼和痛苦问题的状态，而病人所产生的这种状态就会以一种创造呈现出来。因此，分析师还应将沉默视为一种可能的信息来源，以获得更多关于该心理区域的知识。

## 三、退行及其治疗理论

### 1. 退行与新的开始

巴林特认为，治疗效果取决于病人在治疗过程中"退行"到基本缺陷区域的能力，取决于分析师具有创造让病人退行到基本缺陷区域所必需的氛围的能力，从而使病人发现他所要退行到的基本缺陷区域，以重新获得一种不同的、更成熟的客体关系。因此，退行就意味着：① 回到错误开始发展之前的某一原始状态；② 同时发现一种新的、更合适的与爱和恨的客体相联系的方式，以达到进步，即一个"新的开始"。"新的开始"是治疗所要达到的目标，意指在分析过程中给病人机会以重新学习爱和恨的新方式，抛掉以前所获得的病态的强迫方式。

巴林特描述了一些在分析师看来是适当的满足感体验的病人行为。例如，允许额外的会面，分析师会在分析的某一阶段的周末打电话给病人；允许病人沉默；允许病人握住分析师的手指等。伴随这些满足的是，病人在分析中的关系发生了改变，因为这为病人提供了爱和恨的新方式。[①] 而且重要的是，这些作为"新的开始"的满足经验只有在无害的（arglos）氛围中才可行。因此，无害的氛围是新开始的前提条件。而这种让病人在无害氛围中体验满足的分析师，巴林特称之为客气的（unobtrusive）分析师。同时，巴林

① Balint, M. (1968). *The basic fault: therapeutic aspects of regression*. London: Tavistock Publications, p. 131.

特还强调，体验满足并不能替代解释，两者都应该进行。关键是解释要在病人有了体验后进行，而不是在体验过程中进行，因为要求病人专注于解释会破坏满足感的体验和满足感所代表的事物。

此外，巴林特进一步阐述了这种“无害的”氛围和新开始的经验与原始客体爱的关系的相似性。他指出，在原始客体出现之前还有一个阶段，即未分化的环境阶段或是原初物质阶段，这是一个和谐的相互渗透的融合阶段。巴林特所指的“原初物质”是水、土、火和空气这些原始的哲学元素，它们的主要特性是不可毁灭性(indestructibility)，这正好类似于分析师在“新的开始”的早期阶段中的作用，“他必须在那里；他必须极具柔韧性；他必须没有阻抗；他必须一定要是不可毁灭的，而且他必须让病人和他存在于一种和谐的相互渗透的融合中”①。所以，分析治疗期间的退行，即“新的开始”的早期阶段的目的是建立一种类似于原始关系结构的客体关系。巴林特指出，解释和客体关系都是退行的治疗性动因。

**2. 退行的类型：良性退行和恶性退行**

在临床经验中，巴林特将病人分为两类：在退行或新开始发生的阶段中，正如费伦茨所预测的，病人经过治疗自动从其原始世界中走出来，并感觉好多了，或甚至被治愈了；而其他一些病人则似乎并不如此，当他们的一个原始愿望或需要一旦得到满足，就会有一个新的同样过分而急迫的愿望或渴望代替出现。正如弗洛伊德所预测的，这将导致类似成瘾状态的发生，这些案例很难处理。② 巴林特将第一类病人的退行称为良性退行(benign regression)，其退行的目的在于再认。因此，他们在退行中只需要分析师如同原始关系中的原始物质一样，不采取任何行动，只需要在那里，并默许他们使用外部世界来处理其内部问题，从而使他们能够认识到自己内部生活的存在和自己独一无二的个体性。第二类为恶性退行(malignant regression)，其退行的目的是通过外部世界，即分析师的动作来满足其本能渴望，所以其退行的目的在于满足。虽然两者都有外部世界和客体的参与，但在本质上是不一样的。

这两类退行在临床上有着不同表现特征，巴林特将之分为群集 A 和群集 B。③ 属于群集 A，即良性退行的大部分案例的临床特征是：① 与原始物

① Balint, M. (1968). *The basic fault: therapeutic aspects of regression*. London: Tavistock Publications, p. 136.

② Balint, M. (1968). *The basic fault: therapeutic aspects of regression*. London: Tavistock Publications, p. 138.

③ Balint, M. (1968). *The basic fault: therapeutic aspects of regression*. London: Tavistock Publications, p. 146.

质的原始关系一样，很容易建立一种相互信任的无害、无猜疑的关系；② 退行会导致真正的开始，并以真正的新发现而结束；③ 退行的原因是再认，尤其是对病人的内部问题的再认；④ 需要、希望或要求只有中等强度；⑤ 在临床症状中没有严重瘾症迹象的表现，在退行移情中也没有性亢奋的因素(genital-orgastic elements)。而与此相反，属于群集 B，即恶性退行的大部分案例的临床特征是：① 因为相互信任的关系极其不稳定，所以无害的、无猜疑的氛围反复破裂，而且不顾一切的依附症状发展为防御和再认另一个客体的可能性经常降低；② 退行的恶性形式在尝试达到一个新的开始方面有几次不成功，而且需要和需求的无止境的增长和类似成瘾状态的发展不断构成的威胁；③ 退行的目的在于外部行动给予的满足；④ 需要、期望或需求的强度极高；⑤ 在临床上表现出严重的瘾症迹象，而且在正常的和退行形式的移情中都表现出了性亢奋的因素。

这两类退行的区分有三个标准。第一个标准是，恶性退行通常发生在分析的早期阶段，而良性退行倾向于发生在分析的后期阶段。第二个标准是，在恶性退行中，通常需要的是由分析师带来的某些满足感，而在良性退行中，通常需要的是分析师在那里。第三个标准是，在恶性退行中，反移情中所体验到的氛围或情绪常常是强烈的、充满激情的，而在良性退行中，则是较为平静的、信任的。巴林特强调，退行无论是良性的还是恶性的，都不仅取决于病人、病人的人格和病情，而且还取决于病人的客体，即分析师及其对他的反应方式。因此，退行不仅仅是一种内心的现象，还是一种主体间的、人与人之间的现象。

### 3. 退行的治疗观

巴林特提出了治疗性退行与原始爱和基本缺陷的关系。他认为，如果病人的强迫方式和客体关系是来源于病人内部的冲突和情结，那么适当的解释就能帮助病人解决它们。然而，如果强迫方式来自对基本缺陷的反应，那么解释就起不了什么作用。这一方面是因为没有冲突或情结要通过解释来解决，另一方面是作为治疗工具的语言，在基本缺陷区域已丧失了其可靠性。巴林特认为，在这些情况下，除了解释外，必须考虑其他的治疗性动因。因此，最重要的就是，根据其强迫方式帮助病人在分析情境中发展一种原始关系，并将它维持在一种不受干扰的平静状态，直到他能发现可能的新形式的客体关系，体验它们，用它们进行尝试。[①] 因此，治疗的重要任务就是创造

① Balint, M. (1968). *The basic fault: therapeutic aspects of regression*. London: Tavistock Publications, p. 166.

条件以阻止基本缺陷。

为了促进原始关系的发展，巴林特提出了分析师要避免的三件重要事情。第一是要避免一开始就将每一件事都解释为移情，因为如果将每一件事都解释为移情会使分析师"成为病人强有力的、知识渊博的客体，从而迫使他们退行到'亲客体倾向'的世界"①。第二是分析师"不要像明显成形的独立客体那样去做。也就是说，他必须让病人与其相联系或共存，好像他就是原始物质之一"②。巴林特认为，这意味着分析师应该忍受一些形式的显露，同时还应该接受病人投射的和内射的认同，而不要急于将这些向病人解释。第三是要避免成为病人眼中全能的分析师。他认为，这是此阶段治疗中最艰难的任务之一。退行的病人希望分析师能了解更多，更加强大；如果不行，他就希望分析师不管是明确地做出承诺，还是通过行为帮助他走出退行，或看到他克服退行。但是，任何类似的承诺，甚至是对此最细微的默许都将会为分析工作带来极大的困难，几乎是无法克服的障碍。③

### 四、对巴林特理论的评价

#### 1. 主要贡献

第一，继承并发展了费伦茨的学说。巴林特作为费伦茨的学生，不仅从纳粹的火焰中抢回了费伦茨的著作，还继承和发扬了费伦茨的思想，使其不至于被世人遗忘或曲解。和费伦茨一样，巴林特也认为，婴儿与母亲的客体关系是原始的。在开始提出原始爱理论时，巴林特认为这是一种被动客体爱的原始阶段，该阶段婴儿的目的是无条件地被母亲爱，其生理基础是母亲和婴儿之间的本能相互依赖。后来他才认识到原始客体爱是一种积极的客体爱。而且，巴林特的治疗性退行技术的思想也是从费伦茨发展而来，如巴林特认为，客气的分析师在无害的氛围中可以让病人通过一定的身体接触来体验满足，比如允许握分析师的手，允许有额外的见面时间等。这些技术都是在批判地继承了费伦茨的思想基础上提出的。

第二，理论富于创造性。巴林特在提出治疗性退行的概念时，将退行分

① Balint, M. (1968). *The basic fault: therapeutic aspects of regression*. London: Tavistock Publications, p. 166.

② Balint, M. (1968). *The basic fault: therapeutic aspects of regression*. London: Tavistock Publications, p. 167.

③ Balint, M. (1968). *The basic fault: therapeutic aspects of regression*. London: Tavistock Publications, p. 167.

为良性退行和恶性退性两类，认为只有良性退行才有助于治疗。在退行理论的基础上，他还提出了一个“新的开始”的概念。他认为，只有退行到基本缺陷的水平，发现了更合适的体验爱和恨的新方式，才能达到“新的开始”。“新的开始”是治疗所要达到的目的，而这些只有良性退行的病人才能实现。巴林特还对弗洛伊德的原始自恋理论提出挑战，首次提出了原始爱的理论，并认为自恋是一种继发性的现象。他还提出了人类心理的三个区域，即创造区域（单人心理学）、基本缺陷区域（双人心理学）以及俄狄浦斯冲突区域（三人心理学）。在精神分析技术上，巴林特是最早提出反移情的人之一，并且还提出了新的创伤理论。他的这些思想都极大地丰富和发展了精神分析的客体关系理论。

第三，促进了全科医学实践与精神分析技术的结合。巴林特创建了巴林特小组，以小组讨论的方式，帮助医生发现和解决他们在治疗实践中所遇到的各种问题，促进其精神分析思想和技能发展。在此基础上，他还在国际范围内发起了巴林特运动，在多个国家建立了巴林特协会，定时开会和出版杂志，从而有效地促进了全科医学领域和精神分析领域的相互融合。同时，他还在这些讨论实践的基础上，不断总结临床观察和经验，发表了多篇相关的论文和著作。

2. **主要局限**

第一，理论内容庞杂，缺乏系统性。巴林特的多部著作都是对不同时期所发表论文的整理。因此，在每本著作中往往会包含多个关联不大的概念和理论。虽然这些概念和理论在以后的著作中会有所发展，但并没有形成一个前后密切联系的系统体系。

第二，某些概念晦涩难懂。在巴林特的理论中，有许多新的术语与概念是其自创，并借助于德文等语言来表达，不但概念的具体意义难以准确界定，而且发音绕口，拼写复杂，难以理解和记忆，如亲客体倾向的（ocnophilic）和疏客体倾向的（philobatic）、无害的（arglos）氛围和客气的（unobtrusive）分析师等。同时，巴林特的许多纯理论著作都没有提供足够的临床例证，以便于读者辨别这些理论的正确性和实用性。这些都影响了其理论的发展和传播，也是其理论没有受到应有的关注和重视的原因。

第三，某些理论还存在争议。例如，许多精神分析师并不认同治疗性退行，尤其是治疗师和病人之间的身体接触，因为在他们看来，靠得太近似乎会产生一种诱惑。而且，他的良性退行的理论、原始客体爱和恨的理论、“新的开始”的理论等也都受到了争议和挑战。

# 第七章

# 客体关系理论的新进展

克恩伯格和米切尔是美国20世纪70年代以来最具影响力的精神分析学家，两人都主张对各种精神分析理论进行整合，他们的理论代表着客体关系理论的最新发展。克恩伯格力图对传统的驱力理论、自我心理学理论和客体关系理论进行整合，提出了整合性客体关系理论。米切尔试图寻找一种方法论来建立一种具有广泛包容性的关系模式，这种关系模式摒弃了传统的驱力理论并能够整合各种主要的关系理论，从而提出了整合性关系理论。

## 第一节　克恩伯格对客体关系理论的整合

克恩伯格是美国最具影响力的客体关系理论的拥护者。他一生坚持不懈地致力于实现两个目标：一是以真正整合的方式，把传统的驱力理论、弗洛伊德的心理结构模型与克莱因、费尔贝恩的客体关系理论、精神分析的自我心理学的发展观，特别是雅可布森关于早期认同的病理形式的观点综合在一起；二是利用整合的客体关系理论来解释边缘性人格组织的病理机制。大多数学者认为，克恩伯格在第二个目标上相当成功，他所创立的移情焦点治疗（TFP）是美国精神病学会推荐的边缘性人格障碍的心理治疗方法之一。但对于他的第一个目标，学者们的态度有很大的分歧。有学者对克恩伯格所作的理论整合给予了高度的评价，而其他一些学者对此的评价正好相反。[1] 但克恩伯格对实现这项目标的努力并没有停止，这集中反映在其20世纪70年代以来的一系列论著中。

## 一、克恩伯格的生平与著作

克恩伯格（Otto Kernberg，1928—）出生于奥地利。1938年德国吞并奥地利之后，他全家逃离了奥地利，先是移居意大利，1941年又移民至智利。而克恩伯格父亲的五位兄弟及其家人由于没有逃离最后都死于奥斯维辛集中营。1947年克恩伯格在智利首都圣地亚哥开始医学学习，在时任智利大学医学院精神病学系主任的布兰科（Ignacio Matte Blanco）教授的影响下对精神病学发生了兴趣。1953年获得医学学位。

奥托·克恩伯格（Otto Kernberg，1928—）

1951年至1961年，克恩伯格先后在智利接受两位精神分析师的分析。其间，因他去美国访学而中断一年。在大学期间，克恩伯格经常参加各种精神分析的沙龙。当时的智利盛行着年轻、先锋的气氛。每晚7点到10点开讨论会，然后大家一起去小酒吧，一边喝酒一边讨论精神分析问题，交流非常自由。在当时智利精神分析的圈子里，克莱因的学说很受欢迎。克恩伯格深受克莱因理论的影响。1959年至1960年期间，克恩伯格获得了洛克菲勒基金会的资助，在美国霍普金斯大学工作一年，然后又回到智利。一年后又受邀来到美国，1961年至1973年一直在堪萨斯州的托皮卡（Topeka）精神分析研究所工作，并于1966年成为精神分析培训师。1969年至1973年担任门宁格基金会医院的负责人。1973年到纽约定居，担任纽约国家精神分析研究所综合诊所主任，同时兼任哥伦比亚大学精神病学系主任及培训分析师。1976年被任命为康奈尔大学医院韦切斯特分部院长。在那里，他开始致力于边缘性人格障碍病人的研究。1995年，他创立人格障碍研究所并担任主任，同时担任哥伦比亚大学培训分析师和精神病学教授。

克恩伯格在学术上取得了巨大的成就，其主要著作有：《心理治疗与精神分析：最后的报告》（合著，1972）、《边缘状态和病理性自恋》（1975）、《客体关系理论和临床精神分析》（1976，1984，1986）、《内部世界和外部现实：实用

① Mitchell，S. A.，Black M. J.（1995）. *Freud and beyond：a history of modern psychoanalytic thought*. New York：BasicBooks，pp. 172～173.

性的客体关系理论》(1980)、《严重人格障碍》(1984)、《人格障碍和性倒错中的攻击性》(1992)、《爱的关系:正常的和病理的》(1995)、《团体和组织中的思想方式、冲突和领导》(1998)、《精神分析理论、技术及其应用的当代争论》(2004)、《心理治疗关系中的攻击性、自恋性和自我毁灭性》(2004)。

在克恩伯格的职业生涯中,他获得了许多荣誉。1972 年获得海茵茨·哈特曼(Heinz Hartmann)奖,1975 年获得斯策克尔(Edward A. Strecker)奖,1981 年获得丹尼尔斯(George E. Daniels)职业奖,1982 年被美国青少年精神病学会授予斯堪菲尔德(William F. Schonfeld)纪念奖,1990 年获得了西格尼奖(Marry Sigourney Award)。1999 年担任国际精神分析协会主席。

## 二、整合性客体关系理论

### 1. 基本概念

克恩伯格的著作比较晦涩,较难理解。原因之一是他追求用复杂的语言来精确表述复杂的精神现象;另一个原因是,他经常使用与其他学者相同的术语来表达不同的含义。

(1) 客体、客体关系和客体关系理论。

克恩伯格理论中的"客体"是指个体心理内部关于一个人的心理意象(mental image),即一种带有情感色彩的心理意象。克恩伯格并没有对心理意象和心理表象(mental representation)进行严格的区别,经常将心理意象和心理表象互换使用,但有时也会将表象和意象当做不同的概念使用。当把表象和意象当做两个不同的概念使用时,他好像接受了桑德勒(Joseph Sandler)对这两个概念所作的区分。桑德勒认为,表象是以一个结构或图式的形式持续存在,是由许多意象构成的。例如,儿童会体验到许多母亲的意象——喂养的母亲、说话的母亲、坐在身边的母亲、准备食物的母亲等等,然后在这些母亲意象的基础上形成关于母亲的表象。[1] 在桑德勒看来,表象是概括性的、整体性的,而意象是具体的。

在克恩伯格的理论中,人际关系和客体关系是两个既有联系又有区别的术语。人际关系是指过去或现在的个体之间的相互作用,而客体关系是个体对人际相互作用进行内化的产物。克恩伯格强调,内部心理的自体和客体表象是早期重要的人际关系的产物。客体关系是由客体关系单位组成

---

① Joseph Sandler, Bernard Roenblatt (1962). The concept of the Representational World. *Psychoanalytic Study of the Child*. vol. 17, pp. 131～132.

的。客体关系单位包括三个成分，即自体表象、客体表象以及连接两者的情感倾向。客体表象是在自我中形成的，是个体知觉、加工和内化早期人际关系经验的产物。自体表象也是在自我中形成的，是个体知觉、加工和内化他过去的各种自体概念的产物。因此，人际关系描述了个体之间的各种作用和经验；客体关系描述的是自我内部的一种状态。

克恩伯格认为，客体关系理论是从精神分析的角度来研究人际关系以及内部精神结构是如何从过去的人际关系中发展起来的一种理论。① 他从广义和狭义两个方面阐述了客体关系理论：广义上讲，客体关系理论是关于在人际经验的影响下形成心理结构的一般理论；狭义上讲，客体关系理论则是在精神分析范围内研究精神结构是如何以内在客体为基础而形成的方法。

(2) 分裂及其起源。

克恩伯格认为，从婴儿早期至完成自体—客体分化任务之前，儿童都是根据他感受到的正性或负性的体验来组织自己的经验，并把其体验分成好与坏两类。因此，儿童把母亲要么看成是完全好的，要么看成是完全坏的。当母亲满足儿童的需要、给儿童以安慰及母亲在眼前时，儿童就把母亲看成是完全好的母亲；当母亲使其受挫或不在他的眼前时，她就是坏母亲。这种将客体知觉为全好或全坏的倾向称之为分裂(splitting)。正常儿童只有到了2～3岁(通常接近3岁)时，才会全面地停止使用分裂机制，实现了力比多客体恒常性。力比多客体恒常性是指儿童有能力对母亲的情感意象保持相对不变，把母亲看成基本上是好的，但同时也包含着好与坏的品质；在母亲使他的需要受挫，或母亲离开他期间，儿童对母亲的情感意象仍然很少变化。

**2. 心理结构及其内化**

心理结构是个体通过对内化的客体关系单位进行连续建构而形成的。客体关系单位由自体意象、客体意象以及连接两者的情感倾向组成。通过内化过程，经过五个发展阶段，这些单位被整合起来并逐渐巩固成为自我、伊底及超我的结构。② 内化过程包括三个层次：内射(introjection)、认同(identification)及自我同一性(ego identity)。

(1) 内射。

内射是建构人格及自我、伊底和超我结构的最早阶段。婴儿通过感知

① Kernberg, O. (1986). *Object relations and clinical narcissim*. New York: Aronson, p. 56.
② Kernberg, O. (1986). *Object relations and clinical narcissim*. New York: Aronson, p. 33.

和记忆过程将现实环境中与他人之间的相互作用摄入内部世界。在最早的内射单位中，自体意象和客体意象还没有彼此分化，是融合在一起的。这些内射单位经过逐渐分化，最后集结成为明晰的组成成分。在内射过程中，情感倾向起着很重要的作用。在充满关爱的母子互动和喂食中，儿童产生一种愉悦的口腔吸吮经验，于是就会有一种正性力比多情感依附于儿童的自体意象及母亲的客体意象而得到本能的满足。整体融合单元（自体—母亲—好感觉）被内射为好的内部客体。如果在互动中遭受挫败或攻击，该内射单元（自体—母亲—坏感觉）就会被摄入为坏的内部客体。这里，克恩伯格继承了雅可布森的观点，认为连结自体意象和客体意象的情感的性质决定着内部客体的性质。在心理发展的早期，正性或负性情感的内射是相互分开的，其原因在于它们是分别发生的以及自我还不够成熟，难以整合那些性质对立的情感体验。将性质对立的情感体验分裂开来有助于缓和焦虑的强度。之后，发展着的自我出于防御目的而更积极主动地使用分裂机制。

内射在自我何时形成及如何形成上发挥着重要作用。克恩伯格相信，某些自我功能，例如感知和回忆，从一出生就存在。因为儿童有感知和记忆能力，所以能内射客体关系，这种客体关系是作为早期心理结构中的自我的前身。带有正性情感（力比多）的内射首先聚集成原始的自我核心。好的内部客体是由包含着未分化、融合一起的自体意象及客体意象的正性内射而形成。[①] 好客体经过融合、分解及再融合，最终固化而成多重的自我；然后，这些单元再整合成发展着的自我。随着自我的固化和整合，它就会有另外的功能，特别是防御功能。带有敌意感受的内射，防御性地彼此分裂。

克恩伯格的自我概念与弗洛伊德的自我概念不同。弗洛伊德认为自我是从伊底中分化出来的，是对伊底进行压抑的产物；而克恩伯格则相信自我是从人际关系的内化过程中建构起来的。克恩伯格不同意克莱因和费尔贝恩所坚持的自我从出生时就存在的观点，而认为个体在刚出生时既没有自我，也没有伊底和超我，只有自我的前身，如感知和记忆痕迹。

（2）认同。

认同是内化的第二层次。这个过程开始于大约 1 岁左右，贯穿于生命的第二年。只有当儿童在感知和认知上成熟到足以能识别与他人进行相互作用时的角色的各个方面时，才有认同的出现。认同是指接受由客体或参与相互作用的双方所执行的被社会承认的功能，即摄入社会角色。[②] 认同是

① Kernberg, O. (1986). *Object relations and clinical narcissim*. New York: Aronson, pp. 36～38.

② Kernberg, O. (1986). *Object relations and clinical narcissim*. New York: Aronson, p. 30.

在一个实际的客体关系中发生的，在这种客体关系中，个体能够体验到自己作为一个主体正在与另一个人进行相互作用。这种相互作用中的情感色彩，具有力比多或攻击性质，并起着连结主体和客体的作用。[①]

（3）自我同一性。

自我同一性是内化过程中的第三层次。自我同一性即具有综合功能的自我，对认同和内射过程起着组织作用。在这个阶段起组织作用的自我导致自我结构的巩固，于是儿童就有一种自体连续感，觉得自己就是那个通过内射和认同而构成的自体意象。[②] 在这个阶段，内化的客体关系也会被组织成表象的世界，它在内部表征着外在世界。这个内部的客体意象世界包括潜意识和意识的幻想，与人们的现实世界并不完全相符。它带着较早期的客体意象的浓厚色彩，是一种与现实世界相似的世界。原始客体意象仍在潜意识中被压抑且未被修正，而大部分的客体意象则整合成较高层次的自我及超我结构。[③] 同一性形成（identity formation）是指早期原始认同逐渐被选择性的认同所取代，在此认同中，只有那些与个体的同一性形成和谐一致的客体关系方面才会被内化。这些部分认同其实就是那些以合乎现实的方式被人们欣羡和赞赏的方面。

**3．客体关系、情感和驱力之间的关系**

在现代精神分析领域，对弗洛伊德的驱力理论与客体关系理论之间关系的看法有两种倾向：一种倾向试图将驱力理论与客体关系理论整合在一起，代表人物有克莱因、雅可布森、玛勒；另一种倾向认为，弗洛伊德的驱力理论与客体关系理论根本是不相容的，代表人物有费尔贝恩、沙利文、格林伯格、米切尔和科胡特。

雅可布森是将传统的驱力理论与客体关系理论进行整合的一个代表人物，她在保留了传统精神分析的驱力理论的同时，又对传统驱力理论进行了重大修正，强调生物学因素和环境因素两方面对驱力的影响。克恩伯格在雅可布森工作的基础上，通过详细描述情感在建构内部客体关系世界及建构各种驱力基质中的作用，将驱力理论与客体关系理论进行了进一步的整合。[④] 相比较而言，克恩伯格比雅可布森更加强调环境因素对驱力形成的影

① Kernberg，O.（1986）．*Object relations and clinical narcissim*．New York：Aronson，p. 76.

② Kernberg，O.（1986）．*Object relations and clinical narcissim*．New York：Aronson，p. 32.

③ Kernberg，O.（1986）．*Object relations and clinical narcissim*．New York：Aronson，p. 33.

④ Kernberg O. F.（1995）．*Object relations，affects，and drives：toward a synthesis*．This article was presented at the Third International Conference on Rsearch in Psychiatry and Psychoanalysis of Childhood，Metz，France，September 29～October 1.

响。

克恩伯格认为,婴儿在与母亲的关系中所体验到的强烈愉悦产生了原始的、"全好的"自体与客体表象单位,强烈痛苦和恐惧的体验产生了"全坏的"自体和客体表象单位。在这些基本单位中,自体与客体表象彼此还没有完全分化。早期的分裂作用使带有强烈正性情感体验与带有强烈负性情感体验之间保持分裂状态。在以后的发展中,每种体验中的自体和客体表象不断分化,这种分化进而导致了自我边界的形成和现实检验的出现。这些带有强烈情感的体验被深度压抑到潜意识之中,而在低强度情感激活状态中所发生的母婴之间的意识和前意识的相互作用就以适应为目的,被合并成为意识和前意识的自我。

与母亲相关的"全好的"、理想化的、愉悦的情感体验和潜意识爱欲意义(the unconscious erotic meanings)进行不断整合,就构成了力比多驱力。这种潜意识爱欲意义是由母亲发出的、传递给婴儿的"下意识"信息。痛苦的、恐惧的、愤怒的情感体验与母亲敌意的潜意识意义结合在一起,就构成了死亡驱力(death drive)。死亡驱力属于反力比多、反爱欲的力量,它的特征是指向"去客体化"。

克恩伯格强调情感在驱力和客体关系的形成和发展中的重要作用。他指出,强烈情感状态中联结在一起的自体与客体表象聚合固定在早期的记忆结构中,随后又会在潜意识幻想中进行反刍性加工。力比多和攻击性并不只是通过单纯的情感累积整合而形成的,还通过与重要客体不断建立起幻想、期待、理想化及迫害性的关系而形成。克恩伯格认为,欣快、恐惧、愤怒、悲伤、羞愧、惊讶、厌恶以及性兴奋等原始情感都是在整合的内化的客体关系情景中得以加工和修改的,这些情感经过浓缩和聚合而形成两个重要的情感体验系列,即爱欲(erotic desire)和恨(murderous hatred)。爱欲是以性兴奋的生理装备为基础的,性兴奋情感是力比多的核心情感。恨是在原始愤怒情感的基础上产生的,恨是死亡驱力中的核心情感成分。恨这种原始情感的复杂性表现为:恨不仅包含着破坏客体的欲望,还包含毁灭自体这个作为觉知恨的器官的欲望。因此,内化的客体关系的基本单位包含着驱力要素的情感成分。伊底是被压抑、期待、恐惧的原始客体关系的总和。对迫害性、理想化、禁止性、必须性的内化客体关系的各个层面进行不断地整合,就成为原始超我的一部分。而那些用于防御的内化客体关系合并成为自我内部的一个整合的自体结构(self-structure)。简而言之,伊底或动力性潜意识、超我或自我都是由不同群集的内化客体关系构成的。

在克恩伯格的理论中,驱力不再是弗洛伊德所认为的起源于身体性欲区的、单纯的生物学力量或能量，而是起源于儿童原始精神装备与最初所需要和期待的客体之间的整体关系之中。驱力中包含着情感和客体关系成分。而情感在自体与客体表象建立联系、构成客体关系的过程中也起着重要的作用。尽管克恩伯格还是保留了弗洛伊德的二元驱力概念，因为他认为驱力不再是单纯的生物学力量所决定的，所以这就使他与传统的精神分析理论家有所区别；尽管克恩伯格仍坚持用客体关系的概念来理解和解释精神世界的形成，但由于他所提出的客体关系概念中包含有情感因素，所以，这样又使得他不同于纯粹的客体关系理论家。因为在克恩伯格的理论中，所有的情感都是从以生理反应为基础的原始情感发展分化而来的。

4. **心理发展的阶段**

受克莱因和玛勒的影响，克恩伯格把结构形成视为一系列的发展阶段，正常发展的失败会导致各种形式的精神疾病或心理病理。他把心理发展具体分为五个阶段。①

(1) 第一阶段(0～1 个月)：正常“自闭”或原始未分化阶段。

这是最早的发展阶段，婴儿在与母亲互动中所体验到的满足和愉悦情感影响之下固化而成的好的未分化的自体—客体单位还没出现。未分化是指自体表象和客体表象彼此融合一起，而自体和任何客体之间都没有意义性的区分。在这阶段很少有事件能影响到人格结构的形成。这一阶段发展的病理性停滞、失败或固着都会阻碍以后与母亲建立正常的“共生”关系所必需的能力的形成。

(2) 第二阶段(2～6、8 个月)：正常的“共生”或原始的自体—客体表象未分化阶段。

这一阶段包括玛勒提出的共生阶段和分离—个体化阶段中的分化亚阶段。好的、愉悦的自体—客体意象的形成是这一阶段开始的标志。这个阶段的特征是建立并巩固“好”的自体—客体意象单位。在这个阶段中，婴儿与母亲在一起所获得的愉悦、满足的体验建构形成了自体意象，这些自体意象和母亲这个客体是融合在一起的，并且这些自体意象是经由愉悦的感受联系在一起的。这些“好”的、未分化的自体—客体单位构成了自我之中的自体系统(self system)的核心，并作为组织者执行早期自我的整合机能。婴儿在整合与母亲互动过程中的愉悦的、满足的体验而建立起“好”的自体—客体意象的同时，也整合与母亲互动过程中的挫败经验而建立起“坏”的、痛苦、令人挫败及愤怒的感受的自体—客体意象。当然，此时“坏”的自体—客

① Kernberg, O. (1986). *Object relations and clinical narcissim*. New York: Aronson, pp. 60～72.

体单位尚未分化，婴儿只是把它们推到“自体之外”的世界里。由此可见，“好”的意象和“坏”的意象在原始分裂机制的作用下而彼此分隔开来。当自体意象在“好”的自体—客体意象中与客体意象分化开来时，第二阶段就结束了。

在此阶段，满足性的体验和适度的挫折性体验能够促进婴儿在与母亲互动中所体验到的自体成分与客体成分的逐渐分化。原始的自主性自我机能（如感知能力和记忆能力）的成熟以及婴儿的认知发展也会促进自体和客体的分化。但在挫折和剥夺影响之下导致的坏的自体—客体表象的过度激活则会导致泛化的焦虑，由此进一步阻碍自体和客体意象的早期分化。在未分化的自体—客体表象的发展过程中，情感也随之发生分化。早期的未分化的愉悦情感将会演化为更加具体的愉悦情感，这些具体的愉悦情感是与口腔满足、各个身体爱欲区兴奋、探索行为的满足等相联系的。与此相同，原始的痛苦情感也渐渐地分化为特定的焦虑、愤怒、恐惧等更精细的、缓和的、不愉快的情感成分。

(3) 第三阶段(6、8～18、36 个月)：自体表象与客体表象的分化。

这一阶段大约对应于玛勒所描述的分离—个体化阶段中除分化亚阶段之外的三个亚阶段。当自体表象和客体表象在“好的”自体—客体表象内分化完成时，标志此阶段的开始。该阶段也包括了自体表象与客体表象在“坏的”自体—客体表象中的分化。当好的自体表象和坏的自体表象逐渐向一个整体的自体概念整合、好的客体表象和坏的客体表象向一个整体的客体表象整合时，则意味着这一阶段的结束。在第三阶段，幼儿能辨认出母亲，这就标志着自体与非自体之间、自体与外部客体之间的边界的形成。边界的形成有利于在投注力比多的情境中形成的各种自体表象的聚合。在大量的带有愉悦情感的自体表象和客体表象形成过程中，早期的自体概念及相应的客体表象也随之得以修改。自我的边界在最初是不稳定的、易破碎的，在遭遇挫折或导致焦虑的情境中易于导致好的自体意象和好的客体意象的再融合。严重的挫折以及坏的自体—客体表象占据主导都会阻碍自我边界的发展。在这一阶段的初期，好与坏的自体表象、好与坏的客体表象是共存的，而并没有被整合成为一个整体的自体概念和整体的客体概念。所以，这一阶段仍然是一个“部分客体关系”的阶段。内在的客体关系固着在这一阶段或者病理性退行到这个阶段就会导致边缘性人格组织的形成。在这一阶段的后期，挫折、导致焦虑或敌意相互作用的情境也会促进自体表象和客体表象的分化。随着自体表象和客体表象在投注力比多及攻击性驱力的互动情境中进一步分化，自我的边界就会进一步扩展和整固。

在此阶段，好的自体表象与坏的自体表象、好的客体表象与坏的客体表象的分离受到分裂防御机制的积极强化。分裂机制的目的是要保护与母亲的好的、理想化的关系不受坏的自体表象和坏的母亲表象的污染。利用分裂机制使“好”与“坏”相分离是正常的，这是儿童保护他和母亲之间的理想的、好的关系不被令人挫败和坏的（东西）所污染的一种方式。正常儿童会渐渐减少使用分裂机制，但边缘人格的人则继续会利用分裂机制以保护他们的脆弱自我而免于产生令其混乱的焦虑情绪。

(4) 第四阶段（3～6 岁）：自体表象和客体表象的整合以及由客体关系构成的高层次内部精神结构的发展。

这一阶段的特征是，把投注力比多的自体表象与投注攻击性的自体表象整合为明晰的自体系统，把投注力比多的客体意象与投注攻击性的客体意象整合为完整的客体表象。由客体关系基本单位构成的自我、超我和伊底被分别整合成为稳定有序的内部心理结构。儿童伴有愉快感的、好的自体意象与伴有攻击感觉的、坏的自体意象合并成为一个完整的自体系统。相似地，伴有愤怒感的坏的客体意象也与伴有愉快感的客体意象（母亲）结合在一起。儿童现在有了一个完整的、比较现实的母亲表象。

克恩伯格指出，将负荷着性质相反的知觉经验的自体表象整合为一个自体系统，将负荷着性质相反的客体表象整合为一个完整的客体表象，完成这些整合任务的关键是认知成熟。在这一阶段，尽管对外部客体已经实现了足够的认知整合，但客体关系的正常整合还是会破裂。其原因在于，严重的前俄狄浦斯期冲突所引起的原始防御，特别是分裂防御机制的持续作用，还是会在一定程度上阻碍整合过程的进行。所有的整合都会减少分裂防御机制的使用，在 3 岁时，受隔离、抵消、反向形成等防御机制的强化，压抑就会成为自我的主要防御机制。从这时起，在压抑的作用下，伊底就从自我中分离出来，作为一个内部心理结构从自我和伊底的共同基质（common matrix）中诞生。诞生后的伊底整合了原先由早期的、相互分裂的内部客体关系系统所承担的部分功能。总之，超过早期的原始防御机制（围绕分裂而组织起来的几种防御，如投射认同、原始理想化、原始贬低、原始否认等）而占据主导地位的压抑作用就将伊底整合成为一个整体的内在心理结构，该心理结构包含了大量的不被接受的内在客体关系，因为这些客体关系含有危险的、会引起焦虑和内疚的经验。这些经验是在心理和人际互动中所产生的，所以，这些客体关系被压抑，就阻碍整体人格的整合。于是，在伊底之中的原始的、非现实的自体—客体意象以及相应的原始的强烈情感倾向都保持相对不变。随着压抑变得越来越越普遍，伊底越来越有序，那些曾经接近儿童意识的原始成分就被压抑到伊底之中,成为伊底的潜意识成分。在这里,克恩伯格对经典精神分析的人格结构理论提出了激进的修改,认为自我先于伊底出现,且伊底是有序的。这是由于在自我结构的形成中,克恩伯格更强调客体关系以及环境的重要影响。

超我整合成为一个独立的内在心理结构也是从这一阶段开始的。克恩伯格继承了雅可布森的观点,提出了超我发展的三层次图式。最早的超我结构源于对敌意的、不现实的客体意象的整合。超我的这些施虐性前身对应于克莱因的原始施虐性超我及费尔贝恩的反力比多客体。一个经历过强烈早期挫折和攻击的儿童就会形成更强烈、更具施虐性的超我前身。超我结构的第二个层次源于自我中的理想化的自体表象和理想化的客体表象。儿童的超我必须把这些愿望性的、神奇的愉快表象与更具攻击性和施虐性的超我前身整合起来。这种整合就会修改和缓和那些绝对性、幻想性、施虐性的超我前身。这种整合进行的同时,自我已经开始对原始的力比多和攻击性质的客体关系进行修改和整合。超我结构的第三个层次是在俄狄浦斯期对父母的更现实的要求和禁止进行内化和整合的产物。

神经症和较高层级的人格病理组织(如癔症、强迫症、抑郁受虐型性格)是这一阶段的典型的心理病理表现。

(5) 第五阶段:超我的整固和自我的整合。

第五个阶段是在超我整合已经完成的儿童后期开始的。此时,超我和自我间的尖锐对立就会逐渐减弱。当超我已经整合时,它就会进一步促进自我同一性的整合与巩固。根据内部客体表象持续修改外部客体经验,根据与他人相互作用的真实经验对这些内部客体表象进行持续的修改,从而使得自我同一性不断发展。以与外部客体相作用的真实经验和内部客体世界的经验为基础,自体概念就一直经历着持续不断的修改。一个整合的自体、一个整合稳定的内在客体世界和现实的自我觉察(self-knowledge)之间相互促进。自体表象的整合程度愈高,儿童对与他人相互作用的整体现实的自我觉察就愈全面。在某个特殊情境的自我觉察愈全面,就会愈符合个体与他人相互作用的整体现实。客体表象愈整合,儿童依据现实评价来理解他人、重塑内部表象的能力就愈强。一个和谐的内部客体表象世界(包括亲友、社会团体和文化认同)构成了一个不断发展的内部世界,这个内部世界可以提供爱、肯定、支持并在自我的客体关系系统中起着指导作用。这样一个内部世界反过来对当前与他人的互动产生深刻的影响。当遭遇危机(如丧失、抛弃、分离、失败和孤独)时,个体可以暂时求助于自己的内部世界,这样,内部世界和外部人际世界是相互关联、相互强化的。

在面对冲突或失败时，个体所拥有的内部资源总是与其内部客体关系世界的成熟状况有密切的关系。一个人能够用成熟的方式爱别的人，当他遭遇亲人突然意外死亡的情况时，他就可以将这死去的亲人的形象保留在自己内心，在遭遇危险、失败和丧失时，这个内在的亲人形象就能够提供爱和安慰。保护自我的一种退行就是表现为激活幻想中的过去内化的好的客体关系，给自体提供"基本信任"。基本信任最终来源是早期好的（满足性的）母亲表象和好的（可爱的）自体表象的内化。一个人对自体和自己好的品质的信任程度取决于对内部好客体提供的爱的确认。

自恋性人格障碍是内部客体关系正常发展失败的最突出的例子。自恋性人格患者很难回忆起过去接触过的人，也很难回忆起与这些人接触过程中的自我体验。因为投注力比多的整合的自体表象和投注力比多的客体表象的双重缺乏导致边缘性人格患者尤其是自恋性人格患者产生空的体验。这种空的体验使得病人为了理解人际情境，就必需只聚焦于当前人际经验。自恋性人格患者通常能意识到自己没有能力像其他人那样不依赖于当前实际互动中的行为线索来评价他人和自己。

去个性化和个体化的过程也都是客体关系在超我和自我中内化的结果。去个性化是指在需要与他人分享、交流自己的思想和感受的情况下，努力将自己的观点与他人的观点相整合和融汇的过程。个体化是指用整体的自体概念替代原始的内射和部分认同的过程。有能力辨别自体和他人某个方面的微妙变化以及在接受和内化他人特质的过程中选择能力不断提高，这些都是情绪成熟的表现。

内部世界不仅影响一个人对外部世界的感知，也通过性格结构影响个体与他人之间的相互作用。性格结构代表自我同一性中的自动化的行为成分，它与自体概念之间是一种互动关系。自体概念越整合，性格结构就越一致、越和谐；而性格结构越整合，自体概念、实际行为和被别人所觉察的人格之间就越一致。性格结构也受与他人内在心理关系和外部真实关系的影响。人的成长在很大程度上就是要根据外部的人际经验修改自己的内部世界。对自体的了解越深入，对他人的了解就会越深入。

### 三、边缘性人格障碍及其治疗理论

克恩伯格在精神疾病领域区分了三个层次的人格组织，即神经症性人格组织、边缘性人格组织和精神病性人格组织。从心理病理的严重程度上来分，这三者依次加重。克恩伯格认为，边缘性人格组织是包含边缘性人格障碍在内的大多数人格障碍形成的基础。该人格组织与神经症及精神病的人格组织有质的区别，它有着自己独特的、起源于婴儿早期的、已内化的客体关系的心理病理。边缘性人格障碍与边缘性人格组织这两个概念的含义既有重叠，又有区别。边缘性人格障碍是描述性精神病学中的一个术语，它是指一组特定的精神病综合症，表现为易冲动、慢性的愤怒、不稳定的人际关系、身份紊乱、空虚感、弥漫性的烦躁感和自我破坏性的见诸行动的倾向等。克恩伯格明确指出，在《美国精神疾病诊断与统计手册》(DSM-Ⅳ)诊断中有八种人格障碍是以边缘性人格组织为基础的，这八种人格障碍分别为：边缘性人格障碍、分裂样人格障碍、分裂型人格障碍、偏执性人格障碍、表演性人格障碍、自恋性人格障碍、反社会性人格障碍和依赖性人格障碍；另外还有几种没有包括在 DSM-Ⅳ 中的人格障碍也属于边缘性人格组织范围，克恩伯格将这几种人格障碍分别称之为恶性自恋综合症、疑病性人格障碍、轻躁狂性人格障碍、施虐—受虐型人格障碍。①

**1. 边缘性人格组织的核心特征**

(1) 自我虚弱性的非特异性表现。

克恩伯格认为，边缘性病人普遍存在几种“非特异性的”自我虚弱性。首先是焦虑耐受性低下，即个体缺乏应对超负荷焦虑的技能。其次，缺乏冲动控制能力，这是指由于弥漫性的心理内部的紧张而引起的不可预测的、突发性的行为。第三，缺乏成熟的升华途径，例如，没有能力从事创造性的娱乐或工作。最后，由于自体和个体表象的分化不充分导致的自我边界模糊。

(2) 初级过程思维倾向。

在克恩伯格看来，边缘性病人在一般情况下所使用的都是次级过程思维，他们在日常生活中都具有正常的推理和判断，但在非结构化的情境中以及在应激的情况下，他们就会倾向于使用初级过程思维。克恩伯格认为，在应激的作用下、在深层心理治疗产生的移情关系中或在酗酒及使用药物的情况下，边缘性病人有产生简短的退行性精神病发作的倾向。除此之外，他们的现实检验基本上是完整的。边缘性病人的精神病发作并没有特别的意义，是简短的，也是可逆的。这种简短的精神病发作持续的时间只有几分钟，一般不超过两天。并不是所有的边缘性病人都有这种暂时的精神病发作，这种精神病发作反映了边缘性病人的自我机能在现实检验方面的易碎性。

① Clark, Yeomans, Kernberg(1999). *Psychotherapy for borderline personality*. John Wiley & Sons, Inc., p. 5.

(3) 特定的防御机制。

克恩伯格阐述了边缘性人格病人的六种原始防御机制。他认为，这六种原始防御机制是边缘性诊断的特异性病因。分裂是最基本的也是最重要的防御机制。其他几种原始防御机制分别是原始理想化、投射认同、否定、全能感和贬低化。神经症病人在儿童期也会使用上述几种原始防御机制，但他们会随着成长渐渐更多地使用以压抑为核心的较成熟的防御机制。尽管边缘性病人在日常活动中也普遍使用较成熟的防御机制，但在应激的情境中仍然倾向于使用这六种原始防御机制。

① 分裂。作为防御机制的分裂概念最早是由弗洛伊德提出来的。英国客体关系学派在讨论自我的整合性问题时又进一步发展了这一概念。克莱因把将客体知觉为全好或全坏的倾向，称之为分裂(splitting)。克恩伯格继承了克莱因等人关于分裂的概念，认为分裂是边缘性人格组织的核心防御机制，它隐藏在所有相伴随的其他防御机制之后。克恩伯格强调，性质相反的内射和认同可能为攻击性的中性化提供了最重要的资源(在中性化的情境里，力比多和攻击性融合在一起并被组织成为整体的一部分)。因此，分裂过度使用的一个后果就是:使得力比多和攻击性驱力不能充分地中性化，并导致自我成长所需要的核心资源不足。分裂也是导致自我虚弱的根本原因，并且因为分裂也比压抑较少需要反贯注，所以虚弱的自我也容易求助于分裂，虚弱的自我与分裂彼此间的相互强化而导致恶性循环。最为人们所熟悉的分裂，就是将外部客体分成完全好的一部分和完全坏的另一部分，同时伴随着对同一客体的态度从一个极端向另一个极端的突然转变，即对一个特定的人的所有情感和认知会突然倒转。相互矛盾的自体概念之间的极端的、重复性的摇摆不定可能也是分裂机制作用的结果。分裂不是作为一个孤立的机制出现的，而是与其他一种或几种机制结合在一起出现。

② 原始理想化。这种防御机制是与分裂联系在一起的，它是指将外部客体看成完全好的倾向，以保护外部客体不受"污染"而变成完全坏的客体。"原始理想化"(primitive idealization)不同于后期的理想化，抑郁症病人经常使用理想化的防御机制，这些病人出于为克服指向客体的攻击性而产生的内疚进而把客体理想化。原始理想化既不包含对客体攻击性认同，又不包含为克服这种攻击性而产生的内疚。因此，它不是一种反向形成，而是原始的、保护性的幻想结构的直接表现。原始理想化并不是真正尊重这个理想客体，而只是需要以此客体作为保护，来抵御周围危险的客体世界。这一理想客体被作为全能认同的容器，使个体免受攻击驱力的侵袭，并使自恋性的需要获得直接的满足。因此，原始理想化反映了另一种边缘性防御，即潜

隐的全能感。原始理想化可被看成一种后期理想化的前身。

③ 投射认同。具有边缘性人格组织的病人常常表现出很强烈的投射倾向。投射的主要目的是要将全坏的、攻击性的自体和客体意象外化出去，以保护自己而防御危险的、报复性的客体。投射认同（projective identification）是一种没有完成的投射。尽管这些病人已经发展出了足够清晰的自我边界，且在生活的大部分领域能够区别自体与客体，但是由于投射需要很强烈，加上这些病人都具有总体的自我虚弱性，所以，会造成特定攻击性领域的自我边界的弱化。这就会使这类病人感觉到他们仍能与那些攻击性投射的对象（外部客体）存在着"共情"，即病人潜意识里会担心攻击性投射的对象会做出威胁性的反应，因此，他们必须要控制这个客体，以避免受到该客体在这种（被投射出的）攻击性的作用下所做出的反击；在受到攻击和破坏之前，他们必须先行袭击和控制这个客体。总之，投射认同是在某些特定领域的自体和客体分化不充分的产物，当这种投射在起作用时，病人能继续体验到这些冲动及对这些冲动的恐惧，为了保护自己不受这个客体的袭击，就需要控制这个外部客体。所以，投射认同总是与控制欲望联系的。对客体意象的这种攻击性扭曲也会病理性地影响超我的发展。

④ 原始否认。原始否认常常与分裂一起出现。可以用意识中两种独立情感的彼此"相互否认"（mutual denial）为例来对此加以说明。病人意识到下面的事实：此时他对自己或他人的知觉、想法及感受与彼时他曾经有过的完全相反；但是此时与彼时的记忆之间没有任何情绪上的联系，而且这也不影响他当前的感受方式。再后来，他可能回到他从前的自我状态，继而否认当前的自我状态，又是带着持续的记忆但却完全没有能力将这两种自我状态在情感上建立联系。边缘性病人的否认也可以只是通过简单地忽视他们主观体验中的一部分或外部世界的一部分而表现出来。当受到压力时，病人承认他理性上知道那个曾经被自己否认的部分，但是他仍不能将自己情感体验中的其他部分与此相整合。

⑤ 全能感和贬低化。如同原始理想化一样，全能感（omnipotence）和贬低化（devaluation）都是分裂的派生物。贬低化是分裂（坏客体）的负性成分，而全能感是分裂（好客体）的正性成分。全能感在边缘性病人的期待中表现得很明显，病人会强烈地确信他必须要得到别人的尊重，也必须被当做"特别人物"对待。贬低化是全能感的另一个方面，假如一个外部客体不能给病人进一步的满足，这个客体就会被病人抛弃和贬低。病人对这个客体从来没有真正的关心和爱。使病人的需要（尤其是口欲期需要）受挫的客体，就会引起病人对这个客体的贬低化，这种贬低化还会伴随着对该客体的报复

性破坏。使用这两种防御机制的病人可能一会儿表现为需要与理想化的客体建立起一种强求性的、依偎性的关系，一会儿在他们的幻想和行为中又会流露出他们具有神奇的全能感。这两种状态都反映了他们与“全好的”客体的认同。理想化的客体可作为一种保护，抵御“迫害性”客体。从对理想客体的爱和关心的意义上说，他们并不真正地“依赖”理想化客体。在更深层次上，理想化的人只是被毫无怜悯地对待，就像作为病人自己的延伸部分一样被病人所拥有。贬低外部客体的部分原因是病人的全能感发展的必然结果。因为病人在一开始就没有能力真正地爱这个客体，如果这个客体不能给病人提供进一步的满足或保护，那么这个客体就会被病人抛弃掉。但是还有其他的影响贬低客体倾向的原因，比如对这个过去曾使病人的需要（特别是口欲期的贪婪）受挫的客体进行报复性的破坏，或者为了防止客体变成可怕的、令人憎恨的“迫害者”（persecutors）而对他们进行防御性的贬低。所有这些动机汇聚在这种防御机制中来抵御对他人的需要和恐惧。病人对过去重要客体的贬低会对内化的客体关系造成严重有害的影响，尤其会损害超我的形成和超我的结构整合。

（4）病理性的内在客体关系。

边缘性人格组织的内在客体关系的特殊病理表现为没有能力对好与坏两方面的认同和内射进行整合。造成这种情况的主要原因似乎是，由于初级自我装置发展中的某种缺陷及焦虑耐受性缺乏所导致的原发性攻击或继发于挫折的攻击过分强烈。持续存在的、分裂成“全好”或“全坏”的内射，会导致多方面的后果。首先，力比多与攻击性驱力派生物之间缺乏相互渗透会妨碍对自我情感倾向的调节和分化，原始情感状态爆发倾向仍会保留不变。当正性和负性的内射没有融为一体时，自我就没有能力体验抑郁、关心和内疚，进而也不能对同一个包含好和坏两种特性的客体表现出包容倾向。自我产生抑郁反应的能力似乎在很大程度上依赖于在情感倾向上相对立的自我意象之间的张力。当好的与坏的自我意象整合在一起时，这种张力就会形成，结果攻击性就能得到承认；并且，当客体不再被看成完全好或完全坏时，爱欲和攻击性在客体整合方面的结合就能得以实现，同时也会激起对客体的内疚和关心。边缘性病人经常表现出没有能力体验对客体的内疚感和关心。他们的抑郁反应表现为原始的无力愤怒，并感到被外部力量所战败，而不是以哀伤的态度去对待那些好的、已失去的客体，也不为对自己和他人的攻击感到后悔。

不能整合的“全好”和“全坏”的客体意象持续存在，会严重地妨碍超我的整合。施虐性超我的原始前身代表的是与前生殖器期冲突相关联的坏客体意象，这些超我的原始前身过于专横，以至于无法忍受，再通过投射使外部客体变坏的方式保护自我。过度的理想化客体意象和“全好的”自体意象只能产生拥有权力、伟大和完美的虚幻理想，不会促使超我向更符合现实要求的方向整合。因为超我前身的施虐性和过分理想化扭曲了对父母意象的感知，阻碍了整合，父母的现实要求既不能与理想自体和客体意象及其相关的自我理想结合在一起，又不能与威胁禁止性的、施虐性的超我前身结合在一起。

因为超我整合受阻，自我就会将超我的要求和禁止投射出去。超我对自我整合的压力消失了，自我体验内疚的能力也消失了。贬低客体的倾向也会阻碍超我的整合，尤其阻碍了对来自父母意象的现实要求的正常实质性的内化；对父母意象的贬低会妨碍边缘性人格病人在超我内化形成中对所需的最重要资源的利用。

(5) 身份紊乱。

身份紊乱的主观体验通常是慢性的空虚感，对他人的知觉是肤浅而贫乏的，而且对他人尤其是对自己的知觉常常是矛盾的。这些病人身上所表现出的关于他人和自体的矛盾方面不能被整合，被认为是早期攻击性的持续作用所致。这种隔离作为一种防御作用保护好的方面，不受恨和坏的方面的污染。对自己和他人的片面看法也表现在边缘性病人没有能力用有意义和连贯一致的方式来描述他们自己。在心理治疗的会谈中，病人的语言充满了明显的矛盾性描述，行为和个人史的资料都很混乱，治疗师很难将这个人视为一个完整的人。①

**2. 边缘性人格障碍的治疗**

克恩伯格发现支持性治疗对边缘性人格病人通常是徒劳的。他们的特征防御阻碍了他们与治疗师建立起良好的工作关系。为此，克恩伯格以自己提出的整合性客体关系理论为基础，修正了标准的精神分析技术，并于20世纪90年代与其同事一道，发展出了移情焦点治疗(TFP)②。移情焦点治疗对边缘性人格组织患者的心理病理学观点概括如下：① 早年的创伤体验造成患者神经生化的变化，主要是神经递质系统的失调，从而使患者的攻击性和抑郁情绪容易被激活以及对某些刺激过度敏感。这些生物学变化铸造

① Goldstein, N. (1988). The depressive impulsive-ridden character and the core borderline personality. *American Journal of Psychotherapy*, pp. 28～39.

② Clarkin, J. F., Yeomans, F. E., Kernberg, O. F. (1999). *Psychotherapy for borderline personality*. John Wiley & Sons, Inc.

了患者的气质基础，同时在此基础上，患者与重要养育者的攻击性客体关系被内化，形成了边缘性人格障碍患者的自体和客体表象。② 边缘性人格病人的心理病理是病人早年内化而来的病态客体关系在此时此地（here-and-now）的潜意识中的重复。病人过去的潜意识冲突以内化的客体关系模式一直深植于病人的精神世界，并可以象征性地反复被激活，并会被病人体验为当前的现实。动力潜意识是心理的动机系统，该系统包含着力比多和攻击性驱力，包含着爱和恨的情感。这些动机力量与内化的客体关系整合在一起，即心理内部的自体表象与客体表象通过某种特定的情感相连结，左右着个体对外部现实的内部知觉活动。对边缘性病人而言，他们的内部表象具有特别原始的性质，他们的内部自体和客体是表象刻板的、扭曲的形象，很难与其他形象相融合。③ 投注攻击性的内化的客体关系决定了病人的心理发展固着于前俄狄浦斯期，病人主要使用分裂和投射认同等原始防御机制来保护好自体—客体不受到攻击性的损害，在心理发育过程中，逐渐形成了身份紊乱的症状。④ 在此时此地的情境中，患者重复内化的病理性客体关系，从而造成了人际关系的困难。患者的病理性的客体关系会通过移情关系在治疗中表现出来，通过治疗师对移情的处理（主要是面质、澄清和解释），患者能够整合那些分裂或投射出去的心理成分，从而获得康复。

移情焦点治疗的总目标是要促进身份紊乱向整合的方向发展，促使原始性防御机制向更高级的水平发展。实现这一总目标主要是通过帮助患者识别和修通移情情境中的原始成分，逐渐实现整合，形成正常的身份认同。为了实现这个总目标，移情焦点治疗提出了一系列系统的治疗策略、治疗战术、治疗技术等。就治疗策略而言，移情焦点治疗包括了沃廷格所概括的八种成分：[①]① 强调治疗框架的稳定性；② 相对于神经症的心理治疗而言，在对边缘性人格障碍的心理治疗过程中，治疗师的参与性更深，这对于干预边缘性人格障碍病人的现实检验、投射认同是必需的；③ 忍受病人因负移情而产生的敌意攻击；④ 通过澄清和面质，努力使病人的自我破坏行为变成自我不和谐的，且不予以满足，进而瓦解这些自我破坏行为；⑤ 使用解释技术帮助病人建立行为和情感之间的联系；⑥ 采用设置来限制病人的那些危及自己、他人及治疗的行为，进而阻断病人的冲动行为的发生；⑦ 早期就着手于此时此刻的解释工作，不要过分专注于病人过去的材料；⑧ 注意反移情反应。

---

① Waldinger, R. J. (1987). Intensive Psychodynamic Therapy with Borderline Patients: An Overview. *American Journal of psychiatry*, pp. 267～274.

克恩伯格特别提醒，在治疗中要注意移情精神病的形成。他相信这是对边缘性患者进行治疗时的一项特殊问题。“移情精神病”是指，在移情中，个体生命早期的充斥着冲突的客体关系被过早激活。它意味着彼此分裂的各种不同的自我状态，每一种自我状态代表一种强烈的、通常有问题的关系。移情精神病再现了潜意识中混乱的客体关系及儿童期的冲突，并再现了与冲突相伴随的精心建立起的防御机制，这些防御是用来保护自体不受具威胁性的过去的人际关系的影响。[①] 在强烈的移情状态中，病人产生一种分不清什么是自己的、什么是自我之外或属于别人的困惑。病人可能会产生一种强烈到会危及自我界限崩解的体验，以及随之而来的一种现实感丧失，而使病人觉得似乎他或她和治疗师的人格是可互换的体验。这就是可怕的移情精神病。在移情精神病状态中，病人无法区分幻想和现实、过去和现在，移情的对象和治疗师对病人而言是同样的，这当中可能有妄想或幻觉，病人在治疗情境之外能继续发挥其功能而不受损害。在治疗中，病人确实把治疗师当做父亲或母亲或有些分裂的自体表象。

随着对负移情和病态防御机制如投射性认同等积极主动的干预，治疗师也必须去控制病人在治疗情境中产生的移情感受付诸行动(acting out transference feelings)，即意指把对治疗师的感觉化为行为而不只是言语。如病人可能对着治疗师大声吼叫以满足其攻击需求，而那实际上是一种阻抗的形式。治疗师必须在治疗情境中建立起坚固的结构，以便协助阻断付诸行动现象，这可协助病人把其自体和治疗师区分清楚。

## 四、对克恩伯格理论的评价

### 1. 主要贡献

首先，超越传统驱力理论和客体关系理论，提出了整合性的客体关系理论。克恩伯格通过对传统和当代精神分析理论的考察，在继承克莱因、雅可布森等人的理论观点的基础上并结合自己的临床发现，提出了整合性的客体关系理论。克恩伯格的理论既保存了弗洛伊德体系中的大部分内容，又进行了创新性的整合。在性欲的作用方面，克恩伯格承认性欲的作用，但他认为性欲不再起着决定性作用，其本身的意义起源于由客体关系组成的更早更深的结构。在驱力的认识方面，克恩伯格接受了弗洛伊德的二元驱力

① Kernberg, O. F. (1975). *Borderline Conditions and Pathological Narcissism*. New York, Jason Aronson, p. 89.

概念，但这里的驱力不再是弗洛伊德所认为的起源于身体性欲区的单纯的生物学力量或能量，而是起源于儿童原始心理装备与最初所需要和期待的客体之间的整体关系之中。驱力包含着情感和客体关系成分。而情感在自体与客体表象建立联系、构成客体关系的过程中又起着重要的作用。在人格结构方面，弗洛伊德认为先有伊底，自我和超我是从伊底中发展起来的，而克恩伯格认为伊底、超我及自我都是由不同群集的内在客体关系组成的。由此可见，克恩伯格的整合性客体关系理论不仅在很大程度上改变了传统精神分析的生物决定论倾向，而且能够更好地解释更大范围的精神现象。当然，由于克恩伯格反对将驱力理论与客体关系理论完全分立的倾向，并认为客体关系概念中包含有情感因素和驱力，因此他又不同于纯粹的客体关系理论家。可以说，克恩伯格的整合性客体关系理论在某种程度上已经超越了传统精神分析理论和客体关系理论。

其次，开创性地提出系统的边缘性人格障碍理论，成为该领域的集大成者。他提出的边缘性人格组织理论既为临床工作者理解各类人格障碍的心理病理学提供了一个很好的理论框架，也能很好地解释各类人格障碍的共病问题。另外，克恩伯格的边缘性人格组织理论可以更好地帮助人们理解由早年创伤（躯体的创伤和性虐待等）所引起的人格病理（边缘性人格病理、自恋性人格病理和反社会性人格病理等）。克恩伯格从分裂防御机制入手，很有说服力地揭示了早年遭受创伤的病人的内部客体关系如何处于未代谢状态，进而发展为边缘性病理状态的机制。

第三，创立了适用于边缘性人格障碍的移情焦点疗法。在精神分析的发展史上，长期以来，大多数精神分析师都认为边缘性人格病人不是精神分析的合适对象而将其排除在精神分析治疗的大门外。克恩伯格及其同事在长期治疗边缘性人格障碍的临床实践中，通过对传统精神分析治疗技术的修正，创立了精神分析取向的心理治疗方法，即移情焦点疗法。它是一种有系统理论支撑、操作性较强、从治疗策略到治疗技术都有具体明确的指导但又不失灵活性的心理治疗方法。移情焦点疗法以分析病人在治疗关系中此时此地表现出的移情为主要的工作任务，揭示病人早年形成的病理性客体关系，以促进病人人格结构的持久变化为治疗目标，在治疗结束后病人获得的不仅仅只是症状的缓解或消失，还获得了心理组织的结构性改变。这种治疗方法明显不同于传统的精神分析方法，后者因为难以操作、治疗技术过于灵活多变而广受其他学科的批评，而移情焦点治疗较好地避免了传统精神分析的这一缺点。在某种意义上讲，移情焦点治疗不仅拓宽了精神分析的应用范围，而且还扩大了精神分析在临床治疗中的影响。

**2. 主要局限**

克恩伯格的整合性客体关系理论、边缘性人格障碍理论及移情焦点治疗也存在着一定的局限。

首先,未能实现真正意义上的整合。尽管克恩伯格宣称要实现的两个目标之一是要将弗洛伊德的驱力理论和客体关系理论整合为一体,但从他的理论核心上看,他的理论重心还是更偏向于客体关系学派。他的著作暴露出他与经典的驱力理论还是有巨大的区别。为了使经典的驱力理论适应自己的观点,他常常借用经典精神分析的术语而偷换该术语的内涵,使得该术语更多包含客体关系的色彩。如克恩伯格使用驱力这个术语,但他却认为驱力是由客体关系转换而成的,先有客体后有驱力。克恩伯格的驱力概念和经典精神分析的驱力概念几乎有着完全不同的含义。尽管我们认为克恩伯格对经典精神分析的修正是他对经典精神分析的超越的表现,但也反映了他的整合愿望背后的自相矛盾性。

其次,理论建构的推测成分较大,缺少系统的观察证据。精神分析理论家对克恩伯格最多的批评就是认为他的理论证据不足。人们期望他能像儿童精神分析家那样在对儿童进行临床观察的基础上提出自己的精神分析理论。这种批评是中肯的,因为克恩伯格的理论建构主要是来自于他对严重心理障碍的治疗经验,他的病人主要是成年人,而他的理论重点却在个体心理发展的前俄狄浦斯期,所以,他的理论更多带有思辨和推理的成分,缺乏足够的、通过对前俄狄浦斯期儿童心理发展的细致观察所得到的证据的支持。在克恩伯格的著作中,他提出这些假设后就很少提供进一步的证据来支持这些假设。这也是他的著作晦涩难懂的一个重要原因。

## 第二节　米切尔对关系理论的整合

米切尔试图寻找一种方法论来建立一种具有广泛包容性的关系模式,这种关系模式摒弃了驱力理论并能够整合各种主要的关系理论。在这个关系模式中,人不再被视为一种欲望与外在现实之间不协调、分离的实体单位,而被视为互动范畴内的人。在这个范畴内,人建立并维持与他人的联系。欲望、性欲高潮、身体体验均被看做关系的产物。因此，关系模式的建立和维持被视为体验的核心结构，并为人类体验提供了不同的分类范畴，因而是最基本的结构。

## 一、米切尔的学术生平与思想来源

### 1. 学术生平

斯蒂芬·A·米切尔(Stephen A. Mitchell，1946—2000)

斯蒂芬·A·米切尔(Stephen A. Mitchell，1946—2000)是著名的精神分析培训和督导分析师、当代精神分析关系理论的重要代表人物。他于1946年7月23日出生在美国曼哈顿。在他1岁时，全家搬到附近的新泽西州，后来又搬家到伯根菲尔德。他的外祖父母、叔叔、阿姨、表兄弟姐妹都住在附近并且经常聚会。在学生时代，米切尔是一名成功的学生、优秀的运动员和出色的钢琴家。他16岁转到霍瑞斯·曼高级中学，尽管当时竞争压力很大，但是他仍以优异的成绩获得了耶鲁大学的入学资格。在耶鲁大学，他主修了一个唯一的跨学科优秀学生奖学金项目，即“历史：艺术和文学”项目，这个项目主要探索从中世纪后期到20世纪文学的发展演变。在耶鲁大学的学习经历为他日后的学术生涯奠定了坚实的基础，并形成了宽广的视野，这成为了他日后著作的显著特点。

在以最优异的成绩毕业以后，米切尔仍未能确定未来的职业方向。他的家庭特别是他的祖父想要他成为一名关心社会公平的律师，但他违背家庭的意愿，考取耶鲁大学哲学研究生，最后决定成为一名临床精神分析师，于是进入纽约大学医学院学习。该医学院在伯尼·卡林科维茨(Bernie Kalinkowitz)教授领导下倡导一种宽泛的精神分析取向。1972—1977年，米切尔转到怀特研究所学习，他在那里先后接受了理查德·马利肯(Richard Mulliken)和米尔特·扎菲罗普劳斯(Milt Zaphiropoulos)的分析。

在经历短暂的第一次婚姻之后，1976年米切尔与玛格丽特·布莱克(Margaret Black)结婚，后育有两个女儿。布莱克是他在纽约州立精神病研究所实习期间的同事，现在是一名出色的分析师和教师，她还是纽约大学斯蒂芬·米切尔中心的主任。他们于1995年合著了《弗洛伊德及其超越》一书。在怀特研究所期间，米切尔结识了杰伊·格林伯格(Jay Greenberg)，两人于1983年合著了《精神分析理论中的客体关系》一书。这本书是他们两人学术生涯的一个转折点。两位作者在书中纵览了精神分析的发展过程，确定出了两个截然不同的传统：驱力结构取向和关系结构取向。

在1988年出版的《精神分析的关系概念：一种整合》一书中，米切尔提出了一种新的、宽泛的关系观点。其目的是对各种临床原始资料进行一种有选择性的批判与整合，同时避免正统的单一理论取向或者随意的折衷。米切尔认为，人类天生是在关系中建构的（如沙利文），由于对关系的渴求而形成强烈的依恋（如费尔贝恩），并且在关系背景中形成自体（如温尼科特、科胡特）。他认为，这个观点能够取代驱力模式，并成为理解人类性欲的新基础。同时他讨论了婴儿隐喻（mataphor of the baby）的不足以及发展—抑制模式中被忽视的冲突的重要性。这本书的出版牢牢地树立了米切尔在精神分析领域中的学术领袖地位。

1991年，米切尔与同事一起创办了一份新杂志《精神分析对话》，他们邀请来自各种理论背景的作者投稿，鼓励他们公开地辩论，并且辟出很大的版面来对已出版的论文进行评论，同时允许作者针对这些评论做出回应。这种活跃的学术气氛对杂志的成功起了很大作用。在整个20世纪90年代，米切尔还在美国和其他国家的许多城市积极帮助创办独立的精神分析培训计划。

在1993年出版的《精神分析的希望和恐惧》一书中，米切尔阐述了关于"患者需要什么"和"分析师知道什么"这两个问题的革命性观点。他吸收了后现代主义思想对现代的单一核心自体概念的批评，探究了多重对单一、真实对虚假的自体概念。此外，米切尔还出版了《精神分析的影响和自主》（1997）、《关系：从依恋到主体间性》（2000）和《能失去爱吗：不同时代浪漫的命运》（2002）等著作。

**2. 思想来源**

米切尔将他的精神分析旅程视为是一个"与其他人一起的旅程"。米切尔的精神分析思想除了受到弗洛伊德、沙利文、弗洛姆、克莱因、费尔贝恩、温尼科特、莱斯利·法伯（Leslie Farber）和埃德加·A·莱文森（Edgar A. Levenson）等人的影响之外，主要是在与同时代的精神分析学家的相互交流中逐渐发展起来的。

汉斯·洛瓦尔德（Hans Loewald）对米切尔的精神分析思想产生过重大影响。米切尔说过，最近几年，在阅读精神分析文献的过程中感受到最大的乐趣是沉浸于洛瓦尔德的著作里。[①] 他们之间的交流一直激发和推动着米

① Mitchell, S. A. (2004). My psychoanalytic journey. *Psychoanal. Inq.* vol. 24, p. 537.

切尔，在某种意义上洛瓦尔德的思想构成了米切尔思想和著作背景的一部分。他曾对洛瓦尔德的著作进行过系统的研究，在其《关系：从依恋到主体间性》一书中用两章的内容专门讨论洛瓦尔德思想。洛瓦尔德对弗洛伊德极其推崇，他的思想是通过其对弗洛伊德著作的创造性阅读和理解而形成的。因而，为了把握洛瓦尔德的著作，米切尔又反复阅读了弗洛伊德的著作。米切尔认为这种持续的循环往复的方法是保存和振兴精神分析传统的最佳途径。

米切尔在纽约大学攻读临床心理学博士学位期间接受了一位当代弗洛伊德学派治疗师的分析，同时也如饥似渴地阅读沙利文和弗洛姆的著作，并通过伯尼·费特兰(Bernie Friedland)了解了费尔贝恩和冈特里普(H. Guntrip)的思想。米切尔跟随欧文·保罗(Irving Paul)学习弗洛伊德的思想，跟随马丁·伯格曼(Martin Bergman)学习自我心理学的思想。米切尔还把海因里希·拉克尔(Heinrich Racker)关于移情和反移情的著作视为智慧的源泉，并在20世纪80年代结识了默顿·吉尔(Merton Gill)和欧文·Z·霍夫曼(Irwin Z. Hoffman)，他们两人在专业上都对米切尔产生了重要的影响。米切尔也深受托马斯·奥格登(Thomas Ogden)的进化思想的影响，认为每次阅读其著作都能感到饶有趣味、意义深远和令人鼓舞。米切尔的精神分析思想中还包含了以下一些精神分析学家的具体思想：刘易斯·阿龙(Lewis Aron)和杰伊·格林伯格主张的分析师和被分析者之间相互作用的复杂性，乔迪·戴维斯(Jody Davies)和菲尔·布朗伯格(Phil Bromberg)提出的多重的自体状态和多样化的创伤，阿德里安娜·哈里斯(Adrienne Harris)、穆里尔·迪门(Muriel Dimen)和维吉尼亚·戈德纳(Virginia Goldner)提出的普遍而微妙的性作用。这些精神分析学家的思想一起构成了米切尔整合关系模式的理论背景。

## 二、整合性关系理论

### 1. 关系模式的整合观

在《精神分析理论中的客体关系》一书中，米切尔和格林伯格在对后弗洛伊德学派的文献进行了详细审视之后，将精神分析划分为两种相互对立的观点：驱力结构模式和关系结构模式。他们认为，在过去几十年中，精神分析思想史上发生了一场革命性的变化，即关系结构模式取代了驱力结构模式并开始主导着精神分析的发展。关系模式将个体与他人的关系而不是驱力当成心理生活的基本动力。但由于关系模式是由一些彼此不承认对方贡献的心理学家所建构的，因而关系模式内部存在着各种各样的理论派别，呈现出一种分裂状态。对此，米切尔从关系概念的视角考察了各理论派别的代表人物如何确立关系在人类体验中的首要地位，进而将大部分关系模式理论分为三种基本策略：意图关系（relational by design）（如，鲍尔比、沙利文）、目的关系（relational by intent）（如，费尔贝恩、克莱因）、意含关系（relational by implication）（如，温尼科特、科胡特）。强调意图关系的理论家提供了理解自体和他人之间特定的相互作用的工具，他们不是强调自体和他人这两极，而是两者之间的空间；强调目的关系（relatedness by intent）的理论家提供了探究和理解关系场（relational field）中客体一极的工具；强调意含关系（relatedness by implication）的理论家提供了探索和理解关系场中自体一极的工具。[①]

对于关系模式内部呈现出的这种分裂状态，米切尔的态度是相当乐观的。他认为，这些关系模式理论之间存在着广泛的一致性和明显的概念交叉，它们代表了解决人类体验的关系本质这个共同难题的不同视角。米切尔认为，尽管关系模式内部的这三种主要学派都不是全面而充分的解释系统，但也不是孤立的概念体系，相反，它们以有趣且实用的方式进行相互补充，并产生互补性的解释。并且，它们提出的问题和作出的解答也不是二择一式的观点，而是体现了彼此都承认的相同景象（scene）的不同角度。因此，关系模式内部的这三种主要学派是可以进行整合的。于是，米切尔提出了关系基质（relational matrix）这个术语来整合关系模式内部的这三种主要流派。他认为，关系基质的内容包含自体、客体和两者相互作用的方式，且这些维度相互交织，编织成被分析者的主观体验和心理世界；同时，关系基质也包含着二极性：内心与人际、生物与社会、内部世界与外部世界、冲突与发展—抑制、俄狄浦斯与前俄狄浦斯、心理事实与客观事实，等等。因此，“关系基质”能够超越将诸如人际和内心等概念对立的不当倾向，这种倾向似乎意味着强调任何一边就必然要否定或者削弱另一边。可见，关系模式内部的这三种主要学派分别强调了关系基质的三个不同维度，它们可以在关系基质范畴内进行整合。为了更加直观地阐释这种整合观，米切尔使用了一个生动的比喻，即将自体意识比喻为皮肤、客体联系比喻为骨骼、相互作用的典型方式比喻为肌肉，身体的这些不同要素同时且相互依赖地维持着人类的生理存在。同样地，关系基质的这些不同维度也相互依赖、相互作用，

① Mitchell, S. A. (1988). *Relational concepts in psychoanalysis: an integration*. Cambridge, MA: Harvard University Press, pp. 20～31.

从而构成个人的主观体验和心理世界，同时它们也是分析询问（analytic inquiry）必不可少的方面。根据这种观点，人类同时是自体调节（self regulating）和场调节（field regulating）的。但是，自体以及自体与他人关系之间的辩证逻辑却是错综复杂的，因为任何一方可能会在某个时间显得更加重要。所以，自体调节和场调节有时是相互加强的，有时却是相互竞争的，从而构成了强烈冲突的基础。心理内部和人际关系是持续相互渗透的领域，每一方都具有一套过程、机制和关注中心。

米切尔认为，关系基质是一种解释临床资料的组织原则。作为一种组织原则，关系基质与驱力概念形成鲜明的对比，后者是经典模式的组织原则。二者都处理临床资料，但是以不同的观点来组织、处理和解释临床资料。在经典模式中，驱力被界定为"一种驱使心灵运作的需求"①，成为驱动整个心灵装备的动机能量。性或攻击驱力成为首要能量，并且连接着人类过去的动物性。米切尔将之称为"野兽的隐喻"（metaphor of the beast）。

米切尔和格林伯格认为，驱力模式和关系模式都是能够完善地解释人类体验的所有维度的解释系统，但是，这两种模式却基于不同的假设。那么，驱力与关系基质能够进行整合吗？从历史上看，已有几种方法试图弥合这两种模式之间的差异。米切尔总结了三种整合策略。第一种策略即松散建构（loose constructions）策略。在驱力理论看来，关系基质是重复累赘的，因为关系基质一直是驱力模式所固有的，因而没有必要对它进行专门的阐释，这种主张以洛瓦尔德为代表。米切尔认为，这种策略基于这样的设想——即继续沿用弗洛伊德的原初语言确实能够保留这些语言所蕴含的原初意思的某些成分，因此，主张这种策略的理论家一方面彻底地重新界定原初概念，另一方面继续坚持着这些原初概念的所有含义和属性。米切尔认为，他们为了维持对弗洛伊德观点的忠诚，只能在模糊的聚焦（focus）下阐释新的意思，因而具有牺牲清晰性的危险。第二种策略即模式混合（model mixing）策略。关系模式解释是驱力模式解释的自然延伸，这种主张以克恩伯格和派因（Pine）为代表。克恩伯格认为，驱力和客体关系形成了一系列不同的发展现象，这些发展现象在儿童期的不同关键点呈现出来，对这些发展现象的妨碍会导致各种心理病理。根据这种观点，依恋、分离和自己相对于他人的位置等问题，不是贯穿于生活、为性和攻击体验提供意义的基本心理

① Freud, S. (1957). *Three essays on the theory of sexuality*. In J. Strachey (ed. and trans.). *The standard edition of the complete psychological works of Sigmund Freud* (vol. 7, pp. 125～245). London: Hogarth, p. 168. (Original work published 1905).

动力问题，而是它们优先于那些来自于伊底、自我和超我之间的性欲冲突和攻击冲突。派因则把驱力和客体关系看做是人类体验的不同维度，前者是关于身体的“驱力”，后者是关于人际的依恋。米切尔认为，模式混合策略中的这两种主要取向都包含了一种分层(layering)过程。它们不是将驱力模式和关系模式视为完善的解释系统，即每一种模式都能解释所有的人类体验，而是将每一种理论都压缩为对部分人类体验的解释，即要么在水平层面上包含特定发展的重要时期，要么在垂直层面上包含跨越重要发展时期的特定欲望和需求。米切尔认为，模式混合策略是一种误导，它在模式混合之前就已经改变了原初模式，因此降低了每种系统的解释效力，同时也混淆了模式之间的区别。第三种策略主张驱力模式和关系模式在本质上完全对立，而且概念也不相容。根据这种观点，将驱力和关系模式解释进行并列和混合容易让人产生混淆，其结果不仅不能让混合物中的任何一个组成部分得到完善，反而产生了一种根本无法向前发展的畸形混合物。弗洛伊德本人也试图整合驱力和关系，只不过他为了其理论的完整和统一而有意回避关系概念，单独强调驱力系统，并在此基础上建构了驱力理论。米切尔也选择了第三种策略，但采取了与弗洛伊德完全相反的做法，即在摒弃驱力概念的前提下将关系模式理论中的各个主要学派整合成一个广泛的、整合的理论取向，即一种整合的纯关系模式。米切尔认为，他不是要将两种不一致的观点生硬地结合起来，而是将来源于互动的关系模式中的各主要精神分析学派结合起来。因此，强调“心理内部”、身体体验或者“一个人”(one-person)的心理学都可以在这个整合的纯关系模式中找到一个重要的地位，它们并不是脱离于关系而是来源于相互作用场(the interactional field)①。在摒弃驱力概念的同时，米切尔也意识到，选择一种模式而放弃另一种模式时需要抛弃的是理论结构而不是临床资料或者体验。总之，在互动的关系理论内部，对经典传统思想的临床贡献进行根本性的重塑，可以保留其丰富性(richness)和反响性(resonances)。从长远看来，比起只在语义学上保留“驱力”的松散解释策略，或者由于增加其他不相容的理论而限制了其本身对重要领域的解释范围的模式混合策略，这是一种更加经济和有效的理论建构原则。

米切尔是在一个广泛的范式意义上使用关系基质这个概念的。这种观点认为，所有的意义都产生于关系，没有什么东西是天生的。心理是由关系

① Mitchell, S. A. (1988). *Relational concepts in psychoanalysis: an integration*. Cambridge, MA: Harvard University Press, p. 61.

形态(relational configurations)构成的。人类的真正本质是寻找各种各样的联系,而不管这些联系是为了安全、合并、愉快或者依赖。人类形成并根植于关系基质和相互作用场,在这个场中,个体努力去建立与他人的联系、维持这种联系或者分化其自身。在关系模式中,研究的基本单位不是一个欲望与外部现实相冲突的个体,而是相互作用场。个体的欲望、性高潮和身体的体验都要在关系背景中进行考察。在整合各种关系模式理论的同时,米切尔也运用这一整合性的纯关系模式来审视一些精神分析研究的重要领域,例如性、幼稚行为、自体和自恋等。

**2. 重要主题**

(1) 性。

米切尔在关系范畴内审视了精神分析理论的一些核心概念。他首先考察了性。弗洛伊德将性与驱力结合在一起,而放弃了性与其客体之间的联系。米切尔却将性与驱力进行剥离,使性不再具有驱力的性质,而只是关系基质的一种反应或功能。米切尔认为,驱力模式将性本能的引导和控制视为人格的核心;关系模式却将关系的建立和维持解释为体验的核心部分,性被解释为互动范畴内的反应、表达或行动。这两种模式是以不同的方式来组织和解释临床资料的。驱力模式非常重视个体内部的野兽隐喻,将性的本质问题和我们过去的动物性的前人类遗迹联系起来,放弃了性与其客体之间的联系。与此相反,关系模式加强和扩展了性欲与其客体之间的联系,并指出性为关系形态(relational configurations)的建立和维持提供了途径。性成为了关系冲突形成和释放的领域。

米切尔将关系模式中的性理论分成了两个派别:其中一派强调"个体与他人的联系以及这种联系是如何建立和维持的"(客体关系理论);另一派则强调"自体连续性(self-continuity)和同一性(identity)的保持"(自体心理学)。[1] 与驱力模式忽视性与客体之间的联系不同,客体关系理论强调和扩展了性与其客体之间的联系,并指出性为关系形态的建立和维持提供了一种途径;自体心理学则主要强调了"性在塑造和维持自体感或者认同感中的作用"[2],认为性不再是人格的核心,同一感和连续感的维持是人类最迫切关注的事情,性体验只有融入维持同一感和连续感的任务中才能获得它们的

---

① Mitchell, S. A. (1988). *Relational concepts in psychoanalysis: an integration*. Cambridge, MA: Harvard University Press, p. 94.

② Mitchell, S. A. (1988). *Relational concepts in psychoanalysis: an integration*. Cambridge, MA: Harvard University Press, p. 99.

意义和重要性。米切尔认为,前者强调的是关系基质的客体一极,而后者强调的是关系基质的自体一极,两者可以相互补充,并且两者在临床上都同样富有意义。因此,"如果性不是源于内部的一个强有力、危险、前结构(pre-constituted)的推动力,而是相互作用范畴中的一个反应或行动,那么性就变成了关系基质(relational matrix)的一个功能或表达"①。所以在米切尔看来,关系基质才是体验的主要组织者,而性就其本身而言只是它的一个功能而已。

接着,米切尔考察了性是如何成为体验和表达的一般关系主题的工具。他认为,性的主要内涵来源于三个基本的关系:寻找(search)、放弃(surrender)和逃避(escape)。当性接近亲密时,即一种对开放的情感交流的非仪式化的寻找时,一个人就将自己放在另一个人的手里,因此,性在亲密关系中扮演着核心角色。更确切地说,"关系的建立和维持是根本目的,而强烈愉悦和情感反应的相互交流可能是寻找、建立、丧失和恢复情感联系与亲密的最有力媒介"②。

不能维持对另一个人的欲望是贯穿于整个心理病理的一条共同主线。他人能够提供限制性的可利用性和满足,因而被体验为非常的有影响力,同时也是非常的危险。为了消除这种正处于他人怜悯之中的意识,人们将迫切的需求归因于自己的性欲望。"性以爱的名义被需求,所以它的缺乏会被体验为背叛和羞辱。性的缺乏以性压力的形式被体验到,此时更需要处理的是焦虑而不是唤醒。性的释放并不是以紧张减弱的形式被体验到的,而是被体验为极力地寻求针对抛弃和背叛的保证。"③

因此,关系范畴中的性变成了人际的竞技场:如果我需要你,你会在那里吗?你将满足我或者耗尽和利用我呢?如果我保持而没有转移或者削弱对你的欲望,欲望的满足将会比痛苦和失望更有价值吗?手淫是针对此类困境的一种逃脱途径。手淫是自我唤起和自我满足的一种形式,自体通过它得到安慰,而蕴含其中的人际信息则是"我既能唤起我自己也能满足我自己,我可以调节我自己的欲望从而独立于你的可利用性和易接近性"④。而

① Mitchell, S. A. (1988). *Relational concepts in psychoanalysis: an integration*. Cambridge, MA: Harvard University Press, p. 89.

② Mitchell, S. A. (1988). *Relational concepts in psychoanalysis: an integration*. Cambridge, MA: Harvard University Press, p. 107.

③ Mitchell, S. A. (1988). *Relational concepts in psychoanalysis: an integration*. Cambridge, MA: Harvard University Press, p. 108.

④ Mitchell, S. A. (1988). *Relational concepts in psychoanalysis: an integration*. Cambridge, MA: Harvard University Press, p. 94.

强迫性手淫则是对强烈的人际脆弱感的一种焦虑及其解决方式，只不过它是以身体的形式被体验到。

米切尔认为，各式各样的性体现了一系列不同类型的自体组织和客体关系。其中，最丰富、最完整的性体验包含了各种关系主题，并对包含（involvement）和分离（detachment）、调解（accommodation）和挑衅（defiance）、寻找（search）和发现（discovery）等人际的戏剧化场面（interpersonal drama）持有开放的态度；相反地，在性的精神病理学中，单一的关系主题占支配地位。可见，性体验及其在心理病理中起关键作用的核心来自于互动和关系方面的内涵。总之，米切尔认为，关系基质并没有贬低性的核心作用，而只是以一种不同于驱力模式的方式来说明这种核心作用，在一个互动的关系范畴内看待性，性的重要性能够得到更多的重视和更加准确的理解。

（2）幼稚行为。

幼稚行为是关系模式的一个重要领域，涉及到早期发展在个体塑造过程中的重要作用，特别是婴幼儿期的困扰性体验在成年心理病理中的作用。关系模式将关系的追求和维持视为基本的动机推力，并认为关系在生命周期中采取了不同的形式，但是婴儿与抚育者之间的早期关系是后期关系的前身，是更复杂的关系的先兆。“与抚育者的最早期关系中出现的障碍严重地妨碍了后继的关系，并且是产生日后心理病理的一个预先倾向因素。”①米切尔将这种观点称为发展—抑制模式（developmental-arrest model），他在对其进行详细论述的基础上形成了自己的发展观——即互动的发展连续性观点。

在关系模式中，那些被米切尔称为发展—抑制模式的理论家们以发展受阻来解释发展的连续性，将神经症视为停滞、中断的发展，认为成年患者被固着于早期发展的某个阶段，正在等待能够促使其进一步发展的人际条件；而被剥夺的早期体验和父母的失败在成人的心理病理中起到了决定性作用。根据这种观点，分析师要成为好的客体，然后进入早期的环境失败，给患者提供其在婴儿时期所错过的体验和需要。米切尔不同意这种过分重视生命早期阶段的观点。他认为，早期冲突尤其是关系冲突，如融合与分离、依赖与独立，是贯穿整个生命周期的；生命后期出现的困难，通常不是生命早期剥夺或问题的直接产物，而是一种早期体验的影响与对后来压力和冲突的反应的复杂结合；而且有证据表明，那些来自于剥夺性背景的儿童

① Mitchell, S. A. (1988). *Relational concepts in psychoanalysis: an integration*. Cambridge, MA: Harvard University Press, p. 169.

(如,战争难民中的孤儿或者受虐待的儿童)尽管遭受到各种各样的困难,但如果能够被及时地转移到正常的家庭,那么他们仍然能够继续健康地成长,这说明最早的体验对个体发展不具有决定性作用。况且,双亲的限制和剥夺也并非专门针对某个发展阶段,它可能出现于生命的各个阶段并持续更长的时间。但米切尔并不否认早期经验的重要性,因为他认为早期经验是家庭互动方式的最早表现,并以不同的方式、在不同的发展阶段不断地加以重复;同时他还认为"幼稚行为"是重要的,因为它涉及婴幼儿期所体验到的早期困扰在成人期的冲突中再现这一核心问题。因此,米切尔认为,我们应该将了解过去作为理解现在的基础,并以此来了解患者如何处理现在的问题以及为什么要处理。

米切尔认为,一些主张发展—跷跷板(developmental-tilt)观点的理论家,如温尼科特、科胡特和玛勒,通过强调两个临床要点即"将冲突的重要性最小化的倾向和将被分析者描述为完全消极的倾向"[①]而扭曲了关系模式。这些凭借发展—跷跷板来提出关系问题的发展—抑制理论家,不仅认为关系问题发生于生命的更早时期,并且将它们视为非冲突(nonconflictual)或前冲突(preconflictual)的;在他们看来,患者是消极、分离和受害的人,心理病理是一种剥夺的直接后果,是一种"环境的失败"。米切尔不同意这种观点,因为"冲突是关系所固有的"[②]。他认为,将被分析者视为一个被抛弃、被剥夺、分离的婴儿的观点极度轻视了心理的互动特性,这种特性是与当前的人际互动现实相对应的;同时,也忽略了被分析者正试图沿着他认为是最可取的方式来塑造他的当前关系,包括他与分析师的关系。[③] 米切尔认为,被分析者在心理病理中的作用是更加积极的,我们都不是经验的消极牺牲品,而是关系世界中冲突的互动模式的积极创造者和忠实保存者;心理病理的产生不在于一般婴儿需要的剥夺,而在于后来儿童和成人为了建立和维持与重要他人的联系以及为了寻求熟悉、安全和联系的感觉而对早期体验、记忆和幻想的使用。[④] 米切尔在批判性地分析了发展—抑制理论和发展—跷跷板理论的基础上,提出既关注父母特征的关键性影响也重视被分析者的

① Mitchell, S. A. (1988). *Relational concepts in psychoanalysis: an integration*. Cambridge, MA: Harvard University Press, p. 158.

② Mitchell, S. A. (1988). *Relational concepts in psychoanalysis: an integration*. Cambridge, MA: Harvard University Press, p. 160.

③ Mitchell, S. A. (1988). *Relational concepts in psychoanalysis: an integration*. Cambridge, MA: Harvard University Press, p. 162.

④ Mitchell, S. A. (1988). *Relational concepts in psychoanalysis: an integration*. Cambridge, MA: Harvard University Press, p. 172.

积极作用的整合的关系—冲突模式（relational-conflict model）。这种模式认为，个体的发展是贯穿整个生命周期的，发展过程是一个互动的过程，因而也是一种纯粹的关系模式。

（3）自体。

自体是精神分析文献中的一个核心概念。米切尔发现，精神分析文献中存在两种考察自体的方法：以空间隐喻（spatial metaphar）为基础的自体模式和以时间隐喻（temporal metaphar）为基础的自体模式，这两种自体模式处于一种创造性的紧张状态之中。在空间隐喻中，自体是分层的、单一的和连续的；在时间隐喻里，自体是多重的和不连续的。空间隐喻表明，心理在某种意义上是一个空间，而由部分或结构组成的自体是位于那个空间的某种事物；时间隐喻则表明，自体是个体随着时间在做和体验的事物，而不是存在于某处的某种事物，自体还涉及到意义的主观组织。①

米切尔认为，客体关系理论中的自体模式重点强调了自体的多重性和不连续性。在这种自体模式中，自体体验是不连续的，不同的自体组织是围绕着不同的自体和客体意象而形成的，并来自于不同的关系模式。个体是这些相互重叠的复杂组织的合成物。个体通过连续性、统一性的幻想和主观感觉使不连续的自体体验变得流畅。据此，我们可以根据自体的重要观点之间的分离程度来确定和测量心理病理。因此，客体关系理论的所谓冲突是指对立的、不一致的自体组织与自体—他人关系之间的冲突。在客体关系理论看来，“我”(I)具有可变的内容，包含不同的亚组织，是变化的。但是米切尔认为，除了变化的“我”(I)之外，仍然存在一个不随时间和主观状态的变化而变化的自体感。他将这种持久的自体感称为“我自己”(myself)，并赋予它特定的内容。主观体验的连续性是这种自体感的核心。整合与单一的品质是区分正常人格与多重人格的重要特征，多重人格没有主观体验的连续性。“我”(I)通过组织体验不断地从工作的环境中产生意义，意义的内容可以发生变化；但是，我们可以将今天的“我”(I)体验为那个产生主观体验的、昨天和前天的“我”(I)的延续。

不过，大多数理论家都凭借空间隐喻和意象从自体的表面特征确定出本质，并以此作为思考真正或者核心自体的方法。在他们看来，自体的核心是自体在社会中所做的表面适应的基础，因而自体具有一个不变的核心。但在时间隐喻中，自体没有固定的核心（fixed core），只有许多不同的运作方

① Michael，ST. Clair & Jodie Wigren(2004). *Object relations and self psychology: an introduction*. Toronto: Brooks/Cole——Thomson Learning，p. 176.

式(ways of operating),在此,寻找自体核心意味着辨别个体体验的真实程度。在日常生活中,我们具有各种各样的自体体验。米切尔认为,当代精神分析的关键问题似乎是个人体验和自体表达的真实性(authenticity)与意义性,因而用时间维度来考察自体可能是解决辨别个人体验真实程度这个重要主题的一种更加有用的方法。真实性与不真实性(inauthenticity)之间的关键区别在于我所感和我所做之间的关系,而不在于我所感或我所做的特定内容。谈论真实性对不真实性或者真实体验对虚假体验,是以一种谈论真实或虚假自体或者"核心"或"真正"自体所不能达到的方式,将我们从空间隐喻中释放出来。①

那么究竟是接受自体的空间隐喻还是时间隐喻呢?米切尔没有接受这个问题的任何一个结构,他将自体想象成是像电影胶片一样地运作,即具体、不连续的图片一起运转就能够产生非常连续和整体的景象。当然,对于胶片和自体来说,"运动"和连续的体验都只是一种幻觉。这个"幻觉"在产生一种更大的、"移动的"、与具体图像的简单总和完全不一样的景象时,也产生了一种强烈的、丰富的主观体验。每一个画面既是一个具体的、不连续的图像,也是一个更大的连续过程的一个单位。② 总之,用时空的维度去思考自体,会使我们有一种比较丰富的体验自己的能力。

米切尔认为,许多关于自体的个人体验都指向了过去与他人的互动,包括我们用来表达自己的策略和语言。在米切尔看来,即使是最私密和个人的体验也是与他人密切相关的,因为我们是通过他人而形成自体的,即所谓的"自体"主要是通过与别人对立和建立关系而被定义和体验的。那些基于安全的考虑而难以与他人分享的体验经常通过生动的隐喻表达出来,这些隐喻组织着各种自体观并经常以互补配对的形式出现;并且这些体验自体的方式反映了过去和现在之间的一种特殊关系。例如,受伤(damaged)自体的隐喻就表明了被过去的事件以某种方式所创伤(traumatized)、伤残(crippled)、剥夺(deprived)、伤害(wounded)、掏空(emptied)的体验。事实上,这些隐喻应该被看成是互动环境中的组织性隐喻,充当着联系他人的途径,并可以被用来解释联系一旦建立起来又是如何维持的。因此,在米切尔看来,心理病理可能意味着受困于适应不良的关系基质之中,具有反复人际关系障碍的患者可能陷入了与施虐狂、孤僻或者剥夺的他人的消极关系之中,而

① Michael, ST. Clair & Jodie Wigren(2004). *Object relations and self psychology: an introduction*. Toronto: Brooks/Cole——Thomson Learning, p. 178.

② Aron, L. (2003). Clinical outbursts and theoretical breakthroughs: a unifying theme in the work of Stephen A. Mitchell. *Psychoanalytic Dialogues*, 13(2): p. 278.

治疗则是发现、探索和命名隐喻所蕴含的自体观点和心理状态的一种合作性努力。米切尔认为，嵌入(embeddedness)是人类体验所特有的，人是在与他人的具体互动过程中成为人的。自体组织变成了人格，依恋变成了对他人群体的归属感，相互作用模式变成了人际安全感的基础。

(4) 自恋。

自恋是许多精神分析理论都涉足的一个领域，也是一个存在激烈争论的领域。米切尔发现，在精神分析文献中存在两种对立的自恋观点，即作为防御性的自恋与作为创造性和成长性的自恋。

米切尔认为，正统精神分析理论、弗洛伊德式的自我心理学和人际关系精神分析理论对于自恋幻想的临床现象都有一个本质上相似的观点，即将自恋认为是一种针对挫折、分离、攻击、依赖以及失望的退行性防御；关于自体或分析师的移情性幻想必须得到解释，它们的非现实性必须被指出，它们的防御目的必须被限定。① 但是，近年来以温尼科特和科胡特为代表的发展—抑制模式认为，自恋是自体的核心和创造性的最深层次源泉。温尼科特认为，自恋既不是防御也不是阻碍，患者对他自身和分析师的迷恋反映了患者的受阻自体正在发展的边界。温尼科特认为，够好的母亲所提供的促进性环境能够使婴儿以为他的欲望创造了他的欲望客体。主观全能感是够好的母亲提供给儿童的促进性环境的一部分，儿童的父母允许儿童的主观全能感存在于过渡阶段；而过渡性客体如儿童的玩具熊，存在于儿童的主观全能感和客观现实之间的边界上。温尼科特还认为，健康是一种可以进行游戏的能力，健康的儿童能够在更苛刻的客观现实与自我专注和主观全能感的模棱两可之间自由地来回移动。据此，温尼科特将治疗情境视为关键的发展体验和缺失的父母功能的满足，治疗师提供了一种在婴儿期所缺失的支持性环境和一种新生，即关键的自我需要得到满足，从而冻结、中断的自体能够重新苏醒并继续发展。科胡特则扩展了温尼科特的自恋理论，提出了两种移情形式——反映性移情和理想化移情。在反映性移情中，患者以过分夸大的形式来体验自身并要求分析师做出反映性反应以避免自体的解体；在理想化移情中，患者以过分崇拜的形式来体验分析师并要求分析师允许这种理想化以避免自体的解体。科胡特认为，自恋幻想在分析情境中的出现代表了患者试图建立关键的发展机会，即一种在儿童时期未能达到的“自体—客体”(self-object)关系；自恋幻想并非是针对现实的一种防御性

① Mitchell, S. A. (1988). *Relational concepts in psychoanalysis: an integration*. Cambridge, MA: Harvard University Press, pp. 186～187.

退行，而是受阻的发展过程正在形成的边界，这种发展过程是由于父母未能允许儿童维持夸大和理想化的幻想体验而形成的；因而自恋幻想在分析关系中的出现为自体的新生提供了一个脆弱的机会。① 当治疗师接纳并培育这种幻想时，患者的正常发展过程就能得到恢复和继续。

米切尔认为，将自恋幻想作为防御的传统理论和将自恋幻想作为自体核心的发展—抑制理论都具有一元论的假设：前者过分强调了自恋的防御特征而忽视了其在健康、创造性以及巩固与他人的重要关系方面的重要作用；后者强调自恋的促进成长(growth-enhancing)功能而忽略了它也可以限制和干扰被分析者与他人的真正联系，包括与分析师的联系。米切尔认为，无论将自恋看成是防御的还是促进成长的，都只强调了自恋幻想的固有性质而忽略了其在维持整合的人际关系以及与重要客体的幻想性联系中的关键作用。因此，米切尔主张，应该思考自恋幻想在维持和延续被分析者关系基质中的互动作用。自恋幻想既不应该仅仅被理解为一种对内部心理结构损伤的防御，也不应该仅仅被理解为儿童生活的呈现，而应该被理解为一种互动方式。根据这种观点，夸大和理想化有时候发挥着防御作用，有时候代表着没有完成的需要。但在整个生命周期中，自恋幻想在维持人际关系的固定模式和与重要他人的幻想性联系方面起到了重要作用。

米切尔通过思考自恋幻想在维持和延续患者关系基质中的互动作用，来寻求一种包含经典理论和各种现代理论的临床资料的整合的关系取向。以夸大幻想为中心来整合与他人关系的患者寻求赞赏者而抛弃非赞赏者，以理想化他人为中心来整合其关系的患者认为，必须将自己与能够提供安全和保护的理想人物联系起来。米切尔认为，这些围绕他人的赞赏和理想化而建构起来的不对称关系充当着在家庭中形成和维持最亲密的可能联系的手段。米切尔还认为，人在整个生命周期都会产生各种类型的自恋幻想，这些自恋幻想采取了高度评价自己的特质、迷恋自己喜欢的他人的特质、幻想与所爱的人完美结合等形式。健康的个体有时也能够体验到严重夸大的情感和幻想，但在健康自恋中，个体能够维持幻想和现实之间的平衡。相反地，在病态自恋中，幻想被过度地持有，现实让位于某些理想化的虚构。因此，米切尔指出，自恋的心理病理不在于自恋幻想的内容，而在于个体对待这些心理内容的态度。那些能够在幻想和现实之间保持平衡的儿童在其发展过程中，他们的父母既能够用游戏的幻想也能够用现实的限制来适当地

---

① Mitchell, S. A. (1988). *Relational concepts in psychoanalysis: an integration*. Cambridge, MA: Harvard University Press, p. 190.

体验儿童和自身。因而，儿童能够产生和享受关于自身和他人的幻想，并在面对失望的时候放弃；并且，新的幻想能够持续产生和消失。但是在病态自恋的产生过程中，过高评价和无边界的幻想被过分地持有和坚持。在某些障碍中，幻想被积极主动且有意识地维持着，即为了迷恋某种自我提高和理想化的虚构而放弃现实。

但是病态自恋也具有互动的特征，因为自恋障碍是在重要关系塑造性格的过程中，幻想与现实的相互作用出现障碍时发生的。健康的父母在与儿童互动的过程中，能够在注意现实的前提下对幻想保持游戏的态度。然而某些父母却过分地专注于自恋幻想，并将他们自己的价值感和安全感都依附在这些幻想上面。这种对幻想上瘾的父母提供给儿童的关系类型也具有此类特征。这种联系特征不仅存在于婴儿期，而且还通过儿童期进入成人期。因此，对幻想上瘾的父母的孩子学会了那些只能导致其陷入自恋困境的接触方式。儿童将这种接触方式当成是对不接触的唯一可能的替代方式。

为了让患者达到幻想和现实之间的平衡并能把这两个领域结合起来，米切尔将互动思想应用到临床情境。米切尔认为，自恋幻想不仅仅是对内部心理伤害的一种防御性的解决方法，也不仅仅是婴儿心理生活的一种发展，而且是一种与他人分享的互动形式。根据这种观点，夸大和理想化幻想有时代表着防御，有时代表着未完成的发展需要，但是当它们以一种机械重复的形式在治疗情境中反复出现的时候，它们就代表着一种开场白，一种对特定形式互动的邀请。此时，患者需要来自于治疗师的某种参与以便完成一个旧的客体联系。而且，将自恋幻想看成邀请，也意味着需要以一种不同的方式来看待治疗师的反应。于是，米切尔提出了一种处于同谋和挑战之间、反映了游戏性意愿的治疗方法，这种治疗方法与理想父母对儿童幻想的反应类型相似，即父母在接纳儿童对其自身和父母的幻想的同时，仍然维持着一种轻度的接触(light touch)。治疗师对患者的移情性开场白的反应体现了他对游戏性参与的相同类型的开放。

### 三、心理治疗观

米切尔认为，精神分析理论的进步、我们对知识客观性看法的改变以及患者的变化已经导致一个与弗洛伊德时代完全不同的精神分析治疗观。患者的症状是与其所处的时代和文化相对应的，当代治疗师面临的临床问题不再是弗洛伊德时代所特有的稀奇古怪的癔病症状，而是空虚、不真实感、无意义、维持关系的困难、虚假自我和枯竭自我等问题。弗洛伊德的精神分析理论为理解人类心理结构提供了蓝图，但在米切尔看来，过去 10 年到 15 年内的理论进步已经产生了一个关于治疗师能够知道动机、心理结构和情绪生活发展的信任危机，新思想更加强调了体验的复杂性和模糊性。这种思想从根本上重新界定了精神分析思想和精神分析学科的性质。同时，当代世界也降低了对理性的期待，转而更加重视体验；知识被认为是多元和基于语境的，而不是唯一的、统一的和独立的。与这种思潮相对应，现代精神分析采取了与弗洛伊德不同的治疗观，并且分裂为各式各样的理论学派，但在米切尔看来，这些学派之间不仅没有概念上的障碍，而且可以相互补充并整合成一个针对临床实践的完整理论框架。米切尔认为，理论学派的多样性表明已经不存在揭示人类心理真相的唯一且权威的方法。这种理论的多样性也使我们意识到，治疗师不能知道所有真相，他只能知道众多可能真相中的一个。因此，好的治疗不是将治疗师的观点强加给患者，而是一个互动的倾听过程，在这个过程中，患者的观点能够得到发展。

既然治疗是一个互动过程，那么在治疗情境中，治疗师就必须注意事件对于患者的意义以及患者如何以其富有意义的方式来组织体验。“患者需要什么”这个问题的转变，使得患者的自体体验的改变和恢复成为治疗的核心。此时，患者所需要的不是理性地重新运作(rational reworking)无意识的婴儿期幻想，不是客观的理解，而是一个促进性的人类环境，在这个环境中患者能够发展出一个更加真实的认同感和自体感。因此，治疗师要更加重视对患者主观心理事实的接纳、包容、反映和支持，而不是理性的理解、领悟和解释。

针对“治疗师知道什么”与“治疗如何产生意义和培育真实体验”，米切尔提出，治疗过程是植根于治疗师个人体验的互动和建构，治疗师不再是一面镜子或者一个无生命的客体，而是一个产生意义的主体；治疗是一个高度个人化的人际互动过程，即两种观点和主观性的相遇；治疗师知道一系列关于心理如何运作和经验如何被建构的思考方式，而且可以对患者的婴儿般需要给予某种形式的满足以及向患者提供其在早期发展所缺失的东西。[①] 这种抚慰与共情有助于在治疗中形成一个安全的港湾，患者可在其中发展出一种可靠、真实而富有意义的个人体验。康复是通过治疗关系的作用而实现的。随着强调关系对治疗的作用，治疗关系越来越被理解为一种真实

① Michael, ST. Clair & Jodie Wigren(2004). *Object relations and self psychology: an introduction*. Toronto: Brooks/Cole——Thomson Learning, pp. 184～186.

关系，这与弗洛伊德仅仅将患者与治疗师的关系看成是过去关系的再现的观点截然不同。

治疗师知道的不仅是一系列治疗概念，还有他自身的体验。在建构主义者（constructivist）看来，每个人只能通过体验来认识自身以外的事实，并且个体是根据理想、愿望（wishes）和文化假设来组织其体验的。可见，治疗师不能直接地掌握患者的体验，而只能凭借自身的体验，所以应该将注意力放在治疗师的心境、情感和幻想上，这是进入患者体验和关系的一条途径。①因此，治疗师要重视其自身的体验。

弗洛伊德学派的治疗师追求清晰理解和领悟，而现代治疗师则强调体验的丰富性和意义性，并且对模糊和混乱有着极大的容忍度。治疗的目标是培养患者产生真实、重要和与众不同的体验能力，而不是清晰的理解。对此，米切尔不是要否认领悟、无意识幻想的表达的重要性，而是认为治疗的首要目标不再是对本能的控制，而是建立安全的人际环境；在这个环境中，个体体验能够被表达、扩展和丰富，而不是根据某些理性的客观蓝图或标准而加以纠正。②

米切尔认为，患者与幻想的意象（images）和存在的事物（presences）所建立的不健康关系似乎能够给他们提供某种安全和联系，因而，他将心理病理理解为患者主动而故意地持有适应不良的关系模式。进而，他指出治疗是一个相互作用场，在这个场中患者与作为好的客体的治疗师建立起一种新型的关系，这种关系可以用来挑战先前的不健康关系——即与治疗师的关系给患者提供了沿着新的路线来依恋他人的可能性。根据这种观点，患者是带着狭隘的关系基质进入治疗的，他们通过投射，通过激活熟悉的、局限的和旧的关系来与他人建立关系；他们倾向于沿着旧的路线去体验所有重要的关系，也包括与治疗师的新关系。所以，心理治疗的核心步骤就是帮助患者冲破这种封闭的系统，放弃与这些关系的联系，从而能对新的、丰富的关系开放。

发展—跷跷板模式过分地强调矫正过去的忽视和有害缺陷，米切尔不想继续强调这种退行的特性。在他看来，患者需要在当下变得丰富起来，治疗是向患者提供了一种更加丰富和复杂的成人水平的亲密。而且，关系的需要也不仅仅来自于儿童最早期的退行、共生的欲望。

---

① Michael, ST. Clair & Jodie Wigren(2004). *Object relations and psychology: an introduction*, Toronto: Brooks/Cole——Thomson Learning, p. 186.

② Michael, ST. Clair & Jodie Wigren(2004). *Object relations and psychology: an introduction*, Toronto: Brooks/Cole——Thomson Learning, p. 186.

总之，现代治疗师不断地降低其在治疗过程中的权威性，转而更加重视患者的需要，治疗过程中的关系和互动逐渐成为了现代精神分析的核心特质；同时，治疗师在治疗过程中也采用了积极主动原则，而不是经典理论中的节制原则。

## 四、对米切尔理论的评价

首先，在方法论方面的贡献。米切尔在突破重大理论和临床僵持中形成了富有特色且行之有效的方法论策略。在解决理论纠纷中，米切尔首先向读者呈现了解决同一问题的两种对立的方法，然后在另一个不同的抽象水平上检查这些方法，并以此来展示如何找到第三种可供选择的方法——这个方法能够缓解前两种方法之间的紧张状态。这个策略已经成为米切尔建构理论概念的典型方法论。同样地，在治疗出现僵局的时候，米切尔所采取的策略是容忍、保持、确定和沉浸于此僵局之中，直到他能释放想象和发现自己；然后沿着这种状态前进，直至发现第三条道路。① 这种方法论策略是米切尔的整合性关系模式的核心。

其次，在理论建构方面的贡献。米切尔对于经典和现代精神分析思想有着超乎寻常的理解和把握。他对传统精神分析和精神分析关系学派的理论概念进行了总体的系统评价，对这些概念进行了比较、对照和整合，并在此基础上提出了自己的理论框架，即整合性的纯关系模式或关系—冲突模式。他的努力在于对精神分析关系模式的分支进行整合，他似乎完成了从驱力理论向关系模式的转化。总的来说，尽管米切尔没有达到顶峰，但还是为精神分析理论的发展做出了重要的贡献。

第三，所受到的批评。对于米切尔的评价一直在持续着，其中一部分是沿着"派别政治"路线进行的。对他的工作争论的焦点在于，他提出的整合性关系理论是一场革命或仅是一种改良。米切尔认为自己采用了一种革命性的观点，并且认为近25年来的关系模式的贡献是一场革命。但那些在研究所中接受训练、坚持传统弗洛伊德观点的传统分析师，对于米切尔的工作持批评态度。他们批评米切尔将关系理论的发展描述为一种精神分析的革命的倾向，认为现代分析理论的发展只是经典精神分析的延伸，如巴赫特

① Aron, L. (2003). Clinical outbursts and theoretical breakthroughs: a unifying theme in the work of Stephen A. Mitchell. *Psychoanalytic Dialogues*, 13(2): p. 273.

(J. L. Bachant)和理查兹(A. D. Richards)就曾批评米切尔抛弃了动机理论。① 同时,批评者也指出,米切尔所进行的独特工作以及对于其他理论的整合并不是很清晰的,甚至连米切尔本人也承认这一点。但米切尔认为,他是一位背离经典理论的激进分子,他之所以强调关系理论的革命性特征是想引起争论。② 尽管米切尔对精神分析的历史和传统有着很深的喜爱和尊敬,但他同时指出,对连续性的强调已经妨碍了美国精神分析发展和创新太长时间。因此,对待弗洛伊德比较好的方法是:尊敬、礼貌地抛弃它的一些观点,然后从更广阔的现代变迁视角来重新思考、重新研究。

① Bachant, J. L., Richards, A. D. (1993). Review essay. *Psychoanalytic Dialogue*. No. 3, pp. 431～460.

② Michael, ST. Clair Jodie Wigren(2004). *Object relations and psychology: an introduction*, Toronto: Brooks/Cole——Thomson Learning, pp. 188～189.

# 第八章

# 自体心理学的建立与发展

自体心理学的创立者和代表人物是科胡特，他把精神分析的研究重点从本能驱力或自我转移到自体上，把自体在人格结构中的地位提高到了前所未有的高度，把自体看做是一个人心理世界的核心。他还通过临床上对自恋性人格障碍患者的研究和治疗，以及在温尼科特等客体关系理论家提出的自体感基础上，把自体、自体客体、自体病理及其治疗作为其理论和临床研究的核心。科胡特对自体的强调是在客体关系理论的基础上对传统精神分析模式的扬弃，用自体模式取代了驱力模式并通过客体关系建构自体，是精神分析的内部发展中又一新的理论模式。自体心理学在科胡特之后在理论方面和应用领域都得到了进一步的发展。

## 第一节　自体心理学的产生与特点

### 一、自体心理学产生的背景

#### 1. 自体心理学产生的社会文化背景

20世纪五六十年代美国开始从工业社会向后工业社会过渡，"青年造反"、"女权运动"、"黑人革命"和"反战示威"等反主流文化事件接踵出现。"青年造反"包括"新左派"和"嬉皮士"两个部分。嬉皮士们反对个人主义这一美国文化的核心价值观，热衷群居生活；他们蔑视美国文化的物质主义倾向，渴望返璞归真，许多人归隐偏僻的乡村，过上简朴的生活；他们还沉迷麻醉剂，提倡性自由，以此反叛政府和家庭；“新左派”主要在意识形态领域批判“资产阶级统治”，但也不反对麻醉剂和性自由。[①] “性解放”是“青年造反”的重要遗产，“反主流文化”平息之后，性解放思潮和性解放运动却不断泛滥，它一方面助长了50年代就已出现的享乐主义，使人们热衷于追求性快乐，消除了性压抑；另一方面又严重破坏了家庭结构，导致离婚率直线上升。60年代，欧美出现了女权主义运动。女权主义者主张，妇女要和男子一样承担起社会责任，通过成为社会的人来实现自己的解放；妇女要走出家庭、在社会和事业中寻找真正的自我价值。女权主义运动取得了许多积极的重大成果，例如，女子在法律上赢得了与男子同等的工作权利；妇女有权决定是否继续怀孕；大批妇女走出家庭，踏上就业之路；许多妇女接受高等教育。但是这一运动也有一些消极后果：一些极端的女权主义者提出“性解放”和“同性恋自由”的口号，这导致婚外、非婚性关系泛滥，离婚率上升、结婚率下降，导致出现大量单亲家庭。

美国社会经济发展所带来的这些社会文化、价值观念和生活方式的深刻变化对个体心理和行为产生了重大影响，主要表现为：个人主义和享乐主义的泛滥疏远了人际关系，正常人际关系的心理支持作用日趋下降；家庭结构的变化、妇女就业率的提高客观上导致父母无法及时、有效地满足孩子的心理需要，给儿童的心理发展带来重大影响；性解放和享乐主义消除了性禁忌和性压抑，性压抑及其相关的心理冲突不再是导致心理疾病的主要原因。因此，生活中患结构性神经症的人越来越少，而患自体障碍的人则越来越多。适应社会变化的这种需要，精神分析开始从研究心理冲突，特别是与俄狄浦斯情结有关的心理冲突，逐渐转向研究自体的发展和变化，科胡特的自体心理学理论就此应运而生。

**2. 自体心理学的思想渊源**

（1）康德哲学传统的影响。

科胡特的认识论立场深受康德哲学的影响。康德认为，认识既非纯然主观，亦非纯然客观，而是主观与客观的统一。受这一思想的启发，科胡特反复指出，分析师在治疗过程中的知觉并不是纯然客观的，而是会受到分析师理论观点的影响。他认为，传统精神分析所蕴含的“认识价值观”和“独立价值观”歪曲了分析师在治疗过程中的知觉，使他们的行动具有选择性，削

---

① 盛浩：《美国六十年代反文化运动因果浅析》，《历史教学问题》，1996年第2期，第27～31页。

弱了他们帮助病人的能力。反之,自体心理学理论能使分析师在治疗情境中准确地理解病人的思想、情感。

科胡特的自体(self)模式源于康德的先验的自我(transcendental self)观念。① 康德把世界分为物自体和现象界,认为人类的认识能力是有限的,只及于现象界而不及于物自体。所谓现象界,实际是指一种主观的感觉表象。这种感觉表象是由物自体作用于我们的感官而引起的,但由于感官的局限性,它并不能反映物自体的任何性质,而只是一种纯粹的主观心理状态。实际上,康德所说的不可认识的物自体有两个方面,一个属于客体——客体方面,即客观物质世界的本质;另一个属于"先验的自我"。② 因此,在康德看来,先验的自我是不可知的,人们能认识的只是经验的自我(empirical self)。也就是说,我们不可能认识真正的自我究竟是什么样子的,而只能认识真正的自我在我们经验中的显现。科胡特也认为,我们不可能认识自体(self)本身,而只能认识自体的表现:"……自体和所有实在一样……在本质上是不可知的。运用神入和内省,我们也不能认识自体本身,对我们敞开的只是用神入和内省能觉察到的自体的心理表现。"③在他看来,由于作为实在的自体是不可知的,因此谈论其实质就毫无意义。

康德哲学还影响了科胡特的精神分析方法论。康德认为,认识的内容和手段是不可分割的,实在的本质是不可知的,只有内省和神入才能揭示人类的内心生活。科胡特自称自己在少年时期就从康德那里接受了神入也是理智的工具、认识的手段这一思想。④

(2) 现代物理学的影响。

现代物理学对科胡特的自体心理学产生了深远的影响,主要体现在:① 现代物理学认为,量子现象是作为整体而存在的,其中所反映的内在关联是不可消解的,因此,物理实在的部分性质取决于整体,取决于系统的内在关联。⑤ 受此影响,科胡特认为,自体是一个整体,驱力和自我都只是其中的

---

① Chessick, R. D. (1980). The problematical self in Kant and Kohut, *Psychoanalytic Quarterly*, vol. 49, pp. 456～473. ; Richards, A. D. (1982). The superordinate self in psychoanalytic theory and in the self psychologies. *Journal of the American Psychoanalytic Association*, vol. 30, pp. 939～957. ; Straker, G. (1987). Conflicts of theory and views of human nature: the case of Kernberg versus Kohut. *South African Journal of Psychology*, vol. 17, pp. 76～78.

② 李泽厚:《批判哲学的批判——康德述评》,人民出版社 1984 年版,第 246 页。

③ Kohut, H. (1977). *The restoration of the self*. New York. International Universities Press, Inc. pp. 310～311.

④ Geoffrey Cocks, (1994) *Introduction*, In: *The curve of life: correspondence of Heinz Kohut*, 1921—1981. Edited by Geoffrey Cocks. The University of Chicago Press, p. 11.

⑤ 桂起权:《理解当代自然哲学的钥匙——量子/系统辩证法》,《自然辩证法通讯》,1997 年第 3 期。

成份，因此，应该联系自体这个整体来考察驱力和自我的发展变化，应该联系自体这一整体和自体的主要动机来考察病人的防御和抵抗，[①]而不应该孤立地研究驱力、自我以及病人的防御和抵抗。② 现代物理学推翻了严格的因果决定论，受此影响，科胡特摒弃了经典精神分析的极端因果决定论，采取了一种介于决定论和自由意志之间的立场。一方面，他认为自体发展取决于童年期的自体客体环境或自体客体关系；另一方面，他认为人类的自体在形成以后，就具有完全属于它自己的意义，就具有独立于原来奠定其内容、给予它形式的（在因果决定论领域的）发生因素，人类的自体本质上是一个位于自由意志和进取心领域的、指向未来的激励模式。③ 现代物理学摒弃了主体与客体截然对立的思想，这对科胡特提出精神分析方法论具有深刻影响。科胡特明确指出："现代物理学有个基本主张——观察工具和观察客体构成一个在某些方面原则上不可分的单元。自体心理学也有一个相应的基本主张——原则上，神入的（empathic）或内省的（introspective）观察者的出现限定心理的领域。"[②]因此，在心理学研究过程中，同样不可能排除主观性，同样不存在纯粹的客观性，心理学家所确认的心理学真理中同样包含主观成分，[③]深度心理学不必明确地划分观察者的内心生活和他所观察的心理领域。[④]

(3) 现代艺术的启示。

现代艺术家、作家不同于弗洛伊德理论形成时期的艺术家、作家。音乐家舍恩伯格（Schonberg）和韦伯恩（Webern）用杂乱的音符，诗人庞德、作家乔伊斯和普鲁斯特等运用混乱的语言来表现现代人自体的分裂状态；戏剧家奥尼尔、小说家卡夫卡和托马斯·曼的作品，尽管形式是传统的，但描述的却是人类分裂的、歪曲的和衰弱的自体；伟大的画家毕加索和伯格（Alban Berg）在其艺术作品中创造性地描述了自体的分裂状态。而在这些伟大的艺术家描述自体分裂状态的时候，还没有任何一个科学家研究过自体的分裂状态。所有这些艺术家都在积极地描写破碎的自体。科胡特指出，现代人的心灵正如卡夫卡、普鲁斯特和乔伊斯所描绘的那样，是脆弱的、分裂的、不和谐的。因此，我们如果仍然用无意识的冲突模式来理解和帮助病人就

---

① Kohut, H. (1984). *How does analysis cure*. Chicago: The university of Chicago Press, p. 127.

② Kohut, H. (1977). *The restoration of the self*. New York: International Universities Press, p. 31.

③ Kohut, H. (1984). *How does analysis cure*. Chicago: The University of Chicago Press, p. 55.

④ Kohut, (1979b). *Four basic concepts in self psychology*, In: *The search for the self: selected writings of Heinz Kohut*, 1978—1981, vol. 4, p. 465.

注定会失败。科胡特认为，普鲁斯特的《追忆似水年华》艺术地展示了自体心理学要用科学陈述要说明的道理。

（4）精神分析内部的影响。

虽然科胡特强调自体心理学理论的独创性，认为精神分析的自体心理学并没有明确的先行者，但他也明确承认受到布洛伊尔、弗洛伊德和自我心理学的创立者哈特曼的影响。

科胡特接受了布洛伊尔和弗洛伊德有关"神入（empathy）"的思想，他指出："弗洛伊德的著作……包含了进一步发展的无限可能性的萌芽。"①这一萌芽就是弗洛伊德对神入的重要性的强调，弗洛伊德认为，"通过这一机制（指神入——笔者注），我们能够对他人的心理生活采取任何态度"②。弗洛伊德和布洛伊尔还一道对传统上在非科学领域运用的神入作了改进，使之科学化。科胡特将布洛伊尔和弗洛伊德有关神入和内省的思想萌芽发展为精神分析的方法论。他认为，精神分析之所以是一门独特的科学，就是"因为它一贯以内省和神入的资料为基础"③。

科胡特认为，哈特曼奠定了精神分析研究健康机能的合法性，使他有勇气沿着这条道路走下去。同传统精神分析相比，自体心理学确实更为关注心理机能的健康方面。它认为，自体形成以后，就有其独立的发展道路，其发展只会使个体朝着开发自体潜能的方向发展，从而有利于心理健康。在具体的理论观念方面，哈特曼也对科胡特产生了一定的影响：① 狭义自体心理学的自体这一概念直接来自哈特曼，而广义自体心理学又是从狭义自体心理学发展而来的。哈特曼认为，自我是心理装备的一个子结构；自体表象是指一个人对他自己的心理表象或概念；自体是指为外在的观察者所看到的实际的客观的人、实际的客观的身体和身份。自体不是一个真正的心理学概念，在临床谈话的过程中所使用的自体这一术语，实际上是指自体表象。与此相似，狭义自体心理学认为，伊底、自我、超我是心理装备的成分，而自体则"与客体表象（object representation）十分相似，是心理装备之中的内容"④。② 科胡特强调环境的作用，认为自体的发展取决于自体客体能否

① Kohut. *Reflections on advances in self psychology*. In: *The search for the self*, 1978, vol. 3, p. 327.

② James L. Fosshage. *Self psychology: the self and it's vicissitude within a relational matrix*. In: *Relational perspectives in psychoanalysis*. Edited by Neil J. Susan C. Warshaw, 1992, The Analytic Press, p. 22.

③ Kohut (1977). *The restoration of the self*. New York: International Universities Press, pp. 302～303.

④ Kohut (1971). *The analysis of the self*. New York: International Universities Press, pp. xiv-xv.

满足个体的反映性需要和理想化需要，取决于自体—自体客体关系的性质。这同哈特曼强调“正常的可期待环境”在自我发展过程中的作用相类似。

此外，科胡特虽然从未明确承认受到精神分析客体关系学派的影响，但是他的理论同客体关系理论家的思想确有某些相似之处。例如，费尔贝恩的人格结构观接近于广义自体心理学。他从根本上改变了自我的概念，认为自我是原发性的心理自体(primary mental self)，自我是统一的、整合性的，本身就具有力比多能量。与此相似，广义自体心理学认为，自体是人格的核心、具有内在动力。科胡特自体心理学的一个重要概念——自体客体的“反映”(mirroring)功能可能是受到温尼科特的启发。温尼科特认为，母亲是通过对婴儿的反映(mirroring)来唤起婴儿的存在意识的。温尼科特对母亲的反映功能的描述与科胡特对自体客体的反映功能的描述有同工之妙。雅可布森区分了自体和自体表象，在她看来，自体表象是指身心自体在自我之中的无意识、前意识和意识的表象，它相当于狭义自体心理学所说的自体。

## 二、自体心理学的特点

科胡特先提出了狭义自体心理学理论，这是从传统驱力理论向广义自体心理学理论过渡的阶段，其代表作是《自体的分析》(1971)；后来又提出了广义自体心理学理论，这是其理论发展的最高阶段，《自体的修复》(1977)标志广义自体心理学的正式确立。两种自体心理学的特点不同。

### 1. 狭义自体心理学的特点

第一，狭义自体心理学延用并改造了弗洛伊德晚期理论所提出的、并为自我心理学进一步发展的“伊底、自我和超我”这一三分人格结构观，通过改造力比多这一概念来改造弗洛伊德的自恋理论。狭义自体心理学假定，存在着两种不同性质的力比多，即客体力比多(即心理性欲)和自恋力比多，两者有各自独立的发展道路。自恋力比多具有自体夸大(self-aggrandizement)和理想化(idealization)这两个特点。自恋力比多投注于自体，则形成自体夸大和好表现性，个体因此具有反映性需要(mirroring need)，能满足这一心理需要客体就是“反映性自体—客体”或“理想化父母表象”；投注于客体，则形成理想化，个体因此具有理想化需要(idealizing need)，能满足这一需要的客体就是“理想化自体—客体”。如果反映性自体—客体在总体上能够运用神入理解并满足个体的反映性需要，那么反映性自体—客体在这方面的疏漏只会使个体受到适度挫折。在前俄狄浦斯期，如果理想化自体—

客体在总体上能够运用神入理解并满足个体的自体客体需要，那么适度挫折促使个体将理想化父母表象及其功能通过变形性内化形成自我（ego）这一调节、中性化驱力的心理结构；在俄狄浦斯期，如果理想化自体—客体能够运用神入理解并满足个体的理想化需要，那么适度挫折促使个体将理想化父母表象及其功能通过变形性内化形成超我的理想化，使超我之中的良心和自我理想具有强大的威力，而超我之中的良心和自我理想的获得则与俄狄浦斯情结有关。如果理想化自体—客体长期不能满足个体的理想化自体—客体需要，个体就会遭受创伤性挫折，创伤性挫折如果发生在前俄狄浦斯期，就会导致自我这一结构具有缺陷；如果发生在俄狄浦斯期，就会导致超我的理想化不足。这样，自我和超我就会因具有缺陷而无法有效地控制并利用自恋力比多和客体力比多，自体也会因得不到充分的自恋力比多投注而趋于分裂。

第二，狭义自体心理学仍然使用传统驱力心理学的术语来表述临床上的发现，[①]仍然使用这些术语来解释自恋人格障碍的发生、发展，阐明自恋人格障碍的病理学机制及治疗原理，可谓“旧瓶装新酒”。狭义自体心理学仍然使用诸如驱力、本能、本能精力发泄、力比多、力比多投注、本能的中性化、驱力的中性化、本能精力发泄的中性化、力比多的中性化之类的术语。但实际上，在狭义自体心理学中，这些术语的含义已不同于在传统精神分析、包括自我心理学中的含义。力比多不再单纯指心理性欲，也指生而有之的自恋心理能量，即自恋力比多。依次类推，其他相关驱力心理学术语同样涉及到心理性欲和自恋的能量这两个方面。当然，在讨论自恋人格障碍的时候，这些术语主要是指自恋力比多及相关机制。

第三，狭义自体心理学改造了弗洛伊德和哈特曼的自恋理论，认为自恋的发展独立于性驱力的发展，但并没有彻底抛弃传统精神分析理论，认为它能有效地解释、治疗由俄狄浦斯冲突所引起的结构神经症。狭义自体心理学和传统精神分析理论各有其有效的领域，前者适用于前俄狄浦斯期和自恋神经症，而后者适用于俄狄浦斯期和移情神经症。[②] 这两者各自关注心灵的不同领域，地位平等，无高下之分，互不统摄。

---

① Kohut(1977). *The restoration of the self*. New York：International Universities Press，Preface，xiii.

② 狭义自体心理学仍然采用弗洛伊德以心理性欲为基础的人格发展阶段理论。弗洛伊德将人格发展分为口腔期、肛门期、性器期、潜伏期和生殖期这五个阶段。所谓前俄狄浦斯期就是指口腔期和肛门期，而俄狄浦斯情结首次出现在性器期，故这一阶段就是所谓俄狄浦斯期。——作者注。

2. **广义自体心理学的特点**

第一，广义自体心理学彻底抛弃力比多这一概念，用全新的理论模式取代传统的本能模式，以此说明自恋的发展。广义自体心理学把自体当做人格的核心，将传统精神分析归诸伊底、自我和超我的功能悉数归诸自体，自体因此成为一个解释性概念。自体的发展变化取决于自体—自体客体关系(self-selfobject relationship)体验，即取决于自体客体能否满足个体的自体客体需要。如果自体客体在总体上能够理解并满足个体的自体客体需要，那么自体客体在满足个体自体客体需要方面疏漏使个体遭受适度挫折，适度挫折促使个体通过变形性内化将自体客体及其功能通过变形性内化(transmuting internalization)转变成自体之中相应的结构(志向、理想、才能和技巧)，从而促进个体人格的发展，使自体—自体客体关系越来越成熟；反之，如果自体客体长期不能满足个体的自体客体需要，就会使个体遭受创伤性挫折，创伤性挫折使个体不能通过变形性内化过程将自体客体及其功能转变成自体的相应成分，从而导致自体结构的缺陷，从而出现种种心理障碍。

第二，广义自体心理学成为一个精神分析的新范式。它既能解释前俄狄浦斯期的人格发展，也能解释俄狄浦斯期及后俄狄浦斯期的人格发展；既能解释古典精神分析理论所不能解释的自恋障碍或自体障碍，也能解释古典精神分析理论所能解释的结构神经症。其人格结构观、人格发展观、人格动力观，不同于以弗洛伊德为代表的驱力理论，不同于以哈特曼为代表的自我心理学，也不同于以克莱因为代表的客体关系理论，而且能够统摄这些理论。

## 第二节 科胡特与自体心理学的建立

理查德·W·科恩(Richard W. Coan)认为，心理学家之所以成为心理学家、之所以倾向某种理论和方法，主要取决于其主观心理特征。[①] 我们认

① 理查德·W·科恩著，陈昌文译：《心理学家——个人和理论的道路》，四川人民出版社 1988 年版。

为，应该具体、历史、动态地研究心理学家主观心理特征的形成过程和原因，研究主观心理特征如何同社会文化环境一起影响其理论观点和方法论的。这里我们试图揭示科胡特独特的生活道路、主观心理特征与其理论观点和方法论之间的关系。

## 一、科胡特的生平与学术道路

海因兹·科胡特（Heinz Kohut，1913—1981）

1913年5月，海因兹·科胡特（Heinz Kohut，1913—1981）出生于奥地利的维也纳，他的家族属于中上阶层。1914年8月，第一次世界大战爆发，科胡特的父亲应征入伍，在俄国前线服役，直到1918年。父亲退役时，科胡特已5岁多了。虽然母亲偶尔也带他去探望父亲，但他毕竟与父亲长期分离，没有充分享受到父爱，而这一时期又是其人格形成的关键阶段。父亲回来之后，科胡特的境遇并未得到多大改善，父母仍然没有给他充分的关爱。父母热衷于社交，常将他冷落在一旁，这使他产生强烈的孤独感。到了暑假，父母经常把他送到奥地利、法国或德国，母亲只是偶尔陪伴在侧。科胡特还曾向朋友说起，有一回他病倒了，但父亲和母亲没有来看望他，还有一次父亲带他去滑雪，父亲却借机与情人幽会。科胡特后来认为，儿童仰赖父母满足自己的心理需要，父母如果本身就具有人格缺陷，就不可能深入孩子的心灵，站在孩子的立场上，体察他的情感，理解他的思想，因而不能满足他的心理需要，反而会控制、支配孩子，将他当做满足自己心理需要的工具，从而使孩子遭受心理创伤，不能形成健全的自体结构，产生心理障碍。这种理论观点，与科胡特的童年经历有着微妙的联系。实际上，科胡特投身精神分析研究也与其童年经历有关。

虽然父母在教养方面有着种种过失，但还是为科胡特提供了良好的教育。先是父母为他请了一名家庭教师在家里教了他两年。在当地读完小学后，又上了图宾根高级中学。在中学，科胡特接受了良好的古典教育，学过拉丁文、希腊语，还学习了历史、法语，在法国和瑞士的寄宿学校里呆过两三个暑假。在他八岁到十四岁期间，母亲又为他请了个家庭教师，叫莫拉威兹（Morawetz），是个大学生，他对科胡特影响至深。师生俩志趣相投，经常一起观赏歌剧，参观博物馆，观看画展，玩各式智力游戏，还经常一起研读康德、尼采和叔本华的著作。此外,这位教师还给科胡特以心灵的慰藉,填补了父母留下的情感真空。

1932 年,科胡特考入维也纳大学医学院。1936 年,他独自溜到法国巴黎,呆了一年之久,还在那里的医院当了一年实习医生,而老师居然没有发现,这段经历使他的法语大有长进。1938 年,他获得了医学学位。和当时许多维也纳的知识分子一样,科胡特对精神分析产生了浓厚兴趣,并开始接受精神分析。瓦尔特·马尔塞利斯(Walter Marseilles)和奥古斯特·艾希霍恩(August Eichhorn)曾先后为他做过分析,而后者同弗洛伊德过从甚密。1938 年 6 月 4 日,弗洛伊德要乘东方快车前往巴黎,踏上流亡之旅。科胡特就前往送行,火车将要离站时,弗洛伊德向窗外深情凝望,科胡特热情地向他脱帽致意,弗洛伊德也脱帽回礼。与弗洛伊德的这一面之缘,使他对精神分析产生强烈的使命感。1938 年,纳粹德国吞并了奥地利,维也纳的反犹运动愈演愈烈。科胡特一家都是犹太人,在维也纳的处境日益艰难。1938 年 11 月 9 日夜,纳粹发动了臭名昭著的帝国"水晶之夜",残酷迫害和屠杀犹太人。一时间,科胡特一家如惊弓之鸟,到处躲藏,惶惶不可终日。1939 年 2 月至 1940 年 2 月间,科胡特经英国辗转来到美国的芝加哥。

刚到美国时,科胡特一边当实习医生,一边刻苦学习英语。1944 年,他开始精神病学研究。1946 年秋,他开始在芝加哥精神分析研究所接受精神分析训练,并接受露丝·艾斯勒的训练分析,并于 1950 年毕业。毕业之后,科胡特留在芝加哥精神分析研究所。由于专业素质和工作成绩出类拔萃,他很快就成为训练分析师。此外,科胡特还教授一些理论课程,同时勤于临床实践,积累了大量第一手资料,为日后的理论创新奠定了坚实基础。不久,科胡特就在美国精神分析界确立了自己的地位。1955 年,他担任《美国精神分析杂志》的编委,他还为应用精神分析研究做出了杰出贡献。这一时期,他主要信奉精神分析的自我心理学(ego psychology)。与此同时,科胡特开始反思精神分析的理论和实践。1957 年 11 月,在芝加哥精神分析研究所成立 25 周年大会上,他宣读了《神入、内省和精神分析:对观察模式和理论间关系的考察》一文,认为精神分析是研究复杂心理状态的科学,只有通过"我们自己的内省和对他人的神入(也就是替代内省),才能观察到人类的内心世界"[①],因此神入(empathy)确定精神分析的范围和实质。这篇论文

① Kohut, H. (1959). *Introspection, empathy, and psychoanalysis: an examination of the relationship between modes of observation and theory*. In: *The search for the self*, vol. 1, Edited by Paul H. Ornstein. International Universities Press, Inc, p. 206.

对其理论发展具有奠基作用。

60年代，科胡特更多地投身于精神分析的组织事务，同时也酝酿理论上的突破。他先后担任芝加哥精神分析协会主席（1963—1964）、美国精神分析协会主席（1964—1965）和国际精神分析协会副主席。这一时期，他获得了"精神分析先生"这一雅号。这些工作经历也是他研究自恋问题的动因之一。[①] 这一时期，科胡特系统研究了自恋人格障碍，主要论文有《自恋的形式及其转化》（1966）、《自恋人格障碍的精神分析治疗》（1968）、《关于自恋和自恋的愤怒的思考》（1972）。对自恋问题的研究逐渐发展成自体心理学，70年代和80年代，科胡特出版了三本最为重要的著作，即《自体的分析》（1971）、《自体的修复》（1977）和《如何进行分析治疗》（1984）。

科胡特的理论发展可分为三个阶段：即传统阶段、转变阶段和激进阶段。在传统阶段，科胡特恪守传统精神分析驱力理论；在转变阶段，科胡特提出了狭义自体心理学理论，这是从传统驱力理论向广义自体心理学过渡的阶段，其代表作是《自体的分析》；在激进阶段，科胡特提出了广义自体心理学理论，这是其理论发展的最高阶段。《自体的修复》标志广义自体心理学的正式确立，主要代表作还有《精神分析治愈之道》，此书在他去世之后才出版。

## 二、精神分析方法论

### 1. 神入和内省确定精神分析的实质

科胡特认为，"精神分析是研究复杂心理状态的心理学，它通过观察者持久地专注于人类的内心生活来收集人类内心生活的资料，以解释复杂心理状态"[②]。由此可见，科胡特是从精神分析的研究客体和研究方法这两个方面来界定精神分析的实质的。精神分析的研究客体是人类的复杂心理状态，它包括复杂的认知过程和情感过程这两个方面。要了解人类的主观经验，要体察他人的主观情绪状态和思想观念，只有运用神入（empathy）和内省（introspection）这样的主观方法。

所谓内省就是"对内部心理状态与过程的自我认识"[③]。科胡特认为，神

① Kohut，H.（1994）. *The curve of life：correspondence of Heinz Kohut*，1921—1981. Edited by Geoffrey Cocks. Chicago：The University of Chicago Press. p. 142.

② Kohut，H.（1977）. *The restoration of the self*. New York：International Universities Press，p. 302.

③ 冯契主编：《哲学大辞典》，上海辞书出版社1992年版，第223页。

入就是“替代的内省(vicarious introspection)”①，是“思考和感受另一个人内心生活的能力”②，其中包含认知的成分和情感的成分。科胡特认为，经验科学的观察方法有两种：一是外部观察(extrospection)和替代的外部观察(vicarious extrospection)；二是内省和替代的内省。外部观察和替代的外部观察适用于物理学和生物学之类研究外在现实的科学，而神入和内省则是研究内在现实的有效方法，是心理学尤其是精神分析所采用的方法。由此可见，在科胡特看来，神入是心理观察的基本成分，神入和内省体现了精神分析的实质，使精神分析区别于研究人的其他科学。他指出：“在研究人性的科学中……精神分析是一门独特的科学，因为它一贯以内省和神入得来的资料为基础。”③精神分析研究复杂心理状态，必须用神入和内省作为收集资料的方法，由神入和内省得到的关于人类复杂心理状态的资料，是精神分析研究的第一手材料。科胡特认为，精神分析一开始就以神入和内省来收集人类复杂心理状态的资料，弗洛伊德所发展的自由联想、阻抗分析等精神分析方法，都是运用精神分析的根本方法——神入和内省的具体手段；各种各样的精神分析理论，都不过是整理由神入和内省得来的资料的工具而已。

为了说明精神分析的概念和理论同人类主观经验的关联程度，科胡特把概念和理论分为“切近经验的”和“远离经验的”两种。所谓切近经验的概念和理论，是指那些以神入和内省得来的观察资料为基础的临床概念和理论——它们是关于经验的概念和理论；所谓远离经验的概念和理论，是指那些通过其他观察模式(如关注行为的观察模式)得来的概念和理论，或(也)是指那些有关心理活动的心理玄学假设，这些心理玄学假设或是潜在于经验，或是传达经验，但并不是、也根本不可能直接以神入所能把握的经验资料为基础。④ 当然，切近经验和远离经验是相对的。科胡特提倡切近经验的概念和理论，认为即使是远离经验的概念和理论，也应当以切近经验的概念和理论为基础。归根到底，所有概念和理论，不管是切近经验的，还是远离经验的，都必须以神入和内省所观察到的主观经验为基础，概念和理论如果

---

① Kohut, H. (1959). *Introspection, empathy, and psychoanalysis: an examination of the relationship between modes of observation and theory*. In: *The search for the self*, vol. 1. Edited by Paul H. Ornstein. New York: International Universities Press, Inc, pp. 459～465.

② Kohut, H. (1984). *How does analysis cure*. Chicago: The University of Chicago Press. p. 82.

③ Kohut, H. (1977). *The restoration of the self*. New York: International Universities Press, pp. 302～303.

④ Paul H. Ornstein(1990). *Introduction: The unfolding and completion of Heinz Kohut's paradigm of psychoanalysis*. In: *The search for the self*, vol. 3. New York: International Universities Press, Inc. p. 40.

与神入和内省得来的经验资料不符，就应该进行修正。

**2. 科胡特对精神分析实质界定的意义**

科胡特对精神分析实质的界定不同于弗洛伊德。弗洛伊德认为，只有承认移情和阻抗机制才是精神分析的方法。[①] 而科胡特认为，一门科学，特别是像精神分析这样的基础科学，是不能用它所使用的工具来界定的。而工具有两类：一类是方法意义上的工具，就是研究当中所使用的工具；一类是概念性工具，就是具体的概念和理论。因此，精神分析既不能用它所使用的研究工具来界定，也不能用它所采用的概念和理论来界定。科胡特特别强调，不能根据什么具体的理论来确定精神分析的实质，不能说采用了某种理论就是精神分析，反之就不是精神分析，像精神分析这样的基础科学，应该以它的总体方法（total approach）来界定，这种总体方法决定了现实的哪些方面是这门科学的研究领域。[②]

科胡特认为，神入就是这样一种界定精神分析研究领域的总体方法，而不是普通的研究工具。“神入不是在病人采用躺姿、运用自由联想、结构模型以及驱力和防御概念都是工具那种意义上的工具。的确，神入实质上界定了我们的观察领域。神入并不只是一种我们用以进入人类内心生活的有用方法——如果我们没有通过替代的内省——我对神入的定义——认识人类的内心生活、认识我们自己和他人的所思、所感的能力，人类内心生活这一概念本身就是不可思议的，复杂心理状态的心理学这一概念本身也因此是不可思议的。”[③]科胡特对精神分析实质的界定、对神入和内省方法的强调是十分重要的，至少有以下几个意义。

首先，科胡特对精神分析实质的界定，为精神分析理论不断打破教条、不断发展开辟了道路。这一界定使精神分析学家在理论同神入和内省得来的临床资料不符的时候，敢于怀疑既有理论，另创新理论。因为在科胡特看来，理论不过是用来整理资料的概念性工具而已，[④]精神分析不应该受既有理论的束缚，而应该以神入和内省得来的资料为基础，一旦理论同神入和内

① Freud，(1914a). *On the history of the psychoanalytic movement*. In: *The standard edition of the complete psychological works of Sigmund Freud*. 1957, vol. 14. London: Hogarth, p. 16.

② Kohut, H. (1977). *The restoration of the self*. New York: International Universities Press, p. 305.

③ Kohut, H. (1977). *The restoration of the self*. New York: International Universities Press, p. 306.

④ Kohut, H. (1977). *The restoration of the self*. New York: International Universities Press, p. 306.

省得来的资料不符，就应该进行修正。自体心理学的出现正是这一逻辑的必然结果。

科胡特曾是传统精神分析的忠实信徒，但在临床治疗过程中，他发现有些病人自尊特别脆弱，对失败、不满和怠慢特别敏感，如果用传统精神分析理论分析这些病人的心理冲突，并不能缓解他们的痛苦，也不能终止其不良行为，但是如果病人感到分析师对自己的内心体验有所理解，其症状就得到明显缓解。[①] 科胡特正是以这一发现为起点，在修正传统精神分析理论的基础上发展出狭义自体心理学理论的，后来之所以进一步从狭义自体心理学发展出广义自体心理学，也是由于发现狭义自体心理学不足以解释由神入和内省得来的经验资料。由此可见，科胡特所信奉的精神分析方法论，是其能够突破传统精神分析教条的束缚，发展出自体心理学理论的重要原因之一。

其次，科胡特对精神分析实质的界定，对神入和内省方法的强调，为自体心理学在精神分析内部赢得合法地位奠定了基础，为证明科胡特本人所创立的自体心理学理论仍然属于精神分析传统提供了理论根据。自体心理学的研究主题同传统精神分析有很大的不同。传统精神分析主要研究驱力、俄狄浦斯情结、阉割焦虑、结构性神经症，而自体心理学主要研究自体的发展状况和自体障碍。自体心理学的心理病原学解释、心理病理学解释都与传统精神分析有很大的不同。它所发展的理论、所采用的术语，也与传统精神分析有很大的不同，那么，自体心理学是否仍然是一种精神分析理论呢？如果根据弗洛伊德的标准——只有承认移情和阻抗机制才是精神分析的方法，自体心理学就不属于传统精神分析；如果根据科胡特对精神分析实质的界定，自体心理学就属于传统精神分析。

第三，科胡特对精神分析实质的界定，对神入和内省方法的强调，可以保证精神分析作为一门纯粹心理学的特性，可以防止和反对精神分析的生物学化倾向和社会学化倾向。科胡特声称，自己之所以要研究精神分析的方法论问题，之所以要明确精神分析的实质，初衷之一就是要防止和反对精神分析的生物学化倾向和社会学化倾向。精神分析的生物学化倾向在弗洛伊德的理论当中就有所表现。科胡特认为，弗洛伊德之所以能够逐渐发展出精神分析理论，主要是由于采用了神入和内省的方法。在其理论形成过程中，他的自我分析起了十分重要的作用，但弗洛伊德没能把神入和内省的

---

① Heinz Kohut, E. S. Wolf(1978). *The disorders of the self: an outline*. In: *The search for the self*, vol. 3. New York: International Universities Press, Inc. p. 360.

方法贯彻到底。弗洛伊德认为，生物本能主要是性本能和攻击本能，是人类行为的根本动力。与这种本能观相对应，弗洛伊德提出了“驱力”这一概念。因此，弗洛伊德所谓的驱力具有明显的生物学特征。这样，弗洛伊德所提出的伊底、自我和超我这一三分人格结构模式实际上是一种心理生物学（psychobiological）的架构，具有内在矛盾。弗洛伊德认为，伊底当中的本能驱力遵循快乐原则，不断地要求满足，而自我和超我则起到驯服驱力和升华驱力的作用。问题是心理性的自我和超我如何驯服和升华生物性的驱力呢？如果驱力是一种生物禀赋的话，那么控制这种生物禀赋的应该是脑，而不应该是心。弗洛伊德的这种生物学化倾向进一步为一些理论家所发展并极端化，如芝加哥精神分析研究所的弗兰茨·亚历山大将精神分析运用于生物学，研究精神分析的医学价值，用“驱力向量”（the vector of the drive）这一概念来解释各种躯体症状。

弗兰茨·亚历山大也是精神分析社会学化倾向的主要代表之一。这一倾向主要表现他把精神分析运用于社会心理学之时。他用口腔驱力所激发的（oral-drive-fuelled）依赖倾向来解释大部分人类行为。科胡特认为，亚历山大的做法模糊了精神分析和社会心理学的界线。① 精神分析社会学化倾向的代表还有自我心理学的创立者海因兹·哈特曼，他通过引进“适应”这一概念扩展了精神分析。科胡特认为，把适应这一概念引进精神分析，导致精神分析将研究重心从关注人类复杂心理状态转移到个体与环境的互动上。

科胡特认为，精神分析的生物学化倾向和社会学化倾向对精神分析的发展具有消极影响。将生物学意义上的“驱力”概念和社会心理学意义上的“依赖”和“适应”概念引进精神分析，导致精神分析发生质的变化。它导致分析师改变内省和神入的基本态度，不再全身心地关注病人的主观经验，从而使分析师在研究和临床治疗过程中的知觉受到越来越严重的歪曲。对精神分析而言，这是最严重的问题。在研究和治疗过程中，“驱力”、“依赖”和“适应”等概念之所以会歪曲分析师的知觉，主要是由于这些概念本身就蕴含着某种人性观和生命观，引进这些概念的精神分析理论本身就蕴含着某种价值观。这些价值观导致精神分析变得不太像一门科学，而更像是一种道德体系。与此同时，作为一种治疗方法，精神分析变得不太像是以动力学

① Kohut, H. (1981[1982]). *Introspection, empathy, and the semicircle of mental health*. In: *The search for the self: selected writings of Heinz Kohut*, 1978—1981, vol. 4. New York: International Universities Press, Inc, pp. 547～548.

解释和发生学解释为基础的科学步骤，而更像是预先确立了外在目标的教育步骤。此外，这两种价值观使分析师不能认识到自体的核心地位，不能认识到自体在人类心理结构中的发展变化，特别是在涉及现代人以及现代特别流行的心理状态时更是如此。①

第四，对个体早期的心理发展，科胡特只描述其一般状况，而不关注其具体内容。这也与科胡特把内省和神入作为精神分析研究的根本方法有关。神入是精神分析观察的主要手段，而神入的可靠性取决于观察者和观察客体之间的相似程度。两者越相似，神入程度就越高，可靠性也越高；反之，神入程度就越低，可靠性也越低。作为成年人，分析师与婴幼儿有着很大的差异，因此他无法把握早期发展阶段的心理内容，如果推测个体早期发展阶段的心理内容，就容易犯成人化的错误，就容易用发展后期的心理状态来代替发展早期的心理状态。② 因此，和弗洛伊德一样，科胡特主要根据成年病人在治疗过程中的移情表现（在弗洛伊德是俄狄浦斯移情，在科胡特是自体客体移情），在以神入理解病人内部心理状态的基础上，对相应的童年经验进行重构。③

## 三、广义自体心理学

### 1. 从狭义自体心理学到广义自体心理学

狭义自体心理学发展成广义自体心理学，主要有两个原因。

第一，狭义自体心理学存在两个无法解决的矛盾。狭义自体心理学假定，存在两种截然不同的力比多，即自恋力比多和客体力比多。它们相互独立，互不隶属，各自有各自的发展道路。狭义自体心理学还假定，个体一开始就将这两种力比多同时投注于同一客体。一方面，把自恋力比多投注于客体，以自恋的方式同客体发生联系，把它当做自体—客体；另一方面，把客体力比多投注于这一客体，把它当做满足本能的客体。这样，个体从一开始就与同一个客体保持两种相互矛盾的客体关系模式，即自恋的客体关系模式和本能满足的客体关系模式。这样，狭义自体心理学就存在难以化解的内在矛盾：在自恋的客体关系模式中，客体还不是真正分化、独立的客体。

① Clair, M. St. (1986). *Object relations and self psychology: an introduction*. Belmont: Brooks/Cole Publishing Company, pp. 550～551.

② Kohut, H. (1971). *The analysis of the self*. New York: International Universities Press. p. 37.

③ Kohut, H. (1971). *The analysis of the self*. New York: International Universities Press. p. 220.

个体把自恋力比多投注于客体之时，即把客体当做自体客体之时，并不能清楚地意识到客体完全独立于自己。也就是说，在自恋的客体关系模式中，自体同客体还没有完全分化。而在本能满足的客体关系模式中，客体是真正独立、分化的客体。能把客体力比多投注于客体，本身就意味着个体能清楚地意识到客体是独立于自己存在，其自体同客体完全分化。只有清楚地意识到客体完全独立于自体，才有可能将其作为本能满足的客体。问题是，对同一个客体，个体怎么可能既意识到其独立性，又意识不到其独立性呢？一方面，狭义自体心理学认为，自体是心理装备之中的内容，是自我的一个成分，是自我之中与客体表象相对的自体表象；另一方面，又认为自体是人格的组织中心。作为自我之中的一个内容，一个成分，自体就不可能是人格的组织中心。作为自我之中的内容，自体如果是人格的组织中心，就是部分等同于整体。[①] 科胡特本人坦言，狭义自体心理学的确存在这一矛盾，指出这一矛盾，可谓切中肯綮。广义自体心理学认为，自体并非自我之中的内容，而是人格的核心，自我和伊底是自体的成分。因此，在广义自体心理学的框架中，狭义自体心理学的两个内在矛盾就不复存在了。

第二，坚持神入和内省这一精神分析方法论，是科胡特从传统精神分析走向狭义自体心理学的根本原因，也是从狭义自体心理学走向广义自体心理学的根本原因。狭义自体心理学之所以进一步发展，形成广义自体心理学，主要是由于前者不足以解释在临床治疗及其他领域用神入和内省所收集到的经验资料。对这些经验资料，只有广义自体心理学才能作出恰当的解释。科胡特的精神分析方法论强调，概念和理论如与神入和内省得来的经验资料不符，不能恰当解释经验资料，就应该进行修改，而不能削足适履，根据概念和理论来取舍经验资料。广义自体心理学放弃传统驱力心理学的术语，不再像狭义自体心理学那样，用驱力术语阐述和解释临床发现的经验资料。这也是深入贯彻神入和内省这一精神分析方法论的结果。科胡特强调，神入和内省是精神分析最根本的方法论原则，根据这一原则，建构理论要尽量采用切近经验的概念和理论。传统驱力心理学的术语，如力比多、伊底、自我和超我等，都是远离经验的概念。因此，广义自体心理学放弃了自恋力比多和客体力比多这样的术语，不再用自恋力比多的投注来说明自体客体和自体客体移情，不再用自恋力比多的消长来说明形成心理结构的动力机制——变形性内化。

---

① Machael J. Patton, Naomi M. Meara. (1991). *Psychoanalytic counseling*. John Wiley & Sons. p. 48.

2. 自体：人格的核心

广义自体心理学认为，自体是人格的核心，所谓自体就是“在空间上是内聚的、在时间上是持久的单元，是积极性的核心，是影响的接受者”①。

从结构上来说，自体有两个极、三个成分。一是促使个体为权力和成功进行奋斗的一极——志向；二是怀有基本的理想化目标的另一极——理想；三是介于两极之间的，也就是介于志向和理想之间的、由基本的才能和技艺所构成的中间区域。志向和理想对个体活动的影响是不同的，志向为个体的活动提供推动力，而理想则引导个体的活动，为其提供方向。志向的推动和理想的引导构成促使个体行动的条件，科胡特称这一条件为张力梯度。自体的两极——志向和理想之间存在着持续的心理活动之流，科胡特称之为张力弧。也就是说，个体在志向的驱动下，在理想的指引下，运用其基本的才能和技艺来从事一定的活动。自体“在空间上是内聚的”，是指个体对自体是一个完整的整体，身心的各个方面从属于同一个整体的意识。自体“在时间上是持久的”，是指个体的自体一旦形成之后，随着时间的推移，尽管在身心各个方面、人格结构之中的各个成分、所生活的环境会有许多变化，但个体仍然具有“自体连续性的意识”，仍然能够意识到自己是同一个人，我仍然是过去的我。自体是“积极性的核心”，是指自体是一个积极的主体，有其自己内在动力，自体本身就是一个动力源，它是整个人格发展的动力。自体的动力来自于志向的推动和理想化的引导，他促使个体运用自己的才能和技艺来从事现实的活动以提高自尊。所谓自体是“影响的接受者”，是指自体直接同外界发生联系，直接接受来自外界环境的影响，自体本身就是经验的主体。

在科胡特看来，自体是一个统摄性的结构，驱力和防御包含于其中。自体的发展不但独立于驱力（这里指性驱力和攻击性）和自我的发展变化，而且对驱力的发展变化来说是第一性的，驱力的发展变化从属于自体的发展变化，是自体发展变化的一个方面，必须用自体的发展变化来解释。将自体当做包含驱力在内的人格的核心，导致广义自体心理学颠覆传统精神分析以驱力及其相关的无意识冲突来解释人格发展和心理病态的传统，而以自体为焦点解释人格的发展，以自体的发展变化来重新解释驱力、焦虑、俄狄浦斯情结、阉割焦虑和阳具妒羡等传统精神分析的核心概念，进而以自体结构的缺陷来解释所有的心理病态，这样对心理病态的解释就从传统精神分析的冲突范式，转变成广义自体心理学的缺陷范式，并使得自体心理学普遍

① Kohut, H. (1977). *The restoration of the self*. New York: International Universities Press, p. 99.

化、范式化。

3. **自体的起源和发展**

自体的发展大致可分为原始的自体和成熟的内聚自体这两个阶段。前者是儿童最初形成的自体,后者是自体的成熟形式,两者并无质的差异,只是成熟程度和内聚性程度不同而已。

(1) 初始自体的形成。

人生之初,并无自体,只有各种与生俱来的生物禀赋和潜能,初始的核心自体是个体在婴儿时期与自体客体进行相互作用的过程中形成的。一般来说,个体一生下来就处于神入的自体客体环境之中,由父母或其他照料者组成的自体客体环境基本上能理解并满足其心理需要和愿望。新生儿虽然没有心理意义上的自体,却有许多与生俱来的潜能,因此,父母或其他照料者以为他已形成了初始自体。科胡特称之为虚拟的自体。自体的形成过程从父母与婴儿的第一次互动时就开始了。作为自体客体的父母或其他照料者,根据婴儿的自然倾向,有选择地对婴儿所具有的与生俱来的潜能做出神入的响应,也就是对婴儿所表现出来的夸大自体方面、婴儿所仰慕的理想化表象方面、对婴儿所具有的各种与生俱来的才能做出神入的响应。自体客体环境这种有选择的、神入的响应,使得婴儿通过变形性内化过程逐渐形成初始的核心自体。核心自体的形成时间大概在生命的第二年。初始的核心自体是一个初级的两极性结构,有三个成份:原始的核心志向构成初始的、核心自体的一极,原始的核心理想构成另一极,而两极之间的张力弧则促进儿童核心的、初始的才能和技艺的发展。初始的核心自体仍不稳定,内聚性有限,还不能完全独立地发挥作用,因此,仍然包含夸大自体和理想化父母表象。

(2) 内聚自体的形成。

夸大自体、理想化父母表象和原始的才能与技艺有各自独立的发展路线,如果处在适当的自体客体环境中,夸大自体会发展成为志向,理想化父母表象会发展成为理想,而原始的才能和技艺会发展成为成熟的才能和技能,从而形成成熟的内聚自体。

① 夸大自体的发展与志向的形成。夸大自体具有夸大性和好表现性,它形成之后,个体幻想自己是完美的、无所不能的,这就是夸大性幻想;在各种活动中表现夸大性幻想就是好表现性。夸大性幻想和好表现性需要不断得到确证、肯定和赞美,这种需要就是反映性需要,而起到确证、肯定、赞美个体的夸大性幻想和好表现行为的人就是反映性自体客体。在儿童的心目中,反映性自体客体并不是独立的,而是其自体的一部分,只是为其发挥反

映功能而存在的。反映性自体客体为个体发挥重要的心理功能，帮助个体确证自己的能力和幻想中的伟大，帮助个体确证自己的存在。充当反映性自体客体的人（常常是父母）如果本身人格健全、自体结构完整的话，就会以神入的态度来理解并接受孩子的夸大性幻想和好表现行为，并及时以适当的反应满足孩子的反映性需要。其不可避免的疏忽只会使孩子遭受适度挫折，适度挫折使反映性自体客体及其功能通过变形性内化转变成自体的结构，从而形成自体结构中的志向一极。在志向形成之后，个体的自体就能发挥原先由反映性自体客体为其发挥的心理功能，不再依赖外在的客体确证自己的能力和存在，也不再依赖外在的客体来提高自己的自尊，而是能够通过现实的活动来确证自己的能力和存在，提高自己的自尊。与此同时，能够同他人建立成熟的反映性自体—自体客体关系，也就是说，个体既希望他人能够承认、确证和赞赏自己的实际能力，又能充分地意识到赞赏自己的人是独立于自体的存在。科胡特认为，只有少量的志向是在婴儿早期开始形成的，而大部分志向是在是童年早期形成的，主要是在 2～4 岁之间形成的。

② 理想化父母表象的发展和理想的形成。儿童有理想化的需要，希望依附于完美无缺的、全知全能的、强有力的人物，于是将外在的客体予以理想化，被儿童所理想化的人物就是理想化自体客体，这样的人物在儿童心目中形成理想化父母表象。在儿童的心目中，理想化自体客体是强有力的，是全知全能、完美无缺的。儿童在无意识当中把自己当做是理想化自体客体的一部分，希望理想化自体客体能为自己发挥心理功能、维护自己的自尊。同反映性自体客体一样，理想化自体客体同儿童的自体是不分化的，儿童还没有充分意识到理想化自体客体是独立于自己的。如果充当理想化自体客体的人物本身心理健全、自体结构完整的话，就能以神入的态度来理解儿童的理想化需要，就能够接受儿童对自己的理想化，就能够接受儿童对自己的依附，就能够在儿童需要的时候，为儿童发挥重要的心理功能；其不可避免的疏忽，使儿童的理想化需要遭受适度挫折。适度挫折促使儿童放弃对外在客体不切实际的理想化，同时促使儿童通过变形性内化将理想化自体客体及其功能转变成自体之中的理想和价值观，形成自己的理想化的目标结构。在理想形成之后，理想就能发挥原先理想化自体客体为儿童发挥的心理功能，个体就能同外在的理想化自体客体形成成熟的理想化自体—自体客体关系。在形成成熟的理想化自体—自体客体关系之后，个体能够欣赏他人实际拥有的优秀品质，也希望同理想化人物进行接触，分享其理想和价值观，同时又能意识到他是独立于自己的。科胡特认为，只有少数的理想是在婴儿早期开始形成的，而大部分的理想则是在童年后期获得的，主要是在

4～6岁之间形成的。

③ 他—我自体客体需要和才能、技艺的发展。所谓他—我自体客体，就是个体主观上认为与自己十分相似的人物。他—我自体客体需要是指个体希望同与自己相似的人在一起的需要。同与自己相似的人在一起，就会使个体感到满足。童年时期他—我自体客体关系的好坏主要影响才能和技艺的发展。如果充当他—我自体客体的个体人格健全的话，就能够以神入的态度理解并满足儿童的他—我自体客体需要。科胡特推测，当儿童和成人在一起从事某些活动时，其与生俱来的才能和技艺就会得到发展。因此，他—我自体客体就能够起到巩固和支持个体自体的作用。随着自体的发展，他—我自体客体关系不断从幼稚走向成熟。在早期幼稚的他—我自体客体关系中，个体还没有清醒地意识到，充当他—我自体客体的个体是独立于自己的存在，个体的自体还没有同他—我自体客体完全分化。在成熟的他—我自体客体关系中，个体能够清醒地意识到，充当他—我自体客体的个体是独立于自己的存在，个体的自体同他—我自体客体完全分化。

④ 发展就是自体—自体客体关系从幼稚走向成熟。广义自体心理学认为，人一生都离不开自体客体，一生都具有自体客体需要，自体之中志向、理想、才能和技巧的发展，并不会使人脱离自体客体，只会使个体获得自体客体支持的能力越来越强，同自体客体的关系越来越成熟。如果个体在良好的自体客体环境中成长，成年以后就会具有很强的自信心，就会具有核心的志向、价值观和目标，但只有这些志向、价值观和目标还远远不够，还不足以维持心理健康，因此仍需要自体客体环境给予心理支持，正如呼吸器官成熟之后仍离不了氧气一样，自体结构成熟之后也离不了自体客体环境。①

因此，从自体—自体客体关系的角度来看，发展就是从依赖原始的自体客体关系，逐渐走向依赖成熟的自体客体关系。② 广义自体心理学越来越重视自体—自体客体关系，也越来越侧重于从自体—自体客体关系的角度考察人格的发展。

**4. 自体障碍的成因及其机制**

(1) 自体障碍的形成。

① 夸大自体的不良发展。在与孩子相互作用的过程中，充当反映性自体客体的个体，如果自体结构不完整，具有心理病态，就会忽视孩子的自体客体需要，只关注自己童年期未得到满足的自体客体需要，使孩子遭受创伤

① Kohut, H. (1984). *How does analysis cure*. Chicago: The University of Chicago Press, p. 78.
② Kohut, H. (1984). *How does analysis cure*. Chicago: The University of Chicago Press, p. 207.

性挫折，从而形成自体障碍。本身具有自体障碍的父母，有些会无意识地把孩子当做反映性自体客体，希望孩子能够肯定、赞赏自己的夸大性幻想和好表现行为。有些本身具有人格障碍的家长，往往利用孩子来满足自己的反映性自体客体需要，利用孩子的好表现行为博得他人对自己的夸奖。自体有缺陷的父母，有时会为了维持自尊，在孩子甘心依附时，把孩子当做理想化自体客体，认为其十全十美，公然支持其夸大性行为。[①] 由于父母具有人格障碍，因此长期不能运用神入准确理解并满足孩子的反映性自体客体需要，从而使孩子遭受创伤性挫折。这至少导致两个后果：其一，反映性自体客体及其功能不能内化为自体结构，导致形成志向的变形性内化过程受阻，自体志向一极存在缺陷。个体自体因此无法获得反映性自体客体为其发挥的心理功能，固着于原始的反映性自体客体，固着于幼稚的反映性自体客体需要，不断通过各种幼稚或变态的夸大性幻想和好表现性行为，寻求他人赞许，维持自尊。其二，为了防止创伤性情境重现，个体会运用水平分裂或垂直分裂这两种防御机制。被父母利用的夸大性同有意识的自体相割裂，为个体所否认，从而形成垂直分裂；遭到父母否定的夸大性幻想，被压抑到无意识，形成水平分裂。

② 理想化父母表象的不良发展。充当理想化自体客体的个体，如果自体结构存在缺陷，具有心理病态，就会忽视孩子的理想化需要，拒绝孩子把自己理想化，或者利用孩子的理想化需要，满足自己童年期未得到满足的自体客体需要。父母的人格障碍，导致孩子的理想化需要长期不能得到满足，从而遭受创伤性挫折。这至少导致两个后果：其一，理想化自体客体及其功能不能内化为理想和价值观，变形性内化过程受阻，自体理想一极存在缺陷。这样，个体自体之中的理想，不能代替理想化自体客体发挥指导作用，个体固着于原始的理想化自体客体，固着于幼稚的自体客体需要，固着于原始的理想化自体客体关系，不断寻找完美无缺的人物，希望得到他们的指导。其二，遭到拒绝或阻止的理想化需要被压抑到无意识中，形成水平分裂；被父母利用的理想化需要遭到否认，形成垂直分裂。

③ 才能与技艺的不良发展。充当他—我自体客体的个体，如果自体结构存在缺陷，具有人格障碍，就不能运用神入准确理解并满足孩子的他—我自体客体需要，导致其遭受创伤性挫折。这至少导致两个消极后果：其一，个体固着于原始的他—我自体客体，不断寻找与己相似的人充当他—我自

① Kohut, H. (1977). *The restoration of the self*. New York: International Universities Press, p. 200.

体客体；[1]如果在实际生活中找不到，就会幻想一个与己相似的客体充当他—我自体客体。其二，个体自体之中的才能和技巧得不到充分发展，自体两极之间由才能和技巧构成的中间地带存在缺陷。

综上所述，从发生来看，自体障碍的形成是由于充当自体客体的个体本身具有人格障碍，因此长期不能满足个体的自体客体需要；从人格结构来看，自体障碍的实质是自体结构存在缺陷；从发展来看，自体障碍是发展停滞、个体仍依赖早期原始的自体客体关系的产物；从病理机制来看，自体障碍的症状实质是个体为掩盖自体缺陷而采用的防御机制。自体障碍的类型和严重程度，取决于自体缺陷的严重性，取决于个体所固着的自体客体关系发展水平的高低，取决于自体所固着的发展水平的高低，取决于自体客体需要遭受创伤性挫折的严重程度。

（2）自体的分裂与驱力表现。

① 自体的分裂。自体的分裂是自体结构具有严重缺陷的表现。自体分裂的根本原因在于，在个体自体的发展过程中，自体客体因其自己的人格障碍而长期不能以神入的态度来理解并满足个体的自体客体需要。就主观体验而言，自体分裂使人失去自体的时间延续感和空间内聚感。自体分裂之所以引发如此感受，根源在于自体结构存在缺陷。自体存在缺陷，意味着自体不复为整体，因而使人失去自体的空间内聚感；自体存在缺陷，还意味着自体两极之间的张力弧存在缺陷，因而使人失去自体的时间延续感。保持自体延续感有赖于自体两极之间存在持久的张力弧。失去自体延续感，主要表现为怀有生命虚幻之感，对未来感到迷惘；失去自体内聚感，主要表现为觉得身心各部分不复为统一整体，出现疑病症。

② 驱力和焦虑是自体分裂的产物。广义自体心理学认为，自体是基本的心理形态，是第一性的；驱力包含于自体，从属于自体这一整体。无论力比多，还是具破坏性的攻击性，都是自体"解体的产物"。[2] 自体分裂导致抑郁、焦虑以及空虚、无力的感受，为了强化自体，消除痛苦感受，恢复自体内聚的感觉，个体往往出现变态性幻想和变态性行为。[3] 在发展过程中，反映性自体客体需要遭受创伤性挫折，导致自体分裂，产生种种痛苦感受。由于不能通过正常的、与发展阶段相称的夸大性幻想和好表现行为消除痛苦感

① Kohut, H. (1984). *How does analysis cure*. Chicago: The University of Chicago Press, p. 193.

② Kohut, H. (1981[1982]). *Introspection, empathy, and the semicircle of mental health*. In: *The search for the self: selected writings of Heinz Kohut*, 1978—1981, vol. 4, p. 553.

③ Kohut, H. (1977). *The restoration of the self*. New York: International Universities Press, p. 74.

受，感受自己的活力，恢复自体内聚性感受，个体只好通过刺激口腔、肛门、生殖器等动欲区，通过迷恋尿流、大便、生殖器等象征力量的事物，满足反映性自体客体需要。动欲区和这些象征力量的事物从属于自体，刺激动欲区，迷恋这些事物，可以强化自体。由于动欲区和这些象征力量的事物与性密切相关，因此，个体的表现似乎就是变态性幻想和变态性行为。同样，理想化自体客体需要在发展过程中遭受创伤性挫折也会导致自体分裂，产生种种痛苦感受。由于不能通过正常的、与发展阶段相称的方式满足理想化自体客体需要，消除自体分裂带来的痛苦感受，个体只好通过窥视他人阴茎或乳房等变态方式满足理想化自体客体需要。阴茎和乳房属于理想化自体客体，象征理想化自体客体的力量，它们作为替代性理想化自体客体，满足个体的理想化自体客体需要。由于阴茎、乳房等与性密切相关，因此，个体的行为似乎是属于变态性行为的窥淫癖。由此可见，变态性幻想和变态性行为虽然很原始，但在心理上却不是首要的和第一性的，而是派生性的和第二性的。传统精神分析认为，具破坏性的攻击性是与生俱来的，是首要的；而不具破坏性的攻击性则是由具破坏性的攻击性转化而来的，是派生性的。广义自体心理学认为，攻击性有具破坏性和不具破坏性之分，不具破坏性的攻击性与生俱来，它从属于自体，自体分裂使不具破坏性的攻击性转变为具破坏性的攻击性，因此具破坏性的攻击性不是首要的和第一性的，而是自体分裂的产物。

弗洛伊德认为，焦虑源于本能或本能冲突，是由自我遭到本能的威胁引起的，其实质是对本能的恐惧。广义自体心理学则将焦虑分为两类：一类是由自体内聚的个体所体验到的焦虑，是对具体的危险情境的恐惧，相当于弗洛伊德所说的现实焦虑；一类是解体焦虑，由意识到自体开始分裂的个体所体验到的焦虑，它是由自体的不稳定状态引起的，相当于弗洛伊德所说的神经症焦虑。解体焦虑难以确定，强烈而有弥散性，总是伴随自体分裂的意识产生的。解体焦虑不是对本能的恐惧，而是对自体分裂的恐惧，“解体焦虑的核心是预见到自体的分裂，而不是对驱力的恐惧”[1]，因为驱力的强化并非自体分裂的原因，而是自体分裂的结果。由具体事物所引发的焦虑，实际上也是由对自体分裂的恐惧引起的。某些情境之所以使人感到恐惧，就是由于它们有可能威胁到自体的安全，就是由于它们可能导致自体的分裂。因此，这一类焦虑与解体焦虑并无质的区别，而是解体焦虑在特定情境中的表

① Kohut, H. (1977). *The restoration of the self*. New York: International Universities Press, p. 104.

现形式；而解体焦虑常常表现为对具体事物的恐惧，常常为对具体事物的恐惧所掩盖。因此，在科胡特看来，所有的焦虑归根到底都是解体焦虑，都是对自体分裂的恐惧。

③ 对俄狄浦斯情结、阉割焦虑、阳具妒羡以及结构神经症的新阐释。俄狄浦斯情结、阉割焦虑和阳具妒羡是经典精神分析最为重要的概念，也是其重要基石。弗洛伊德认为，任何形式的移情神经症都与俄狄浦斯情结有关，都与无意识的俄狄浦斯冲突没有得到顺利解决有关。（弗洛伊德有时在宽泛的意义上使用“俄狄浦斯情结”一词，将女孩子的恋父情结和男孩子的恋母情结笼统地称为“俄狄浦斯情结”。本章以下部分在使用“俄狄浦斯情结”一词时，除了有特别说明的以外，兼指恋母情结和恋父情结。）

广义自体心理学对俄狄浦斯情结、阉割焦虑、阳具妒羡和结构神经症做出了全新阐释。广义自体心理学认为，发展到俄狄浦斯期本身就是发展成就，只有在以前的发展阶段成功地发展出内聚自体，只有意识到自己和他人的区别，意识到自体的独立性和延续性，意识到自己的情感、动机和能力，才能把本能欲望指向客体，才能产生与此有关的冲突和适应问题。弗洛伊德认为，在俄狄浦斯期，个体必然会产生俄狄浦斯情结，必然会产生阉割焦虑或阳具妒羡。而广义自体心理学认为，在俄狄浦斯期，俄狄浦斯情结和阉割焦虑的产生并非必然，而是取决于俄狄浦斯期的自体客体能否以神入的态度来理解儿童的俄狄浦斯体验并做出适当的反应。儿童在进入俄狄浦斯期后，对异性父母，他会产生肯定而具有占有性的、深情而含有性意味的渴望；对同性父母，他会产生肯定的、自信的、好竞争的情感。对此，人格健全、自体结构牢固的父母会有两个方面的反应：一方面，异性父母会禁止孩子将自己当做性的客体，同性父母会禁止孩子将自己当做竞争对手；另一方面，对儿童的发展成就，对儿童的活力和自信，他们会由衷地感到喜悦和自豪。他们能够在总体上通过神入来理解儿童在俄狄浦斯期的发展需要，并满足他。他们偶尔的错误理解，偶尔的不适当反应，只会使儿童遭受适度挫折，适度挫折又促使儿童通过变形性内化将俄狄浦斯自体客体及其功能内化为心理结构，从而使自体在俄狄浦斯期得到进一步的巩固和发展，并且形成性别分化。这两个方面的反应，特别是第二个方面的反应，对俄狄浦斯期儿童自体的健康发展至关重要。但父母如果本身人格不健全、自体结构有缺陷、具有自体障碍的话，就不可能以神入的态度理解儿童在俄狄浦斯期的发展需要，就会导致儿童的俄狄浦斯自体的分裂，从而使正常的、与性无关的对父母的温情转变成性的欲望，使正常的、与攻击性和破坏性无关的自信转变成具有攻击性和破坏性的敌意，从而形成病态的俄狄浦斯情结。而这也是儿童试图重新组织残破的自体的表现。病态的俄狄浦斯情结会导致经典精神分析所指的俄狄浦斯神经症（经典移情神经症或结构神经症）的核心，可见，结构神经症本质上也是种自体障碍。

弗洛伊德认为，恋父情结起因于阳具妒羡，而阳具妒羡又起因于阉割情结。科胡特认为，阳具妒羡并非起因于阉割情结，而是自体分裂的产物，是童年时期的自体客体长期不能适当地发挥作用造成的。女孩子在童年时期女性化自体逐渐形成的时期，如果既没有得到自体客体的适当反映，也没有得到可理想化的女性父母表象（母亲的表象），也没有得到他—我自体客体的支持，那么其自体就会分裂，为了掩盖其自体结构的缺陷，女病人就会产生拥有男性生殖器的愿望和幻想。

与此同时，俄狄浦斯期自体客体因本身具有人格障碍而不能适当地发挥作用，也会使儿童在俄狄浦斯期产生强烈的病态焦虑。俄狄浦斯期的病态焦虑有两种形式，即俄狄浦斯期的原发性焦虑和继发性焦虑。原发性焦虑最为基本，它是个体在俄狄浦斯期没有得到自体客体对其自体的支持性反应而产生的情绪反应；而俄狄浦斯期的继发性焦虑则是在健全的俄狄浦斯自体因自体客体没有适当地发挥自体客体功能而解体之后才出现的情绪反应。俄狄浦斯期的原发性焦虑实际上是一种解体焦虑，是对自体分裂的恐惧，它是解体焦虑的特例，是解体焦虑在俄狄浦斯期的具体表现。由此可见，只有在俄狄浦斯期自体客体因其本身的人格缺陷，特别是因其本身的自体障碍而不能对儿童的俄狄浦斯自体做出神入反应的情况下，个体才会出现病态的俄狄浦斯情结和阉割焦虑。

重新阐释驱力、焦虑、俄狄浦斯情结、阉割焦虑、阳具妒羡和结构神经症，是自体心理学普遍化和范式化的重要步骤。这一步骤是广义自体心理学自体这一概念的逻辑结果，它拓展了自体心理学的解释范围，从解释自恋人格障碍到解释所有心理病态，包括原本属于古典精神分析专利的结构神经症。狭义自体心理学与古典精神分析相互平行、互不隶属，广义自体心理学则涵盖古典精神分析，古典精神分析从属于广义自体心理学。

## 四、自体障碍的精神分析治疗

### 1. 精神分析治疗的实质和目标

传统精神分析认为，精神分析治疗的实质在于意识范围的扩展，在于使无意识之中的本能冲突显现于意识之中，在于提高心理装备（特别是自我）调控本能驱力的能力，在于自我领域的扩展。广义自体心理学认为，精神分析治疗的实质和目标在于创设一种情境，使病人继续因童年期自体客体没有适当发挥作用、自体客体需要遭受创伤性挫折而停滞的发展过程，弥补由此造成的人格结构缺陷，建立成熟的自体—自体客体关系。自我自主性的提高，自我及意识范围的扩展，是自体缺陷得到弥补、自体—自体客体关系从幼稚走向成熟、自体障碍得到治愈的副产品。

**2. 精神分析治疗的过程**

广义自体心理学认为，精神分析治疗过程包括三个步骤：第一，防御分析；第二，移情的展开；第三，在自体与自体客体之间开启神入通道。

(1) 防御分析。

广义自体心理学认为，阻抗和防御的客体，是原始的夸大性和好表现性或原始的理想化需要和他—我自体客体需要；防御和阻抗的目的是维持自体的完整性，保护在非神入的自体客体环境中屡遭劫难而残存的自体。在精神分析治疗过程中，病人的阻抗主要出于对分析情境重演童年期创伤性挫折的恐惧，担心本已脆弱的自体重新遭受伤害，保护其残存自体。因此，科胡特强调，阻抗和防御不是病态的，而是“适应性的，在心理上是有价值的”[①]。广义自体心理学主张，在精神分析治疗过程中，分析师应当运用神入接受并准确理解病人的防御和阻抗，并根据广义自体心理学理论做出适当的动力学和发生学解释。惟其如此，病人才会直面其原始的自体客体需要，并把分析师当做自体客体，满足童年期遭受创伤性挫折的自体客体需要，从而形成自体客体移情。

(2) 移情的展开。

在克服了阻抗之后，病人在发展过程中没有得到满足的自体客体需要就会被动员起来，从而形成自体客体移情。自体客体移情有三种，即反映性移情、理想化移情和他—我移情。在反映性移情中，自体受损的志向一极试图获得自体客体的肯定和赞许；在理想化移情中，自体受损的理想一极寻求可接受理想化的自体客体；在他—我移情中，自体受损的才能和技巧构成的中间区域努力寻找能为自己提供基本相似性体验的自体客体。[②] 在分析情境中，自体客体移情出现的次序，与发展过程中遭受的创伤性挫折次序相反：出现越早的创伤性经验，与之相应的移情出现得越晚；出现越晚的创伤性经验，与之相应的移情出现得越早。此外，发生相似的经验会相互叠套，

---

① Kohut, H. (1984). *How does analysis cure*. Chicago: The University of Chicago Press, p. 114.

② Kohut, H. (1984). *How does analysis cure*. Chicago: The University of Chicago Press, pp. 192～193.

较成熟的移情形式也体现自体客体需要在较早发展阶段所遭受的创伤性挫折。随着分析的深入，会出现更原始的自体客体移情，它与较早发展阶段的创伤性挫折及相应固着有关。更原始自体客体移情的出现，有赖于分析师理解并接受病人的原始自体客体需要，做出准确的发生学和动力学解释。

在自体客体移情顺利展开的分析中，最终出现的基本自体客体移情，通常与受创伤较轻的自体客体需要有关，与造成心理创伤较轻的自体客体有关。形成自体客体移情是治疗自体障碍的前提，只有形成自体客体移情，病人才能在分析情境中继续其童年时期受到阻碍的发展过程，才能发展出弥补自体缺陷的心理结构，才能得到真正的治疗；如果病人不能形成自体客体移情，其自体障碍就不可能得到治疗。

(3) 在自体与自体客体之间开启神入通道。

自体客体移情形成之后，病人把分析师当做自体客体，与分析师形成自体—自体客体关系。起初，这一关系仍然原始，与病人自体发展水平相当，再现其停滞于某一发展水平的自体—自体客体关系。随着分析的深入，自体缺陷逐渐得到弥补，病人以恰当方式获取自体客体心理支持的能力不断提高，与分析师的自体—自体客体关系不断发展、成熟，最终转变成与成熟的成人发展水平相当的自体—自体客体关系。

**3. 通过形成新的心理结构进行治疗**

传统精神分析认为，精神分析通过扩展自我领域和意识范围进行治疗；广义自体心理学认为，“精神分析通过形成心理结构进行治疗”①。

患有可分析自体障碍的患者已经具有自体的基本架构，但存在着缺陷，因此，精神分析治疗并不是要让病人形成全新的自体架构，而是形成一些新的结构来弥补病人既有自体结构中的缺陷，强化、巩固病人既有的自体，并恢复其功能。在精神分析治疗过程中，心理结构的形成机制同正常发展过程一样。充当自体客体的分析师，如果能够运用神入，准确理解并接受病人的自体客体需要，并做出恰当解释，分析师在理解和解释方面不可避免的疏忽和失误，使病人遭受适度挫折，它促使病人通过变形性内化，把分析师所发挥的自体客体功能转变成相应的自体结构，使自体结构缺陷得到弥补，自体的功能得到恢复。

① Kohut, H. (1984). *How does analysis cure*. Chicago: The University of Chicago Press, p. 98.

4. **精神分析治疗的基本单元——理解和解释**

广义自体心理学认为,理解和解释构成精神分析的"基本治疗单元"。① 分析师正是通过理解和解释发挥治疗作用的,正是通过理解和解释活动使病人产生适度挫折,并通过变形性内化将分析师及其功能转变成自体结构及其功能的。

理解和解释是相互联系的。首先,理解是解释的前提,解释是理解的深化。其次,在有些精神分析治疗过程中,理解和解释这两个阶段并不是断然两分的,理解和解释通常是结合起来、交错地进行的。在理解和解释活动中,神入至关重要。神入应该贯穿于整个治疗过程的始终,无论是理解和解释,都必须以神入为基础。理解就是分析师运用神入设身处地把握病人的思想、情感,并用各种方法同病人进行交流。如果分析师能在总体上理解病人的思想、情感,那么理解和沟通方面不可避免的失误只构成适度挫折,它促使病人通过变形性内化把分析师的自体客体功能内化为弥补自体缺陷的心理结构。在理解的基础上,分析师必须对病人的内心体验进行动力学解释和发生学解释。虽然理解过程已经使病人通过变形性内化形成相应的弥补自体缺陷的结构,但解释过程仍然是必不可少的,因为解释过程有其独特作用。一方面,解释可以深化理解。分析师的解释,既能扩展和深化病人对自己的理解,接受自己的思想、情感,又能使病人认识到分析师对自己的理解所达到的深度和广度,从而确信自己和分析师之间已建立以神入为基础的可靠关系;另一方面,因分析师的理解而形成的心理结构比较脆弱,而解释可以巩固这一结构。解释又有两个分步骤:第一个分步骤是对病人的心理反应,特别是对病人的移情体验进行动力学解释;第二个分步骤是对病人的自恋的脆弱性和冲突进行发生学解释。

科胡特认为,分析师所信奉的理论直接影响其理解、解释的深度、广度和准确性,自体心理学理论有助于分析师快速、准确地理解病人的心理状态,有助于分析师做出准确的解释。

5. **自体障碍得到治愈的标准**

科胡特提出了自体障碍得到治愈的标准:从结构上讲,自体结构中的缺陷得到弥补;从功能上讲,自体结构能够充分发挥作用、恢复活力。前者为因,后者为果。并不是只有弥补自体结构的全部缺陷才能得到治愈,只要自体结构某两个成分的缺陷得到弥补,那么,即便另外一个成分还存在着缺

① Kohut, H. (1984). *How does analysis cure*. Chicago: The University of Chicago Press, p. 102.

陷，自体也能恢复功能，也能得到治愈。

## 五、对科胡特理论的评价

### 1．自体心理学的主要贡献

（1）创立了精神分析的新范式。

广义自体心理学是一个精神分析的新范式，它的人格结构观、人格发展观、人格发展的动力观与弗洛伊德所创立的驱力理论、哈特曼所创立的自我心理学理论以及克莱因所创立的客体关系理论都有很大的不同。

① 自体心理学超越了弗洛伊德的驱力理论。第一，广义自体心理学的人格结构观不同于古典精神分析。弗洛伊德认为，人格是由伊底、自我和超我这三个心理装备所构成的，其中伊底是人格的核心。科胡特认为，自体是人格结构的核心，伊底和自我都从属于自体这一整体。自体是由志向、理想以及介于这两极之间的、由才能和技艺所构成的张力弧所构成的。第二，广义自体心理学的人格动力观和人格发展观不同于古典精神分析。弗洛伊德认为，本能驱力是人格发展的根本动力，心理性欲的发展变化是人格发展的主轴。他认为人的一切活动都受本能驱力支配，根本没有什么自由意志。而科胡特则认为，自体的发展变化是人格发展的主轴，本能驱力作为自体的组成部分，总是从属于自体的发展变化。而自体的发展则取决于自体客体环境能否满足个体的自体客体需要。自体一旦形成之后，就会在自体之中志向的推动下，在理想的引导下，运用已经获得的才能和技艺去完成自己的行动计划，实现自体之中的潜能。第三，广义自体心理学的心理病理观和心理病原学不同于古典精神分析。弗洛伊德认为，心理障碍源于无意识之中的本能冲突，特别是俄狄浦斯冲突，童年时期特定的创伤性事件是导致神经症的原因。而科胡特认为，心理障碍实际上是自体发展的障碍，其实质是自体结构存在缺陷。无论是自恋人格障碍、自恋行为障碍，还是弗洛伊德所说的结构神经症，莫不如此。导致自体障碍的，并非个体童年期发生的特定创伤性事件，而是父母的人格障碍。人格障碍导致父母长期不能满足个体的自体客体需要，使其遭受创伤性挫折，创伤性挫折导致个体无法通过变形性内化把自体客体及其功能转变成自体的结构和功能。第四，广义自体心理学的治疗观不同于古典精神分析。弗洛伊德认为，只要使潜意识中的本能冲突大白于意识即可解除神经症症状，因此精神分析的实质在于拓展自我的领域、扩展意识的范围。而科胡特则认为，治疗的实质是为病人提供一个机会，使其存在缺陷的自体能够继续因自体客体需要在早期遭受创伤性挫

折而停滞的发展过程，从而弥补自体结构中的缺陷，只要自体结构中的缺陷得到弥补，意识和自我的范围就会得到扩展，潜意识中的本能冲突就会迎刃而解。

② 自体心理学超越了哈特曼的自我心理学。科胡特和哈特曼对什么是人格发展的主要方面持有不同的看法，与此相应，两者的研究重点也不同。哈特曼的自我心理学认为，精神分析的研究重心是自我，而非自体；自体是一种表象，它是个描述性概念，而非解释性概念。而广义自体心理学认为，自体是人格的核心，自我是自体之中的一个成分，因此，它将研究重心放在自体之上，而非自我之上；自体是具有内在动力的结构，自体是个解释性概念。此外，两者与本能驱力模式的关系也是不同的。自我心理学虽然赋予自我和伊底同等的地位，将研究的重心从伊底本能转移到自我之上，强调自我在适应现实中的主导作用，但并没有从根本上脱离本能驱力模式。这主要表现在两个方面：一是认为自我除了适应现实之外，还有防御本能、操控本能、协调自我同现实和超我的关系的功能；二是认为本能及其冲突对解释心理病态依然有效。而自体心理学则扬弃了传统精神分析的“伊底—自我”模式，完全用自体的发展来观照人格的发展，并且强调自体客体关系体验在自体发展过程中的决定作用。

③ 自体心理学对客体关系理论的超越。第一，自体心理学和客体关系理论研究重点不同。客体关系理论主要研究早期心理结构（指自体表象、他人和客体的内部表象）的形成，研究这些内在结构是如何在人际情境中出现的；客体关系理论关注内在客体关系对个体知觉感受方式以及个体同他人关系的影响。自体心理学以不同于客体关系理论的方式研究自体和自体结构。它主要研究早期自体和自体结构是如何在自体客体关系中形成的，它强调的是自体，而不是自我、自体表象和本能。自体心理学一直把自体以及自体客体关系作为理论核心。第二，自体心理学和客体关系理论对本能驱力的作用看法不同。除了费尔贝恩以外，大多数客体关系理论家都承认内在生物本能对人格发展的影响。虽然大多数客体关系理论家认为驱力的发展从属于关系，但是他们都没有明确地使驱力从属于自体。而自体心理学则从根本上摆脱了驱力范式和冲突范式，认为驱力从属于自体，自体的发展不但独立于本能驱力，而且制约本能驱力，本能冲突其实是自体发展停滞的结果。第三，自体心理学所说的自体客体、自体—自体客体关系不同于客体关系理论所说的客体、客体关系。客体关系理论家有的把客体关系当做人际关系，有的把客体关系当做本能满足的关系，即客体可以满足个体的本能。自体心理学始终把自体及自体客体体验放在分析的中心，坚持从个体

主观经验的角度界定自体客体，界定自体—自体客体关系，反对把客体关系当做人际关系或本能满足的关系，反对由此造成的精神分析社会学化倾向或生物学化倾向。

（2）澄清了精神分析的实质。

弗洛伊德认为，只有承认移情和阻抗机制才能算精神分析。对精神分析实质的这一界定缺乏认识论基础。弗洛伊德没有回答对复杂心理状态的认识如何可能这一问题。此外，这一界定也导致精神分析理论教条化，导致在理论上排斥异己，阻碍了精神分析理论的健康发展。科胡特根据精神分析的研究领域和方法论而不是具体理论观点来界定其实质。他认为，精神分析是一门运用神入和内省研究人类复杂心理状态的科学。这一界定是在考察人类认识复杂心理状态的可能性以及如何可能的基础上做出的，因此具有坚实的认识论基础，排除了独断论嫌疑。此外，根据这一界定，运用神入和内省得来的关于人类复杂心理状态的经验资料是第一位的，概念和理论只是说明这些经验资料的工具，是第二位的。概念和理论如果与运用神入和内省得来的经验资料不符，就应当修改。这就为创立新的精神分析理论提供了广阔空间，从认识论角度提供了合法性基础。

（3）拓展了精神分析治疗的范围。

弗洛伊德认为，由于力比多固着于自我，因此自恋患者在精神分析情境中无法将力比多投注于分析师并形成移情，所以无法用精神分析方法进行治疗。有鉴于此，很长时间无人问津自恋障碍的治疗。而科胡特根据在临床实践中运用神入和内省得来的经验资料，根据临床发现的自恋移情（后称为自体客体移情），对自恋做出了全新解释，揭示了自恋障碍或自体障碍的成因和病理机制，形成了自恋障碍或自体障碍的精神分析治疗方法，否证了弗洛伊德自恋障碍不能用精神分析方法进行治疗的神话，拓展了精神分析治疗的范围。

（4）改变了传统精神分析消极阴暗的人性观。

弗洛伊德过分强调人病态、非理性的一面，认为人性本恶，本能冲动与生俱来，认为所有行为都受到无意识本能欲望的驱使。他认为，精神疾病是由本能欲望受到压抑引起的，由于本能和文明的对立，本能的压抑不可避免，因而，人类获得心理健康的前景很渺茫。弗洛伊德错误地将神经症患者的症状当做普遍的人性，抹杀了正常人与神经症患者的区别。自我心理学虽然强调除了冲突领域之外，自我还有无冲突领域，除了对付本能，自我还有适应现实的功能。即便如此，自我心理学仍承认本能驱力与生俱来，对人类行为影响巨大，因此它没有完全摆脱驱力理论消极阴暗的人性观。科胡特更强调人性中理性、健康的一面。他认为，自体形成之后，就会在志向的推动下，在理想的指引下，利用自体之中的才能和技艺去实现自己的行动计划，实现自体之中的潜能。他坚信个人追求与社会整体利益是一致的，个人潜能的充分发挥能够推动社会的进步。他还认为，孤立的性驱力、破坏性的攻击性是自体分裂的产物，而不是人类的本性。自体心理学积极乐观的人性观对传统精神分析消极阴暗的人性观起到纠偏作用。

(5) 纠正了传统精神分析对女性的偏见。

弗洛伊德认为女性的道德水平低于男性，这是其理论的逻辑结果。他认为，超我的形成与阉割焦虑有关。俄狄浦斯情结导致男孩产生阉割焦虑，为了克服阉割焦虑，他就会压抑对母亲的乱伦欲望，并对父亲发生自居作用，从而内化父亲所持有的价值观和道德准则，形成超我。而女孩子则是已经被阉割了的，因此阉割的恐惧对女孩子的影响要小得多，因此，女性无法获得男性那样的良心。而自体心理学认为，自体之中理想的形成与理想化需要有关，是理想化自体客体及其功能变形性内化的结果。这一过程对女性和男性而言都是一样的，与两性的解剖结构无关，而与个体所处的自体客体环境的性质有关。基于这样的理论，在道德上歧视女性是没有道理的。此外，弗洛伊德认为，男性生殖器是主动的，女性生殖器是被动的；女性对自己的性器官感到自卑，并因此嫉妒男性拥有阳具，渴望自己也能拥有阳具。而科胡特认为，女性之所以对自己的女性特质感到自卑，是由于其所表现出来的女性特质没有得到自体客体神入的反映的缘故。

**2. 自体心理学的主要局限**

(1) 自体发展观具有形而上学倾向。

科胡特相信自体的发展完全取决于早期的发展，取决于前俄狄浦斯期的发展，成人自体的形态完全取决于早期发展的好坏，自体障碍的实质就是个体固着于早期的发展形态。根据这一逻辑，在以后的发展时期，个体与自体客体的互动对自体的发展没有什么影响，自体结构中的缺陷在前俄狄浦斯期形成之后是不会改变的；一个成年病人所具有的自体结构、自体客体需要，同在发展上处于他所固着的发展阶段相当的儿童所具有的自体结构、自体客体需要是完全一样的。从哲学的角度来看，这种早期决定论的发展观实际上是一种形而上学的发展观。根据辩证唯物主义的发展观，可以提出这样的假设：个体自体的发展过程实际上也是一个终身发展的过程；在不同的发展阶段，个体的自体客体需要在量与质上都是不同的，所处的自体客体环境在量与质上也是不同的；不同的自体客体环境对自体的发展具有不同的影响，自体客体环境与个体的相互作用也是一个终身的过程，自体的发展也是一个终身建构的过程；随着自体的不断建构，自体结构之中的成分也会不断地增加，自体之中的各个成分的关系也会不断地发生变化，因而自体不断从简单到复杂、从低级到高级发展。

(2) 低估儿童本身的遗传特点对自体客体发挥自体客体功能的影响。

科胡特认为，自体的发展状况取决于儿童的遗传特点与充当自体客体的父母之间相互作用。他认为，自体客体的创伤性作用对个体自体的损害程度取决于个体对创伤的敏感程度，而对创伤的敏感程度取决于个体的遗传特性。这无疑是正确的。但他没有认识到遗传对个体自体发展的影响还有另外一个重要的方面，那就是个体的遗传特点——如气质特点会影响充当自体客体的父母对个体自体客体需要所做出的反应。自体的发展也取决于个体与自体客体之间的相互作用。个体的遗传特点会影响个体的行为方式，充当自体客体的父母会阐释这种行为方式的意义并做出相应反应，而这种反应会对个体的自体发展产生影响。

(3) 忽视不同社会文化对自体发展的影响。

精神分析自体心理学虽然是新的社会历史条件的产物，体现了高度发达的工业化社会和后工业社会人类的精神状况，但它并没有充分考虑社会文化对自体发展的影响。科胡特倾向于把自己在当代美国社会的发现当做普世真理。可以提出这样一些问题：身处不同文化的个体自体客体需要是否完全相同？为他人充当自体客体时，不同文化中人对他人自体客体需要的反应方式是否相同？人格健全、深受中国传统文化影响的父母，与人格健全、深受美国个人主义价值观影响的父母，对儿童与生俱来的夸大性幻想和好表现行为是否会做出相同反应？这些问题都值得进一步研究。自体心理学理论从西方文化背景中发展而来，是在对西方文化中人进行精神分析研究的基础上形成的，它同样渗透着西方文化的价值观。因此，应当进一步考察它与中国人心理和行为的契合性，透过中国文化来研究中国人的自体客体需要、自体—自体客体关系和自体发展。

# 第三节 自体心理学的新进展

在科胡特身后，自体心理学的创造氛围相当自由、宽松，科胡特的具体理论观点没有成为束缚后继者思想的教条。自体心理学家们以临床实践为基础，从各种思想资源汲取丰富营养，自由大胆地质疑科胡特的某些观点，发展出各具特色的理论。自体心理学诞生之前，精神分析的发展史可说是一部派别斗争的历史，自体心理学改变了精神分析这一恶名昭彰的“传统”。正是在这样自由的氛围中，自体心理学才不断发扬光大，不断创新发展。

## 一、自体心理学在理论方面的发展

### 1. 巴卡尔的自体客体理论

巴卡尔(Howard Bacal)是最早在芝加哥精神分析研究所追随科胡特从事自体心理学研究的精神分析学家之一。他剖析了自体心理学与客体关系理论的区别和联系，站在现象学立场上重新界定自体客体关系，提出了“自体客体理论(selfobject theory)”。①

巴卡尔认为，自体心理学和客体关系理论有许多相似之处，自体心理学概念化为自体客体和自体客体关系的东西，客体关系理论家也十分强调。例如，萨蒂(Suttie)强调，客体的友谊和同情心对个体发展十分重要；费尔贝恩认为，人类的主要动机不是寻求快乐，而是同客体建立关系，并获得客体的支持；巴林特认为，人际互动是对婴儿期的原始和谐关系分裂做出的反应，它取决于同客体重建关系的努力；鲍尔比(John Bowlby)认为，通过情感联系而形成的对重要他人(significant other)的依恋给人以安全感；温尼科特强调，“足够好的母亲”对人格发展十分重要，她为心理健康发展提供支持性环境。巴卡尔指出，科胡特之所以割断自体心理学同客体关系理论的联

① Howard. A. Bacal(1992). *Contributions from self psychology theory*. In: *Handbook of contemporary group psychotherapy*. Edited by Robert H. Klein, Harold S. Bernard, David L. Singer, pp. 55～85.

系，主要有两个原因：其一，有些客体关系理论家强调客体关系就是人际关系，而科胡特认为精神分析应该研究复杂心理状态，反对精神分析的社会学化倾向；其二，有些客体关系理论家根据经典精神分析的观点，把客体关系界定为本能满足的关系。

巴卡尔认为，根据查尔斯·里克罗夫特（Chareles Rycroft）对客体关系和客体关系理论的界定，自体心理学和客体关系理论是相容的。里克罗夫特将客体关系界定为“主体同其客体的联系，而不是作为一种人际关系的主体同客体之间的关系”①；将客体关系理论界定为“主体同客体联系的需要占核心地位的理论”②，而不是像本能理论那样以主体本能满足的需要为核心。巴卡尔认为，主体同客体的关系，实质是自体和自体客体的关系；自体的概念蕴含于客体关系理论，只是为客体关系理论家所忽视；而科胡特错误地将其发现称作“自体”心理学，因为在其自体心理学中，有一点十分明显，那就是自体和自体客体之间的关系对自体发展至关重要，但这一点却为自体心理学所忽视。③ 因此，巴卡尔认为，自体心理学实际是一种客体关系理论，他称之为自体客体理论。与传统客体关系理论不同的是，巴卡尔站在现象学立场上界定自体客体关系。他认为，自体客体关系就是个体意识到可以利用客体作为某种自体客体的关系。由此看来，反映性自体客体关系、理想化自体客体关系和他—我自体客体关系，就是儿童对照料者、养育者能否用作自体客体的体验。反映性自体客体关系，就是个体感受到自己所展现的独特才智、天赋、吸引力等得到承认的自体客体关系；而理想化自体客体关系，是指个体同自己所仰慕的人结合的体验；他—我自体客体关系，就是个体感受到他人思想、情感、态度和价值观与自己相似时产生的体验。这三种自体客体关系对自体的健康发展至关重要。

巴卡尔指出，在自体客体关系中，个体能够意识到客体独立于自己，换言之，意识到他人独立于自己，并不妨碍个体把他人当做自体客体。巴卡尔的这一观点不同于科胡特。科胡特认为，把他人当做自体客体本身，就意味着个体的自体与客体没有充分分化，自体与自体客体的关系越原始，自体与充当自体客体者的分化程度就越低。在最原始的自体—自体客体关系中，

---

① Moore, B., Fine B., Eds. (1968). *A glossary of psychoanalytic terms and concepts*. New York: American Psychoanalytic Association, p. 64.

② Moore, B., Fine B., Eds. (1968). *A glossary of psychoanalytic terms and concepts*. New York: American Psychoanalytic Association, p. 64.

③ 巴卡尔对自体心理学的这一评价其实不完全正确，因为广义自体心理学后期越来越重视自体—自体客体关系对自体发展的重要性。——作者注。

自体与自体客体处于融合状态，也就是说，婴儿无法区分自体与自体客体，婴儿之所以希望绝对控制自体客体，就是由于这种融合状态。而巴卡尔援引相关研究，质疑融合是一种正常原始自体客体关系形式这一假设。他认为，即便是婴儿，也能够区分自体与他人，而婴儿之所以会希望绝对控制自体客体，是由于他具有针对自体客体的所有权意识，是由于他具有应该得到自体客体回应的观念。巴卡尔认为，自体客体被体验为"自体的客体"，拥有自体客体和自体客体功能是应得的权利这一观念，往往是无意识的。儿童所具有的自体客体功能是应得的权利这一观念和照料者的回应，对儿童的自体客体关系体验具有重要作用。在巴卡尔看来，良好的自体客体关系能促进自体的健康发展。尽管自体客体偶尔也有不能发挥作用的时候，但只要自体客体同儿童情感的协调是自体客体关系体验的基调，自体客体就能够对儿童的情感作出回应，而自体客体的回应对个体自体的发展而言最为理想。人终身都需要自体客体关系，成熟意味着自体客体关系的成熟。随着个体的成熟，自体客体关系的性质也会不断改变，个体逐渐形成为他人提供自体客体功能的能力，其给予能力不断增强。巴卡尔认为，自体障碍是基本的客体关系——自体客体关系不良的产物。如果自体客体关系足够好，心理障碍就不会出现；反之，如果个体意识到自体客体很不可靠或根本无法利用，自体就会趋于衰弱和分裂。孤立的驱力是自体分裂的产物，是个体绝望地感受到同自体客体分离的结果；冲突和焦虑并非由本能驱力引起，而是由不良的自体客体关系引起的；基本的心理冲突是由核心自体的需要和知觉到的照料者态度、需要之间的对立引起的；内疚是由寻求自体客体需要的满足同意识到自体客体正因此遭受痛苦之间的冲突引起的。

**2. 基多的渐成—等级模式**

基多(Gedo)是美国当代精神分析学家，他公开宣称要用渐成—等级模式(the epigenetic-hierarchical model)取代传统驱力理论。他认为，与自体相关的目标才是个体所追求的首要目标，那就是个人自主，确定自体，而不是性欲的满足、攻击性的发泄。欲求、志向多种多样，自体组织就是由这些目标、志向和欲求组成的"内聚等级结构"，引起焦虑的是自体结构遭受威胁，而不是本能冲动。

渐成—等级模式认为，心理发展包括相互联系的两个方面：其一，从身体边界的分化，到自体组织的巩固，再到超我的形成，最后形成压抑屏障，此谓"阶段"发展；其二，根据主导原则和个体面临的典型疑难情境来观照发展，就形成所谓"模式"发展。在发展初期，相当于身体边界的分化到自体组织的巩固这一阶段，主导原则是避免不愉快，典型疑难情境是面临过度兴奋的危险；在第二个发展阶段，快乐原则成为主导原则，典型疑难情境是幻觉的持续；在第三个发展阶段，现实原则成为主导原则，与之相关的典型疑难情境是内心冲突；在最后一个发展阶段，创造性成为主导原则，典型疑难情境则是挫折。

基多试图构建能够解释所有心理病态的统一理论。他强调，早期发展成功与否，对个体在后续发展阶段对典型疑难情境的反应具有重大影响，心理治疗应该特别关注这一点。有学者认为，基多提出的"阶段"和"模式"这两个概念内容含糊，也有些独断，引起许多问题。例如，在发展过程中，快乐原则为什么会在确定自体这一原则之后成为主导性原则？创造性究竟是行为的动机，还是兴趣和天赋的结果？此外，基多还有自相矛盾之处。他一方面把确定自体、组织自体当做压倒一切的首要动机，另一方面又将其当做特定发展阶段特有的"模式"。[①] 尽管如此，基多的渐成—等级模式，仍不失为运用自体心理学理论系统、全面修正传统精神分析理论的可贵尝试。

**3. 精神分析主体间性理论**

G·阿德伍德(G. Atwood)、R·斯特洛罗(R. Stolorow)和B·布兰德沙夫特(B. Brandchaft)是精神分析主体间性理论(psychoanalytic intersubjectivity theory)的代表人物，他们最早将"主体间性"这一概念引入精神分析，最早用主体间性理论和方法考察精神分析的相关问题，提出了一个整合不同精神分析学派理论观点的理论架构，并根据这一架构提出了精神分析治疗的实践原则。阿德伍德、斯特洛罗和布兰德沙夫特明确承认，精神分析主体间性理论是在科胡特精神分析方法论的基础上发展而来的："我们的观点吸取了科胡特(1959)任何神入和内省无法进入的事物理所当然都不在精神分析研究之列这一观点，并将其扩展到极限。"[②]精神分析主体间性理论主要包括以下五个方面。其一，运用心理传记学研究，说明各种精神分析理论完全来自其创立者的主观世界，精神分析需要关于主体性本身的理论，需要一个既能解释其他理论所解释的现象，又能解释这些理论本身的统一架构。这方面的代表作是《云雾中的面容》。其二，把主体间场域这一概念引入精神分析。主体间场域是由组织结构相异、相互作用的主观世界所构成的系统，它是主体间性理论最基本的概念。这方面的代表作是《主体性的结构》。

---

① Morris N. Eagle(1984). *Kohut's psychology of narcissism: a critical review*. In: Morris N. Eagle(1984). *Recent developments in psychoanalysis: a critical evaluation*. New York: McGraw-Hill Book Company, pp. 47～74.

② Stolorow, R., Brandchaft, B., Atwood, G. (1987). *Psychoanalytic treatment*. Hillsdale NJ: Analytic Press, p. 5.

其三,将主体间性原理运用于临床遇到的一系列重大问题,如移情与阻抗分析、治疗活动、边缘状态和精神病的治疗等。这方面的代表作是《精神分析治疗》。其四,运用主体间性理论,重新考察精神分析理论的四个支柱性概念——潜意识、身心关系、创伤和幻想。这方面的代表作是《存在的脉络》。其五,提出精神分析的实践哲学——脉络论。这方面的代表作是《以主体间性的方式进行工作》。

下面主要根据斯特洛罗、奥林奇(D. Orange)和阿德伍德在自体心理学网站上发表的《在脉络中思考和工作:精神分析的实践哲学》[①]一文,简要介绍精神分析主体间性理论。

精神分析主体间性理论认为,关注主体间性,并非不关注精神分析一直关注的内心世界,而是要在脉络中观照内心世界。经典精神分析的问题不在于关注内心世界,而在于它没有认识到内心世界深深地依存于脉络。其实,内心世界是在活跃系统间的关系中形成、发展的。"主体间系统"这一概念,既要求关注个体的内部经验世界,又要求关注不同个体内部经验世界之间持续不断的相互作用。这样,就弥合了内心世界和人际关系之间的鸿沟,而将两者对立起来的做法也已过时。[②] 这一理论还主张,个体的内心世界是一个子系统,它从属于一个更具包容性的关系性或主体间性的上位系统,因此,区分一人心理学和二人心理学已然过时,而当代精神分析的许多纷争都源于此。二人心理学依然蕴含心灵彼此孤立的观念,认为人际关系就是两个孤立的心灵像莱布尼兹的"无窗户单子"那样相互碰撞,它没有认识到关系在所有经验形成过程中的重要作用。因此,应该用脉络心理学取代二人心理学。主体间性理论关注内在经验世界和主体间场域如何彼此构成。

精神分析主体间性理论有一个区别于其他精神分析理论的特征,即并不认为特定心理内容(如本能、自我等)在人格发展及心理疾病的发生过程中起主要作用。主体间性理论是一种过程理论,它是一种理解和研究主体间脉络的认识论和方法论。心理现象以及研究心理现象的精神分析理论本身就是在主体间脉络中形成的,因此主体间性理论用于理解、研究主体间脉络的认识论和方法论,既适用于理解和研究心理现象,也适用于理解和研究精神分析理论本身。

精神分析主体间性理论从主体间脉络的角度观照各种精神分析理论,

---

① www. Self psychology Page. org/Intersubjective Systems Forum.

② Orange, D., Atwood, G., Stolorow, R. (1997). *Working intersubjectivety*. Hillsdale, NJ: Analytic Press, p. 18.

提出了一个整合各种精神分析理论的统一架构。它认为，弗洛伊德所说的俄狄浦斯情结，克莱因所说的偏执、分裂和抑郁状态，科胡特所说的反映性需要、理想化需要和他—我需要，都不是绝对的，都不具有普遍性，它们都是在特定的主体间环境中凸现于某些人主观世界的强有力的象征和表象。个人经验易变、多样，随脉络而变。在持续相互作用的主体间系统中，这多样的经验时而为前景，时而为背景；时而为形，时而为基，不断变换。精神分析主体间性理论认为，在精神分析情境中，分析师要根据脉络进行思考和工作。分析师应该认识到，自己和病人构成一个稳定、持久的心理系统，只研究分析师或只研究病人，都会破坏分析经验的完整性。在精神分析过程中，应该同时根据分析师和病人的组织性活动来理解某个主体间场域形成的僵局。精神分析过程受阻，并不只是由病人的阻抗造成的，而是由分析师和病人共同造成的，因此应该研究分析师和病人如何共同造成这一局面。分析师既要探询病人的经历和起组织作用的情绪性信念，也要探询自己的经历和起组织作用的情绪性信念，还要探询究竟是什么理论承诺使自己不能变换观点、扩展视界。因此，精神分析主体间性理论要求，在分析情境中，分析师既要关注两个相互作用的主观世界，又要关注病人和自己起组织作用的活动，还要关注自己所采用的理论，甚至要关注病人和自己的文化背景。

精神分析主体间性理论还提出动态系统理论（dynamic systems theory）或非线性系统理论（nonlinear systems theory），认为动态系统理论能确切解释发展过程的“混乱、流动、对脉络敏感”的性质。[①] 动态系统理论对发展过程（包括童年期和精神分析情境中的发展过程）的解释，彻底抛弃了目的论，认为无论是发展的最终状态，还是发展的渐成图式，都不是预先规定好的，都不是命中注定的。它认为，结构或模式出现于动态系统构造自体的过程中，[②]也就是说，在某个动态系统中出现的结构形态，是这一动态系统各成分或子系统相互作用的产物。例如，在临床治疗过程中反复出现的移情和阻抗，其实是病人和分析师构成的系统过度稳定，处于僵化状态，分析师的态度同病人对再度遭受创伤的恐惧相互协调。在临床治疗过程中出现的各种心理病态、移情、意识和无意识范围的变化，分析师和病人构成的动态主体间系统变动不居的特性，都可用动态系统理论进行解释。

精神分析主体间性理论并没有提出关于治疗技术的具体规则和方法。

---

① Thelen and Smith(1994). *A dynamic systems approach to the development of cognition and action*. Cambridge, MA: MIT Press, p. xvi.

② Orange, D., Atwood, G., Stolorow, R. (1997). *Working intersubjectivety*. Hillsdale NJ: Analytic Press, p. 44.

它甚至批评精神分析技术这一概念,认为它基于某个孤立的心灵(分析师)要为另一个孤立的心灵(病人)做些什么这一假设。精神分析主体间性理论认为,技术总是机械的、程序化的,不能适应变动不居的主体间场域。主体间场域是实践的领域、理解的领域,是特殊的主观性以独特的模式进行相互作用的领域。实际上,精神分析主体间性理论规定的并不是技术,而是分析师在思维和工作中必须保持敏感性。在思维和工作中保持敏感性,就必须保持开放心态,不断反省,不断关注分析过程中出现的新活动、新经验。精神分析主体间性理论认为,对人对事的当下理解,总是局限于某一视域,这一视域必然受到理解者已有经验和当下经验的局限。因此分析师不要拘泥于某种理论;对病人经验的意义,也不要拘泥于一种理解;对分析师和病人共同创造的治疗这一主体间场域的意义,也不要拘泥于一种理解;对各种逐渐出现、不断扩展的意义视域,应持开放灵活的态度。

除了上述三种理论以外,受科胡特自体心理学影响的精神分析理论还有很多。迈克尔·巴施(Michael Basch)也是科胡特最早的追随者之一,他试图将自体心理学同皮亚杰的认知发展阶段理论联系起来,以此来研究防御机制,并将这些防御机制同大脑两半球的功能联系起来。他还认为,精神分析的解释同已得到实验证实的关于大脑机能的知识是相容的,而且必须以这些知识为基础。巴施的这一观点明显不同于科胡特反对精神分析生物学化的立场。杰弗里·戴茨(Jeffrey Deitz)从神经生物学的角度研究了变形性内化,认为变形性内化过程影响杏仁丘脑下部通路的功能。① 沃尔夫(Wolf)提出要交替运用内省(introspection)和外部观察(extrospection)作为精神分析的研究方法。

## 二、自体心理学在应用领域的发展

### 1. 以自体心理学理论为指导治疗成瘾

自体心理学认为,成瘾是自体障碍的表现,自体结构存在缺陷是成瘾的根本原因。由于自体存在缺陷,成瘾者缺乏调节紧张、维持自尊和自我安慰的能力,因此仍依赖原始的自体客体来调节紧张、维持自尊和安慰自己。成瘾者把所嗜之物(如酒精、毒品等)当做替代性原始自体客体,以此满足原始的自体客体需要。自体心理学对成瘾的动力学解释为运用自体心理学原理

① Penny Simpson(1994). *Heinz Kohut:his enduring influence today*. In:www. Sfu. Ca/~psimpson.

治疗成瘾行为提供了理论基础。杰尔姆·D·莱温(Jerome D. Levin)用自体心理学的基本原理分析、治疗酗酒和其他成瘾行为。下面概要介绍他对酗酒的解释和治疗。

首先,莱温运用自体心理学理论解释酗酒者的人格特征。其一,明尼苏达多相人格测验(MMPI)表明,酗酒者的人格特质包括傲慢、孤立、缺乏现实的目标感、抑郁等。傲慢、孤立和缺乏现实的目标感,是其夸大自体公开表现的结果,是其夸大自体处于垂直分裂状态的产物。夸大自体处于垂直分裂状态,是由童年期自体客体为满足自己的自体客体需要,对个体夸大自体的好表现行为做出与其发展阶段不相称的过度反应造成的。抑郁则是由酗酒者自体结构存在缺陷、自尊调节能力受损造成的。而个体自体结构的缺陷,是由于童年期自体客体没有满足其自体客体需要,使其遭受创伤性挫折,因而不能通过变形性内化将自体客体及其功能内化为自体结构。其二,用场依存性和场独立性这一人格维度来衡量,酗酒者通常偏向于场依存性。用自体心理学的观点来看,偏向于场依存性者倾向于把环境当做自体客体,而这是由于其自体结构存在缺陷。其三,酗酒者具有性别同一性混乱的倾向,这也是自体障碍的表现。酗酒者固着于或倒退到性别同一性形成之前的原始自体发展阶段,因而导致性别同一性混乱。也就是说,在发展过程中,酗酒者没能把同性理想化自体客体内化进心理结构。这既导致自体的病态,又导致性别同一性混乱。其四,酗酒者刚清醒时,自我很弱小。这表现在酗酒者刚清醒时很容易冲动,缺乏承受挫折的能力,自体概念分化不够。由于自我从属于自体,自体结构健全是自我充分发挥作用的前提,因此自我弱小也是由自体结构存在缺陷造成的。其五,酗酒者的兴奋水平通常较高。这也是自体障碍的表现,是由于母亲为孩子发挥的刺激屏障功能没有得到内化。当然,也不能排除体质因素的影响。

其次,莱温还从自体发展的角度考察酗酒的形成。在发展过程中,个体的自体客体需要没有得到满足,个体没有获得原先自体客体为其行使的调节紧张水平、提高自尊等心理功能,或者没有充分内化这些功能,导致自体存在功能缺陷。因此,个体一方面对自体客体具有很强的依赖性,渴望与自体客体融合,渴望他人为自己维持自尊、舒缓紧张。另一方面,由于童年期自体客体引起的创伤性挫折导致强烈焦虑,个体又会否认或压抑其自体客体需要,从而导致垂直分裂或水平分裂。个体既有可能在实际生活中寻找能为自己发挥心理功能的、可依赖的自体客体,也有可能压抑这种需要。最常见的情况是,个体因依赖自体客体的需要而产生强烈心理冲突,因为在现代社会,成年人公开依赖他人往往为人不齿,对成年男性而言更是如此。于是，个体就把酒当做完美无缺的替代性自体客体，用酒来麻醉自己，让酒行使本应由健全自体行使的心理功能，即用酒来调节情感，减缓刺激，排遣空虚、抑郁，提高自尊，舒缓紧张。而喝酒能为社会所接受，不但不会被当做依赖行为，而且可能被当做男子汉气概的表现。因此，具有自体障碍的个体更容易借酒浇愁，用酒发挥其自体所不能发挥的心理功能，而不表现出对他人的依赖。酗酒者把酒理想化，认为酒法力无边，根源在于他固着于自体发展的早期阶段。在这一阶段，个体具有同理想化自体客体融合的需要，希望分享理想化自体客体的力量。

因此，莱温认为，要矫正酗酒行为，治本之道就是通过精神分析治疗弥补自体结构的缺陷。

**2. 用自体心理学方法治疗变态性行为**

自体心理学为理解变态性行为提供了新的理论架构和视角。自体心理学认为，变态性行为是自体障碍的表现，是个体为掩盖自体结构的缺陷、消除自体障碍导致的空虚感而采取的防御机制。

阿诺尔德·戈尔德贝格（Arnold Goldberg）也是科胡特的早期追随者之一，他运用自体心理学的理论和方法，结合临床资料考察了变态性行为，对变态性行为做出了新的界定，阐述了变态性行为产生的动力机制及其意义，并提出了相应的治疗方法。① 和科胡特一样，戈尔德贝格认为，变态性行为是自体障碍的表现。由于自体结构存在缺陷，个体会产生强烈的衰弱、空虚等痛苦感受。为了消除这些痛苦感受，防止自体分裂的加剧，个体会通过各种活动刺激自己兴奋起来。这些活动就是掩盖自体结构缺陷的防御结构，其中有些活动被性欲化，形成变态性行为。自体障碍会导致垂直分裂和水平分裂，变态性行为主要与自体之中垂直分裂的部分有关。未得到满足的原始夸大性幻想、好表现行为以及原始理想化需要，虽然都在意识之中，但同自体之中现实导向的部分隔绝，自体之中现实导向的部分无法对其施加影响，因此原始的夸大性幻想、好表现行为及理想化需要就会公然表现出来，并通过性欲化转变成变态性行为。与此有关的变态性行为有相思病和色情狂这两种形式。与性欲化有关的性驱力是自体解体的产物。由此可见，变态性行为是掩盖自体结构缺陷的防御机制。戈尔德贝格用自体心理学理论解释同性恋和相思病。他认为，同性恋是一种补偿结构。由于反映性需要遭受严重创伤，自体志向一极具有严重缺陷，个体因此转向理想化自

① Arnold Goldberg (1995). *The problem of perversion*. In *the view from self psychology*. New Haven and London. Yale University Press.

体客体，希望通过强化自体理想一极来巩固自体，但理想化需要同样遭受创伤，导致自体理想一极也存在缺陷，但没有志向一极那么严重。也就是说，个体形成了部分补偿结构，但补偿结构仍有缺陷。为了掩盖补偿结构存在的缺陷，会形成一些防御行为，其中有些行为的性欲化导致同性恋。同性恋也与自体之中垂直分裂的部分有关。反映性需要和理想化需要都遭受创伤性挫折，导致自体志向和理想两极都存在缺陷，为了消除因自体障碍而产生的空虚感，个体就会形成一种性欲化的防御结构——相思病。性兴奋所带来的快乐，会缓解自体缺陷造成的空虚感，相思病患者试图通过性行为防止自体进一步分裂，他将所爱之人理想化，其实就是把所爱之人当做理想化自体客体，满足其未得到满足的原始理想化需要。相思病也与自体垂直分裂的部分有关。戈尔德贝格还解释了虐待狂和受虐狂等变态性行为所表现出来的愤怒和攻击性。他认为，愤怒和攻击性是自体解体的产物，它们同性欲化结合在一起，就形成变态性行为中常见的愤怒和攻击性。根据对变态性行为的理解，戈尔德贝格认为，治疗变态性行为应着眼于弥补自体结构的缺陷。

3. **自体心理学在其他方面的应用**

自体心理学理论在临床社会工作（clinical social work）、社会心理学和职业指导等领域也得到了运用。

米丽娅姆·埃尔森（Miriam Elson）阐述了自体心理学在临床社会工作中的运用。[①] 临床社会工作的范围十分广泛，从以社区为基地的社会干预行动计划，到内心困惑的个别治疗，都属于临床社会工作的范围。埃尔森认为，自体心理学为临床社会工作提供了新的思想和方法。他运用自体心理学理论考察了临床社会工作的治疗过程，阐述了童年期、少年期、少年后期和青年期自体障碍的形成及治疗过程，论述了如何通过巩固单身母亲具有分裂倾向的自体结构来改变其虐待孩子的行为，论述了如何运用自体心理学的理论和方法为无力实现自己目标的个体提供治疗，还运用自体心理学理论研究了由衰老引起的心理问题，提出了具体治疗方法。此外，埃尔森还提供了与这些问题有关的丰富临床个案资料，并特别强调自体心理学在家庭治疗、团体治疗、社区活动规划等领域都具有良好的应用前景。

R·B·乌尔曼（R. B. Ulman）和D·布拉泽斯（D. Brothers）运用自体心理学理论分析了强奸、乱伦和打斗的受害人在遭受创伤之后自体分裂的状

① Miriam Elson (1986). *Self psychology in clinical social work*. New York, W. W. NORTON & COMPANY.

况，研究了他们在遭受这类打击之后自体幻想的变化。[①] C·R·马尔马(C. R. Marmar)和M·弗里曼(M. Freeman)还发展了一个以自体心理学为基础的短期治疗模式，以提高治疗效率。[②] P·H·约翰逊(P. H. Johnson)和T·D·费尔德曼(T. D. Feldman)运用自体心理学理论分析了恐怖组织如何为具有自体障碍的个体提供自体客体功能、满足其自体客体需要，解释了恐怖组织形成的动力机制。[③] D·A·鲁滨逊(D. A. Robinson)和S·L·库珀(S. L. Cooper)把包含志向和理想这两个成分的两极性自体模式运用于职业指导。[④]

自体心理学理论的蓬勃发展及其在社会实践领域的广泛运用，昭示其具有强大的生命力，具有广阔发展前景。

---

① Ulman, R. B. ,Brothers, D. (1988). *The shattered self: a psychoanalytical study of trauma*. Hillsdale NJ: Analytical Press.

② Marmar, C. R. , Freeman, M. (1988). *Brief dynamic psychotherapy of PTSD: management of narcissistic regression*. Journal of Traumatic Stress, 1989(3), pp. 323～337.

③ Johnson, P. H. , Feldman, T. D. (1992). *Personality types and terrorism: self psychology perspectives*. Forensic Report, 1992, vol. 5(4) pp. 293～303.

④ Robinson, D. A. ,Cooper, S. L. (1988). The relationship of Kohut's self psychology to career choice certainty and satisfaction. *Journal of College Student Developmen*. 1988(may), vol. 29(3), pp. 228～232.

# 参考文献

## 中文文献


S. Cashdan 著，林秀慧、林明雄译：《客体关系治疗——关系的运用》，心理出版社 2001 年版。

Les Parrott 著，郭本禹等译：《心理治疗与咨询》，高等教育出版社 2008 年版。

Michael St. Clair 著，贾晓明、苏晓波译：《现代精神分析"圣经"——客体关系与自体心理学》，中国轻工业出版社 2002 年版。

J. Milton，C. Polmear & J. Fabricius 著，施琪嘉、曾奇峰译：《精神分析导论》，中国轻工业出版社 2005 年版。

R. Murray Thomas 著，郭本禹等译：《儿童发展理论比较》，上海教育出版社 2008 年版。

Sheldon Cashdan 著，鲁小华等译：《客体关系心理治疗——理论、实务与案例》，中国水利水电出版社 2006 年版。

阿德勒著，黄光国译：《自卑与超越》，作家出版社 1986 年版。

阿德勒著，傅任敢译：《生活的科学》，商务印书馆 1936 年版。

芭芭拉・汉娜著，李亦雄译：《荣格的生活和工作——传记体回忆录》，东方出版社 1998 年版。

保罗・凯琳著，郑伟建译：《心理学大曝光——皇帝的新装》，中国人民大学出版社 1992 年版。

彼得・盖伊著，龚卓军等译：《弗洛伊德传》，鹭江出版社 2006 年版。

波林著，高觉敷译：《实验心理学史》，商务印书馆 1981 年版。

布伦南著，郭本禹等译：《心理学的历史与体系》，陕西师范大学出版社 2008 年版。

蔡飞：《结构神经症与自身分裂：广义自身心理学的阐释》，《南京师大学报》（社会科学版），2007 年第 5 期。

蔡飞：《精神分析的新范式——自身心理学》，南京师范大学博士学位论文，2001 年。

蔡飞：《精神分析自身心理学的诞生：一种社会学的阐释》，《南京师大学报》（社会科学版），2005 年第 4 期。

蔡飞：《论科赫物的精神分析方法论》，《南京师大学报》（社会科学版），2001 年第 6 期。

蔡飞：《自身心理学：精神分析的新范式》，《南京师大学报》（社会科学版），2000 年第 4 期。

蔡飞：《自身心理学的新进展 》，《南京师大学报》（社会科学版），2002 年第 5 期。

蔡飞：《自身心理学：科赫特研究》，福建教育出版社 2008 年版。

蔡飞：《精神分析焦虑论批判》，《南京师大学报》（社会科学版），1995 年第 3 期。

蔡飞：《精神分析焦虑论研究》，南京师范大学硕士学位论文，1994 年。

车文博主编：《弗洛伊德文集》（5 卷），长春出版社 1998 年版。

车文博主编：《弗洛伊德文集》（8 卷修订版），长春出版社 2004 年版。

车文博主编：《弗洛伊德主义论评》，吉林教育出版社 1992 年版。

车文博主编：《弗洛伊德主义原著选辑》（上），辽宁人民出版社 1988 年版。

车文博主编：《弗洛伊德主义原著选辑》（下），辽宁人民出版社 1989 年版。

丹尼尔·N·鲁宾逊著，杨韶刚、刘力、孙卫民译：《现代心理学体系》，社会科学文献出版社 1988 年版。

恩斯特·贝克尔著，林和生译：《拒斥死亡》，华夏出版社 2000 年版。

弗恩著，傅铿编译：《精神分析学的过去和现在》，学林出版社 1988 年版。

弗雷-罗恩著，陈恢钦译：《从弗洛伊德到荣格》，中国国际广播出版社 1988 年版。

弗洛伊德著，高觉敷译：《精神分析引论》，商务印书馆 1984 年版。

弗洛伊德著，高觉敷译：《精神分析引论新编》，商务印书馆 1987 年版。

弗洛伊德著，顾闻译：《弗洛伊德自传》，上海人民出版社 1987 年版。

弗洛伊德著，林尘等译：《弗洛伊德后期著作选》，上海译文出版社 1986 年版。

弗洛伊德著，林克明译：《爱情心理学》，作家出版社 1986 年版。

弗洛伊德著，刘福堂译：《精神分析纲要》，安徽文艺出版社 1987 年版。

弗洛伊德著，孙名之译：《释梦》，商务印书馆 1996 年版。

弗洛伊德著，腾守尧译：《性爱与文明》，安徽文艺出版社 1987 年版。

弗洛伊德著，杨韶刚译：《一个幻觉的未来》，华夏出版社 1989 年版。

弗洛伊德著，杨庸一译：《图腾与禁忌》，中国民间文艺出版社 1986 年版。

高觉敷主编，郭本禹、叶浩生副主编：《西方心理学史论》，安徽教育出版社 1995 年版。

高宣扬：《弗洛伊德传》，作家出版社 1986 年版。

古德温著，郭本禹等译：《现代心理学史》，中国人民大学出版社 2008 年版。

郭本禹：《幼儿的自我发展——三位儿童精神分析学家的观点》，《四川心理科学》，1999 年第 1 期。

郭本禹：《百年发展：精神分析运动的整合逻辑》，《南京师大学报》（社科版），2007 年第 5 期。

郭本禹：《弗洛伊德——世纪的幽灵》，《南京晓庄学院学报》，2006 年第 5 期。

郭本禹：《精神分析运动的发展逻辑》，《南京师大学报》（社科版），2006 年第 5 期。

郭本禹：《我国精神分析研究的新成果之一》，《南京晓庄学院学报》，2007 年第 1 期。

郭本禹、徐萍萍：《从自我客体关系看人格结构——费尔贝恩的内心结构理论述评》，《南京晓庄学院学报》，2006 年第 5 期。

郭本禹编：《高觉敷心理学文选》，人民教育出版社 2006 年。

郭本禹主编：《西方心理学史》，人民卫生出版社 2007 年版。

郭本禹主编：《当代心理学的新进展》，山东教育出版社 2003 年版。

郭本禹主编：《精神分析发展心理学》，福建教育出版社 2008 年版。

郭本禹主编：《心理学通史·第四卷·外国心理学流派（上）》（总主编杨鑫辉），山东教育出版社 2000 年版。

郭本禹主编:《精神分析发展心理学》,福建教育出版社 2008 年版。

郭本禹主编:《中国精神分析研究丛书》,福建教育出版社 2008 年版。

郭慧:《生命的第一年——斯皮茨的自我心理学理论与实践》,《南京晓庄学院学报》,2008 年第 2 期。

赫根汉著,何瑾、冯增俊译:《人格心理学导论》,海南人民出版社 1986 年版。

赫根汉著,郭本禹等译:《心理学史导论》,华东师范大学出版社 2004 年版。

黄希庭:《人格心理学》,浙江教育出版社 2002 年版。

霍尔著,冯川译:《荣格心理学入门》,三联书店 1987 年版。

霍兰德著,潘国庆译:《后现代精神分析》,上海文艺出版社,1995 年版。

霍瑟塞尔著,郭本禹等译:《心理学史》,人民邮电出版社 2008 年版。

加德纳·墨菲、约瑟夫·柯瓦奇著,林方、王景和译:《近代心理学历史导引》,商务印书馆 1980 年版。

拉·莫阿卡宁著,江亦丽、罗照辉译:《荣格心理学与西藏佛教》,商务印书馆 1989 年版。

黎黑著,刘恩久译:《心理学史——心理学思想的主要趋势》,上海译文出版社 1990 年版。

理查德·沃雷姆著,黄欣、王雪鸽等译:《弗洛伊德》,昆仑出版社 1999 年版。

林万贵:《从精神分析的立场看心理咨询师的培训》,《南京晓庄学院学报》,2006 年第 5 期。

林万贵:《精神分析视野下的边缘性人格障碍研究》,南京师范大学博士学位论文,2007 年。

林万贵:《试论克尔伯格对客体关系、情感和驱力理论的新整合观》,《南京师大学报》(社科版),2006 年第 5 期。

林万贵:《精神分析视野下的边缘性人格障碍:克恩伯格研究》,福建教育出版社 2008 年版。

铃木大拙、弗洛姆著,孟祥森译:《禅与心理分析》,中国民间文艺出版社 1986 年版。

吕英军:《从个人到团体——拜昂的客体关系理论研究》,南京师范大学硕士学位论文,2007 年。

吕英军:《从个体分析到团体分析——拜昂的客体关系精神分析学说评介》,《南京晓庄学院学报》,2007 年第 1 期。

尼采著，杨恒达译：《快乐的科学》，光明日报出版社1986年版。

尼采著，周国平译：《悲剧的诞生》，北岳文艺出版社2004年版。

荣格著，成穷、王作虹译：《分析心理学的理论与实践》，三联书店1991年版。

荣格著，冯川、苏克译：《荣格文集》，改革出版社1997年版。

荣格著，冯川、苏克译：《心理学与文学》，三联书店1992年版。

荣格著，刘国斌等译：《回忆·梦·思考》，辽宁人民出版社1988年版。

荣格著，吴康等译：《心理类型学》，华岳文艺出版社1989年版。

史密斯著，郭本禹等译：《当代心理学体系》，陕西师范大学出版社2005年版。

舒尔茨著，杨立能等译：《现代心理学史》，人民教育出版社1981年版。

斯蒂芬·A·米切尔、玛格丽特·J·布莱克著，陈祉妍、黄峥、沈东郁译：《弗洛伊德及其后继者——现代精神分析思想史》，商务印书馆2007年版。

瓦伊尼和金著，郭本禹等译：《心理学史：观点与背景》，世界图书出版公司北京分公司2007年版。

王东：《自我心理学的整合者——雅可布森的精神分析理论研究》，南京师范大学硕士学位论文，2008年。

王东、郭本禹：《自我的整合观——雅可布森对自我心理学理论的贡献》，《南京晓庄学院学报》，2008年第2期。

王国芳：《克莱因的对象关系理论研究》，南京师范大学博士学位论文，2000年。

王小章、郭本禹：《潜意识的诠释：从弗洛伊德主义到后弗洛伊德主义》，中国社会科学出版社1998年版。

王艳萍：《迈克尔·巴林特的客体关系理论与实践研究》，南京师范大学硕士学位论文，2008年。

王艳萍：《巴林特对客体关系理论与实践的发展》，《南京晓庄学院学报》，2008年第2期。

吴晓晴：《玛勒关于儿童精神病的病理学和治疗观》，《南京晓庄学院学报》，2007年第1期。

郗浩丽：《安娜·弗洛伊德对精神分析的贡献》，《南京晓庄学院学报》，2006年第5期。

郗浩丽：《儿童攻击性的精神分析式解读——温尼科特的攻击性理论》，南京师大学报(社科版)，2007年第5期。

郗浩丽:《客体关系理论的转向——温尼科特的儿童精神分析学理论与实践研究》,南京师范大学博士论文,2007 年。

郗浩丽:《温尼科特的儿童精神分析学评介》,《南京师大学报》(社科版),2006 年第 5 期。

郗浩丽:《温尼科特精神分析客体关系理论的治疗观》,《医学与哲学》(人文社会医学版),2007 年第 10 期。

郗浩丽:《客体关系理论的转向:温尼科特研究》,福建教育出版社 2008 年版。

徐萍萍:《费尔贝恩的人格客体关系理论研究》,南京师范大学硕士论文,2006 年。

徐萍萍:《自我·客体关系·人格——费尔贝恩的纯粹心理的人格发展观》,《南京师大学报》(社科版),2006 年第 5 期。

徐信华:《弗洛伊德传》,河北人民出版社 1998 年版。

亚当·菲利普著,龙卷风译:《威利柯特》,昆仑出版社 1999 年版。

杨恩寰、陶银骠、陆杰荣:《弗洛伊德——一个神秘的人物》,辽宁大学出版社 1986 年版。

# 英文文献

Adler, A. (1929). *The practice and theory of individual psychology*. New York: Routledge.

Adler, A. (1930). Individual psychology. In C. Murchison(ed.), *Psychologies of* 1930. Worceter, Mass: Clark University Press.

Adler, A. (1930). *The education of children*. Chicago: Henry Regnery.

Alexander Franz, Eisenstein Samuel, Grotjahn, Martin(1995). *Psychoanalytic Pioneers*. New Brunswick, NJ, US: Transaction Publishers.

Arnold W. Rachman (1999). Sandor Ferenczi's ideas and methods and their relevance to group psychotherapy. *Group*, vol. 23.

Aron, L. (2003). Clinical outbursts and theoretical breakthroughs: a unifying theme in the work of Stephen A. Mitchell. *Psychoanalytic Dialogues*, vol. 13.

Bacal, H. A., Newman, K. M. (1990). *Theories of object relations: bridges to self psychology*. New York: Columbia University Press.

Bachant, J. L., Richa, A. D. (1993). Review essay. *Psychoanalytic Dialogue*, vol. 3.

Balint, M. (1959). *Trills and regressions*. London: Hogarth Press.

Balint, M. (1968). *The basic fault: therapeutic aspects of regression*. London: Tavistock Publications.

Bion, W. R. (1957). The differentiation of the psychotic from the non-psychotic personalities. *International Journal of Psycho-Analysis*, vol. 38.

Bion, W. R. (1959). Attacks on linking. *International Journal of Psycho-Analysis*, vol. 40.

Bion, W. R. (1961). *Experiences in groups*. London: Tavistock.

Bion, W. R. (1962). *Learning from experience*. London: William Heinemann.

Blanck, G., Blanck, R. (1974). *Ego psychology: theory and practice*. New York: Columbia Universities Press.

Blanck, G., Blanck, R. (1986). *Ego psychology: developmental object relations theory*. New York: Columbia Universities Press.

Boring, E. G. (1950). *A history of experimental psychology* (*2nd ed.*). New York: Appleton-Century-Crofts.

Bottome, P. (1939). *Alfred Adler: a biography*. New York: Putnam.

Brazelton, T. B. (1983). *Dialogues from infancy*. New York: International Universities Press.

Clair, M. S. (1986). *Object relations and self psychology: an introduction*. Brooks/Cole Publishing Company.

David Rapaport(1959). A historical survey of psychoanalytic ego psychology. *Psychological Issues*. vol. 1. No. 1.

Douglas H. Frayn (2004). Book review. *American Journal of psychotherapy*, vol. 58. No. 1.

Edward Kronold (1980). Edith Jacobson 1897—1978. *Psychoanalytic Quarterly*, vol. 49.

Erikson, E. H. (1959). *Identity and the life cycle*. New York: International Universities Press.

Erikson, E. H. (1963). *Childhood and society* (*2nd ed.*). New York: Norton.

Erikson, E. H. (1964). *Insight and responsibility*. New York: Norton.

Erikson, E. H. (1968). *Identity: Youth and crisis*. New York: Norton.

Esther Menaker (1982). *Otto Rank: a rediscovered legacy*. New York: Columbia University Press.

Fairbairn, W. R. D. (1952). *Psychoanalytic studies of the personality*. London: Routledge & Kegan Paul.

Freud, A. (1946). *The ego and the mechanisms of defense*. New York: International University Press.

Freud, A. (1968). *The writings of Anna Freud*, vol. 4. New York: International Universities Press.

Freud, S. (1914). *On the history of the psycho-analytic movement*. London: Hogarth Press.

Freud, S. (1917). *The history of the psychoanalytic movement*. Nervous and mental disease publishing company.

Freud, S. (1957). *Three essays on the theory of sexuality*. In *J. Strachey* (*ed. and trans.*). The standard edition of the complete psychological works of Sigmund Freud, vol. 7. London: Hogarth. (Original work published 1905).

Freud, S. (1964). *An outline of psycho-analysis*. In *J. Strachey* (*ed.*). The standard edition of the complete psychological works of Sigmund Freud. London: Hogarth Press.

Gertrude, Rubin Blanck (1974). *Ego psycholoy theory & practice*. Columbia University Press.

Greenberg, J. R., Mitchell, S. A. (1983). *Object relations in psychoanalytic theory*. Cambridge: Harvard University Press.

Grubrich-Simitis (1996). *Back to Freud's texts: makingsilent docu-*

*ments speak*. New Haven,CT: Yale University Press.

Hanna Segal(1979/1989). *Klein,H.*. Karnac (Books) Ltd.

Hartmann, H. (1939). *Ego psychology and the problem of adaptation(D.Rapaport,Trans)*. New York: International Universities Press.

Hartmann, H. (1950). Comments on the psychoananlytic theory of the ego. *The Psychoanalytic Study of the Child*, vol. 5.

Hartmann, H. (1964) *Essays on ego psychology*. New York: International Universities Press.

Hartmann, H. ,Kris E. , Loewenstein R. M. (1949). *Notes on the theory of aggression*. In *Papers on psychoanalytic psychology*. Psychological Issues, Monograph. vol. 14. New York: International Universities Press, 1964.

Haynal, A. (1988). Controversies in psychoanalysis: from Freud and Ferenczi to Michael Balint. London: Karnac Books.

Irvin D. Yalom (1980). *Existential psychotherapy*. Basic Books.

Jacobson, E. (1954). Contributions to the Metapsychology of Psychotic Identifications. *J Am Psychoanal Assoc* 2.

Jacobson, E. (1964). *The self and the object world*. New York: International University Press.

James S. Grotstein. (1993). A reappraisal of W. R. D. Fairbairn. *Bulletin of the Menninger Clinic*, vol. 57, Issue 4.

Jones, E. (1953). *The life and work Sigmund Freud*. New York: Basic Books.

Judith Marks Mishne (1993). *The evolution and application of clinical theory*. The Free Press.

Karl Abraham(1919). *A particular form of neurotic resistance against the psycho-analytic method*. In *The evolution of Psychoanalytic technique*. M. Bergman and F. Hartman ed., 1976. New York: Basic Books.

Karl Abraham(1948). *Selected papers of Karl Abraham*. Translated by Douglas Bryan and Alix Strachey, Printed in Britain by R. & R. Clark, Limited, Edinburgh.

Kenneth Eisold(2005). Using Bion. *Psychoanalytic Psychology*, vol. 22.

Kernberg, O. F. (1966). Structural Derivaives of Object Relationships. *Int J Psychoanal*, 47.

Kernberg O. F. (1968). The Treatment of Patients with Borderline Personality Organization. *Int. J. Psycho-Anal.*, 49.

Kernberg, O. F. (1975). *Borderline Conditions and Pathological Narcissism*. New York: Jason Aronson.

Kernberg, O. F. (1976). *Object Relations and Clinical Psychoanalysis*. New York: Jason Aronson.

Kernberg, O. F. (1977). Boundaries and Structure in Love Relationships. *Journal of American Psychoanalytic Association*. 25.

Kernberg, O. F. (1980). *Internal Word and External Reality*. New York: Jason Aronson.

Kernberg, O. F. (1984). *Severe Personality Disorders: Psychotherapeutic Strategies*. New Haven, CT, Yale University Press.

Kernberg, O. F. (1986). *Object-Relations Theory and Clinical Psychoanalysis*. NewYork: Jason Aronson.

Kernberg, O. F. (1987). Projection and Projective Identification: Developmental and Clinical Aspects. *J Am PsychoanalAssoc*, 35.

Kernberg, O. F. (1991). The Psychopathology of Hatred. *Journal of American Psychoanallytic Association*, 30.

Kernberg, O. F. (1992). *Aggression in Personality Disorder and Perversions*. New Haven and London, Yale University Press.

Kernberg, O. F. (2001). Object Relations, Affects, and Drives toward a New Synthesis. *Psychoanalytic Inquiry*.

Klein, Melanie (1925). *A contribution to the psychogenesis of tics*. In Contributions to Psychoanalysis, 1921—1945. New York: McGraw-Hill, 1964.

Klein, Melanie (1932, 1997). *The Psycho-Analysis of Children*. Hogarth Press Ltd.

Klein, Melanie (1961, 1984). *Narrative of a Child Analysis*. The Free Press.

Klein, Melanie & Others, eds. (1955). *New Directions in Psycho-Analysis: the significance of infant conflict in the pattern of adult behaviour*. London: Tavistock.

Klein, Melanie (1946). Notes on some schizoid mechanisms. *International Journal of Psycho-Analysis*, vol. 27.

Klein, Melanie (1948). A contribution to the theory of anxiety and guilt. *International Journal of Psycho-Analysis*, vol. 29.

Klein, Melanie (1950). On the criteria for the termination of a Psychoanalysis. *International Journal of Psycho-Analysis*, vol. 31.

Klein, Melanie (1952). *The origins of transference*. In *Envy and gratitude and other works*, 1946—1963. New York: Delacorte Press, 1975.

Klein, Melanie (1955). *The psycho-analytic play technique: its history and significance*. In *Envy and Gratitude and other works* 1946—1963. London: Hogarth Press, 1975.

Klein, Melanie (1958). On the development of mental functioning. *International Journal of Psycho-Analysis*, vol. 39.

Klein, Melanie (1960). Symposium on Depressive Illness' V: a note on depression in the schizophrenic. *International Journal of Psycho-Analysis*. (vol. 41. Lieberman E. J. 1985).

Kohut, H. (1959). *Introspection, Empathy, and Psychoanalysis: An Examination of the Relationship Between Modes of Observation and Theory*. In: *The Search for the Self*, vol. 1, Edited by Paul H. Ornstein. New York: International Universities Press, Inc.

Kohut, H. (1966). *Forms and Transformations of Narcissism*. In Essential Papers on Narcissism., Edited by Andrew P. Morrison, M. D.. New York: New York University Press, 1986.

Kohut, H. (1968). *Introspection and Empathy: Further Thoughts about Their Role in Psychoanalysis*. In *The Search for the Self*, vol. 3, Edited by Paul H. Ornstein. New York: International Universities Press, Inc, 1991.

Kohut, (1971). *The Analysis of the Self*. New York: International Universities Press.

Kohut, H. (1975). *The Future of Psychoanalysis*. In *The Search for the Self*, vol. 2, Edited by P. H. Ornstein. New York: Internantional Universities Press, 1978.

Kohut, H. (1977). *The Restoration of the Self*. New York: International Universities Press, Inc.

Kohut, H. (1978[1980]). *Reflections on Advances in Self Psychology*. In *The Search for the Self*, vol. 3. New York: International Universities Press, Inc..

Kohut, H. (1979). *Four Basic Concepts in Self Psychology*. In *The Search for the Self*: Selected Writings of Heinz Kohut, 1978—1981, vol. 4. New York: International Universities Press, Inc..

Kohut, H. (1980[1983]) *Selected Problems in Self Psychological Theory*. In *The Search for Kohut, H.* (1981), On Empathy, In: *The Search for the Self*, vol. 4, Edited by Paul H. Ornstein. New York: International Universities Press, Inc..

Kohut, H. (1981[1982]). *Introspection, Empathy, and the Semicircle of Mental Health*. In *The Search for the Self*: *Selected Writings of Heinz Kohut*, 1978—1981, vol. 4. New York: International Universities Press, Inc..

Kohut, H. (1984). *How Does Analysis Cure*. Chicago: The University of Chicago Press.

Kohut, H. (1994). *The Curve of Life*: *Correspondence of Heinz Kohut*, 1921—1981. Edited by Geoffrey Cocks. Chicago: The University of Chicago Press.

Margaret S. Mahler(1972). On the first three phases of the separation-individuation process. *Journal of American Psycholoanalysis Association*, 3.

Margaret S. Mahler, Fred Pine, Anni Bergman(1975). *The psychological birth of the human infant*: *symbiosis and individuation*. New York: Basic Books.

Margaret S. Mahler, Manuel Furer(1968). *On human symbiosis and the vicissitudes of individuation*. New YorK: International Universities Press.

Michael Schroter, Elke Mühlleitner, Ulrike May (2004). Edith Jacobson forty years in Germany (1897—1938). *Annual of Psychoanalysis*, vol. 32.

Michael, S. T. Clair, Jodie. Wigren. (2004). *Object relations and self psychology*: *an introduction*. Toronto: Brooks/Cole.

Michelle Moreau Ricaud (2002). Michael Balint: an introduction. *The*

*American Journal of Psychoanalysis*, vol. 62.

Mishne, J,M. (1993). *The evolution and application of clinical theory- perspective from four psychologies*. The free press.

Mitchell, S. A. (1988). *Relational concepts in psychoanalysis: an integration*. Cambridge, MA: Harvard University Press.

Mitchell, S. A. (2004). My psychoanalytic journey. *Psychoanal. Inq.* vol. 24.

Mitchell, Stephen A., Black, Margaret J. (1995). *Freud and beyond: a history of modern psychoanalytic thought*. New York: Basic Book.

Neel, A. F. (1977). *Theories of psychology: a handbook*. New York: Meridian, p. 181.

Otto Rank (1932). *Art and artist*. New York: Tudor Publishing Co.

Otto Rank (1950). *Will therapy and truth and reality*. New York: Alfred A. Knopf.

Otto Rank (1958). *Beyond psychology*. Dover Publications.

Otto Rank (1996). *A psychology of difference: the Americanl Lectures, selected, edited and introduced by Robert Kramer*. New Jersey: Princeton University Press.

Robert M. Lipgar, Malcolm Pines(2003). *Building on Bion—roots: origins and context of Bion's contributions to theory and practice*. London: J. Kingsley.

Robert N. Emde. (1992). Individual meaning and increasing complexity: contributions of Sigmund Freud and René Spitz to the developmental psychology. *Developmental Psychology*, vol. 28.

Rodman, F. R. (2003). *Winnicott: life and work*. Perseus Publishing, p. 323.

Rosenfeld, Herbert (1950). Notes on the psychopathology of confusional states in chronic schizophrenia. *International Journal of Psycho-Analysis*, vol. 31; republished in Psychotic state(1965).

Rosenfeld, Herbert (1960). Symposium on Depressive Illness' VI: a note on the precipitating factor. *International Journal of Psycho-Analysis*, vol. 41.

Rosenfeld, Herbert (1965). *Psychotic state*. London: Hogarth Press.

Rosenfeld, Herbert (1978). Notes on the psychopathology and psychoanalytic treatment of some borderline patients. *International Journal of Psycho-Analysis*, vol. 59.

Rosenfeld, Herbert (1983). Primitive object relations and mechanisms. *International Journal of Psycho-Analysis*, vol. 64.

Sandor Ferenczi (1950). *Sex in psychoanalysis*. New York: Dover Publications, Inc., NewYork.

Sandor Ferenczi (1955). *Final contributions to the problems and methods of psychoanalysis*. Maresfield Reprints London.

Sandler, J., and Roenblatt, B. (1962). The Concept of the Representational World. *Psychoanalytic Study of the Child*, vol. 17.

Schopenhauer, A. (1966). *The world as will and representation (E. F. J. Payne, Trans.)*. New York: Dover, vol. 2.

Schopenhauer, A. (1995). *The wisdom of life and counsels and maxims (T. B. Saunders, Trans.)*. Amherst, NY: Prometheus Books.

Segal, Hanna (1964/1974). *Introduction to the work of Melanie Klein*. Basic Books, Inc., Publishers.

Spitz, R. A. (1957). *No and yes: on the genesis of human communication*. New York: International Universities Press.

Spitz, R. A. (1965). *The first year of life*. New York: International Universities Press.

Sutherland, J. (1980). The British Object Relations Theorists: Balint, Winnicott, Fairbairn, Guntrip. *J. Amer. Psychoanal.* Ass.

Sutherland, J. D. (1989). *Fairbairn's journey into the interior*. London: Free Association Book.

Wade, N. (1995). *Psychologists in word and image*. Cambridge, MA: MIT Press.

Walter A. Kaufmann (1992). *Discovering the mind*. New Brunswick: Transaction Pub.

Webster R. (1995). *Why Freud was wrong: sin, science, and psychoanalysis*. New York: Basic Books.

Winnicott, D. W. (1958). *Through paediatrics to psycho-analyses*. London: Tavistock. Publications Ltd.

Winnicott, D. W. (1964). *The child, the family and the outside world*. Harmondworth: Penguin.

Winnicott, D. W. (1965). *The maturational process and the facilitating environment*. London: Hogarth Press and the Institute of Psycho-Analysis.

Winnicott, D. W. (1971). *Playing and reality*. Australia: Penguin Books Ltd.

Winnicott, D. W. (1987). *The spontaneous gesture (selected letters)*. Cambridege, MA: Harvard University Press.

Winnicott, D. W. (1989). *Comments on my paper "the use of an object"*. Psycho-Analytic Explorations. London: Karnac Books.

# 后　记

精神分析是我多年来特别关注的一个研究领域。我在指导研究生学位论文之初，就有计划地选择一些国内尚未系统介绍过的精神分析代表人物，如亚布拉罕、费伦茨、兰克、斯皮茨、雅可布森、玛勒、克莱因、费尔贝恩、温尼科特、拜昂、克恩伯格、米切尔、科赫特、宾斯万格、鲍斯、莱因、拉康等 17 人进行了系列研究。我曾主持过江苏省哲学社会科学十五规划课题“当代精神分析心理学的新进展研究”、全国教育科学十五规划教育部重点课题“儿童精神分析理论及其在儿童心理咨询中的应用研究”。我先后出版过一些关于精神分析方面的著作，例如，与王国芳博士合著《拉冈》(即拉康，1997)；与王小章教授合著《潜意识的诠释》(1998)；主编的《心理学通史 · 第 4 卷 · 外国心理学流派(上)》(总主编杨鑫辉，2000)一书共有 7 章内容专门评介了精神分析的七大学派；我主编的《精神分析发展心理学》(2009)是国内第一本同类著作；主编的《中国精神分析研究丛书》(13 册)自 2008 年起陆续出版。我还参与了车文博教授主编的《弗洛伊德文集》(1998，2004)的翻译工作。我自 2006 年起主持的《南京师大学报》(社科版)和《晓庄学院学报》的精神分析学研究专栏仍在延续下去。我正在做的相关工作主要有：完成车文博教授担任总主编的《弗洛伊德主义新论》(常若松、郭本禹、郭永玉分别担任上、中、下三卷分主编)的相关内容撰写工作，完成我负责的《外国心理学家评传》第二卷(收入精神分析学家评传)的撰写工作。

精神分析可以说是西方心理学史上绵延最长、影响最大、分支派别最多的一个心理学流派。在这套“外国心理学流派大系”中，用一本书的篇幅是难以涵盖其庞大的内容，为此，我们将《潜意识的意义——精神分析心理学》分为上下两册。最近几年来，我对精神分析运动的百年发展历程提出了内外发展逻辑和内外整合逻辑的看法。正是根据这一看法，我们设计了《潜意识的意义——精神分析心理学》(上、下)的内容构想。上、下两册分别遵循精神分析学的内部和外部发展逻辑进行架构，因而在内容上既有联系，又可相互独立。

该书的上册由我负责，下册由王国芳负责。我们在编写过程中遵循一些共同原则。第一，突出每个精神分析学派产生、发展和演变的逻辑线索和理论观点。我们不完全以每个学派的主要代表人物为线索呈现，而是重点以每个学派演变的理论逻辑为线索呈现。第二，不仅侧重每个精神分析学派的理论观点，而且突出其治疗方法和技术的临床应用。第三，规范精神分析术语的翻译与使用，对关键性的术语均注加英文，以便于作者更为准确地理解术语。

《潜意识的意义——精神分析心理学》（上）的具体撰写分工如下：郭本禹撰写导言、第一章、第二章、第三章、第四章、第五章第三节、第六章、第七章（其中第一、二、三章为合写）；吕英军合作撰写第一章、第二章第一、二、三节，第三章，第五章第三节；王国芳撰写第五章第一、二节；蔡飞撰写第八章。此外，我指导的博士生和硕士生林万贵、郗浩丽、徐萍萍、郭慧、王东、王艳萍、司群英、王健和蔡智勇参与了一部分章节的资料收集和初稿撰写。全书由我负责统稿，吕英军协助我作了大量的具体工作。王云强、王东、王健通读了全书书稿，提出了许多宝贵的修改意见。山东教育出版社教育理论编辑室副主任李广军先生为本书的编辑加工付出了辛勤劳动，在此一并致谢！

郭本禹

2008 年 2 月 20 日

于南京高教新村